THE ESSENTIAL GUIDE TO CULINARY CREATIVITY, BASED
ON THE WISDOM OF AMERICA'S MOST IMAGINATIVE CHEFS

THE FLAVOR BIBLE

風味聖經

凱倫・佩吉&安德魯・唐納柏格——著   巴里・薩爾茨曼——攝影   黎敏中、蕭秀姍——譯

KAREN PAGE *and* ANDREW DORNENBURG

Photographs by BARRY SALZMAN

國家圖書館出版品預行編目資料

風味聖經 / 凱倫·佩吉 Karen Page·安德魯·唐納柏格 Andrew Dornenburg 作：黎敏中、蕭秀姍譯
－初版－臺北縣新店市：大家出版：遠足文化發行，
2010.07
譯自：The flavor bible : the essential guide to culinary creativity, based on the wisdom of America's most Imaginative chefs
ISBN 978-986-85979-7-6（平裝）

1. 烹飪
427   99009389

作 者　凱倫·佩吉（Karen Page）、安德魯·唐納柏格（Andrew Dornenburg）
譯 者　黎敏中、蕭秀姍
封面設計　王志弘
內頁設計　林宜賢
內頁排版　黃暐鵬
行銷企畫　陳詩韻
責任編輯　宋宜真
總 編 輯　賴淑玲
社 長　郭重興
發行人兼
出版總監　曾大福
出 版 者　大家出版
發 行　遠足文化事業股份有限公司
　　　　231 新北市新店區民權路 108-4 號 8 樓
　　　　電話 (02)2218-1417　傳真 (02)2218-8057
　　　　劃撥帳號 19504465　戶名 遠足文化事業有限公司
印 製　成陽印刷股份有限公司　電話 (02)2265-1491
法律顧問　華洋法律事務所　蘇文生律師
定 價　650 元
初版一刷　2010 年 7 月
初版七刷　2016 年 10 月

有時，他人的一點火花就能重新點燃我們消逝的熱情。
在此對那些讓我們重燃希望的人們，致上最崇高的敬意。
——史懷哲

感謝丹尼爾·布呂德（Daniel Boulud）、派翠克·歐康乃爾（Patrick O'Connell）
及尚－喬治·馮耶瑞和頓（Jean-Georges Vongerichten）等大廚，
他們是引領當代料理創意的明燈，他們的點點火花不斷重新點燃我們的熱情。

美食學是對人類飲食相關的領域進行理性研究，
目的是讓人類盡可能獲得最佳食物以延續生命。
——尚－安瑟倫·畢雅－薩伐杭（Jean-Anthelme Brillat-Savarin, 1755~1826）

哪種藝術或科學，
可以如此大力提升人類生活的舒適與愉悅呢？
——侖福特伯爵（Count Rumford），原名班傑明·湯普生（Sir Benjamin Thompson），《烹調之藝隨筆》，1794 年

世上若無美妙廚藝，文學、真知灼見、
溫馨聚會及人際融洽亦不復存在。
——名廚馬安東尼‧卡漢姆（Marie-Antoine Carême, 1784~1833）

精湛廚藝是項藝術，也是種極度歡娛的表現。
食譜只是個主題，聰明的廚師每次都能據以變奏。
——名廚尚恩‧伯諾瓦夫人（Madame Jehane Benoît, 1904~1987）

你為誰下廚，就要愛那個人，要不便愛你所吃的食物。
如此，你才會全心投入烹飪。因為烹飪是種愛的表現。
——名廚亞倫‧夏裴（Alain Chapel, 1937~1990）

第一段引言闡明了我們書寫這一系列書籍的動機和內容，另外兩段則說明了我們如何實踐。1995年我們出版了第一本書，而隨著《風味聖經》即將在2008年出版，正好見證精湛廚藝的領域達到了新的轉捩點，真是令人興奮。

今日的廚師，無論是專業或業餘愛好者，都不再滿足於只按著別人的食譜依樣畫葫蘆，而是一步步嘗試著創造出自己的菜餚。在這個過程中，他們頌揚的不只是最後上桌的「成品」，還有烹飪這創造的「過程」。

烹飪就其最基本的層次是一種創造表現，運用溫度並結合其他食材來轉化食物。不過創意有許多層次，按著食譜照表操課只是創造表現的最基本層次，就像依著數字順序來作畫。

經驗豐富的廚師會想求新求變。在照著食譜做菜前，他們會先分析食譜內容，看看自己是否能改良菜色，將烹飪提升到更高層次的創意表現。隨著經驗增長，他們在烹飪時便可運用更多直覺甚至靈感。

傳統烹飪書籍的目標讀者是初級廚師。歷史上許多人都對提升烹調藝術有所貢獻，每位廚師都應對這些前輩心懷感恩。這些前輩從法國的奧古斯特‧艾斯科菲耶（Auguste Escoffier），乃至全球的其他人，他們不辭勞苦地記述各種食譜，編纂出經典美食。我們同時也要感謝那些提升、擴充可用食材及烹調技巧的前輩，因為食材與烹調技巧正是料理的基本要素。

曾幾何時，食譜書籍開始規定食材的精確分量，並標示了準備與處理食材的步驟。這的確有助於廚師上手，但也讓完全信任食譜的廚師產生了錯覺，以為依樣畫葫蘆就不會有問題，因而付出不少代價。一旦食譜的編寫變得僵化，而人們也盲目跟隨食譜，便會扼殺自身的創造本能與良好的判斷力，更別提要「樂在其中」了。

> ### 一流大廚甚少奉行食譜。
> ——美國桂冠詩人查爾斯·西米克（Charles Simic）

1996年我們出版了《烹飪藝術》（*Culinary Artistry*），很多人將其視為靈感來源，而在這之前，那些有心於創新菜色的人都只能關在廚房中自行研發。《烹飪藝術》希望打破當代教條式食譜書籍的局限，讓主廚重拾創造的本能。此書收納了經典的風味組合與烹調方式，主廚因此首度能自由運用古老的烹飪智慧，一如作家可以輕鬆參考詞典。

隨著時間流逝，主廚越來越喜愛以創新方法來思考菜餚風味與食材組合，創新的幅度甚至已超越《烹飪藝術》所列出的各式經典風味。同時，專業廚師與業餘愛好者之間的界線也越來越模糊，因為業餘愛好者也能在自家設置全套的維京專業廚具，來處理層出不窮的新穎食材，再加上烹飪節目的出現，家中電視儼然已成為全天無休的烹飪學校。

> ### 有美食無美酒只能滋養肉體，有美酒無美食只能滋養魂魄。
> ### 美食搭配美酒，才能同時滋養肉身和靈魂，成就一個完整的人。
> ——大廚安德烈·西蒙（André Simon, 1877~1970）

自公元2000年起，我們夫妻倆就開始研究全新的風味組合方式。我們有幸訪問了許多全美最富創意的主廚以及其他飲食專家（與那時為了《烹飪藝術》進行訪談的名單全然不同），其中有些是資歷深厚的業界先驅，有些則是近來才嶄露頭角的人物。他們的拿手料理及甜點都讓人驚豔不已，而其餐廳坐落的位置則往往人跡較罕至，從達拉斯到紐奧良，再至霍博肯（美國墨西哥灣沿海省分的城市）。此外，我們同時也把2000年之後出版的烹飪書籍徹底搜查了一遍。

2006年出版的《飲·食經典》（*What You Drink with What You Eat*）就是我們第一項成果。在這本書中，我們暢談了食物與飲品的協調搭配；的確就如西蒙所言，兩者缺一不可。

《風味聖經》則是我們第二項成果。這本書並非教條式的食譜書籍，而是增進廚藝的工具，就跟《烹飪藝術》一樣。它涵蓋的內容廣泛，參考資料也很容易上手，以600條以上的英文字母檢索，羅列出現代融合風味以及新世紀的全新風味組合。

《烹飪藝術》（1996年以前的經典風味組合）、《風味聖經》（2000年後的現代風味組合）以及《飲‧食經典》（經典與現代的酒食搭配）三本書各自涵蓋了酒食風味調和的不同面向，在料理的饗宴上缺一不可。

風味組合

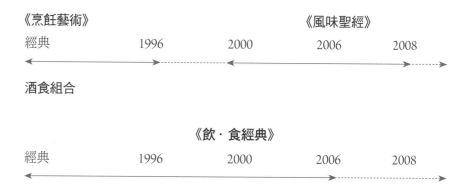

我們相信烹飪藝術會持續發展，而不會只是「做菜」的一種方法而已（像是把菜擺上桌或是「照著食譜解決問題」）。隨著時間推移，相信會有更多人（或許包括讀者自己）會發現烹飪是感受自我「存在」的方式。過去一、二十年來，我們已經從料理方式的探索（為什麼是用這種而不是那種方法來調理食物），學到了許多東西。感知經過思考之後便能增進個人經驗，讓我們得以在烹飪過程中運用個人直覺，以融合過去的方式創造出新的烹調方法。事實上，也只有烹飪能讓我們在活動當下同時沉浸於個人感官，使身心合而為一。此時，烹飪不再是件枯燥乏味的工作，而成為一種冥想，甚至治療。

2008年初，《紐約時報雜誌》黛博拉‧索羅門（Deborah Solomon）專訪美國桂冠詩人查爾斯‧西米克時問道：「對於追求快樂的人，你會提出什麼建議？」西米克回答：「先從學習烹飪開始。」這樣的答案，我們一點也不驚訝。

希望這本書確實能讓讀者感到快樂。

——凱倫‧佩吉＆安德魯‧唐納柏格
紐約市，2008年4月

chapter . 1

第一章 | 風味＝味道＋口感＋香味＋「未知因素」：學會辨識食物的語言

> 美好的食物便是美麗的語言：廚藝精湛的廚師其實就是偉大的詩人……把雞肉拌入米飯、以鷸鳥搭配葡萄、義大利麵撒上帕馬乾酪、以番茄調配茄子、乳雞淋上香貝坦紅葡萄酒、山鷸加入白蘭地甜酒，還有洋蔥配上牛肚。若非繆思女神降臨啟發，人類怎會有靈感做出如此巧妙的搭配？
> ——馬賽爾‧葛杭契爾（Marcel E. Grancher）
> 《五十年的餐桌》（*Cinquante Ans À Table*），1953 年

NOTE

風味＝味道＋口感＋香味＋「未知因素」
味道＝味蕾的感知
口感＝口中其他部位的感知
香味＝鼻子的感知
未知因素＝其他感官（加上情感、理智與心靈）的感知

　　人類的味蕾只能辨別酸、甜、苦、鹹四種基本味道。美食烹調的精髓，就是去調和這四種味道，創造出美味佳餚。這道理很簡單，做起來卻很難。畢竟，我們對風味的感受不單單來自味覺，同時還受嗅覺、觸覺、視覺及聽覺的影響。除此之外，情感、理智與心靈等非感官因素也會左右人類的味覺感受。

　　組成風味的元素或明顯或微妙，只要試著去了解並運用，廚藝便能更加精湛。只要你想創作出美味佳餚，這本書都是廚房中的好夥伴。

　　擁有大廚般的手藝並非遙不可及的夢想，不過，精湛的手藝可不是教得

來的，得靠自己「領悟」才行！

下廚者若能熟稔調理美味食物的基本原則（就算只是在餐桌上加點調味料也一樣），一定會獲益良多。只需掌握一點便能以簡馭繁：儘管世上有豐沛的食材，食材的組合方式也千變萬化，人類味覺能感受到的還是只有四種基本味道。

美味的食物，其味道都有絕佳平衡。廚藝精湛的廚師得知道如何品嘗，並辨別出缺少的味道，然後進行調整。一旦學會調味及平衡味道，一個嶄新的烹飪世界就會在眼前展開。不過，仍有一些因素會在暗地裡阻撓你前進，最大障礙就是食譜文化。每年都有數以千計的新食譜書出版，本本都號稱只要嚴格遵照書中指示，便能贏得自己和客人的讚歎。然而，你也會常常納悶，為何自己的成品總是無法像書中承諾那般美味。這是因為精湛的廚藝，並非簡單到僅需照著食譜指示就可養成。要有一身好廚藝，需要有敏銳的味覺，嘗得出一道食物缺了些什麼，也知道要加點什麼或做點什麼，才能提升整道菜的風味。

口中的感知

味蕾

酸、甜、苦、鹹，你所嘗到的每一口美味，都是這四種味道在味蕾上會合的結果。我們品嘗個別味道，也享受整體的合奏。這些味道也會相互影響，例如苦味會抑制甜味。除此之外，不同味道對我們也會有不同影響，像鹹味能刺激食欲，而甜味則讓我們有飽足感。好好來發掘這四種基本味道吧。

甜味

與酸、苦、鹹相比，要讓我們的味蕾感受到甜味，糖的分量要很多。然而，只要在鹹的菜餚中加入一點少到嘗不出來的甜味，我們就能享受到平衡與「完整飽滿」。甜味可以跟苦味、酸味甚至鹹味搭配，還能引出其他食材的風味，從水果到薄荷皆可。

鹹味

我們若把三十多位美國一流大廚放逐到無人島上，限制他們只能攜帶十種食材作菜，就此度過餘生，那麼，他們的首選食材都會是鹽（《烹飪藝術》，1996）。鹽是天然的增味劑，也是烹製美味鹹菜餚時最重要的味道。（順帶一提，甜味在甜點中也扮演同樣角色。）

酸味

　　在增味劑中，酸味的重要性僅次於鹹食中的鹽以及甜食中的糖。在菜餚中，無論擠些檸檬或是加一點醋，酸味都能讓食物大為生色。一道菜餚若要成功，酸味一定得和其他味道達到平衡。

苦味

　　人對苦味最敏感，即使劑量微乎其微，人類的求生本能也會讓我們感受到苦味。苦味能夠中和甜味，也可有效降低菜餚的濃郁感。苦味的重要性因人而異，不過有些主廚視苦味為不可或缺的「清爽」滋味，讓人想要一口接一口。

鮮味（甘味）

　　除了上述四大基本味道，越來越多的證據顯示還有第五種味道「鮮味」，我們最早在1996年出版的《烹飪藝術》中便有提到。這個味道常被形容成甘美或濃郁的肉味，在鰻魚、藍黴乳酪、蘑菇、綠茶這類食物，以及麩胺酸鈉（MSG）這類調味料中都很明顯。味精等被貼上污名的調味料，主要成分即為麩胺酸鈉。

口感

　　除了味覺之外，我們的嘴巴還有「觸感」，會記下其他各種感覺，像是溫度與質地，這些都會影響我們對風味的感受。食物的這些特性通稱為口感，讓食物容易入口，並為進食增添一些樂趣和愉悅。酥脆易碎的食物除了質地外也帶來聲音的吸引力。

溫度

我總會留心戶外氣溫，再看看自己現在想吃些什麼。如果天氣寒冷加上陰雨綿綿，我的菜單上一定少不了湯。若是天氣炎熱，大量沙拉就是我的不二選擇。
——安德魯・卡梅利尼（Andrew Carmellini），A VOCE，紐約市

　　在所有食物口感中，嘴巴在第一時間感受到的就是食物的溫度。食物溫度甚至能影響我們對滋味的感受，例如冰涼會壓制甜味。在麗迪雅・席爾（Lydia Shire）的Biba餐廳中，本書作者安德魯與糕點主廚瑞克・凱茲（Rick Katz）共事，而瑞克最先傳授他的一門課就是：冰淇淋在上桌前，最好先拿出來放個幾分鐘，因為些微上升的溫度可以把冰淇淋的滋味推向極致。

　　食物溫度不但會影響菜餚的風味，也讓用餐變成一種享受。炎炎夏日來碗紅蘿蔔冷湯，或寒冬中來盤烤蘿蔔，真可謂具有「療癒」之效，因為能讓

我們的身體更適應所處環境。

質地

我從不會以雜燴的方式料理梭魚，因為要創出一道佳餚，食材的調合與質地是如此重要。油脂肥美嗎？肉質結實嗎？口感酥不酥？清不清爽？所有味覺感測器是否都已受到激化，讓人想再來一口？鱈魚就比較適合用雜燴這樣重口味的方式烹煮。同時我還會選擇正確的方式來調理鱈魚。水煮就不適合，因為魚肉會整片都是軟的；若是用烤的，魚肉會軟中帶酥，而這種對比讓鱈魚肉更美味。

——雪倫‧哈格（Sharon Hage），YORK STREET，達拉斯

　　食物要令人回味無窮，重點就在質地。濃稠或泥狀的菜餚（像濃湯及馬鈴薯泥）常被我們視為是「撫慰人心」的食物；而酥脆又有嚼勁（像是辣味玉米片及焦糖乖乖）則是「好玩」的食物。食物的質地能激起我們的其他感官，包括視覺、聽覺及觸覺，因而帶給我們許多享受。

　　小寶寶只能吃泥狀食品，而多數成人則很能接受各種食物質地，尤其是輕脆酥爽的食材，因為它們能為滑潤或甚至單調的質地增添一些風味。

辛辣

無論在菜餚中豪邁地撒上一把辣椒，或細緻點撒上些許辣椒粉，都會讓我們的嘴巴產生炙熱的感覺，其實那常是辣味中的「刺」與「烈」所帶來的錯覺。比起其他味道，有些人就是對這些辛辣味情有獨鍾。

澀感

還有一種能讓你「皺」起嘴巴的乾澀感，那是來自紅酒及濃茶中的單寧酸，偶爾也會出現在核桃、小紅莓、未成熟的柿子這類食物中。

鼻子的感知

香味

據推測，食物的大部分風味（80% 或甚至更多）均取決於香味。因此各類香料食材（從新鮮香草、香料到磨碎的檸檬皮等等）都備受人們喜愛。在菜餚中加入香料可以增加香味，因而提升整道菜餚的風味。

還有一些味道則是味覺與嗅覺共同運作的產物，例如：

嗆

這裡所說的嗆，指的是像山葵及芥末這類食物所帶來的味道及氣味，會同時刺激鼻子和上顎（不過這種嗆倒是滿討人喜歡的）。

其他刺激感受

其他刺激感包括碳酸飲料所引起的搔癢感，或辣椒帶來的「灼熱感」，以及薄荷引起的「清涼感」等這類有趣的味蕾反應。

情感、理智與心靈的反應

「未知因素」

當我們享用食物時，這些食物足以影響我們的全部身心。我們不僅靠著五種感官（包括下方最先提到的視覺）來體驗食物，

溫哥華 WILD SWEETS 的多明尼克與辛蒂·杜比（Dominique and Cindy Duby）的提味法

風味是由舌頭感受的滋味與鼻子感受的香氣共同組合而成。我們認為，我們感受到的味道，有 90% 其實是香味。吃鳳梨時，你感受到的風味其實是來自鼻子，所以鳳梨若尚未成熟，香味就不夠濃郁，嘗起來也許會甜，但就是不像鳳梨。

引出菜餚風味的方式有二：藉由香味，以及經由化學反應。我們總愛說，作菜其實跟作實驗沒兩樣：從為生食材加熱的那一刻起，就是在改變食材的狀態了。比如說，烤肉所產生的梅納反應，就是碳水化合物與氨基酸正在進行焦糖化反應，這樣的化學反應會創造出風味。

至於為菜餚增添香味，則可試想一下以香草或檸檬燉煮的魚湯。問題是，這類菜餚的香味會散入空氣中。如果走進室內，聞到香味四溢，就表示留在菜餚中的滋味其實已所剩無幾，香味已經跑掉了。而增強菜餚香味的最佳方式，就是真空烹調，將食物封入真空袋中，以低溫慢煮。這種方式會將香味鎖在食材中，令其無法散發。

問題是，一般人家中並不會有真空烹調的設備，最多只能用「密封烹調」。所謂「密封烹調」就是把食材與煮液置入強化的夾鏈冷凍袋中，放在爐子上以定溫燉煮。另一種方法則是將夾鏈袋放入電熱鍋中，水溫控制在 60℃ 左右，並且要不時攪拌一下水。（注意：以這種低溫法調理食物要特別小心食物中毒的問題。）

這就是能夠增強（以及保留）食物許多風味的料理方式。

也會動用到情緒、大腦，甚至心靈。

視覺

一道菜餚的視覺表現可以大大增進我們進食的樂趣。也不過就幾十年前，人們仍有機會用眼睛享受佳餚，不過唯有在頂級廚房中磨練過的廚師才知道擺盤藝術的訣竅。自《廚藝》（*Art Culinaire*）與網路出現後，現在要重現名菜的精巧擺盤，是比重現其細緻風味簡單多了。

菜餚的外觀會更直接地影響我們對風味的感受。舉例來說，莓子雪酪的顏色越深，我們越會覺得莓子味很濃。特定食物與特定顏色的關係越緊密，顏色對風味的影響也越大，像是紅色之於莓子、黃色之於檸檬，以及綠色之於萊姆。

情感

我總是說「媽媽的西班牙式馬鈴薯蛋餅」是我最愛的菜，因為這句話表達出一個重點：情感價值遠勝一切。

——斐若・亞德里亞（Ferran Adria），EL BULLI，西班牙

我們品嘗食物，用的不只是舌頭，同時也用心。長大成人後，

同一道菜，我們會喜歡母親的做法多過大廚的手藝，還有什麼可以解釋這一點？而世界各國傳統菜餚之所以得以源遠流傳，也源於我們對這些國家、人民，以及傳承數百年屹立不搖的傳統廚藝的熱愛。

理智

如果進食只是為了生存，那我們也許靠營養劑與水就足以維生了。然而我們也是為了享受而進食，因為一年 365 天，天天都要吃三餐，所以我們喜歡餐點能有新意，像是在傳統菜色上做點變化等。自 80 年代「奢華食物」（high food）興起後，大廚在食材外觀上玩花樣的風氣日盛。而 90 年代前衛料理與所謂分子廚藝現身後，除了菜餚外觀外，大廚也同時在食材的化學組成上作越來越多的實驗。

心靈

食物從製備、烹調到享用，整個過程有如一場神聖儀式。以這種態度看待食物有助於我們提升日常生活的品質，其影響力勝過一切。幾位世界一流大廚對用餐的每個層面（從食物、飲料，到上菜的氣氛等）力求完美，將進食的整體經驗推升到嶄新的境界，讓用餐過程不僅充滿愉悅、滿足及樂趣，也兼具意義。

由內而發的風味

美國每個頂尖大廚，都是在個人手藝與餐廳經驗的每個層面下盡苦功，才能達到一流專業水準。大廚將個人的獨特手法帶入菜餚，這些手法可能源於他們的身體、情感、思考或心靈的其中一項，但有些人跨越了二者、三者，甚至是全部。

致力於提倡身體感受的大廚包括：加州柏克萊市 CHEZ PANISSE 餐廳的愛莉絲・華特斯（Alice Waters），她另闢新徑，專注於食材來源與處理的品質；還有紐約丹・巴柏（Dan Barber），他的 BLUE HILL 位於波坎提科丘上的石倉農場，一旁就有溫室、田園與牧場就地供應餐廳所需的蔬果肉品。

以情感為重的大廚，其料理都與特定的傳統、民族、文化緊緊相繫，包括：瑞克・貝雷斯（Rick Bayless），他在芝加哥的 FRONTERA GRILL 與 TOPOLOBAMPO 兩家餐廳提升了墨西哥菜

BOX

紐約市 GRAMERCY TAVERN 的麥克・安東尼（Michael Anthony）的廚技

當我們看著一份食材時，常常自問：「要如何烹調，才能將這份食材原有的風味或特質發揮到淋漓盡致？」在任何一間設備先進的現代廚房中，嘗試所有你弄得到手的新方法，是件令人入迷的事。我們已經用過真空烹調法（將食材密封於真空袋中，以低溫長時間烹調），但不會讓方法左右我們怎麼作菜。

愛莉絲・華特斯曾說過，真空烹調法會做出「死」的食物。我可以理解她的想法，因為她向來主張要帶出食物的「鮮脆」口感，而真空烹調法是冗長又緩慢的料理方式。不過像堅韌肉塊這一類需要慢燉久熬的食材，以真空烹調法處理就很適當。

我們會替一道菜選擇專用的器具，這原因都要回歸到傳統深具道理的烹調準則：引出食物風味的最佳方法是什麼？我就是憑這一點去找出適宜的烹調方式。

在一家將廚技及擺盤藝術推到極致的餐廳用餐，是很令人開心。不過，我個人認為，過於技術導向的食物，技巧雖佳，但風味就略遜一籌了。我覺得，呈現出食材的原本風味，加上特別的用餐時間與地點，就是一頓能深深打動人心的餐點。我喜歡看到人們回味一頓餐點，而令那頓餐點如此與眾不同的，便是時節。人們品嘗的食材自然而然地成為那個時刻的一部分，因為那是當令食材。

人們有時候就只記得簡單而直接的風味，即使背後的食材處理大費周章。一道菜餚，如果最終融合起來的風味簡單而直接，酸味與苦味也取得巧妙平衡，令人再三回味，那麼身為食客的你就賺到了。有時深獲人心的餐點並不是那些最複雜的工夫菜。

的層次；維克拉姆‧維基（Vikram Vij）與梅魯‧達瓦拉（Meeru Dhalwala）兩人在溫哥華的VIJ'S與RANGOLI兩家餐廳則將印度料理發揚光大，且廚房中清一色是印度女性。

以思考為主的大廚，最容易識別的特色就是他們致力於重新釐清食材處理與呈現的概念。這些大廚包括：芝加哥ALINEA餐廳的葛瑞特‧阿卡茲（Grant Achatz），招牌菜之一是懸掛在曬衣繩上的培根；MOTO餐廳的荷馬洛‧卡圖（Homaro Cantu），把大豆油墨與食用紙結合成一道名菜，他還有一道甜甜圈湯，看起來像蛋酒，喝起來是甜甜圈味。

最後一種類型的大廚，不單致力於提升自己的料理，在用餐環境和服務上也力求創新、安排有致。正因如此，他們超越前述三種類型的大廚，將用餐經驗提升至另一個心靈境界。這類型大廚包括：紐約RESTAURANT DANIEL的丹尼爾‧布呂德（Daniel Boulud），以及維吉尼亞THE INN AT LITTLE WASHINGTON的派翠克‧歐康乃爾（Patrick O'Connell）。

在接下來的內容中，我們將會與大家分享前三類大廚的工作經驗。（讀者若想了解第四類大廚的思考，歡迎翻閱拙作《烹飪藝術》。）

身體感受的領域

我的座右銘一向是：盡可能求得最好的食材，傾聽它們，它們會告訴你，它們希望你怎麼處理它們。盡可能不要把食材混在一起，保持食材的完整性，但同時也也要把食材的風味凝聚起來。這就是能顯現創意的地方。
——薇塔麗‧帕雷（Vitaly Faley），PALEY'S PLACE，奧勒岡州波特蘭市

一流大廚使用的是手邊最好的食材。頂級的大廚則不會就此滿足，他們會藉由各種管道尋找更好的食材，像是與食材採購人員合作、與農夫及其他食物供應者建立關係，甚至親自耕種及豢養牲口等等。

休斯頓T'AFIA餐廳的莫妮卡‧波普（Monica Pope）

在塔菲亞主辦農民市集的經驗，徹底改變了我的烹調。我還記得以前在加州工作時，主廚會一直等待當季食材，取得這類食材後，那些大廚的料理哲學就是：「把食材切好就夠了，別搞得亂七八糟。」我心裡想：「這實在不是餐廳的工作之道。」不過，令人難以置信的是，我現在卻在重覆他們說過的話。

自從農民市集出現後，我每拿到一樣新鮮食材，就會感到一陣驚喜——因為這是在最適當的時機採下的食材，在到我手中之前，也不曾以低溫保存。有時我會有些不好意思，因為喜愛我料理的人會詢問我做了什麼，而我的回答常是：「我幾乎沒做什麼。」

我的節瓜沙拉就是歌頌這些當令食材的完美例子。我們把嫩節瓜切成生薄片，然後加入濃郁的胡桃油、新鮮胡桃仁、佩科利諾乳酪刨絲、墨西哥金盞花與一丁點鹽巴。

我們也花很多心思找出這些新鮮食材的最佳呈現方式，這道沙拉必須從頭到尾都很引人入勝，而且我要讓顧客自己和食材互動。我希望顧客在吃下橙黃或淡綠的清脆節瓜後，能夠自己動手加進一些乳酪薄片。他們也會看到沙拉中拌了些油，但得研究一番才會發現那是胡桃油。當他們吃下第二口沙拉時，會感受到其中的香草帶著薄荷香。為了達到這一點，我會不斷試吃，以確定顧客會以我想要的方式「吃」下一道菜。

紐約市 GRAMERCY TAVERN 的麥克‧安東尼

你想沉醉在你調理的食材裡，你想把所有期望與夢想注入食材中。你必須思考「這食材是否只是還不錯，或是可以非常出色？」當食材變成一道菜之後，你希望任何享用的人都能夠吃到美味、出色且引人入勝的風味。

我處理食物的手法很簡單，但這不代表不花心思。平淡的食物有時真的很無趣。

我作菜時，會讓自己適可而止，而不是一直加東西。我寧可菜餚非常簡單，也不願過於講究。所以我堅守個人的中心原則，從不在菜餚中用上太多的食材。但作菜也不總是簡單三兩下就行，有時還是需要一些額外的食材，只要搭配得宜就好。

紐約波坎提科丘石倉農場 BLUE HILL 的丹‧巴柏

我們的豬肉料理不是從桌子上那盤切好的豬肉開始，當我們在農場上為餐廳挑選飼養的豬種時，就已經開始做這道菜了。為了做出最具「豬味」的豬肉料理，我大費周章。我們飼養風味絕佳的柏克郡豬（Berkshire pigs），這種古老豬種具有現代新育種無法比擬的整體風味。此豬種還具有良好肉質，讓風味更佳。

我們以有機穀物餵食，飼養出非常不一樣的豬。我們給牠們餵各式各樣的穀物，牠們也會自己覓食。我們也小心控制豬所吃下的玉米分量。飼料會造成什麼差異，我在今年夏天已獲得證實。這個夏天有八週時間我們無法取得有機穀物，只好餵食玉米含量較多的一般穀物，因為這種飼料比較便宜。除了飼料不同之外，我們養育這些豬隻的方式完全照舊，然而豬肉的風味卻判若雲泥，差別之大，連小孩都吃得出。

我們以人道方式進行宰殺，讓豬隻不那麼痛苦。這會使肉質有所不同，嘗起來的組織紋理也不同。

在 BLUE HILL 餐廳，當你點豬肉時，你並不知道你會吃到哪個部位。我們有腿肉、肩肉、肋排、里肌及五花肉，全混入料理中。這麼多樣的風味與質地，會讓顧客得到更多用餐樂趣。我們讓這道肉搭配球芽甘藍葉及鷹嘴豆，簡單呈現原味。

我們不想做任何會蓋掉豬肉風味的事。我會先熬一些豬肉高湯，然後在高湯中加入更多烤過的碎豬肉與豬骨，繼續燉煮成豬肉燉汁，接著加入更多豬肉及些許葡萄酒，再煮一次。這就是加入三次豬肉所熬出的燉汁。

依照季節的不同，我可能會泡壺香草茶，並在燉汁中加入一點茶液以增加風味。我之所以使用茶液，是為了確保這添加的風味能輕淡到不被注意到。

情感的領域

我從未受過專業烹飪訓練。我的起點是：我了解什麼？我了解印度香料與風味。
——梅魯·達瓦拉，VIJ'S，溫哥華

料理創作中有許多情感脈絡可尋——從某個國家的物產及其傳統菜餚的歷史演化，到那個文化、家族甚至個人的經典料理，每項因素都可能為標準菜餚創造出獨特變化。

紐澤西 CUCHARAMAMA 餐廳及 ZAFRA 餐廳的
馬里雪兒·普西拉（Maricel Presilla）

我是古巴人。然而，無論是古巴人、委內瑞拉人還是智利人或其他國家的人，對於家鄉及童年的風味，我們都很引以為榮。就像媽媽的母乳，那是人生的第一支羅盤，無論我們足跡踏遍多少地方，無論舌頭嘗遍多少美味，總會一次次重新回到最初的風味和食材所帶來的感受。

而我，身為東古巴人，古巴就是我定位的錨。我來自擁有獨特料理的聖地亞哥市。這裡的料理受到牙買加與海地等鄰近島國的影響，而後兩者又受到歐洲的影響。這些島國的廚師帶著多香果一類的香料來到聖地亞哥市，而古巴其他地區並不用這類香料。我的家人會在西班牙醬肉（adobo）及其他菜餚中加入大量多香果，我也是如此，這是我最喜愛的香料之一。就是因為這些外來影響，聖地亞哥的料理比哈瓦那還要複雜許多。

我已經走遍整個南美洲，除了隨著大廚作菜之外，也與一些年長婦女切磋廚藝，甚至還仔細研究了古巴菜的歷史，從前哥倫布時代的料理到受西班牙中世紀料理的影響為止。最後的結論是：我們擁有全世界最有趣的料理，這可不是隨便說說。

令人著迷的是，我們的料理不但很有系統，還有明確的調味規則。

我了解這些國家及區域的風味是如何作用後，拉丁美洲就成了我的私房

風味。我就像個畫家，而每個畫家都有自己的調色盤。以此作比喻，是因為我父親就是個畫家，那些他從不使用的顏色，也從不會出現在他的調色盤上。

我可以自在打破國家地區的疆界，進行創作料理，是因為我對南美風味的所有基本要素皆了然於心，而這則是由於我研究過、品嘗過，也熱愛這些料理！

溫哥華 VIJ'S 餐廳與 RANGOLI 餐廳的維克拉姆‧維基

我料理的三大祕訣？第一是我的太太，梅魯，第二是保留香料的完整性，第三則是盡可能地使用當地食材。

我的母親出身印度北部，所以我的風格與風味是各類完整香料跟研磨過香料結合的結果。葫蘆巴、肉桂與其他各式香料我都很喜愛，不過我的招牌菜之一卻是「丈母娘的咖哩豬肉」，這源於丈母娘給我的一道燉肉食譜。

有一次在跟梅魯聊天時，我提到自己想要做點不一樣的東西。她告訴我，她母親以羊肉、鮮奶油、印度綜合香料（masala）及其他香料做成的咖哩深受家人喜愛。於是我決定以豬肉代替羊肉來試一試。這是道以醋和蒜調味的辣咖哩（vindaloo），青蔥在起鍋前才加入，以確保其清新鮮味。由於這道菜包含太多香料，無法一一列在菜單上，故以我「丈母娘」為菜名，也算是順理成章。

我開第一家餐廳時，還沒拿到售酒牌照，可是又不想供應汽水或其他含化學成分與防腐劑的飲品。我想起童年時期在印度喝過的自製檸檬汽水，那是在檸檬水中加入一點鹽與胡椒所調配出來。於是我們就在餐廳中自製檸檬汽水，加入一點生薑、一小撮鹽，以及能帶來汽水清涼口感的氣泡水。最初我們也加入一些胡椒粉，不過由於顧客不習慣飲料中有黑胡椒顆粒，就去掉了。

用餐前若能擁有清新味覺，感覺真是美好無比。

溫哥華 VIJ'S 餐廳與 RANGOLI 餐廳的梅魯‧達瓦拉

我在美國長大，因此「印度料理」對我而言就是媽媽煮的菜。直到我前往印度工作十一個月，到古吉拉特一遊，才發現還有其他印度菜！

如果你看過好萊塢電影，就會知道印度旁庶普人與古吉拉特人極愛相互揶揄。古吉拉特人認為我們旁庶普人好動又愛現。古吉拉特人會說：「人如其菜，你們旁庶普人急躁又易怒。」我們旁庶普人則覺得古吉拉特人安靜又無趣。當然我現在的想法完全不同了──我愛所有印度人。

在古吉拉特，咖哩起鍋前會加入一茶匙糖與半個萊姆。我初次嘗到時，簡直難以下嚥，不過後來就發現，是那家餐廳的廚師太蹩腳了。我以正確方

式做出的咖哩十分美味，有著優雅圓融的餘味。自從在印度嘗過古吉拉特料理後，我就把萊姆加入我的料理中。

我廚房中的成員都是旁庶普女性。旁庶普不以萊姆調味，因此她們實在很難接受這麼做。她們吃過後都認為「噁！為什麼要加這個？」既然這些旁庶普廚娘不喜歡萊姆，我就改用馬蜂橙葉。這也讓我更能控制菜餚的風味，因為我只要說「這道菜要加15片葉子」就可以了。順便一提，我也因此學到薑黃與馬蜂橙是個完美組合。

思考的領域

我的菜單看似獨特，其實不過是在傳統風味上做一點變化。若我拿掉食譜中的一種酸味，我就會放入另一種酸味。像摩洛哥塔吉鍋燉肉（tagine），傳統作法是加入醃檸檬，不過我就會想：「可以用萊姆汁或柳橙汁嗎？」其實做出來的料理風味是一致的，仍帶有強烈的酸味，只不過用的不是傳統食譜中的那一味。

——布萊德‧法莫里（Brad Famerie），PUBLIC，紐約市

在現代建築與設計領域中，形式追隨功能。而在那些最先端的前衛料理中，人們為了各持己見或甚至只是為了好玩而顛覆傳統菜餚，因此，形式則追隨風味。

芝加哥MOTO餐廳的荷馬洛‧卡圖

就像芝加哥的CHARLIE TROTTER'S餐廳或紐約的DANIEL餐廳，MOTO並不是那種讓你每天光顧的餐廳。有些人會說這些大廚只為自己作菜，某種程度上這是個正確說法。我會從事前衛料理，就是因為厭倦了一般菜色。若一切都是為了顧客，只是為了讓顧客開心，那我只需做西班牙海鮮飯、披薩與漢堡就好了。所有顧客肯定都會眉開眼笑！

這種料理方式有些自我，但也帶來樂趣。我們得確保顧客享用愉快，且每道菜餚都既創新又當令。現在全球的風潮是，大廚正在拓展美好食物的疆界。

在我的餐廳，當我們有新想法時，風味是最重要但也是最後才考慮的要素。有些東西的確美味，但會有人喜歡嗎？我們又要怎麼處理？若這東西真的合用，我們就會開始構思。接著，我們會稍微改變這東西的風味，讓它吃起來更像它原本「該」有的風味。舉例來說，有一次我們想要做一種味道真的很濃縮的餅乾，就把餅乾放入乾燥機製成粉末，創造出全新的材料，並用這餅乾粉替代一般麵粉來製作麵團。如同一般餅乾食譜會要求秤出澱粉的量，我們也秤好粉末餅乾，但這澱粉現在已帶有最後成品的風味，所以比起

一般麵粉所製成的餅乾，這樣的餅乾嘗起來更具「該」有的風味。

　　我們餐廳中有許多菜餚源自經典的搭配，非得如此不可。為什麼？做創意菜時，我們會運用大家不熟悉的手法，所以做出來的東西，必須是大家習慣的味道。一家西班牙小酒館必須經過數個世代的反覆嘗試，才能運用在地食材與技巧做出一道美味下酒菜。舉例來說，以大蒜及荷蘭芹醃漬橄欖已有百年歷史，在今日，這道菜沒有什麼不好，但對我們而言就太無趣了。因此，我們把荷蘭芹當橄欖用，而橄欖則當大蒜用，如此這般，而最後的味道仍是顧客喜歡的。

鬆餅裡有什麼？　　是的，我們餐廳還是會提供正常菜色。餐廳廚房裡有碧利斯楓糖（BLiS syrup），美國有許多頂尖大廚也都會使用這種陳年手工楓糖漿。碧利斯楓糖產於加拿大，裝在小型波本酒桶中陳化，裝瓶時以手工蠟封，貼上手寫標籤紙，小小一瓶（375毫升）要價20美金，簡直就是液態黃金！我們買進這楓糖時，就知道應該要來做點特別的。

　　我們決定要弄道鬆餅。首要問題是：「如何讓我們做出的鬆餅比一般鬆餅更具鬆餅味？」於是我們把做好的鬆餅打成糊狀，加入牛奶調和。這種用鬆餅做出的鬆餅糊，最酷的地方就是可以調整濃度，製作一般鬆餅時則無法改變餅糊濃度。

我們耍了些花招，想讓顧客以為這是道淋了楓糖漿的熱鬆餅。整個過程都不能讓顧客起疑心，所以我們甚至把鬆餅搬到他們面前做。我們拿出一個看似炙熱的鐵盤（其實是冰的，並以液態氮做出冒煙效果），用注射器射出餅糊。餅糊一射到鐵盤上，馬上就凍成餅狀。然後我們淋上碧利斯楓糖漿，端上桌。99%的客人都會認為這是道熱騰騰的鬆餅，只有當他們咬下時，才會明白鬆餅是冰的。

天生反骨　人們總是說葡萄酒是天然的，而且已存在上千年。但葡萄酒真的天然嗎？我們並不清楚。有些國家的人用腳踩碎葡萄，好讓腳上的菌類進入葡萄裡，再控制發酵作用。我可不認為這樣的酒有那麼天然！每當我們把食物放入攪拌機打成泥狀，就跨過了天然與非天然間的界線。以電動馬達驅動刀片將固體食物打成液狀，這可不是天然的作法。

若你認為，比起8月從藤蔓上摘下的熟透紅番茄，未成熟的綠番茄風味更勝一籌，那麼不用懷疑，就吃綠番茄吧。青菜蘿蔔各有所愛。但如果我們給你未成熟的綠番茄，改變它的味道，讓它嘗起來比熟透的紅番茄更為美味呢？提早採收的番茄會太酸，因此我們會用一些平時不常搭配的食材，像是帕瑪乳酪混奶油製成的醬，這會讓番茄的風味更濃郁，並平衡因單寧酸過多所產生的過酸特性。若你喜歡這樣的菜餚，表示你已經棄守，不再堅持吃季節食物。

我們也會運用同樣的技巧，以未成熟的食材作菜，但搭配出來的味道是成熟的。若問我比較喜愛哪一種？當然是8月底的成熟番茄。而為了提出這個問題，我們會再特地去做另一道菜。

創造新風味　我不同意世上再無新風味的觀點。或許這世界已經沒有新物產，雖然我們對大海裡的生物還所知不多。要創造新風味，只需剖析食材即可。舉例來說，若將酪梨放入離心機中，就可以把水與油脂分離開來，水會帶有酪梨味。若把這酪梨水拿來製成雪花冰，或製成丸狀，滋味會與酪梨截然不同。因為大家總認為酪梨很油膩，但酪梨水做出的是完全不一樣的產品，一點也不油。我們就這樣創造出新風味了。

因此，如果我要仿造酪梨的風味，就必須使用一些濃郁的食材，像是褐化奶油這類奶製品。現在，我以褐化奶油與續隨子來搭配傳統的鰈魚料理，

> **BOX**
>
> ### 如何延長風味
>
> 想像一下百香果泥這類東西的純粹滋味：味道又濃又重，舌頭一接觸到果泥，立刻嘗到滋味。我從赫斯頓‧布魯門索（Heston Blumenthal，英格蘭米其林三星 Fat Duck 餐廳的主廚）那兒學到一件事：若將純百香果泥製成一塊塊果凍，當果凍在嘴裡慢慢融化時，就可以一點一點地感受到風味。如此一來，風味在口中釋出與駐留的時間會更長久。
> ──強尼‧尤西尼（Johnny Iuzzini），JEAN GEORGES 糕點主廚，紐約市
>
> 我們有時會像品嘗葡萄酒般，想試著延長口中的風味（餘韻悠長的葡萄酒入喉後風味久久不散）。我常思索：「我希望口中的風味維持多久？是一次爆發，還是縈繞不絕？」
>
> 我們餐廳有道菜是以花椒柚子芥末醬及紫蘇搭配油炸牡蠣，這種巧妙做法讓我們體驗到綿長的風味。紫蘇像餅皮般包住牡蠣，當你咬下第一口，紫蘇草本香撲鼻而來，隨後油炸牡蠣的濃郁風味則將舌頭綿密地覆蓋。接著舌頭兩側竄出柚子的酸味，而在你將這一口吞下的時候，鼻腔後側衝入一股芥末味，然後繼續經歷花椒讓舌頭發麻的小小驚奇。這並非轉瞬即逝的美妙滋味，而是整整20秒的體驗。我們不是用古怪的化學方式來構思這道菜，只是在牡蠣上變些花樣。
>
> 來自葡萄酒的啟示：有時候，我們想要 spritz 葡萄酒調酒般清爽、很酸的風味，不過有時候又想要濃郁且餘韻綿長的酒。
> ──布萊德‧法莫里，PUBLIC，紐約市

滋味比使用新鮮酪梨還更勝一籌。

華盛頓特區MINIBAR餐廳的福島克也（Katsuya Fukushima）

我喜歡以既有的經典風味組合來作菜，讓大家一吃即知。人們也許無法從質地中看出端倪，卻能吃到熟悉的味道。

在做「費城乳酪牛肉堡」時，我們先從麵包著手。我們把口袋麵包的麵團放入義大利麵條機中壓到非常扁，但它會在料理的過程中膨大。乳酪我們用的是佛蒙特與威斯康辛切達乳酪慕斯（Vermont and Wisconsin cheddar cheese mousse），灌入口袋麵包中。牛肉用的是神戶牛肉。洋蔥則是用焦糖洋蔥泥，抹開。最後在成品上加些松露。如此一來，我們的費城乳酪牛肉堡就像一般費城乳酪牛肉堡一樣，有麵包、乳酪、牛肉與洋蔥，而松露則將滋味推向極致。

大廚調和風味的訣竅

每一口食物，不論是什麼食物，都包含了鹹、酸、辣……然而，除非上桌的是黑胡椒、檸檬或酒醋料理，否則都不該讓用餐者察覺你用了什麼調味料。相反地，豆子嘗起來就該像豆子，而兔肉也該嘗得出兔肉味。用餐者不需要知道這道菜加了多少鹽、酸、辣，而且任何調味料的味道都不該太強烈。我們也會加些配料，芳香的或辣的，那可能是來自mirepoix（法文，指以洋蔥、紅蘿蔔與芹菜混成的配料）或Sofrito（西班牙文，以番茄、大蒜、洋蔥與香草煮成的醬汁）或其他食材。不過當用餐者品嘗你的菜餚時，你會希望他們腦中只想到豆子與兔肉。

——雪倫‧哈格，YORK STREET，達拉斯

過去15年來，我們訪談過許多大廚，努力想了解美國一流大廚創造出絕佳料理的手法。我們從訪談中得知，每位廚師都有一套自己的手法。雖然有些策略可能有部分雷同，但有一些則是獨門絕活，並顯現出強烈的自我認識，所以能做出具原創性而令人讚賞的獨家料理。

舊金山JARDINIÈRE餐廳的崔西‧德‧耶丁（Traci Des Jardins）

作一道菜，重點在於協調味道，酸、甜、鹹、油等。這是讓食物美味的關鍵。

作糕點也是如此。當我和我的糕點主廚一起品嘗甜點時，我們會不斷研究。我會試吃一道甜點，然後說太甜了，因為少了酸味調合，同時還需要一些油脂及一點鹽。就像其他鹹味菜，在甜點中加點鹽可以提味。雖然一想到甜點，人們會直覺認為「就是甜」，但是甜點也需要協調的風味。

無論是甜的、鹹的，我最喜愛的是這些元素共同產生的融和風味。

維吉尼亞州威廉堡 THE TRELLIS 餐廳的
馬賽爾．德索尼斯珥 (Marcel Desaulniers)

我的料理哲學十分簡單：不要搞得太複雜，然後讓食物表達自己。無論是鹹的或是甜的，我希望你的口中只留下清爽的味道。

我們餐廳很少用香料，因為香料的風味太濃烈，往往蓋過其他風味。人們很難克制自己使用某些食材，特別是大蒜。在 Trellis，大蒜只用在一個地方：菜單上一道擁有26年歷史的醬料。大家也常過度使用香草。我相當喜歡的迷迭香與羅勒就常被用太多，以致菜餚產生苦味。

我告訴廚師：「只要有一點猶豫，就不要用。」無論是扇貝或牛排，食物在我們動手調理前就有原本的風味了。不管你用什麼方法添加風味，都只能是小配角，不應和主角平分秋色。

我以前在紐約時，自認為是個調味師 (saucier)，但來到威廉堡開業後，就不想再以這樣的方式呈現食物了。我希望以蔬果而非醬汁來作配料，蔬果提供了天然潤澤，很有助於增加口感，但又不致喧賓奪主。

舉例來說，水果在我的豬肉料理中是非常好的配料。這道料理中有豬腰排、炙烤香腸、番薯、嫩炒四季豆，以及淋上波本酒的桃子。除了桃子流出的汁液外，這道菜餚中沒有任何醬汁。

芝加哥 NAHA 餐廳的凱莉．納哈貝迪恩 (Carrie Nahabedian)

料理應該在一開始就調味，而非等到最後才做。如果只是在最後才在湯中加入鹽及胡椒，這對湯可不公平。我們總是希望所有風味都迸發出來。

以我們餐廳的冬南瓜湯為例，最先加入的食材是大量的厚片培根，一開始就帶入許多風味。接著加入 mirepoix 醬汁，讓湯汁獲得焦糖化的芳香風味。然後加入鹽、現磨胡椒粒與百里香枝。

接下來加入烤過的冬南瓜，入湯前先烤過是為了保留冬南瓜的原味。我們手上這些冬南瓜還須在地窖中放置數星期熟成，或許需要其他材料的輔助，因此我們可能會加入一顆紅番薯。接著我們試試味道，看要加入哪一種甜味，選擇有蜂蜜、糖蜜、楓糖等，而不只是白糖。

接著，繼續將湯煮至濃稠，並以細孔濾網將湯汁濾出細緻滑順的質地。

我們也在湯底中加入其他配料。雖然之前有了培根，但再來點燻鴨也不錯。此外，還會放入金絲瓜（麵條瓜）及油炸歐洲防風草以增加質地，歐洲防風草還可以增加甜味。最後記得加入幾滴楓糖漿或桶裝熟成的雪利酒。這些配料會將風味鎖在湯汁中，以提升整體風味。千萬不要操之過急，這樣風味才能融為一體。

紐約 A VOCE 餐廳的安德魯・卡梅利尼

　　所有醬汁都可以歸納成酸味、鹹味、甜味，以及兩種香料味：茴香或芫荽的香辣，以及辣椒的熱辣。你當然還能調理出油醋醬、泰式咖哩或是馬賽魚湯之類的醬汁，不過調味原則都是一樣的。只要能巧妙運用這些原則，就能創造出令人驚喜的佳餚。

　　如果是味道太重、過於油膩的食物，可以加些醋或檸檬，或是任何種類的酸。料理泰式椰奶咖哩時，覺得椰奶會讓口感太油膩濃郁，可以加些磨碎萊姆皮、萊姆汁或一匙魚露來降低油膩感。

　　當你在調整菜餚的味道時，必須想想這道菜的發源地。所以遊歷各地很重要。舉例來說，我們就不會在法式魚湯中加入米酒醋，但也許會撒些辣椒片。我們還必須了解菜餚的歷史背景，這樣就不會拿草莓來為印度咖哩增稠。

達拉斯 YORK STREET 餐廳的雪倫・哈格

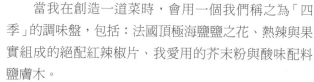

　　當我在創造一道菜時，會用一個我們稱之為「四季」的調味盤，包括：法國頂極海鹽鹽之花、熱辣與果實組成的絕配紅辣椒片、我愛用的芥末粉與酸味配料鹽膚木。

　　我料理菜餚時會先從乾食材著手，而乾食材中最先處理的就是鹽巴。接著加辣味，哈拉佩諾辣椒（jalapeño）或山葵之類的。然後以檸檬汁、醋、酸葡萄汁（verjus）增添酸味，或三種同時加入。最後，在醬汁中加入油脂成分，油或奶油，以調合所有食材。

紐約市 PUBLIC 餐廳的布萊德・法莫里

　　當我構思新菜色時，會關注二件事情：首先要建立濃郁口感，二是以酸味、辣味或花草本食材去除油膩感。

　　我先思考，什麼東西會有濃厚的成分？要如何建立濃郁的口感？若是蛋白質，可以用醃肉或油炸魚。若是素菜，可從吃起來像肉的茄子著手，我會以味噌或芝麻醬調味，可以讓茄子口感更濃郁、更像肉。這對素菜十分重要，因為我實在很討厭那些單調的烤蔬菜以及一大堆沙拉！

　　要讓食物濃郁，也可從質地著手。加入味噌與芝麻醬，可同時增加濃郁口感與質地。乳狀食物可以讓

我們在口感上與心理上感受到濃郁感。另一種增加濃郁質地的方式是以棕櫚糖製造「假象」。棕櫚糖的甜度較低，我們通常在菜作至一半時刨入一些棕櫚糖，並以酸豆調和。我們用得很小心，讓人吃不出來裡頭加了棕櫚糖。

當我建立起濃郁口感後，下一個問題是：「要如何去除油膩感，使食物吃起來清爽，又不會造成腸胃負擔？」我們餐廳使用大量酸味料，但酸味總是居於主食之下。選用適當的酸味料或香草，就可以去除菜餚的油膩感，使食物變得清爽。

任何油炸食物都需要搭配很刺激的酸味。我們餐廳在料理炸魚時，會搭配醃漬檸檬、優酪乳或以白醬油醃漬過的柚子。

燻肉幾乎就是濃郁感的代表，有大量鹽分，所以經常用糖來平衡鹹味，也需要某些強烈的風味來去除過多肉味，否則味道會太重。一般會使用續隨子或其漿果。以芥末醬糖漿蜜漬過的芥末水果（義大利文為mostarda）也是另一種傳統選擇。我喜歡這些食材，因為這樣食物中就又多了些香料。我們會自製一些不那麼正統的芥末水果，像是加入一些金桔、嫩杏桃、醋栗等色澤漂亮且風味絕佳的水果，這作法很不遵循義大利傳統。另外我們是使用整顆芥末籽。芥末水果的典型製法是精製，讓水果變成透明果醬，但我們會留下一些粗果粒，並在最後拌入一些芥末粉，讓這些柑橘類水果的色澤更為漂亮。

另一種去油膩的方式就是使用酸甜的燉煮蔬菜與水果。我們會將茴香與珍珠洋蔥放入以甘草精與八角調配的酸甜湯汁中燉煮。蘋果類、梨子類、榲桲類的水果也很禁得起燉煮，酸的水煮李也不錯。

我喜歡濃烈的香料（因為能去除油膩）。若是我受印度料理啟發要做道菜，那麼我的靈感來源就是丁香、小豆蔻、芫荽。這些香味襲人的香料可以有效去除油膩，讓菜餚吃起來不致過於肥膩、沒勁。新鮮薑黃帶有水果味，強烈的風味帶一點酸，很能為料理生色。若是在咖哩中加入新鮮薑黃，這個小小的東西就能讓你創造出全然不同的世界。

若我想要做道南亞風味的料理，就會使用南薑、檸檬香茅與生薑。這些都是帶有天然酸味並能提振食慾的香料，能為所有食物生色。即便椰奶中只加入這些濃烈的香料而不加入酸味，嚐起來也不會過於濃郁。

舊金山FARALLON餐廳的糕點主廚艾蜜莉‧盧契提（Emily Luchetti）

我希望自己作出的風味清新又鮮脆，既突出又獨到，以此為前提，我再看看自己想做什麼甜點。若是手上有些桃子，是要做個酒浸果醬蛋糕布丁（trifle），還是拿破崙千層派，或其他甜點？誰是這道甜點中的主角？表現的方式是眾星拱月，還是兩種主要風味並重？我的藍莓桃子酒浸果醬蛋糕布丁中含有馬士卡彭乳酪醬（mascarpone），而且質地十分綿密。這是我最愛作的

夏日甜點之一。這道甜點中的藍莓及桃子同為主角，但若是製作南瓜蔓越莓水果倒轉蛋糕，那可就不同了，南瓜是主調，蔓越莓則是加強的重音。

你必須看著食材，並自問：「如何才能帶出這個食材的最佳風味？要烹煮嗎，還是保持原狀？該不該加強這片水果的風味，好凸顯它的主角地位？還是這水果根本不夠出色，無法獨當一面？」無論使用新鮮水果或乾果，最重要的是要協調糖、鹽及檸檬的味道。若是我想做道水果小蛋糕或水果甜點，我必定會加些檸檬汁及鹽，因為就像在烹煮鹹味菜一樣，這樣做可以引出風味。加入的量約為半茶匙到一茶匙的檸檬汁，以及一大撮粗鹽。

無論何時，若是要以糖和水果製作甜點，和別的菜一起上桌，都應該先嘗嘗水果的味道。若是在盛夏，這水果可能無需用糖。如果你還是加了些糖，就會太甜，風味反而單調。所以記得水果要先試吃，並相信自己的味覺！一般人在烹調鹹味菜時，都會相信自己的味覺感受。例如嘗過番茄醬汁後，就

知道要再加點鹽。請務必對甜味也一視同仁。過甜或過鹹的食物，你一定吃得出來。

在料理新鮮水果時，水果就是料理的準則。一片新鮮水果本身就可以是道甜點。因此，你要讓甜點的最終風味能勝過水果本身。要達到這樣的成果，必須加入本質上可與這水果搭配的材料，像藍莓與桃子就相當契合，而香莢蘭則能搭配任何水果。杏仁是風味豐富、油脂含量少的清淡核果，所以能搭配絕大多數的水果。只要使用本質上能互相搭配的食材，就會有較大的成功率。

也許有讀者會想，妳不是說製作甜點要運用三種風味嗎？可是妳用了四種……其實這並不是重點，重點在於知道何時該停手！太多廚師一開始就加很多東西，到頭來所有味道都混在一起，因為沒有任何味道能自行跳出來。下手時要更節制，這樣每種食材才能展現自身的美好味道，如此一來，這道甜點的風味就會超過所有成分的總合。不過要知道何時停手是件困難的事。許多師傅似乎都會想著：「哦！我再加這麼一點芒果就好……」不過，那麼一點酸味可能就會毀了整道甜點。

———————

風味是種「語言」，每個喜愛享受口腹之欲的人，都會發現這「語言」值得下工夫了解。一旦掌握了風味的語言，就能用風味來溝通，讓廚藝更上一層樓。

chapter *2*

第二章 │ 精湛廚藝＝淋漓盡致的風味＋通體的愉悅＋情感＋智識＋心靈：以食物的語言溝通

> 快樂而成功的烹調不光是靠專業技巧，還要內心深處對美味的渴求，再加上對食物的熱情與摯愛，才能賦予烹調生命力。
>
> ———喬治‧布蘭克（Georges Blanc），米其林三星主廚，法國沃納

　　要成為大廚，關鍵不在於具有出眾的味覺或精湛的技巧，而是明智的判斷力。除了精通各類食材的料理方式，也得掌握食物上桌的最佳時機、地點、理由以及方式。其實烹調就是對各類食材做最理想的組合與運用，處理得恰當，便能進一步提升食材滋味。精湛的廚藝不僅是對食材的禮讚，也是對用餐時刻的謳歌。

　　食譜經過逐漸發展，演變成一種教材，教導經驗不足的廚師如何烹調某些菜餚，並提供相合食材的特定比例，以及按步就班的調理步驟。然而，可別以為按著食譜照本宣科，就能得出一樣的結果，因為就算是同一種食材也會有很大的差異，不管是水果的甜度或每份魚排的厚度，都未必相同。那些將食譜奉為真理而非指引的食譜信仰者，犯了個錯：他們太過依賴別人的指示，對自己的作法太沒信心。如果不盲目信奉食譜，很多人在廚房的表現會更好。事實上，信奉食譜可能還會壓抑你成為廚師的潛力。

　　這本書的重點，就是讓你花點時間學習並掌握讓食物美味的一些基本原則，像是如何搭配以及如何準備食材等等。畢竟，自「美食頻道」（the Food Network）開播之後，這十幾年來，美國境內的電視機便成了全年無休的虛擬烹飪學校，再加上其他主要頻道的新興美食節目，美國人所受的廚藝訓練遠勝往昔，現在大多數人光憑著常識都可以完成一道菜，像是煮麵條、炒洋蔥，或烤牛排。今日，大部分的菜餚幾乎都不需要冗長而精細的食譜了（不過烘

焙類食品例外，因為這類食物需要精準測量食材分量，才能產生所需的化學反應）。

　　繪畫初學者可以用「數字填圖」學習作畫，輔助輪也有助於腳踏車初學者學習。同樣，按著食譜調理，對於烹飪初學者也很有用，因為這樣可以了解完成一道菜的步驟和順序，還能吸收這些步驟的內在邏輯。不過，一流的烹調應更類似冥想：你（以及所有的感官）處於完全清醒與覺知的當下。你可以品嘗食材，並且知道需要做什麼才能將食材的味道發揮到極致。就像在《主廚之路》（Becoming a Chef）中，名廚茱迪‧羅傑斯（Judy Rodgers）對我們說的名言：「看看窗外天氣狀況，再決定想做什麼湯。」就在那一瞬，完全活在你生命中那年、那季、那月、那天、那小時、那一分、那一秒的當下。

　　要將廚藝提升至全新水準，就得更了解各類食材的本質，那可以讓你看出運用這些食材的最佳時機與方法。欣賞食材的本質，還可以讓你更直觀且有效率地處理這些食材。本書會協助你決定在廚房中該採用何種食材、解釋其原理，並且告訴你調理食材的方法。

如何讓食物美味可口

好的廚師要讓食物美味可口，只需做好兩件基本功：

1. 掌握用餐當下的狀況，包括用餐的緣由、場合、天氣、預計吃多久、預算，以及其他資源（如：食材、設備等）。
2. 理解**食材**的本質，這包括食材的產季、地域性、分量感與風味強度、作用、味道（及相近的味道）。

對這兩項掌握越多，就越有能力融會貫通，創造出一道能完美呈現食材精華與用餐時刻的菜餚。

掌握用餐當下的狀況

　　你會需要下廚或想要下廚的最初原因是什麼？在現今這個年代，外食次數遠多於在家吃飯，下廚可是相當少見。所以，驅使你下廚的動力是什麼？

　　要牢記讓你進廚房的初衷，這是你烹飪靈感的原點，而這幾乎可以是任何東西。依邏輯或是直覺前行，就會一步步導引你創造出美味佳餚。下廚的初衷其實就是你最初的渴望，可能是一種食材、一道菜餚或一個國家，像是：非常興奮地準備夏季第一道祖傳的番茄料理；渴望吃到祖母的乳酪蛋糕；或者想要用一道菜去重溫義大利假期中嘗過的風味。

　　還有一些因素也會影響你對這份渴望的反應，也許是時間、預算、場合、

可用食材、時令季節、天氣以及其他因素等等。例如，「我想一整天都沉浸於烹調的樂趣中」，或是「我只有15分鐘的時間準備餐點」（時間）；每個人的餐點預算只有150元，還是「錢不是問題，所以來點松露吧」（預算）；這是一般的週間晚餐，或某人的生日大餐（場合）；手邊剛好有些鄰居自家栽種的新鮮蔬菜（可用食材）；那是春天首批收成的蘆筍，或是晚秋最後一把玉米（時令季節）；炎炎夏日中，想要來點消暑的冷盤（天氣）。

　　無論你下廚的初衷為何，一定有個重點。例如「想舉辦一場烤肉大會來慶祝美麗夏日」，這樣的願望會引發一些聯想，接著又會帶出其他想法，最後你就會生出一長串想法。舉例來說：

· 渴望享受一個27℃、艷陽高照的夏日時光（下廚的初衷：季節、天氣）
　　→ 來場夏日烤肉會（渴求）
　　→ 邀請朋友一起來享受

· 想消消暑（功能）
　　→ 提供冷飲
　　→ 至少供應一些冷盤

· 運用今早在市場買的玉米（可用資源）
　　→ 烤雞肉或烤魚搭配玉米莎莎醬
　　→ 水煮玉米也不錯

· 請好友來家裡晚餐（客人）
　　→ 大家都吃雞肉
　　→ 有個朋友來自新英格蘭州，可以帶些龍蝦

· 不想在室內開伙（氣溫）
　　→ 戶外野炊→烤肉架生火
　　→ 用爐頭炊煮→燒開水

　　所以，從這些動機及其內在本質，你可以一路聯想而得到合邏輯的結論，最後創造出完美菜餚。對某人而言，那也許是在後院辦場玉米莎莎醬烤雞大會。對另一人來說，可能就在有空調的自家飯廳來一道龍蝦大餐佐水煮玉米。將所有因素納入考量後，運用明確判斷力，然後決定出進行方式。

場合

　　即使你一開始並不是為了在某個場合用餐才下廚，還是得考量這頓飯的重要性與狀況。週間晚上時間壓力大，匆忙準備的晚餐一定會與週末不同，因為週末有更多時間享受烹飪過程中的感官樂趣。準備餐點時一定要考慮用餐場合，同時還要記得，任何形式的餐點都能升級成特殊場合的大餐，也能

簡化為一頓便餐。當普通早餐變成一頓別緻的早午餐，食材的重要性也就不可同日而語了。週二早上的炒蛋及英式鬆糕，可以搖身一變成為週末早午餐中的水煮蛋、加拿大培根以及淋上荷蘭醬的英式鬆糕，反之亦然。

　　不過，真正特殊的場合，像是生日、紀念日或是假期，就絕對值得準備一頓夠特別的餐點來慶祝了。如果生日當天時間不夠，那麼就不是從頭親手烘焙、裝飾蛋糕的好時機。不過，你還是可以幫小壽星買一桶冰淇淋，烤點胡桃，然後自製一些巧克力醬。這些不需花上幾小時，只要幾分鐘就夠了。

天氣

　　季節時令會影響我們選擇的食材，而天氣則會影響我們準備與呈現這些食材的方式。天氣冷的時候，會希望吃到文火慢煮的菜餚、濃湯及燉肉等，來暖暖家裡跟身子；天氣如果稍微回溫，就會想在戶外燒烤，讓房子和自己吹吹涼風；要是天氣熱了起來，則會來一點輕食或冷盤。因此不管是哪個季節，只要天氣一變化，我們的烹飪方式就會跟著改變。

　　有些廚師認為一年四季均可提供任何菜餚。在8月盛暑，若看到餐廳菜單列出油膩的燉煮料理，我們一定會揚揚眉毛，感到不以為然。不過，供應這些菜餚的主廚辯稱，人們一坐進空調的餐廳，就會忘記戶外的溫度了！只是，這些廚師也許能在餐桌上滿足顧客的需求，但是當顧客享用完香濃的紅燒排骨，離開餐廳走到悶熱的戶外時，會做何感想？應該會覺得像在悶熱的夜晚穿著羊毛長大衣般不舒服！炎熱的夜晚來點清淡的食物，才不會元氣大傷。不過即使在盛夏溽暑，也會有某幾天氣溫陡降，這時就可以反其道而行，來點暖乎乎的熱食。而即使是死氣沉沉的寒冬，陽光偶爾也會突破雲層，出現異常高溫，這時濃郁的燉品就變得毫無吸引力了。

　　考慮天氣狀況，其實也就是把大自然的律動納入考量。要決定烹調什麼，有個簡單線索就是看看窗外，然後問問自己想吃什麼。在陽光普照的夏日清晨望向窗外，會比較想要一碗冒著熱氣的燕麥粥，還是加入格蘭諾拉麥片的優格？中午天氣更加炎熱，此時會讓人垂涎三尺的，是熱騰騰的番茄湯還是沁涼的西班牙番茄冷湯？到了晚上氣溫稍降，此時你會想用大烤箱來個烤全雞，還是來個雞肉串燒？

　　我們在一個仲夏夜首次造訪紐約某家餐館，當時廚房送來的主廚特選開胃小點令人感到驚訝不已，那是用長玻璃杯盛裝的黃椒熱湯。雖然湯品本身也許是以當季食材料理而成，而且也相當美味，但不幸的是，這是我們在汗流浹背地抵達餐廳之後嘗到的第一個味道，因此顯得毫無吸引力，這令我們耿耿於懷。如果同一道湯品以冷湯的方式上桌，我認為更能表現餐廳想傳達的待客熱誠。

了解食材的本質

　　一旦釐清了該煮什麼的「問題」，那麼處理好正確食材就能提供理想的「解決方案」。而要把食材處理好，得先理解與尊重食材的本質。

　　但什麼是食材的「本質」？每樣食材都會引發一些聯想，這些想法綜合在一起就形成這項食材的本質。食材的本質不單指它的風味。舉兩項鹹味食材為例：

　　・當你想到醬油，腦中會浮現什麼？除了鹹味，普遍聯想到的可能還有亞洲

（地域）、米飯（主要調味的對象），以及／或者青蔥（最常搭配的食材）。

· 當你想到帕瑪乳酪時，浮現眼前的又是什麼？除了鹹味（風味），最常想到的也許是義大利（地域）、義式麵食或披薩（主要的調味對象），以及／或者羅勒與番茄（最常搭配的食材）。

　　某些食材因為世界各地都在使用而顯不出特別之處（像是雞肉、蒜頭與洋蔥），但也有許多食材具有深植人心的獨特聯想。

　　食材的本質都有一些主要面向，包括食材的**生長季節、味道、分量感、作用、地域性、風味強度**，以及**對味組合**。雖然菜餚不同，食材每個面向的重要性也因之而異，不過烹調的目標就是在調理食材的過程中確保所有面向得到應有的尊重。

時令季節

如果你是新世代的美國廚師，食物的季節性幾乎是個老生常談的議題。你很自然就會以那種方式烹調食物。曾有個顧客抱怨菜單上沒有他最喜歡的義式豌豆餃子。我向他解釋，這個季節的豌豆不太美味，所以我們推出玉米餃。我不會花費心思讓不符時令的食材嘗起來更美味，而是我直接就把它們從菜單上拿掉。廚師還是比顧客注重季節性。餐廳裡還是會有顧客想在2月中旬點份漿果！
——安德魯·卡梅利尼（Andrew Carmellini），紐約市

　　請記得，選用當季盛產的食材，是好烹調的不二法門。現在幾乎所有食材一年四季都可以在各地商店買到，然而，買得到並不代表品質有保證。

　　每個季節的食材都有不同特色，也有不同的處理與食用方式。一種節日的經典料理，就象徵一種慶祝季節的方式，而且是經過時間考驗的：想像一下，在美國國慶當天享用一份烤漢堡之後，再來一塊裝飾著藍莓與鮮奶油的紅白藍三色草莓酥餅；或是在感恩節享用的烤火雞、蔓越莓醬以及南瓜派大餐。每道應景的傳統菜餚都是那個季節與場合的完美詮釋，如果你不認同這樣的說法，那就試想一下同樣場景但食物對調後的感覺！每個季節也有當季應景的飲料，例如夏季往往會搭配口感輕盈的白酒與玫瑰紅酒，而冬季則適合口感飽滿的紅酒。

味道

　　每樣食材都有其基本滋味（如：香蕉是甜的），再加上實際的滋味（會因時間與熟成作用而異）。例如，香蕉成熟時，甜度會明顯提高，顏色則由綠轉黃乃至於棕。因此烹調時，一定要事先品嘗食材的味道，否則就無法進行最後的調味修正，最後做出味道失衡的菜（如：若選用非常成熟的香蕉，就必須稍微減少糖的用量）。即使有些食材看起來類似（如：一般的與陳年的

約克街主廚雪倫‧哈格對經典風味搭配的看法

我為了擺脫傳統食材組合的束縛，嘗試過很多不同食物，也研讀了各種書籍。我嘗過無數以豬肉為主的菜餚，也一直認為，除了鼠尾草一定還有別的食材可以搭配豬肉！我試著運用各種材料來調理豬肉，試歸試，最後還是會問另一位廚師：「有沒有鼠尾草？」

番茄配羅勒、羊肉配薄荷，這樣的搭配有其一定的道理。我決不會以薄荷凍搭配羊肉，但餐盤上某處一定會出現一些薄荷。

鹹乳酪跟烤甜菜很對味，無論是義大利鹹味瑞可達乳酪（Italian ricotta salata）、墨西哥新鮮白乳酪（Mexican queso fresco）或其他國家的鹹乳酪，都很搭。

對廚師而言，最有趣的地方在於發掘傳統的搭配，但呈現的方式卻能讓人覺得是不同的食物，同時又能忠於自己廚師的身分。我們很難想像夏季番茄料理中缺少羅勒；我們也許會在這道料理中添加一些青蔥、薄荷或鹽膚木，但仍少不了羅勒。

葡萄黑醋，或義大利羅勒與泰式九層塔），但彼此之間的差異可能會相當大。

分量感

透過對酒的研究，我們慢慢了解到酒的稠度（body）與分量感（weight）的重要性，進而對各種食物的相對分量感也有所了解。事實上，在搭配酒與食物的時候，食物的分量感扮演著舉足輕重的角色。

食物分量感與季節往往密不可分，夏季我們渴望輕盈的菜餚，而天氣涼爽時則喜愛較厚實的食物。夏天想吃輕食，只要在新鮮的生菜沙拉上擺滿蝦仁或雞肉，再淋上油醋醬，就能得到滿足。冬天我們渴望實實在在的熱食，因此一鍋浸在濃濃醬汁中的燉肉與燉菜，會對我們充滿吸引力。

下表針對天氣的冷熱以及濃淡的口味，列出適合的酒與食材：

	輕盈	中等	厚實
白酒	麗絲玲（Riesling）	白蘇維翁（Sauvignon Blanc）	夏多內（Chardonnay）
紅酒	黑皮諾（Pinot Noir）	梅洛（Merlot）	卡本內蘇維翁（Cabernet Sauvignon）
蔬菜	畢布萵苣（Bibb lettuce）	胡蘿蔔	芹菜根
穀物	庫斯庫斯	米飯	布格麥食
水果	西瓜	蘋果	香蕉
海鮮	蝦、比目魚	鮭魚、鮪魚	
白肉		雞肉、豬肉、小牛肉	
紅肉			牛肉、羊肉、鹿肉
醬汁	柑橘／檸檬、香醋	奶油／鮮奶油、橄欖油	半釉肉湯汁（Demi-glace Meat stock）

風味強度

　　食材的風味本質中，還有一個非常重要的元素「風味強度」。若把風味比擬成音響音量1~10的級數控制，那麼一把碎荷蘭芹的風味強度就是「1」，微弱清淡；而一堆剁碎的新鮮哈瓦那辣椒則是「10」，響亮濃烈。在不同情況下運用這些食材，會創造出不同效果，但是最終目的，都是要讓成品的風味達到平衡。

　　那麼，你使用的食材風味，是微弱清淡、中等溫和，還是響亮濃烈呢？要把一種食材混入其他食材前，得先留意該項食材風味的強度。菜餚若過度調味以至於無法嘗出食材本色，那就是錯了。請留意下列三樣元素：

蛋白質

輕度（清淡）：魚類、貝類、豆腐

中度（溫和）：白肉（雞肉、豬肉、小牛肉）

重度（濃烈）：紅肉（牛肉、羊肉、鹿肉）

烹調技巧
輕度（清淡）：水煮、清蒸
中度（溫和）：炸、煎炒
重度（濃烈）：燜燒、燉煮

香料植物
輕度（清淡）：細葉香芹、荷蘭芹
中度（溫和）：蒔蘿、檸檬百里香
重度（濃烈）：迷迭香、龍蒿

作用

不同味道還會有不同作用：鹹味讓人覺得口渴（想想酒吧提供的免費鹹花生），而酸味則有止渴效果（想想檸檬水）。鹹味能增進食欲，讓前菜的風味特別開胃。苦味也能刺激食欲，並讓菜餚更清爽，進而凸顯菜餚中的其他滋味。酸味爽口，菜餚中加入一點酸味就能增添些許清新的調性。甜味則讓人感到滿足，所以非常適合以甜點或至少具有甜味的食物（如：甜無花果或是乳酪淋上蜂蜜），為餐點畫下完美句點，這也是普遍慣例。

某些食物（如：肉桂和肉荳蔻等香料）被認為性質「溫熱」，因此在菜餚中加入這類食材能增添暖意，在寒冷冬日也許會特別受歡迎。而如黃瓜與薄荷這一類性質「寒涼」的食物，一樣可以妥善運用。

謹記食材的作用，有助於我們明智地運用食材，搭配風味與作用時避免出錯。我一直記得某次在紐奧良的一家餐廳，當天的前菜是一道美味的甜菜沙拉，但味道實在是太甜膩了，接下來幾道菜上桌時，我已經沒了胃口。

地域性

無論烹煮何種食材，要讓風味相融無間，有個很簡單的方式，就是決定菜餚的地域風味，以作為調理的參考點。精湛的廚藝得考量食物的季節性，而成功的風味搭配則得考量食物的地域性。大家都耳熟能詳的格言：「青梅竹馬才是最佳良伴」（If it grows together, it goes together），這句話也是下廚最佳指導原則。決定好要烹煮哪個國家的料理，可有效減少食材選項，也更有助於料理菜餚！例如，雞肉是種很普遍的食材，所以如果要料理雞肉，就更需要確定靈感來自哪個區域。你期待的是一盤淋上莎莎醬的墨西哥式雞肉，還是一道蘸上奶油芥茉醬的法式嫩雞？而副食的選擇也會強化整道菜的地域性風味。究竟是要用米飯、豆子，還是水煮馬鈴薯來搭配，才能凸顯整道菜的最佳風味？

對味組合

　　無論是一塊熟甜的水果，或是一片光滑如絲的生魚片，任何不經料理就能上桌的完美食材，都是極致之物。但在現實世界中，完美食材畢竟十分罕見，大部分食材經過東加西減之後，風味還能更上一層樓。草莓撒上一些糖霜會變得更濃郁，香瓜淋上幾滴萊姆汁會變得更香甜，鹹薯條蘸一點醋會順口得多。

　　不管烹調什麼食物，知道何種香草、香料或其他調味最能帶出風味，是每個廚師都應該掌握的重要知識。接下來要特別介紹的各種現代風味組合，是本世紀美國一些最受景仰的廚師所驗證過的。

————

　　研究本書中各種食材的語言及語法，便得以一窺全美最具創意主廚的智慧結晶以及無懈可擊的判斷力。

chapter 3

第三章 | 風味的搭配：圖表

味固不在大小、華嗇間也。能，則一芹一菹皆珍
怪；不能，則雖黃雀鮓三楹無益也。
——袁枚，十八世紀中國文人

　　想在廚房做一道菜或準備一頓豐盛的餐點，靈感的起點可以是任何東西。也許是當季盛產的某種食材（蔬、果、肉類或海鮮），或是某種烹調方式（如：夏季烤肉、冬季火鍋）。也可以是對某個國家或地區風味的渴望，像是蒜頭與香草組合而成的普羅旺斯風味，或是蒜頭搭配薑所帶出的亞洲風味。或者，靈感的起點不過是想體驗新食材或新技巧而已。

　　基於上述的體認，我們整理出一份列表，裡面的條目以英文字母 A 到 Z 來排序，也就是從紅木籽（achiote seeds）排序到節瓜花（zucchini blossoms）。條目的種類包括季節（秋、春、夏、冬）；不同種類的蔬菜、水果、肉類、海鮮等食材；世界各國料理；還有一大堆從酪梨油、茴香花粉到卡非萊姆葉等各式各樣的調味品，當然也包括了許多不同種類的鹽、胡椒、香料、辣椒、油與醋。

　　這份列表精簡呈現出每項食材本質的主要特性，包括食材的季節、味道、分量感、風味強度及主要功能質性。列表中還會建議最適合的料理方式，以及處理此項食材需謹記在心的一些實用祕訣。畢竟，有些食材就是得以特定方式來處理，例如適用於雞肉的料理方式有很多種，但質地脆弱的魚肉就只能稍微烹煮甚至生食，而堅韌的肉塊則得用燜燒或燉煮的方式來料理。

　　本書食材列表的編排方式跟《烹飪藝術》一樣，能在表中呈現食材的各種組合。永恆經典的搭配會用伴隨著星號(*)的**黑體字**，這些「天作之合」的比例僅占所有風味搭配的 1~2%。高度推薦的搭配會用**黑體字**，經常受到推薦的搭配則用**粗體字**，至於一般字體則表示受過推薦的搭配方式。但是請記得，即使某個風味搭配僅受到一位專家的青睞，仍是非常值得推崇的組合。

在某些時候，我們也會標示出必須**避開**的風味組合，以免蓋過或破壞了主要食材的味道。

許多條目中還會標示出食材的「風味三重奏」（flavor trios）及其他的「風味派別」（flavor cliques），好讓你著手調配出複合式風味。另外有些條目還會告訴你美國最富創意廚師的招牌私房菜，這樣你就可以從全美最有名餐廳的廚房中獲得做菜的靈感。

本章還會有邊欄，提供一些與香草、菇蕈、麵食、牛排等食材相關的烹飪見解。透過這些邊欄，你不但能認識某些風味組合的成分，還可了解如此組合的原因與方式。

請仔細觀察各種食材之間的區別。畢竟，即時同樣是鹽，製作的方法也不完全相同。一旦你決定了食材，也就決定了所要創造出的風味特質。

從千禧年開始，我們便踏遍了美加各地，花費無數時間拜訪數十位最富創意的廚師與專家，一起談論他們大力推薦的風味組合。我們努力挖掘他們的記憶，同時參考這些專家自1999年之後的餐廳菜單、網頁、食譜及其備受推崇的烹飪書籍，期望找出風味搭配之洞見。我們把這些廚師和專家的建議整理成本章各條目的列表，它們內容廣泛且使用容易，能讓你在廚房中輕輕鬆鬆就知道如何搭配食物。

有這些廣大的資訊做後盾，便更能知道如何凸顯各種食材，或創造出任何一種你想得到的各國菜餚。從現在起，當你想要激發自己的創造力，便可從本書中諮詢一些美國最具創意廚師的專業建議。無論你是想探索一種新食材，或想為再熟悉不過的食材尋找新的出路，在這裡，你都能發現極具洞見的祕訣與千變萬化的組合方式。

風味的搭配 | MATCHING FLAVORS

閱讀要領：由一位以上專家所建議的風味搭配，以一般字體來表示。由好幾位專家所推薦的風味搭配，則以**粗體字**來表示。而若為更多專家高度推薦，則以**黑體字**呈現。

至於受到最多位專家推崇的「經典搭配」，則以伴隨星號的（＊）**黑體字**呈現。

NOTE

季節：該食材盛產的季節
味道：該食材的主要味道，例如苦、鹹、酸、甜。
功能質性：該食材的固有特性，例如性屬寒涼或性屬溫熱。
分量感：該食材的相對密實度，例如輕盈或是厚實
風味強度：該食材味道的強度，例如清淡或是濃烈
料理方式：料理該食材最常用的技巧
小祕訣：運用該食材的建議
對味組合：相容的風味
避免：不相容的風味

紅木籽 Achiote Seeds

牛肉
雞肉
辣椒
柑橘類（如：酸橙）
魚
野禽類（如：鴨、鵪鶉）
蒜頭
墨西哥料理（尤以尤卡坦油為佳）
豬肉
貝蝦蟹類（如：龍蝦、蝦）
蝦

對味組合

紅木籽＋豬肉＋酸橙

阿富汗料理 Afghan Cuisine

杏仁
大麥
麵包
小豆蔻
辣椒
肉桂
丁香
芫荽
黃瓜
孜然
蒔蘿
小茴香
水果（尤以水果乾為佳）
薑
葡萄
沙威瑪
羊肉
薄荷
菇蕈類
堅果（如：杏仁）

義式麵食

印度香米
芝麻
番茄與番茄醬汁
薑黃
優格

對味組合

杏仁＋小豆蔻＋糖
黃瓜＋薄荷＋優格

非洲料理 African Cuisine
（同時參見衣索比亞與摩洛哥料理）

香蕉
燈籠椒
燜燒料理
雞肉
辣椒（尤以西非品種為佳）
椰子
玉米
魚（尤以近海魚類為佳）

水果（尤以熱帶水果為佳）
蒜頭
山羊肉
綠葉蔬菜（尤以蒸或燉為佳）
芒果
甜瓜
秋葵
洋蔥
木瓜
花生
豌豆（尤以黑眼豌豆為佳）
大蕉
湯
燉煮料理（尤以乳酪或蔬菜為佳）
番薯
番茄
西瓜
山芋（尤以西非品種為佳）

非洲料理（北非）
African Cusine（North）
（同時參見摩洛哥料理）
燈籠椒
燜燒料理
雞肉
鷹嘴豆
庫斯庫斯
黃瓜
孜然
茄子
魚
蒜頭
羊肉
薄荷
荷蘭芹
米
燉煮料理
番茄
小麥

對味組合
孜然＋蒜頭＋薄荷（尤以非洲東
　北為佳）

非洲料理（南非）
African Cuisine（South）
豆類
胡蘿蔔
辣椒
肉桂
丁香
葫蘆巴
蒜頭
薑
羊肉
洋蔥
豌豆
南瓜
燉煮料理
番茄
薑黃

對味組合
羊肉＋辣椒＋蒜頭＋洋蔥

非洲料理（西非）
African Cuisine（West）
香蕉
燈籠椒
燜燒料理
雞肉
辣椒
玉米
山羊肉
芒果
秋葵
木瓜
花生
大蕉
米
湯
燉煮料理
番薯
番茄
小麥
山芋

對味組合
辣椒＋花生＋番茄

多香果 Allspice
季節：秋季－冬季
味道：甜
分量感：中等
風味強度：濃烈
小祕訣：在烹調初期即加入

蘋果
烘焙食物
豆類
**牛肉（尤以燜燒、鹽漬、燒烤、絞
　碎、生食、烘烤或燉煮為佳）**
甜菜
麵包（尤以早餐麵包為佳）
甘藍
蛋糕
加勒比海料理
胡蘿蔔
雞肉（如：牙買加口味）
鷹嘴豆
辣椒
肉桂
丁香
餅乾
芫荽
穗醋栗（尤以黑穗醋栗為佳）
咖哩與咖哩粉
東地中海料理
茄子
英式料理
魚（尤以烤魚為佳）
水果、糖煮水果和果醬
野味和野禽類（如：鵪鶉）
蒜頭
薑
山羊肉
穀物
火腿
醃鯡魚
印度料理
牙買加料理（如：牙買加式烤肉）
番茄醬
羊肉
豆蔻皮粉
**肉類（尤以燜燒、燒烤或烘烤的肉
　類為佳）**

在牙買加，**多香果**就像是胡椒粉。它比黑胡椒多了點水果的芬芳。我認為特別適合在燜燒與烘烤肉類時使用。

——布萊德福特・湯普森（Bradford Thompson），MARY ELAINE'S AT THE PHOENICIAN，亞利桑那州斯科茨代爾市

墨西哥料理
中東料理
菇蕈類
芥末醬
北美料理
肉豆蔻
堅果 洋蔥
黑胡椒
派
鳳梨
豬肉
南瓜
兔肉
米
迷迭香
莎莎醬
德國酸菜
香腸
湯
香料蛋糕
菠菜
冬南瓜
燉煮料理
雞高湯與清湯
番薯
百里香 番茄
蕪菁
蔬菜（尤以根莖類為佳）
西印度群島料理

對味組合

多香果＋牛肉＋洋蔥 多香果＋蒜
　頭＋豬肉

杏仁 Almonds
功能質性：性暖
分量感：中等
風味強度：微弱

杏仁香甜酒
洋茴香（尤以綠茴香為佳）
蘋果
杏桃
豆類
黑梅
白蘭地
無鹽奶油
奶油糖果
焦糖
小豆蔻
卡宴辣椒
乳酪：山羊、蒙契格、瑞可達乳酪
櫻桃（尤以酸櫻桃為佳）雞肉
巧克力：黑、牛奶、白巧克力
肉桂
椰子
咖啡
玉米粉
玉米糖漿
蟹
蔓越莓
鮮奶油
奶油乳酪
法式酸奶油
脆皮點心：酥皮、派
穗醋栗
無花果
魚
法式酥皮
大部分水果
蒜頭
葡萄
希臘料理
綠葉蔬菜沙拉
榛果
蜂蜜
冰淇淋
印度料理

義式醬汁
羊肉
薰衣草
檸檬：檸檬汁、碎檸檬皮
水果香甜酒（包括柳橙香甜酒）
馬士卡彭乳酪
地中海料理
墨西哥飲料和摩爾醬
甜煉乳
糖蜜
摩洛哥料理
油桃
燕麥
橄欖油
橄欖
柳橙：橙汁、碎橙皮
紅椒
百香果
桃子
豌豆
美洲山核桃
胡椒粉
松子
洋李
胡桃糖
黑李乾
榲桲
葡萄乾（尤以白葡萄乾為佳）
覆盆子
大黃
米
迷迭香
蘭姆酒
鹽：猶太鹽、海鹽
貝蝦蟹類
雪莉酒
西班牙料理（尤以醬汁為佳）
草莓
糖：黑糖、白糖
茶
土耳其料理
香英蘭
核桃

CHEF'S TALK

由於**杏仁**的味道不是很強烈，所以可以廣泛運用在餐點中。不過加工處理過的**杏仁**，的確擁有一種獨特風味：想想義大利富蘭傑利榛果甜酒（Frangelico）、杏仁油或杏仁甜點的味道。這些食品中都帶著一種非常獨特的杏仁味。

——馬賽爾·德索尼瑪（Marcel Desaulniers），THE TRELLIS，維吉尼亞州威廉斯堡

如果你有一些漂亮的**杏仁**，可做的事就多了。你可以磨成杏仁粉做成奶油杏仁餡料（frangipane），再用起酥皮包起來做成甜點。也可以在小麵包、餅乾或是冰淇淋中加入杏仁碎片。

——艾蜜莉·盧契提（Emily Luchetti），FARALLON，舊金山

對味組合

杏仁＋巧克力＋椰子
杏仁＋咖啡＋柳橙
杏仁＋綠茴香＋無花果
杏仁＋蜂蜜＋碎橙皮＋葡萄乾

杏仁香甜酒 Amaretto

杏仁
杏桃
奶油
櫻桃
巧克力
咖啡
鮮奶油
榛果
義式料理
桃子
豬肉
糖

鯷魚 Anchovies

味道：鹹
分量感：輕盈
風味強度：濃烈

杏仁

羅勒
四季豆
燈籠椒（尤以烘烤調理為佳）
續隨子
胡蘿蔔
白花椰菜
芹菜
乳酪：蒙契格、莫札瑞拉、**帕瑪**
細香蔥

全熟蛋
小茴香
蒜頭
檸檬汁
龍蝦
美乃滋
地中海料理
芥末醬（如：第戎）
油桃
橄欖油
橄欖（如：黑橄欖、綠橄欖、尼斯橄欖）
洋蔥
柳橙、碎橙皮
扁葉荷蘭芹
義式麵食
胡椒：黑、白糊椒

CHEF'S TALK

世界上沒有一個國家的**鯷魚**像西班牙產的那樣特別。西班牙鯷魚的味道層次豐富，而且不會過鹹，尤其是產自西班牙北部的鯷魚，體型較大所以品質最佳。你只要嘗過一次，生命便會因此改變！不過西班牙鯷魚很貴，每尾要價75美分（約台幣25元），所以一盤定價要9美元（約台幣300元）。我的顧客認為這太貴了，我完全同意，但如果你不付這個價就吃不到了。近來，我用油桃來搭配鯷魚，味道真是美極了。油醋醬則以佩德羅雪利甜酒、雪莉酒醋以及橄欖油來調製，這真是一道完美獨特的醬汁啊。

——荷西·安德烈（José Andrés），CAFÉ ATLÁNTICO，華盛頓特區

紅椒、佩姬羅紅椒
披薩
馬鈴薯
普塔內斯卡醬汁（主要成分）
紅椒粉
蘿蔓萵苣
迷迭香
沙拉（主要成分，尤以凱撒沙拉
　　為佳）
鮭魚
鹽：猶太鹽、海鹽
紅蔥頭
佩德羅－希梅內斯雪莉酒
普羅旺斯橄欖醬（主要成分）
百里香 番茄
鮪魚
醋：香檳酒醋、紅酒醋、雪利酒醋

對味組合
鰻魚＋檸檬＋橄欖油＋迷迭香

歐白芷 Angelica
味道：苦、甜
風味強度：濃烈
小祕訣：烹調後期再加入，用於
　　烘焙食品。此食材主要用來平
　　衡高酸度的水果，以減少糖分
　　的需求量。

杏仁
洋茴香
杏桃
糖果
鮮奶油與冰淇淋
卡士達
甜點
魚
水果
薑：生薑、糖漬薑
榛果
刺柏漿果
薰衣草
檸檬香蜂草
西洋山薄荷
香甜酒
菇蕈類
肉豆蔻

柳橙
黑胡椒
洋李
大黃＊
沙拉
貝蝦蟹類
草莓

對味組合
歐白芷＋鮮奶油＋大黃

洋茴香 Anise
（同時參見八角、小茴香）
功能質性：性暖
分量感：輕盈－適度
風味強度：溫和－濃烈
小祕訣：烹調初期即加入

多香果
杏仁
蘋果
烘焙食物（尤以蛋糕、餅乾為佳）
甜菜
麵包（尤以黑麥麵包為佳）
甘藍
蛋糕
小豆蔻
胡蘿蔔
白花椰菜
乳酪（尤以山羊乳酪與羅契塔乳
　　酪為佳）
栗子
中式料理
肉桂
丁香

咖啡
餅乾
蟹
鮮奶油
孜然
椰棗
甜點
鴨
小茴香籽
無花果
魚
水果
蒜頭
薑
榛果
檸檬
扁豆
美乃滋
地中海料理
甜瓜
中東料理
摩爾醬
摩洛哥料理
貽貝
肉豆蔻
堅果
柳橙
歐洲防風草塊根
桃子
西洋桃
胡椒
醃漬食品
鳳梨
洋李
豬肉

葡式料理
普羅旺斯料理（法式）
黑李乾
南瓜
榅桲
葡萄乾
大黃
義式煙燻肉品
德國酸菜
斯堪地納維亞料理
貝蝦蟹類
湯（尤以魚湯為佳）
八角
燉煮料理（尤以燉魚為佳）
草莓
糖
番薯
茶
香莢蘭
根莖類蔬菜
越南料理
核桃

茴藿香 Anise Hyssop
季節：晚春－夏天
味道：甜
分量感：輕盈－中等
風味強度：微弱－溫和

杏桃
羅勒
四季豆
甜菜
漿果（尤以藍莓為佳）
飲料
胡蘿蔔
櫻桃
細葉香芹
雞肉
鮮奶油與冰淇淋
穗醋栗
卡士達
甜點
球莖茴香
魚
水果（尤以夏季水果為佳）
蜂蜜

薰衣草
檸檬
荔枝
墨角蘭
甜瓜
薄荷
油桃
柳橙
荷蘭芹
歐洲防風草塊根
桃子
西洋梨
洋李
豬肉
覆盆子
米
沙拉：水果、綠葉蔬菜
貝蝦蟹類（如：蝦）
蝦
菠菜
冬南瓜
硬核水果（如：桃子）
番薯
龍蒿
茶
番茄
根莖類蔬菜
西瓜
節瓜

八角 Anise, Star
味道：甜、苦
分量感：中等
風味強度：溫和－濃烈
小祕訣：開始即加入，快炒也可。

多香果
烘焙食品（如：麵包、酥皮）
牛肉
飲料
小豆蔻
栗子
雞肉
辣椒
辣椒粉
中式料理
巧克力（尤以牛奶巧克力為佳）
肉桂
碎橙皮
丁香
芫荽
孜然
咖哩粉（成分）
鴨
蛋
小茴香籽
無花果
魚
五香粉
水果（尤以熱帶水果為佳）
蒜頭
薑
印度料理
金桔
韭蔥
檸檬草
碎萊姆皮
香甜酒
豆蔻皮粉
馬來西亞料理
芒果

CHEF'S TALK

小時候，在色彩繽紛的豆豆糖中，我最討厭帶有小茴香味的黑色豆豆糖。不過長大後，我卻愛上各類洋茴香的味道，尤其是八角。我最喜歡把八角泡在巧克力牛奶中，讓它釋放出一種近似麥芽焦糖的味道，如此一來，牛奶中會出現一股難以辨識的微妙風味。我也喜歡用洋茴香搭配西洋梨，無論是烘烤或水煮都非常合適。
——麥克・萊斯寇尼思（Michael Laiskonis），LE BERNARDIN，紐約市

不管是肉類還是甜點，八角都很好用。我喜歡它為燉肉增添的肉香，或是為南瓜甜點帶來鮮明溫暖的香甜氣味。
——湯尼・劉（Tony Liu），AUGUST，紐約市

楓糖漿
肉類（尤以油脂豐厚肉品為佳）
肉豆蔻
碎橙皮
牛尾
西洋梨（尤以水煮調理為佳）
胡椒：黑胡椒、四川花椒
鳳梨
洋李（尤以水煮調理為佳）
豬肉
禽肉類
南瓜
覆盆子
根莖蔬菜
鮭魚
醬汁
紅蔥頭
扇貝
貝蝦蟹類
蝦
湯
醬油
燉煮料理
高湯：牛肉、雞肉高湯
番薯
羅望子
茶
鮪魚
薑黃
香莢蘭
蔬菜（尤以根莖類蔬菜為佳）
越南料理（如：河粉）
米酒

對味組合
八角＋鮮奶油＋楓糖
八角＋牛奶＋牛奶巧克力＋碎橙
　　皮＋糖
八角＋豬肉＋醬油＋糖

開胃菜 Appetizers
小祕訣：鹹味能刺激食欲。餐點
　　中的開胃菜分量不要太大，以
　　免過早滿足食欲。開胃菜宜佐
　　以稠度較低的酒。

主廚私房菜 | DISHES

A VOCE 餐廳的招牌沙拉：青蘋果＋馬科納杏仁（Marcona Almonds）＋
水田芥＋佩科利諾乳酪（Pecorino）
——安德魯・卡梅利尼（Andrew Carmellini），A VOCE，紐約市

蘋果茄子酥餅，搭配蘋果奶油、蔓越莓果醬以及水煮檸檬蘋果
——多明尼克和欣迪杜比（Dominique and Cindy Duby），WILD SWEETS，溫哥華

蘋果鬆糕，搭配黑巧克力和肉桂醬汁
——多明尼克和欣迪杜比（Dominique and Cindy Duby），WILD SWEETS，溫哥華

焦糖化楓糖奶油冰淇淋，搭配煎蘋果和橄欖油海綿蛋糕
——強尼・尤西尼（Johnny Iuzzini），Jean Georges 糕點主廚，紐約市

水煮澳洲青蘋果，搭配野花蜜和莒菜葉
——湯馬士・凱勒（Thomas Keller），The French Laundry，加州揚特維爾市

蘋果荔枝雪酪（Sorbet）
——麥克・萊斯寇尼思（Michael Laiskonis），糕點主廚，LE BERNARDIN，紐約市

焦糖蘋果聖代搭配奶油胡桃冰淇淋
——艾蜜莉・盧契提（Emily Luchetti），FARALLON，舊金山市

剛出爐澳洲青蘋果塔搭配白脫乳冰淇淋
——派翠克・歐康乃爾（Patrick O'Connell），THE INN AT LITTLE WASHINGTON，維吉尼亞
州華盛頓市

蘋果 Apples
季節：秋季
味道：甜、酸澀
功能質性：性冷
分量感：適度
風味強度：微弱 － 溫和
料理方式：烘焙、糖漬、油炸（如：
　油炸餡餅）、燒烤、水煮、生食、
　煎炒、燉煮

多香果
杏仁
蘋果酒或蘋果汁
蘋果白蘭地
杏桃：杏桃乾、杏桃果醬、杏桃
　果泥
阿瑪涅克白蘭地
培根
月桂葉

蘋果很適合搭配芹菜。你對青蘋果雪酪塔的味道早已了然於胸,因此嘗到時並不會太驚艷。但添加一些芹菜後,就會得到一種嶄新的風味。我也喜歡蘋果搭配小茴香的味道,特別是用於雪酪。
——麥克‧萊斯寇尼思(Michael Laiskonis),LE BERNARDIN,紐約市

我在層層疊起的**蘋果**薄片間,撒上一層層肉桂焦糖粉,接著以小火慢烤,做出一份糖漬蘋果。上桌前再佐以香莢蘭糖漿煮過的椰棗。這道甜點的其他配料還有糖漬檸檬、榅桲、佐以蘋果酒凍的新鮮蘋果,以及摩洛哥綜合香料(ras el hanout)。

整道甜點需要一個能與甜味對比的味道,糖漬檸檬的作用就是淨化,讓味道清新。如果沒有糖漬檸檬,咬一口椰棗也可以達到同樣效果。椰棗與檸檬的角色就像餐點中的沙拉。榅桲、中東的椰棗以及摩洛哥綜合香料,是將所有氣味串連起來的線索。
——麥克‧萊斯寇尼思(Michael Laiskonis),LE BERNARDIN,紐約市

如果你想在爐子上烹煮**蘋果**,有些品種的蘋果富含水分,有些則乾而無汁。富士、加拉和金冠蘋果往往香甜多汁,而澳洲青蘋果則較為少汁。不同品種的蘋果會出現什麼狀況往往難以預料,所以如果我要以蘋果搭配薑餅,我會先用點糖翻炒一下蘋果,看看發生什麼狀況。如果蘋果泌出很多汁液,就不要加太多糖,但如果乾而無汁,就必須加些蘋果汁或卡巴度斯蘋果酒了。
——艾蜜莉‧盧契提(Emily Luchetti),FARALLON,舊金山

我製作**蘋果**派時,至少會放入三種蘋果,因為品種不同,口感與甜度也不同,如此每咬一口都會感到新鮮有趣。甜度較高的加拉或金冠蘋果通常置於派的中層,強納森(Jonathans)或蜜茵塔許(McIntoshes)這類質地柔軟的蘋果則置於上層,因為它們易於與其他食材融合,至於底層就鋪上質地脆硬耐烤的布萊本(Braeburns)或澳洲青蘋果……另外,我也無法想像少了肉桂、檸檬汁以及鹽來調味的蘋果派會是什麼樣子。
——雪倫‧哈格(Sharon Hage),YORK STREET,達拉斯

蘋果和焦糖是絕配,而加入不同堅果則能左右整體的風味表現。如果加的是美洲山核桃,就會成為口感濃郁的冬季甜點,如果加的是杏仁,則會呈現出清爽的滋味。這兩種方式都可行,重要的是你想做出哪種口感的甜點。
——艾蜜莉‧盧契提(Emily Luchetti),FARALLON,舊金山

牛肉
黑莓
波本酒
白蘭地(尤以蘋果白蘭地為佳)
奶油麵包
無鹽奶油
奶油糖果
紅甘藍
卡巴杜斯蘋果酒
焦糖
小豆蔻
芹菜
芹菜根
乳酪:康門貝爾、巧達、山羊、葛黎耶和乳酪
櫻桃:櫻桃乾、新鮮櫻桃
栗子
雞肉
細香蔥
蘋果酒
肉桂*
丁香
干邑白蘭地
君度橙酒
芫荽
蔓越莓
鮮奶油與冰淇淋
英式奶油醬
法式酸奶油
脆餅皮:蛋糕、派
孜然
穗醋栗(尤以黑穗醋栗與穗醋栗果凍為佳)
咖哩粉
卡士達
椰棗
鴨
茄子
小茴香
法式料理(尤以諾曼地料理為佳)
綠捲鬚生菜
薑
鵝肉
榛果
蜂蜜(尤以栗花蜂蜜、野花蜂蜜為佳)
山葵

CHEF'S TALK

蘋果和紫蘇很配，而且我特別喜歡同時使用於雪酪中。我會用帶點清新酸味的澳洲青蘋果，加入一點糖與檸檬，最後再加進紫蘇。紫蘇帶有孜然與肉桂的風味，與蘋果是天作之合。

——傑瑞·特勞費德（Jerry Traunfeld），THE HERBFARM，華盛頓州伍德菲爾

如果你固守一般人對甜點的定義，那就很難創造出新風味了。我們向顧客解釋，既然能接受胡蘿蔔蛋糕，那麼，用歐洲防風草塊根取代胡蘿蔔來製作蛋糕，或以日本南瓜取代南瓜來製作派，又何妨呢？

人們要是在甜點中看到茄子，一定會認為滋味不佳。所以必須想辦法凸顯人們所熟悉的食材，以隱藏那些不尋常的食材。想想那些甜味與鹹味交織而成的各種美味菜餚，甜鹹之間的界線其實並不存在。橙汁燒鴨（Duck à l'orange）就是水果與肉類完美組成的佳餚，所以甜點中加入一些培根又何妨呢？鬆餅淋上楓糖再搭配培根，兼具甜鹹美味。其實人們已在不知不覺中嘗過這些風味組合了。就像我們的蘋果茄子甜點，我們以泡芙麵團為派皮，上面鋪上一層乳脂狀的杏仁卡士達，然後再一片片交替鋪上蘋果片與茄子片。這道點心運用的是嫩茄子，因為嫩茄子質地鬆軟，能充分吸收卡士達中的水分，以防止派皮軟爛，還能留住蘋果在烘焙過程中常會流失的風味與汁液。所以我們在品嘗這道甜點時，茄子的味道就像蘋果。

——多明尼克和欣迪杜比（Dominique and Cindy Duby），WILD SWEETS，溫哥華

我一直非常崇拜名廚弗萊迪·吉哈爾代（Frédy Girardet，他在瑞士擁有一家米其林三星餐廳，1966年退休）。他書中的每一道食譜，我幾乎都動手做過，還光顧他的餐廳。吉哈爾代最有趣的甜點之一，是以蘋果做的小球狀甜點。這道甜點最具啟發性的地方在於，它突破了傳統，不再以整顆蘋果來製作。吉哈爾代以大火烹煮蘋果兩分鐘，放到淺盤，然後浸泡在以肉桂、橙皮和糖熬製成的紅酒醬汁中。淺盤必須持續晃動一小時，以防止蘋果變乾。在這個過程中，蘋果就像海綿般吸收紅酒醬汁中所有的風味，然後就可以搭配香莢蘭冰淇淋上桌了。

我們根據同樣的精神改造這道甜點。我們將酒轉變成「球狀」（espherication），讓它成為會在口中蔓延的液體泡泡。我們以圓形挖球器挖出一顆顆的蘋果球，再將蘋果小圓球與酒一起封裝在真空中烹煮。如此一來，蘋果不但可保持硬度，還能吸收酒的風味。

——荷西·安德烈（José Andrés），CAFÉ ATLÁNTICO，華盛頓特區

我們有一道料理是以蘋果搭配煙燻牡蠣。因為牡蠣是以蘋果樹枝來煙燻，所以在料理中加入蘋果似乎再符合邏輯不過了。煙燻牡蠣配上含有刺柏漿果的蘋果泥，完美凸顯了牡蠣的風味。

——福島克也（Katsuya Fukushima），MINIBAR，華盛頓特區

冰淇淋
櫻桃白蘭地
薰衣草
檸檬：檸檬汁、碎檸檬皮
檸檬百里香
荔枝
馬德拉酒
楓糖漿
美乃滋
蛋白霜烤餅
糖蜜
芥末醬
肉豆蔻
堅果
燕麥粉與燕麥
油：菜籽油、榛果油、核桃油
橄欖油
洋蔥（尤以、紅洋蔥為佳）
柳橙：橙汁、碎橙皮
荷蘭芹
花生與花生醬
西洋梨
美洲山核桃
黑胡椒
派
鳳梨
松子
開心果
洋李
石榴
豬肉
禽肉
黑李乾
起酥皮
南瓜
榲桲
葡萄乾（尤以無籽葡萄乾、白葡萄乾為佳）
大黃
米及米布丁
迷迭香
蘭姆酒：深色、無色蘭姆酒
沙拉：水果沙拉、綠葉沙拉
猶太鹽
德國酸菜
雪莉酒
湯

酸奶油
八角
糖：黑糖、白糖
番薯
龍蒿
塔
百里香
香莢蘭
酸葡萄汁
苦艾酒
醋：蘋果酒醋、覆盆子醋
核桃
酒：紅酒、干白酒[1]
優格

---

[1] 「干」即 dry，不甜的意思。

對味組合

蘋果＋杏仁＋焦糖
蘋果＋杏仁＋阿瑪涅克白蘭地＋法式酸奶油＋葡萄乾
蘋果＋杏桃＋松子＋迷迭香
蘋果＋黑糖＋鮮奶油＋核桃
蘋果＋卡巴杜斯蘋果酒＋蔓越莓＋楓糖漿
蘋果＋焦糖＋肉桂
蘋果＋焦糖＋肉桂＋椰棗＋糖漬檸檬＋榅桲＋摩洛哥綜合香料＋香莢蘭
蘋果＋焦糖＋花生
蘋果＋焦糖＋美洲山核桃
蘋果＋焦糖＋開心果＋香莢蘭
蘋果＋芹菜＋核桃
蘋果＋肉桂＋蔓越莓
蘋果＋肉桂＋黑巧克力＋山芋
蘋果＋鮮奶油＋薑
蘋果＋薑＋榛果
蘋果＋薑＋檸檬＋榅桲＋糖
蘋果＋蜂蜜＋檸檬百里香
蘋果＋葡萄乾＋蘭姆酒
蘋果＋紅葉甘藍＋肉桂

杏桃 Apricots
季節： 夏季
味道： 甜
分量感： 中等
風味強度： 溫和
料理方式： 烘焙、燒烤、水煮、生食、燉煮

多香果
杏仁
杏仁香甜酒
洋茴香
蘋果
杏桃白蘭地
香蕉
黑莓

藍莓
白蘭地
無鹽奶油
焦糖
小豆蔻
卡宴辣椒
乳酪（如：布利、荷布洛匈、瑞可達乳酪）
乳酪蛋糕
櫻桃
雞肉
白巧克力
肉桂
椰子
咖啡與義式濃縮咖啡
干邑白蘭地
芫荽
蔓越莓
鮮奶油與冰淇淋
英式奶油醬
卡士達（如：烤布蕾）
鴨
鵝肝
野味
蒜頭
薑
榛果
蜂蜜
冰淇淋（尤以香莢蘭冰淇淋為佳）
櫻桃白蘭地
羊肉
檸檬： 檸檬汁、碎檸檬皮
檸檬馬鞭草
香甜酒：杏桃香甜酒、堅果香甜酒
楓糖漿
馬士卡彭乳酪
地中海料理
蛋白霜烤餅
中東燉菜
薄荷（裝飾用）
摩洛哥料理
油桃
肉豆蔻
堅果
燕麥與燕麥粉
洋蔥（尤以黃洋蔥為佳）

柳橙：橙汁、碎橙皮
柳橙香甜酒
桃子
黑胡椒
鳳梨
松子
開心果
洋李
豬肉
禽肉
胡桃糖
黑李乾
葡萄乾
覆盆子
米布丁
迷迭香
蘭姆酒
番紅花
沙拉（尤以水果沙拉、綠葉蔬菜
　　為佳）
索甸甜白酒
酸奶油
草莓
糖：黑糖、白糖
茶：蘋果茶、杏桃茶、伯爵茶
香莢蘭＊
醋、紅酒醋
核桃
酒：甜酒、白酒
優格

對味組合
杏桃＋杏仁＋鮮奶油＋糖
杏桃＋杏仁＋蛋白霜烤餅＋莫斯
　　卡托甜白酒
杏桃＋蘋果＋松子＋迷迭香

杏桃＋蔓越莓＋白巧克力
杏桃＋柳橙＋糖＋香莢蘭＋核桃

杏桃乾 Apricots, Dried
料理方式：水煮、燉煮

多香果
櫻桃乾
肉桂
穗醋栗
卡士達
法國吐司
薑
榛果
蜂蜜
冰淇淋
檸檬：檸檬汁、碎檸檬皮
馬德拉白酒
摩洛哥料理
柳橙：橙汁、碎橙皮
鬆餅／可麗餅
開心果
豬肉
黑李乾
南瓜籽
葡萄乾
米布丁
糖
羅望子醬
香莢蘭
酒、甜白酒（如：慕斯卡白酒）

對味組合
杏桃乾＋櫻桃乾＋薑＋柳橙＋開
　　心果

阿根廷料理
Argentinian Cuisine
（同時參見南美洲料理）
牛肉
玉米
桃子
南瓜
番薯

香氣 Aroma
若想增進菜餚香氣，可以運用：
巧克力
肉桂
香草
鳳梨
真空烹調法
香料
八角
松露
香莢蘭

> **CHEF'S TALK**
> 我們認為，食物有90%的風味來自聞到的**氣味**，而不是嘗到的滋味。
> ——多明尼克和欣迪杜比（Dominique and Cindy Duby），WILD SWEETS，溫哥華

朝鮮薊 Artichokes
季節：春季－早秋
分量感：中等
風味強度：溫和－濃烈
料理方式：烘焙、水煮、文火燜燒、炙烤、油炸、燒烤、生食、烘烤、煎炒、清蒸、燉煮

蒜泥蛋黃醬
鯷魚
芝麻菜
培根
羅勒
月桂葉
蠶豆
甜菜
燈籠椒（尤以烘烤調製為佳）
麵包粉

> **CHEF'S TALK**
> 烹煮過的**杏桃**比生鮮杏桃更適合食用。很少有水果的風味是要經過烹煮才能發揮得淋漓盡致，而杏桃就是其中一種。一顆不起眼的杏桃，水煮後的滋味彷如瓊漿玉液。烹調時加入洋甘菊或薰衣草，滋味絕佳。
> ——吉娜·德帕爾馬（Gina Depalma），BABBO，紐約市
>
> **杏桃**的風味得經過烹調才能釋放出來。生杏桃嘗起來乏味而無趣，但如果你扔進烤箱稍微烤一下，它會變得截然不同。香莢蘭搭配杏桃簡直是天作之合。
> ——艾蜜莉·盧契提（Emily Luchetti），FARALLON，舊金山

主廚私房菜 | DISHES

義大利寬麵，搭配自製義大利培根（pancetta）、朝鮮薊、檸檬及辣椒
——馬利歐·巴達利（Mario Batali），BABBO，紐約市

油炸春日朝鮮薊，搭配優格、薄荷以及檸檬蒜泥蛋黃醬（aioli）
——安德魯·卡梅利尼（Andrew Carmellini），A VOCE，紐約市

CHEF'S TALK

我母親料理**朝鮮薊**時，是以美乃滋為蘸醬。我將這個概念稍微變造一下，在餐廳供應一道鑲料朝鮮薊。把切碎的薄荷混入日式麵包粉，加點鹽調味，然後塞進朝鮮薊。至於搭配的美乃滋，是以蛋、一點點橄欖油和大量的融化奶油所製成（奶油能讓美乃滋的風味更為濃郁）。這種美乃滋是根據中式菜餚胡桃蝦的醬汁所調製而成，然後再以鰻魚、紅椒碎片與洋蔥醬來調味。
——湯尼·劉（Tony Liu），AUGUST，紐約市

奶油
續隨子
胡蘿蔔
腰果
芹菜
乳酪：愛蒙塔爾、帕瑪、葛黎耶和、
　山羊乳酪
細葉香芹
雞肉
細香蔥
芫荽
鮮奶油
法式酸奶油
蛋：蛋黃、水煮全熟
法式料理
蒜頭
葡萄柚
火腿（如：塞拉諾火腿）
榛果
荷蘭醬
義式料理
韭蔥
檸檬：檸檬醬、檸檬汁、檸碎檬皮
龍蝦
美乃滋
地中海料理
薄荷
摩洛哥料理
菇蕈類
第戎芥末醬

堅果：腰果、榛果、核桃
油：榛果油、花生油
橄欖油
橄欖：黑橄欖、尼斯橄欖
洋蔥（尤以甜洋蔥與黃洋蔥為佳）
柳橙
義大利培根
扁葉荷蘭芹
胡椒：黑、白胡椒
義式青醬
佩姬羅紅椒
馬鈴薯
義式乾醃火腿
紫葉菊苣

對味組合
朝鮮薊＋奶油＋蒜頭＋檸檬＋荷蘭芹
朝鮮薊＋鮮奶油＋帕瑪乳酪＋百里香
朝鮮薊＋蒜頭＋檸檬
朝鮮薊＋蒜頭＋檸檬＋薄荷
朝鮮薊＋蒜頭＋檸檬＋橄欖油
朝鮮薊＋蒜頭＋檸檬＋橄欖油＋百里香
朝鮮薊＋蒜頭＋薄荷
朝鮮薊＋蒜頭＋帕瑪乳酪＋百里香
朝鮮薊＋蒜頭＋鼠尾草
朝鮮薊＋檸檬＋薄荷＋優格
朝鮮薊＋檸檬＋洋蔥
朝鮮薊＋菇蕈類＋洋蔥＋香腸
朝鮮薊＋橄欖油＋帕瑪乳酪＋白松露

紅椒粉
米
義式燉飯
迷迭香
番紅花
鼠尾草
沙拉
猶太鹽
香薄荷
紅蔥頭
貝蝦蟹類（如：螃蟹）
干雪莉酒
蝦
醬油
西班牙料理
菠菜
雞肉高湯
糖（一撮）
普羅旺斯橄欖醬
新鮮龍蒿
新鮮百里香
番茄
黑松露
鮪魚
油醋醬
醋：巴薩米克香醋、米酒醋、雪莉
　酒醋、白酒醋
核桃
干白酒
優格

耶路撒冷朝鮮薊
Artichokes, Jerusalem
季節：秋季－春季
分量感：中等
風味強度：溫和
烹調技巧：烘焙、汆燙、鮮奶油
　　燉煮、炸、烘烤、煎炒

洋茴香
培根
月桂葉
奶油
芹菜
山羊乳酪
細葉香芹
細香蔥
芫荽
鮮奶油
孜然
蒔蘿
小茴香葉
小茴香籽
蒜頭
薑
榛果
韭蔥
檸檬汁
豆蔻皮粉
肉類（尤以烘烤調製為佳）
羊肚菌
肉豆蔻
油：堅果、葵花籽油
橄欖油
洋蔥
扁葉荷蘭芹
黑胡椒
馬鈴薯
迷迭香
鼠尾草
鮭魚

海鹽
紅蔥頭
雞肉高湯
龍蒿
百里香
醋
干白酒

對味組合
耶路撒冷朝鮮薊＋山羊乳酪＋榛
　　果
耶路撒冷朝鮮薊＋檸檬＋羊肚菌

芝麻菜 Arugula（同時參見
　苦味綠葉蔬菜及菊苣）
季節：春－夏
味道：苦
分量感：輕盈－中等
風味強度：溫和－濃烈
料理方式：燜燒、生食（沙拉）、
　　煎炒、煮湯、出水

杏仁
羅勒
白豆
燈籠椒（尤以紅燈籠椒為佳）
乳酪：卡伯瑞勒斯藍黴、費達、山
　　羊、莫札瑞拉、**帕瑪乳酪**
雞肉

芝麻菜義大利燉飯，搭配侯克霍乳酪與松子
——加柏利兒·克魯德（Gabriel Kreuther），THE MODERN，紐約市

芝麻菜莎拉，搭配黃瓜、菲克斯費達乳酪（Mt. Vikos Feta）、薄荷、芫荽
油醋醬以及尼斯橄欖（Niçoise olives）
——茱蒂·羅傑斯（Judy Rodgers），ZUNI CAFÉ，舊金山

芝麻菜與印度乾酪（paneer）和烤腰果拌炒
——維克拉姆·菲（Vikram Vij）與梅魯·達瓦拉（Meeru Dhalwala），VIJ'S，溫哥華

芫荽葉
蛤蜊
玉米
黃瓜
蒔蘿
蛋（尤以水煮全熟為佳）
茴菜
小茴香
魚（如：鮭魚、鮪魚）
蒜頭
葡萄
義式料理
檸檬汁
萵苣
歐當歸
地中海料理
龍舌蘭
綠葉蔬菜沙拉（主要成分）
薄荷
菇蕈類
貽貝
堅果
橄欖油
黑橄欖
柳橙（尤以血橙為佳）
義大利培根
荷蘭芹
義式麵食
西洋梨
義式青醬
松子
馬鈴薯
義式乾醃火腿
紫葉菊苣
櫻桃蘿蔔
義式燉飯

耶路撒冷朝鮮薊濃湯＋甜蒜布丁＋韃靼撒克愛紅鮭＋水煮鵪鶉蛋＋酥
脆的耶路撒冷朝鮮薊
——凱莉·納哈貝迪恩（Carrie Nahabedian），NAHA，芝加哥

沙拉與綠葉沙拉
鹽（尤以海鹽為佳）
紅蔥頭
貝蝦蟹類（如：蝦）
番茄
鮪魚
酒醋
**醋：巴薩米克香醋、香檳酒醋、紅
　　酒醋、雪莉酒醋、白酒醋**
水田芥

對味組合
芝麻菜＋巴薩米克香醋＋檸檬
　＋橄欖油＋帕瑪乳酪
芝麻菜＋卡伯瑞勒斯藍黴乳酪＋
　莒菜＋葡萄
芝麻菜＋黃瓜＋費達乳酪＋薄荷
芝麻菜＋莒菜＋紫葉菊苣
芝麻菜＋小茴香＋西洋梨
芝麻菜＋西洋梨＋義式乾醃火腿

亞洲料理 Asian Cusine
（參見中式、日式、越式等料理）

蘆筍 Asparagus
季節：春季
分量感：輕盈－中等
風味強度：溫和
料理方式：汆燙、水煮、油炸、燒烤、
　煎烤、熬煮、清蒸、快炒

杏仁
鰻魚
朝鮮薊
羅勒
月桂葉
甜菜
麵包粉
褐化奶油
無鹽奶油
續隨子
葛縷子籽
胡蘿蔔
卡宴辣椒
**乳酪：榭弗爾、芳汀那、山羊、明
　　斯特、帕瑪、佩科利諾、瑞可達、**

羅馬諾
細葉香芹
細香蔥 蟹
高脂鮮奶油
法式酸奶油
蒔蘿
蛋與蛋類料理（如：半生不熟、全
　熟煎蛋捲）
蠶豆
法式料理
蒜頭
薑
火腿
荷蘭醬
義式料理
韭蔥
檸檬：檸檬汁、碎檸檬皮
檸檬百里香
萊姆汁
龍蝦

瑪莎拉酒
馬士卡彭乳酪
美乃滋
菇蕈類（尤以義大利棕蘑菇、羊
　肚菌、香菇為佳）
第戎芥末醬
油：榛果油、花生油、芝麻油、松
　露油
橄欖油
洋蔥（尤以、黃洋蔥為佳）
柳橙
牡蠣
義大利培根
扁葉荷蘭芹
義式麵食
豌豆
胡椒：黑白胡椒
佩姬羅紅椒
開心果
馬鈴薯

| **主廚私房菜** | DISHES |

瑞可達乳酪義式麵疙瘩（ricotta gnocchi），搭配蘆筍、羊肚菌、松子
——丹．巴柏（Dan Barber），BLUE HILL AT STONE BARNS，紐約州波坎提科丘

瑞可達義式乳酪餃（ricotta mezzalune），搭配蘆筍、青蔥奶油
——馬利歐．巴達利（Mario Batali），BABBO，紐約市

生菜沙拉，以山克拉門都三角洲綠蘆筍、蒜苗、油漬甜椒以及嫩芝麻
菜調製而成，然後淋上黃椒卡司垂克醬汁（Gastrique）
——湯馬士．凱勒（Thomas Keller），THE FRENCH LAUNDRY，加州揚特維爾

熱沙拉，以山克拉門都三角洲綠蘆筍、炒軟的奇波利尼洋蔥（Cipollini
Onion）圈、半熟水煮蛋以及酥脆麵包丁調製而成
——湯馬士．凱勒（Thomas Keller），THE FRENCH LAUNDRY，加州揚特維爾

綠蘆筍湯，搭配鹿花蕈（Gyromitre Mushrooms）與半熟水煮農場蛋
——加柏利兒．克魯德（Gabriel Kreuther），THE MODERN，紐約市

烤蘆筍鮮蝦熱沙拉，淋上雪莉酒油醋醬
——派翠克．歐康乃爾（Patrick O'Connell），
THE INN AT LITTLE WASHINGTON，維吉尼亞州華盛頓市

素壽司：蘆筍＋烤燈籠椒手捲
——大河內和（Kaz Okochi），KAZ SUSHI BISTRO，華盛頓特區

蘆筍羊肚菌沙拉：義大利培根＋蕨菜＋佛蒙特乳酪＋蘑菇醬汁
——艾弗瑞．波特爾（Alfred Portalei），GOTHAM BAR AND GRILL，紐約市

法式綠、白蘆筍凍（terrine），搭配烤甜菜根沙拉和蘆筍汁
——瑞克．特拉滿都（Rick Tramonto），TRU，芝加哥

義式乾醃火腿
野生韭蔥
米與義式燉飯
番紅花
鼠尾草
鮭魚
鹽：猶太鹽、海鹽
醬汁：法式奶油檸檬白醬、褐化
　　奶油、乳酪奶油白醬
香薄荷
青蔥
芝麻籽
紅蔥頭
蝦
湯
酸奶油
醬油
菠菜
高湯：雞肉、蔬菜高湯
龍蒿
新鮮百里香
番茄
蕪菁
苦艾酒
油醋醬：芥末醋、雪莉酒醋
醋：**香檳酒醋、紅酒醋、雪莉酒醋、**
　　白酒醋
干白酒（如：慕斯卡葡萄酒）
優格

對味組合

蘆筍＋續隨子＋火腿＋蝦
蘆筍＋卡宴辣椒＋萊姆
蘆筍＋細葉香芹＋細香蔥＋蒜頭＋羊肚菌＋紅蔥頭
蘆筍＋蟹＋羊肚菌＋野生韭蔥
蘆筍＋蒜頭＋薑＋芝麻
蘆筍＋蒜頭＋韭蔥＋洋蔥＋馬鈴薯
蘆筍＋山羊乳酪＋馬士卡彭乳酪＋百里香
蘆筍＋火腿＋羊肚菌＋帕瑪乳酪
蘆筍＋檸檬＋橄欖油＋黑胡椒
蘆筍＋羊肚菌＋野生韭蔥
蘆筍＋帕瑪乳酪＋蛋
蘆筍＋帕瑪乳酪＋義式培根＋油醋醬
蘆筍＋義式乾醃火腿＋山羊乳酪＋細葉香芹

白蘆筍 Asparagus, White

季節：春季
分量感：輕盈
風味強度：微弱－溫和
料理方式：汆燙、水煮、煎炒、清
　　　　　蒸
小祕訣：栽植時若有覆蓋好避免
　　　　日曬，白蘆筍的味道與質地會
　　　　比綠蘆筍清淡與柔軟。

奶油
帕瑪乳酪
雞肉
蟹
蛋：全蛋、蛋黃
火腿
榛果
檸檬
菇蕈類（如：牛肚菇、羊肚菌、牛
　　肝菌）
芥末醬
松露油
橄欖油
荷蘭芹
黑胡椒
海鹽
醬汁：荷蘭醬、美乃滋、羅曼斯科
　　　醬

蘆筍湯的製作——紐約市 ELEVEN MADISON PARK 的 丹尼爾‧赫姆（Daniel Humm）：

要學習食物的風味，最好的方法就是調製一道湯品。我們就來調製蘆筍湯，這需要：

· 豐富的蘆筍風味
· 一點酸味
· 來自蘆筍的甜味
· 適量的鹽
· 分量適中的香辛料，讓湯品有某種特色風味卻嘗不出辣味。我們用了大量的卡宴辣椒粉，但顧客卻不會發覺
· 最後還要一點新鮮萊姆汁來收尾

調製湯品就是一種平衡多種風味的遊戲。可以加入大量的鹽也不會覺得太鹹，可以添加大量的酸卻嘗不到酸味。不過，這仍是一道風味分明的湯品。就某些方面來說，調製湯品跟釀酒很像，就是把所有風味調和之後的成果。

調製蘆筍湯的第一件事，就是讓蘆筍所有的味道在一開始就進入湯中。我們把烹煮蘆筍的汁液拿來作高湯。

調製湯品：先讓蘆筍出水（也就是用一點油小火慢煎，一般都是用有蓋的鍋子或平底鍋）。然後分次加入葡萄酒，一次加一點，待湯汁稍為濃縮後再加一點，不斷重複。這樣做的目的是濃縮每一階段的風味。如此湯品的風味會很有層次感。

收尾：此時湯品已很有味道，但仍欠缺「畫龍點睛」的風味。剛開始品嘗蘆筍也許不會有驚艷感，要讓人印象深刻，需要酸味與卡宴辣椒粉的幫忙。我們用萊姆調味，因為它的酸味較強但風味較清淡。若以檸檬來調味，那麼當湯品到達所需酸度，嘗起來會都是檸檬味。

紅蔥頭
蝦
雞肉高湯
糖（一撮）
龍蒿
油醋醬
醋：香檳酒醋、白酒醋
酒：麗絲玲白酒

對味組合
白蘆筍＋榛果＋帕瑪乳酪＋松露油
白蘆筍＋檸檬＋牛肚菇＋荷蘭芹
白蘆筍＋芥末醬＋橄欖油＋醋

澀味食材 Astringency
味道：澀
功能質性：性冷

蘋果（澀－甜）
朝鮮薊
蘆筍
未熟香蕉（澀－甜）
羅勒
豆類
漿果
青花菜
蕎麥
腰果
白花椰菜
咖啡
蔓越莓
無花果（澀－甜）
水果：水果乾、生果、未熟水果
葡萄（澀－酸－甜）
榛果
香草
蜂蜜
豆類
扁豆
萵苣
豆蔻皮粉
墨角蘭
秋葵
荷蘭芹
桃子（澀－甜）
西洋梨（澀－甜）

柿子
洋李（澀－甜）
石榴（澀－酸－甜）
藜麥
大黃
黑麥
番紅花
芽菜
茶
薑黃
蕪菁
生菜
核桃

澳洲料理 Australian Cuisine
燒烤料理
牛肉
乳酪
魚
新鮮水果
羊肉
夏威夷豆
海鮮

> **CHIEF'S TALK**
>
> 注意：「新美式」料理結合了世界各地的食材及烹調技巧，同樣的，「澳洲現代料理」（Mod Oz）不但繼承了英國傳統菜餚，還受到歐洲、亞洲其他地區的影響。

貝蝦蟹類（尤以蝦子為佳）
新鮮蔬菜
酒
澳洲小龍蝦

奧地利料理 Austrian Cuisine
啤酒
肉桂
咖啡
鮮奶油
甜點
餃類
匈牙利紅燴牛肉
墨角蘭
肉類（尤以牛肉或豬肉為佳）
紅椒
荷蘭芹
酥皮
馬鈴薯
炸小牛肉片
湯（尤以餃子湯或麵湯為佳）
燉煮料理
奧式餡餅卷
酒

秋季食材 Autumn
氣候：典型寒冷季節
料理方式：燜燒、蜜汁、烘烤

杏仁（盛產於10月）
蘋果（盛產於9～11月）
朝鮮薊（盛產於9～10月）
羅勒（盛產於9月）
豆類（盛產於9月）
燈籠椒（盛產於9月）
青花菜
球花甘藍（盛產於7～12月）
球芽甘藍（盛產於11～2月）
蛋糕（尤以熱食為佳）
洋香瓜（盛產於6～9月）
焦糖
南歐洲刺菜薊（盛產於10月）
白花椰菜
芹菜根（盛產於10～11月）
蕪菜（盛產於6～12月）
栗子（盛產於10～11月）

CHEF'S TALK

酒杯蘑菇扁豆湯搭配油煎鵝肝，能同時展現**秋天大地的氣息**
——曾根廣（Hiro Sone）與麗莎·杜瑪尼（Lissa Doumani），TERRA，加州聖海蓮娜市

我在**秋季**使用核桃醋，就是浸泡著核桃的紅酒醋。這用來搭配甜麵包與榛果實在再對味不過了。
——安德魯·卡梅利尼（Andrew Carmellini），A VOCE，紐約市

當我想到**秋天**，我就想到蘋果、西洋梨、榅桲（經常被忽略的食材）、無花果以及南瓜。
我常用到蘋果與西洋梨，這些水果從9月就開始收成了，尤其是灣區早秋採收的蘋果，例如格蘭溫斯頓蘋果（Gravenstein）。非到萬聖節，我都盡量不使用南瓜，因為南瓜不管怎麼調理，味道都是南瓜。至於漿果或蘋果，只要以不同方式處理，風味就會不同。身為糕點主廚，如果太早使用南瓜，人們會對南瓜感到厭倦；但如果我將南瓜從菜單上移除，會沒有任何食材可以替代。因此，我不到最後關頭，絕不輕易使用南瓜。

秋天非常適合品嘗無花果。不過問題是喜歡無花果的人不多，喜歡桃子、巧克力和蘋果的人比無花果愛好者多很多。所以當我製作無花果甜點時，我會搭配覆盆子或是夏末水果，這樣顧客似乎較容易接受。我會在秋天製作較多蛋糕。秋季也是焦糖的季節，秋季水果與焦糖可以搭配得天衣無縫。所以秋天時，我會用較清淡的焦糖而非巧克力來搭配水果。
——艾蜜莉·盧契提（Emily Luchetti），FARALLON，舊金山

辣椒
椰子（盛產於10～11月）
玉米（盛產於9月）
蔓越莓（盛產於9～12月）
黃瓜（盛產於9月）
椰棗
鴨
茄子（盛產於8～11月）
小茴香
無花果（盛產於9～10月）
鵝肝
蒜頭（盛產於9月）
鵝莓醋栗（盛產於6～9月）
穀物
葡萄（盛產於9月）
分量感較重的菜餚
黑果（盛產於8～9月）
芥藍（盛產於11～1月）
大頭菜（盛產於9～11月）
扁豆
歐當歸（盛產於9～10月）

荔枝（盛產於9～11月）
菇蕈類：酒杯蘑菇（盛產於4～10月）、牛肝菌（盛產於9～10月）
油桃（盛產於7～9月）
堅果
秋葵（盛產於7～9月）
柳橙、血橙（盛產於11～2月）
牡蠣（盛產於9～4月）
鷓鴣（盛產於11～12月）
百香果（盛產於11～2月）
西洋梨（盛產於7～10月）
豌豆（盛產於6～9月）
柿子（盛產於10～1月）
雉雞（盛產10～12月）
開心果（盛產於9月）
洋李（盛產於7～10月）
義式玉米餅
石榴（盛產於10～12月）
南瓜（盛產於9～12月）
榅桲（盛產於10～12月）
蒜葉婆羅門參（盛產於11～1月）

扇貝
葵花籽
香料、性暖（如：黑胡椒玉米、卡宴辣椒、肉桂、辣椒粉、丁香、孜然、芥末等等）
冬南瓜（盛產於10～12月）
餡料
牛雜碎
番薯（盛產於11～1月）
番茄（盛產於月）
火雞
紅酒醋
核桃
西瓜（盛產於7月～9月）
山芋（盛產於11月）
節瓜（盛產於6月～10月）

酪梨與葡萄柚，搭配罌粟籽醬汁
——安・卡遜（Ann Cashion），CASHION'S EAT PLACE，華盛頓特區

香濃酪梨布丁，搭配濃縮葡萄柚汁及糖霜
——多明尼克和欣迪杜比（Dominique and Cindy Duby），WILD SWEETS，溫哥華

酪梨 Avocados

季節：春－夏
同屬性植物：多香果、月桂葉
分量感：中等－厚實
風味強度：微弱
料理方式：生食
小祕訣：用來增添菜餚的豐潤感

芝麻菜
培根
羅勒與泰式羅勒
黑豆
燈籠椒（尤以紅燈籠椒為佳）
無鹽奶油
中美洲料理
佛手瓜
細葉香芹
雞肉
辣椒：齊波特、哈拉佩諾、塞拉諾辣椒
細香蔥
芫荽葉
玉米與玉米粉
蟹
高脂鮮奶油
法式酸奶油
黃瓜
孜然
柴魚昆布湯
苣菜（尤以比利時苦苣為佳）
小茴香
魚
綠捲鬚生菜
水果（尤以熱帶水果為佳）
蒜頭
葡萄柚
酪梨沙拉醬汁（主要成分）
豆薯
檸檬：檸檬汁、碎檸檬皮

萊姆汁
龍蝦
芒果
美乃滋
墨西哥料理
菜籽油
橄欖油
洋蔥（尤以紅、白洋蔥、青蔥為佳）
柳橙
扁葉荷蘭芹
胡椒：黑、白胡椒
櫻桃蘿蔔
紫花南芥 日本清酒
沙拉（尤以綠葉蔬菜、海鮮沙拉為佳）
莎莎醬
鹽：猶太鹽、海鹽
三明治
青蔥
貝蝦蟹類（如：蝦）
蝦

對味組合

酪梨＋培根＋青蔥＋番茄
酪梨＋羅勒＋紅洋蔥＋番茄＋義大利甜醋
酪梨＋辣椒＋芫荽葉＋萊姆＋黑胡椒＋鹽＋青蔥
酪梨＋芫荽葉＋萊姆汁
酪梨＋蟹＋葡萄柚＋番茄
酪梨＋法式酸奶油＋葡萄柚
酪梨＋苣菜＋綠捲鬚生菜＋檸檬汁＋海鹽
酪梨＋哈拉佩諾辣椒＋芫荽葉＋孜然＋蒜頭＋萊姆＋洋蔥
酪梨＋檸檬＋煙燻鱒魚

煙燻魚（如：鱒魚）
湯
酸奶油
美國西南部料理
醬油
菠菜
高湯：雞肉、蔬菜高湯
塔巴斯科辣椒醬
龍蒿
龍舌蘭酒 綠番茄
番茄
油醋醬
醋：巴薩米克香醋、蘋果酒醋、龍蒿醋、白酒醋
胡桃油
優格

培根 Bacon

味道：鹹
分量感：中等
風味強度：溫和
料理方式：炙烤、烘烤、煎炒

蒜泥蛋黃醬
酪梨
豆類（如：黑豆、蠶豆、四季豆）
早餐
無鹽奶油
芹菜

細葉香芹
雞肉
蛋
法式料理
綠捲鬚生菜
綠葉蔬菜（如：芝麻菜）
義式料理
扁豆
萵苣
楓糖漿
美乃滋
菇蕈類（尤以酒杯菇蕈為佳）
橄欖油
洋蔥
歐洲防風草塊根
豌豆
黑胡椒
馬鈴薯
義式燉飯
沙拉
鮭魚
鹽
扇貝
紅蔥頭菠菜
冬南瓜
燉煮料理
雞肉高湯
番茄
醋

對味組合

培根＋芝麻菜＋蛋＋五花肉
培根＋酒杯菇蕈＋雞肉＋馬鈴薯
培根＋酒杯菇蕈＋鮭魚＋紅蔥頭
培根＋全熟水煮蛋＋菠菜＋巴薩米克香醋
培根＋萵苣＋番茄
培根＋洋蔥＋醋
培根＋紅蔥頭＋醋
培根＋菠菜＋冬南瓜

CHEF'S TALK

培根可以是鹹的、油的，還可能帶有煙燻味，這取決於你選用哪種培根。無論是五花肉培根或是酥脆培根，都可以依其不同質地來做不同運用。培根與蔬菜是絕配。它的油脂甘美，所以若是讓培根出油來熬煮洋蔥，待湯汁濃縮後再加入一點洋蔥汁與香醋，就是一道美妙無比的醬汁了。培根就是能帶出蔬菜另一層次的風味。我們餐廳的柏克夏爾（Berkshire）豬排，搭配的是紫蕪菁、烤大黃以及佐以櫻桃杏仁莎莎醬的煙燻培根。這道菜色呈現出油脂、鹹味、甜味與酸味之間的所有關係。培根引導出豬肉豐富的風味層次；櫻桃則有酸味調和的作用；而杏仁則增添了另一種油脂風味與酥脆口感。這道菜選用的是馬科納杏仁，這種杏仁每十顆中就有一顆味道極苦，而這反而更豐富了整道菜的風味。
——崔西·德·耶丁（Traci Des Jardins），JARDINIÈRE，舊金山

主廚私房菜 DISHES

以春季菜蔬與白山葵高湯來燜燒培根
——丹·巴柏（Dan Barber），BLUE HILL AT STONE BARNS，紐約州波坎提科丘

煙燻培根與雞蛋冰淇淋，搭配法式吐司與紅茶凍
——赫斯頓·布魯門瑟（Heston Blumenthal），THE FAT DUCK，英格蘭

柏克夏爾豬排，搭配紫蕪菁、烤大黃以及佐以櫻桃杏仁莎莎醬的煙燻培根
——崔西·德·耶丁（Traci Des Jardins），JARDINIÈRE，舊金山

風味調和 Balance

小祕訣： 在每道菜餚中尋求風味平衡：
· 味道（如：酸味 vs. 鹹味、甜味 vs. 苦味）
· 濃郁感（如：油脂）vs. 清爽感（如：酸味、苦味）
· 溫度（如：熱 vs. 冷）
· 質地（如：濃稠 vs. 酥脆）
加入與食物本質相對或互補的食材，就能調和食物的風味。

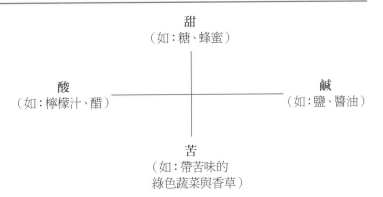

甜
（如：糖、蜂蜜）

酸
（如：檸檬汁、醋）

鹹
（如：鹽、醬油）

苦
（如：帶苦味的
綠色蔬菜與香草）

香蕉 Bananas
季節：冬季
味道：甜、澀
質性：性冷
分量感：中等
風味強度：微弱
料理方式：烘焙、炙烤、褐化、油
　　炸、燒烤、水煮、生食、煎炒
小祕訣：糖能增進香蕉的風味

多香果
杏仁
杏桃
阿瑪涅克白蘭地
烘焙食品（如：馬芬、速發麵包）
香蕉香甜酒
黑莓
藍莓
白蘭地
早餐
無鹽奶油
白脫乳
奶油糖果
蛋糕
卡巴杜斯蘋果酒
焦糖
小豆蔻
腰果
櫻桃
辣椒：哈巴內羅、哈拉佩諾、塞拉
　　諾辣椒
巧克力：黑、白巧克力
肉桂
丁香
椰子與椰奶
咖啡
干邑白蘭地
鮮奶油與冰淇淋
奶油乳酪
英式奶油醬
法式酸奶油
咖哩
卡士達
椰棗
甜點
無花果乾

薑
番石榴
榛果
蜂蜜
櫻桃白蘭地
檸檬汁
檸檬草
萊姆汁
夏威夷豆
芒果：青芒果、熟芒果
楓糖漿
蛋白霜烤餅
肉豆蔻

燕麥與燕麥粉
蔬菜油
柳橙
鬆餅
木瓜
荷蘭芹
百香果
花生與花生醬
美洲山核桃
黑胡椒
鳳梨
開心果
石榴

主廚私房菜　DISHES

巧克力－香蕉布丁搭配熱帶水果凍，香料油炸餡餅（Fritters）搭配人造鵝肝濃醬和小茴香凝膠
——多明尼克和欣迪杜比（Dominique and Cindy Duby），WILD SWEETS，溫哥華

太妃糖蛋糕布丁（Sticky Toffee Pudding），搭配香蕉、蜜棗、燕麥冰淇淋以及濃縮沙士
——蓋爾·甘德（Gale Gand），TRU 糕點主廚，芝加哥

椰子香蕉船，搭配香莢蘭冰淇淋、椰子糖、牛奶焦糖以及乳脂軟糖（Fudge Sauce）
——艾蜜莉·盧契提（Emily Luchetti），FARALLON，舊金山

焦糖香蕉塔搭配椰子冰淇淋
——派翠克·歐康乃爾（Patrick O'Connell），THE INN AT LITTLE WASHINGTON，維吉尼亞州華盛頓市

油炸香蕉搭配黑覆盆子冰淇淋
——大河內和（Kaz Okochi），KAZ SUSHI BISTRO，華盛頓特區

夏威夷豆塔搭配蘭姆香蕉冰淇淋
——曾根廣（Hiro Sone）與麗莎·杜瑪尼（Lissa Doumani），TERRA，加州聖海蓮娜市

太妃糖香蕉塔
——姍迪·達瑪多（Sandy D'Amato），Sanford，威斯康辛州密爾瓦基市

油炸香蕉搭配芒果冰淇淋
——SUSHI-KO，華盛頓特區

法式香蕉脆皮焦糖布丁（Banana Crème Brûlée），搭配橙味開心果比斯吉、褐化奶油冰淇淋和花生焦糖
——麥克·萊斯寇尼思（Michael Laiskonis），LE BERNARDIN 糕點主廚，紐約市

焦糖香蕉搭配乾冰巧克力冰淇淋和司陶特啤酒（Stout）
——山姆·梅森（Sam Mason）WD-50，紐約市

「非常傳統風味」的多佛真鰈搭配香蕉片
——格蘭特·阿卡茲（Grant Achatz），ALINEA，芝加哥

布丁
葡萄乾
覆盆子：紅覆盆子、黑覆盆子
米
蘭姆酒
水果沙拉
芝麻籽
蔬果昔與奶昔
酸奶油

草莓
糖：黑糖、白糖
番薯
塔巴斯科辣椒醬
香莢蘭
白醋
胡桃
優格

對味組合

香蕉＋黑莓＋鮮奶油
香蕉＋褐化奶油＋焦糖＋柑橘＋花生
香蕉＋焦糖＋巧克力
香蕉＋焦糖＋法式酸奶油＋檸檬草
香蕉＋椰子＋鮮奶油
香蕉＋鮮奶油＋蜂蜜＋夏威夷豆＋香莢蘭
香蕉＋鮮奶油＋芒果
香蕉＋椰棗＋燕麥粉
香蕉＋蜂蜜＋芝麻籽
香蕉＋夏威夷豆＋蘭姆酒
香蕉＋燕麥＋美洲山核桃

大麥 Barley

味道：甜、澀
質性：性涼
料理方式：熬

牛肉
奶油
蒜頭
檸檬百里香
法式綜合蔬菜高湯（胡蘿蔔、芹
　菜、洋蔥）
**菇蕈類：人工養殖、野生菇蕈類
　（如：香菇）**
橄欖油
洋蔥
奧勒岡
扁葉荷蘭芹
白胡椒
鼠尾草
猶太鹽
香薄荷
青蔥
湯
高湯：雞肉、蔬菜高湯
百里香
番茄
雪莉酒醋

CHEF'S TALK

甜點中加入**香蕉**絕對受歡迎。大家都愛焦糖香蕉！
——吉娜・德帕爾馬（Gina Depalma），BABBO，紐約市

我討厭過熟的**香蕉**。事實上我們會將未剝皮的整根香蕉冷凍起來，香
蕉會在冷凍櫃中繼續熟成且表皮變黑。我們需要香蕉泥的時候，就把
香蕉拿出來解凍再製成香蕉泥，然後加入蛋糕或慕斯。這種方式製作
出的香蕉風味絕佳。
——多明尼克和欣迪杜比（Dominique and Cindy Duby），WILD SWEETS，溫哥華

我的**香蕉**烤布蕾，不使用一般常用的小布丁杯，而是從一大塊布丁中
切下，再用火烤上一層脆皮焦糖。這道甜點有兩塊方形布丁，一塊上
面放一小片甌柑，另一塊則擺上焦糖香蕉（如果以橙味比斯吉代替布
丁，那麼其中一片就放褐化奶油冰淇淋，而另一片則是焦糖香蕉），最
後淋上微鹹的花生焦糖醬汁。這樣一來，這道甜點便以花生焦糖醬汁
結合香蕉、柳橙以及褐化奶油等三種風味。
——麥克・萊斯寇尼思（Michael Laiskonis），LE BERNARDIN，紐約市

香蕉的成熟度不同，運用的方式也不同。我喜歡用皮黃肉結實的香蕉。
製作冰火香蕉（banana foster）時，如果使用的香蕉表皮仍是黃色的，那
麼即使烹煮較久，香蕉肉也不會軟爛成泥。倘若一開始就用表皮呈棕
色的熟透香蕉，那麼只要一加熱，香蕉就會糊成一團。棕色香蕉讓我
起雞皮疙瘩。
——艾蜜莉・盧契提（Emily Luchetti），FARALLON，舊金山

羅勒 Basil（同時參見泰式羅勒
與檸檬羅勒）
季節：夏季
味道：甜
分量感：輕盈、嫩葉
風味強度：清淡－溫和
小祕訣：菜餚上桌前再添加即可。
　　　用來增添菜餚的清新感。

杏桃
亞洲料理
豆類：四季豆、白豆
燈籠椒（尤以烘烤的紅燈籠椒為
　　　佳）
漿果
藍莓
麵包
青花菜
柬埔寨料理
續隨子
胡蘿蔔
乳酪：費達、山羊、莫札瑞拉、帕
　　　瑪、佩科利諾、瑞可達乳酪
雞肉
辣椒
細香蔥
白巧克力
芫荽葉
肉桂
椰奶
玉米
蟹
鮮奶油與冰淇淋
黃瓜
卡士達
鴨
茄子
雞蛋與雞蛋料理（如：煎蛋捲）
小茴香
魚（尤以燒烤或水煮魚為佳）
法式料理
蒜頭*
生薑
蜂蜜
義式料理
羊肉
檸檬汁

檸檬馬鞭草
萊姆汁
肝
墨角蘭
肉類
地中海料理
薄荷
貽貝
芥末：芥末粉、芥末籽
油桃
橄欖油
橄欖
洋蔥
柳橙
奧勒岡
帕瑪乳酪
扁葉荷蘭芹
義大利麵食與醬汁
桃子
豌豆
胡椒：黑、白胡椒
義大利青醬（主要成分）
鳳梨

松子
披薩
豬肉
馬鈴薯
禽肉
兔肉
覆盆子
米
迷迭香
沙拉與沙拉醬汁
鮭魚
鹽：猶太鹽、海鹽
醬汁
扇貝
海鱸魚
貝蝦蟹類
蝦
湯（尤以亞洲風味湯、豆湯、海鮮
　　總匯濃湯、蔬菜湯為佳）
醬油
菠菜
夏南瓜
夏季蔬菜

CHEF'S TALK

我很常用**羅勒**。菜餚起鍋前撒上一些羅勒，會讓整道菜的風味完全改觀，並增添些許薄荷的清新風味。對我來說，羅勒代表著「新鮮」與「活力」。此外，羅勒雖然是四季都有的香草，但它讓我聯想到的卻是夏季。

特別是用羅勒來搭配魚蝦及貝類料理。我以蜜思嘉葡萄酒（Muscat）或索甸甜白酒（Sauternes）再加上咖哩與萊姆來調理龍蝦。這是道費工的菜餚。將龍蝦殼剁碎加入蔬菜湯中熬煮成醬汁，再加點葡萄酒。撒上羅勒之後，新風味於焉誕生。羅勒開啟了整道菜餚的風味並呈現出更輕盈的滋味，不著痕跡地掩蓋了整道菜「費工」的感覺。在泰式料理中，經常將整片羅勒葉用於椰奶咖哩中。羅勒以此種方式料理，就成為某種蔬菜了。
——大衛‧沃塔克（David Waltuck），CHANTERELLE，紐約市

我喜歡在果汁糖漿中加入**羅勒**。它能與草莓及任何一種柑橘類水果搭配。我羅勒、檸檬與香莢蘭來搭配漿果等夏季水果，甚至以此來浸漬櫻桃番茄，製作成爽口的水果點心。
——麥克‧萊斯寇尼思（Michael Laiskonis），LE BERNARDIN，紐約市

我熱愛**羅勒**。它比芫荽更常見也更受歡迎。在調理酸漬海鮮（ceviche）時，我會用羅勒代替芫荽，因為羅勒沒有芫荽辛辣。我會以鮪魚搭配番茄、西瓜、柚子與芝麻籽，再撒上一些新鮮羅勒與羅勒油。
——福島克也（Katsuya Fukushima），MINIBAR，華盛頓特區

泰式料理（如：綠咖哩）
百里香
番茄與番茄醬汁*
鮪魚
香莢蘭
小牛肉
蔬菜（尤以夏季蔬菜為佳）
越南料理
油醬醋
醋：巴薩米克香醋、雪莉酒醋
西瓜
節瓜

避免
龍蒿

對味組合

羅勒＋椰子＋咖哩
羅勒＋蒜頭＋橄欖油＋鹽
羅勒＋蒜頭＋橄欖油＋帕瑪乳酪
　＋松子
羅勒＋濱第金槍魚＋番茄＋西瓜
羅勒＋檸檬＋香莢蘭
羅勒＋莫札瑞拉乳酪＋番茄
羅勒＋橄欖油＋帕瑪乳酪

泰式羅勒（九層塔）
Basil, Thai
味道：類似洋茴香或乾草的味道

亞洲料理
牛肉
椰奶
咖哩
薑
檸檬草
麵條與麵食料理
油（尤以南瓜籽油為佳）
沙拉
海鮮
湯（尤以亞洲風味湯為佳）
泰式料理
素食料理
鹿肉

對味組合

泰式羅勒＋牛肉＋南瓜籽油
泰式羅勒＋椰奶＋薑

鱸魚 Bass
（同時參見海鱸魚、條紋鱸魚）
分量感：輕盈
風味強度：微弱
料理方式：烘焙、炙烤、油炸、水
　煮、烘烤、煎炒、清蒸

朝鮮薊
月桂葉
胡蘿蔔
卡宴辣椒
芹菜
細葉香芹
小茴香
蒜頭
檸檬
橄欖油
洋蔥
柳橙：橙汁、碎橙皮
扁葉荷蘭芹
胡椒：黑、白胡椒
番紅花
鮭魚
海鹽
紅蔥頭
真鰈
八角

魚高湯
龍蒿
番茄與番茄糊
香莢蘭
白酒

黑鱸魚 Bass, Black
分量感：中等
風味強度：微弱

蘆筍
羅勒
甜菜
奶油
皺葉甘藍
胡蘿蔔
芹菜
栗子
哈拉佩諾辣椒
細香蔥
印度甜酸醬
芫荽葉
芫荽
北京烤鴨
茴菜
小茴香
蒜頭
薑
火腿
蜂蜜
韭蔥

CHEF'S TALK

我用薄荷調味過的小洋蔥來搭配黑鱸魚，並佐以羅望子薑汁醬。羅望子帶有酸味，而薑則是極佳的風味融合劑，薄荷則是用來減弱小洋蔥的一點甜味。

——加柏利兒・克魯德（Gabriel Kreuther），THE MODERN，紐約市

主廚私房菜 DISHES

脆皮馬鈴薯黑鱸魚捲，佐以軟嫩的韭蔥與希哈酒（Syrah）醬汁
——丹尼爾・布呂德（Daniel Boulud），DANIEL，紐約市

香煎芝麻智利海鱸魚，搭配小蝦、蛤蜊與朝鮮薊
——派翠克・歐康乃爾（Patrick O'Connell），THE INN AT LITTLE WASHINGTON，維吉尼亞州華盛頓市

黑鱸魚，搭配牛肝菌、燉歐洲防風草塊根以及栗子
——大衛・帕斯特納克（David Pasternak），ESCA，紐約市

兩尾炭烤太平洋海鱸魚，配上醃過的血橙與萊姆
——大衛・帕斯特納克（David Pasternak），ESCA，紐約市

脆皮黑鱸魚，佐以橄欖續隨子醬
——艾弗瑞・波特爾（Alfred Portalei），GOTHAM BAR AND GRILL，紐約市

香辣脆皮黑鱸魚，佐以酸甜醬汁
——尚－喬治・馮耶瑞和頓（Jean-Georges Vongerichten），JEAN GEORGES，紐約市

檸檬
醃檸檬
萊姆
墨角蘭
薄荷
牛肝菌
芥末
橄欖油
洋蔥
柳橙汁
奧勒岡
木瓜
扁葉荷蘭芹
歐洲防風草塊根
豌豆
白胡椒
葡萄乾
番紅花
海鹽
青蔥
扇貝
紅蔥頭
蝦

小南瓜：栗南瓜、黃南瓜
雞肉高湯
龍蒿
百里香
番茄
鮪魚
蕪菁
醋：香檳酒醋、紅酒醋
酒：紅酒、白酒
節瓜

對味組合
黑鱸魚＋印度甜酸醬＋木瓜
黑鱸魚＋新薯＋蝦

海鱸魚 Bass, Sea
季節：冬－春
分量感：中等
風味強度：微弱
料理方式：烘焙、炙烤、酸漬、油炸、燒烤、煎烤、水煮、烘烤、煎炒、清蒸

杏仁
鰻魚
朝鮮薊
培根
羅勒
月桂葉
豆類（尤以四季豆或白豆為佳）
甜菜
燈籠椒：紅、綠燈籠椒
麵包粉
奶油：澄清、含鹽、無鹽奶油
續隨子
小豆蔻
胡蘿蔔
卡宴辣椒
芹菜
細葉香芹
細香蔥
芫荽葉
柑橘
芫荽
玉米
鮮奶油
法式酸奶油
小茴香
生蒜頭
生薑
榛果
蜂蜜
韭蔥
檸檬：檸檬汁、碎檸檬皮
醃檸檬
扁豆
萊姆汁
墨角蘭
美乃滋
薄荷
法式綜合蔬菜高湯（胡蘿蔔、芹菜、洋蔥）
味醂
菇蕈類（尤以鈕扣菇、牛肝菌或香菇為佳）
第戎芥末
新薯
油：菜籽油、花生油、芝麻油
橄欖油
黑橄欖

洋蔥：珍珠、黃洋蔥
奧勒岡
扁葉荷蘭芹
胡椒：黑、白胡椒
馬鈴薯（尤以脆皮和泥狀為佳）
櫻桃蘿蔔
大黃
番紅花
日本清酒
鮭魚卵
猶太鹽
醬汁：奶油檸檬白醬、褐化奶油
扇貝
芝麻籽
紅蔥頭
紫蘇
蝦
醬油
綠薄荷
菠菜（尤以嫩菠菜為佳）
八角
高湯：雞肉、魚肉、蔬菜高湯
糖
羅望子
龍蒿
新鮮百里香
番茄：櫻桃番茄、葡萄番茄、番茄
　　汁、烘烤過的番茄
香莢蘭
苦艾酒
醋：香檳酒醋、紅酒醋、米醋、雪
　　莉酒醋、白酒醋
干白酒
柚子汁
節瓜

對味組合

海鱸魚＋朝鮮薊＋羅勒＋
細香蔥＋四季豆＋檸檬＋新薯
海鱸魚＋培根＋玉米＋蠶豆
海鱸魚＋菇蕈類＋芝麻籽＋蝦

條紋鱸魚 Bass, Striped

分量感：中等
風味強度：微弱
料理方式：烘焙、燜燒、炙烤、油
　　炸、燒烤、煎烤、水煮、生食、

烘烤、煎炒、燒灼、清蒸

朝鮮薊
培根
月桂葉
甜菜
燈籠椒：紅、黃燈籠椒
青江白菜
奶油：澄清、無鹽奶油
白脫乳
槍烏賊
胡蘿蔔
白花椰菜
卡宴辣椒
芹菜
酒杯菇蕈
細葉香芹
辣椒：乾、新鮮辣椒
（如：哈拉佩諾辣椒）
細香蔥
芫荽葉
蛤蜊
玉米
鮮奶油
黃瓜
咖哩與咖哩粉

蒔蘿
蠶豆
小茴香
魚露
蒜頭
薑
荷蘭醬
山葵
韭蔥
檸檬：檸檬汁、碎檸檬皮
檸檬馬鞭草
萊姆汁
薄荷
鮟鱇魚
香菇
第戎芥末
油：菜籽油、花生油、芝麻油、蔬
　　菜油
橄欖油
皮丘林橄欖
洋蔥：珍珠、紅洋蔥
柳橙
甜紅椒
扁葉荷蘭芹
胡椒：黑、綠、白胡椒
馬鈴薯

主廚私房菜 DISHES

卡羅萊納州海岸野生條紋鱸魚「里維耶拉」（Riviera），配上由小茴香絲、
芝麻菜與茄泥芝麻醬（Babaganoush）、乾醃番茄以及西班牙橄欖調製的
沙拉，還有黃椒湯
——凱莉・納哈貝迪恩（Carrie Nahabedian），NAHA，芝加哥

烤當地野生條紋鱸魚，配上哈伯德小南瓜（Hubbard Squash）、焦糖蘋果
和野生菇類
——大衛・帕斯特納克（David Pasternak），ESCA，紐約市

以含有帕西拉乾辣椒（Pasilla Chili）以及可可的法式鴨肉清湯，水煮大
西洋條紋鱸魚
——瑞克・特拉滿都（Rick Tramonto），TRU，芝加哥

義式乾醃火腿
迷迭香
鼠尾草
鹽：猶太鹽、海鹽
德國酸菜
青蔥
芝麻籽
紅蔥頭
酸奶油
醬油
墨魚
墨魚墨汁
高湯：魚、貝蝦蟹類高湯
塔巴斯科辣椒醬
新鮮百里香
番茄
黑松露
醋：香檳酒醋、紅酒醋、雪莉酒醋、
　　白酒醋
胡桃
酒：波特酒、干白酒、麗絲玲白酒
節瓜

對味組合

條紋鱸魚＋培根＋德國酸菜
條紋鱸魚＋青江白菜＋魚露
條紋鱸魚＋鮮蛤高湯＋墨角蘭
　　＋菠菜
條紋鱸魚＋咖哩＋酸奶油
條紋鱸魚＋小茴香＋橄欖＋番茄
條紋鱸魚＋蒜頭＋檸檬＋百里香
條紋鱸魚＋韭蔥＋檸檬汁
　　＋第戎芥末
條紋鱸魚＋韭蔥＋香菇

月桂葉 Bay Leaf

味道：甜、苦
分量感：輕盈、硬葉
風味強度：微弱或濃烈，視用量
　　而定。
料理方式：耐久煮（如：熬、燉）

多香果
蘋果
豆類：乾豆、白豆
牛肉

我對月桂葉有些偏愛，常用它來做菜。我之所以如此喜歡月桂葉，也許它常讓我想起兒時記憶中的風味，像是燜燉牛肉。它的風味豐富，總讓我聯想到高湯與一些重要味道。月桂葉不論是新鮮或乾燥的都很好用。新鮮月桂葉風味較清新，而且風味竟比乾燥月桂葉更強烈。不過比起其他香草在新鮮與乾燥時的強烈對比，月桂葉在風味上的差異就沒有這麼大了。
——大衛·沃塔克（David Waltuck），CHANTERELLE，紐約市

經驗不足的廚師會在150公升的牛肉湯中放入一把月桂葉。等到他們要以此高湯製作醬汁時，就會對湯中的藥味不知所措。這可是月桂葉啊！我向他們解釋，最多只要兩到三片就夠了。
——凱莉·納哈貝迪恩（Carrie Nahabedian），NAHA，芝加哥

燉煮料理
焦糖
白花椰菜
芹菜葉
乳酪料理
栗子
雞肉
玉米
鮮奶油與冰淇淋
卡士達
椰棗
甜點
鴨
無花果
魚
法式料理
野味
野禽
蒜頭
穀物
刺柏漿果
羊肉
檸檬汁
扁豆
滷汁醃醬
墨角蘭
肉類
地中海料理
摩爾醬
摩洛哥料理
洋蔥

荷蘭芹
法式肉派
西洋梨
黑胡椒
義式玉米餅
豬肉
燜燉牛肉
馬鈴薯
禽肉
黑李乾
南瓜
鵪鶉
米（如：米布丁）與義式燉飯
迷迭香
鼠尾草
鮭魚
醬汁
香腸
香薄荷
貝蝦蟹類、蝦
湯
菠菜
小南瓜：夏南瓜、冬南瓜
燉煮料理
高湯與清湯
草莓
旗魚
百里香
番茄與番茄醬汁
鮪魚
火雞

土耳其料理
香莢蘭
小牛肉
鹿肉
醋

豆類 Beans in General
（同時參見後面的特定豆類）
胡蘿蔔
芹菜
蒜頭
檸檬
墨角蘭
薄荷
洋蔥
荷蘭芹
迷迭香
鼠尾草
鹽
香薄荷*
百里香
醋

豆類：黑豆 Beans, Black
分量感：中等－厚實
風味強度：溫和
料理方式：熬

多香果
蘋果
酪梨
培根
月桂葉
啤酒
燈籠椒：綠、紅燈籠椒
奶油
加勒比海料理
胡蘿蔔
卡宴辣椒
芹菜
芹菜根
中美洲料理
乳酪：巧達、費達、農場、帕瑪、
　　煙燻、西班牙鮮乳酪
**辣椒：安佳、卡楚洽、齊波特、哈
　　拉佩諾辣椒**

黑豆湯，以炭烤野生韭蔥（wild ramps）、酪梨葉與芫荽葉來調味，點綴
著甜烤佛手瓜與玉米，上面再鋪上青辣椒莎莎醬和脆玉米片
——瑞克・貝雷斯（Rick Bayless），FRONTERA GRILL，芝加哥

黑豆墨西哥玉米粽（Tamales），以自製乳酪為內餡，淋上以林地野生菇
蕈、烤有機番茄、青辣椒與薄荷調理而成的雜燴（Guisado），再搭配水
田芥沙拉
——瑞克・貝雷斯（Rick Bayless），FRONTERA GRILL，芝加哥

以蒜頭、洋蔥、土荊芥（Epazote）來拌炒黑豆，上面鋪墨西哥新鮮乳酪
——瑞克・貝雷斯（Rick Bayless），FRONTERA GRILL，芝加哥

安佳辣椒粉
細香蔥
芫荽葉
鮮奶油
法式酸奶油
孜然
鴨
蛋（尤以全熟水煮為佳）
土荊芥
小茴香籽
蒜頭
薑
火腿與豬腳
檸檬
萊姆汁
楓糖漿
墨西哥料理（尤以墨南料理為佳）
油：菜籽油、橄欖油、花生油、紅
　　花油、蔬菜油
橄欖油
洋蔥：紅、白、黃洋蔥
柳橙：柳橙、柳橙汁、碎橙皮
乾奧勒岡
扁葉荷蘭芹
胡椒：黑、白胡椒
紅椒粉
米
迷迭香
莎莎醬
鹽（尤以猶太鹽為佳）
鹽醃豬肉
香腸
香薄荷

青蔥
紅蔥頭
雪莉酒
蝦
湯
酸奶油
南美洲料理
美國西南部料理
菠菜
高湯：牛肉、雞肉、蔬菜高湯
糖：黑糖、白糖
塔巴斯科辣椒醬
百里香
番茄與番茄糊
醋：蘋果酒醋、紅酒醋、雪莉酒醋、
　　白酒醋
酒：馬德拉酒、雪莉酒、優格

對味組合
黑豆＋孜然＋綠燈籠椒＋奧勒岡
黑豆＋檸檬＋雪莉酒

豆類：奶油豆 Beans, Butter
（參見菜豆）

豆類：白腰豆 Beans, Cannellini（同時參見白豆）
分量感：中等
風味強度：微弱－溫和
料理方式：燜燒、製成濃湯、熬

培根
胡蘿蔔
芹菜
蛤蜊
蒜頭
義式料理
羊肉
檸檬
橄欖油
洋蔥（尤以西班牙洋蔥為佳）
甜紅椒

扁葉荷蘭芹
黑胡椒
番紅花
沙拉
鹽、猶太鹽
香腸（如：西班牙辣香腸）
香薄荷
湯
雞肉高湯
龍蒿
百里香
番茄（尤以牛番茄為佳）

豆類：蠶豆 Beans, Fava
（亦稱 Broad bean 或 Horse bean）
季節：春－夏
味道：苦
分量感：輕盈－適度
風味強度：溫和
料理方式：水煮、製成濃湯、熬

亞洲料理
培根
羅勒
無鹽奶油
乳酪：費達、蒙契格、帕瑪、佩科利諾、瑞可達、綿羊乳酪
辣椒
新鮮細香蔥
芫荽葉
玉米
鮮奶油
孜然
咖哩
蒔蘿
鴨
炸豆丸子（主要成分）
小茴香
魚（如：鮭魚）
蒜頭
義式麵疙瘩
苦味綠葉蔬菜
火腿
香草
義式料理
羊肉
韭蔥
檸檬汁
扁豆
龍蝦
地中海料理
墨西哥料理
中東料理
薄荷（如：義式料理）
摩洛哥料理
油、胡桃油
橄欖油
洋蔥（尤以青蔥為佳）
碎橙皮
奧勒岡
扁葉荷蘭芹
義式麵食
豌豆
黑胡椒
禽肉（如：火雞）
義式乾醃火腿
兔肉

主廚私房菜 | DISHES

義式菜豆湯，搭配南瓜籽油和油炸煙燻鱒魚排。
——加柏利兒‧克魯德（Gabriel Kreuther），THE MODERN，紐約市

蠶豆風味絕佳。過去，廚師汆燙蠶豆，結果蠶豆的滋味全都留在水中。現在，我喜歡把蠶豆與其他蔬菜放在平底鍋中，加入一點水、橄欖油或奶油，然後蓋上鍋蓋燜燒。如此一來，蠶豆的滋味就保留在蔬菜中了。如果我能夠以居家烹調的方式來供應顧客菜餚，那我會先以奶油或油慢炒青蔥，待蔥出汁後蓋上鍋蓋燜燒以保留味道。之後將剝好皮的蠶豆及少量水置入鍋中一起燜燒。起鍋前，撒一把碎荷蘭芹或羅勒，這樣醬料就大功告成啦。這道醬料非常適合某些魚料理，如果再加入一些百里香或羊肉高湯，那麼它也能搭配羊肉食用。
——崔西‧德‧耶丁（Traci Des Jardins），JARDINIÈRE，舊金山

蠶豆風味精緻，我喜歡它們未經烹煮時的原味和柔軟口感，或者加一點乳酪與橄欖油也不錯。不過，我不會選用辛香味過重的橄欖油，因為這樣會掩蓋蠶豆的風味。
——湯尼‧劉（Tony Liu），AUGUST，紐約市

櫻桃蘿蔔
米與義式燉飯
迷迭香
新鮮鼠尾草
沙拉
鹽：猶太鹽、海鹽
香薄荷（如：運用於法式料理）
貝蝦蟹類（如：龍蝦）
紅蔥頭
湯
菠菜
牛排
快炒
雞肉高湯
百里香
番茄
油醋醬
蘋果酒醋
胡桃
優格

對味組合

蠶豆＋羅勒＋青蔥
蠶豆＋蒜頭＋橄欖油＋迷迭香
蠶豆＋羊肉＋百里香
蠶豆＋橄欖油＋佩科利諾乳酪乳酪＋義式乾醃火腿
蠶豆＋橄欖油＋百里香
蠶豆＋綿羊乳酪＋橄欖油

豆類：法國菜豆 Beans, Flageolet

分量感：輕盈－中等
風味強度：微弱
料理方式：熬

蘋果
芝麻菜
羅勒
月桂葉
奶油
胡蘿蔔
什錦鍋
芹菜
乳酪（尤以蒙契格乳酪或佩科利諾乳酪為佳）
雞肉
鮮奶油
細香草
魚（如：鱈魚）
法式料理（尤以普羅旺斯料理為佳）

蒜頭
羊肉＊
檸檬汁
萊姆
墨角蘭
橄欖油
洋蔥（尤以紅、甜、黃洋蔥為佳）
柳橙
荷蘭芹
義式麵食
黑胡椒
豬肉（尤以烘烤豬肉為佳）
禽肉
沙拉
鹽
香薄荷
紅蔥頭
湯
高湯：雞肉、蔬菜高湯
龍蒿
百里香
番茄與番茄醬汁
紅酒醋
干白酒

對味組合

法國菜豆＋蒜頭＋百里香

豆類：四季豆 Beans, Green

季節：夏－秋
分量感：輕盈－中等
風味強度：溫和
料理方式：水煮、燒烤、煎炒、清蒸、快炒

杏仁
鰻魚
培根
羅勒
月桂葉

羅勒青醬義大利麵，搭配四季豆和馬鈴薯
——莉迪亞‧巴斯提安尼齊（Lidia Bastianich），FELIDIA，紐約市

有莢豆類
紅燈籠椒
麵包粉
無鹽奶油
續隨子
胡蘿蔔
卡宴辣椒
乳酪：愛亞格、藍黴、費達、山羊、
　　帕瑪乳酪
細葉香芹
鷹嘴豆
辣椒
細香蔥
芫荽葉
椰子
玉米
鮮奶油
法式酸奶油
孜然
咖哩葉
蒔蘿
蛋（尤以全熟水煮蛋為佳）
小茴香
法式料理
蒜頭
生薑
火腿（如：塞拉諾火腿）
檸檬汁
檸檬香蜂草
萊姆汁
歐當歸
墨角蘭
地中海料理
薄荷
菇蕈類
第戎芥末
黑色芥末籽
堅果
油：花生油、芝麻油
橄欖油
橄欖：黑橄欖、尼斯橄欖
洋蔥（尤以、珍珠或紅洋蔥為佳）
奧勒岡
義大利培根
紅椒：煙燻、甜紅椒
荷蘭芹
花生

胡椒：黑、白胡椒
保樂酒
豬肉
馬鈴薯
義式乾醃火腿
紅椒粉
迷迭香
鼠尾草
猶太鹽
夏季香薄荷
紅蔥頭
蝦
醬油
雞肉高湯
糖
玉溜
龍蒿
百里香
番茄
油醋醬
醋：紅酒醋、米酒醋、雪莉酒醋、
　　龍蒿醋、白酒醋
胡桃
優格

對味組合

四季豆＋鰻魚＋蒜頭＋帕瑪乳酪
　　＋胡桃
四季豆＋芥末＋義式乾醃火腿
　　＋油醋醬＋胡桃

豆類：腰豆 Beans, Kidney

味道：甜－澀
質性：涼
分量感：中等
風味強度：溫和
料理方式：水煮、熬

培根
月桂葉
燈籠椒（尤以紅燈籠椒為佳）
小豆蔻
胡蘿蔔
卡宴辣椒
辣椒：乾紅椒、新鮮、青辣椒
辣椒
西班牙辣香腸

肉桂
丁香
芫荽
孜然
咖哩葉
印度綜合香料
蒜頭
薑
印度料理
義式料理（以托斯卡尼料理為佳）
橄欖油
洋蔥（尤以紅、甜、白洋蔥為佳）
荷蘭芹
黑胡椒
豬肉
馬鈴薯
番紅花
鹽
德國酸菜
香薄荷
百里香
番茄
薑黃
紅酒

豆類：萊豆（皇帝豆）

Beans, Lima
季節：夏
味道：苦
分量感：中等
風味強度：溫和
料理方式：熬、清蒸

培根
月桂葉
奶油
中美洲料理
辣椒
芫荽葉
鮮奶油
孜然
咖哩
蒔蘿
魚
蒜頭
苦味綠葉蔬菜
火腿與豬腳

香草
韭蔥
檸檬汁
薄荷
新英格蘭料理（如：豆煮玉米）
橄欖油
洋蔥
奧勒岡
扁葉荷蘭芹
胡椒粉
禽肉（尤以雞肉為佳）
迷迭香
鼠尾草
猶太鹽
香薄荷
紅蔥頭
貝蝦蟹類（如：蝦）
酸模
美式非洲料理
美國南方料理
菠菜
牛排
豆煮玉米（主要成分）
百里香
番茄與番茄醬汁
鮪魚
醋

豆類：海軍豆 Beans, Navy
分量感：中等
風味強度：溫和
料理方式：熬

培根
烤豆子
羅勒
月桂葉
卡宴辣椒
乳酪：帕瑪、瑞可達乳酪
辣椒粉
蒜頭
番茄醬
糖蜜
芥末：第戎芥末、黃芥末
橄欖油
洋蔥（尤以黃洋蔥為佳）
荷蘭芹

義式麵食
胡椒
沙拉
猶太鹽
香薄荷
湯
黑糖
百里香
番茄
紅酒醋

豆類：花豆 Beans, Pinto
季節：冬季
分量感：中等
風味強度：溫和
料理方式：**重複翻炒、熬**

培根
乳酪：費達、墨西哥式鮮乳酪
辣椒：齊波特、哈拉佩諾、波布蘭諾、塞拉諾辣椒
辣椒
芫荽葉
孜然
土荊芥
蒜頭
墨西哥料理（尤以墨北料理為佳）
薄荷
油：紅花油、蔬菜油
白洋蔥
乾奧勒岡
紅椒
荷蘭芹
豬肉
翻炒豆泥（主要成分）
鹽
香薄荷
青蔥

酸奶油
美國西南部料理
龍舌蘭酒
番茄

對味組合
花豆＋培根＋波布蘭諾辣椒＋番茄

豆類：紅豆 Beans, Red
分量感：中等
風味強度：溫和
料理方式：熬

燈籠椒（尤以綠燈籠椒為佳）
辣椒
辣椒（主要成分）
西班牙辣香腸
蒜頭
墨西哥料理
橄欖油
洋蔥
荷蘭芹
豬肉
香腸
香薄荷
美國西南部料理
燉煮料理

豆類：白豆 Beans, White
（如：白腰豆、海軍豆）
季節：冬季
分量感：中等
風味強度：溫和

黑麥酒或黑啤酒
安佳辣椒
辣椒粉

主廚私房菜 DISHES

以柴火烤爐慢燒的白豆燉肉鍋（cassoulet），內有白豆、香腸、煙燻培根和羽衣甘藍，再配上辣醬與白飯
——馬里雪兒・普西拉（Maricel Presilla），CUCHARAMAMA，紐澤西州霍博肯市

濃湯：白豆泥加入迷迭香油
——茱蒂・羅傑斯（Judy Rodgers），ZUNI CAFÉ，舊金山

杏桃乾
芝麻菜
培根
羅勒
月桂葉
香料包
波本酒
球花甘藍
無鹽奶油
胡蘿蔔
芹菜
乳酪：蒙契格、**帕瑪**、佩科利諾、
　羅馬諾乳酪
乾辣椒
細香蔥
丁香
鮮奶油
小茴香
蒜頭
薑粉
義式料理
火腿
羊肉
檸檬汁
楓糖漿
法式綜合蔬菜高湯（胡蘿蔔、芹
　菜、洋蔥）
糖蜜
野生菇蕈類
芥末、乾芥末
花生油
橄欖油
洋蔥（如：奇波利尼、紅、甜洋蔥）
扁葉荷蘭芹
義式麵食
胡椒：黑、白胡椒
豬肉
義式乾醃火腿
紅椒粉
迷迭香
深色蘭姆酒
鼠尾草
鹽：猶太鹽、海鹽
香薄荷
紅蔥頭
湯
冬南瓜

高湯：雞肉、蔬菜高湯
黑糖
龍蒿
百里香
番茄與番茄糊
松露
醋：巴薩米克香醋、蘋果酒醋、紅
　酒醋
干白酒

對味組合

白豆＋橄欖油＋佩科利諾乳酪
白豆＋橄欖油＋迷迭香＋巴薩米
　克香醋
白豆＋球花甘藍＋野生菇蕈類

牛肉 Beef

味道：甜
質性：性熱
分量感：中等－厚實
風味強度：溫和
料理方式：同時參見各部位牛肉
　烹調法
小祕訣：丁香能增添牛肉的豐潤
　度

多香果
培根
羅勒
月桂葉
四季豆
貝納斯醬汁

啤酒
香料包
白蘭地
無鹽奶油
續隨子
胡蘿蔔
卡宴辣椒
芹菜
藍黴乳酪（如：卡伯瑞勒斯藍黴乳
　酪）
辣椒（尤以乾辣椒與帕西里亞乾
　辣椒為佳）
細香蔥
巧克力與可可粉
芫荽葉
肉桂
丁香
咖啡與義式濃縮咖啡
干邑白蘭地
芫荽
玉米
醃黃瓜
鮮奶油
孜然
咖哩
油脂：雞油、鵝油
鵝肝
蒜頭
薑
香草
山葵
神香草

主廚私房菜 DISHES

巴羅洛紅酒燉牛肉（Brasato al Barolo），搭配牛肝菌
——馬利歐·巴達利（Mario Batali），BABBO，紐約市

墨西哥玉米捲餅（mochomos）：酥脆的天然蒙大拿牛柳、清脆白洋蔥絲、
酪梨醬、辣莎莎醬，以及用來製作玉米捲餅的熱玉米餅
——瑞克·貝雷斯（Rick Bayless），FRONTERA GRILL，芝加哥

糖醋牛肉塊，搭配糯米飯與烤椰子
——莫妮卡·波普（Monica Pope），T'AFIA，休斯頓

特厚里肌牛排（Chateaubriand），搭配野生菇蕈、帶牛肝菌風味的育空
黃金馬鈴薯，佐以希哈酒醬汁
——米契爾·理查（Michel Richard），CITRONELLE，華盛頓特區

牛絞肉搭配鮮奶油和葫蘆巴，鋪在絲蘭上
——維克拉姆·菲（Vikram Vij）與梅魯·達瓦拉（Meeru Dhalwala），VIJ'S，溫哥華

我愛用藍黴乳酪來搭配**牛肉**。我們有一道菜餚就是搭配藍黴乳酪醬汁，此醬汁是由雞湯、第戎芥末、松露汁及新鮮松露調製而成。這道醬汁風味萬千，你幾乎嘗不出芥末的味道，但是它增添的風味卻比醋或檸檬多。它可搭配以調味紅酒烹煮過的牛排。至於烹煮牛肉的湯汁，則是將卡本內蘇維翁紅酒、刺柏漿果、胡椒、八角、小茴香籽以及丁香加熱烹煮25分鐘，把風味濃縮而成。酒中的單寧酸經過烹煮後，能帶出牛肉的馥郁滋味。

——加柏利兒・克魯德（Gabriel Kreuther），THE MODERN，紐約市

不同部位的**牛肉**風味也不同：像是肉感濃郁的腰脊肉（strip steak，即紐約客牛排用肉）、肉質細緻柔嫩的里肌肉（filet mignon，即腓力牛排用肉）、以及油多汁甜的肋眼。富含肉汁的胸腹肉（skirt steak）很適合用來製作三明治的肉片。胸腹隔肌肉則有股與眾不同的內臟風味。牛小排（short ribs）在燜燒幾個小時後，能吸收燉鍋中所有食材的滋味，呈現出具層次感的濃重牛肉風味。

——麥克・羅莫納可（Michael Lomonaco），PORTER HOUSE NEW YORK，紐約市

我們以柴火燒烤一塊18盎司的上等肋眼**牛排**，搭配的是撒上乳酪的乳酪通心粉、蜜汁紅蔥頭、牛尾紅酒醬汁以及鹽之花。這是一道牛之又牛的上等佳餚！有牛肉、牛尾醬以及用小牛肉高湯燜燒的紅蔥頭，風味真是豐富。肋眼牛排是牛肉味道最豐富又最濃郁的部位，經柴火燒烤後，展現出全新風味。撒上一點橄欖油、鹽之花、碎胡椒粒，然後再淋上濃郁的牛尾醬。人們為之瘋狂。

——凱莉・納哈貝迪恩（Carrie Nahabedian），NAHA，芝加哥

韭蔥
牛骨隨
薄荷
味噌、紅味噌
菇蕈類（尤以牛肝菌或香菇為佳）
第戎芥末
油：菜籽油、芝麻油
橄欖油
洋蔥：紅、西班牙、黃洋蔥
柳橙
奧勒岡
扁葉荷蘭芹
胡椒：黑、白胡椒
馬鈴薯
紅椒粉
迷迭香
番紅花
鹽：鹽之花、猶太鹽
紅蔥頭
醬油
菠菜（佐餐物）
高湯：牛肉、雞肉、小牛肉高湯

糖（一撮）
龍蒿
百里香
番茄與番茄糊
松露
蕪菁
油醋醬
醋：蘋果酒醋、紅酒醋、米酒醋、雪莉酒醋、龍蒿醋
酒：**紅酒**（如：卡本內紅酒蘇維翁紅酒、梅洛紅酒）、馬德拉酒
節瓜

對味組合

牛肉＋啤酒＋洋蔥
牛肉＋蒜頭＋薑
牛肉＋蒜頭＋番茄
牛肉＋菇蕈類＋馬鈴薯
牛肉＋菇蕈類＋紅酒
牛肉＋牛肝菌＋紅酒

牛肉：牛胸肉 Beef — Brisket

料理方式：燒烤、燉煮、鹽漬、烘烤、熬、煙燻

燒烤綜合香料粉
烤肉醬
月桂葉
啤酒
甘藍（搭配鹽漬牛胸肉）
辣椒粉
肉桂
孜然
小茴香籽
蒜頭
山葵
楓糖漿
法式綜合蔬菜高湯
芥末
橄欖油
洋蔥
帕西里亞乾辣椒
黑胡椒
馬鈴薯
迷迭香
鹽
湯
八角
燉煮料理
牛肉高湯

牛胸肉禁得起長時間燜燒，經過幾小時的烹煮後，嘗起來仍是牛胸肉，所以很適合大型派對。德州人炭烤出的牛胸肉天下無敵。我還發現，德州人用的牛胸肉是我見過最肥的，所以油脂會在炭烤過程中流出，肉片就自動上油了。我最愛的炭烤牛胸肉是奧斯汀市郊的穆勒餐廳（Mueller's）。這家餐廳的牛胸肉先烤個20個小時左右，然後用棕色包肉紙包起來靜置。我認為這就是料理此道烤肉的關鍵步驟。

——麥克・羅莫納可（Michael Lomonaco），PORTER HOUSE NEW YORK，紐約市

黑糖
百里香
番茄與番茄糊
醋：雪莉酒醋
紅酒

牛肉：面頰肌 Beef — Cheeks
料理方式：燜燒

蘋果
月桂葉
無鹽奶油
胡蘿蔔
芹菜
芹菜根
細香蔥
肉桂
丁香
蒜頭
山葵
韭蔥
芥末
花生油
洋蔥
義式麵食（如：義式麵疙瘩、義式
　　方麵餃）
黑胡椒
馬鈴薯（尤以薯泥或新鮮馬鈴薯
　　為佳）
義式燉飯
迷迭香
猶太鹽
雞肉高湯
龍蒿
新鮮百里香
番茄
根莖類蔬菜
巴薩米克香醋
紅酒（如：勃根地紅酒）

牛肉：神戶牛肉
Beef — Kobe
芝麻菜
帕瑪乳酪
細香蔥
蒜頭

薑
山葵
日式料理
馬德拉酒
菇蕈類
芝麻油
橄欖油
洋蔥
黑胡椒
海鹽
芝麻籽
醬油
黑松露
柚子汁

牛肉：牛腰肉 Beef — Loin
（又稱沙朗牛肉、里肌肉）
料理方式：煎烤、烘烤

無鹽奶油
五香粉
薑
花生油
紅椒
胡椒：黑、白胡椒
新鮮迷迭香
鹽：猶太鹽、海鹽
醬汁
醬油
新鮮百里香
日式芥末醬

牛肉：牛尾 Beef — Oxtails
料理方式：燜燒、燉煮

多香果
洋茴香
羅勒
月桂葉
豆類（尤以白豆為佳）
啤酒
燈籠椒
乳酪：愛亞格、佩科利諾乳酪
蒜頭
薑
義式麵疙瘩
韭蔥
馬德拉酒
菇蕈類
芥末
橄欖油
洋蔥
柳橙
扁葉荷蘭芹
歐洲防風草塊根
義式麵食（如：義式方麵餃、義式
　　圓肉餃）
黑胡椒
馬鈴薯（尤以薯泥為佳）
義式燉飯
鹽
扇貝
紅蔥頭
湯
燉煮料理

高湯：牛肉、雞肉高湯
百里香
番茄與番茄醬汁
紅酒
白酒

對味組合
牛尾＋歐洲防風草塊根＋紅酒
牛尾＋紅酒＋百里香＋番茄

牛肉：肋排 Beef — Ribs
料理方式：燒烤、燜燒、乾烤

烤肉醬
燒烤綜合香料粉

牛肉：烤牛肉 Beef — Roast
料理方式：烘烤

白蘭地
巧克力
咖啡
蒜頭
山葵
野生菇蕈類
迷迭香
醬汁：貝納斯醬汁、紅酒醬（尤以
  馬德拉酒或波特酒醬為佳）
醬油
百里香
紅酒

牛肉：臀肉 Beef — Round
料理方式：燒烤、煎炒、快炒

燈籠椒：紅、綠燈籠椒
辣椒粉
芫荽葉
孜然
蒜頭
萊姆汁
橄欖油
紅洋蔥
荷蘭芹
櫻桃蘿蔔
塔巴斯科辣椒醬

牛肉：牛腱 Beef — Shank
料理方式：燜燒

蒜頭
薑
檸檬
青蔥
紅椒
黑胡椒
芝麻油
醬油
糖

牛肉：腰脊肉
Beef — Short Loin

這就是丁骨牛排。當丁骨牛排分量加倍（也就是原來的兩倍厚度），就變成一份大里肌肉丁骨牛排（porterhouse）。據說大里肌肉丁骨牛排首次現身，是在1815年曼哈頓下城區的一家小酒館。當時有顧客要求一份下酒菜，由於酒館當天一般分量的肉品用完了，所以老闆就給顧客一大塊肉——後來就成了眾所周知的大里肌肉丁骨牛排。這種牛排包含了一部分的里肌肉（腓力牛排）以及一部分腰脊肉（紐約客牛排）。它兼具了腓力牛排的柔嫩口感以及紐約客牛排豐美的嚼勁，是一道完美的炭烤牛排。

——麥克・羅莫納可（Michael Lomonaco），
PORTER HOUSE NEW YORK，紐約市

牛肉：牛小排
Beef — Short Ribs
料理方式：燒烤、燜燒、燉煮

培根
羅勒
月桂葉
啤酒或麥酒
無鹽奶油
胡蘿蔔
芹菜：芹菜莖、芹菜葉
芹菜根
細葉香芹
辣椒（尤以櫻桃辣椒為佳）
細香蔥

芫荽葉
肉桂
芫荽
印度綜合香料（印度料理）
蒜頭
薑
義式葛瑞莫拉塔調味料
粗玉米粉
山葵
韭蔥
檸檬：檸檬汁、碎檸檬皮
萊姆
法式綜合蔬菜高湯
菇蕈類：牛肝菌、野生菇蕈類
芥末：第戎芥末、茅斯芥末醬
糖蜜
**油：菜籽油、玉米油、葡萄籽油、
  榛果油、花生油、芝麻油、蔬菜
  油、胡桃油**
橄欖油
洋蔥（尤以青蔥或是珍珠、白或
  黃洋蔥為佳）
柳橙：橙汁、碎橙皮
奧勒岡
扁葉荷蘭芹
歐洲防風草塊根
豌豆

BOX

**如何料理肉桂牛小排？
——VIJ'S的
維克拉姆・菲（Vikram Vij）**

在燜燒料理中，我比較喜歡用肉桂皮。肉桂棒雖然很完美，但它是經過蒸煮捲製而成，有點過於人工。在這道料理中，你看不到肉桂皮，但卻充滿強烈而濃郁的肉桂風味。料理完成後，將整片肉桂皮撈出丟棄即可。肉桂味在四小時的燜燒過程中並不會消散，而且最後能為整道菜餚增添一股細緻、香甜的風味，此外也添加了一些不同於咖哩的辛辣味。如果肉桂味過重，可搭配米飯或加了點鹽與胡椒的優格來平衡。

胡椒：黑、白胡椒、四川花椒
馬鈴薯（尤以薯泥為佳）
義式乾醃火腿
迷迭香
鼠尾草
猶太鹽
香薄荷
紅蔥頭
干雪莉酒
醬油
八角
高湯：牛肉、雞肉、小牛肉高湯
糖：黑糖、白糖（一撮）
羅望子
龍蒿
新鮮百里香
番茄、番茄糊、番茄醬汁
蕪菁（佐餐菜）
醋：巴薩米克香醋、雪莉酒醋
干紅酒（如：巴羅洛紅酒、
　卡本內蘇維翁紅酒、梅洛紅酒、
　　金粉黛紅酒）
白酒（尤以水果酒為佳）
伍斯特辣醬油

主廚私房菜　DISHES

牛小排，搭配燜燒波士頓萵苣以及油漬胡椒紅蔥頭
——丹尼爾·布呂德（Daniel Boulud），DANIEL，紐約市

燜燒牛小排，搭配歐洲防風草塊根泥、牛肝菌與巴羅洛紅酒
——史考特·布萊恩（Scott Bryan），VERITAS，紐約市

慢烤牛小排，搭配粗粒玉米粉
——凱撒·卡瑟拉（Cesare Casella），MAREMMA，紐約市

蒜頭燜燒牛小排，佐以防風草塊根泥、胡蘿蔔奶油香煎小圓胡蘿蔔、
四季豆，以及卡本內紅酒醬汁
——包柏·金凱德（Bob Kinkead），COLVIN RUN，維吉尼亞州維也納市

燜燒牛小排，搭配玉米粉與茅斯（Meaux）芥末醬
——葛瑞·昆茲（Gray Kunz），CAFÉ GRAY，紐約市

燜燒牛小排，搭配野豬肉培根、白花椰菜泥淋上烤冬季根莖類蔬菜及
奇波利尼洋蔥、「曼努卡」（Manuka）煙燻海鹽，以及香草沙拉
——凱莉·納哈貝迪恩（Carrie Nahabedian），NAHA，芝加哥

燜燒牛小排，再以薑汁和醬油炭烤
——大河內和（Kaz Okochi），KAZ SUSHI BISTRO，華盛頓特區

以紅酒醬汁、黃方糖塊與芥末粉燜燒牛小排，搭配清炒藜麥與瑞士蒓
菜
——馬里雪兒·普西拉（Maricel Presilla），CUCHARAMAMA，紐澤西州霍博肯市

肉桂紅酒咖哩燜燒牛小排
——維克拉姆·菲（Vikram Vij）與梅魯·達瓦拉（Meeru Dhalwala），VIJ'S，溫哥華

CHEF'S TALK

我們的牛小排燜燒時間長達三至三個半小時，因此是道上等的肉類料理。我們不用紅酒，而是以略帶巧克力香味的鷹凌啤酒（Yuengling Porter）來燜燒牛小排。醬汁是由番茄、蒜頭、洋蔥、一小袋香草、大量胡椒粒以及辣椒加入啤酒慢熬而成。我參加過一場高達600人的慈善晚宴，供應的菜餚就是牛小排。牛小排之所以能應付如此大的場面，其中一個理由就是這種肉品在烹調上可容許的誤差較大。它可以烹調至全熟，甚至酥嫩至骨肉分離。骨肉分離是燜燒肉類料理最迷人之處，也是感官上最大享受。來杯上好的調味希哈酒，搭配這道牛小排，讓自己陶醉在偉大的白日夢中吧！
——麥克·羅莫納可（Michael Lomonaco），PORTER HOUSE NEW YORK，紐約市

對味組合

牛小排＋月桂葉＋啤酒＋菇蕈類＋芥末
牛小排＋啤酒＋蒜頭＋山葵＋洋蔥＋馬鈴薯＋番茄
牛小排＋胡蘿蔔＋菇蕈類＋歐洲防風草塊根
牛小排＋芹菜根＋山葵
牛小排＋肉桂＋番茄＋紅酒
牛小排＋山葵＋檸檬＋荷蘭芹
牛小排＋洋蔥＋馬鈴薯＋紅酒
牛小排＋馬鈴薯＋根莖蔬菜

牛肉：牛排
Beef — Steak
料理方式：炙烤、燒烤、煎炒

香蒜乳酪馬鈴薯泥
多香果
芝麻菜
羅勒
月桂葉
貝納斯醬汁
白蘭地
無鹽奶油
續隨子
卡宴辣椒
芹菜根
茖菜
帕瑪乳酪
辣椒
細香蔥
芫荽葉
丁香
干邑白蘭地
芫荽
鮮奶油
孜然
五香粉
泰式魚露
蒜頭
生薑

香草（尤以普羅旺斯香草為佳）
蜂蜜
山葵
刺柏漿果
檸檬：檸檬汁、碎檸檬皮
檸檬草
萊姆汁
牛骨髓
菇蕈類（如：酒杯菇蕈、義大利棕
　　蘑菇、香菇）
第戎芥末
油：菜籽油、葡萄籽油、芝麻油、
　　蔬菜油
橄欖油
洋蔥：紅、白洋蔥
扁葉荷蘭芹
胡椒：黑、白、綠、粉紅胡椒、四
　　川花椒
波特酒
馬鈴薯、炸薯條
紅椒粉
米
迷迭香
猶太鹽
青蔥
紅蔥頭
干雪莉酒
醬油
高湯：牛肉、小牛肉高湯

CHEF'S TALK

我喜歡以碎胡椒粒簡單調理黑胡椒**牛排**，待牛排起鍋後，再以波本酒
或風味更佳的上好美國黑麥威士忌倒入鍋中製作醬汁。我也喜歡用瑪
格麗特醬汁來搭配牛排。瑪格麗特醬汁滋味美妙，以龍舌蘭酒、柳橙、
碎檸檬皮最後再加上烘烤過的辣椒粉調製而成。
——麥克・羅莫納可（Michael Lomonaco），PORTER HOUSE NEW YORK，紐約市

CHEF'S TALK

口感強韌、味豐肉美、富含油脂
的**牛肩胛肉排**，可以用來燒烤，
也很適合大塊燜燒。牛肩胛肉
排也非常適合切成小塊拿來燉
煮，因為它含有極佳的油脂。
我小時候吃到的牛排料理，就
是使用油脂豐富的牛肩胛肉。
先以大火油煎至金黃色，再加
入番茄、洋蔥及新鮮奧勒岡，
以小火燉煮。也許菜單上很少
出現牛肩胛肉排，但它卻常用
來製成漢堡。事實上，這是我
的上選漢堡肉。我喜歡的比例
是 75~80% 的瘦肉混合 20~25%
的肥肉。
——麥克・羅莫納可（Michael
Lomonaco），PORTER HOUSE NEW
YORK，紐約市

糖（一撮）
羅望子
龍蒿
百里香
醋：巴薩米克香醋、香檳酒醋、中
　　式烏醋、蘋果酒醋、紅酒醋、米
　　酒醋、雪莉酒醋、白酒醋
水田芥
干紅酒（如：薄酒萊、奇揚第紅酒）

對味組合
牛排＋芝麻菜＋帕瑪乳酪＋巴薩
　　米克香醋
牛排＋培根＋馬鈴薯＋紅酒
牛排＋奇揚第紅酒＋檸檬＋鹽
牛排＋義大利棕蘑菇＋水田芥
牛排＋山葵＋芥末＋馬鈴薯
牛排＋紅蔥頭＋紅酒

牛肉：牛排（牛肩胛肉）
Beef — Steak (Chuck)
料理方式：燜燒、燒烤、燉煮

牛肉：牛排（腓力）

Beef — Steak (Filet Mignon，也就是牛的小里肌)

料理方式：炙烤、燒烤、煎炒

培根
無鹽奶油
干邑白蘭地
鮮奶油
鵝肝
蒜頭
韭蔥
菇蕈類（尤以羊肚菌、牛肝菌為佳）
花生油
橄欖油
洋蔥
胡椒：黑、綠胡椒
波特酒
馬鈴薯
迷迭香
鹽
紅蔥頭
雪莉酒
高湯：牛肉、菇蕈類、小牛肉高湯
百里香
醋、巴薩米克香醋
酒：干紅酒、馬德拉酒

牛肉：牛排（腹脇肉）

Beef — Steak (Flank)

料理方式：炙烤、燒烤、煎炒、快炒

辣椒（尤以齊波特或哈拉佩諾辣椒為佳）
芫荽葉
孜然
蒜頭
海鮮醬
蜂蜜
萊姆汁
糖蜜
黃芥末
油：花生油、芝麻油
橄欖油
奧勒岡

主廚私房菜 DISHES

大火油煎肋眼牛排，搭配雞油菌以及烤至泌出糖分的育空黃金馬鈴薯
——丹尼爾‧布呂德（Daniel Boulud），DANIEL，紐約市

牛腰脊肉於奶油中熬煮後，撒上海鹽入烤箱烘烤。再以義大利棕蘑菇鑲牛小排肉，搭配烤馬鈴薯、菠菜泥以及鵝肝荷蘭醬
——傑弗瑞‧布本（Jeffrey Buben），VIDALIA，華盛頓特區

乾式熟成紐約客牛排，搭配文火慢煮的青花菜、蒜頭與檸檬，還有手指馬鈴薯以及尼斯橄欖汁
——崔西‧德‧耶丁（Traci Des Jardins），JARDINIÈRE，舊金山

以塞維利亞柳橙與萊姆汁醃漬的胸腹肉排
——馬里雪兒‧普西拉（Maricel Presilla），ZAFRA，紐澤西州霍博肯市

草莓山的紐約客牛排，搭配烤萵苣、橄欖油熬煮番茄，以及檸檬鮮奶油
——科瑞‧史萊柏（Cory Schreiber），WILDWOOD，奧勒岡州波特蘭市

以鐵板大火油煎牛肝菌及紐約沙朗牛排，再配上蒜味烤馬鈴薯泥、黑色喇叭菌雜燴以及燜燒羽衣甘藍，並佐以蘭姆酒胡椒醬
——艾倫‧蘇瑟（Allen Susser），CHEF ALLEN'S，佛羅里達州艾文圖拉市

CHEF'S TALK

腓力牛排並非主廚的最愛，因為這個部位的牛肉風味並不豐富，不過它還是餐廳中最受顧客歡迎的部位。我喜歡用一點橄欖油（或者再加點奶油）來煎烤腓力牛排。這是腰脊肉中運動量較少的部位，所以肉質特別柔嫩。紐約客牛排是腰脊肉中運動量較大的部分，其帶骨處與腓力牛排的尾端相接。搭配腓力牛排的經典醬汁是貝納斯蛋黃醬（Béarnaise sauce，就是以醋、紅蔥頭、蛋黃、奶油等食材調製而成的醬汁）。
——麥克‧羅莫納可（Michael Lomonaco），PORTER HOUSE NEW YORK，紐約市

主廚私房菜 DISHES

燒烤腓力牛排，搭配香煎馬鈴薯、菠菜，以及香烤蒜味卡士達
——艾弗瑞‧波特爾（Alfred Portalei），GOTHAM BAR AND GRILL，紐約市

豪華里肌大餐：雙份腓力牛排，下方是抹上厚厚鵝肝醬的布里歐麵包，佐以松露醬汁、波特酒燴奇波利尼洋蔥、手指馬鈴薯、春季菇蕈類以及韭蔥泥
——亞諾斯‧懷德（Janos Wilder），JANOS，亞利桑那州土桑市

莎莎醬（尤以番茄莎莎醬為佳）
鹽
醬油
糖
百里香
巴薩米克香醋

主廚私房菜 DISHES

牛腹脇肉，佐以醃蘑菇、朝鮮薊、番茄、夏南瓜、惠波農場的蔬菜、黃番茄油醋醬以及羅勒蒜泥蛋黃醬
——傑弗瑞‧布本（Jeffrey Buben），VIDALIA，華盛頓特區

綠色胡椒粒醃牛腹脇肉，搭配巴薩米克香醋烤洋蔥、番茄以及泰式烤肉醬
——查理‧托特（Charlie Trotter），TROTTER'S TO GO，芝加哥

CHEF'S TALK

燒烤味噌牛排，能帶出所有配菜的風味。可以單獨使用紅味噌做醃料，也可以加入蒜頭、薑、味醂、芝麻油、醬油（以及糖）來調製。
——曾根廣，TERRA，加州聖海蓮娜市

牛肉：牛排（胸腹隔肌）
Beef — Steak (Hanger)
料理方式：炙烤、燒烤、煎炒

燈籠椒
白蘭地
芹菜根
薑
菇蕈類
芥末
洋蔥
歐洲防風草塊根
黑胡椒
莎莎青醬
青蔥
醬油
百里香
紅酒

牛肉：牛排（肋眼牛排）
Beef — Steak (Rib Eye)
料理方式：炙烤、燒烤、煎炒、快炒

主廚私房菜 DISHES

以胸腹隔肌牛肉、當地胡椒、莎莎青醬以及天然果汁調製成的披薩醬
——安德魯‧卡梅利尼（Andrew Carmellini），AVOCE，紐約市

蒜頭
乾燥牛肝菌
橄欖油
奧勒岡
黑胡椒
紅椒粉
迷迭香
醋：巴薩米克香醋、紅酒醋

牛肉：牛排（胸腹肉）
Beef — Steak (Skirt)
料理方式：炙烤、燒烤、煎炒

多香果
鯷魚
奶油
續隨子
安佳辣椒

肉桂
孜然
比利時苦苣
蒜頭
萊姆汁、碎萊姆皮
芥末
菜籽油
橄欖油
紅洋蔥
奧勒岡
紅椒
扁葉荷蘭芹
紅椒粉
迷迭香
鹽：猶太鹽、海鹽
青蔥
醬油
百里香
巴薩米克香醋

牛肉：韃靼生牛肉
Beef — Steak (Tartare)[2]

我們以腓力牛肉來製作韃靼生牛肉，並在顧客點菜後才以手工剁碎牛肉。我喜歡以手工處理，這跟一般牛絞肉口感不同。我以芥末、續隨子與鯷魚來調味韃靼生牛肉，對這，我可是十分自豪，如此調理才能凸顯牛肉的口感。
——麥克‧羅莫納可（Michael Lomonaco），PORTER HOUSE NEW YORK，紐約市

2 韃靼（tartare）在此指的是把食材切細碎後調味生食的料理方式。傳說韃靼民族以此法料理馬肉。

CHEF'S TALK

胸腹肉排是長長一條帶狀肌肉，約60公分長、10公分寬，是風味絕佳且美味多汁的部位，價格也非常合理。這是大受拉丁民族（特別是阿根廷人）歡迎的牛肉部位。最常見的作法是以肉槌將肉敲平讓肉質軟嫩（因為肌肉纖維已被敲斷），用來做法士達（fajitas）。這個部位的牛肉（還有胸腹隔肌牛排）風味最夠。搭配這道牛肉料理的醬汁是阿根廷香芹醬（chimichurri sauce），這是以蒜末、洋蔥丁、荷蘭芹末，加上白醋（我們用香檳酒醋）、紅辣椒碎片以及一點橄欖油調製而成的阿根廷傳統醬料，是烤牛排的最佳佐料。
——麥克‧羅莫納可（Michael Lomonaco），PORTER HOUSE NEW YORK，紐約市

料理牛排的方法
——PORTER HOUSE，紐約市的麥克·羅莫納可（Michael Lomonaco）

熟成：熟成是很重要的步驟，因為可以讓牛排肉質軟化。肌肉纖維在熟成的過程中會分解，並去除多餘水分、濃縮風味。比起甜味較重的新鮮牛排，乾式熟成的牛排帶有更強烈的礦物質風味。乾式熟成是增加風味的關鍵，但得耗時四週，因此也增加不少成本。

調味：我們所有的牛排都是在下鍋前才以猶太粗鹽與新鮮胡椒粉調味醃製，如此才能在烹調時帶出牛肉的風味。擠一些檸檬汁，能讓上等托斯卡尼牛排風味更佳。倘若你在義大利大啖佛羅倫斯大牛排（bistecca Fiorentina），那就是一份義式的大里肌肉丁骨牛排（porterhouse）。此牛排以乾葡萄枝炭烤而成，淋上當季鮮榨橄欖油，並搭配檸檬。

調理：牛排應該只有三分或五分熟。「三分熟」是指牛排外層熾熱而內部有點涼。「五分熟」則是同樣的外觀，但內部較溫暖熱。牛排若超過這種熟度，肉質就會開始變硬，油脂也會滲出而讓牛更為乾硬。

醬汁：回顧歷史能推動我們進步。醬汁是我們與歷史悠久的法式與義式料理的連結。在烹飪界中，負責調製醬汁的人可都是廚房中的頂級廚師，而醬汁中複雜豐富的內涵，是風味層層疊加的結果。一般搭配牛排的醬汁通常會帶有酸味和甜味，這樣才能去除牛排的油膩感。紅酒醬汁的酸味和微焦的紅蔥頭甜味能去除油膩感，並增進牛排風味。我們也自製出烤肉醬作為牛排醬汁，其中的甜味來自黑糖與糖蜜，而酸味則來自紅酒醋，還有齊波特辣椒的煙燻味。

胸腹隔肌牛排就是法文的onglet，經常出現在小酒館的菜單上。它的價格公道，所以也常出現在小型餐館的菜單上。胸腹隔肌牛排的風味獨特，它很靠近腎臟，所以帶有其他部位所沒有的內臟味，一頭牛身上也只能取出一份。這種牛排因為與眾不同、風味異於典型牛肉，因此越來越受歡迎。我喜歡燒烤胸腹隔肌牛排，並且烹調到三分到五分熟度。刀法也很重要，得按照肌肉纖維斜切才會柔嫩好吃。我喜歡用傳統醬汁來搭配胸腹隔肌牛排，像是微焦的紅蔥頭紅酒醬，或是胡椒波本酒醬。將紅蔥頭煎至焦黃是很重要的步驟，這樣醬汁才會有甜味並去除牛排的腥羶味。我也會以果汁味較濃的波本酒取代干邑白蘭地來做醬汁，並加入白、黑、粉紅與綠色四種不同的胡椒粒。後兩種胡椒是用來調節風味強弱，因為綠色胡椒能迅速去除牛排的油膩感。
——麥克·羅莫納可（Michael Lomonaco），PORTER HOUSE NEW YORK，紐約市

肋排受歡迎的程度僅次於腓力。肋排來自牛肋脊肉，靠近肩胛的部分油脂較多，而靠近腰脊肉的一端則較瘦。靠近肩胛這端的肋排最受歡迎，其中甚至含有一大塊油花。這是我最愛的牛排之一。一大塊富含油脂、肉汁豐美的肋排非常適合燒烤。我會連肉帶骨一起燒烤，因為骨頭能增加牛肉的風味。我們的牛肉來自加州的布蘭登牧場，位置正好在墨西哥北邊一點。此地區受到大量墨西哥風味的影響，因此我也以辣椒來搓揉牛排。我們的牛肉是荷斯坦（Holstein）牛，肉質較甜。肋排的油脂在燒烤的過程中會融化並滋潤整塊肋排，最後再塗上一層由安佳辣椒、黑糖、烤小茴香籽粉、齊波特辣椒以及一小撮卡宴辣椒粉混合而成的醬料。然後再烤一次，這樣肋排肉就已調好味了。
——麥克·羅莫納可（Michael Lomonaco），PORTER HOUSE NEW YORK，紐約市

後腰脊（沙朗）是個味豐質佳的部位。這是牛背上運動較多的肌肉，雖然比較有嚼勁，但非常適合拿來炭烤。如果能在高溫的烤爐上快速加熱而不過熟，並按肉質紋理正確斜切成薄片，就能盡得個中美味。
——麥克·羅莫納可（Michael Lomonaco），PORTER HOUSE NEW YORK，紐約市

三分熟烤牛肉這道料理用的是**牛大腿肉**。這個部位的肉質有點硬，因此這種牛肉總是切成薄片上桌。要製作一份頂級的傳統烤牛肉片三明治，這個部位是最合適的了，因為完全無骨也無油脂，只有絕佳的牛肉風味。
——麥克·羅莫納可（Michael Lomonaco），PORTER HOUSE NEW YORK，紐約市

我在愛爾蘭的時候，一邊大口灌健力士啤酒，一邊大啖香腸與馬鈴薯泥，香腸上主要搭配的就是焦黃的洋蔥。它的滋味極好，以至於當我回到美國時，便立即以健力士啤酒進行實驗。牛小排先用健力士啤酒醃過，最後做出這燜燒健力士牛小排。**啤酒**入菜最常碰到的問題是，有時候菜餚會變苦。要解決這個問題，若不加糖，最自然的方式就是使用洋蔥。所以牛小排先以**啤酒**醃過後再燜燒，起鍋前加入烤過的洋蔥泥來調和風味。

——安德魯‧卡梅利尼（Andrew Carmellini），A VOCE，紐約市

啤酒 Beer

味道：從苦到甜、風味各異
分量感：中等－厚實
風味強度：微弱－濃烈

牛肉
巧達乳酪
火腿
滷汁醃醬
肉類
洋蔥
豬肉
醬汁
德國酸菜
香腸
蝦
燉煮料理

甜菜 Beets

季節：全年
味道：甜
質性：熱
分量感：中等
風味強度：溫和
料理方式：烘焙、水煮、切成薄片、炸甜菜片、烘烤、湯、清蒸

蘋果
芝麻菜
酪梨
羅勒
四季豆菜
牛肉
甜菜葉
無鹽奶油

甘藍
續隨子
葛縷子籽
胡蘿蔔 魚子醬 芹菜
乳酪：藍黴、康寶諾拉、巧達、**山羊、帕瑪、侯克霍、鹹乳酪**
細葉香芹
菊苣
辣椒
細香蔥
芫荽葉
柑橘
芫荽
鮮奶油
法式酸奶油
孜然
咖哩
蒔蘿
全熟水煮蛋
茴菜
闊葉茴菜
小茴香
小茴香籽
魚
法式料理
綠捲鬚生菜
蒜頭
薑
香草
蜂蜜
緋魚
山葵
韭蔥
檸檬：檸檬汁、碎檸檬皮
檸檬香蜂草

檸檬百里香
檸檬馬鞭草
萊姆
楓糖漿
牛奶
薄荷
菇蕈類（如：香菇）
第戎芥末
芥末油
肉豆蔻
油：菜籽油、花生油、蔬菜油、**胡桃油**
橄欖油
橄欖（尤以尼斯橄欖為佳）
洋蔥：紅、白、黃洋蔥
柳橙：橙汁、碎橙皮
扁葉荷蘭芹
義式麵食
西洋梨
胡椒：黑、白胡椒
開心果
馬鈴薯
櫻桃蘿蔔
迷迭香
俄羅斯料理
沙拉（尤以蔬菜沙拉為佳）
鹽：猶太鹽、海鹽
青蔥
紅蔥頭
雪莉酒
湯（尤以羅宋湯為佳）
酸奶油
菠菜
高湯：雞肉、小牛肉、蔬菜高湯
糖：黑糖、白糖
龍蒿
百里香
香醋、芥末醋
醋：巴薩米克香醋、香檳酒醋、**蘋果酒醋、覆盆子醋、紅酒醋、雪莉酒醋、龍蒿醋、白酒醋**
伏特加
胡桃與胡桃油
酒、白酒
優格

對味組合

甜菜＋細香蔥＋柳橙＋龍蒿
甜菜＋柑橘＋山羊乳酪＋橄欖油＋紅蔥頭
甜菜＋法式酸奶油＋柳橙＋龍蒿
甜菜＋蒔蘿＋酸奶油
甜菜＋苣菜＋山羊乳酪＋開心果
甜菜＋苣菜＋柳橙＋胡桃
甜菜＋山羊乳酪＋胡桃
甜菜＋戈根索拉乳酪＋榛果＋醋
甜菜＋蜂蜜＋龍蒿
甜菜＋薄荷＋優格
甜菜＋橄欖油＋帕瑪乳酪＋巴薩米克香醋
甜菜＋柳橙＋胡桃
甜菜＋馬鈴薯＋巴薩米克香醋
甜菜＋紅蔥頭＋醋＋胡桃

CHEF'S TALK

一塊鹹乳酪就能讓甜菜變得特別美味，無論是西班牙鮮乳酪（queso fresco）或含鹽瑞可達乳酪（ricotta salata）。

——雪倫・哈格（Sharon Hage），YORK STREET，達拉斯

CHEF'S TALK

人們熱愛新鮮甜菜。我不認為自己在甜菜沙拉中加入戈根索拉乳酪（Gorgonzola）和榛果是種創新，不過我們的甜菜沙拉的確與眾不同，因為甜菜是醃過的。我們將甜菜去皮後，以巴羅洛酒醋、紅蔥頭、橄欖油、鹽以及胡椒調製而成的醃料醃漬一晚。這是遵循俄羅斯與波蘭料理的原則，甜菜經醃製後，便充滿了醋的濃烈滋味。

——安德魯・卡梅利尼（Andrew Carmellini），A VOCE，紐約市

甜菜讓人聯想到冬天，但我想運用它來製作一道夏日料理。所以我用甜菜調製了一份秘魯酸漬海鮮。將甜菜烤過，並加入萊姆酒搗成泥狀再冷凍成冰沙。我們將甜菜冰沙平鋪於盤底，所以看起來很像湯，然後在上面鋪一層薄薄的生鮮扇貝以及萊姆片、芫荽葉與紅洋蔥油。這是一道風味清新的料理。這道菜的另一個關鍵是，它具備了所有秘魯酸漬海鮮的風味，但扇貝卻沒有酸漬，因為扇貝遇酸會變得難嚼。扇貝在其他風味的搭配下變得更鮮美可口，就像壽司。

——福島克也（Katsuya Fukushima），MINIBAR，華盛頓特區

韃靼烤甜菜，搭配奇揚第葡萄酒醋與含鹽瑞可達乾酪
——馬利歐‧巴達利（Mario Batali），BABBO，紐約市

烤甜菜莎拉：卡布拉蕾（Cabrales）藍黴乳酪＋莒菜＋核桃
——丹尼爾‧布呂德（Daniel Boulud）/ 柏特蘭‧凱梅爾（Bertrand Chemel），CAFÉ BOULUD，紐約市

烤甜菜沙拉，搭配榛果、戈根索拉乳酪、巴羅洛酒醋
——安德魯‧卡梅利尼（Andrew Carmellini），A VOCE，紐約市

乳鴿甜菜湯（squab borscht），搭配根菜斯拉夫餃（pierogi）
——姍迪‧達瑪多（Sandy D'Amato），SANFORD，威斯康辛州密爾瓦基市

烤甜菜沙拉，搭配水煮農場蛋、卡奇歐卡瓦洛乳酪（Caciocavallo）與醃漬青蔥
——崔西‧德‧耶丁（Traci Des Jardins），JARDINIÈRE，舊金山

烤甜菜沙拉，搭配小茴香絲與法國乳酪（chèvre）。
——萊斯里‧麥奇（Leslie Mackie），MACRINA BAKERY & CAFÉ，西雅圖

沙拉：有機甜菜＋加拉蘋果＋紅心櫻桃蘿蔔＋高地水芹＋碎榛果＋大山丘藍黴乳酪＋榅桲果漿
——凱莉‧納哈貝迪恩（Carrie Nahabedian），NAHA，芝加哥

韃靼黃甜菜泥，搭配鱒魚魚子醬與柴魚昆布湯
——大河內和（Kaz Okochi），KAZ SUSHI BISTRO，華盛頓特區

甜菜＋綠捲鬚生菜＋康寶諾拉乳酪＋糖漬核桃＋柳橙醬汁
——莫妮卡‧波普（Monica Pope），T'AFIA，休斯頓

甜菜蘋果乳酪塔，淋上榛果香檳醬
——希蕊‧拉圖拉（Thierry Rautureau），ROVER'S，西雅圖

CHEF'S TALK

我們有一道能呈現甜菜、核桃與柳橙經典組合的沙拉。先將甜菜煮熟，然後切成薄片置於盤中。再來加入綠捲鬚生菜，由於這種生菜帶點苦味，所以我們拌康寶諾拉乳酪與糖漬核桃，然後淋上核桃龍蒿莉酒油醋醬與甌柑醬。人們品嘗這道菜時會有許多驚喜：首先會發現自己喜歡甜菜，再來又發現，在甜味的緩和作用下，綠捲鬚生菜一點也不苦了。
——莫妮卡‧波普（Monica Pope），T'AFIA，休斯頓

CHEF'S TALK

為了強化甜菜的風味，我喜歡在同一道菜中放入以不同方式調理的甜菜，像是重口味的烤甜菜，加上炸甜菜脆片以及調過味的甜菜濃漿。而且我熱愛小茴香類食材與甜菜搭配的風味，無論是小茴香或洋茴香都好。
——布萊德‧湯普森，MARY ELAINE'S AT THE PHOENICIAN，亞利桑那州斯科茨代爾市

比利時料理 Belgian Cuisine

杏仁
牛肉
啤酒
球芽甘藍
熟肉店販賣的各式熟肉
巧克力
比利時苦苣
野味
肉類
蒸貽貝
芥末
馬鈴薯：炸薯條、薯泥
紅蔥頭
湯
燉煮菜類
醋
鬆糕

對味組合

牛肉＋月桂葉＋啤酒＋百里香＋
　醋
苣菜＋法式奶油檸檬白醬＋肉
　豆蔻
苣菜＋山羊乳酪＋香草
貽貝＋奶油＋蒜頭＋荷蘭芹＋紅
　蔥頭

燈籠椒 Bell Peppers

季節：夏－秋
味道：苦到甜、從未熟（青）到成
　熟（黃到紅）
分量感：輕盈－中等
風味強度：溫和－濃烈
料理方式：烘焙、炙烤、燒烤、
　烘烤、煎炒、清蒸、燉煮、快炒、
　填餡

鯷魚
洋茴香
芝麻菜
培根
羅勒
月桂葉
牛肉
燈籠椒

奶油
續隨子（尤以搭配烤胡椒為佳）
小豆蔻
胡蘿蔔
卡宴辣椒
乳酪（尤以費達、芳汀那、山羊、
　莫札瑞拉、帕瑪乳酪為佳）
辣椒（如：新鮮青辣椒或波布蘭
　諾辣椒）
細香蔥
芫荽葉 芫荽
鮮奶油
孜然
咖哩
茄子
小茴香
小茴香籽
法式料理
野味
野禽
蒜頭
生薑
匈牙利紅燴牛肉
榛果
蜂蜜
印度料理
義式料理

羊肉
檸檬汁
檸檬草
萊姆汁
歐當歸
墨角蘭
墨西哥料理
薄荷
法式綜合蔬菜高湯
菇蕈類（如：香菇）
芥末
菜籽油
橄欖油
橄欖（如：綠橄欖）
洋蔥（尤以紅洋蔥或黃洋蔥為佳）
奧勒岡
煙燻紅椒
扁葉荷蘭芹
義式麵食
豌豆
黑胡椒
佩姬羅紅椒
松子
披薩
義式玉米餅
豬肉
馬鈴薯（如：紅馬鈴薯）

CHEF'S TALK

紅燈籠椒的甜味與雪莉酒醋的酸味是完美的風味組合。
——荷西·安德烈（José Andrés），CAFÉ ATLÁNTICO，華盛頓特區

許多人對綠燈籠椒的皮倒胃口，所以我會先去皮再進行調理，這樣也
能脫去多餘的水分。加入西班牙辣香腸、蒜頭、洋蔥一起烹煮，風味
絕佳，可用來搭配蝦蓋飯。
——湯尼·劉（Tony Liu），AUGUST，紐約市

將紅燈籠椒、洋蔥與蒜頭文火慢熬六個小時以上，讓它們發生褐變反
應且讓風味更濃縮。最後燈籠椒會變成濃稠的紅椒糊。一旦你覺得某
道菜餚中少了什麼，那就加一點這種紅椒糊，定能補足菜餚的風味！
這是種超級萬能醬。我在所有的菜餚中都會加一點，甚至義大利麵食
也不例外。
——米契爾·理查（Michel Richard），CITRONELLE，華盛頓特區

綠燈籠椒是西班牙版的綜合蔬菜湯其中一項食材。西班牙很少看到芹
菜，但卻經常看到綠燈籠椒、洋蔥、蒜頭與韭蔥。
——亞歷山大·拉許（Alexandra Raij），TÍA POL，紐約市

主廚私房菜 DISHES

漿果法式酸奶油罌粟籽蛋糕
——艾蜜莉・盧契提（Emily Luchetti），FARALLON，舊金山

新鮮水果盤：深紅色櫻桃＋草莓＋開心果＋馬賽爾農場蜂蜜＋史特勞斯有機全脂優格
——艾蜜莉・盧契提（Emily Luchetti），FARALLON，舊金山

紅漿果搭配白巧克力的英式蛋糕布丁（trifle）
——艾蜜莉・盧契提（Emily Luchetti），FARALLON，舊金山

鵪鶉
紅椒粉
米
迷迭香
番紅花
沙拉
鹽：猶太鹽、海鹽
香腸（如：西班牙辣香腸、義大利式香腸）
香薄荷
青蔥
海鱸魚
芝麻油
紅蔥頭
南瓜（尤以夏南瓜為佳）
燉煮料理
快炒類
高湯：雞湯、蔬菜湯
糖（一撮）
旗魚
塔巴斯科辣椒醬
百里香
番茄
鮪魚
醋：巴薩米克香醋、香檳酒醋、蘋果酒醋、紅酒醋、雪莉酒醋、白酒醋
水田芥
酒：干白酒、甜雪莉酒
節瓜

對味組合

燈籠椒＋羅勒＋穗醋栗＋蒜頭＋松子＋雪莉酒醋
燈籠椒＋蒜頭＋橄欖油＋洋蔥＋百里香＋節瓜

漿果 Berries
（同時參見覆盆子、草莓等）
季節：春－夏
分量感：輕盈
風味強度：微弱－溫和
料理方式：水煮、生食

瑞可達乳酪
巧克力：黑、牛奶、白巧克力
鮮奶油
黑穗醋栗乳酒
薄荷烈性甜酒
法式酸奶油
接骨木花糖漿
野味
野蜜
檸檬：檸檬汁、碎檸檬皮
萊姆汁
薄荷
黑胡椒
罌粟籽
沙拉、水果沙拉
酸奶油
糖：黑糖、白糖
優格

苦味菜餚 Bitter Dishes
（如：帶苦味綠色蔬菜、燒烤食物）
小祕訣：鹽能壓制苦味

苦味食材 Bitterness
味道：苦
質性：涼；開胃；增進其他各種風味
小祕訣：苦味能解渴

芝麻菜
發酵粉
小蘇打
萊豆
啤酒（尤以無酒精麥芽發酵飲為佳，如：苦麥酒）
綠燈籠椒
苦精
球花甘藍
球芽甘藍
綠甘藍
咖啡因（就像咖啡、茶中的咖啡因）
蓊菜（如：瑞士蓊菜）
菊苣
黑巧克力
可可
咖啡
蔓越莓
茄子
芭菜
闊葉芭菜
葫蘆巴
綠捲鬚生菜
葡萄柚（苦－酸）
綠色蔬菜：苦、深色葉菜類（如：甜菜、蒲公英、芥末、蕪菁）
多種香草
山葵
芥藍
蘿蔓萵苣
小牛肝
苦瓜
橄欖（苦－鹹）
紫葉菊苣
大黃
各這種香料
菠菜
茶
奎寧氣泡水

西式飲食文化中多半不喜歡以**苦味食材**入菜。但在印度與亞洲料理中，苦味食材卻是調和菜餚風味的方法之一。若以醃漬萊姆來搭配美國米，多半不會受到歡迎，因為味道會過酸、過苦與過辣。為了運用醃漬萊姆的苦味，我把它加入優格，調製成泥狀，然後用來醃全蝦。如此調理後，萊姆的味道就不會過強了。
——布萊德·法爾米利（Brad Farmerie），PUBLIC，紐約市

過去我熱愛味道濃郁的菜餚，但隨著年紀漸長，我越來越喜愛菜餚中出現苦味，因為苦味清新爽口，會讓你想一口接一口。我們餐廳中的菜餚，幾乎都會在完成前加入某種苦味植物來調味。因此我會用水芹或水田芥來搭配牛排與馬鈴薯，或以芝麻菜搭配油煎黑鮪魚和燜小牛頰，還有以水田芥、綠捲鬚生菜、芝麻菜以及苣菜絲等苦味蔬菜為基底，以此搭配鵝肝醬料理。一切都是為了去油膩。
——雪倫·哈格（Sharon Hage），YORK STREET，達拉斯

薑黃
胡桃（尤以黑胡桃為佳）
水田芥
紅酒（尤以單寧酸含量高的酒為佳）
碎果皮：檸檬、柳橙皮等等
節瓜

黑莓 Blackberries
季節：夏季
味道：酸
分量感：輕盈－中等
風味強度：溫和
料理方式：煮熟、新鮮食用

杏仁
蘋果
杏桃
香蕉
藍莓
白蘭地
無鹽奶油
白脫乳
焦糖
山羊乳酪
巧克力：黑、白巧克力
肉桂
丁香
酥皮水果餡餅
君度橙酒

玉米粉
鮮奶油與冰淇淋
奶油乳酪
黑穗醋栗乳酒
法式酸奶油
卡士達
薑
金萬利香橙甜酒榛果
蜂蜜
櫻桃白蘭地
檸檬汁
萊姆：萊姆汁、碎萊姆皮
漿果香甜酒
芒果

馬士卡彭乳酪
甜瓜
薄荷
油桃
燕麥
柳橙
桃子
派
豬肉
覆盆子
水果沙拉
鹽（一撮）
酸奶油
草莓
糖：黑糖、白糖
香莢蘭
西瓜
酒（如：梅洛紅酒）
優格

對味組合
黑莓＋黑穗醋栗乳酒＋糖
黑莓＋薑＋桃子
黑莓＋蜂蜜＋香莢蘭＋優格

黑眼豌豆 Black-eyed Peas
分量感：輕盈－中等
風味強度：溫和－濃烈
料理方式：熬

新鮮黑莓的口味普通，但用來入菜卻風味絕佳。
——吉娜·德帕爾馬（Gina Depalma），BABBO，紐約市

主廚私房菜　DISHES

黑莓杏仁塔，搭配鳳梨片、亞洲梨、薑汁萊姆焦糖以及焦糖奶油冰淇淋
——麥克·萊斯寇尼思（Michael Laiskonis），LE BERNARDIN 糕點主廚，紐約市

薑糖奶酥餅，搭配糖煮桃子黑莓
——艾蜜莉·盧契提（Emily Luchetti），FARALLON，舊金山

黑莓雪酪餡桃子
——艾蜜莉·盧契提（Emily Luchetti），FARALLON，舊金山

非洲料理
月桂葉
小豆蔻
胡蘿蔔
卡宴辣椒
芹菜
乾紅辣椒
肉桂
丁香
芫荽
孜然
印度綜合香料
蒜頭
生薑
綠葉蔬菜（如：羽衣甘藍）
豬腿
印度料理
花生油
洋蔥：紅、黃洋蔥
黑胡椒
豬肉
紅椒粉
米
鹽
香薄荷
美國南方料理
番茄
薑黃
白酒醋
優格

對味組合
黑眼豆＋羽衣甘藍葉＋豬腿
黑眼豆＋米＋香薄荷

藍莓 Blueberries
季節：春－夏
味道：酸－甜
同屬性植物：黑果
分量感：輕盈
風味強度：微弱－溫和
料理方式：熟食、生食
小祕訣：可作為黑果的替代品

多香果
杏仁

蘋果
杏桃
香蕉
黑莓
無鹽奶油
白脫乳
白巧克力
肉桂
肉桂羅勒
丁香
干邑白蘭地
玉米粉
鮮奶油與冰淇淋
奶油乳酪
法式酸奶油
卡士達
薑
蜂蜜
果醬
櫻桃白蘭地
檸檬：檸檬汁、碎檸檬皮
檸檬百里香
萊姆：萊姆汁、碎萊姆皮
香甜酒：漿果香甜酒、柳橙香甜
　酒 豆蔻皮粉

芒果
楓糖漿
馬士卡彭乳酪
甜瓜
薄荷
糖蜜
馬芬鬆糕
油桃
肉豆蔻
燕麥與燕麥粉
柳橙
桃子
西洋梨
美洲山核桃
黑胡椒
派
鳳梨
松子
波特酒
覆盆子
大黃
瑞可達乳酪
蘭姆酒
水果沙拉
酸奶油

CHEF'S TALK

以肉桂搭配**藍莓**，確實能凸顯出藍莓的風味。
——傑瑞・特勞費德（Jerry Traunfeld），THE HERBFARM，華盛頓州伍德菲爾

如果我要烤一份脆皮**藍莓**塔（cobbler），我會先以楓糖和碎檸檬皮浸漬藍莓。
——麥克・萊斯寇尼思（Michael Laiskonis），LE BERNARDIN，紐約市

藍莓與檸檬的味道很搭。**藍莓**果膠含量豐富，味道又很強烈，所以需要檸檬來調和。
——艾蜜莉・盧契提（Emily Luchetti），FARALLON，舊金山

主廚私房菜 DISHES

油炸米餡餅，搭配薑汁藍莓
——吉米・布萊德利（Jimmy Bradley），BABBO，紐約市

熱義大利藍莓塔，搭配法式酸奶油與肉桂
——吉娜・德帕爾馬（Gina Depalma），BABBO 糕點主廚，紐約市

藍莓蘋果薰衣草義式冰淇淋，搭配洋茴香瓦片餅
——多明尼克和欣迪杜比（Dominique and Cindy Duby），WILD SWEETS，溫哥華

草莓
糖：黑糖、白糖
塔
橘皮糖漿
香莢蘭
核桃
西瓜
優格

對味組合
藍莓＋肉桂＋鮮奶油＋糖
藍莓＋鮮奶油＋碎檸檬皮＋馬士
　卡彭乳酪＋糖
藍莓＋蜂蜜＋波特酒＋香莢蘭
藍莓＋檸檬＋檸檬百里香
藍莓＋碎檸檬皮＋楓糖漿
藍莓＋馬士卡彭乳酪＋桃子

竹莢魚 Bluefish
季節：春－早秋
分量感：中等
風味強度：濃烈
料理方式：烘焙、燜燒、炙烤、燒
　烤、煎烤、水煮、油煎

齊波特辣椒
芫荽葉
檸檬
萊姆汁
墨角蘭
芥末、黃芥末
橄欖油
紅洋蔥
迷迭香
糖
百里香
番茄
蘋果酒醋
酒

青江白菜 Bok Choy
季節：全年
味道：苦
分量感：輕盈－適度
風味強度：微弱
料理方式：水煮、燜燒、生食、快炒

蘆筍
牛肉
青花菜
奶油
胡蘿蔔
腰果
芹菜
雞肉
辣椒
辣椒粉
芫荽葉
椰奶
芫荽
鴨
小茴香
魚
蒜頭
薑
辣醬汁
檸檬汁
肉類
味醂
菇蕈類（尤以香菇為佳）
麵條、米
油：花生油、芝麻油、蔬菜油
花生
豬肉
米
迷迭香
沙拉
鮭魚
青蔥
芝麻：芝麻油、芝麻籽
紅蔥頭
貝蝦蟹類
雪豆
醬油
玉溜
龍蒿
豆腐

醋（尤以米醋為佳）
菱角
節瓜

乾柴魚 Bonito Flakes, Dried
（同時參見鮪魚）
味道：鹹
分量感：輕盈－中等
風味強度：溫和－濃烈
小祕訣：大片柴魚製作魚湯，小
　片柴魚則可依時令入菜。

鯷魚
續隨子
蒜頭
日式料理
蔬菜油
青蔥
魚高湯
醋

香料包 Bouquet Garni
小祕訣：烹煮完成後可將整包香
　草撈出

法式料理
湯
燉煮料理
高湯

對味組合
月桂葉＋荷蘭芹＋百里香

波本酒 Bourbon
（同時參見威士忌）
分量感：厚實
風味強度：濃烈

蘋果汁
杏桃白蘭地
燒烤
苦精
奶油
奶油糖果
鮮奶油
甜點
薑

葡萄柚汁
石榴汁飲料
蜂蜜
冰淇淋
檸檬汁
薄荷
柳橙汁
桃子
美洲山核桃
鳳梨汁
美國南方料理
糖：黑糖、白糖
苦艾酒：干苦艾酒、甜苦艾酒

對味組合
波本酒＋葡萄柚＋蜂蜜
波本酒＋檸檬＋桃子
波本酒＋檸檬＋糖
波本酒＋鳳梨＋糖

波伊森莓 Boysenberries
季節：夏
味道：酸－甜
分量感：輕盈－適度
風味強度：微弱－溫和

鮮奶油
櫻桃白蘭地
檸檬汁
油桃
桃子
糖
香莢蘭
酒（尤以干紅酒為佳）

燜燒菜餚 Braised Dishes
季節：冬
小祕訣：這裡提供用來製作燜燒
　料理的肉類或蔬菜的一些概念

朝鮮薊
豆類
牛肉：牛胸肉、牛腱、牛小排、
　牛肩胛肉
甘藍
胡蘿蔔
芹菜

雞肉：雞腳、雞腿、雞翅
辣椒
鱈魚
鹽漬牛肉與甘藍
鴨腳
茴菜
小茴香
豬腿
羊肉：羊腱、羊肩胛肉
鮟鱇魚
章魚
洋蔥
牛尾
豬肉：五花肉、梅花肉、豬排、豬
　里肌、豬肋排、豬腳、豬肩胛肉
馬鈴薯
燜燉肉
兔肉
普羅旺斯燉菜
牛小排
鰩魚
燉煮料理
豬或牛百葉
火雞腿
蕪菁
小牛肉：小牛胸、小牛臀、小牛腱、
　小牛肩、小牛裏脊肉
小牛胰臟或胸腺
根莖蔬菜
鹿肩胛肉

巴西料理 Brazilian Cuisine
（同時參見拉丁美洲料理）
黑豆
小豆蔻
辣椒
芫荽葉

丁香
椰奶
蒜頭
薑
綠葉蔬菜：羽衣甘藍、芥藍
燒烤菜餚
肉類
肉豆蔻
洋蔥
柳橙
荷蘭芹
黑胡椒
胡椒
豬肉
南瓜
米
番紅花
香腸
百里香

對味組合
奶油＋蛋黃＋糖
豬肉＋豆類＋綠葉蔬菜＋洋蔥＋
　柳橙

醃菜餚 Brined Dishes
味道：鹹
小祕訣：肉類在烹調前先醃一下
　（像是泡一下鹽水），能增加滋
　潤感與風味。

雞肉
野禽
豬肉
禽肉
火雞

> **CHEF'S TALK**
> 我通常不會主動去醃浸食物。如果我知道要料理一份較乾澀的雞肉，我是會先醃一下。但是如果這份雞肉無需過多調理，烹調起來即鮮嫩多汁，那我就不會事先去醃雞肉了。你可以用百里香或辣椒粉來調製適用於乳鴿或雞肉的強味醃醬，乳鴿或雞肉會吸收一些醃醬風味，但也只能隱約嘗出。
> ——崔西‧德‧耶丁（Traci Des Jardins），JARDINIÈRE，舊金山

青花菜 Broccoli

季節：秋－冬
同屬性植物：球芽甘藍、甘藍、白
　花椰菜、羽衣甘藍葉、芥藍、球
　莖甘藍
質性：涼
分量感：中等
風味強度：溫和
料理方式：水煮、油炸、煎炒、清
　蒸、快炒

杏仁
鰻魚
羅勒
麵包粉
無鹽奶油
葛縷子籽
胡蘿蔔
白花椰菜
乳酪：巧達、費達、山羊、莫札瑞
　拉、帕瑪、瑞士乳酪
雞肉
辣椒（尤以青辣椒為佳）
芫荽葉
芫荽
鮮奶油
咖哩與咖哩葉
蛋
蒜頭
薑（尤以生薑為佳）
荷蘭醬
檸檬汁
檸檬香蜂草
薄荷
芥末與芥末籽
油：花生油、芝麻油
橄欖油
橄欖
洋蔥（尤以青蔥為佳）
奧勒岡
荷蘭芹
義式麵食
胡椒粉
紅椒粉

印度香米
鹽
青蔥
紅蔥頭
龍蒿
百里香
香醋
醋：巴薩米克香醋、紅酒醋
酒

對味組合

青花菜＋鰻魚＋續隨子＋紅椒粉
　＋蒜頭＋橄欖
青花菜＋鰻魚＋檸檬
青花菜＋蒜頭＋檸檬汁＋橄欖油
青花菜＋蒜頭＋龍蒿

芥藍花菜 Broccolini

季節：全年
分量感：輕盈－適度
風味強度：微弱－溫和
料理方式：汆燙、生食、煎炒、清
　蒸、快炒

杏仁
羅勒
乳酪：費達、帕瑪乳酪
蒜頭
檸檬汁
橄欖油
扁葉荷蘭芹
義式麵食
紅椒粉
沙拉
芝麻油
湯
番茄

球花甘藍 Broccoli Rabe

季節：晚秋－春
味道：苦
分量感：中等－厚實
風味強度：溫和－濃烈
料理方式：水煮、煎炒、清蒸、快
　炒

杏仁
鰻魚
羅勒
白豆
無鹽奶油
帕瑪乳酪
雞肉
鷹嘴豆
辣椒
細香蔥
鮮奶油
魚
蒜頭
義式料理
檸檬汁
肉類
橄欖油
奧勒岡
扁葉荷蘭芹
義式麵食（尤以貓耳朵麵為佳）

胡椒：白、黑胡椒
佩姬羅紅椒
禽肉
義式乾醃火腿
紅椒粉
鹽
香腸
雞肉高湯
番茄
醋：巴薩米克香醋、紅酒醋

對味組合
球花甘藍＋鯷魚＋紅椒粉＋蒜頭
　＋橄欖油
球花甘藍＋蒜頭＋奧勒岡
球花甘藍＋紅椒粉＋奧勒岡

早午餐 Brunch
顧客對於早午餐總是吹毛求疵。因
為他們喜愛的早午餐，自己也都料
理過，不但認為自己做得比較好，
還希望我們能以兩倍速度上餐。所
以我們是以鬆餅或法國土司這類經
典食物為主，再做進一步變化。
我們會依季節推出不同口味的鬆
餅。在冬天，就推出蕎麥鬆餅搭配
肉桂粉與糖漬柳橙片。春夏交替之
際，則供應玉米番紅花鬆餅搭配調
味水煮西洋梨與新鮮瑞可達乳酪。
番紅花的花香與玉米的甜味讓彼此
成為無懈可擊的好搭檔。我們就一
直以水煮西洋梨搭配鬆餅，到了夏
天再以大受歡迎的藍莓取代。西洋
梨是與阿勒波乾辣椒（aleppo chile）
浸入紅酒糖漿中烹煮，這種辣椒經
日曬後會產生豐潤的甜味，滲入西
洋梨中之後甜味雖不顯著，但具有
跟酸味一樣的清新作用，能去除鬆
餅的甜膩口感。
人們享用鬆餅時，自然就會想塗些
奶油。鬆餅上桌時，我提供的不是
奶油，而是新鮮瑞可達乳酪。我們
用的是 Anne Saxelby 的瑞可達乳酪，
她的乳酪新鮮、味濃且光滑如脂，
為鬆餅增添更豐潤的風味。
——布萊德・法爾米利（Brad Farmerie），
PUBLIC，紐約市

球芽甘藍 Brussels Sprouts
季節：秋－冬
味道：苦
同屬性植物：青花菜、甘藍、白花
　椰菜、羽衣甘藍葉、芥藍、球莖
　甘藍
分量感：中等－厚實
風味強度：溫和－濃烈
料理方式：水煮、燜燒、煎炒、熬、
　清蒸、燉煮、快炒

杏仁
蘋果酒
蘋果與蘋果汁或蘋果酒
耶路撒冷朝鮮薊
培根
羅勒
月桂葉
麵包粉
無鹽奶油
芹菜
芹菜根
乳酪：藍黴、巧達、山羊、帕瑪、
　波伏洛、瑞可達、瑞士乳酪
栗子
細香蔥
芫荽
鮮奶油
法式酸奶油
蒔蘿
水煮全熟蛋
小茴香籽
蒜頭
榛果
刺柏漿果
檸檬汁
墨角蘭
第戎芥末
肉豆蔻
芥末油
橄欖油

洋蔥
義大利培根
紅椒
扁葉荷蘭芹
胡椒：黑、白胡椒
馬鈴薯（尤以薯泥為佳）
鹽：猶太鹽、海鹽
法式奶油檸檬白醬
紅蔥頭
雞肉高湯
糖
新鮮百里香
蕪菁
苦艾酒
香醋
醋：蘋果酒醋、白酒醋
菱角
干白酒

對味組合
球芽甘藍＋培根＋蒜頭＋蘋果酒
　醋
球芽甘藍＋培根＋洋蔥
球芽甘藍＋奶油＋肉豆蔻
球芽甘藍＋檸檬汁＋百里香
球芽甘藍＋義大利培根＋百里香

布格麥食 Bulgur Wheat
分量感：輕盈－中等
風味強度：微弱－溫和
料理方式：清蒸

奶油
雞肉
鷹嘴豆
蒔蘿
魚（如：鱸魚、梭子魚、條紋鱸魚）
綠葉蔬菜
羊肉
扁豆
肉類

主廚私房菜 | DISHES

球芽甘藍、蔓越莓義式玉米餅，以及用小茴香燜燒的摩洛哥橄欖醬
——希蕊・拉圖拉（Thierry Rautureau），ROVER'S，西雅圖

我熱愛**布格麥片沙拉**。在夏天，我們供應的布格麥片沙拉會搭配蔬菜與番茄，到了秋天，則搭配甌柑與石榴。無論是用來搭配歐洲鱸魚（branzino）、狗魚或條紋鱸魚，我覺得都很好，搭配起來很適宜。
——雪倫·哈格（Sharon Hage），YORK STREET，達拉斯

中東料理
核桃油
橄欖油
柳橙
荷蘭芹
土耳其肉飯（主要成分）
松子
石榴
米
沙拉
湯
塔博勒沙拉（主要成分）
柑橘
龍蒿
番茄
蔬菜
核桃

褐化奶油 Butter, Brown
（亦稱 Beurre Noisette）
香蕉
魚（尤以大比目魚、鮟魚等白肉魚為佳）
水果（尤以口感豐潤的水果為佳）
堅果
西洋梨
扇貝
軟殼蟹
醋（尤以巴薩米克香醋為佳）

對味組合
褐化奶油＋巴薩米克香醋＋魚
褐化奶油＋香蕉＋堅果

白脫乳 Buttermilk
味道：酸
分量感：中等
風味強度：溫和－濃烈

香蕉

黑莓
藍莓
櫻桃
肉桂
椰棗
薑
香草
蜂蜜
檸檬
萊姆
楓糖漿
美乃滋
薄荷
油桃
肉豆蔻
燕麥
柳橙
桃子

洋李
葡萄乾
覆盆子
大黃
酸奶油
草莓
黑糖
核桃

奶油糖果 Butterscotch
杏仁
巧克力
咖啡
檸檬
胡桃糖
蘭姆酒
香莢蘭

主廚私房菜 DISHES

奶油糖果果仁糖（praline）冰淇淋水果凍（parfait）
——瑞貝卡·查爾斯（Rebecca Charles），PEARL OYSTER BAR，紐約市

褐化奶油是世上我最熱愛的風味之一。用**褐化奶油**製作的金磚蛋糕（financier cake）是世上最美好的事物之一。我製作褐化奶油油醋醬已經很久了！這是我超愛的超級簡單熱醬汁：把奶油丟入鍋中，加熱到出現漂亮的褐色，然後加入一些巴薩米克香醋（你甚至不需要用很貴的）。奶油在平底鍋中乳化之後，再加入一點鹽與胡椒就成了。褐化奶油加上鹽與酸，是我最愛的風味之一。這種醬汁與各式魚類料理都很搭，像是扇貝、大比目魚或軟殼蟹等等。
——崔西·德·耶丁（Traci Des Jardins），JARDINIÈRE，舊金山

褐化奶油是我最熱愛的風味之一，而且它與堅果以及香蕉等味道濃郁的水果是絕配。經典的法式金磚蛋糕，無疑是我最愛的法式糕點（以褐化奶油、蛋白、麵粉與糖粉製作的小餅乾）。
奶油本身就有很好的滋味，所以製作褐化奶油的時候無需添加任何東西，只需讓奶油轉化成褐色，讓風味更濃郁。製作褐化奶油的步驟很簡單，但需要一點技巧，因為即使離開爐火，奶油仍會持續沸騰。祕訣就是，加熱到一半時便開始攪拌奶油，讓奶油分子不會沉到鍋底，如此便可增加褐化奶油的風味。
——麥克·萊斯寇尼思（Michael Laiskonis），LE BERNARDIN，紐約市

甘藍
Cabbage
季節：秋－冬
同屬性植物：青花菜、球芽甘藍、白花椰菜、羽衣甘藍葉、芥藍、球莖甘藍
質性：性涼
分量感：適度
風味強度：溫和
料理方式：水煮、燜燒、生食、煎炒、清蒸、快炒

蘋果與蘋果酒
培根
月桂葉
牛肉
紅燈籠椒
無鹽奶油
葛縷子籽
胡蘿蔔
芹菜：芹菜葉、香芹調味鹽、芹菜籽
香檳
乳酪：巧達、費達、山羊、帕瑪、瑞士、泰勒吉奧羊奶乳酪、泰勒門乳酪
栗子
雞肉
辣椒醬
辣椒：乾紅、新鮮青辣椒（如：哈拉佩諾辣椒）
芫荽葉
丁香
椰子
涼拌菜絲（主要成分）
芫荽
鹽漬牛肉
鮮奶油
孜然
咖哩葉
蒔蘿
鴨
油脂：熬取雞油、鴨油
小茴香
小茴香籽
野禽
蒜頭

薑
火腿
山葵
豆薯
刺柏漿果
檸檬汁
萊姆汁
墨角蘭
美乃滋
肉類
菇蕈類
芥末（尤以第戎芥末、乾芥末為佳）
芥末油
黑芥末籽
油：花生油、芝麻油
橄欖油
橄欖
洋蔥（尤以紅洋蔥為佳）
紅椒
荷蘭芹
義式麵食
美洲山核桃
胡椒：黑、白胡椒
罌粟籽
豬肉
馬鈴薯

禽肉
義式乾醃火腿
紅椒粉
米
鮭魚
鹽：猶太鹽、海鹽
香薄荷
紅蔥頭
酸奶油
醬油
菠菜
雞肉高湯
糖
龍蒿
百里香
番茄
香醋
醋：香檳酒醋、蘋果酒醋、紅酒醋、雪莉酒醋、白酒醋
白酒（如：麗絲玲白酒）

大白菜 Cabbage, Napa
（亦稱中國白菜）
季節：全年
分量感：輕盈
風味強度：微弱
料理方式：烘焙、燜燒、燒烤、醃

CHEF'S TALK

甘藍菜總讓人聯想到口感濃重的菜餚，不過我們會在秋天提供一道口感非常清爽的甘藍菜細絲。我喜歡將甘藍菜切成細絲然後在鍋中烘烤至菜絲邊緣稍為焦黃，這味道真的很好。我會發現這個做法，是因為有次錯將甘藍菜放入過熱的鍋中，主廚提高聲量提醒我們這樣不對，但我們嘗過之後卻發現風味奇佳！所以現在我們會以這種方式料理新鮮甘藍菜，並加入葛縷子和核桃拌炒，最後再加入卡巴杜斯蘋果酒溶解鍋底焦渣製成醬汁。起鍋前再加入一些蘋果酒醋與橄欖油。這是非常簡單與美味的組合，沒什麼稀奇之處，但這些食材就是能相互搭配。我們用這道菜來搭配燜燒五花肉，而做完油封鴿腿所剩下的乳鴿胸肉，烘烤後搭配這道菜也很對味。
——麥克・安東尼（Michael Anthony），GRAMERCY TAVERN，紐約市

CHEF'S TALK

我喜歡運用各種亞洲食材來變換口味，例如冰鎮大白菜，讓白菜葉變脆，然後再像捲心萵苣一樣，淋上藍黴乳酪醬汁上桌。
——湯尼・劉（Tony Liu），AUGUST，紐約市

浸（如：泡菜）、生食、煎炒、燉
煮、快炒

胡蘿蔔
腰果
雞肉
哈拉佩諾辣椒
中式料理
芫荽葉
亞洲風味涼拌菜
黃瓜
鴨
鮭魚
蒜頭
薑
薄荷
菇蕈類（如：香菇）
芝麻油

柳橙汁
豬肉
青蔥
海鮮
芝麻籽
扇貝
貝蝦蟹類：蝦
湯
醬油
燉煮料理
快炒
泰式羅勒
豆腐
米醋
米酒

紅甘藍 Cabbage, Red
季節：秋－冬
料理方式：燜燒、醃浸、生食

蘋果：金冠蘋果、羅馬蘋果、蘋果
　塔
培根
月桂葉
無鹽奶油
葛縷子籽
乳酪：藍黴、山羊、戈根索拉、含
　鹽瑞可達乳酪
栗子
蘋果酒
芫荽葉
鮮奶油
孜然
油脂：鴨油、鵝油

主廚私房菜	DISHES

柏瑪芮芥末籽醬冰淇淋（Pommery Grain Mustard Ice Cream），搭配紅捲心菜冷湯（Gazpacho）
——赫斯頓‧布魯門瑟（Heston Blumenthal），THE FAT DUCK，英格蘭

主廚私房菜	DISHES

香煎草莓，淋上黑胡椒卡本內蘇維翁酒醬汁，搭配香莢蘭豆冰淇淋與教士餅乾（Sacristan Cookie）
——曾根廣（Hiro Sone）與麗莎‧杜瑪尼（Lissa Doumani），TERRA，加州聖海蓮娜市

水果塔
野味：兔肉、鹿肉
雉雞
蒜頭
蜂蜜
檸檬汁
萊姆汁
肉類
芥末
肉豆蔻
花生油
橄欖油
洋蔥：紅、白洋蔥
義大利培根
扁葉荷蘭芹
黑胡椒
禽肉
紅椒粉
猶太鹽
青蔥
雞肉高湯
糖：黑糖、白糖
醋：巴薩米克香醋、蘋果酒醋、紅酒醋、米酒醋、雪莉酒醋、白酒醋
干紅酒

對味組合
紅甘藍菜＋蘋果＋蘋果酒醋
紅甘藍菜＋培根＋藍黴乳酪＋核桃
紅甘藍菜＋巴薩米克香醋＋黑糖
紅甘藍菜＋栗子＋豬肉
紅甘藍菜＋鴨油＋山羊乳酪＋紅酒醋
紅甘藍菜＋義大利培根＋含鹽瑞可達乳酪

皺葉甘藍 Cabbage, Savoy
季節：秋－冬
料理方式：水煮、燜燒、生食、烘烤、清蒸

蘋果
培根
無鹽奶油
胡蘿蔔
鮮奶油
法式酸奶油
蒜頭
韭蔥
檸檬汁
花生油
橄欖油
洋蔥
扁葉荷蘭芹
歐洲防風草塊根
黑胡椒
馬鈴薯
黃金葡萄乾
猶太鹽
高湯
百里香
蕪菁
蘋果酒醋
核桃

卡本內蘇維翁紅酒 Cabernet Sauvignon
分量感：厚實紅酒
風味強度：濃烈

牛肉
乳酪（尤以成熟、藍黴或味道濃烈的乳酪為佳）
野味
野禽

羊肉
肉類
黑胡椒
牛排
草莓

肯瓊料理 Cajun Cuisine
卡宴辣椒
芹菜
辣椒
螯蝦
秋葵海鮮湯
什錦飯
洋蔥
胡椒
米
海鮮
番茄

槍烏賊 Calamari
（參見墨魚 Squid）

卡巴杜斯蘋果酒 Calvados
季節：冬
分量感：中等－厚實
風味強度：溫和－濃烈
小祕訣：通常為晚餐的餐後酒

蘋果
橙皮苦精
法式料理
琴酒
檸檬汁
柳橙汁
西洋梨
蘭姆酒
糖
甜苦艾酒

加拿大料理 Canadian Cuisine

背肉培根（亦稱加拿大培根）
啤酒
漿果（尤以野生漿果為佳）
乳酪
鴨
蕨菜
鵝肝
野味
野禽
楓糖漿
肉類（尤以煙燻肉為佳）
野生菇蕈類
牡蠣
兔肉
鮭魚
海鮮
野生米
酒：冰酒、麗絲玲白酒

洋香瓜 Cantaloupe

季節：夏
味道：甜
分量感：輕盈－中等
風味強度：溫和

羅勒
芫荽葉
咖哩粉
薑
葡萄柚
檸檬汁
檸檬草
萊姆汁
甜瓜：洋香瓜、西瓜
薄荷
胡椒：黑、白胡椒
波特酒
覆盆子
八角
龍蒿
酒（尤以甜酒為佳）

白皮諾酒（佐餐酒）
優格

廣東料理 Cantonese Cuisine
（參見中式料理 Chinese cuisine）

續隨子（酸豆）Capers

味道：鹹、酸、刺激性味道
分量感：輕盈
風味強度：濃烈

杏仁
鯷魚
朝鮮薊
芝麻菜
羅勒
四季豆
奶油醬汁
芹菜
雞肉
茄子
蛋
魚
法式料理（尤以南法料理為佳）
蒜頭
義式料理（尤以南義料理為佳）
羊肉
檸檬汁
萊姆
墨角蘭
肉類（尤以富含油脂的肉類為佳，
　　如：肋眼牛排）
地中海料理
芥末
橄欖
洋蔥
奧勒岡
扁葉荷蘭芹
義式麵食
豬肉
馬鈴薯
禽肉

兔肉
沙拉
鮭魚
醬汁（尤以義大利料理醬汁為佳）
貝蝦蟹類（如：扇貝、蝦）
普羅旺斯橄欖醬（主要成分）
龍蒿
番茄
油醋醬
醋

對味組合
續隨子＋檸檬＋墨角蘭

焦糖 Caramel
味道：甜

杏仁
蘋果
杏桃
香蕉
波本酒
櫻桃
巧克力
肉桂
咖啡與義式濃縮咖啡
鮮奶油與冰淇淋
奶油乳酪
孜然
卡士達
熱帶水果
檸檬汁
萊姆汁
夏威夷豆
芒果
肉豆蔻
百香果
桃子
花生
西洋梨
美洲山核桃
洋李
葡萄乾
大黃
蘭姆酒
芝麻籽
香莢蘭

主廚私房菜	DISHES

切成「生魚片」狀的羅馬甜瓜，搭配覆盆子凍膠以及八角粉
——多明尼克和欣迪杜比（Dominique and Cindy Duby），WILD SWEETS，溫哥華

葛縷子籽 Caraway Seeds

味道：甜、酸
分量感：輕盈
風味強度：適度－濃烈
小祕訣：烹調後期再加入

蘋果
奧地利料理
燉牛肉
麵包（尤以黑麥麵包為佳）
英式料理
甘藍
蛋糕
胡蘿蔔
乳酪（如：利普陶軟、明斯特乳酪）
涼拌菜絲
餅乾
芫荽
鹽漬牛肉
孜然
甜點
鴨
東歐料理
水果
蒜頭
德國料理
鵝
匈牙利紅燴牛肉
匈牙利料理
刺柏漿果
薰衣草（可作葛縷子籽的替代品）
滷汁醃醬
肉類
摩洛哥料理
麵條
洋蔥
扁葉荷蘭芹
豬肉
馬鈴薯
德國酸菜
香腸
湯
燉煮料理
百里香
番茄
蕪菁
蔬菜（尤以根莖蔬菜為佳）

小豆蔻 Cardamom

味道：甜、嗆鼻
質性：熱
分量感：中等
風味強度：濃烈
小祕訣：添加於調理過程的初期

洋茴香
蘋果
杏桃
亞洲料理
烘焙食物（如：麵包、蛋糕、餅乾）
香蕉
牛肉
飲料（尤以熱葛縷子籽飲料為佳）
胡蘿蔔
雞肉（尤以燉煮雞肉為佳）
鷹嘴豆
辣椒
巧克力
肉桂
柑橘
丁香
咖啡
芫荽
鮮奶油與冰淇淋
英式奶油醬
孜然
咖哩
卡士達
椰棗
甜點（尤以印度甜點為佳）
鴨（尤以烤鴨為佳）
魚（如：鮭魚）
印度綜合香料（主要成分）
薑
薑汁麵包
葡萄柚
蜂蜜
印度料理
印尼料理
羊肉
豆類
檸檬：檸檬汁、碎檸檬皮
扁豆
萊姆
肉類

北非料理
柳橙：橙汁、碎橙皮
紅椒
歐洲防風草塊根
酥皮
西洋梨
豌豆
胡椒
開心果
豬肉
米與米料理
番紅花
鮭魚
斯堪地納維亞料理
小南瓜
燉煮料理
糖
番薯
茶
香莢蘭
蔬菜、根莖蔬菜 核桃
酒（如：加糖、香料的熱飲酒）
優格

加勒比海料理
Caribbean Cusines

多香果
月桂葉
雞肉
辣椒
芫荽葉
肉桂
丁香
椰奶
咖哩
蒔蘿
魚
熱帶水果
蒜頭
薑
熱醬汁
加勒比海烤肉料理
萊姆汁
糖蜜
肉豆蔻
洋蔥
柳橙

奧勒岡
荷蘭芹
鳳梨
大蕉
蘭姆酒（尤以深色蘭姆酒為佳）
貝蝦蟹類
黑糖
羅望子
百里香

對味組合

芫荽葉＋蒜頭＋洋蔥（亦稱西班
　牙番茄洋蔥醬汁）
魚＋多香果＋油＋洋蔥＋醋（亦
　稱白酒醋汁）

胡蘿蔔 Carrots

季節：秋－春
同屬性植物：芹菜、細葉香芹、蒔
　蘿、小茴香、荷蘭芹、歐洲防風
　草塊根
質性：性涼
分量感：中等
風味強度：微弱－溫和
料理方式：水煮、燜燒、燒烤、生食、
　烘烤、煎炒、熬、清蒸、快炒

多香果
杏仁
茴藘香
蘋果汁
培根
羅勒
月桂葉
牛肉
白蘭地
褐化奶油
無鹽奶油
胡蘿蔔汁
芹菜
細葉香芹
雞肉
辣椒：乾紅、新鮮青辣椒（如：哈
　拉佩諾辣椒）
細香蔥
芫荽葉
肉桂

當我從鄉村地區（也就是BLUE HILL AT STONE BARNS所在地的紐約州波坎提科丘）轉換到曼哈頓工作之後，我便開始懷念起拇指胡蘿蔔（Thumbelina carrots）這樣食材了。很幸運的是，我最近在綠色市集發現了這種短胖的胡蘿蔔。我們將這種胡蘿蔔放在爐火上乾煎，以產生某種煙燻的風味。煎熟的胡蘿蔔變得軟嫩如脂。烹調完成後，就將胡蘿蔔搗成泥，並在盛盤前加入一些胡蘿蔔汁。我們用法羅麥（farro）煮成義大利燉飯，搭配這道濃湯，再加入一些松子以及切成四等分的拇指胡蘿蔔。我很難斷定哪一部分最誘人：帶點胡蘿蔔清香的細滑胡蘿蔔法羅麥，還是濃密香滑的胡蘿蔔本身？這道菜餚沒有用到奶油或鮮奶油，倒不是為了健康的緣故，純粹就是不需要。
——麥克·安東尼（Michael Anthony），GRAMERCY TAVERN，紐約市

要讓整道料理鮮活起來，加入新鮮菜汁是個不錯的方法。煮過的**胡蘿蔔**會失去「胡蘿蔔味」，因此拿來製作胡蘿蔔濃湯，風味就不明顯。所以現在我們使用帶葉的有機胡蘿蔔，並加入洋蔥、蒜頭（或許還有一些薑與檸檬草）一起熬成湯底。這個湯底可以做出很稠的濃湯，然後再加入新鮮胡蘿蔔汁，最後做出的濃湯，就是新鮮胡蘿蔔汁和烹煮過胡蘿蔔共同譜出的美味濃湯了。
——安德魯·卡梅利尼（Andrew Carmellini），A VOCE，紐約市

我曾在某家餐廳中吃到一道由**胡蘿蔔**絲、龍蒿葉與開心果拌成的沙拉，而我在品嘗的當下，便曉得自己也能如法炮製出一道自己的沙拉。我不會用胡蘿蔔絲，而是把胡蘿蔔斜切成片，之後加入一點薑與玉卡香料（juca）一起烘烤（玉卡香料是由杏仁、開心果、榛果及香料混合而成的非洲香料）。最後加入整片的龍蒿葉、上等開心果油，以及印度優格醬（raita）與黃金葡萄乾，便大功告成了。這道沙拉不但色彩繽紛、口感極佳，還有我自己絕對想不出來可以這樣使用的整片龍蒿葉。
——莫妮卡·波普（Monica Pope），T'AFIA，休斯頓

胡蘿蔔能與多香果、肉桂、丁香以及小茴香完美搭配，因此是少數幾種能入甜點的蔬菜。我剛到美國的時候，發現有胡蘿蔔蛋糕，還發現胡蘿蔔可以製成甜點。從那時候起，我就開始用胡蘿蔔製作冰淇淋、各類餅乾以及水果糕點。問題是，大部分的人雖然都能接受胡蘿蔔做成的蛋糕，但卻無法接受胡蘿蔔的其他製品。所以當我以胡蘿蔔製作甜點時，我喜歡加入柳橙一起調理。
——米契爾·理查（Michel Richard），CITRONELLE，華盛頓特區

胡蘿蔔和歐洲防風草塊根十分相似，而我相當喜愛這兩者混合後所產生的深度風味。
——布萊德福特·湯普森（Bradford Thompson），MARY ELAINE'S AT THE PHOENICIAN，亞利桑那州斯科茨代爾市

丁香
鱈魚
芫荽
淡水螯蝦
鮮奶油
法式酸奶油

孜然（如：印度料理）
咖哩
咖哩葉
蒔蘿
小茴香
小茴香籽

主廚私房菜	DISHES

胡蘿蔔蛋糕，搭配桃子薑汁鮮奶油和薩斯卡頓莓（Saskatoon Berry）蜜餞
——多明尼克和欣迪杜比（Dominique and Cindy Duby），WILD SWEETS，溫哥華

胡蘿蔔蛋糕，搭配香莢蘭鮮奶油和美洲山核桃糖
——艾蜜莉·盧契提（Emily Luchetti），FARALLON，舊金山

烤胡蘿蔔，搭配薄荷豆泥和蜜思嘉白酒醋
——科瑞·史萊柏（Cory Schreiber），WILDWOOD，奧勒岡州波特蘭市

魚
蒜頭
薑
榛果
蜂蜜
羊肉
韭蔥
檸檬汁
檸檬香蜂草
檸檬馬鞭草
萊姆汁（如：印度料理）
歐當歸
豆蔻皮粉
楓糖漿
薄荷：綠薄荷、胡椒薄荷
法式綜合蔬菜高湯（主要成分）
芥末
黑芥末籽
肉豆蔻
油：花生油、芝麻油
橄欖油
洋蔥（尤以青蔥為佳）
柳橙汁
扁葉荷蘭芹
歐洲防風草塊根
豌豆
美洲山核桃
胡椒：黑、白胡椒
開心果
馬鈴薯
葡萄乾：黑、白葡萄乾
烘烤肉
迷迭香
蘭姆酒

鼠尾草
蒜葉婆羅門參
鹽：鹽之花、猶太鹽
香薄荷
扇貝
紅蔥頭
菠菜
高湯：雞肉、蔬菜高湯
糖：黑糖、白糖（一撮）
羅望子
龍蒿
百里香
蕪菁
小牛肉
塊根蔬菜
香醋
核桃
白酒
優格

杏仁
杏桃
香蕉
焦糖
乳酪
雞肉（如：印度料理）
巧克力（尤以白巧克力為佳）
肉桂
椰子（如：印度料理）
咖啡／義式濃縮咖啡
咖哩
椰棗
薑
葡萄柚
番石榴
蜂蜜
印度料理
奇異果
檸檬
夏威夷豆
芒果
薄荷
肉豆蔻
蔬菜油
木瓜
百香果

對味組合
胡蘿蔔＋芹菜＋洋蔥（亦稱法式綜合蔬菜高湯）
胡蘿蔔＋芫荽葉＋萊姆
胡蘿蔔＋肉桂＋葡萄乾＋糖＋核桃
胡蘿蔔＋孜然＋柳橙
胡蘿蔔＋蒔蘿＋柳橙
胡蘿蔔＋檸檬汁＋橄欖油＋荷蘭芹
胡蘿蔔＋楓糖漿＋柳橙
胡蘿蔔＋橄欖油＋蕪菁
胡蘿蔔＋開心果＋龍蒿
胡蘿蔔＋葡萄乾＋優格

柿子
鳳梨
米
蘭姆酒
沙拉
鹽
醬汁
糖：黑糖、白糖
香莢蘭
蔬菜（尤以印度蔬菜為佳）

鯰魚 Catfish
分量感：中等
風味強度：微弱
料理方式：炙烤、油炸、燒烤、
水煮、煎炒、清蒸、快炒

酪梨
培根
羅勒
無鹽奶油
甘藍（如：涼拌菜絲）
續隨子
卡宴辣椒
齊波特辣椒
芫荽葉
黃瓜
蒜頭

羽衣甘藍葉
火腿
炸玉米粉球
檸檬汁
油：花生油、蔬菜油
橄欖油
橄欖（尤以尼斯橄欖為佳）
扁葉荷蘭芹
胡椒：黑胡椒、四川花椒
松子
馬鈴薯
猶太鹽
美國南方料理
醬油
雞肉高湯
糖
綠番茄
番茄
香醋
蘋果酒醋
干白酒

白花椰菜 Cauliflower
季節：秋－冬
味道：澀
同屬性植物：青花菜、球芽甘藍、
甘藍、羽衣甘藍葉、芥藍、球莖
甘藍

質性：性涼
分量感：中等
風味強度：溫和
料理方式：水煮、燜燒、炸、奶油
焗烤、製成泥、生食、烘烤、煎
炒、熬、清蒸

鯷魚
蘋果
月桂葉
燈籠椒（尤以綠燈籠椒為佳，如：
印度料理）
麵包粉
青花菜
褐化奶油
無鹽奶油
續隨子
小豆蔻
魚子醬
芹菜籽
乳酪：藍黴、巧達、鞏德、愛蒙塔
爾、山羊、葛黎耶和、帕瑪、佩
科利諾乳酪
細葉香芹
乾紅椒
辣椒醬
細香蔥
巧克力與可可（製作焦糖褐化的

主廚私房菜 DISHES

各類花椰菜，搭配葡萄乾、格列諾勃奶油與炸潘特列拉續隨子
——丹尼爾・布呂德（Daniel Boulud），DANIEL，紐約市

花椰菜義式鮮奶酪，搭配美洲槳吻鱘魚子醬與鳥蛤濃醬
——加柏利兒・克魯德（Gabriel Kreuther），THE MODERN，紐約市

花椰菜肉飯，搭配印度優格醬
——維克拉姆・菲（Vikram Vij）與梅魯・達瓦拉（Meeru Dhalwala），VIJ'S，溫哥華

CHEF'S TALK

我第一次嘗到**花椰菜**與咖哩的組合，是與丹尼爾・布呂德（Daniel Boulud）合作時，他把這兩種食材混在湯裡。我從小就不愛花椰菜，但現在很喜歡烤好或製成菜泥的花椰菜。它的水分多，所以菜泥口感滑潤，風味微妙又獨特。蘋果和烤花椰菜或菜泥都很搭，因為蘋果能添加酸味和清脆口感，緩和花椰菜的強勁風味。
——布萊德福特・湯普森（Bradford Thompson），MARY ELAINE'S AT THE PHOENICIAN，亞利桑那州斯科茨代爾市

我們的松子萊姆烤香料**花椰菜**，用的是花椰菜與去皮的萊姆瓣。我喜歡萊姆，因為它的風味比檸檬更具特色。
——荷莉・史密斯（Holly Smith），CAFÉ JUANITA，西雅圖

白花椰菜時）
芫荽葉
芫荽
鮮奶油與牛奶
孜然
穗醋栗乾
咖哩粉
蒔蘿
東地中海料理
全熟水煮蛋（尤以蛋黃為佳）
法式料理
印度綜合香料
蒜頭
薑
綠葉蔬菜
荷蘭醬
印度料理
韭蔥
檸檬：檸檬汁、碎檸檬皮
萊姆
地中海料理
薄荷
貽貝
芥末（尤以第戎芥末為佳）
芥末：芥末油、芥末籽

肉豆蔻
油：菜籽油、葡萄籽油、蔬菜油
橄欖油
橄欖：黑橄欖、綠橄欖
洋蔥：、紅洋蔥
柳橙：橙汁、碎橙皮
紅椒
扁葉荷蘭芹
義式麵食
胡椒：黑、白胡椒
松子
罌粟籽
紅馬鈴薯（如：印度料理）
葡萄乾
紅椒粉
番紅花
鹽：猶太鹽、海鹽
醬汁：法式奶油檸檬白醬、褐化奶油醬、乳酪醬、奶油醬、荷蘭醬、乳酪奶油醬
青蔥
扇貝
紅蔥頭
湯
雞肉高湯

龍蒿
百里香
番茄（如：印度料理）
白松露
薑黃
醋：紅醋、白酒醋
水田芥
優格（如：印度料理）

對味組合
白花椰菜＋鰻魚＋紅椒粉＋蒜頭＋橄欖油
白花椰菜＋麵包粉＋褐化奶油＋荷蘭芹
白花椰菜＋芫荽葉＋丁香＋孜然＋**薑黃**
白花椰菜＋鮮奶油＋酸模
白花椰菜＋咖哩＋蘋果
白花椰菜＋咖哩＋醋
白花椰菜＋蒜頭＋薄荷＋義式麵食
白花椰菜＋松子＋萊姆

魚子醬 Caviar
季節：冬季
味道：鹹
分量感：極清爽
風味強度：微弱－濃烈

俄式薄餅（尤以全麥薄餅為佳）
麵包（尤以烤土司小點心為佳）
細香蔥
法式酸奶油
蛋
法式料理
檸檬
洋蔥（尤以生洋蔥為佳）
胡椒：黑、白胡椒
馬鈴薯
俄羅斯料理
鹽
紅蔥頭
酸奶油
伏特加
白巧克力
香檳酒

芹菜 Celery
季節：全年
味道：澀
同屬性植物：胡蘿蔔
質性：性涼
分量感：輕盈
風味強度：溫和－濃烈
料理方式：水煮、燜燒、鮮奶油煮、焗烤、生食、煎炒、清蒸、快炒

羅勒
月桂葉
甜菜
奶油
續隨子
胡蘿蔔
乳酪（以**藍黴**、費達、山羊、葛黎耶和、帕瑪、侯克霍乳酪為佳）
細葉香芹
雞肉與其他禽肉
鷹嘴豆與鷹嘴豆泥
細香蔥
鮮奶油
奶油乳酪
咖哩
蒔蘿
全熟水煮蛋
魚
蒜頭
豆類
檸檬汁
歐當歸
法式綜合蔬菜高湯（主要成分）
野生菇蕈類
芥末（尤以第戎芥末為佳）
橄欖油
洋蔥（尤以紅洋蔥為佳）
紅椒
荷蘭芹

白巧克力能與**魚子醬**搭配，理由很明顯，因為這是油與鹽的組合。然而這樣的組合卻有更深層的意義。魚子醬中的氨基酸（有機化學物質）含量與白巧克力相當，讓這兩種食材幾乎能「融合」在一起。
——赫斯頓・布魯門瑟（Heston Blumenthal），THE FAT DUCK，英格蘭

主廚私房菜 DISHES

黃鰭鮪魚搭配菠菜泥、馬鈴薯沙拉、奧塞查魚子醬與伏特加醬汁
——大衛・柏利（David Bouley），DANUBE，紐約市

炒蛋搭配法式萊姆酸奶油與鱒魚魚子醬
——希蕊・拉圖拉（Thierry Rautureau），ROVER'S，西雅圖

皇家奧塞查魚子醬，搭配熱續隨子、土司以及法式酸奶油
——艾略克・瑞普特（Eric Ripert），LE BERNARDIN，紐約市

魚子醬義大利麵：奶油培根白醬義大利寬麵搭配鶴鶉蛋，再鋪上奧塞查魚子醬
——艾略克・瑞普特（Eric Ripert），LE BERNARDIN，紐約市

卡宴辣椒粉 Cayenne, Ground
味道：嗆辣
質性：性暖
分量感：輕盈
風味強度：濃烈
小祕訣：煮越久會越辣

羅勒
豆類
燈籠椒
肯瓊料理
乳酪與乳酪醬
辣椒
芫荽葉
芫荽
玉米
蟹
克利歐料理
孜然
茄子
魚
蒜頭
印度料理
義式料理
檸檬
龍蝦
肉

墨西哥料理
油
洋蔥
馬鈴薯
米
沙丁魚
醬汁
貝蝦蟹類
湯
燉煮料理
番茄

避免
魚子醬
味道精緻的食物
松露

對味組合
卡宴辣椒＋芫荽＋孜然＋蒜頭

用上一撮**卡宴辣椒**，就好像普通車子的引擎加裝渦輪推動。卡宴辣椒入味之快，彷彿為你的菜餚裝上了味道加速引擎。它為菜餚注入某種熱度並加速風味的傳遞。我所有的菜餚都會加入卡宴辣椒，不過必須小心使用，只能在起鍋前撒上一把。如果用的是羅勒，風味會變得更強。
——艾略克・瑞普特（Eric Ripert），LE BERNARDIN，紐約市

CHEF'S TALK

在所有的蔬菜中，芹菜的風味最強。對我來說，它幾乎像是蔬菜中的松露。我製作綜合蔬菜湯時，會用上所有蔬菜，但如果只能選擇一種，我會用芹菜。我熱愛它的土味。芹菜與黑松露是我最愛的組合，它們之所以如此相配，某種程度上是因為它們產季相同。芹菜還可以跟所有的根莖類蔬菜搭配。我喜歡芹菜根，單獨食用或是搭配其他食物都很好。

——丹尼爾·赫姆（Daniel Humm），NEW YORK'S ELEVEN MADISON PARK，紐約市

花生與花生醬
白胡椒
馬鈴薯
米
沙拉：雞、馬鈴薯、蝦、鮪魚沙拉
鹽
紅蔥頭
貝蝦蟹類
快炒菜餚
高湯：雞肉、蔬菜高湯
餡料
龍蒿
百里香
番茄與番茄汁
黑松露
蕪菁
醋：龍蒿醋、酒醋

對味組合
芹菜＋胡蘿蔔＋洋蔥（亦稱法式
　綜合蔬菜高湯）
芹菜＋龍蒿＋醋

芹菜根 Celery Root
季節：秋－春
分量感：中等－厚實
風味強度：溫和
料理方式：水煮、油炸、生食、烘
　烤、清蒸
小祕訣：使用前才削皮

多香果
蘋果
羅勒
月桂葉
牛肉
甜菜

褐化奶油
奶油
續隨子
胡蘿蔔
芹菜
芹菜葉
乳酪：葛黎耶和、帕瑪、瑞士乳酪
細葉香芹
雞肉
細香蔥
芫荽
鮮奶油
法式酸奶油
蒔蘿
小茴香葉
小茴香籽
蒜頭
韭蔥
檸檬汁
歐當歸
野禽
蒜頭
榛果
墨角蘭
美乃滋
菇蕈類
第戎芥末
肉豆蔻
油：花生油、芝麻油、核桃油
橄欖油
橄欖
洋蔥

奧勒岡
紅椒
荷蘭芹
歐洲防風草塊根
美洲山核桃
黑胡椒
馬鈴薯（尤以薯泥為佳）
米
蕪青甘藍
鼠尾草
沙拉（尤以綠葉蔬菜沙拉、鮪魚
　沙拉為佳）
猶太鹽
海鮮
湯
燉煮料理
高湯：雞肉、蔬菜高湯
龍蒿
百里香
松露（尤以黑松露為佳）
蕪菁
小牛肉
根莖蔬菜
香醋
醋：蘋果酒醋、酒醋
水田芥
野生米

對味組合
芹菜根＋鮮奶油＋馬鈴薯＋醋
芹菜根＋檸檬＋美乃滋＋芥末

香芹調味鹽 Celery Salt
血腥瑪麗
全熟水煮蛋
塔巴斯科辣椒醬

芹菜籽 Celery Seed
味道：苦、嗆
質性：熱
分量感：輕盈
風味強度：溫和

主廚私房菜 DISHES

芹菜根湯，搭配香料全黑麥麵包、油漬紅蔥頭與荷蘭芹濃醬
——查理·托特（Charlie Trotter），TROTTER'S TO GO，芝加哥

多香果
月桂葉
牛肉
麵包
肯瓊／克利歐料理
乳酪（如：藍黴乳酪）
細葉香芹
雞肉
芫荽
蟹
蒔蘿
茄子
蛋
小茴香籽
魚
德國料理
薑
義式料理
美乃滋
菇蕈類
芥末
洋蔥
紅椒
豌豆
胡椒
馬鈴薯
俄羅斯料理
沙拉與沙拉醬汁
醬汁
貝蝦蟹類
湯
燉煮料理
餡料
百里香
番茄
蔬菜與蔬菜汁
伍斯特辣醬油

洋甘菊 Chamomile
味道：甜

亞洲料理
雞肉
白巧克力
甜點
魚（如：大比目魚）
蜂蜜

檸檬
米
茶
小牛肉

香檳 Champagne
分量感：輕盈－中等
風味強度：微弱－溫和

黑莓
魚子醬
櫻桃
蔓越莓
檸檬
萊姆
甜瓜
薄荷
覆盆子
草莓

萘菜 Chard（亦稱瑞士萘菜）
季節：全年
味道：苦
分量感：中等－厚實
風味強度：溫和－濃烈
料理方式：水煮、燜燒、煮半熟、
　煎炒、清蒸、快炒

鯷魚
培根
羅勒
月桂葉
麵包粉
無鹽奶油
續隨子
乳酪：芳汀那、葛黎耶和、帕瑪乳
　酪
鷹嘴豆
辣椒
芫荽葉
孜然
乾醃肉品
蛋料理
全熟水煮蛋
蒜頭*
義式料理（尤以義式麵食為佳）
羊肉（尤以羊排為佳）

韭蔥
檸檬：檸檬汁、碎檸檬皮
菇蕈類、酒杯菇蕈
花生油
橄欖油
橄欖
洋蔥（尤以青蔥或黃洋蔥為佳）
柳橙、碎橙皮
奧勒岡
義式麵食（包括作為麵食的調色
　之用）
胡椒：黑、白胡椒
松子
義式玉米餅
馬鈴薯
葡萄乾
紅椒粉
番紅花
猶太鹽
紅蔥頭
菠菜
燉煮料理
高湯：雞肉、蔬菜高湯
百里香
番茄
醋：巴薩米克香醋、紅酒醋

對味組合
萘菜＋燈籠椒＋佩科利諾乳酪＋
　茄子
萘菜＋紅椒粉＋檸檬汁

夏多內白酒 Chardonnay
分量感：中等－厚實
風味強度：微弱－濃烈

奶油與奶油醬汁
雞肉
蟹
鮮奶油與鮮奶油醬汁
魚
龍蝦
鮭魚
扇貝
貝蝦蟹類
小牛肉

乳酪 Cheese
味道：甜－酸
質性：性涼

蘋果
麵包（尤以風味清淡的麵包為佳）
芹菜（尤以搭配乳酪醬汁及乳酪
　料理為佳）
櫻桃（尤以搭配軟乳酪為佳）
乾醃肉品（尤以火腿為佳）
椰棗（尤以去籽蜜棗為佳）
水果乾（尤以椰棗乾、無花果乾
　為佳）
葡萄
堅果（尤以榛果、核桃為佳）
西洋梨

乳酪：愛亞格
Cheese－Asiago
杏仁
培根
無花果
葡萄
義式料理

義式麵食
馬鈴薯
沙拉

乳酪：亞齊鐸
Cheese－Azeitao
鵝肝

CHEF'S TALK

乳酪這種食物已經很完美了，但仍缺乏幾種營養素，缺少的部分我有時會以其他食物來補充。維生素C與纖維素就是乳酪無法提供的兩大營養素，這些營養素的主要來源是水果，因此只要有乳酪、一些高纖的維生素C水果、有機全麥麵包以及一杯咖啡，就能讓一天有個美好的開始。至於搭配乳酪的麵包，我通常偏好使用味道清淡的，不過我也同意富含堅果、香草或水果的麵包和乳酪很搭。之所以使用風味清淡的麵包，是因為不希望麵包的氣味影響乳酪本身的味道。對於這點，我就像純粹主義者般堅持！一般而言，越柔軟的乳酪就要搭配越硬的麵包。而像蘋果、西洋梨、杏桃、黑李乾、油桃、桃子以及無花果等富含果膠、纖維的水果，也是許多乳酪的天然良伴。

哪些乳酪呢？搭配加了天然蜂蜜的義大利濃縮咖啡時，我最愛羊乳壓製而成的乳酪，這類乳酪有：歐梭伊哈迪（Ossau Iraty）、隆卡爾（Roncal）、薩摩拉諾（Zamorano）、柏克斯威爾（Berkswell）、史賓伍德（Spenwood）、特雷德湖雪松（Trade Lake Cedar）、佛蒙特、蒙契格，或是在核桃葉中熟成的佩科利諾（Pecorino Foglie Noce）乾酪。基本上只要是看起來很棒的硬質熟齡乳酪我都喜歡，無論是綿羊、山羊或是牛的乳酪都好。

——馬克斯・麥卡門（Max McCalman），ARTISANAL CHEESE CENTER，紐約市

熟成或重口味的**乳酪**需以一些帶有果香或甜味的食物來搭配，以凸顯乳酪的濃郁風味。佩科利諾乳酪的風味非常濃烈，得用甜食來搭配。在供應熟齡或硬乳酪時，我喜歡搭配栗花蜜、果醬或西瓜醬。如果手上有些熟齡的山羊乳酪，我會用芥末蜜漬水果（mostarda）來搭配。我也喜歡以上好的甜酒來搭配味道強烈的乳酪，尤其是義大利甜白酒（Passito）。而淺齡乳酪只要簡單搭配一些好的麵包即可。至於栗花蜜，它與熟齡乳酪是風味絕配，但是和淺齡乳酪就搭不上了。

——奧德特・法達（Odette Fada），SAN DOMENICO，紐約市

蜂蜜、果醬與芥末蜜漬水果能與**乳酪**完美搭配，而大部分的蜂蜜特別適合搭配淺齡乳酪或熟齡軟乳酪，尤其是粉質的乳酪。我個人很喜愛高山戈根索拉乳酪蘸上栗花蜜，那真是令人瘋狂的組合！在義大利，我們稱果醬為 confitura 或 marmalata，這跟帕瑪乳酪這種較鹹或味道較獨特的乳酪就很搭。把水果用白酒芥末糖漿煮成蜜餞，就成了芥末蜜漬水果，所以這是種帶有芥末辣味的甜品。它能和所有美味的硬乳酪是絕配，尤其與佩科利諾及泰勒吉奧乳酪最為對味。

——吉娜・德帕爾馬（Gina DePalma），BABBO，紐約市

乳酪：藍黴 Cheese – Blue
（同時參見戈根索拉、侯克霍、斯提爾頓乳酪等）

杏仁
蘋果
牛肉
麵包（尤以含堅果與／或葡萄乾的麵包為佳）
芹菜
烤栗子
奶油乳酪
蒔蘿
無花果（尤以搭配戈根索拉乳酪為佳）
蒜頭
榛果
蜂蜜（尤以栗花蜂蜜或山茱萸蜜為佳）
第戎芥末
義式麵食
西洋梨（尤以搭配斯提爾頓乳酪為佳）
波特酒
馬鈴薯
猶太鹽
酸奶油
牛排

白酒醋
核桃麵包
核桃（尤以搭配斯提爾頓乳酪為佳）
蜜漬核桃
水田芥

乳酪：布利 Cheese – Brie
杏仁
蘋果
麵包（尤以法國麵包為佳）
櫻桃
雞肉
生菜沙拉（如：生胡蘿蔔沙拉、芹菜沙拉）
椰棗
小茴香
無花果
法式料理
堅果

甜瓜
洋蔥
西洋梨
開心果
草莓
白酒

乳酪：布羅塔
Cheese – Burrata
蠶豆
麵包
蒜頭
義式料理
橄欖油
桃子
義式青醬
洋李
鹽（尤以海鹽為佳）
番茄
義式葡萄醬汁（烹調用酒）

乳酪：卡伯瑞勒斯藍黴
Cheese – Cabrales
無花果
葡萄（尤以紅葡萄為佳）
塞拉諾火腿
蜂蜜
西洋梨
沙拉
牛排

乳酪：康門貝爾
Cheese – Camembert
芝麻菜
新鮮水果
葡萄
萵苣（如：嫩萵苣葉）
甜瓜
堅果

主廚私房菜 | DISHES

烘焙藍黴乳酪蛋糕慕斯，搭配糖煮大黃與糖漬芹菜
——多明尼克和欣迪杜比（Dominique and Cindy Duby），WILD SWEETS，溫哥華

義大利烤麵包片（bruschetta），搭配布羅塔乳酪（Burrata）、西西里茄子沙拉（Caponata）以及蠶豆濃湯
——曾根廣（Hiro Sone），TERRA，加州聖海琳娜市

我最近發現，**亞澤陶乳酪**（Azeitao cheese）搭配鵝肝醬真是讓人驚豔不已。
——馬克斯·麥卡門（Max McCalman），ARTISANAL CHEESE CENTER，紐約市

我喜歡**藍黴乳酪**，無論是侯克霍或斯提爾頓乳酪我都喜歡；簡單配上一片核桃麵包與一杯波特酒就行了。
——加柏利兒·克魯德（Gabriel Kreuther），THE MODERN，紐約市

通常，**藍黴乳酪**本身的風味越濃烈，搭配的蜂蜜就必須越清淡細緻。我喜歡濃稠帶有肉桂味道的科羅拉多矢車菊蜜。
——艾德里安·穆爾西亞（Adrian Murcia），CHANTERELLE，紐約市

橄欖油
西洋梨
美洲山核桃
洋李
沙拉
草莓
醋：巴薩米克香醋、雪莉酒醋

乳酪：巧達 Cheese – Cheddar
蘋果
培根
蘋果白蘭地（如：卡巴杜斯蘋果酒）
麵包（尤以法國麵包、全黑麥麵包或全麥麵包為佳）
無鹽奶油
卡宴辣椒
印度甜酸醬
蘋果酒
鮮奶油
椰棗
蛋料理
小茴香
蒜頭
葡萄
漢堡
蜂蜜（尤以水果花蜜為佳，如：藍莓花蜜、覆盆子花蜜）
綜合蔬菜高湯（尤以作湯為佳）
芥末蜜漬水果（芥末水果）

堅果
蔬菜油
紅椒
義式麵食（尤以義大利通心粉為佳）
西洋梨與西洋梨醬
美洲山核桃
芥末蜜漬水果（芥末水果）
堅果
蔬菜油
紅椒
義式麵食（尤以義大利通心粉為佳）
西洋梨與西洋梨醬
美洲山核桃
黑胡椒
馬鈴薯
楓梓糊
雞高湯
百里香
核桃

乳酪：卡拜 Cheese – Colby
蘋果
培根
啤酒
黑麥麵包
蘋果酒
洋蔥
西洋梨

馬鈴薯

乳酪：鞏德
Cheese – Comté
火腿
榛果油
綠葉蔬菜沙拉

乳酪：牛乳
Cheese – Cow's Milk
櫻桃
硬核水果（如：杏桃、櫻桃、油桃、桃子、洋李等）
甜瓜

乳酪：愛蒙塔爾
Cheese – Emmental
培根
黑麥麵包（尤以淡黑麥麵包為佳）
馬鈴薯

乳酪：艾波瓦斯
Cheese – Époisses
櫻桃
柑橘果醬
西洋梨

乳酪：艾斯普洛拉特
Cheese – Explorateur
石榴

乳酪：費達 Cheese – Feta
紅燈籠椒
麵包：橄欖麵包、袋餅
瑞可達乳酪
鷹嘴豆
蒔蘿
東地中海料理
茄子
無花果
蒜頭
葡萄
希臘料理
蜂蜜
羊肉
檸檬
烤肉

巧達**乳酪**是所有食物的絕佳良伴。
——艾德里安·穆爾西亞（Adrian Murcia），CHANTERELLE，紐約市

薄荷
橄欖油
橄欖：黑橄欖、希臘橄欖
紅洋蔥
義式麵食
黑胡椒
鼠尾草
沙拉
醬汁
蝦
菠菜
百里香
紅酒醋
核桃
西瓜
節瓜

對味組合
費達乳酪＋雞肉＋薄荷 費達乳酪
　＋烤紅燈籠椒＋薄荷
費達乳酪＋綠葉蔬菜沙拉＋薄荷

乳酪：芳汀那
Cheese – Fontina
印度甜酸醬
茴菜
瑞士火鍋
新鮮水果
葡萄
芥末蜜漬水果（芥末水果）
西洋梨 洋李
沙拉
三明治
核桃

乳酪：法國白乳酪
Cheese – Fromage Blanc
糖漬蔓越莓
無花果

乳酪：加洛特薩
Cheese – Garrotxa
無花果

CHEF'S TALK

我喜歡用櫻桃搭配蘭開夏爾乳酪（Lancashire，英國最主要的牛奶乳酪）。
——馬克斯・麥卡門（Max McCalman），ARTISANAL CHEESE CENTER，紐約市

主廚私房菜 DISHES

義式乳酪菜餃，拌入乾柳橙、野生小茴香花粉與山羊乳酪
——馬利歐・巴達利（Mario Batali），BABBO，紐約市

重山羊乳酪蛋糕，搭配花蜜冰淇淋、冬柿與黑果
——伊莉莎白・達爾（Elizabeth Dahl），NAHA糕點主廚，芝加哥

綜合生菜沙拉，搭配馬車農場的三倍乳脂山羊乳酪、烤南瓜籽以及蘋果酒醋
——加柏利兒・克魯德（Gabriel Kreuther），THE MODERN，紐約市

山羊乳酪沙拉：燜燒小茴香＋烤榛果＋柳橙＋特級初榨橄欖油
——艾弗瑞・波特爾（Alfred Portale），GOTHAM BAR AND GRILL，紐約市

乳酪：山羊乳
Cheese – Goat's Milk
杏仁
蜂蜜
堅果
核桃油
橄欖油
橄欖
黑胡椒
石榴
百里香

乳酪：新鮮山羊乳酪
Cheese – Goat (Fresh)
（如：榭弗爾乳酪）
杏仁

蘋果（尤以青蘋果為佳）
杏桃（尤以杏桃乾為佳）
羅勒
甜菜
燈籠椒：綠、紅燈籠椒
黑莓
麵包（尤以法國麵包或含堅果、
　橄欖、葡萄乾、全麥的麵包為佳）
青花菜
奶油
白花椰菜
乳酪：帕瑪、瑞可達乳酪
酸櫻桃或甜櫻桃
細葉香芹
細香蔥
肉桂
蔓越莓（尤以蔓越莓乾為佳）

CHEF'S TALK

石榴搭配伊波瑞斯乳酪（Ibores，一種西班牙山羊乳酪）是最佳享受。
——馬克斯・麥卡門（Max McCalman），ARTISANAL CHEESE CENTER，紐約市

主廚私房菜 DISHES

杏仁山羊乳酪蛋糕
——凱莉・納哈貝迪恩（Carrie Nahabedian），NAHA，芝加哥

地中海「希臘沙拉」：菲克斯費達乳酪＋卡拉瑪塔橄欖（Kalamata Olives）
＋牛番茄＋黃瓜＋薄荷碎葉與奧勒岡，搭配熱費達乳酪半圓餡餅
——凱莉・納哈貝迪恩（Carrie Nahabedian），NAHA，芝加哥

CHEF'S TALK

我會用百里香來搭配山羊**乳酪**與櫻桃。
——麥克‧萊斯寇尼思（Michael Laiskonis），LE BERNARDIN，紐約市

如想用乳酪做甜點，最好是用軟乳酪。我用味道溫和的山羊乳酪做了一道櫻桃山羊乳酪蛋糕。山羊**乳酪**搭配檸檬也是很完美的組合，因為檸檬汁的酸味能去除山羊乳酪的油膩感。
——艾蜜莉‧盧契提（Emily Luchetti），FARALLON，舊金山

我喜歡用草莓來搭配羅亞爾河谷地的**榭弗爾乳酪**
——馬克斯‧麥卡門（Max McCalman），ARTISANAL CHEESE CENTER，紐約市

鮮奶油
椰棗
蛋
小茴香
小茴香籽
無花果
蒜頭
葡萄
綠葉蔬菜沙拉（尤以芝麻菜為佳）
香草
蜂蜜
檸檬汁
牛奶
薄荷

肉豆蔻
堅果
芝麻油
橄欖油
橄欖
洋蔥（尤以西班牙、維塔莉亞洋蔥或青蔥為佳）
柳橙：橙汁、碎橙皮
扁葉荷蘭芹
義式麵食
西洋梨：西洋梨乾、新鮮西洋梨
美洲山核桃
胡椒：黑、白胡椒
義式青醬

松子
開心果
波特酒
馬鈴薯
覆盆子
紅椒粉
迷迭香
蘭姆酒（尤以淡色蘭姆酒為佳）
鼠尾草
撒拉米香腸
海鹽
紅蔥頭
酸奶油
八角
草莓
糖：黑糖、白糖
百里香
生鮮蔬菜
蘋果酒醋
龍蒿
百里香
番茄與番茄果醬
香莢蘭
醋：巴薩米克香醋、雪莉酒醋
核桃

對味組合

山羊乳酪＋杏仁＋蜂蜜＋西洋梨
山羊乳酪＋櫻桃＋百里香
山羊乳酪＋小茴香籽＋碎橙皮＋義式麵食
山羊乳酪＋蜂蜜＋柿子
山羊乳酪＋義大利培根＋紅蔥頭

> **CHEF'S TALK**
>
> 有些人喜歡巧克力與乳酪的組合。如果你覺得這個想法有趣，我建議你可以用上好的黑巧克力搭配豪伊布里格（Hoch Ybrig）、艾班策勒（Appenzeller）或是布拉提加（Prattigauer）這類熟齡的阿爾卑斯山區乳酪；阿爾卑斯山區乳酪泛指法國與瑞士阿爾卑斯山區出產的乳酪，其中又以**葛黎耶和乳酪**（Gruyère）最有名。
> ——馬克斯・麥卡門（Max McCalman），ARTISANAL CHEESE CENTER，紐約市
>
> 瑞士高山區乳酪（如：艾班策勒乳酪、鞏德乳酪、**葛黎耶和乳酪**）是乳酪界中的極品。這些乳酪特有的熟奶香味，和無花果蜜餞等深色醃漬品非常匹配。這種乳酪同時也與富含煮過水果風味的歐勒蘿索雪莉酒（oloroso sherry）非常對味。
> ——艾德里安・穆爾西亞（Adrian Murcia），CHANTERELLE，紐約市

乳酪：戈根索拉
Cheese – Gorgonzol

蘋果
白蘭地
櫻桃：酸櫻桃、甜櫻桃
干邑白蘭地
玉米
鮮奶油
牛奶焦糖醬
無花果
葡萄
蜂蜜（尤以栗子花蜜為佳）
義式料理
薄荷
堅果
橄欖油
義式麵食
西洋梨
開心果
石榴
義式乾醃火腿
沙拉（如：菠菜沙拉）
糖
百里香
核桃
甜酒

對味組合

戈根索拉乳酪＋薄荷＋核桃

乳酪：豪達 Cheese – Guoda

蘋果（尤以搭配熟成與／或煙燻豪達乳酪為佳）
杏桃
櫻桃（尤以搭配淺齡豪達乳酪為佳）
甜瓜
菇蕈類
桃子（尤以搭配淺齡豪達乳酪為佳）
西洋梨（尤以搭配熟成或煙燻豪達乳酪為佳）
菠菜

乳酪：葛黎耶和
Cheese – Gruyère

蘋果
芝麻菜
麵包
櫻桃
雞肉
黑巧克力（尤以搭配熟成的葛黎耶和乳酪為佳）

> **CHEF'S TALK**
>
> 我喜歡覆盆子與薄荷荷耶桑塔乳酪的組合。
> ——馬克斯・麥卡門（Max McCalman），ARTISANAL CHEESE CENTER，紐約市

瑞士火鍋
蒜頭
火腿
榛果
洋蔥
舒芙蕾
湯（尤以洋蔥湯為佳）
菠菜
瑞士料理
百里香
核桃

乳酪：荷耶桑塔
Cheese – Hoja Santa

薄荷
覆盆子

乳酪：傑克 Cheese – Jack

杏仁
無花果
西洋梨
美洲山核桃
黑李乾
榲桲糊
核桃

乳酪：瑪宏 Cheese – Mahon
（熟成的西班牙乳酪）

榲桲糊

乳酪：蒙契格
Cheese – Manchego

杏仁（尤以烤過的西班牙杏仁為佳）
鯷魚
烤燈籠椒
麵包（尤以硬皮無花果或其他水果麵包為佳）
無花果與無花果蛋糕
塞拉諾火腿
橄欖油

綠橄欖或西班牙黑橄欖
洋蔥（尤以焦糖化洋蔥為佳）
荷蘭芹
佩姬羅紅辣椒
黑李乾
榲桲糊*
沙拉
西班牙料理
番茄

對味組合
蒙契格乳酪＋杏仁＋榲桲糊

乳酪：蒙特利傑克
Cheese – Monterey Jack
雞肉
墨西哥玉米捲餅
新鮮水果

乳酪：莫札瑞拉
Cheese – Mozzarella
鰻魚
羅勒
烤過的燈籠椒
蒜頭

義式料理
乾醃肉品（如：撒拉米香腸）
橄欖油
橄欖
奧勒岡
義大利培根
義式麵食
黑胡椒
披薩
義式乾醃火腿
紫葉菊苣
迷迭香
鼠尾草
鹽：猶太鹽、海鹽
義大利蘇瑞莎塔香腸
菠菜
番茄*
日曬番茄乾
黑松露
醋：巴薩米克香醋、紅酒醋

對味組合
莫札瑞拉乳酪＋羅勒＋橄欖油＋
　番茄
莫札瑞拉乳酪＋橄欖＋義式乾醃
　火腿

乳酪：明斯特
Cheese – Muenster
蘋果
硬皮麵包
葛縷子籽
櫻桃
小茴香
葡萄

乳酪：帕瑪乳酪
Cheese – Parmesan
羅勒
蠶豆
義大利生肉片

椰棗
小茴香
無花果
硬核水果
蒜頭
葡萄
蜂蜜（尤以栗子花蜜為佳）
義式料理
甜瓜
菇蕈類
橄欖油
義式麵食
西洋梨
披薩
義式乾醃火腿
義式燉飯
百里香
巴薩米克香醋（尤以陳年醋為佳）
核桃

乳酪：佩科利諾
Cheese – Pecorino

培根
烤過的燈籠椒
油封鴨
葡萄
綠葉蔬菜沙拉
栗子花蜜
檸檬汁

主廚私房菜 DISHES

帕瑪火腿清湯，搭配義式乾醃火腿、豌豆清湯和青蔥帕瑪乳酪布丁
——姍迪‧達瑪多（Sandy D'Amato），SANFORD，密爾瓦基市

芥末蜜漬水果（芥末水果）
橄欖油
義式麵食
西洋梨
白胡椒
義式乾醃火腿
瑞可達乳酪
義大利蘇瑞莎塔香腸
巴薩米克香醋（尤以陳年醋為佳）
核桃

乳酪：皮亞維
Cheese – Piave

乾醃肉品

乳酪：波伏洛
Cheese – Provolone

無花果
葡萄
義式料理
萊姆汁
橄欖油
橄欖

義式麵食（如：千層麵）
西洋梨
披薩
義式乾醃火腿

乳酪：荷布洛匈
Cheese – Reblochon

小茴香
義大利水果堅果蛋糕（panforte）
開心果

乳酪：瑞可達
Cheese – Ricotta

杏仁
杏桃
培根
羅勒
蠶豆
漿果
藍莓
麵包
乳酪：莫札瑞拉、帕瑪、佩科利諾乳酪
乳酪蛋糕
栗子
細香蔥
黑巧克力
肉桂
咖啡 / 義式濃縮咖啡
鮮奶油
椰棗
蛋料理（如：義式蛋餅、蛋捲）
無花果（尤以無花果乾為佳）
水果乾
蒜頭
榛果
香草
蜂蜜（尤以栗子花蜜、尤加利花蜜或薰衣草花蜜為佳）
義式料理
檸檬（尤以檸檬汁、碎檸檬皮為佳）
豆蔻皮粉
馬士卡彭乳酪
肉豆蔻
橄欖油
柳橙（尤以橙汁、碎橙皮為佳）

我們的早午餐有一道玉米番紅花鬆餅，不過我們以瑞可達乳酪取代搭配鬆餅的奶油。

——布萊德・法爾米利（Brad Farmerie），PUBLIC，紐約市

BABBO 的乳酪盤 ——紐約市 BABBO 的 吉娜・德帕爾馬（Gina DePalma）

在 BABBO，我負責挑選乳酪。我們需選購七種乳酪。然而挑選義大利乳酪的最大挑戰，就是義大利乳酪中有太多「超級巨星」，我們根本無法全數供應。所以只能根據某些標準來挑選，不過它們都令人驚豔：

・**帕瑪乳酪**：根據馬利歐・巴達利所言，這「毫無疑問就是乳酪之王」！

・**泰勒吉奧乳酪**：這種洗浸乳酪富含水分，具有獨特的橙色且質地濃稠。內部的乳酪甜美，而外皮則風味獨特。

・**戈根索拉－皮卡特乳酪**：質地更堅實也更多藍紋、味道更瘋狂的神奇乳酪。

・**馬車農場山羊乳酪**：這是我們選用的山羊乳酪，雖然不是來自義大利。（馬車農場乳酪廠的擁有者，就是馬利歐・巴達利妻子的家族）。

・**羅比歐拉乳酪**：這是來自義大利皮德蒙地區的軟熟成乳酪。

・**佩科利諾乳酪**：這是綿羊奶製成的乳酪，與熟食店常見的那種撒在義大利麵上的佩科利諾－羅馬諾乳酪完全不同。義大利許多地區都生產佩科利諾乳酪。我們會選用的有來自義大利南部的、來自托斯卡尼地區的、用番茄摩擦過的，或是來自義大利其他區域在地底下熟成的佩科利諾乳酪。

・**第七種乳酪**：第七種乳酪是我的實驗對象，且經常更換；近來我最喜愛的是皮亞維乳酪。這種乳酪產自義大利維內托地區皮亞維河沿岸，風味類似英國巧達乳酪。

扁葉荷蘭芹
義式麵食
黑胡椒
松子
義式乾醃火腿
義大利氣泡酒
黑李乾
葡萄乾
覆盆子
蘭姆酒（尤以深色蘭姆酒為佳）
猶太鹽
酸模
菠菜
草莓
糖
普羅旺斯橄欖醬
龍蒿
番茄
香莢蘭
巴薩米克香醋
核桃（尤以糖漬核桃或烤核桃為佳）
酒、紅酒、甜酒

對味組合

瑞可達乳酪＋麵包＋蜂蜜＋義大利氣泡酒

乳酪：侯克霍
Cheese – Roquefort

無鹽奶油
干邑白蘭地
鮮奶油
無花果
蜂蜜
韭蔥
核桃油
西洋梨
胡椒
口感較濃稠的馬鈴薯
鹽
油醋醬
核桃
酒：紅酒、**索甸紅酒**

對味組合

侯克霍乳酪＋無花果＋西洋梨

乳酪：綿羊乳
Cheese – Sheep's Milk

杏仁
杏桃
麵包（尤以橄欖麵包為佳）
火腿（尤以塞拉諾火腿為佳）
蜂蜜
堅果
橄欖油

主廚私房菜 DISHES

義式烤麵包片，抹上蠶豆泥與紐約州瑞可達乳酪
——馬利歐・巴達利（Mario Batali），BABBO，紐約市

義式餛飩，搭配瑞可達綿羊乳酪、家傳番茄以及芝麻菜，並以義式烹調用葡萄酒（vincotto）調理
——安德魯・卡梅利尼（Andrew Carmellini），A VOCE，紐約市

瑞可達與羅比歐拉乳酪蛋糕，搭配無花果與覆盆子
——吉娜・德帕爾馬（Gina DePalma），糕點主廚，BABBO，紐約市

玉米番紅花鬆餅，搭配辣味水煮梨與新鮮瑞可達乳酪
——布萊德・法爾米利（Brad Farmerie），PUBLIC，紐約市

繫鈴羊牧場的瑞可達乳酪餡油炸球，搭配糖煮卡拉卡拉臍橙與血橙，以及英式奶油醬
——艾蜜莉・盧契提（Emily Luchetti），FARALLON 糕點主廚，舊金山

瑞可達乳酪義式麵疙瘩，搭配蠶豆、鼠尾草與檸檬油
——茱迪・羅傑斯（Judy Rodgers），ZUNI CAFÉ，舊金山

橄欖
義式水果堅果蛋糕
黑胡椒
楹檸糊

乳酪：西班牙
Cheese－Spanish（參見卡伯瑞勒斯藍黴乳酪、蒙契格乳酪）

乳酪：斯提爾頓
Cheese－Stilton
蘋果
椰棗
蜂蜜
西洋梨
美洲山核桃
波特酒
沙拉
核桃

乳酪：瑞士 Cheese－Swiss
蘆筍
麵包（尤以全麥黑麵包為佳）
葡萄
火腿
西洋梨

乳酪：泰勒吉奧
Cheese－Taleggio
榛果
芥末蜜漬水果（芥末水果）
西洋梨

乳酪：三倍乳脂
Cheese－Triple Crème
櫻桃
無花果
榛果
香草
蜂蜜
芥末蜜漬水果（芥末水果）

堅果麵包
橄欖
西洋梨
烤蔬菜
核桃

乳酪：維切林
Cheese－Vacherin
櫻桃
榛果

乳酪：瓦德翁
Cheese－Valdeon
肉類：乾醃、煙燻肉
牛排

乳酪：佛蒙特乳酪
Cheese－Vermont Shepherd
杏仁
蘋果
小茴香

櫻桃 Cherries
季節：晚春－夏末
味道：甜
分量感：輕盈－中等
風味強度：溫和
料理方式：火燒、水煮、生食、燉煮

多香果
杏仁
杏仁甜酒
杏桃
阿瑪涅克白蘭地
波本酒
白蘭地
無鹽奶油
白脫乳
蛋糕
焦糖

法國穗醋栗甜露酒
乳酪：布利、山羊、瑞可達乳酪
櫻桃乾
巧克力（尤以黑、白巧克力為佳）
肉桂
丁香
椰子
咖啡／義式濃縮咖啡
干邑白蘭地
芫荽
鮮奶油與冰淇淋
奶油乳酪
法式酸奶油
脆皮點心：酥皮、派
紅穗醋栗
卡士達（如：焦糖布丁等）
鴨
小茴香
無花果
野禽類
蒜頭
薑
鵝
金萬利香橙甜酒
榛果
蜂蜜
香莢蘭冰淇淋
櫻桃白蘭地*
檸檬：檸檬汁、碎檸檬皮
萊姆汁
香甜酒：杏仁、柳橙香甜酒
馬士卡彭乳酪
油脂豐厚的肉類（尤以烘烤的肉類為佳）
甜瓜
蛋白霜烤餅
油桃
堅果
燕麥
柳橙：橙汁、碎橙皮
法式肉派
桃子
美洲山核桃
胡椒：黑、綠胡椒
開心果
洋李
豬肉

波特酒（尤以紅寶石波特酒為佳）
油脂豐厚的禽肉（尤以烘烤的禽
　肉為佳）
楓楙
覆盆子
米布丁
玫瑰果
蘭姆酒
鼠尾草（尤以搭配櫻桃塔為佳）
沙拉
鹽
酸奶油
高湯：雞、鴨、小牛高湯
糖
香莢蘭
甜苦艾酒
醋：巴薩米克、冰酒、紅酒醋
伏特加
核桃

CHEF'S TALK

櫻桃能搭配的風味有很多。它們不但多汁且味道豐富。杏仁與櫻桃很
對味。此外，櫻桃比覆盆子更適合搭配黑巧克力，櫻桃搭配白巧克力
的風味也很不錯。

——艾蜜莉・盧契提（Emily Luchetti），FARALLON，舊金山

酒：干紅酒（如：**波爾多紅酒、梅洛紅酒**）、氣泡酒／香檳酒
優格

對味組合

櫻桃＋杏仁＋鮮奶油＋櫻桃白蘭地＋香莢蘭 櫻桃＋巧克力＋核桃
櫻桃＋椰子＋卡士達
櫻桃＋咖啡＋鮮奶油
櫻桃＋山羊乳酪＋冰酒醋＋黑胡椒＋百里香
櫻桃＋蜂蜜＋開心果＋優格
櫻桃＋薄荷＋香莢蘭
櫻桃＋柳橙＋糖＋干紅酒
櫻桃＋甜苦艾酒＋香莢蘭

CHEF'S TALK

夏季時手邊若有完美的食材，則無需多做調理。若我們手邊有完美無缺的**櫻桃**（這裡指的是我還在 TRIBUTE 餐廳工作時所用的密西根櫻桃），處理方式就是先將櫻桃對剖，上面撒上一層糖，再以噴槍加熱讓櫻桃剛好熟透。櫻桃表層微焦的糖分讓整道甜點的風味完全改觀。然後再將山羊奶油乳酪（質地與馬士卡彭鮮奶油乳酪類似）捏製成橢圓狀的可內樂球，旁邊搭配焦糖冰酒醋醬汁與香脆的可麗餅。上桌前我會再加一片百里香葉子以及碾碎的黑胡椒粒。這些都是經典的風味，尤其是乳酪搭配黑胡椒與櫻桃果核。
——麥克·萊斯寇尼思（Michael Laiskonis），LE BERNARDIN，紐約市

我正在研究十九世紀末芬妮·法默（Fannie Farmer）一本老食譜中有關**櫻桃果醬**的作法。根據食譜所載，他們會取出櫻桃果核並壓碎來使用。我原本認為這很瘋狂，不過還是嘗試了一下。果核取出並壓碎時，會產生一股杏仁的風味。我用包布包好碎櫻桃果核，然後放入醬汁中一起醃漬酸櫻桃，如此一來，櫻桃便能吸收醃料中的香甜杏仁味。
——安德魯·卡梅利尼（Andrew Carmellini），A VOCE，紐約市

我喜歡讓**櫻桃**以原味呈現。不過我也真的很喜歡以義大利渣釀白蘭地（grappa）來搭配櫻桃。馬利歐·巴達利在密西根有棟房子，他從那裡帶了一盒櫻桃給我。這些櫻桃是如此完美，只需將它們浸泡在渣釀白蘭地中，並加入一些碎薄荷葉就可以了。我把釀製好的櫻桃裝在碗裡並搭配一塊馬士卡彭鮮奶油乳酪上桌。櫻桃和薄荷也很對味。
——吉娜·德帕爾馬（Gina DePalma），BABBO，紐約市

我非常愛**櫻桃**，所以小時候常爬上我家的櫻桃樹，然後在樹上吃櫻桃吃到飽。吃完後才發現不知該如何爬下樹，所以坐在樹上嚎啕大哭，直到鄰居把我救下來。到現在我仍然熱愛櫻桃，特別是櫻桃派或法式克拉芙堤（clafoutis）中的櫻桃。櫻桃與香莢蘭的味道很配，也很適合用紅酒燉煮，不過我還是盡可能保持它們單純的原味。
——加柏利兒·克魯德（Gabriel Kreuther），THE MODERN，紐約市

主廚私房菜 DISHES

杏仁奶油酥派（Frangipane）覆蓋上櫻桃杏仁牛奶凍（Blancmange），搭配法式酸奶油湯
——多明尼克和欣迪杜比（Dominique and Cindy Duby），WILD SWEETS，溫哥華

黑櫻桃－大黃熱派，搭配杏仁奶油脆片冰淇淋
——艾蜜莉·盧契提（Emily Luchetti），糕點主廚，FARALLON，舊金山

史特勞斯有機全脂優格，搭配黑櫻桃、草莓、開心果和馬賽爾農場蜂蜜
——艾蜜莉·盧契提（Emily Luchetti），糕點主廚，FARALLON，舊金山

細葉香芹 Chervil

季節：春－秋
分量感：細緻、軟葉
風味強度：非常清淡
小祕訣：通常以新鮮細葉香芹直接入菜，無需烹調。

蘆筍
羅勒
豆類（尤以蠶豆、四季豆為佳）
甜菜
香料包（主要成分）
胡蘿蔔
瑞可達乳酪
雞肉
細香蔥
蟹
鮮奶油
奶油乳酪
蒔蘿
蛋與蛋類料理
小茴香
細香草（與細香蔥、荷蘭芹、龍蒿同為主要成分）
魚
法式料理
野禽類
大比目魚
普羅旺斯綜合香草（典型成分為羅勒、小茴香、墨角蘭、迷迭香、鼠尾草、夏季香薄荷和百里香）
韭蔥
檸檬汁
檸檬百里香
萵苣
龍蝦
墨角蘭
薄荷
菇蕈類
芥末
荷蘭芹
豌豆
馬鈴薯禽肉
普羅旺斯料理
沙拉（尤以馬鈴薯沙拉與沙拉醬汁為佳）
醬汁（尤以奶油醬汁為佳）

細葉香芹的優勢之一就是外觀。**細葉香芹**看起來如此可愛，令人愛不釋手！細葉香芹要輕輕刷洗後再鋪放於盤中。它不僅是味道好，還向享用這道佳餚的人們昭示：掌廚者可是很顧慮他們的感受喔。

——大衛·沃塔克（David Waltuck），CHANTERELLE，紐約市

扇貝
紅蔥頭
貝蝦蟹類
真鰈
湯（尤以奶油濃湯為佳）
菠菜
小南瓜
龍蒿
百里香
番茄與番茄醬汁
小牛肉
蔬菜
鹿肉
油醋醬
醋
水田芥

對味組合

細葉香芹＋細香蔥＋魚＋荷蘭芹
細葉香芹＋細香蔥＋荷蘭芹＋龍蒿（細香草）

栗子 Chestnuts

季節：秋－冬
味道：甜
分量感：中等－厚實
風味強度：清淡－溫和
料理方式：沸煮、糖漬、燒烤、製成泥、生食、烘烤

蘋果：蘋果酒、果實、果汁
阿瑪涅克白蘭地
培根
月桂葉
白蘭地

球芽甘藍
無鹽奶油
焦糖
小豆蔻
芹菜
芹菜根
芹菜籽
瑞可達乳酪
雞肉（佐餐配菜）
巧克力（尤以黑或白巧克力為佳）
肉桂
丁香
咖啡
干邑白蘭地
鮮奶油或牛奶
法式酸奶油
甜點
鴨
小茴香
小茴香籽
無花果
野味（佐餐配菜）
薑
火腿
蜂蜜（尤以栗子花蜜為佳）
義式料理（以托斯卡尼料理為佳）
檸檬汁
扁豆
楓糖漿
馬士卡彭乳酪
肉類
菇蕈類：牛肚菇、牛肝菌
肉豆蔻
橄欖油
洋蔥
柳橙
義式麵食
西洋梨
胡椒：黑、白胡椒
洋李
豬肉（佐餐配菜）
禽肉（如：雞肉、火雞）
義式乾醃火腿
黑李乾
葡萄乾
覆盆子
義式燉飯

栗子香料蛋糕，搭配馬士卡彭鮮奶油乳酪
——吉娜·德帕爾馬（Gina DePalma），糕點主廚，BABBO，紐約市

甜栗塔，搭配法式酸奶油
——強尼·尤西尼（Johnny Iuzzini），糕點主廚，JEAN GEORGES，紐約市

我喜歡先選出一項食材，再研究要如何運用。我以糖煮栗子製作栗子冰糕（semifreddo），然後在冰糕下方鋪上一片吸滿橙汁的栗子海綿蛋糕，旁邊再搭配一片栗子威化餅與栗子醬。我希望風味能互補，因此我常以西洋梨配上栗子。這兩種食材都有豐潤濃郁的口感，但西洋梨一旦運用不同的料理方式，仍然能帶來一些清新與酸味。我以糖、奶油以及冰酒醋烘烤西洋梨，直到梨子鬆軟為止。這時將梨子切成小丁，並加入蜜漬柳橙。西洋梨本身流出來的果汁，就是獨一無二的醬汁了。

——麥克·萊斯寇尼思（Michael Laiskonis），LE BERNARDIN，紐約市

栗子具有種爆發性的風味，而且與巧克力和西洋梨的風味很搭。栗子必須搭配粗獷豪放的鄉土風味。如果用漿果來搭配，栗子的特色就喪失殆盡了。

——艾蜜莉·盧契提（Emily Luchetti），FARALLON，舊金山

蘭姆酒
鼠尾草
海鹽
醬汁
香腸
紅蔥頭
雪莉酒
燜燒菜餚
雞高湯
餡料（如：塞入禽料理中的餡料）
糖：黑糖、白糖
番薯
百里香
香莢蘭
酒（尤以甜瑪莎拉或雪莉酒為佳）

避免
漿果

對味組合
栗子＋蘋果＋鮮奶油
栗子＋培根＋小茴香
栗子＋法式酸奶油＋糖
栗子＋柳橙＋西洋梨

雞肉 Chicken
質性：性熱
分量感：中等
風味強度：清淡
料理方式：烘焙、燜燒、炙烤、油
炸、燒烤、水煮、烘烤、煎炒、
蒸煮、燉煮、快炒

多香果
杏仁
洋茴香
蘋果
杏桃乾
朝鮮薊
酪梨
培根
香蕉
羅勒：一般、肉桂羅勒
月桂葉
豆類：紅豆、白豆
啤酒

主廚私房菜	DISHES

墨西哥雞肉脆捲餅（Taquitos de Pollo）：墨西哥脆捲餅，內餡為雞肉與波
布拉諾辣椒，配上自製酸奶油、莎莎青醬、墨西哥阿尼歐乳酪（Añejo）
以及酪梨醬
——瑞克・貝雷斯（Rick Bayless），FRONTERA GRILL，芝加哥

黑胡椒肉汁燜雞肉，配上夏季根莖類蔬菜、舞菇，以及迷迭香鮮奶油
比司吉
——傑弗瑞・布本（Jeffrey Buben），VIDALIA，華盛頓特區

霍夫曼農場雞肉，搭配酒杯蘑菇與百里香汁
——崔西・德・耶丁（Traci Des Jardins），JARDINIÈRE，舊金山

摩洛哥雞肉塔吉鍋（tagine），搭配橄欖、醃漬檸檬以及綠豌豆
——拉申・卡西亞（Lahsen Ksiyer），CASAVILLE，紐約市

半隻雞切片，然後用綠橄欖、黃金葡萄乾、杏仁以及龍舌蘭白酒醋醬
汁燉煮
——札瑞拉・馬特內茲（Zarela Martinez），ZARELA，紐約市

「南方炸雞」沙拉 ，搭配烤甜玉米、糖漬美洲山核桃、紅洋蔥絲，並淋
上白脫乳牧場醬
——凱莉・納哈貝迪恩（Carrie Nahabedian），NAHA，芝加哥

巴薩米克香醋焦糖雞，搭配青花菜與核桃
——莫妮卡・波普（Monica Pope），T'AFIA，休斯頓

烤雞胸肉搭配野生菇蕈、奶油玉米粥，淋上白松露油
——艾弗瑞・波特爾（Alfred Portale），GOTHAM BAR AND GRILL，紐約市

去骨雞胸肉浸在秘魯阿多波醬汁（Adobo）中，置入我們的柴火爐子烘
烤，並搭配南瓜芒果醬汁、成熟的大蕉以及茄泥
——馬里雪兒・普西拉（Maricel Presilla），CUCHARAMAMA，紐澤西州霍博肯市

杏桃咖哩雞沙拉，搭配小茴香、芫荽葉以及水果乾
——查理・波特（Charlie Trotter），TROTTER'S TO GOTROTTER'S TO GO，芝加哥

特級雞胸肉以檸檬和印度澄清奶油醃漬後燒烤，搭配烤蒜頭與腰果
——維克拉姆・維基與梅魯・達瓦拉（Vikram Vij and Meeru Dhalwala），VIJ'S，溫哥華

烤雞肉佐以綠橄欖、芫荽與薑醬
——珍香治・馮耶瑞和頓（Jean-Georges Vongerichten），JOJO，紐約市

燈籠椒：紅、綠、黃燈籠椒
香料包
白蘭地（用於醬汁中，尤以蘋果
　　白蘭地為佳）
麵包粉
無鹽奶油
白脫乳
卡巴杜斯蘋果酒
續隨子
小豆蔻
胡蘿蔔

腰果（如：印度料理等）
白花椰菜
卡宴辣椒
芹菜
芹菜根
芹菜籽
莙薘
乳酪：愛亞格、藍黴、蓽德、愛蒙
　　塔爾、芳汀那、帕瑪乳酪
細葉香芹
雞肝

雞肉的兩階段料理：以義式獵人雞為例
──紐約市 A VOCE 的
安德魯‧卡梅利尼（Andrew Carmellini）

1. **鹽水浸製**：有時古老的料理方式能帶來啟發，讓我因而調理出更具深度的風味。有很多古法都受到忽略，鹽水浸製食物就是一例。人類長久以來就懂得以鹽水來浸泡豬肉與雞肉，近五年來更常聽到以鹽水來浸泡火雞。這種方法成功的關鍵常在於鹽而非其他調味劑，因為進入食材的鹽分能軟化蛋白質纖維。

   如果你想在家裡試試，可從連皮帶骨的雞胸肉開始。抓一些猶太鹽、糖，或像我一樣用蜂蜜，然後加一些水調勻，將雞胸肉置入浸泡。30分鐘後，取出雞胸肉，沖洗、擦乾，然後放入冰箱冷藏幾個小時，讓水分釋出。你很容易就能注意到雞肉質地所出現的變化。鹽水泡過的雞肉絕對不會乾澀，即使煮過頭也一樣。這是最好的雞肉。

2. **醬料醃製**：目前我菜單上所供應的雞肉，是先以鹽水泡過後再用醬料醃浸24小時，這樣雞肉風味絕佳。醃浸雞肉的醬料食材有烤過的蒜頭、西西里奧勒岡、紅椒片、大量的檸檬、百里香以及橄欖油。我們開玩笑說，這醃料嘗起來就像活力四射的義大利維許波恩（Wish-Bone）醬汁，實在好吃。

   雞肉烹調完成後，再搭配水煮並煎炒過的朝鮮薊、柴火烘烤的燈籠椒、小茴香，以及烘烤過的青蔥。將這些蔬菜用義式青醬拌勻，再淋上番茄醬汁（以起沫的番茄汁與百里香調製而成），就大功告成了。

義式獵人雞（Chicken Cacciatore）

A VOCE 開幕時，菜單上就有這道「義式獵人雞」。不過顧客聽到這道菜名時，通常是猛打呵欠、興趣缺缺。這道料理，一般常見的是混合甜椒與番茄的雞胸肉片料理，而我們餐廳的義式獵人雞卻完全不同：選用的是帶骨雞肉，而且先以鹽水泡過，故肉質軟嫩多汁。然後再用自家調理而成的義式香料甜椒醬（peperonata）來搭配雞肉。甜椒醬的製作食材為烤甜椒、洋蔥、蒜頭、紅椒粉、迷迭香、新鮮月桂葉、新鮮百里香，以及埃斯柏萊特辣椒（piment d'Espelette，帶有煙燻風味的法國辣椒）。調理技巧關係到風味好壞：烘烤甜椒時，讓椒皮脫落最好的方法，就是把甜椒放在碗裡用保鮮膜封好然後蒸煮。蒸煮完成後，除了甜椒肉泥，還留下一些汁液，這些汁液要混入肉泥一起調理。

以甜椒肉泥、番茄醬汁、蒜泥、洋蔥、紅酒醋以及新鮮月桂葉製做出甜椒醬後，舀一大杓淋在雞肉上，放進爐中烘烤。讓雞肉以自身的肉汁烘烤，最後搭配烤馬鈴薯塊上桌。這是道美味無比的料理。

我們做的就只是讓風味層次分明。這道料理用到許多調理技巧，包括以鹽水浸泡雞肉、以洋蔥與香草的甜味提升甜椒風味、用埃斯柏萊特辣椒增添些許辣味，並用蒸餾出的甜椒汁增添醬汁的稠度。

鷹嘴豆
辣椒：乾紅辣椒（如：齊波特辣椒）、新鮮青辣椒（如：哈拉佩諾辣椒）

細香蔥
蘋果酒
芫荽葉
肉桂

丁香
椰奶（如：印度料理等）
芫荽
玉米
蔓越莓乾
鮮奶油（如：法式鮮奶油、印度料理等）
法式酸奶油
孜然
穗醋栗
咖哩葉（如：印度料理）
咖哩粉
咖哩醬
白蘿蔔
椰棗
蒔蘿
餃類
茴菜
闊葉茴菜
葫蘆巴
無花果
細香草（像是細葉香芹、細香蔥、荷蘭芹、龍蒿）
泰國魚露
五香粉
高良薑
印度綜合香料（如：印度料理）
蒜頭
薑：生薑、薑粉
金萬利香橙甜酒
葡萄柚汁
葡萄與葡萄汁
綠葉生菜
番石榴
火腿
榛果
海鮮醬
蜂蜜
芥藍
韭蔥
檸檬：檸檬汁、碎檸檬皮
檸檬草
萊姆汁
芒果
楓糖漿
墨角蘭
美乃滋

薄荷
綜合蔬菜高湯
糖蜜
菇蕈類：人工養殖或野生菇蕈類
　　（如：牛肚菇、酒杯蘑菇、羊肚
　　菌、波特貝羅大香菇、香菇、白
　　菇蕈類）
芥末：第戎芥末、芥末粉、黃芥末
芥末籽
肉豆蔻
堅果：腰果、花生
油：菜籽油、葡萄籽油、榛果油、
　　花生油、紅花油、芝麻油、蔬菜
　　油
橄欖油
橄欖：黑橄欖、綠橄欖、卡拉瑪塔
　　橄欖、尼斯橄欖
洋蔥：奇波利尼、珍珠、紅、西班
　　牙、甜洋蔥、青蔥
柳橙：橙汁、碎橙皮
奧勒岡
義大利培根
紅椒
扁葉荷蘭芹（裝飾用）
歐洲防風草塊根
桃子
花生
西洋梨
豌豆：黑眼豆、綠豌豆
胡椒：黑、粉紅、白胡椒
義式青醬
松子
義式玉米餅（佐餐配菜）
石榴與石榴糖漿
罌粟籽
馬鈴薯（佐餐配菜）
義式乾醃火腿
黑李乾
葡萄乾
紅椒粉
米
新鮮迷迭香
番紅花 鼠尾草
鹽：鹽之花、猶太鹽、海鹽
乳酪奶油白醬
香腸（尤以辣味香腸為佳，如：安
　　道爾煙燻香腸）

香薄荷
青蔥
芝麻籽
紅蔥頭
雪莉酒、干雪莉酒（如：曼薩尼亞
　　雪莉酒）
酸奶油
醬油
菠菜
八角
高湯：雞、小牛高湯
糖：黑糖、白糖（一撮）
番薯
塔巴斯科辣椒醬
龍蒿
新鮮百里香
番茄與番茄糊
松露
薑黃
蕪菁
香莢蘭
苦艾酒
醋：巴薩米克香醋、中國烏醋、蘋
　　果酒醋、紅酒醋、雪莉酒醋、龍
　　蒿白酒醋
鬆糕
威士忌
酒：從不甜到微甜的白酒（如：麗
　　絲玲白酒）、干紅酒、米酒、甜
　　酒、苦艾酒

優格

對味組合

雞肉＋安道爾煙燻香腸＋紅豆＋
　　米
雞肉＋蘋果＋芹菜＋核桃
雞肉＋蘆筍＋薑
雞肉＋酪梨＋培根＋蒜頭＋美乃
　　滋＋龍蒿
雞肉＋羅勒＋肉桂
雞肉＋酒杯蘑菇＋迷迭香
雞肉＋丁香＋迷迭香＋優格
雞肉＋椰子＋高良薑＋香菇
雞肉＋芫荽＋孜然＋蒜頭
雞肉＋鮮奶油＋葡萄柚＋紅胡椒
　　粒
雞肉＋鮮奶油＋羊肚菌
雞肉＋孜然＋蒜頭＋檸檬
雞肉＋無花果＋蜂蜜＋百里香＋
　　干白酒
雞肉＋細香草＋菇蕈類＋青蔥
雞肉＋蒜頭＋檸檬
雞肉＋蒜頭＋義大利培根＋鼠尾
　　草＋百里香
雞肉＋芥末＋百里香

鷹嘴豆 Chickpeas
（亦稱 garbanzo）

季節：夏
質性：性涼
料理方式：熬煮

> **主廚私房菜** DISHES
>
> 醃漬檸檬鷹嘴豆泥醬；烘烤紅椒與核桃泥
> ——莫妮卡・波普（Monica Pope），T'AFIA，休斯頓

蘋果酒或蘋果汁
羅勒
月桂葉
燈籠椒（尤以紅燈籠椒為佳）
麵包
無鹽奶油
小豆蔻
胡蘿蔔
卡宴辣椒
費達乳酪
雞肉
辣椒：乾紅、新鮮青辣椒（如：哈
　拉佩諾辣椒）
細香蔥
芫荽葉
肉桂
丁香
芫荽
庫斯庫斯
孜然（尤以烤過的孜然為佳，如：
　印度料理等）
咖哩葉
咖哩粉
小茴香
小茴香籽
印度綜合香料（如：印度料理）
蒜頭
薑
綠葉生菜（如：蒸菜、菠菜）
塞拉諾火腿
鷹嘴豆泥醬（主要成分）
印度料理
義式料理（鷹嘴豆）
韭蔥
檸檬：檸檬汁、碎檸檬皮
醃漬檸檬
檸檬百里香
地中海料理
墨西哥料理
中東料理
薄荷
橄欖油
黑橄欖
洋蔥：紅、黃洋蔥
紅椒（尤以煙燻或甜紅椒為佳）

扁葉荷蘭芹
義式麵食
胡椒：黑、白胡椒
豬肉
馬鈴薯
義式乾醃火腿
葡萄乾
紅椒粉
米（佐餐用，尤以印度香米為佳）
迷迭香
番紅花
鼠尾草
沙拉
猶太鹽
青蔥
芝麻籽
蝦
湯
菠菜
冬南瓜
燉煮料理
高湯：雞、蔬菜高湯
塔博勒沙拉（主要成分）
芝麻醬
羅望子
百里香
番茄
薑黃
醋（尤以巴薩米克香醋、紅酒醋、
　雪莉酒醋為佳）
核桃與核桃油
優格（如：印度料理）

對味組合
鷹嘴豆＋卡宴辣椒＋蒜頭＋檸檬
　汁＋橄欖油＋鹽＋芝麻醬
鷹嘴豆＋芫荽葉＋孜然
鷹嘴豆＋蒜頭＋檸檬汁＋橄欖油
　＋百里香
鷹嘴豆＋蒜頭＋薄荷
鷹嘴豆＋蒜頭＋橄欖油＋荷蘭芹

菊苣 Chicory
（同時參見苣菜；萵苣 — 苦味綠
葉生菜與菊苣；以及紫葉菊苣）
季節：秋 – 春
分量感：中等
風味強度：溫和
料理方式：燒烤、生食

蘋果
培根
續隨子
乳酪（尤以葛黎耶和乳酪或新鮮
　乳酪為佳）
芫荽葉
法式酸奶油
孜然
無花果
煙燻魚
蒜頭
塞拉諾火腿
檸檬
萵苣
風味較濃郁的肉類與禽肉
堅果
橄欖油
煙燻紅椒
荷蘭芹
義式乾醃火腿
沙拉
煙燻鮭魚
水田芥

辣椒 Chile Peppers in General

季節：夏
味道：辣
分量感：輕盈－中等（從新鮮辣椒到乾辣椒）
風味強度：溫和－非常濃烈（從乾辣椒到新鮮辣椒）
料理方式：生食、烘烤、煎炒
小祕訣：烹調最後一步驟才加入。辣椒的辣味其實是種「錯覺」。

亞洲料理
酪梨
香蕉
羅勒
月桂葉
豆類（尤以黑豆、花豆為佳）
肯瓊料理
卡宴辣椒
乳酪：芳汀那、山羊、莫札瑞拉、帕瑪乳酪
中式料理
巧克力
芫荽葉（尤以用於拉丁美洲料理的為佳）
肉桂
椰子與椰奶（尤以用於亞洲料理的為佳）
芫荽
玉米
孜然
咖哩（主要成分）
茄子
小茴香
魚露（尤以用於亞洲料理的為佳）
水果（尤以柑橘類水果為佳）
蒜頭
薑（尤以用於亞洲料理的為佳）
印度料理
番茄醬
拉丁美洲料理
檸檬汁
檸檬草
扁豆
萊姆汁
芒果
墨角蘭
墨西哥料理*
摩爾醬
菇蕈類
芥末
橄欖油
橄欖
洋蔥
奧勒岡
巴基斯坦料理
扁葉荷蘭芹
花生（尤以用於亞洲料理的為佳）
鳳梨
米
迷迭香 番紅花
沙拉（尤以豆類沙拉為佳）
莎莎醬與其他醬汁
海鮮
芝麻與芝麻油（尤以用於亞洲料理的為佳）
紅蔥頭
美國西南部料理
醬油
燉煮料理
甜味蔬菜（如：甜菜、胡蘿蔔、玉米）
泰式料理*
百里香
番茄與番茄醬汁
馬鞭草
醋：巴薩米克、紅酒、雪莉酒醋
優格

對味組合
辣椒＋芫荽葉＋萊姆

辣椒：阿納海椒
Chile Peppers — Anaheim
味道：辣、甜
分量感：中等
風味強度：非常清淡－濃烈

沙拉
莎莎醬
釀肉辣椒

辣椒：安佳
Chile Peppers — Ancho
（乾波布蘭諾辣椒）
味道：辣、甜
分量感：中等
風味強度：清淡－濃烈

腰果
辣椒
醬汁（尤以摩爾醬為佳）
湯
火雞

辣椒：齊波特
Chile Peppers — Chipotle
（乾燻哈拉佩諾辣椒）
味道：極辣、嗆辣
分量感：中等
風味強度：溫和－非常濃烈

酪梨
豆類
中美洲料理
雞肉
辣椒
巧克力
芫荽葉
野味
蒜頭
檸檬汁
萊姆汁
美乃滋
墨西哥料理
糖蜜
橄欖油
洋蔥

我為義式奶酪做了一道又紅又辣的蘋果凍膠當作裝飾，就是在蘋果酒中加入肉桂與**哈拉佩諾辣椒**，最後嘗起來就像是紅色的辣糖果。我喜歡在醃醬中使用新鮮哈拉佩諾辣椒，或是在起鍋前加入埃斯柏萊特辣椒來收尾。我也很喜歡用齊波特辣椒搭配巧克力冰淇淋。
——麥克・萊斯寇尼思（Michael Laiskonis），LE BERNARDIN，紐約市

橙汁
紅椒
豬肉
米
莎莎醬與醬汁
鹽（尤以猶太鹽為佳）
湯
燉煮料理
糖
美式墨西哥料理
番茄
白醋

辣椒：瓜吉羅
Chile Peppers — Guajillo
味道：辣
分量感：中等
風味強度：溫和－濃烈

蛋
豆薯
萊姆
豬肉
醬汁
湯
燉煮料理
番茄

辣椒：哈巴內羅
Chile Peppers — Habanero
味道：極辣、甜
分量感：中等
風味強度：極度濃烈

魚（如：笛鯛）
檸檬汁
洋蔥
豬肉

莎莎醬與醬汁
糖

辣椒：哈拉佩諾 Jalapeno
味道：極辣
分量感：中等
風味強度：極濃烈

乳酪
肉桂
檸檬汁
橄欖油
白洋蔥
莎莎醬與醬汁
海鹽
湯

辣椒：帕西里亞乾辣椒
Chile Peppers — Pasilla
（乾奇拉卡斯辣椒）
味道：辣
分量感：中等
風味強度：清淡－濃烈

摩爾醬
醬汁

辣椒：埃斯珀萊特
Chile Peppers — Piments
d'Espelette
味道：辣
分量感：中等
風味強度：清淡－溫和

法國或西班牙乳酪
法國巴斯克區料理
橄欖油
西班牙巴斯克區料理

辣椒：波布蘭諾
Chile Peppers — Poblano
味道：辣
分量感：中等
風味強度：清淡－溫和

齊波特辣椒
墨西哥香炸辣椒捲
芫荽葉
玉米
蒜頭
洋蔥
沙拉
莎莎醬
番茄
烤蔬菜

辣椒：塞拉諾 Chile Peppers
— Serrano
味道：極辣
分量感：中等
風味強度：極度濃烈

血腥瑪麗
辣椒粉
芫荽葉
芫荽
孜然
蒜頭
糖蜜
蔬菜油
橄欖油
黃洋蔥
橙汁
莎莎醬
雞高湯
白醋

智利料理 Chilean Cuisine
（同時參見拉丁美洲料理）
辣椒
玉米
孜然
蒜頭
肉類
橄欖
奧勒岡
紅椒

黑胡椒
葡萄乾

辣椒醬 Chili Paste
味道：辣
分量感：中等－厚實
風味強度：濃烈

亞洲料理
牛肉
滷汁醃醬
豬肉
醬汁

辣椒粉 Chili Powder
味道：辣
分量感：輕盈
風味強度：清淡－濃烈

孜然
塔巴斯科辣椒醬
龍舌蘭酒

中式料理 Chinese Cuisine
（同時參見四川料理）
料理方式：煎炸、快炒

甘藍菜
雞肉
辣椒
肉桂
鴨
魚
蒜頭
薑
海鮮醬
花生
豬肉
米
青蔥
海鮮
芝麻：芝麻油、芝麻籽
蝦：新鮮蝦、蝦米
雪豆
醬油
八角

> ## CHEF'S TALK
>
> **中式料理**的「紅燒」，就是用八角、醬油、肉桂以及冰糖燉煮食材。我的鵝肝牛尾肉派（timbale）中，牛尾就是用這種方式調理的。湯汁濾掉雜質後，可以結成凍將所有食材結合在一起。鵝肝分開調理，製成鵝肝醬凍。這道料理最後搭配薑漬蔬菜上桌。這不能算是中式料理，因為中國餐館不會供應這道菜，但它卻有中菜的架勢。過濾高湯是典型的法式調理概念，而鵝肝這項食材更是一點也不中式。不過中式料理中倒是可以看到一些薑漬蔬菜，它們會切成完美的小丁作為開胃小菜。
> ——大衛·沃塔克（David Waltuck），CHANTERELLE，紐約市

蒸煮
雞高湯
糖
豆腐
蔬菜
米酒醋
小麥（尤以用來製作中國北方麵食的小麥為佳，如：麵條）
米酒

對味組合
甘藍菜＋雞高湯
蒜頭＋薑＋豬肉
薑＋米酒＋醬油
醬油＋糖

細香蔥 Chives
季節：春－秋
同屬性植物：蒜頭、韭蔥、洋蔥、紅蔥頭
分量感：輕盈、軟葉
風味強度：清淡－溫和
小祕訣：新鮮入菜無需烹調。一般用於快炒時。

酪梨
羅勒
四季豆
奶油
乳酪（尤以巧達、瑞可達乳酪與乳酪醬為佳）
細葉香芹
雞肉
中式料理
芫荽葉
鮮奶油與奶油醬汁

> **CHEF'S TALK**
>
> 沒有洋蔥類食材是很難做菜的，像細香蔥就是讓菜餚入味的微妙方法。無論是湯或醬汁，都很適合放些細香蔥。在盤子邊灑上一些細香蔥油，不但風味迷人，菜餚也增色不少。
> ──大衛・沃塔克（David Waltuck），CHANTERELLE，紐約市

奶油乳酪
法式酸奶油
蒔蘿
蛋、蛋類料理與蛋捲
小茴香
細香草（與細葉香芹、荷蘭芹、龍蒿同為細香草成份）
魚
蒜頭
其他大部分的香草
墨角蘭
洋蔥（尤以青蔥為佳）
紅椒
荷蘭芹
義式麵食
豬肉
馬鈴薯
沙拉與沙拉醬汁
醬汁（尤以乳酪與奶油基底的醬汁為佳）
貝蝦蟹類
煙燻鮭魚
真鰈
酸模

湯（尤以奶油為基底的濃湯與冷湯為佳，如：馬鈴薯奶油冷湯）
酸奶油
龍蒿
百里香
蔬菜與根莖類蔬菜
油醋醬
節瓜

巧克力 / 可可
Chocolate / Cocoa
味道：苦－甜（視含糖分含量多寡而定）

紅木籽
多香果
杏仁
洋茴香籽
杏桃
阿瑪涅克白蘭地
香蕉
羅勒
飲料
野豬肉

> **CHEF'S TALK**
>
> 我有道巧克力玉米甜點，是以巧克力甘納許（ganache）加上三種不同質地的甜玉米食材調製而成：玉米脆片、榛果玉米雪酪以及玉米瓦片餅。這道甜點的創作靈感來自冷凍乾燥玉米。完整的玉米粒擁有鮮明的甜味。玉米的歷史可回溯到阿茲特克時代，而阿茲特克族就是個熱愛**巧克力**的民族，所以當有人問我：「你的靈感是從那兒來的？」我就覺得好笑，這還用問嗎。這道甜點先以一層牛奶巧克力榛果胡桃糖糊鋪底，然後放入玉米，再放一些壓碎的威化餅讓甜點具有奇巧巧克力棒的口感；餅乾碎片上方再鋪一些奶油巧克力甘納許，然後再鋪一層巧克力。為了讓風味有些變化，我會搭配埃斯柏萊特辣椒以增添一點辣度，並撒上威爾斯出產的煙燻鹽。這道甜點的重點就是巧克力與玉米的相互作用。埃斯柏萊特辣椒所帶來的熱度，則讓我聯想到烤玉米莎莎醬。這道料理正是對靈感來源致敬。
> ──麥克・萊斯寇尼思（Michael Laiskonis），LE BERNARDIN，紐約市
>
> 無論哪樣水果或堅果，在**巧克力**的搭配下風味都會提升。
> ──米契爾・理查（Michael Richard），CITRONELLE，華盛頓特區
>
> 我喜歡用**巧克力**來搭配水果或堅果，或同時搭配兩者。這個世界上我最愛的糖果棒就是吉百利水果堅果巧克力棒。我的菜單有道以巧克力、榛果與柳橙調製而成的甜點，其實就是一根吉百利水果堅果巧克力棒！
> ──吉娜・德帕爾馬（Gina DePalma），BABBO，紐約市

波本酒
白蘭地
奶油麵包或猶太白麵包
無鹽奶油
奶油糖果
焦糖（尤以搭配黑巧克力為佳）
小豆蔻
腰果
瑞可達乳酪
櫻桃：普通櫻桃、酸櫻桃、櫻桃乾
雞肉
辣椒
辣椒粉
白巧克力
肉桂
丁香
可可粉
椰子
咖啡／義式濃縮咖啡 *（尤以搭配
　黑巧克力為佳）

干邑白蘭地
君度橙酒
無色玉米糖漿
鮮奶油

奶油乳酪
英式奶油醬
法式酸奶油
脆皮點心：酥皮、派

> **CHEF'S TALK**
>
> 要料理**巧克力**，最佳建議就是越簡單越好！所謂簡單，就是用兩種材料就夠了：高脂鮮奶油與巧克力碎塊。鮮奶油煮開後，緩緩倒在巧克力上，就成了一道甘納許了。附上一根湯匙，熱騰騰地就可上桌。還有比這更好的方法嗎？在我的新書中，特別推薦一道「黑巧克力杯」的食譜，其實就把甘納許倒入杯中。再拿塊餅乾，好好享受一番吧！如果你想在巧克力中放些水果，無花果、西洋梨、鳳梨這類的水果乾都很適合。總是有人問我，情人節該怎樣讓情人驚喜，2月的新鮮草莓就是很棒的選擇。先做個熱騰騰的甘納許，再放入幾顆草莓就完成了。新鮮葡萄與巧克力也很對味。把新鮮水果浸入融化的巧克力，快速取出後置於冷凍室，待冰凍後再裝於盒中冷藏。這樣一來，你就有小點心可以隨時享受了。不過要注意的是，這些巧克力可不是M&Ms巧克力，是「會融你手」的喔！
>
> ——馬賽爾・德索尼珥（Marcel Desaulniers），THE TRELLIS，維吉尼亞州威廉斯堡

穗醋栗
卡士達
椰棗
甜點
鴨
埃斯珀萊特辣椒
無花果乾
水果：水果乾、新鮮水果
野味（如：兔肉、鹿肉）
野禽類
薑
全麥餅乾
金萬利香橙甜酒
榛果
蜂蜜
櫻桃
白蘭地
薰衣草
檸檬
香甜酒：漿果香甜酒、咖啡香甜
　　酒（如：卡路亞咖啡酒）、堅果
　　香甜酒（如：義大利富蘭葛利
　　榛果香甜酒）、柳橙香甜酒
夏威夷豆
麥芽（麥芽牛奶）
楓糖漿
棉花糖
馬士卡彭乳酪
肉類
墨西哥料理（如：摩爾醬）
牛奶
薄荷
肉豆蔻（尤以撒在熱巧克力上的
　　肉豆蔻為佳）
堅果
燕麥
柳橙：橙汁、碎橙皮
橙花水
百香果
花生 / 花生醬
西洋梨
美洲山核桃
胡椒：黑、紅胡椒（一撮）
禽肉
胡桃糖
黑李乾
葡萄乾

覆盆子（尤以搭配牛奶巧克力為
　　佳）
西式米香
蘭姆酒：蘭姆酒、無色蘭姆酒
鹽
醬汁：香薄荷醬（如：摩爾醬）、
　　甜味醬汁（如：巧克力）
酸奶油

草莓
糖：黑糖、糖粉、白糖
茶（尤以綠茶或伯爵茶為佳）
火雞
香莢蘭
高甜度葡萄酒
核桃

CHEF'S TALK

我們正處於一股**巧克力**的熱潮當中，而一般大眾也幾乎都知道72%與66%可可含量的巧克力有何差別。巧克力精品店現在也開始推出各種級別、種類以及年分的巧克力。我喜歡這樣的趨勢，不過老實說，巧克力一旦加入太多糖與鮮奶油，這些細微差別就不見了。
——麥克・萊斯寇尼思（Michael Laiskonis），LE BERNARDIN，紐約市

人們總是問我，為什麼我的巧克力是「苦甜參半」（bittersweet）而不是「半糖」（semisweet）。重點在於「鹽」。半糖**巧克力**加了鹽就會出現苦味，成為苦甜參半的巧克力。半糖巧克力的風味對我而言有點單調，牛奶巧克力也一樣。現在市面上有夏芬柏格（Scharffen Berger）及艾爾瑞（El Rey）兩種品牌的巧克力，這兩家巧克力味道非常非常棒，無論是風味或口感餘韻都很好。如果你想調製一道迷死人不償命的巧克力甜點，千萬別用牛奶巧克力。
我寫的甜點菜單，一定會有兩道巧克力甜點，其中一道就是會迷死人的巧克力，而另一道則是口味清爽些的選擇，像是香蕉巧克力。如果甜點菜單上沒有一些風味濃烈的巧克力甜點，巧克力迷會極度不開心。香蕉舒芙蕾淋上巧克力算不上是一道巧克力甜點。在製作迷人的巧克力甜點時必須非常小心，不能只是把各種巧克力混在一起，必須調和所有的風味，這樣味道才不會太膩。咖啡與焦糖能平衡巧克力的風味，因為它們不但與巧克力很對味，還能增強巧克力的風味。
製作甜點時，我喜歡混合黑巧克力與白巧克力，或是牛奶巧克力與黑巧克力，這樣可以平衡風味，並去除過重的巧克力味。這聽起來很瘋狂，但兩種巧克力的風味的確能互相調和。
我不愛在甜點中使用香草，但巧克力甜點例外。我喜歡巧克力與薄荷的組合。
——艾蜜莉・盧契提（Emily Luchetti），FARALLON，舊金山

我不是個熱愛甜食的人，不過卻喜愛各種**巧克力**，從黑到白無所不包。每一種巧克力都不同。我喜歡黑巧克力的清新和苦味。小時候我喜歡牛奶巧克力配麵包。至於白巧克力就得小心選擇了，因為不是所有的白巧克力都品質良好。白巧克力適合用來製作慕斯，因為風味較溫和也不那麼強勢。相對於白巧克力，黑巧克力一直是個可以變換花樣的甜點主角兒。
——加柏利兒・克魯德（Gabriel Kreuther），THE MODERN，紐約市

黑**巧克力**與咖啡或焦糖都極為搭配，但若只能選一種，我會選擇焦糖！儘管巧克力與焦糖的風味都強烈，但它們配在一起就是很對味。
——艾蜜莉・盧契提（Emily Luchetti），FARALLON，舊金山

對味組合

巧克力＋杏仁＋肉桂＋糖
巧克力＋杏仁＋鮮奶油
巧克力＋香蕉＋奶油糖果＋夏威夷豆
巧克力＋香蕉＋焦糖＋鮮奶油＋香莢蘭
巧克力＋奶油糖果＋焦糖＋咖啡
巧克力＋焦糖＋咖啡＋麥芽
巧克力＋焦糖＋咖啡＋胡桃糖
巧克力＋焦糖＋鮮奶油＋榛果＋香莢蘭
巧克力＋櫻桃＋薄荷

巧克力＋肉桂＋辣椒＋堅果＋各種種籽
巧克力＋咖啡＋榛果
巧克力＋咖啡＋核桃
巧克力＋鮮奶油＋覆盆子
巧克力＋卡士達＋開心果
巧克力＋薑＋柳橙
巧克力＋全麥餅乾＋棉花糖
巧克力＋榛果＋柳橙
巧克力＋薰衣草＋香莢蘭
巧克力＋蘭姆酒＋香莢蘭

主廚私房菜 | DISHES

熱法芙娜（valrhona）巧克力舒芙蕾＋佛蒙特楓糖冰淇淋＋香莢蘭冰淇淋＋巧克力雪酪
——大衛・柏利（David Bouley），BOULEY，紐約市

奧地利巧克力榛果舒芙蕾，搭配義式燉洋李、巴薩米克香醋焦糖冰淇淋
——大衛・柏利（David Bouley），DANUBE，紐約市

巧克力榛果蛋糕，搭配柳橙醬汁與榛果義式冰淇淋
——吉娜・德帕爾馬（Gina DePalma），糕點主廚，BABBO，紐約市

巧克力杏仁塔，搭配覆盆子
——吉姆・道奇（Jim Dodge），於2005年詹姆士比爾德獎的慶功宴

巧克力榛果炸春捲，搭配薄荷與芒果沙拉
——多明尼克和欣迪杜比（Dominique and Cindy Duby），WILD SWEETS，溫哥華

牛奶巧克力和柳橙凍糕，搭配蒸蛋白霜以及橙色和黑色的松露褐化奶油醬
——多明尼克和欣迪杜比（Dominique and Cindy Duby），WILD SWEETS，溫哥華

巧克力榛果慕斯＋柳橙奶雪酪（sherbet）＋豆蔻味柳橙
——蓋爾・甘德（Gale Gand），糕點主廚，TRU，芝加哥

波特酒巧克力冰糕（semifreddo），搭配波特酒巧克力醬、黑巧克力海綿蛋糕，以及肉桂柳橙松露巧克力
——蓋爾・甘德（Gale Gand），糕點主廚，TRU，芝加哥

焦糖腰果黑巧克力塔，搭配濃縮紅酒醬、香蕉，以及麥芽藍姆牛奶巧克力冰淇淋
——麥克・萊斯寇尼思（Michael Laiskonis），糕點主廚，LE BERNARDIN，紐約市

無麵粉巧克力蛋糕，搭配黑巧克力甘納許、烤麵包、馬爾頓天然海鹽，以及特級初榨橄欖油
——麥克・萊斯寇尼思（Michael Laiskonis），糕點主廚，LE BERNARDIN，紐約市

熱艾爾瑞巧克力布丁蛋糕，搭配鹹味花生冰淇淋以及花生脆糖餅（peanut brittle）
——艾蜜莉・盧契提（Emily Luchetti），糕點主廚，FARALLON，舊金山

鮮奶油法式苦甜巧克力布丁盅，搭配咖啡焦糖鮮奶油、奶油硬糖以及巧克力太妃糖
——艾蜜莉・盧契提（Emily Luchetti），糕點主廚，FARALLON，舊金山

花生巧克力奶油焦糖布丁，搭配史特勞斯家族農場的冰牛奶
——艾利・尼爾森（Ellie Nelson），糕點主廚，JARDINIÈRE，舊金山

招牌馬郁蘭蛋糕：經典巧克力榛果蛋白霜千層蛋糕，搭配覆盆子
——派翠克・歐康乃爾（Patrick O'Connell），THE INN AT LITTLE WASHINGTON，維吉尼亞州華盛頓市

最受歡迎的招牌蛋糕：爆漿巧克力蛋糕，搭配烘烤香蕉冰淇淋
——派翠克・歐康乃爾（Patrick O'Connell），THE INN AT LITTLE WASHINGTON，維吉尼亞州華盛頓市

巧克力比司吉舒芙蕾，搭配黑巧克力慕斯以及牛奶巧克力薑汁凍糕
——法蘭西斯科・帕亞德（François Payard），PAYARD PATISSERIE AND BISTRO，紐約市

牛奶巧克力慕斯＋柚子柳橙鮮奶油＋沙哈蛋糕
——法蘭西斯科・帕亞德（François Payard），PAYARD PATISSERIE AND BISTRO，紐約市

甜點三重奏：鮮奶油巧克力乳酪布丁淋上木槿焦糖、巧克力麵包布丁淋上熱咖啡牛奶醬、馬亞地中海式巧克力米布丁撒上肉桂可可粉
——馬里雪兒・普拉（Maricel Presilla），ZAFRA，紐澤西州霍博肯市

巧克力三重奏：黑巧克力、白巧克力與榛果蓉巧克力慕斯，搭配義式濃縮咖啡醬
——希蕊・拉圖拉（Thierry Rautureau）Thierry Rautureau，ROVER'S，西雅圖

黑巧克力－哈拉佩諾辣椒冰淇淋聖代
——亞諾斯・懷德（Janos Wilder），JANOS，圖森

白巧克力 Chocolate, White

杏仁
杏桃
香蕉
羅勒
漿果：黑莓、藍莓、蔓越莓
焦糖
腰果
法國穗醋栗甜露酒
櫻桃
巧克力（尤以黑巧克力為佳）
柑橘類
椰子
鮮奶油
椰棗
無花果
薑
葡萄
榛果
檸檬：檸檬汁、碎檸檬皮
萊姆
香甜酒：漿果香甜酒、可可香甜
　　酒
夏威夷豆
芒果
薄荷
柳橙
木瓜
百香果
柿子
開心果
石榴
黑李乾
覆盆子*
蘭姆酒
草莓
糖
番薯
香莢蘭
優格

對味組合

白巧克力＋羅勒＋草莓
白巧克力＋鮮奶油＋檸檬＋柳橙
白巧克力＋黑巧克力＋開心果
白巧克力＋薑＋開心果＋米

我用**黑可可**來製作蛋糕，黑可可讓蛋糕帶有巧克力的苦味，然後蛋糕中間填入牛奶巧克力鮮奶油。許多人並不了解可可為巧克力帶來多美妙的風味。它帶來苦味與強烈的風味，又不會增添濃郁度。這就是它的價值所在，因為許多巧克力甜點都過於甜膩。我經常將巧克力融化後與可可混合，製作巧克力冰淇淋。
——艾蜜莉・盧契提（Emily Luchetti），FARALLON，舊金山

我有一道法式**牛奶巧克力**布丁盅，上頭點綴著焦糖沫、楓糖漿以及馬爾頓天然海鹽，然後全部盛裝在空蛋殼內。這象徵了某些食材經由某種方式合而為一之後，呈現的效果會遠大於個別食材風味的加總。維繫整道甜點風味的關鍵在於馬爾頓天然海鹽。這樣的組合提升了所有食材的風味。

從巧克力開始，下一步理所當然就是焦糖了。而在確定選用馬爾頓天然海鹽之前，我曾試過鹽之花、夏威夷紅海鹽以及各種不同的鹽。在甜點中，糖是用來調味的，我喜歡這個概念，因為如此一來，糖就不是甜點的必備食材。我也喜愛食材本身的天然甜味，例如楓糖帶來的豐富滋味就遠超過甜味。在我摸索出這樣的組合之後，就再也沒變過了。
——麥克・萊斯寇尼思（Michael Laiskonis），LE BERNARDIN，紐約市

烤杏桃，搭配白巧克力奶醬以及蔓越莓米布丁
——多明尼克和欣迪杜比（Dominique and Cindy Duby），WILD SWEETS，溫哥華

白巧克力牛奶米布丁，搭配開心果醬
——多明尼克和欣迪杜比（Dominique and Cindy Duby），WILD SWEETS，溫哥華

法芙娜與艾爾瑞這兩種巧克力都很棒。選用**白巧克力**時，必須選擇潤滑的白巧克力。白巧克力沒有黑巧克力特有的酸味。以白巧克力製做的甜點，會是道軟嫩滑潤的甜點。我並不喜歡以覆盆子搭配黑巧克力，不過我認為大部分的廚師不會這麼想的。我不喜歡這種組合的原因是，當你咬下帶有漿果的巧克力時，兩種食材的酸味無法調合在一起，而兩種酸味又過於相似，所以感覺上不是在品嚐一道甜點，而像兩種不同的甜點在你口中碰撞。即使是發泡鮮奶油也無法調和它們的風味。但如果選用白巧克力，它的軟滑香醇就與漿果比較搭。白巧克力能與漿果互補，並帶出漿果的滋味。柑橘類，特別是柳橙類的所有水果，也都能與白巧克力完美搭配。而像杏仁之類的堅果與白巧克力也很對味。還有各式香料也是如此。
——艾蜜莉・盧契提（Emily Luchetti），FARALLON，舊金山

西班牙辣香腸 Chorizo
（同時參見香腸）

味道：鹹、辣
分量感：中等－厚實
風味強度：溫和－濃烈
料理方式：煎炒、燉煮

蘋果
月桂葉
豆類
烤過的燈籠椒
雞肉
辣椒
蛤蜊
蒜頭
發酵蘋果酒
香草
芥藍
鮟鱇魚
橄欖油
洋蔥
紅椒
馬鈴薯
紅椒粉
西班牙料理
燉煮料理
雞高湯
番薯
百里香

番茄

避免
魚肉細緻的魚（如：大比目魚、扇貝）
富含油脂的魚（如：沙丁魚）

對味組合
西班牙辣香腸＋蛤蜊清湯＋香草＋鮟鱇魚

聖誕食物 Christmas
烘焙食物（尤以餅乾為佳）
肉桂
丁香
蛋酒
水果蛋糕
薑
胡椒
薄荷

芫荽葉 Cilantro
季節：春－夏
味道：甜、酸
分量感：輕盈、軟葉
風味強度：濃烈
小祕訣：新鮮入菜無需烹煮，或者若真有必要，也必須在起鍋前才加入。辣味菜餚中可加入

芫荽葉以平衡辣椒的味道。

亞洲料理
酪梨
羅勒
豆類
燈籠椒
野豬肉
燜燒菜餚
奶油
小豆蔻
加勒比海料理
胡蘿蔔
雞肉
辣椒
細香蔥
印度甜酸醬
椰子與椰奶（如：印度料理中的椰子與椰奶）
玉米
鮮奶油與冰淇淋
黃瓜
孜然
咖哩（尤以印度咖哩為佳）
蒔蘿
蘸醬
無花果
白肉魚（如：鱈魚、大比目魚）
印度綜合香料（如：印度料理）
蒜頭
薑
綠葉生菜
印度料理
羊肉
拉丁美洲料理
豆類
檸檬汁
檸檬草
檸檬馬鞭草
扁豆
萊姆汁
美乃滋
肉類（尤以白肉為佳）
地中海料理
墨西哥料理
中東料理
薄荷（如：印度料理）

CHEF'S TALK

我去了一趟西班牙之後，創造出一道**西班牙辣香腸**湯來搭配鮟鱇魚。我熱愛西班牙辣香腸具有的紅椒風味與豬肉的油潤感，所以想盡辦法以這種乾香腸來調製醬汁。首先將香腸置入鍋中加熱一段很長的時間，此時香腸泌出的油脂味道並不怎麼吸引人。不過，以這些油脂來乳化香草蛤蜊高湯之後，就成了一道滑潤香醇的醬汁了。這醬汁一點也不油膩，還帶點嗆味。我用它來搭配鮟鱇魚，因為這是種肉質豐厚的魚類，很能承受香料與強烈的風味，因此風味不會受到西班牙辣香腸的破壞。

——艾略克・瑞普特（Eric Ripert），LE BERNARDIN，紐約市

主廚私房菜 DISHES

烤煎鮟鱇魚搭配油漬甜椒與香辣馬鈴薯塊，並佐以西班牙辣香腸－阿爾巴尼亞濃醬

——艾略克・瑞普特（Eric Ripert），LE BERNARDIN，紐約市

CHEF'S TALK

我喜歡小茴香籽與芫荽葉組合成的分量感，非常適合搭配無花果。
——麥克·萊斯寇尼思（Michael Laiskonis），LE BERNARDIN，紐約市

雖然芫荽葉不是很有歐洲風味的食材，但我真的很喜歡以芫荽葉入菜，因為它有檸檬香與花香。烘烤雞肉時，我會在雞肉中填入芫荽的莖（不是葉子），這樣能提升菜餚的整體風味。芫荽莖也很適合用於西班牙風味的燉菜料理，因為它能凸顯此料理中西班牙辣香腸、鷹嘴豆、牛尾或牛肚等食材所釋放出的深度風味。
——湯尼·劉（Tony Liu），AUGUST，紐約市

不管喜不喜歡，我在許多料理中都會用到芫荽葉！我喜愛它的柑橘風味。芫荽葉的風味持久；我們用它做成芫荽葉油或是搗成泥。芫荽葉和白肉很搭，我甚至用它來搭配胸腹隔肌牛排及野豬肉。我也喜歡芫荽葉與椰奶的組合。
——布萊德·法爾米利（Brad Farmerie），PUBLIC，紐約市

北非料理
紅洋蔥
橙汁
荷蘭芹
豬肉
葡萄牙料理
馬鈴薯
米（尤以印度米為佳）
沙拉（尤以亞洲沙拉為佳）
莎莎醬
醬汁
青蔥
貝蝦蟹類
湯
東南亞料理
醬油
燉煮料理
快炒菜餚
羅望子
美式墨西哥料理
泰式料理
番茄
蔬菜（尤以根莖類蔬菜為佳）
越南料理
油醋醬（尤以紅酒油醋醬為佳）
紅酒醋
優格

避免
日式料理（某些日式料理）

對味組合
芫荽葉＋辣椒＋椰奶
芫荽葉＋蒔蘿＋薄荷
芫荽葉＋蒜頭＋薑

肉桂 Cinnamon
季節：秋－冬
味道：甜、苦、辣
質性：性熱
分量感：輕盈－中等
風味強度：濃烈
小祕訣：烹調初期即加入

多香果
蘋果：蘋果酒、蘋果果實、蘋果汁
杏桃
烘焙菜餚與烘焙食物
香蕉
牛肉（尤以燜燒、燉煮或生食的
　牛肉為佳）
燈籠椒
漿果
飲料（尤以熱飲為佳）
藍莓

甜麵包（如：薑汁餅乾）
早餐／早午餐
奶油
焦糖
卡巴杜斯蘋果酒
小豆蔻
櫻桃
雞肉
辣椒
辣椒粉
中式料理
巧克力／可可
印度甜酸醬丁香
咖啡／義式濃縮咖啡
丁香（可共用的香料）
餅乾
芫荽
庫斯庫斯
鮮奶油與冰淇淋
奶油乳酪
孜然
咖哩（尤以印度咖哩為佳）
卡士達
甜點
茄子
小茴香
五香粉（主要成分）
法國吐司
水果：糖煮水果、水果甜點
野禽類
印度綜合香料（主要成分）
蒜頭
薑
節日大餐的調理
蜂蜜
印度料理
印尼料理
羊肉（尤以燜燒的羊肉為佳）
檸檬汁
豆蔻皮粉

CHEF'S TALK

西貢**肉桂**會是你嘗過最美妙的一種肉桂，這也就是我使用的肉桂。這種肉桂是樹皮狀（而非棒狀），就像是那種用來做紅色辣糖果的肉桂。我將這種肉桂用於甘納許中。
——強尼·尤西尼（Johnny Iuzzini），JEAN GEORGES，紐約市

麥芽
楓糖漿
肉類
地中海料理
墨西哥料理
中東料理
摩爾醬
摩洛哥料理
肉豆蔻
堅果
洋蔥
柳橙：橙汁、碎橙皮
鬆糕.
酥皮
西洋梨
美洲山核桃
派
洋李
豬肉
禽肉
南瓜
鵪鶉
法式綜合香料（主要成分）
葡萄乾
摩洛哥綜合香料（主要成分）
米
番紅花
醬汁（如：烤肉醬）
南美洲料理
東南亞料理（像是桂皮）
西班牙料理
小南瓜（尤以冬南瓜為佳）
八角
燉煮料理
高湯與清湯
糖：黑糖、白糖
摩洛哥燉煮料理
羅望子
茶
番茄
薑黃
香莢蘭
小牛肉
蔬菜（尤以甜味蔬菜為佳）
比利時鬆餅
核桃

紅酒（尤以加糖、香料的熱飲酒為佳）
優格
節瓜

對味組合
肉桂＋杏仁＋葡萄乾
肉桂＋小豆蔻＋丁香＋芫荽＋黑胡椒（印度綜合香料）
肉桂＋小豆蔻＋米
肉桂＋丁香＋豆蔻皮粉＋肉豆蔻

主廚私房菜 ｜ DISHES

檸檬草雪酪，搭配葡萄柚乾、脆橘乾和萊姆凝乳
——強尼‧尤西尼（Johnny Iuzzini），糕點主廚，JEAN GEORGES，紐約市

CHEF'S TALK

柳橙是**柑橘類**水果中的女主角，它能為菜餚帶來一種鮮明的柑橘的風味。檸檬與萊姆則是柑橘類水果中的男主角，風味非常強烈，要小心使用！
——米契爾‧理查（Michel Richard），CITRONELLE，華盛頓特區

我喜愛以糖漬的**柑橘類**水果調理鹹味菜餚，我也很喜歡糖漬金桔、柳橙或檸檬。它們和甜的或鹹的料理都非常搭配，而和軟質無灰山羊乳酪這類乳酪的風味，更是搭配得天衣無縫。
——凱莉‧納哈貝迪恩（Carrie Nahabedian），NAHA，芝加哥

柑橘類 Citrus
（同時參見檸檬、萊姆、柳橙等）
季節：冬
味道：酸
分量感：輕盈－中等
風味強度：適度－濃烈

魚
希臘料理
檸檬草
地中海料理
沙拉：綠葉蔬菜沙拉、水果沙拉
貝蝦蟹類

蛤蜊 Clams
季節：夏
味道：鹹
分量感：輕盈
風味強度：清淡－溫和
料理方式：烘焙、炙烤、油炸、燒烤、烘烤、煎炒、蒸煮、燉煮

蒜味美乃滋
多香果

鯷魚
朝鮮薊
蘆筍
培根
羅勒
月桂葉
白豆
燈籠椒（尤以紅燈籠椒為佳）
麵包（尤以法國麵包為佳）
麵包粉
無鹽奶油
甘藍菜（尤以大白菜為佳）
續隨子
胡蘿蔔
白花椰菜
魚子醬
卡宴辣椒
芹菜
細葉香芹
辣椒（尤以乾辣椒與紅椒為佳，如：哈巴內羅、哈拉佩諾辣椒）
辣椒粉
細香蔥
西班牙辣香腸

芫荽葉
蛤蜊
果汁
雞尾酒醬（綜合醬）
鱈魚
玉米
鮮奶油
孜然
小茴香
豆豉
魚（尤以條紋鱸魚為佳）
蒜頭
生薑
銀杏
塞拉諾火腿
玉米碎粒
山葵
義式料理
日式料理
韓式料理
韭蔥
檸檬汁
檸檬草
萊姆汁
墨角蘭
地中海料理
牛奶
薄荷（尤以綠薄荷為佳）
綜合蔬菜高湯
菇蕈類
貽貝
芥菜
新英格蘭料理
蔬菜油
橄欖油
洋蔥（尤以紅洋蔥或西班牙洋蔥

為佳）
奧勒岡
牡蠣
義大利培根
扁葉荷蘭芹
義式麵食
胡椒：黑、白胡椒
保樂酒
豬肉
馬鈴薯（尤以愛達荷州馬鈴薯、
紅馬鈴薯為佳）
義式乾醃火腿
紅椒粉
米（尤以義大利圓米或西班牙圓
米為佳）
羅曼斯科醬
迷迭香
番紅花
日本清酒
猶太鹽
香腸（尤以辣味香腸為佳，如：西
班牙辣香腸）
青蔥
扇貝（味道相容的海鮮）
紅蔥頭
雪莉酒、干雪莉酒（如：極品雪莉
酒）
紫蘇葉
蝦（味道相容的海鮮）
醬油
菠菜
墨魚（味道相容的海鮮）
高湯：雞、蛤蜊、魚高湯
塔巴斯科辣椒醬
普羅旺斯橄欖醬
龍蒿

泰式羅勒
百里香
番茄（尤以牛番茄、烤番茄、番茄
醬汁為佳）
苦艾酒
干白酒（如：香檳酒、灰皮諾酒、
托卡伊弗拉諾白酒、蘇維翁白
酒）
柚子汁

對味組合

蛤蜊＋蒜味美乃滋＋續隨子＋龍
蒿
蛤蜊＋培根＋檸檬＋青蔥
蛤蜊＋羅勒＋蒜頭＋番茄
蛤蜊＋奶油＋檸檬＋紅蔥頭
蛤蜊＋鮮奶油＋咖哩＋小茴香
蛤蜊＋蒜頭＋貽貝＋洋蔥＋百里
香＋白酒
蛤蜊＋牡蠣＋馬鈴薯＋百里香

丁香 Cloves

味道：甜、澀
質性：性熱
分量感：中等
風味強度：濃烈
料理方式：烹調初期即加入

多香果 杏仁
蘋果：蘋果酒、蘋果果實、蘋果汁
烘焙食物（如：麵包、蛋糕、酥皮、
派）
月桂葉
牛肉
甜菜
飲料
印度波亞尼肉飯
甘藍菜（尤以紅葉甘藍菜為佳）
小豆蔻
胡蘿蔔
雞肉
辣椒
中式料理
巧克力
熱蘋果酒（也就是加糖、香料的
熱飲酒）
肉桂

主廚私房菜 DISHES

義大利細扁麵，搭配蛤蜊、義大利培根以及辣椒
——馬利歐·巴達利（Mario Batali），BABBO，紐約市

蛤蜊巧達濃湯，搭配煙燻培根
——麗蓓佳·查爾斯（Rebecca Charles），PEARL OYSTER BAR，紐約市

新式新英格蘭蛤蜊巧達濃湯，搭配培根奶油醬、洋蔥醬以及細香蔥油
——福島克也（Katsuya Fukushima），CAFÉ ATLÁNTICO / MINIBAR，華盛頓特區

燜燒馬尼拉蛤蜊、義大利香腸以及白豆
——瑞克·特拉滿都（Rick Tramonto），TRU，芝加哥

餅乾
芫荽
孜然
咖哩（如：亞洲風味咖哩、印度咖哩）
甜點
鴨
英式料理
小茴香籽
水果（尤以煮熟的水果為佳）
野味
印度綜合香料（主要成分）
蒜頭
德國料理
薑
烘焙火腿
蜂蜜
印度料理（尤以北印度料理為佳）
番茄醬
金桔
羊肉
檸檬
豆蔻皮粉
肉類
墨西哥料理
肉豆蔻
洋蔥
柳橙
豬肉
南瓜
沙拉醬汁
香腸
香料蛋糕
小南瓜
斯里蘭卡料理
八角
燉煮料理
高湯（尤以牛高湯為佳）
餡料
番薯
四川花椒
羅望子
茶
番茄
薑黃
甜味蔬菜
核桃

紅酒、熱紅酒（也就是加糖、香料的熱飲酒）
伍斯特辣醬油

對味組合
丁香＋小豆蔻＋肉桂＋茶
丁香＋肉桂＋薑＋肉豆蔻
丁香＋薑＋蜂蜜

椰子與椰奶
Coconut and Coconut Milk
季節：秋－春
味道：甜
質性：性涼
分量感：中等－厚實
風味強度：溫和－濃烈
料理方式：快炒

多香果
杏仁
杏桃
亞洲料理
香蕉
羅勒
四季豆（如：印度料理）
牛肉
黑莓
巴西料理

糖果
焦糖
小豆蔻（如：印度料理）
加勒比海料理
腰果（如：印度料理）
白花椰菜（如：印度料理）
新鮮櫻桃或櫻桃乾
雞肉（如：印度料理等）
青辣椒或紅椒
辣椒粉
巧克力（尤以黑巧克力或白巧克力為佳）
芫荽葉（如：印度料理等）
肉桂
丁香
芫荽
鮮奶油與冰淇淋
法式酸奶油
黃瓜
孜然
咖哩（如：印度料理）
卡士達
椰棗
甜點
蛋
無花果乾
魚
水果（尤以熱帶水果為佳）

CHEF'S TALK

我的**椰子**米布丁奧式餡餅卷是受到底特律 TRIBUTE 餐廳主廚柳橋隆（Yagihashi Takashi）的啟發。一般而言，甜點必須依循主餐菜色的脈絡來供應，因此即使糕點主廚擁有自主權，他仍需按照主廚的架構來行事。柳橋的料理具有強烈的亞洲風味。這道甜點的目的就是以大家還不熟悉的新手法，將亞洲食材帶入甜點。

於是就出現了這道帶有椰子、檸檬草、薑與香莢蘭風味的米布丁，並兼具碎杏桃丁的口感。我當時還認識了一種麵團 frie de brique，基本上這是一種介於薄酥皮與餛飩皮之間的摩洛哥麵皮食材。我將上述的米布丁包進這種麵皮，然後以澄清奶油稍微煎一下，再像春捲一樣切成幾份，最後搭配綠茶冰淇淋上桌。對我來說，這道甜點囊括了許多項基本原則：冷熱溫度的調和、亞洲風味的運用，並以單調老套的米布丁做些變化。

這輩子我所獲得最酷的讚美，來自紐約 A VOCE 的主廚安德魯·卡梅利尼，當時他跟我們坐在一起並詢問了我的背景。我表示自己曾經擔任過廚房的部門主廚，這時他說：「我就知道，因為光是糕點主廚絕對做不出這樣的點心！」這道甜點結合了技術與風味，現點現煎。

——麥克·萊斯寇尼思（Michael Laiskonis），LE BERNARDIN，紐約市

主廚私房菜 | DISHES

冰酒－荔枝果凍，搭配椰奶沙巴雍醬與南瓜籽脆糖（croquant）
——多明尼克和欣迪杜比（Dominique and Cindy Duby），WILD SWEETS，溫哥華

椰子烤布蕾，搭配荔枝雪酪與芝麻瓦片餅
——布萊德・法爾米利（Brad Farmerie），PUBLIC，紐約市

檸檬草搭配椰子義式奶酪
——諾拉・波以倫（Nora Pouillon），ASIA NORA，華盛頓特區

薑
葡萄柚
番石榴
蜂蜜
印度料理
印尼料理
奇異果
金桔
羊肉（如：印度料理）
檸檬
檸檬草
扁豆（如：印度料理）
萊姆汁
荔枝
夏威夷豆
馬來西亞料理
芒果
楓（糖）
馬士卡彭乳酪
牛奶
薄荷（如：印度料理等）
肉豆蔻
燕麥
橙汁
木瓜
百香果
花生
黑胡椒
鳳梨
開心果
米
玫瑰水
蘭姆酒（尤以深色蘭姆酒為佳）
水果沙拉
鮭魚（如：印度料理）
猶太鹽
芝麻籽

貝蝦蟹類：蝦、龍蝦
湯
酸奶油
東南亞料理
燉煮料理
糖：黑糖、白糖
番薯
綠茶
泰式料理
熱帶水果
香莢蘭
越南料理
白酒醋

對味組合
椰子＋杏桃＋薑＋綠茶＋檸檬草
　　＋米＋香莢蘭
椰子＋蜂蜜＋萊姆
椰子＋檸檬草＋香莢蘭
椰子＋柳橙＋香莢蘭
椰奶＋牛肉＋薑

鱈魚 Cod
分量感：中等
風味強度：清淡
料理方式：烘焙、沸煮、炙烤、魚
　　餅、油炸、煎炸、燒烤、水煮、
　　烘烤、煎炒、蒸煮

鯷魚
培根
羅勒
月桂葉
豆類：白腰豆、四季豆、海軍豆、
　　白豆
燈籠椒：紅、綠、黃燈籠椒
香料包

肉泥（海鮮類）白蘭地
麵包粉
無鹽奶油
皺葉甘藍
續隨子
葛縷子籽
胡蘿蔔
卡宴辣椒
芹菜
乳酪：愛蒙塔爾、葛黎耶和、瑞士
　　乳酪
細葉香芹
細香蔥
芫荽葉
芫荽
鮮奶油
穗醋栗
白蘿蔔
茄子（尤以日本茄子為佳）
全熟沸煮蛋
茴菜
英式料理（尤以炸魚片與薯條為
　　佳）
小茴香
法式料理（尤普羅旺斯料理為佳）
蒜頭
薑
火腿：乾醃肉品、塞拉諾火腿
韭蔥
檸檬汁
美乃滋
牛奶
味噌
菇蕈類（尤以牛肚菇、波特貝羅
　　大香菇、香菇為佳）
第戎芥末
新英格蘭料理
油：菜籽油、玉米油、葡萄籽油、
　　花生油
橄欖油
橄欖：黑橄欖、綠橄欖
洋蔥
柳橙：橙汁、碎橙皮
紅、甜味紅椒
扁葉荷蘭芹
豌豆
胡椒：黑、白胡椒

主廚私房菜 DISHES

招牌酸漬海鮮：萊姆汁酸漬阿拉斯加真鱈，搭配成熟後才採收的番茄、橄欖、芫荽葉以及青辣椒，並放在墨西哥玉米薄片（Tostaditas）上桌
——瑞克・貝雷斯（Rick Bayless），FRONTERA GRILL，芝加哥

阿拉斯加真鱈，搭配去殼新鮮牡蠣（浸入以萊姆、酪梨、白洋蔥與芫荽葉自製而成的塔馬蘇拉雞尾酒醬）
——瑞克・貝雷斯（Rick Bayless），FRONTERA GRILL，芝加哥

查塔姆灣鱈魚，搭配酒杯蘑菇、甜豌豆以及龍蒿醬
——大衛・柏利（David Bouley），UPSTAIRS，紐約市

大西洋「天然鱈魚」，搭配小圓蛤；烤朝鮮薊＋瑞士莙薘菜＋檸檬果醬
——丹尼爾・布呂德（Daniel Boulud），DANIEL，紐約市

義大利毛豆燉飯鋪上烤鱈魚，搭配椒鹽烏賊與胡蘿蔔柚子醬
——布萊德・法爾米利（Brad Farmerie），PUBLIC，紐約市

酥脆蛋煎鱈魚，搭配嫩朝鮮薊、以烤箱烤乾的番茄、蒜味薯泥以及朝鮮薊泥
——包柏・金基德（Bob Kinkead），KINHEAD'S，華盛頓特區

酥脆鹽烤鱈魚，鑲料為嫩朝鮮薊、羅曼斯科醬料、紅酒、橄欖以及燉番茄乾
——艾略克・瑞普特（Eric Ripert），LE BERNARDIN，紐約市

CHEF'S TALK

鱈魚是一種容易受到忽視的魚。鱈魚的味道清淡、肉質層次分明且細緻，我特別喜歡用它來調理清湯或巧達濃湯。烤箱盤底抹鹽後放上鱈魚烘烤個10分鐘，風味也很棒。它與蛤蜊以及貝蝦蟹等帶殼海鮮都極為搭配，而我也非常喜愛以新鮮鱈魚來搭配鹽漬鱈魚。
——布萊德福特・湯普森（Bradford Thompson），MARY ELAINE'S AT THE PHOENICIAN，亞利桑那州斯科茨代爾市

松子
馬鈴薯（尤以**紅馬鈴薯**、紅福馬鈴薯為佳）
義式乾醃火腿
櫻桃蘿蔔
義式燉飯
迷迭香
番紅花
鼠尾草
鹽：鹽之花、猶太鹽、海鹽
醬汁：荷蘭醬、塔塔醬、番茄醬汁
西班牙辣香腸
青蔥
紅蔥頭
貝蝦蟹類：蛤蜊、蝦
高湯：雞、魚、貽貝、小牛肉、蔬菜高湯

糖
龍蒿
百里香
番茄
黑松露
醋：巴薩米克香醋、香檳酒醋、紅酒醋、雪莉酒醋、龍蒿醋、白酒醋
酒：干白酒、紅酒
柚子汁

對味組合

鱈魚＋續隨子＋細香蔥＋扁豆＋馬鈴薯

鱈魚＋牛肚菇（菇蕈類）＋蒜頭＋檸檬＋馬鈴薯

黑鱈魚 Cod, Black

紅燈籠椒
辣椒（尤以紅椒為佳）
細香蔥
蒜頭
薑
韭蔥
味噌
洋蔥
紫蘇
蝦
醬油
黑糖

鹽漬鱈魚 Cod, Salt

味道：鹹
分量感：中等
風味強度：溫和－濃烈

朝鮮薊心
月桂葉
白豆
燈籠椒：綠、紅燈籠椒
麵包粉
續隨子
辣椒
芫荽葉
鮮奶油
法式料理（尤以普羅旺斯料理為佳）
蒜頭
綠葉蔬菜沙拉
檸檬汁
墨角蘭

主廚私房菜 DISHES

味噌黑鱈魚
——松久信幸（Matsuhisa Nobuyuki），NOBU，紐約市

紫蘇湯，內有炙烤清酒漬阿拉斯加黑鱈以及蝦餃
——曾根廣（Hiro Sone），TERRA，加州聖海琳娜市

主廚私房菜 | DISHES

熱沙拉，由水煮鹽漬鱈魚、牛肝菌以及育空黃金馬鈴薯調製而成
——大衛·帕斯特納克（David Pasternak），ESCA，紐約市

薄荷
舊灣調味料
菜籽油
橄欖油
橄欖（尤以黑橄欖或卡拉瑪塔橄欖為佳）
洋蔥
紅椒：辣椒、甜椒
扁葉荷蘭芹
義式麵食
胡椒：黑、白胡椒
馬鈴薯
番紅花
鹽：猶太鹽、海鹽
青蔥
紅蔥頭
蝦
酸奶油
魚高湯
糖
塔巴斯科辣椒醬
百里香
番茄
醋：紅酒醋、白酒醋
干酒
伍斯特辣醬油

對味組合

鹽漬鱈魚＋月桂葉＋百里香＋白酒醋

咖啡與義式濃縮咖啡
Coffee and Espresso

味道：苦
分量感：中等
風味強度：溫和－濃烈

杏仁
杏仁甜酒
洋茴香
香蕉
烤肉醬

飲料
波本酒
白蘭地
焦糖
小豆蔻
瑞可達乳酪
櫻桃
雞肉
菊苣
巧克力（尤以黑、白巧克力為佳）
肉桂
丁香
可可
椰子
干邑白蘭地
鮮奶油
咖哩
卡士達
椰棗
小茴香籽
無花果
野禽類
肉汁
火腿（如：搭配紅眼肉汁）
榛果
蜂蜜
香莢蘭冰淇淋
愛爾蘭威士忌
羊肉
檸檬
萊姆
咖啡香甜酒（如：卡路亞咖啡酒、提亞瑪麗亞咖啡酒）
夏威夷豆

楓糖漿
牛奶（包括甜煉乳）
肉豆蔻
堅果
燕麥
柳橙
西洋梨
美洲山核桃
柿子
豬肉
黑李乾
葡萄乾
蘭姆酒
八角
糖：黑糖、白糖
香莢蘭
巴薩米克香醋

避免
薰衣草

對味組合

咖啡＋波本酒＋鮮奶油
咖啡＋焦糖＋巧克力
咖啡＋肉桂＋丁香＋柳橙
咖啡＋肉桂＋鮮奶油＋檸檬＋糖
咖啡＋馬士卡彭乳酪＋蘭姆酒＋糖＋香莢蘭

干邑白蘭地 Cognac

蘋果與蘋果酒
牛肉（如：腓力）
雞肉
巧克力
鮮奶油
鵝肝
菇蕈類
芥末（尤以第戎芥末為佳）
胡椒：黑、綠胡椒

主廚私房菜 | DISHES

杯子蛋糕，內餡為甘納許與白巧克力糖霜
——艾蜜莉·盧契提（Emily Luchetti），糕點主廚，FARALLON，舊金山

波本冰淇淋，以咖啡粉圓鋪底，盛裝於馬丁尼酒杯中
——大河內和（Kaz Okochi），KAZ SUSHI BISTRO，華盛頓特區

豬肉
黑李乾
葡萄乾
火雞
香莢蘭
蘋果酒醋

冷天食物 Coldness
（室內或室外溫度；
同時參見冬季食材）
燜燒菜餚
奶油與以奶油為基底的醬汁與菜
　餚
乳酪與乳酪菜餚
鮮奶油與以鮮奶油為基底的醬汁
　與菜餚
口感厚實的穀物
熱食與熱飲
肉類（尤以紅肉為佳）
義式玉米餅
義式燉飯
料多味美的熱湯
質性暖熱的香料
燉鍋與燉煮料理

涼性食材 Cooling
質性：被認為質性寒涼的食材；
　適用於酷熱的時節。

蘆筍
酪梨
漿果
白脫乳
黃瓜
新鮮無花果
水果（尤以甜味水果為佳，如：櫻
　桃、葡萄）
涼性香草（如：芫荽葉、金銀花、
　薰衣草、檸檬香蜂草、薄荷、胡
　椒薄荷）
萵苣

甜瓜
沙拉
涼性香料（如：小豆蔻、芫荽、小
　茴香）
水
水田芥
西瓜
優格
節瓜

對味組合
黃瓜＋薄荷＋優格

芫荽 Coriander
味道：酸、辛辣、澀
質性：性涼
分量感：輕盈－中等
風味強度：溫和－濃烈
小祕訣：快起鍋前才加入。芫荽
　籽先經烘烤以釋出其風味。

多香果
洋茴香
蘋果
烘焙食物（如：蛋糕、餅乾、派）
羅勒
豆類
牛肉
小豆蔻
胡蘿蔔
卡宴辣椒
雞肉

鷹嘴豆
辣椒（如：新鮮青辣椒）
辣椒
印度甜酸醬
芫荽葉
肉桂
柑橘類與碎柑橘皮
丁香
椰子與椰奶
玉米
蟹（尤以水煮的蟹為佳）
孜然
咖哩（如：印度料理）
咖哩粉
甜點
蛋
小茴香
小茴香籽
魚
水果（尤以秋天水果與果乾為佳）
印度綜合香料（主要成分）
蒜頭
薑
薑汁餅乾
葡萄柚
火腿
北非辣椒橄欖油醬（主要成分）
熱狗
印度料理
羊肉
拉丁美洲料理
扁豆
豆蔻皮粉
肉類
地中海料理
墨西哥料理
中東料理
薄荷

摩洛哥料理
菇蕈類
北非料理
北美洲料理
肉豆蔻
堅果
橄欖油
洋蔥
柳橙：橙汁、碎橙皮
酥皮
西洋梨
黑胡椒
醃漬食品
洋李
豬肉
馬鈴薯
禽肉
榅桲
米（如：米布丁之類的）
番紅花
鮭魚
香腸
芝麻籽
貝蝦蟹類
湯（尤以鮮奶油為基底的湯為佳）
東南亞料理
美國西南料理
菠菜
燉煮料理（如：燉雞肉）
高湯（如：魚湯）
餡料
糖
番茄與番茄醬汁
火雞
薑黃
越南料理

對味組合
芫荽＋小豆蔻＋肉桂＋丁香
芫荽＋卡宴辣椒＋孜然＋蒜頭
芫荽＋辣椒＋芥末＋黑胡椒
芫荽＋孜然＋咖哩
芫荽＋魚＋蒜頭＋橄欖油＋番茄

玉米 Corn
季節：夏
味道：甜
質性：性熱
分量感：中等
風味強度：溫和
料理方式：沸煮、燒烤、烘烤、煎
　　　　　炒、蒸煮

培根
羅勒：甜羅勒、檸檬羅勒
月桂葉
豆類（尤以皇帝豆為佳）
法式奶油檸檬白醬
牛肉
燈籠椒：紅、綠燈籠椒
無鹽奶油
白脫乳
葛縷子籽
胡蘿蔔
卡宴辣椒
芹菜
乳酪：巧達、卡拜、可提亞、費達、
　　　蒙特利傑克乳酪
細葉香芹
辣椒：齊波特、哈拉佩諾、塞拉諾
　　　辣椒
辣椒粉
辣椒醬
中式料理
細香蔥
芫荽葉
蛤蜊
玉米
玉米粉
蟹
鮮奶油（尤以高脂鮮奶油為佳）
法式酸奶油
孜然
咖哩粉
蒔蘿
蛋
蠶豆
小茴香
鮭魚
蒜頭
生薑

火腿
韭蔥
檸檬汁
檸檬百里香
萊姆汁
龍蝦
歐當歸
楓糖漿
墨角蘭
馬士卡彭乳酪
墨西哥料理
牛奶
綜合蔬菜高湯
菇蕈類（尤以酒杯蘑菇、蠔菇、香
　　　菇、其他野生菇蕈類為佳）
芥末
新英格蘭料理
肉豆蔻
油：菜籽油、花生油、蔬菜油
橄欖油
洋蔥：紅、西班牙、黃洋蔥
奧勒岡
義大利培根
紅椒
荷蘭芹
義式麵食
胡椒：黑、白胡椒
義式青醬
義式玉米餅
馬鈴薯
禽肉
義式燉飯
迷迭香
番紅花
鼠尾草
綠葉蔬菜沙拉
鮭魚
莎莎醬
鹽：猶太鹽、海鹽
青蔥
扇貝
紅蔥頭
干雪莉酒
紫蘇
南方料理
西南料理
小南瓜（尤以夏南瓜為佳）

八角
高湯：雞、蔬菜高湯
糖
龍蒿
百里香
番茄
墨西哥玉米薄餅
苦艾酒
油醋醬
醋：蘋果酒醋、白酒醋
干白酒

對味組合

玉米＋燈籠椒＋哈拉佩諾辣椒＋
　　芫荽葉＋龍蒿
玉米＋奶油＋鹽
玉米＋卡宴辣椒＋萊姆＋鹽
玉米＋芫荽葉＋蝦

我們參加了農場舉辦的「盤子與乾草叉」活動，內容是以此農場出產的農產品調製出菜餚。賓客會坐在玉米與番茄田中，而我們要用幾個炭烤爐來調理食物。我曾為這場盛宴製作出一道玉米湯。先剝除玉米的外莢，再將玉米粒從玉米穗軸切下。然後我們以玉米外莢來熬湯底。如果以玉米穗軸來熬製，那湯底的味道就不一樣了。維持純粹的玉米風味非常重要，通常廚師會在高湯中放進一堆蔬菜，結果會變成一鍋含有玉米粒的蔬菜湯。我希望湯品最後能呈現出玉米風味。所以我先以一點洋蔥、鹽以及玉米外莢加水燉煮約45分鐘後，製作出風味出眾的玉米甜高湯，然後再加入玉米調製成濃湯，冷卻後再上桌。這道湯品是如此的香甜並充滿玉米的風味，會讓人認定裡面是加了鮮奶油和糖。

之後再以玉米外莢調製出湯底製作義大利燉飯，裡面的材料有玉米、酒杯蘑菇以及唐金斯螃蟹，並加一點青醬。青醬中的羅勒搭配玉米的風味真是深得我心。這實在是美妙無比的組合。

——維塔莉·佩利（Vitaly Paley），PALEY'S PLACE，奧勒岡州波特蘭市

要凸顯料理中的玉米風味，可以添加玉米汁。我用玉米醬與熟玉米來製作義式玉米餛飩。在餡料中加入玉米汁能為麵餃增添一股清新的玉米風味。

——安德魯·卡梅利尼（Andrew Carmellini），A VOCE，紐約市

主廚私房菜 DISHES

自製義式玉米韭蔥餛飩，搭配緬因龍蝦與當地銀后玉米（Silver Queen Corn）
——莉迪亞‧巴斯提安尼齊（Lidia Bastianich），FELIDIA餐廳，紐約市

帶軸小玉米，搭配褐化奶油粉以及芫荽葉濃醬
——布萊德‧法爾米利（Brad Farmerie），PUBLIC，紐約市

甜玉米餅（Arepas de Choclo）：玉米餅鋪上法式酸奶油與鮭魚卵
——馬里雪兒‧普西拉（Maricel Presilla），ZAFRA，紐澤西州霍博肯市

玉米－紅福馬鈴薯（Red Bliss Potato）披薩，搭配荷蘭芹青醬以及煙燻牛乳酪
——科瑞‧史萊柏（Cory Schreiber），WILDWOOD，奧勒岡州波特蘭市

鹽漬牛肉 Corned Beef
（參見牛肉－牛胸肉）

嫩雞 Cornish Game Hens
小豆蔻
卡宴辣椒
肉桂
丁香
孜然（尤以烤過的孜然為佳）
印度綜合香料
蒜頭
薑
檸檬
菜籽油
洋蔥
紅椒
黑胡椒
鹽
番茄與番茄糊
薑黃
優格

庫斯庫斯 Couscous
分量感：輕盈
風味強度：清淡－溫和
料理方式：熱水泡

非洲（北部）料理
杏桃乾
羅勒
燈籠椒（尤以紅燈籠椒為佳）
奶油
甘藍菜

胡蘿蔔
卡宴辣椒
細葉香芹
雞肉
鷹嘴豆
芫荽葉
孜然
魚（如：笛鯛）
薑
檸檬：檸檬汁、糖漬檸檬、碎檸檬皮
中東料理
薄荷
摩洛哥料理
橄欖油
橄欖
洋蔥
扁葉荷蘭芹
黑胡椒
葡萄乾
番紅花
鹽：猶太鹽、海鹽
北非辣味香腸
青蔥
高湯：雞、魚、蔬菜、番茄與番茄汁高湯
蕪菁
節瓜

以色列庫斯庫斯
Couscous, Israeli
分量感：中等－厚實
風味強度：清爽－溫和

橄欖油
白胡椒
義式青醬
紅蔥頭
雞高湯

蟹 Crab
季節：夏
味道：甜
分量感：輕盈
風味強度：清淡
料理方式：烘焙、沸煮、炙烤、燒烤、蒸煮

蒜味美乃滋
蘋果
朝鮮薊
蘆筍
酪梨*
培根
羅勒
月桂葉
燈籠椒（尤以綠、紅、黃燈籠椒為佳）
麵包粉／日式麵包粉
無鹽奶油
胡蘿蔔與胡蘿蔔汁
白花椰菜
魚子醬
卡宴辣椒
芹菜
芹菜根
香芹調味鹽
細葉香芹
辣椒：哈拉佩諾、蘇格蘭帽、泰國辣椒
辣椒醬
中式料理
細香蔥
芫荽葉
椰子與椰奶
芫荽
玉米
蟹黃
鮮奶油
法式酸奶油
黃瓜

孜然
咖哩
卡士達
蒔蘿
茄子
蛋
比利時苦苣
小茴香
魚：梭子魚、真鰈
泰國魚露
蒜頭
薑
葡萄柚
蜂蜜
檸檬：檸檬汁、碎檸檬皮
檸檬草
檸檬百里香
萊姆：萊姆汁、碎萊姆皮
龍蝦
芒果
馬士卡彭乳酪
美乃滋
甜瓜：洋香瓜、蜜露瓜
薄荷
菇蕈類（如：鈕扣菇、義大利棕蘑
　菇、香菇）
第戎芥末
芥末粉
肉豆蔻
油：菜籽油、葡萄籽油、花生油、
　芝麻油、蔬菜油
橄欖油
舊灣調味料
洋蔥：紅、甜、白洋蔥、青蔥
柳橙：橙汁、碎橙皮
紅椒（尤以甜紅椒為佳）
扁葉荷蘭芹
青豌豆
胡椒：黑、白胡椒
鳳梨
松子
日式柚醋醬
馬鈴薯
櫻桃蘿蔔
番紅花
鹽：猶太鹽、海鹽
青蔥

芝麻籽
紅蔥頭
干雪莉酒
紫蘇
蝦
雪豆
酸奶油

醬油
菠菜
高湯：雞、蔬菜高湯
糖（一撮）
塔巴斯科辣椒醬
羅望子
龍蒿

主廚私房菜　DISHES

巨無霸蟹肉蘆筍沙拉，淋上芥末籽油醬汁
——丹尼爾・布呂德（Daniel Boulud）/ 奧利佛・穆勒（Olivier Muller），DB BISTRO，紐約市

蟹肉沙拉，搭配白蘆筍、薑、萊姆、開心果油
——丹尼爾・布呂德（Daniel Boulud）/ 柏特蘭・凱密爾（Bertrand Chemel），CAFÉ BOULUD，紐約市

巨無霸醃蟹肉，搭配山葵、芫荽、番茄、海菜沙拉以及薑汁油醋醬
——傑弗瑞・布本（Jeffrey Buben），VIDALIA，華盛頓特區

紅黃番茄西班牙冷湯，內有酪梨泥與大塊蟹肉，搭配菜苗沙拉
——包柏・亞科沃內（Bob Iacovone），CUVÉE，紐奧良

熱帶水果泥，內有巨無霸蟹肉塊、芒果與酪梨
——派翠克・歐康乃爾（Patrick O'Connell），THE INN AT LITTLE WASHINGTON，維吉尼亞州華盛頓市

招牌壽司：紅蟳搭配芹菜與紅燈籠椒
——大河內和（Kaz Okochi），KAZ SUSHI BISTRO，華盛頓特區

馬鈴薯麵疙瘩，搭配奧勒岡唐金斯螃蟹與醃漬檸檬
——維塔莉・佩利（Vitaly Paley），PALEY'S PLACE，奧勒岡州波特蘭市

香辣蟹肉搭配秋葵花生湯
——莫妮卡・波普（Monica Pope），T'AFIA，休斯頓

蟹餅搭配番紅花雪莉酒調製的蒜泥蛋黃醬
——莫妮卡・波普（Monica Pope），T'AFIA，休斯頓

唐金斯螃蟹搭配馬鈴薯餅、四季豆、黃瓜、杏仁以及小茴香薄片
——科瑞・史萊柏（Cory Schreiber），WILDWOOD，奧勒岡州波特蘭市

麥克・迪恩小南瓜花＋蟹肉＋小南瓜＋綠番茄濃醬
——法蘭克・史迪特（Frank Stitt），HIGHLANDS BAR AND GRILL，阿拉巴馬州伯明罕市

CHEF'S TALK

我絕對不會忘記巴黎 L'Astrance 餐廳主廚帕斯卡・巴柏（Pascal Barbot）所作出的那道以蟹肉、酪梨和杏仁組合出的菜餚。
——麥克・安東尼（Michael Anthony），GRAMERCY TAVERN，紐約市

一般料理螃蟹的方式是先清蒸再搭配奶油。帝王蟹的風味強烈、肉多味鹹，從海裡撈起後，會先以高鹽度的水在船上烹煮過。我處理帝王蟹時，第一道手續就是先用冰水浸泡幾次以去除所有鹽分。我腦海中的畫面是：鑲滿紅色蟹肉的香菇，搭配刀工細緻的蔬菜、朝鮮薊、法國四季豆、瓦倫西亞柳橙和甜蒜頭，最後再淋上橄欖油。
——凱莉・納哈貝迪恩（Carrie Nahabedian），NAHA，芝加哥

塔塔醬
百里香
番茄：新鮮番茄、番茄乾
油醋醬（尤以柑橘油醋醬為佳）
醋：巴薩米克香醋、香檳酒紅酒醋、雪莉酒醋
水田芥
優格

對味組合

蟹＋蒜味美乃滋＋芫荽葉＋哈拉佩諾辣椒
蟹＋杏仁＋酪梨
蟹＋酪梨＋芫荽葉＋芒果蟹＋酪梨＋葡萄柚
蟹＋玉米＋綠番茄
蟹＋黃瓜＋萊姆＋薄荷
蟹＋薑＋萊姆
蟹＋萊姆＋薄荷
蟹＋芒果＋覆盆子醋
蟹＋黑胡椒＋雪豆
蟹＋番紅花＋紅蔥頭

軟殼蟹 Crab, Soft-shell

季節：春－夏
味道：甜
分量感：輕盈－中等
風味強度：清淡－溫和
料理方式：油炸、燒烤、乾煎、煎炒、做成天婦羅

杏仁
竹芋粉
芝麻菜
蘆筍
酪梨
培根
羅勒
紅燈籠椒
球花甘藍
褐化奶油醬

奶油：澄清、無鹽奶油
續隨子
卡宴辣椒
細葉香芹
哈拉佩諾辣椒
辣椒粉
細香蔥
涼拌菜絲
以色列庫斯庫斯
鮮奶油
法式酸奶油
黃瓜
白蘿蔔
蒔蘿
小茴香
蒜頭
薑（如：醃生薑）
葡萄柚
韭蔥
檸檬汁
萊姆：萊姆汁、碎萊姆皮
美乃滋
菇蕈類（如：香菇）
第戎芥末
海苔
油：菜籽油、花生油、蔬菜油、橄欖油

紅洋蔥
橙汁
紅椒
扁葉荷蘭芹
甜豌豆
胡椒：黑、白胡椒
義式青醬
馬鈴薯（尤以新鮮馬鈴薯為佳）
法式雷莫拉醬
日本清酒
鹽：猶太鹽、海鹽
青蔥
扇貝
紅蔥頭
紫蘇葉
蝦
酸模
醬油
魚高湯
塔巴斯科辣椒醬
新鮮龍蒿
塔塔醬
百里香
番茄
油醋醬
醋：巴薩米克、香檳、白酒醋
干白**酒**
節瓜

對味組合

軟殼蟹＋芝麻菜＋塔塔醬
軟殼蟹＋蘆筍＋續隨子＋蒜頭＋檸檬＋馬鈴薯

軟殼蟹＋球花甘藍＋褐化奶油
軟殼蟹＋甘藍菜＋芥末
軟殼蟹＋檸檬＋荷蘭芹
軟殼蟹＋柳橙＋荷蘭芹

蔓越莓 Cranberries
季節：秋－隆冬
味道：酸
分量感：輕盈－中等
風味強度：濃烈
料理方式：沸煮

多香果
杏仁
蘋果
杏桃
烘焙食物
山羊乳酪
雞肉
哈拉佩諾辣椒
巧克力：黑、白巧克力
肉桂
丁香
干邑白蘭地
鮮奶油
奶油乳酪
穗醋栗
薑
榛果
蜂蜜
檸檬：檸檬汁、碎檸檬皮
碎萊姆皮
柳橙香甜酒（如：金萬利香橙甜
　　酒）
楓糖漿
堅果
燕麥
柳橙：橙汁、碎橙皮
桃子
西洋梨
胡椒
開心果
豬肉
禽肉
南瓜
葡萄乾
榲桲

鹽
八角
糖：黑糖、白糖
番薯
柑橘
百里香
火雞
香莢蘭
核桃
白酒

淡水螯蝦 Crayfish
季節：春
分量感：輕盈－中等
風味強度：溫和
料理方式：沸煮、炙烤、蒸煮

蘆筍
酪梨
培根羅勒
月桂葉
奶油
肯瓊料理
胡蘿蔔與胡蘿蔔汁
卡宴辣椒
芹菜
細葉香芹
細香蔥
丁香
芫荽
鮮奶油／牛奶
克利歐料理
蒔蘿
蛋黃
茴菜
小茴香籽
蒜頭
榛果
韭蔥
芒果
美乃滋
綜合蔬菜高湯

羊肚菌
芥末
葡萄籽油
橄欖油
洋蔥
橙汁
扁葉荷蘭芹
黑胡椒
櫻桃蘿蔔
米
迷迭香
鹽
紅蔥頭
酸模
塔巴斯科辣椒醬
龍蒿
百里香
番茄
醋：龍蒿醋、白酒醋
干白酒（如：勃根地白酒）
節瓜

對味組合
淡水螯蝦＋蘆筍＋羊肚菌
淡水螯蝦＋胡蘿蔔汁＋柳橙汁

鮮奶油 Cream
當你在享用南瓜派時，你最先下手
的就是發泡**鮮奶油**！我們可以理所
當然把鮮奶油視為甜點的一部分，
也可以更深入品嘗鮮奶油本身的風
味。我在日本時發現，日本鮮奶油
的滋味比美國鮮奶油好上千百倍，
所以在構思乳製品時，得同時把所
在國家的狀況列入考量。在印度，
所有乳製品都以煉乳為主，這跟拉
丁料理中的牛奶焦糖（dolce de leche）
很像。我喜歡優格，因為優格既簡
單又層次豐富，可作為菜餚中的主
角，也可以成為最佳配角
——麥克・萊斯寇尼思（Michael Laiskonis），
LE BERNARDIN，紐約市

奶油乳酪 Cream Cheese
味道：酸
分量感：厚實
風味強度：濃烈

漿果
藍莓
麵包（尤以水果麵包為佳）
早餐／早午餐
乳酪：新鮮山羊、瑞可達乳酪
櫻桃
丁香
鮮奶油
法式酸奶油
甜點
蛋
水果乾
薑
全麥餅乾屑
蜂蜜
奇異果
水果
檸檬：檸檬汁、碎檸檬皮
柳橙香甜酒（如：金萬利香橙甜酒）
楓糖漿
馬士卡彭乳酪
肉豆蔻
橙汁
椪梓糊
葡萄乾
覆盆子
蘭姆酒
鹽（一撮）
酸奶油
草莓
糖
香莢蘭
優格

對味組合
奶油乳酪＋法式酸奶油＋柳橙＋糖＋香莢蘭
奶油乳酪＋楓糖漿＋馬士卡彭乳酪

法式酸奶油 Crème Fraîche
味道：酸
分量感：中等－厚實
風味強度：濃烈

蘋果
焦糖
法式料理
新鮮水果
馬鈴薯
覆盆子
醬汁
草莓
黑糖

克利歐料理 Creole Cuisine
馬賽魚湯
卡宴辣椒
淡水螯蝦
秋葵
洋蔥
牡蠣
紅椒
胡椒：黑、白胡椒
鹽
海鮮
法式雷莫拉蝦醬

水芹 Cress（參見水田芥）

古巴料理 Cuban Cuisine
多香果
酪梨
月桂葉
豆類
牛肉
燈籠椒
雞肉
巧克力
柑橘類（如：萊姆、柳橙）
孜然
蒜頭
萊姆
橄欖油
洋蔥（尤以白洋蔥為佳）
橙汁
奧勒岡

鳳梨
大蕉
豬肉
米
海鮮（蟹、魚、龍蝦、蝦）
白糖
水田芥

對味組合
多香果＋孜然＋蒜頭＋柳橙汁＋豬肉
酪梨＋洋蔥＋鳳梨＋水田芥
月桂葉＋綠燈籠椒＋蒜頭＋洋蔥＋奧勒岡（亦稱西班牙番茄洋蔥醬）
巧克力＋蒜頭＋橄欖油
柑橘類果汁＋蒜頭＋橄欖油（亦稱阿多波燉汁）

黃瓜 Cucumbers
季節：春－夏
味道：甜、澀
質性：性涼
分量感：輕盈
風味強度：清淡
料理方式：醃漬、生食、用於沙拉、煎炒、做成湯

多香果
燈籠椒（尤以綠燈籠椒為佳）
羅勒
奶油
白脫乳
葛縷子籽
卡宴辣椒
芹菜與芹菜籽
乳酪：藍黴、費達乳酪
細葉香芹
辣椒：新鮮青、哈拉佩諾辣椒

細香蔥
芫荽葉
椰奶
芫荽
鮮奶油
奶油乳酪
法式酸奶油
孜然
蒔蘿
魚
泰國魚露或其他亞洲魚露
綠捲鬚生菜
印度綜合香料
蒜頭
琴酒
希臘料理
山葵
日式料理
豆薯
檸檬香蜂草
檸檬汁
萊姆汁
甜瓜（尤以蜜露瓜為佳）
薄荷（如：印度料理）
第戎芥末
油：芝麻油、蔬菜油
橄欖油
洋蔥（尤以青蔥或紅洋蔥為佳）
奧勒岡
扁葉荷蘭芹
花生
胡椒：黑、白胡椒
鳳梨
蘿蔓萵苣
紅椒粉
沙拉
鮭魚
鹽：猶太鹽、海鹽
青蔥
扇貝
芝麻籽
紅蔥頭
蝦
煙燻鮭魚
冷湯（如：西班牙冷湯）
酸奶油
醬油

芽菜
糖（一撮）
塔巴斯科辣椒醬 玉溜
龍蒿
茶點三明治
百里香
番茄
越南料理

對味組合

黃瓜＋細葉香芹＋鹽＋醋
黃瓜＋辣椒＋薄荷＋優格
黃瓜＋芫荽葉＋薑＋糖＋米醋
黃瓜＋蒔蘿＋紅洋蔥＋酸奶油＋醋
黃瓜＋蒔蘿＋鮭魚
黃瓜＋蒔蘿＋優格
黃瓜＋蒜頭＋薄荷＋優格
黃瓜＋檸檬＋芝麻油＋醋
黃瓜＋哈拉佩諾辣椒＋蒔蘿＋洋蔥
黃瓜＋薄荷＋優格
黃瓜＋費達乳酪＋蒜頭＋薄荷＋橄欖油＋奧勒岡＋紅酒醋

油醋醬
醋：巴薩米克香醋、香檳酒醋、蘋
　　果酒醋、紅酒醋、米酒醋、雪莉
　　酒醋、龍蒿醋、白酒醋
伏特加
水田芥
白酒
優格（如：印度料理）

孜然 Cumin

味道：苦、甜
質性：性熱
分量感：中等
風味強度：溫和－濃烈
小祕訣：烹調初期即加入。用平
　　底鍋乾炒孜然籽，以蒸發水分
　　增加風味。

多香果
洋茴香
蘋果
烘焙食物（如：麵包）
月桂葉
豆類（尤以黑豆或腰豆為佳）
牛肉
甜菜
麵包（如：黑麥麵包）
甘藍菜
焦糖
小豆蔻
胡蘿蔔
卡宴辣椒
乳酪（尤以熟成、費達、明斯特乳
　　酪為佳）

雞肉
鷹嘴豆
辣椒
辣椒
辣椒粉
肉桂
丁香
芫荽
庫斯庫斯
咖哩
咖哩葉
茄子
蛋
小茴香
小茴香籽
葫蘆巴籽
魚
水果乾
印度綜合香料（主要成分）
蒜頭
薑
北非辣椒橄欖油醬
蜂蜜
鷹嘴豆泥醬（主要成分）
印度料理

印度料理
羊肉
扁豆
芥末籽
紅椒
豌豆
胡椒
米
貝蝦蟹類
湯
快炒菜餚
高湯
羅望子
薑黃
蔬菜

印尼料理
羊肉（尤以燒烤的羊肉為佳）
扁豆
豆蔻皮粉
肉類（尤以風味濃烈的肉類以及以燒烤的肉類為佳）
墨西哥料理
乾薄荷
摩洛哥料理
芥末與芥末籽（如：印度料理）
肉豆蔻
洋蔥
柳橙
奧勒岡
紅椒
豌豆
胡椒
豬肉
葡萄牙料理
馬鈴薯
米
番紅花
沙拉（尤以義式麵食沙拉、番茄沙拉為佳）
鮭魚
醬汁（如：摩爾醬）
德國酸菜
香腸
貝蝦蟹類
湯（如：黑豆湯）
西班牙料理
小南瓜
燉煮料理
棕櫚糖
塔巴斯科辣椒醬
芝麻醬
羅望子
龍舌蘭酒
美式墨西哥料理
泰式料理

百里香
番茄
鮪魚
薑黃
蔬菜（尤以夏季蔬菜為佳）
越南料理
優格

對味組合

孜然＋卡宴辣椒＋芫荽＋蒜頭
孜然＋鷹嘴豆＋優格
孜然＋肉桂＋番紅花
孜然＋棕櫚糖＋羅望子 孜然＋番茄＋薑黃

咖哩葉 Curry Leaves

味道：酸、苦
分量感：輕盈
風味強度：清淡－稍濃烈
小祕訣：烹調後期或起鍋前再加入即可

多香果
亞洲料理
麵包（尤以印度麵包為佳，如：印度烤餅）
小豆蔻
辣椒
芫荽葉
肉桂
丁香
椰子
芫荽
孜然
咖哩（尤以印度咖哩為佳）
小茴香籽
葫蘆巴籽
魚
蒜頭
薑

咖哩粉與咖哩醬
Curry Powder and Sauces

味道：苦甜參半、嗆
分量感：中等－厚實
風味強度：溫和－濃烈
小祕訣：在烹調初期即加入

牛肉
奶油
小豆蔻
腰果
卡宴辣椒
乳酪
雞肉
紅椒
芫荽葉
肉桂
丁香
椰子
芫荽
鮮奶油
法式酸奶油
孜然
蒔蘿
蛋與蛋沙拉
小茴香
魚
蒜頭
薑
印度料理
碎檸檬皮

檸檬草
萊姆汁
豆蔻皮粉
美乃滋
菇蕈類
肉豆蔻
蔬菜油
洋蔥
紅椒
胡椒：黑、紅胡椒
馬鈴薯
番紅花
沙拉（如：雞肉沙拉、蛋沙拉、馬鈴薯沙拉）
猶太鹽
醬汁
貝蝦蟹類
湯（尤以魚湯、豌豆湯為佳）
八角
燉煮料理
高湯：雞、魚高湯
羅望子
泰式料理
番茄
鮪魚
薑黃
蔬菜
節瓜

卡士達 Custards
分量感：中等－厚實
風味強度：清淡

杏仁
蘋果

杏桃
香蕉
漿果
焦糖
印度香料奶茶
櫻桃
巧克力（尤以黑巧克力或白巧克力為佳）
肉桂
椰子
咖啡
薑
榛果
檸檬
香甜酒：堅果香甜酒、柳橙香甜酒
芒果
楓糖漿
肉豆蔻
柳橙
百香果
西洋梨
柿子
鳳梨
洋李
黑李乾
南瓜
榅桲
葡萄乾
覆盆子
大黃
草莓
番薯
百里香
香莢蘭

核桃
甜酒

白蘿蔔 Daikon
季節：秋－冬
味道：甜
分量感：輕盈
風味強度：清淡－溫和
料理方式：燜燒、醃浸、生食（如：蘿蔔絲）、燉煮、快炒

羅勒
牛肉
甜菜
奶油
甘藍菜
胡蘿蔔
芹菜根
費達乳酪
細香蔥
鮮奶油
奶油乳酪
黃瓜
咖哩粉
蒔蘿
鴨
魚
薑
蜂蜜
檸檬汁
歐當歸
墨角蘭
薄荷
味噌
芝麻油
洋蔥（尤以青蔥為佳）
橙汁
奧勒岡
荷蘭芹
豬肉
鮭魚
青蔥
湯
酸奶油
醬油
糖
甜豌豆

CHEF'S TALK

西班牙蛋汁麵包（torrijas，就是「浸透」的意思）是巴斯克地區一種酥脆的蛋皮點心，很像法式土司。我們用牛奶浸透麵包後，把麵包放入冰箱冷藏一晚，第二天早上供應顧客之前，再塗上蛋汁煎熟。我們用水煮蘋果來搭配西班牙蛋汁麵包，並以帶有葡萄乾風味的佩德羅－希梅內斯甜酒（Pedro Ximenez，一種風味甜膩的西班牙雪莉酒）糖漿取代傳統的楓糖漿蘸食。將佩德羅－希梅內斯甜酒加熱，然後加入一點葡萄糖讓它成為濃稠的糖漿。我不會讓它沸騰或濃縮，因為我想留下糖漿中的酒精成分，以免糖漿太過甜膩。
——亞歷山大·拉許（Alexandra Raij），TÍA POL，紐約市

白蘿蔔非常適合用來燉煮，因為它比蕪菁或櫻桃蘿蔔的味道更溫和、甜度更高，吸收力也更佳。雖然鴨肉與蕪菁是經典組合，但我更喜歡用白蘿蔔來搭配鴨肉。白蘿蔔與其他風味較重的食材如豬肉或牛肉也很相稱。
——湯尼・劉（Tony Liu），AUGUST，紐約市

玉溜
百里香
鮪魚
醋

椰棗 Dates
季節：秋－冬
味道：甜
質性：性涼
分量感：中等－厚實
風味強度：溫和

杏仁
蘋果
杏桃
阿瑪涅克白蘭地
培根
香蕉
白蘭地
無鹽奶油
白脫乳
蛋糕
焦糖
乳酪（尤以布利、艾斯普洛拉特、帕瑪、佩科利諾、瑞可達、侯克霍乳酪為佳）
櫻桃乾
雞肉
細香蔥
巧克力（尤以黑巧克力或白巧克力為佳）
肉桂
椰子
咖啡
庫斯庫斯
蔓越莓乾
鮮奶油與冰淇淋
奶油乳酪
法式酸奶油

穗醋栗
甜點
無花果
薑
榛果
蜂蜜
羊肉
檸檬
萊姆
夏威夷豆
楓糖漿
馬士卡彭乳酪
中東料理
摩洛哥料理
堅果

燕麥
橙花水
柳橙：橙汁、碎橙皮
美洲山核桃
黑胡椒
開心果
黑李乾
榅桲
葡萄乾
迷迭香
蘭姆酒
糖：黑糖、白糖
百里香
香莢蘭
核桃
酒：紅酒、甜酒

主廚私房菜　DISHES

巧可力椰棗布丁蛋糕
——吉娜・德帕爾馬（Gina DePalma），糕點主廚，BABBO，紐約市

現烤椰棗布丁，搭配焦糖藍姆醬以及一團新鮮的發泡鮮奶油
——崎原俊（Toshi Sakihara），ETATS-UNIS，紐約市

去籽椰棗，內餡為西班牙辣香腸，外層包裹著培根
——莫妮卡・波普（Monica Pope），T'AFIA，休斯頓

去籽椰棗，搭配楓糖馬士卡彭鮮奶油乳酪、開心果以及橙花水
——莫妮卡・波普（Monica Pope），T'AFIA，休斯頓

有人跟我提及一道他們嘗過的鹹味椰棗料理，但只記得裡面有餡料，外頭則包裹著培根。於是我走進廚房，在椰棗內塞入西班牙辣香腸，然後用培根包起來，再淋上北非醬汁（charmoula，通常是由紅椒、卡宴辣椒、孜然、蒜頭、檸檬汁、荷蘭芹、芫荽葉以及橄欖油調製而成）。這道料理成功了。我還有一道椰棗甜點，那是從 ZUNI CAFÉ 的茱迪・羅傑斯（Judy Rodgers）那兒偷學來的。我的版本是將楓糖馬士卡彭鮮奶油乳酪抹入去籽椰棗，上面放些碎開心果，再灑點橙花水。橙花水會讓顧客的五臟六腑歡欣鼓舞，因為他們看不到卻吃得到。人們享用這道甜點時，會意猶未盡地舔著手指，試圖找出如此美味的原因！
——莫妮卡・波普（Monica Pope），T'AFIA，休斯頓

甜點上桌的時機與方式
——舊金山FARALLON餐廳
主廚艾蜜莉·盧契提
（Emily Luchetti）

我年紀越大，就越喜歡在下午三點享用甜點。我喜歡看著甜點單獨上桌，沒有其他菜餚的競爭，而且通常此時已開始想吃東西了。完全清醒的味蕾能真正品嚐到甜點的滋味。當然，對於來享用晚餐的客人，甜點也是不能少的！

餐後酒足飯飽的情況下，來道甜點也不壞，不過吃完第一道菜與主菜之後，你的味蕾已經歷太多種味道了。所以如果在家宴客，我會先休息一下，讓客人在晚餐與甜點之間有喘息的時間。我會讓客人幫我一起做甜點，而如果是正式的宴會，就讓他們聊個半小時並喝個紅酒，再上甜點。這不僅顧及他們胃的容量，也考慮到味蕾的能力。

我最討厭在切甜點的時候，聽到有人說：「不，不，這太大塊了！」我曾經非常抗拒這樣的感覺，心裡也很受傷，所以現在我會事前先詢問。如果客人讚賞有加，吃完一小塊之後會再要求第二塊，這樣每個人可以根據自己想要的分量享用甜點。如果我供應的是水果奶油酥餅，我會在酥餅上先放點鮮奶油與水果，然後再遞一大盆鮮奶油給客人，這樣客人就可以自由選擇鮮奶油的分量了。

對味組合
椰棗＋焦糖＋香莢蘭＋核桃
椰棗＋巧克力＋核桃
椰棗＋鮮奶油＋蘭姆酒
椰棗＋楓糖漿＋馬士卡彭乳酪＋
　　開心果
椰棗＋柳橙＋核桃

甜點 Desserts
小祕訣：甜味能滿足食欲，所以通常餐點多以甜點作為結束。即使是甜點，仍需調合風味（其酸度、鹹度等）。餐後甜酒得比附餐甜點更甜才行。

蒔蘿 Dill
季節：春－秋
味道：酸、甜
分量感：輕盈、軟葉
風味強度：稍濃烈
小祕訣：新鮮入菜，無需烹調。

蘆筍
酪梨
羅勒
豆類（尤以蠶豆或四季豆為佳）
牛肉
甜菜
麵包（尤以黑麥麵包為佳）
青花菜
甘藍菜
續隨子
胡蘿蔔
白花椰菜
芹菜根
乳酪：巧達、農場、山羊、軟乳酪
雞肉
細香蔥
芫荽葉
芫荽
玉米
淡水螯蝦
奶油乳酪
奶油醬汁
法式酸奶油
黃瓜
茄子
蛋與蛋類料理（如：蛋捲）

歐洲料理
魚（尤以全魚為佳）
蒜頭
德國料理
希臘料理
四季豆
大比目魚
山葵
檸檬香蜂草
檸檬百里香
歐當歸
肉類（如：羊肉）
地中海料理
中東料理
薄荷
菇蕈類
芥末
北美洲料理
洋蔥
紅椒
荷蘭芹
歐洲防風草塊根
豌豆
醃漬食品（主要成分）
馬鈴薯與馬鈴薯沙拉
禽肉
米（尤以製成土耳其肉飯為佳）
俄羅斯料理
沙拉與沙拉醬汁
鮭魚
醃漬鮭魚（主要成分）
煙燻鮭魚
醬汁
扇貝
斯堪地納維亞料理
貝蝦蟹類
蝦
真鰈
湯（尤以馬鈴薯湯為佳）
酸奶油與酸奶油醬

蒔蘿能為菜餚增添一股新鮮與清爽的風味。在冬季，我大部分的魚料理都會添加蒔蘿；還有像牛肉麵這一類的料理，加入細香蔥與蒔蘿，就能多出一股香草的清新風味。
——湯尼·劉（Tony Liu），AUGUST，紐約市

菠菜
小南瓜
番茄與番茄汁
鱒魚
土耳其料理
小牛肉
蔬菜
優格與優格醬汁
節瓜

對味組合
蒔蘿＋芫荽葉＋薄荷
蒔蘿＋黃瓜＋鮭魚

鴨 Duck
季節：秋
分量感：厚實
風味強度：溫和－濃烈
料理方式：燜燒（尤以鴨腿為佳）、
　　燒烤（尤以鴨胸為佳）、烘烤、
　　煎炒、快炒

多香果
蘋果（尤以澳洲青蘋果為佳）
杏桃（醬汁）
朝鮮薊
芝麻菜
培根
羅勒
月桂葉
蠶豆
藍莓
青江白菜
無鹽奶油
甘藍菜：綠葉甘藍、紅葉甘藍
葛縷子籽
小豆蔻
胡蘿蔔
芹菜
芹菜根
乳酪：愛亞格、帕瑪、佩科利諾、
　　瑞可達乳酪
櫻桃：普通櫻桃、日曬櫻桃乾
細葉香芹
栗子
菊苣
辣椒：安佳、哈拉佩諾辣椒

主廚私房菜 | DISHES

泰式鴨肉，內有白胡桃瓜和香蕉
——格蘭特・阿卡茲（Grant Achatz），ALINEA，芝加哥

自由農場鴨胸肉，搭配煙燻培根、皺葉菠菜以及醃桑椹在法式薑清湯中烹調
——崔西・德・耶丁（Traci Des Jardins），JARDINIÈRE，舊金山

烤鴨胸、青江白菜和木薯片，搭配醃辣椒並淋上芝麻醬油
——布萊德・法爾米利（Brad Farmerie），PUBLIC，紐約市

鴨肉，以番茄、紅辣椒以及綜合乾果調理
——札瑞拉・馬特內茲（Zarela Martinez），ZARELA，紐約市

蜜汁熟成穆拉爾（Moulard）鴨胸，搭配焦糖楓楑與小茴香、球花甘藍、西西里開心果，以及波特酒
——凱莉・納哈貝迪恩（Carrie Nahabedian），NAHA，芝加哥

燒烤鴨胸，搭配五穀粥、青蔥以及酸櫻桃汁
——彼得・諾瓦科斯基（Peter Nowakoski），RAT'S，紐澤西州漢密爾頓市

燜燒鴨腿，下面鋪香煎水田芥，注入芳香的亞洲清湯
——派翠克・歐康乃爾（Patrick O'Connell），THE INN AT LITTLE WASHINGTON，維吉尼亞州華盛頓市

醃鴨肉，搭配甘草風味小茴香薄片與血橙調製的沙拉
——莫妮卡・波普（Monica Pope），T'AFIA，休斯頓

公鴨胸里肌，搭配烤番薯與波特酒醬
——莫妮卡・波普（Monica Pope），T'AFIA，休斯頓

鴨胸肉搭配蠶豆與烤洋李
——艾弗瑞・波特爾（Alfred Portale），GOTHAM BAR AND GRILL，紐約市

燒烤鴨胸肉，搭配芳香樹番茄（Tamarillo）醬、藜麥粥、以及番薯泥
——馬里雪兒・普西拉（Maricel Presilla），ZAFRA，紐澤西州霍博肯市

穆拉爾鴨胸肉，搭配歐洲防風草塊根、野生蘑菇以及迷迭香醬汁
——希蕊・拉圖拉（Thierry Rautureau），ROVER'S，西雅圖

紅面番鴨鴨胸肉，搭配萊尼爾櫻桃（Rainier Cherries）、美洲山核桃以及萵苣
——茱迪・羅傑斯（Judy Rodgers），ZUNI CAFÉ，舊金山

核桃炭烤鴨肉，搭配油封鴨腿以及烤黑糖蛋汁杏桃
——莉迪亞・席爾（Lydia Shire），LOCKE-OBER，波士頓

燒烤自由農場鴨，搭配鴨肝餛飩、野生蘑菇醬汁
——曾根廣（Hiro Sone），TERRA，加州聖海琳娜市

萊姆葉咖哩烤鴨胸肉，搭配以薑與哈拉佩諾辣椒調理的印度飯
——維克拉姆・維傑（Vikram Vij）與梅魯・達瓦拉（Meeru Dhalwala），VIJ'S，溫哥華

串烤鴨肉佐以楓楑糊
——艾莉絲・華特斯（Alice Waters），CHEZ PANISSE，加州柏克萊市

辣椒醬
中式料理
細香蔥
巧克力 / 可可
芫荽葉
肉桂
柑橘類
水果
丁香
椰奶
芫荽
黃瓜
孜然
黑或紅穗醋栗：新鮮穗醋栗、醃漬穗醋栗
咖哩醬（尤以泰式綠咖哩醬或馬德拉斯等泰式咖哩粉為佳）
椰棗
鴨油
五穀
小茴香
小茴香籽
無花果
泰國魚露
五香粉
鵝肝
蒜頭
薑
海鮮醬
蜂蜜（尤以薰衣草花蜜為佳）
山葵
黑果
刺柏漿果
卡非萊姆葉
金桔
薰衣草
韭蔥
檸檬汁、醃漬檸檬
檸檬草
扁豆
萊姆汁
柳橙香甜酒（如：金萬利香橙甜酒）、桃子香甜酒
芒果
墨角蘭
地中海料理
薄荷

我們用油封鴨、鵝肝以及羊肚菌調理成西班牙海鮮飯，向已故大廚帕拉丹（Jean-Louis Palladin）致敬。以鴨本身的油脂與羊肚菌來製作西班牙海鮮飯，最後在上面鋪一些生鴨肝薄片就完成了。鵝肝會來自米飯的熱氣融化，進入米飯當中。這真是道不可思議的西班牙海鮮飯呀！
——荷西‧安德烈（José Andrés），CAFÉ ATLÁNTICO，華盛頓特區

水果搭配鴨肉風味絕佳。我們以帶點苦味的塞維亞柳橙來搭配鴨肉：將柳橙果肉與具有極佳酸味與苦味的橙皮搗成泥，然後再加入用奶油與些許八角調理好的小茴香。
——丹尼爾‧赫姆（Daniel Humm），ELEVEN MADISON PARK，紐約市

在我的獨行菜燒鴨料理中，我用蜂蜜來調理鴨肉，並佐以褐化奶油蜂蜜醬汁，這能讓鴨肉帶有香甜的堅果風味。為了避免味道過於甜膩，我添加了些濃縮石榴汁與乳化醬汁，讓整道料理有一些對比的酸味。
——包柏‧亞科沃內（Bob Iacovone），CUVÉE，紐奧良

綜合蔬菜高湯
羊肚菌
菇蕈類（尤以牛肝菌或香菇等**野生菇蕈類**為佳）
第戎芥末
肉豆蔻
夏威夷豆
油：菜籽油、葡萄籽油、花生油、芝麻油、蔬菜油
橄欖油
橄欖（尤以綠橄欖為佳）
洋蔥（尤以甜洋蔥為佳）
柳橙：橙汁、碎橙皮
義大利培根
扁葉荷蘭芹
義式麵食
桃子
西洋梨
豌豆
胡椒：黑、綠、粉紅、白胡椒
洋李：洋李果實、醬汁
石榴
罌粟籽
波特酒
馬鈴薯
黑李乾
覆盆子
紅辣椒碎片
米（尤以印度香米、野生米為佳）
義式燉飯

迷迭香
鼠尾草
日本清酒
鹽：鹽之花、猶太鹽、海鹽
德國酸菜
青蔥
芝麻籽：黑芝麻、白芝麻
紅蔥頭
雪莉酒
醬油
菠菜
白胡桃瓜
八角
高湯：雞、鴨、野味、畜肉、火雞高湯
餡料
糖：黑糖、白糖
番薯
塔巴斯科辣椒醬
羅望子
新鮮龍蒿
照燒醬
泰式料理
新鮮百里香
番茄：番茄糊、番茄泥、生番茄
薑黃
蕪菁
根莖類蔬菜
酸葡萄汁
苦艾酒

醋：巴薩米克香醋、香檳酒醋、覆盆子醋、紅酒醋、米酒醋、雪莉酒醋、白醋
菱角
水田芥

干紅酒（如：卡本內蘇維翁紅酒、梅洛紅酒）、干白酒（如：麗絲玲白酒）、波特**酒**、米**酒**、甜**酒**（馬德拉酒、慕斯卡葡萄酒）

對味組合

鴨＋杏仁＋杏桃
鴨＋杏仁＋蜂蜜
鴨＋蘋果＋芹菜根＋榛果
鴨＋蘋果＋歐洲防風草塊根（與／或其他根莖類蔬菜）
鴨＋杏桃＋櫻桃＋印度香米
鴨＋芝麻菜＋扁豆
鴨＋芝麻菜＋油醋醬＋核桃
鴨＋培根＋薑＋菠菜
鴨＋黑莓＋薑＋黑皮諾酒
鴨＋甘藍菜＋菇蕈類
鴨＋櫻桃＋醋
鴨＋肉桂＋蜂蜜＋柳橙＋八角
鴨＋丁香＋蒜頭＋柳橙＋黑李乾＋紅酒
鴨＋椰棗＋蕪菁
鴨＋蠶豆＋佩科利諾乳酪
鴨＋蒜頭＋薑＋薄荷
鴨＋薑＋蜂蜜＋醬油
鴨＋薑＋金桔＋黑胡椒＋八角
鴨＋綠胡椒粒＋番薯
鴨＋蜂蜜＋薰衣草
鴨＋檸檬＋洋李
鴨＋扁豆＋洋蔥＋巴薩米克香醋
鴨＋柳橙＋青蔥
鴨＋歐洲防風草塊根＋蕪菁

CHEF'S TALK

我們供應一道16盎司重的鴨胸肉，並搭配以黑皮諾酒、黑莓與薑調製而成的醬汁。我得大方承認，醬汁中的黑莓是冷凍的奧勒岡黑莓，因為在11月的時節，實在沒有更好的東西可用了。而在家中，我是以醃漬栗來調製醬汁：先把鴨肉兩面煎至金黃，然後加入大量的薑片與紅蔥頭，還有幾小匙醃漬醋栗以及一些香檳酒醋，以去除甜膩感。
——麥克・羅莫納可（Michael Lomonaco），PORTER HOUSE NEW YORK，紐約市

主廚私房菜 DISHES

油封鴨：野生蘑菇、紅葉瑞士萘菜，淋上糖醋鴨汁
——奧利佛・穆勒（Olivier Muller），DB BISTRO MODERNE，紐約市

油封鴨 Duck Confit
甜菜
侯克霍乳酪
綠捲鬚生菜
蒜頭
綠扁豆
野生菇蕈類
第戎芥末
油：榛果油、核桃油
洋蔥
扁葉荷蘭芹
白胡椒
鹽
紅蔥頭
雞高湯
紅酒醋
水田芥

東歐料理
Eastern European Cuisines
多香果（尤以用於甜點中為佳）
培根
牛肉
甜菜
綠燈籠椒
甘藍菜
葛縷子籽
胡蘿蔔
芹菜
芹菜根
雞肉
肉桂（尤以用於甜點中為佳）
丁香（尤以用於甜點中為佳）
鮮奶油
蒔蘿
野味
蒜頭
薑（尤其用於甜點中）
刺柏漿果
羊肉
墨角蘭
肉類
菇蕈類
芥末
麵條
動物內臟
洋蔥

紅椒
黑胡椒
馬鈴薯
米
酸奶油
糖
番茄
小牛肉
根莖類蔬菜
醋

對味組合
牛肉＋甘藍菜＋米
甜菜＋蒔蘿＋酸奶油
甘藍菜＋葛縷子＋醋
雞肉＋鮮奶油＋紅椒
麵條＋葛縷子籽＋酸奶油

茄子 Eggplant
季節：夏
味道：苦
分量感：中等－厚實
風味強度：溫和
料理方式：烘焙、沸煮、燜燒、炙
　烤、油炸、燒烤、烘烤、煎炒、

| 主廚私房菜 | DISHES |

燒烤法式茄子肉凍，搭配紅燈籠椒與義式荷蘭芹醬汁
——大衛・柏利（David Bouley），BOULEY，紐約市

義式茄子餛飩，搭配緬因龍蝦餅與番茄羅勒奶油
——派翠克・歐康乃爾（Patrick O'Connell），THE INN AT LITTLE WASHINGTON，維吉尼亞州華盛頓市

阿拉伯芝麻茄泥（Baba Ghanoush）湯，以茄子、芝麻醬、番茄水、蒜頭以及孜然調製而成
——米契爾・理查（Michel Richard），CITRONELLE，華盛頓特區

以石榴－肉桂印度綜合香料調理的茄子、豌豆以及乳酪，搭配印度黃瓜優格（raita）與印度薄餅
——維克拉姆・維基與梅魯・達瓦拉（Vikram Vij and Meeru Dhalwala），VIJ'S，溫哥華

蒸煮、快炒、填餡

多香果
鰻魚
朝鮮薊
羅勒
燈籠椒（尤以綠、紅燈籠椒為佳）
香料包
袋餅
麵包粉
綠葉甘藍

續隨子
腰果
卡宴辣椒
乳酪：愛蒙塔爾、費達、山羊、葛
　黎耶和、莫札瑞拉、**帕瑪、瑞可**
　達、含鹽瑞可達、羅馬諾、瑞士
　乳酪
鷹嘴豆
辣椒（尤以新鮮青辣椒為佳）
辣椒粉
中式料理

細香蔥
芫荽葉
肉桂
椰奶
芫荽
孜然
咖哩
蘸醬
東地中海料理
小茴香
小茴香籽
法式料理（尤以普羅旺斯料理為佳）
印度綜合香料
蒜頭
薑
蜂蜜
印度料理
義式料理
日式料理
韓式料理
羊肉
檸檬汁
扁豆
中東料理
薄荷
味噌
菇蕈類（尤以鈕扣菇、香菇為佳）
第戎芥末
油：花生油、芝麻油
橄欖油
橄欖：黑橄欖、綠橄欖
洋蔥（尤以紅、西班牙、黃洋蔥為佳）
奧勒岡
紅椒（裝飾用）
扁葉荷蘭芹
義式麵食
胡椒：黑、白胡椒
佩姬羅紅辣椒（如：西班牙料理）
松子
石榴
義式乾醃火腿
紅椒粉
米
迷迭香
番紅花

鼠尾草
鹽：猶太鹽、海鹽
香腸
香薄荷
青蔥
芝麻：芝麻油、芝麻籽
紅蔥頭
醬油
小南瓜、黃南瓜或其他**夏南瓜**
雞高湯
糖
芝麻醬

玉溜
百里香
番茄、番茄汁、番茄醬汁
醋：巴薩米克香醋、香檳酒醋、紅酒醋、米酒醋、雪莉酒醋
核桃
優格
節瓜

對味組合

茄子＋羅勒＋燈籠椒＋蒜頭＋番茄
茄子＋羅勒＋莫札瑞拉乳酪
茄子＋羅勒＋橄欖油＋巴薩米克香醋
茄子＋羅勒＋含鹽瑞可達乳酪＋番茄
茄子＋燈籠椒＋蒜頭＋芥末
茄子＋蒜頭＋檸檬汁＋橄欖油＋荷蘭芹＋芝麻醬
茄子＋蒜頭＋洋蔥＋荷蘭芹
茄子＋扁豆＋優格

CHEF'S TALK

茄子是種有趣的食材。它是種味道細緻的蔬菜，卻與迷迭香、墨角蘭等風味強烈香草很搭。
——傑瑞・特勞費德（Jerry Traunfeld），THE HERBFARM，華盛頓州伍德菲爾

在味噌或芝麻醬的襯托下，**茄子**能呈現出一股更為豐潤多肉的風味。
——布萊德・法爾米利（Brad Farmerie），PUBLIC，紐約市

我的**茄子**西班牙冷湯嘗起來真的很像芝麻茄泥湯。製作這道湯品，我們先從烤茄子與洋蔥開始，然後加入芝麻醬、番茄水、帶酸味的白脫乳、檸檬與蒜頭一起打成泥。這道湯品還用茄子、檸檬與洋蔥製成的三種凝膠來做裝飾，而這三種凝膠的風味全來自於湯。我喜歡有咬勁的質地（人們總是戲稱我為「嘎吱隊長」），所以東西上桌前，我們會在湯上放些西式米香。
——米契爾・理查（Michel Richard），CITRONELLE，華盛頓特區

蛋以及蛋料理
Eggs and Egg-based Dishes
味道：甜、澀
質性：性熱
分量感：輕盈－中等
風味強度：清淡
料理方式：烘焙（義式蛋餅、法式
　　鹹派等）、沸煮（半熟或全熟）、
　　煎炸、水煮、炒蛋

蘆筍
培根與義大利培根
羅勒
燈籠椒（尤以綠燈籠椒為佳）
麵包
奶油
續隨子
魚子醬
乳酪：蓽德、愛蒙塔爾、**費達、葛
　黎耶和、哈瓦堤、莫札瑞拉、帕
　瑪、侯克霍乳酪**
細葉香芹
細香蔥
西班牙辣香腸
鮮奶油
奶油乳酪
法式酸奶油
蒔蘿
蒜頭
銀杏
火腿：塞拉諾、維吉尼亞燻火腿
香草（尤以細香草為佳，亦即細
　葉香芹、細香蔥、荷蘭芹、龍蒿）
韭蔥
墨角蘭
菇蕈類
橄欖油
洋蔥
扁葉荷蘭芹
胡椒：黑、白胡椒
馬鈴薯
煙燻鮭魚
鹽：猶太鹽、海鹽
香腸
青蔥紅蔥頭
酸模
菠菜

龍蒿
百里香
番茄
松露

避免
蔓越莓

節瓜帕瑪乳酪蛋餅，搭配芝麻菜沙拉
——安德魯‧卡梅利尼（Andrew Carmellini），A VOCE，紐約市

水煮蛋，搭配酥脆玉米餅和番茄荷蘭醬
——安德魯‧卡梅利尼（Andrew Carmellini），A VOCE，紐約市

熱生菜沙拉，搭配義大利培根炒蛋
——凱薩‧卡塞拉（Cesare Casella），MAREMMA，紐約市

有機蛋義式蛋餅，搭配蘑菇、節瓜以及葛黎耶和乳酪
——丹尼爾‧赫姆（Daniel Humm），ELEVEN MADISON PARK，紐約市

有機農場蛋捲，搭配卡普里歐農場山羊乳酪、柳橙，以及柑橘荷蘭醬、烘烤義大利拖鞋麵包與蘋果醬（apple butter）
——凱莉‧納哈貝迪恩（Carrie Nahabedian），NAHA，芝加哥

有機農場蛋以及香木燒烤西班牙香腸，搭配義大利綠捲鬚生菜沙拉、煙燻紅拇指馬鈴薯、法式早餐櫻桃蘿蔔、甜蒜頭以及各類香草
——凱莉‧納哈貝迪恩（Carrie Nahabedian），NAHA，芝加哥

有機芙蓉蛋，搭配萊姆法式酸奶油及白鱘魚子醬
——希蕊‧拉圖拉（Thierry Rautureau），ROVER'S，西雅圖

傳統班尼克蛋＋加拿大培根片＋檸檬百里香荷蘭醬＋松露青醬
——杉江禮行（Noriyuki Sugie），ASIATE，紐約市

煙燻雞肉＋烤燈籠椒＋朝鮮薊＋芳汀那乳酪煎蛋捲
——杉江禮行（Noriyuki Sugie），ASIATE，紐約市

我喜歡以**義式蛋餅**作為午餐或晚餐的主菜，只要再加一道湯品，就是一頓餐點了。義式蛋餅就像燉飯一樣變化多端；你可以瘋狂地實驗各種蛋餅，而且幾乎所有的食材都能用上。我喜歡加入蔬菜，蘆筍、朝鮮薊、蘑菇、洋蔥、節瓜通通都行，並添加一些香草與乳酪來搭配。由於雞蛋已經是種蛋白質食物了，所以蛋餅中我個人最不喜歡的配料就是肉類，可能還有醃漬蔬菜吧。
——奧德特‧法達（Odette Fada），SAN DOMENICO，紐約市

我們在早午餐所供應的水煮蛋與春季蘆筍，與晚餐的不同。早午餐是在砂鍋中先鋪上蘆筍片與其他蔬菜片，然後放上一顆水煮蛋。而晚餐則是新鮮綠蘆筍，上方擺個水煮蛋再淋上鯷魚醬。
——亞歷山大‧拉許（Alexandra Raij），TÍA POL（紐約）

韭蔥
美乃滋
薄荷
芥末：第戎芥末、芥末粉
橄欖油
紅椒
扁葉荷蘭芹
黑胡椒
鮭魚
猶太鹽
法式奶油檸檬白醬
青蔥
紅蔥頭
酸奶油
塔巴斯科辣椒醬
龍蒿
番茄

苣菜 Endive
季節：冬－春
味道：苦、甜
分量感：輕盈
風味強度：清淡－溫和
料理方式：燉煮、蜜汁、燒烤、生食、烘烤

杏仁
鰻魚
蘋果
芝麻菜
酪梨
培根與義大利培根
羅勒
月桂葉
甜菜
無鹽奶油
續隨子
綠豆蔻
芹菜
乳酪：愛亞格、藍黴、山羊、戈根索拉、葛黎耶和、香草、帕瑪、侯克霍乳酪
細葉香芹
雞肉
細香蔥
肉桂
芫荽

對味組合
蛋＋培根＋乳酪＋洋蔥
蛋＋培根＋法式酸奶油＋洋蔥（亞爾薩斯風味）
蛋＋甜菜＋煙燻白鮭（意第緒風味）
蛋＋乳酪＋菇蕈類＋百里香
蛋＋芥藍＋德國醃肉香腸（燕麥香腸）（柏林風味）
蛋＋莫札瑞拉乳酪＋番茄（羅馬）
蛋＋菇蕈類＋紅酒（波爾多紅酒）
蛋＋馬鈴薯＋香腸

義式蛋餅 Eggs, Frittata
鰻魚
朝鮮薊
芝麻菜
蘆筍
培根與義大利培根
羅勒
燈籠椒
乳酪：費達、葛黎耶和、哈瓦堤、莫札瑞拉、帕瑪乳酪
細香蔥
香草
義式料理
菇蕈類
橄欖
洋蔥
黑胡椒
鹽（尤以猶太鹽為佳）
香腸
紅蔥頭

百里香
番茄
節瓜

全熟沸煮蛋 Eggs, Hard-boiled
料理方式：弄碎、填餡、切半、打散、過篩、切片

杏仁
羅勒
無鹽奶油
卡宴辣椒
哈拉佩諾辣椒
細香蔥
芫荽葉
鮮奶油
咖哩
蒔蘿
蒜頭
醃漬薑

| 主廚私房菜 | DISHES |

不含甘藍菜的德國酸菜：醃洋蔥＋小茴香＋苣菜＋青蘋果
——克里斯多弗・李（Christopher Lee），GILT，紐約市

苣菜淋上紅燈籠椒泥、楓糖漿以及核桃糖
——莫妮卡・波普（Monica Pope），T'AFIA，休斯頓

苣菜葡萄柚沙拉，佐以蜂蜜醬汁及烤美洲山核桃
——莫妮卡・波普（Monica Pope），T'AFIA，休斯頓

比利時苦苣沙拉＋胡蘿蔔絲與蘋果沙拉＋康科特葡萄＋索諾瑪酸葡萄汁油醋醬
——杉江禮行（Noriyuki Sugie），ASIATE，紐約市

CHEF'S TALK

由於苣菜帶有苦味，所以大家並不愛用。不過一個好廚師就會以甜醬汁來搭配。
——凱莉・納哈貝迪恩（Carrie Nahabedian），NAHA，芝加哥

蟹
鮮奶油
奶油乳酪
法式酸奶油
孜然
小茴香籽
葫蘆巴
法式料理
綠捲鬚生菜
野味
蒜頭
薑
葡萄柚
蜂蜜
山葵
韭蔥
檸檬汁
美乃滋
菇蕈類
芥末：第戎芥末、芥末粉、芥末粒
芥末籽
油：葡萄籽油、花生油、紅花油、蔬菜油
橄欖油
黑橄欖
柳橙：果實、柳橙汁
扁葉荷蘭芹
花生

西洋梨
美洲山核桃
胡椒：黑、白胡椒
堅果
開心果
石榴
紫葉菊苣
紅椒粉
迷迭香
沙拉
鹽：猶太鹽、海鹽
海鮮
紅蔥頭
蝦
乾醃肉品
魚（尤以鮭魚或鱒魚為佳）
酸奶油
高湯：雞、魚、小牛高湯
糖：黑糖、白糖
龍蒿
百里香
番茄
芥末油醋醬
醋：巴薩米克香醋、覆盆子醋、紅酒醋、雪莉酒醋
核桃
水田芥

對味組合
苣菜＋芝麻菜＋紫葉菊苣
苣菜＋乳酪＋菇蕈類

捲葉苣菜 Endive, Curly
（參見綠捲鬚生菜）

英式料理 English Cuisine
乳酪：巧達、斯提爾頓乳酪
鮮奶油
魚（與炸薯片）
野味
果醬與醃漬水果
羊肉
老羊肉
燕麥
豌豆
布丁（如：約克郡布丁）
烤牛肉
司康餅
茶
茶點三明治
伍斯特辣醬油

土荊芥 Epazote
味道：苦
分量感：輕盈－中等
風味強度：溫和－濃烈

豆類（尤以黑豆為佳）
燈籠椒
加勒比海料理
中美洲料理
辣椒
西班牙辣香腸
芫荽葉
丁香
玉米
孜然
魚
蒜頭
山羊
拉丁美洲料理
豆類
萊姆
墨西哥料理
摩爾醬

CHEF'S TALK

我一向喜歡巧妙地把肉類和魚類搭配在一起。我是在卡特餐廳（Cut，沃佛根・帕克經營的牛排館）享用到這輩子第一份真正的神戶牛排，於是請求主廚李・海夫特（Lee Hefter）告訴我他的靈感來源。海陸大餐並不單是把肉和魚擺在一起，而是在於以這兩者創造出新的風味組合。神戶牛排觸發了一切。海鮮餐廳實在不該供應牛排，但神戶牛排的滋味實在太棒，我得想辦法把它放入菜單。於是我創造出神戶牛排與玉梭魚的組合，並佐以經典的褐化奶油。這道料理是受到在朋友家韓國烤肉的啟發，那時我才了解到這兩種食材該如何搭配。

因為神戶牛肉、玉梭魚與褐化奶油都十分油潤與柔軟，所以菜餚中還要有其他的食材才行。因此這道料理中還搭配了小南瓜、日本梨以及韓國泡菜中的醃大白菜。這些食材為整道料理增添了風味上的對比、咬勁和清脆口感。

——艾略克・瑞普特（Eric Ripert），LE BERNARDIN，紐約市

菇蕈類
洋蔥
奧勒岡
紅椒
胡椒
豬肉
米
莎莎醬
貝蝦蟹類
湯
小南瓜
綠番茄
綠葉生菜

玉梭魚 Escalar
褐化奶油
神戶牛肉

對味組合
玉梭魚＋神戶牛肉＋褐化奶油

闊葉苣菜 Escarole
季節：全年
味道：苦
分量感：中等
風味強度：溫和－濃烈
料理方式：燜燒、燒烤、烘烤

杏仁
鯷魚
豆類

牛肉
奶油
乳酪：芳汀那、葛黎耶和、莫札瑞拉、帕瑪、侯克霍乳酪
乾紅辣椒
鮮奶油
孜然
魚
蒜頭
榛果
檸檬
橄欖油
黑橄欖
洋蔥
紅辣椒碎片
荷蘭芹
胡椒：黑、白胡椒
豬肉
禽肉
紅椒粉
猶太鹽
紅蔥頭
湯（尤以豆湯為佳）
雞高湯

番茄（如：櫻桃番茄）
醋、紅酒醋或白酒醋

對味組合
闊葉苣菜＋蘋果＋巧達乳酪
闊葉苣菜＋橄欖油＋紅蔥頭

衣索比亞料理
Ethiopian Cusine
生牛肉或燉牛肉
衣索比亞酸薄餅
香料
燉煮料理
燉蔬菜
蜂蜜酒

小茴香 Fennel
季節：全年
味道：甜
分量感：輕盈
風味強度：清淡
料理方式：沸煮、燉煮、煎炸、燒烤、生食、烘烤、煎炒、蒸煮

杏仁
洋茴香
蘋果
芝麻菜
蘆筍
羅勒
月桂葉
甜菜：甜菜、甜菜汁
燈籠椒
無鹽奶油
胡蘿蔔
乳酪：藍黴、山羊、戈根索拉、葛黎耶和、帕瑪、佩科利諾乳酪
雞肉
細香蔥
芫荽

CHEF'S TALK

闊葉苣菜是一種帶有苦味的硬葉蔬菜，適用於以橄欖油與紅酒醋調味的沙拉。我喜歡在其中添加風味明顯與口感豐潤的巧達乳酪，以及一些清脆爽口的蘋果。
——湯尼・劉（Tony Liu），AUGUST，紐約市

主廚私房菜	DISHES

野生小茴香與野生韭蔥湯，搭配碎的天使髮絲麵與阿拉斯加帝王蟹
——莉迪亞‧巴斯提安尼齊（Lidia Bastianich），FELIDIA，紐約市

燜燒小茴香沙拉，搭配西洋梨與戈根索拉乳酪
——馬利歐‧巴達利（Mario Batali），BABBO，紐約市

小茴香泥濃湯，內有蘋果、杏仁以及馬德拉斯咖哩
——崔西‧德‧耶丁（Traci Des Jardins），JARDINIÈRE，舊金山

蟹
鮮奶油
法式酸奶油
黃瓜
茄子
蛋
苣菜
小茴香花粉
小茴香籽
魚（尤以烤鮭魚與／或全鮭魚、
　海鱸、笛鯛為佳）
綠捲鬚生菜
蒜頭
生薑
義式料理

香草
蜂蜜
羊肉
韭蔥
檸檬：檸檬汁、碎檸檬皮
檸檬香蜂草
萵苣：畢布萵苣、奶油萵苣
萊姆：萊姆汁、（卡非）萊姆葉
龍蝦
歐當歸
肉類
地中海料理
薄荷
貽貝
肉豆蔻

油：菜籽油
橄欖油
橄欖：黑橄欖、綠橄欖
洋蔥（尤以紅洋蔥為佳）
柳橙：柳橙汁、柳橙瓣
義大利培根
紅椒
扁葉荷蘭芹
義式麵食
西洋梨
美洲山核桃
胡椒：黑、白胡椒
保樂酒
醃漬食品
豬肉
馬鈴薯
義式乾醃火腿
米
迷迭香
沙拉（如：綠葉沙拉或鮪魚沙拉）
　與沙拉醬汁
鮭魚
鹽：猶太鹽、海鹽
義大利小茴香甜酒
醬汁
青蔥
紅蔥頭
貝蝦蟹類
蝦
湯（尤以蔬菜湯為佳）
菠菜
八角
燉煮料理（尤以燉魚為佳）
高湯：雞、小牛、蔬菜高湯
餡料
糖（一撮）
旗魚
龍蒿
百里香
番茄與番茄醬汁
鮪魚
小牛肉
蔬菜（尤以夏季蔬菜為佳）
苦艾酒
油醋醬
醋：香檳酒醋、蘋果酒醋、覆盆子
　醋

CHEF'S TALK

我喜歡生**小茴香**薄片，再加些檸檬汁、橄欖油以及小茴香籽調理即可。
小茴香與義式乾醃火腿這類乾肉的風味極搭。此外，它與螯蝦、龍蝦
或螃蟹等貝蝦蟹類也很相配。小茴香可以搭配魚類，也可以搭配肉類。
用來搭配涼拌水煮鮭魚，或是像雞肉、小牛肉這類較為清淡的白肉，
效果極佳。
——加柏利兒‧克魯德（Gabriel Kreuther），THE MODERN，紐約市

我實在太愛**小茴香**的風味了，所以得盡量自我克制用量。它什麼都可
以搭配，因為所有風味都能與小茴香完美融合。橄欖油與小牛肉高湯
燜燒小茴香會得到一種風味，或者用橄欖油、白酒再加一些水來燜燒，
也能得到另一種完全不同的風味。也可以把它切成四份，用鍋煎至焦
糖化然後放進烤箱烘烤：這個階段的小茴香已帶有甜味，可說是一道
甜點了。我喜歡運用各種方式來處理小茴香，包括燜燒、焦糖化、風
乾、糖漬以及搗成泥。在秋季時，我會供應搭配芝麻菜以及蜜脆蘋果
（Honeycrisp apple）片的生小茴香薄片沙拉，再以蘋果酒、蜂蜜、芥末調
製成醬汁淋上。口感爽脆的小茴香薄片將沙拉的風味提升到極致。到
了夏天，我們改以小茴香無花果倒塔（tarte tatin）搭配鴨肉上桌。菜餚
中的無花果會產生無花果酥（Fig Newton）的風味，而小茴香則釋放出
保樂酒的風味；這兩種風味真的很搭調。
——凱莉‧納哈貝迪恩（Carrie Nahabedian），NAHA，芝加哥

核桃
水田芥

酒：干白酒、苦艾酒
節瓜

對味組合

小茴香＋杏仁＋小茴香籽＋蜂蜜＋檸檬
小茴香＋蘋果＋佩科利諾乳酪＋水田芥
小茴香＋蘆筍＋小茴香籽＋蒜頭＋橄欖油
小茴香＋蒜頭＋洋蔥＋番茄
小茴香＋檸檬＋薄荷＋橄欖油＋橄欖＋柳橙
小茴香＋檸檬＋橄欖油＋帕瑪乳酪＋荷蘭芹
小茴香＋洋蔥＋馬鈴薯＋雞高湯
小茴香＋柳橙＋義大利小茴香甜酒

小茴香花粉 Fennel Pollen

味道：甜
分量感：輕盈
風味強度：清淡
小祕訣：用來完成菜餚

杏桃
牛肉
野豬肉
雞肉
鮮奶油
小茴香籽
魚（尤以白肉、水煮或蒸魚為佳）
蒜頭
羊肉
檸檬
堅果（尤以杏仁、開心果為佳）
義式麵食
豬肉
馬鈴薯
禽肉
兔肉
米或義式燉飯
沙拉
鮭魚
海鱒魚
貝蝦蟹類
蔬菜
優格

對味組合

小茴香花粉＋檸檬＋優格

> ### CHEF'S TALK
>
> 小茴香花粉帶有一股融合小茴香、八角與花香的清淡風味，它的粉分量感細緻，所以不適合用來烹調，只能在起鍋前撒上一點來使用。它非常適合用於味道清淡的菜餚，像是沙拉、水煮或清蒸魚片、禽肉或豬肉。菜餚若加入小茴香花粉，在食物尚未入口前就會聞到一股花香，讓人擁有夏季、輕食以及清新感。我用小茴香花粉來搭配海鱒魚，同時搭配一份含有青蘋果、小茴香、豆薯、開心果與乾醋栗的簡單沙拉。魚片上再淋上由小茴香花粉、優格、檸檬汁以及醃檸檬攪打而成的醬汁。這是道歡頌「夏季」的菜餚。夏季黃昏時，在陽台上來杯蘇維翁白酒搭配這道料理，真是無限愜意啊！
> ——布萊德·法爾米利（Brad Farmerie），PUBLIC，紐約市
>
> 我真的很喜歡小茴香花粉。我通常會將它拌入醃料，用來醃豬肉、山豬肉、雞肉與羊肉。它為食物帶來很有意思的香草氣味，以及一點神祕風味。
> ——雪倫·哈格（Sharon Hage），YORK STREET，達拉斯

小茴香籽 Fennel Seeds

味道：甜
分量感：輕盈
風味強度：清淡－溫和
小祕訣：菜餚接近完成時加入

蘋果
烘焙食物（如：麵包）
羅勒
豆類
甜菜
馬賽魚湯
甘藍菜
雞肉
中式料理
肉桂
丁香
黃瓜
孜然
咖哩
鴨
小茴香
無花果
魚（尤以蒸魚為佳）
五香粉（主要成分）
印度綜合香料（主要成分）
蒜頭
普羅旺斯綜合香草（主要成分）
義式料理
韭蔥
扁豆
燜燒肉
地中海料理
橄欖
柳橙
紅椒
荷蘭芹
義式麵食
黑胡椒
醃漬食物
豬肉
馬鈴薯
摩洛哥綜合香料（主要成分）
米
番紅花
沙拉
醬汁

德國酸菜
香腸*（尤以義大利香腸為佳）
斯堪地納維亞料理
貝蝦蟹類
湯（尤以魚湯為佳）
八角
燉煮料理（尤以燉魚為佳）
高湯與清湯
龍蒿
番茄與番茄醬汁
蔬菜（尤以綠葉生菜為佳）

對味組合
小茴香籽＋肉桂＋丁香
＋胡椒粒＋八角（五香粉）

葫蘆巴 Fenugreek
季節： 秋
味道： 苦、甜
質性： 性熱
分量感： 輕盈－中等
風味強度： 清淡－溫和

小豆蔻
白花椰菜
乳酪（尤以奶油狀乳酪為佳）
雞肉
肉桂
丁香
芫荽
鮮奶油（尤以酸奶油為佳）
孜然
咖哩與咖哩粉
衣索比亞料理
小茴香籽
魚
蒜頭
印度料理

羊肉
豆類
扁豆
人造楓糖漿（主要成分）
美乃滋
薄荷
豌豆
胡椒
馬鈴薯
兔肉
米
醬汁（尤以奶油醬汁為佳）
蝦
湯
菠菜
燉煮料理（尤以番茄為底的燉菜
　為佳）
番茄
薑黃
蔬菜（尤以綠葉生菜與根莖類蔬
　菜為佳）
優格

蕨菜 Fiddlehead Ferns
季節： 春
味道： 苦
分量感： 中等
風味強度： 溫和－濃烈
小祕訣： 一定要經過烹調才能食
　用：汆燙、水煮、煎炒、蒸煮。

美式料理（以新英格蘭料理為佳）
蘆筍
培根
羅勒
蠶豆
牛肉
褐化奶油
甜奶油
卡宴辣椒
乳酪：韋德、山羊、帕瑪乳酪
雞肉

對味組合
蕨菜＋奶油＋香草＋羊肚菌＋野生韭蔥
蕨菜＋蒜頭＋羊肚菌＋鮭魚
蕨菜＋芝麻油與／或芝麻籽＋醬油

小茴香
魚（如：比目魚、鮭魚）
蒜頭
荷蘭醬
山葵
羊肉
檸檬汁
野生菇蕈（如：酒杯蘑菇、羊肚菌）
芥末
油：芝麻油、核桃油
橄欖油
**洋蔥（尤以奇波利尼、紅、青蔥為
　佳）**
扁葉荷蘭芹
義式麵食（尤以義式麵疙瘩為佳）
胡椒
義式玉米餅
馬鈴薯（尤以育空黃金馬鈴薯為
　佳）
禽肉
義式乾醃火腿
野生韭蔥
沙拉
鹽
芝麻籽
紅蔥頭
醬油
菠菜
龍蒿
百里香
小牛肉
油醋醬
醋：巴薩米克香醋、雪莉酒醋
核桃
優格

無花果乾 Figs, Dried

味道：甜
分量感：中等
風味強度：溫和
料理方式：燉煮

杏仁
洋茴香籽
蘋果
杏桃乾
香蕉
月桂葉
白蘭地
焦糖
乳酪：山羊、蒙契格、帕瑪、瑞可達乳酪
櫻桃乾
栗子
巧克力（尤以黑、白巧克力為佳）
肉桂
丁香
椰子
咖啡

干邑白蘭地
鮮奶油
椰棗
野味
薑
蜂蜜
檸檬：檸檬汁、碎檸檬皮
夏威夷豆
楓糖漿
馬士卡彭乳酪
肉豆蔻
燕麥
柳橙：柳橙果實、柳橙汁
酥皮
西洋梨
美洲山核桃
鳳梨
開心果
黑李乾
榲桲
黃葡萄乾
黑糖
番薯

香莢蘭
核桃
紅酒、甜酒

對味組合
無花果乾＋洋茴香＋柳橙＋核桃

新鮮無花果 Figs, Fresh

季節：夏－秋
味道：甜、澀
質性：性涼
分量感：中等
風味強度：清淡－溫和
料理方式：烘焙、炙烤、焦糖化、
　　油炸、燒烤、生食、烘烤

杏仁
鰻魚
洋茴香（尤以綠洋茴香為佳）
蘋果
芝麻菜
培根
無鹽奶油

主廚私房菜 | DISHES

新鮮無花果塔，搭配馬士卡彭鮮奶油乳酪
——吉娜・德帕爾馬（Gina DePalma），糕點主廚，BABBO，紐約市

無花果–瑞可達義式冰淇淋
——吉娜・德帕爾馬（Gina DePalma），糕點主廚，BABBO，紐約市

核桃餡蜜烤無花果
——吉娜・德帕爾馬（Gina DePalma），糕點主廚，BABBO，紐約市

黑色教士無花果，搭配山羊乳酪慕斯、蜂蜜冰淇淋以及波特酒沙巴雍
醬
——蓋瑞・丹可（Gary Danko），GARY DANKO，舊金山

紅河谷奧勒岡索拉藍黴乳酪＋黑色教士無花果＋薰衣草蜂蜜＋烤榛果
——莫妮卡・波普（Monica Pope），T'AFIA，休斯頓

焦糖
乳酪：藍黴、山羊、戈根索拉、傑
　克、蒙契格、波伏洛、瑞可達、
　侯克霍、法式白乳酪
櫻桃
雞肉
巧克力：黑、白巧克力
芫荽葉
肉桂
丁香
咖啡／義式濃縮咖啡
干邑白蘭地
鮮奶油與冰淇淋
奶油乳酪
英式奶油醬
法式酸奶油
鴨
魚（如：鱸魚）
五香粉
法式料理（尤以南法料理為佳）
野禽類
蒜頭
薑
葡萄
火腿（尤以塞拉諾火腿為佳）
榛果
蜂蜜
義式料理（尤以南義料理為佳）
櫻桃
白蘭地
羊肉

薰衣草
檸檬：檸檬汁、碎檸檬皮
萊姆汁
香甜酒（尤以覆盆子香甜酒為佳）
芒果
馬士卡彭乳酪
乾醃肉品與煙燻肉
地中海料理
中東料理
薄荷
摩洛哥料理
葡萄籽油
橄欖油
洋蔥
柳橙：橙汁、碎橙皮
義大利培根
西洋梨
美洲山核桃
黑胡椒
松子
開心果
豬肉
波特酒
義式乾醃火腿
鵪鶉
紫葉菊苣
覆盆子
米
迷迭香
蘭姆酒（尤以深色蘭姆酒為佳）
雪酪

八角
糖：黑糖、白糖
百里香
香莢蘭
高甜度葡萄酒
醋：巴薩米克香醋、紅酒醋、雪莉
　酒醋
核桃
酒：干紅酒、瑪莎拉酒、波特酒

對味組合

無花果＋杏仁＋綠茴香
無花果＋黑胡椒＋瑞可達乳酪
無花果＋焦糖＋香莢蘭＋巴薩米
　克香醋
無花果＋芫荽葉＋萊姆
無花果＋肉桂＋蜂蜜＋柳橙
無花果＋鮮奶油＋山羊乳酪＋蜂
　蜜
無花果＋鮮奶油＋蜂蜜＋覆盆子
無花果＋山羊乳酪＋松子
無花果＋蜂蜜＋馬士卡彭乳酪
無花果＋檸檬＋迷迭香
無花果＋橄欖油＋迷迭香
無花果＋保樂酒＋核桃

細香草 Fines Herbes
小祕訣：在烹調後期加入

法式料理

對味組合
細葉香芹＋細香蔥＋荷蘭芹＋龍
　蒿

魚 Fish
（參見個別魚類、海鮮）

味道：甜
質性：性熱
分量感：輕盈－中等
風味強度：清淡－溫和

洋茴香
羅勒
清湯
奶油
鮮奶油
蒔蘿
小茴香
細香草（也就是細葉香芹、細香蔥、荷蘭芹、龍蒿）
蒜頭
薑
葡萄柚

韭蔥
檸檬：檸檬汁、碎檸檬皮
檸檬草
檸檬馬鞭草
萊姆：萊姆汁、碎萊姆皮
荷蘭芹

豌豆（佐餐配菜）
胡椒粒
大黃
鹽
番茄
酒（尤以白酒為佳）

CHEF'S TALK

用白肉來思考鬼頭刀魚、多佛真鰈、鯧魚、鮨魚、笛鯛這些白肉魚，以紅肉來思考鮭魚、鮪魚這類紅肉魚。鮭魚像是豬肉，而鮪魚就像牛肉，兩種魚都適合搭配風味較重的食材。鮪魚甚至與黑胡椒、紅酒與日式芥末等這些用來搭配牛肉的食材也很對味。
——米契爾·理查（Michel Richard），CITRONELLE，華盛頓特區

我喜歡簡單以燒烤或清蒸調理的魚。我選用味道豐富的魚類，所以也就無需做太多處理。我認為好魚肉無需一大堆添加物。多佛真鰈不用添加任何東西，大菱鮃無需任何食材的幫忙便能擁有美妙的風味。我們從西西里進口的小章魚本身就滋味鮮美。
——奧德特·法達（Odette Fada），SAN DOMENICO，紐約市

對味組合

魚＋薑＋檸檬草
魚＋香草＋白酒
魚＋洋蔥＋番茄

魚露 Fish Sauce

味道：鹹
分量感：輕盈
風味強度：濃烈

萊姆汁
蘸醬
蝦
東南亞料理
春捲
糖
泰式料理
越南料理
蔬菜

五香粉 Five-Spice Powder

味道：甜
分量感：輕盈
風味強度：清淡－溫和

牛肉
雞肉
中式料理
鴨
豬肉
燉煮料理
快炒

對味組合

肉桂＋丁香＋小茴香籽＋八角＋
　四川花椒粒

比目魚 Flounder

季節：夏
分量感：輕盈
風味強度：清淡

料理方式：烘焙、炙烤、油炸、煎
　炸、水煮、煎炒、蒸煮、快炒

杏仁
羅勒
麵包粉或餅乾屑
奶油
續隨子
辣椒醬
細香蔥
椰奶
玉米
玉米粉（如：表面沾粉）
蟹
綠咖哩
蒔蘿
檸檬
萊姆
地中海料理
味噌
麵條
橄欖油
維塔莉亞洋蔥
義式麵食
豌豆
黑胡椒
野生韭蔥
鹽
海帶（尤以昆布為佳）
紫蘇
梅（日本梅）
白酒
柚子
節瓜

對味組合

比目魚＋續隨子＋檸檬
比目魚＋紫蘇＋日本梅
比目魚＋昆布海帶＋紫蘇

鵝肝 Foie Gras

季節：秋
分量感：厚實
風味強度：溫和
料理方式：燜燒、煎炒、製成法式
　鵝肝凍

多香果
蘋果
杏桃
阿瑪涅克白蘭地
培根
白蘭地
甘藍菜
櫻桃
細香蔥
巧克力
干邑白蘭地
芹菜
無花果：無花果乾、新鮮無花果
法式料理
薑
葡萄
韭蔥
檸檬
芒果
味噌
肉豆蔻
葡萄籽油
橄欖油
洋蔥
桃子
西洋梨
黑胡椒

主廚私房菜 | DISHES

鵝肝搭配烤洋李
——凱莉·納哈貝迪恩（Carrie Nahabedian），NAHA，芝加哥

鵝肝壽司搭配黑李乾酒果凍
——大河內和（Kaz Okochi），KAZ SUSHI BISTRO，華盛頓特區

油煎哈得遜谷鵝肝，搭配焦糖化梨子沙拉
——吉米·史密德（Jimmy Schmidt），2003年詹姆士比爾德獎慶祝酒會

CHEF'S TALK

我某次在調製**鵝肝**慕斯的時候，作出的成品柔軟滑順得足以製作成糖衣，因而發現了一個製作橄欖油蛋糕的食譜。所以我就做了一個鵝肝慕斯糖衣的鹹味蛋糕。有一天，我聽到有人談起黃金海綿蛋糕（twinkies），便立即上網訂了一個海綿蛋糕專用烤鍋。三天之後，內含鵝肝醬餡料的黃金海綿蛋糕於焉誕生。我以新鮮草莓與黑胡椒搭配這道點心。似乎每種東西都已有人試過了，但我總認為自己是唯一拿黃金海綿蛋糕來試驗的人。
——包柏·亞科沃內（Bob Iacovone），CUVÉE，紐奧良

開心果
洋李
波特酒
葡萄乾大黃
猶太鹽
索甸紅酒
紅蔥頭
雞高湯
草莓
糖（少許）
番茄
松露與松露油（尤以白松露為佳）
醋：巴薩米克香醋、蘋果酒醋

對味組合
鵝肝＋櫻桃＋巴薩米克香醋
鵝肝＋櫻桃＋開心果
鵝肝＋草莓＋黑胡椒

法式料理
French Cuisine in General
牛肉
乳酪
鮮奶油
蛋
香草
芥末
洋蔥
荷蘭芹
酥皮
豬肉
馬鈴薯
禽肉

烘烤肉
醬汁
香腸
煎炒料理
海鮮
紅蔥頭
斯普利茲甜酒
高湯
龍蒿
百里香
黑松露
小牛肉
醋
小麥（尤以小麥粉為佳）
酒

對味組合
奶油＋乳酪＋高湯
奶油＋乳酪＋酒
奶油＋香草
鮮奶油＋香草
香草＋高湯
香草＋酒

北法料理
French Cuisine, Northern
蘋果：蘋果酒、蘋果果實、蘋果汁
蕎麥（可麗餅中的主要成分）
奶油
甘藍菜
卡巴杜斯蘋果酒
熟肉店販賣的各式熟肉
康門貝爾乳酪
鮮奶油
淡水魚

CHEF'S TALK

火烤薄餅（Tarte flambée）這道料理已經二百多年歷史，最早是亞爾薩斯農夫以村中烤麵包用的木柴烤爐所製成。薄餅以農場上隨手可得的食材製成，包括來自母牛的乳酪與鮮奶油、自家飼養的豬肉、田裡採摘的洋蔥，然後加入麵團。位於曼哈頓中心的我們可沒有木柴烤爐，所以必須調整一下傳統食譜的作法。我們必須調整鮮奶油的作法，否則鮮奶油會受到破壞而出油。於是我混合了白乳酪、鮮奶油以及酸奶來代替鮮奶油，以得到與原食譜一樣的結果。而且我還選用了蘋果枝煙燻培根，來補足煙燻風味。
——加柏利兒·克魯德（Gabriel Kreuther），THE MODERN，紐約市

野味
龍蝦
牡蠣
豬肉：培根、火腿
香腸
貝蝦蟹類
小牛肉

對味組合
培根＋乳酪＋鮮奶油

南法料理
French Cusine, Southern
（亦稱普羅旺斯料理）
鯷魚
洋茴香
羅勒
牛肉（尤以燉牛肉為佳）
燈籠椒
雞肉（尤以烘烤調理的雞肉為佳）
魚（尤以烘烤調理的魚為佳）
蒜頭
燒烤料理
普羅旺斯綜合香草
羊肉（尤以烘烤調理的羊肉為佳）
薰衣草
墨角蘭
肉類
芥末
橄欖油
橄欖
法式肉派
豬肉
迷迭香
鼠尾草
貝蝦蟹類
湯
番茄
蔬菜
酒

對味組合
羅勒＋蒜頭＋橄欖油＋帕瑪乳酪
羅勒＋橄欖油＋番茄
燈籠椒＋茄子＋蒜頭＋洋蔥＋番茄＋節瓜
雞肉＋蒜頭＋橄欖＋洋蔥＋番茄
蒜頭＋蛋黃＋檸檬＋橄欖油＋番紅花
墨角蘭＋迷迭香＋鼠尾草＋百里香（亦稱普羅旺斯綜合香草）
橄欖＋羅勒＋續隨子＋蒜頭＋橄欖油（亦稱普羅旺斯橄欖醬）
豬肉＋洋茴香＋墨角蘭＋百里香
海鮮＋蒜頭＋橄欖油＋番茄

清新食材 Freshness
季節：春－夏
小祕訣：下面列出的香草都可新
　　鮮入菜（幾乎無需烹調），如此
　　就能增添菜餚的清新感。其他
　　另外列出的香料則能提升菜餚
　　的風味。至於相反的用法可參
　　見**慢煮菜餚**。

羅勒
細香蔥
芫荽葉
柑橘類
蒔蘿
小茴香花粉
薄荷
龍蒿

綠捲鬚生菜 Frisee
（一種細葉的捲葉苣菜）
季節：全年
味道：甜、苦
分量感：輕盈
風味強度：清淡
料理方式：生食、出水

杏仁
鯷魚
酪梨
培根／法式鹹豬肉條
羅勒
燈籠椒：紅、黃燈籠椒
甜菜
乳酪：藍黴、山羊、帕瑪、侯克霍乳酪
櫻桃乾

細葉香芹
細香蔥
芫荽葉
酥脆麵包丁（增強味道）
黃瓜
蛋（尤以沸煮至半熟的蛋為佳）
苣菜
油脂：培根油、鴨油
蒜頭
薑
葡萄柚
檸檬汁
萵苣：紅橡木葉萵苣、紅葉萵苣
萊姆汁
楓糖漿
白蘑菇
第戎芥末
油：菜籽油、葡萄籽油、榛果油、核桃油
橄欖油
橄欖
紅洋蔥
橙汁
扁葉荷蘭芹
胡椒：黑、白胡椒
沙拉（尤以熱沙拉為佳）
鹽：猶太鹽、海鹽
扇貝
海鮮
紅蔥頭
柑橘類與果汁
龍蒿
番茄
油醋醬
醋：雪莉酒醋、白酒醋
核桃（增強味道）

主廚私房菜 DISHES

里昂沙拉：義大利綠捲鬚生菜＋蘋果枝煙燻大培根＋熱水煮蛋＋雪莉酒–第戎芥末油醋醬
——凱莉・納哈貝迪恩（Carrie Nahabedian），NAHA，芝加哥

熱綠捲鬚生菜培根沙拉，搭配生甜菜薄片與香烤核桃
——莉迪亞・席爾（Lydia Shire），LOCKE-OBER CAFÉ，波士頓

綠捲鬚生菜與菠菜沙拉，搭配櫻桃乾、藍黴乳酪、核桃以及楓糖雪莉酒油醋醬
——查理・波特（Charlie Trotter），TROTTER'S TO GO，芝加哥

水田芥

對味組合
綠捲鬚生菜＋鰻魚＋蒜頭＋帕瑪乳酪
綠捲鬚生菜＋培根＋沸煮蛋
綠捲鬚生菜＋培根＋侯克霍乳酪＋蒜頭＋紅蔥頭＋雪莉酒醋

水果乾 Fruit, Dried（同時參見椰棗、無花果、葡萄乾等）
味道：甜
小祕訣：如果水果質地堅硬，在使用前先蒸一下。

蘋果汁
巧克力
肉桂
薑
檸檬
堅果
開心果
香莢蘭
核桃

新鮮水果 Fruit, Fresh
（同時參見特定水果）
味道：甜
小祕訣：糖能增進水果的天然風味

杏仁
生薑
檸檬：檸檬汁、碎檸檬皮

沙巴雍醬
糖
香莢蘭

熱帶水果 Fruit, Tropical
（同時參見特定水果，例如芒果、木瓜、鳳梨等）
味道：甜、酸

香蕉
波本酒
焦糖
辣椒
巧克力
白巧克力

丁香
椰子
芫荽
鮮奶油與冰淇淋
五香粉
薑
番石榴
蜂蜜
檸檬：檸檬汁、碎檸檬皮
檸檬草
萊姆：萊姆汁、碎萊姆皮
芒果
蜜露瓜
薄荷
柳橙：橙汁、碎橙皮
鳳梨
石榴
蘭姆酒
透明蒸餾酒：琴酒、伏特加
草莓
糖：黑糖、白糖
香莢蘭
優格

對味組合
熱帶水果＋椰子＋蜂蜜＋萊姆
熱帶水果＋薑＋薄荷＋柳橙＋糖

CHEF'S TALK

熱帶水果的風味強烈，比較能承受巧克力的濃郁味道，而香蕉或芒果這一類的熱帶水果也不會過甜，所以也很適合搭配焦糖。我通常會用一點萊姆汁及蘭姆酒，讓水果來一點勁。搭配芒果時，我則會用些黑糖（或是黑糖混一些白糖），因為我想要一點糖的風味，又不希望糖味過重。
——艾蜜莉・盧契提（Emily Luchetti），FARALLON，舊金山

主廚私房菜 DISHES

異國風味水果沙拉，搭配番石榴醬汁與奶油薄酥餅（phyllo galettes）
——多明尼克和欣迪杜比（Dominique and Cindy Duby），WILD SWEETS，溫哥華

巧克力卡士達蛋糕，搭配異國風味果凍以及焦糖化香蕉
——多明尼克和欣迪杜比（Dominique and Cindy Duby），WILD SWEETS，溫哥華

熱帶水果沙拉，搭配玫瑰水與芝麻甜醬優格
——布萊德・法爾米利（Brad Farmerie），PUBLIC，紐約市

野味 Game
（同時參見兔肉、鹿肉）
季節：秋
分量感：厚實
風味強度：溫和－濃烈
料理方式：燜燒、烘烤
小祕訣：丁香能增進野味的豐郁
　　口感

多香果
紅葉甘藍
卡宴辣椒
櫻桃
栗子
丁香
蔓越莓乾
蒜頭
琴酒
綠葉生菜
義式料理
刺柏漿果
扁豆
馬德拉酒
楓糖漿
野生菇蕈類
第戎芥末
洋蔥
扁葉荷蘭芹
黑胡椒
海鹽
牛高湯
黑糖
醋
紅酒

印度綜合香料 Garam Masala
質性：暖
小祕訣：在菜餚起鍋前或上桌前
　　才加入

印度料理

對味組合
小豆蔻＋黑胡椒＋肉桂＋丁香＋
　芫荽＋孜然＋乾辣椒＋小茴香
　＋豆蔻皮粉＋肉豆蔻

蒜頭 Garlic
季節：全年
同屬性植物：細香蔥、韭蔥、洋蔥、
　　紅蔥頭
質性：性熱
分量感：輕盈－中等
風味強度：溫和（特別是煮過的
　　蒜頭）－濃烈（特別是生蒜頭）
料理方式：燒烤、生食、烘烤、煎
　　炒

杏仁
鰻魚
培根
烤肉
羅勒
月桂葉
豆類
牛肉
甜菜
麵包
青花菜
甘藍菜
肯瓊料理
葛縷子籽
卡宴辣椒
帕瑪乳酪
雞肉
辣椒

中式料理
細香蔥
芫荽葉
芫荽
半乳鮮奶油
克利歐料理
孜然
咖哩
茄子
蛋
小茴香
小茴香籽
魚
法式料理
薑
印度料理
義式料理
韓式料理
羊肉
韭蔥
檸檬：檸檬汁、碎檸檬皮
檸檬草
扁豆
萊姆汁
美乃滋
肉類
地中海料理
墨西哥料理
中東料理

需要蒜頭時，就一定要有蒜頭。許多料理都要用到蒜頭，像是羊肉料理。蒜頭同時還適用於所有蔬菜料理、醬汁、義式麵食與沙拉。
——大衛·沃塔克（David Waltuck），CHANTERELLE，紐約市

我運用蒜頭的方式主要分為兩類：將蒜頭浸泡於橄欖油中，或將蒜頭煎成焦黃酥脆的蒜片撒在菜餚上做為裝飾。我會在一開始時用蒜味橄欖油來烹調，就算這道菜餚稍後還是會用到蒜頭也一樣。至於酥脆的焦黃蒜頭，先將蒜頭切成薄片，然後在橄欖油未熱前就讓蒜片下鍋，再煎至金黃酥脆即可。接下來加些荷蘭芹、紅椒粉以及像檸檬汁或醋等酸做成油醋醬，甚至再加入一些以原汁高湯做的醬汁也很棒，然後趁熱上桌。這種醬汁可與任何一種魚類搭配，從風味清淡的魚類到油脂豐厚的竹莢魚都適用。
——亞歷山大·拉許（Alexandra Raij），TÍA POL，紐約市

摩洛哥料理
菇蕈類
芥末
油：菜籽油、花生油
橄欖油
洋蔥
奧勒岡
紅椒（尤以甜紅椒為佳）
扁葉荷蘭芹
義式麵食與義式麵食醬汁
胡椒：黑、白胡椒
義式青醬（主要成分）
豬肉
馬鈴薯
米
迷迭香
番紅花
鼠尾草
沙拉（如：凱薩沙拉）
鹽
醬汁
紅蔥頭
貝蝦蟹類
蝦
湯
醬油
菠菜
牛排
高湯：雞、蔬菜高湯
糖
龍蒿
泰式料理

百里香
番茄與番茄醬汁
蔬菜
越南料理
醋（尤以巴薩米克、紅酒醋為佳）
白酒
節瓜

喬治亞料理（俄羅斯）
Georgian Cuisine（Russia）
魚
蒜頭
肉類
紅胡椒粉
醃漬食品
石榴
醋
核桃

對味組合
芫荽＋蒔蘿＋葫蘆巴（藍色）＋蒜頭＋紅胡椒
蒜頭＋核桃

德國料理 German Cuisine
多香果
洋茴香
月桂葉
啤酒
黑麥麵包
葛縷子籽
細香蔥

肉桂
蒔蘿：蒔蘿籽、蒔蘿草
魚
薑
山葵
刺柏漿果
豆蔻皮粉
肉類（尤以搭配水果的肉類為佳）
肉豆蔻
甜紅椒
荷蘭芹
白胡椒
罌粟籽
豬肉
馬鈴薯
醋燜牛肉
德國酸菜
香腸
酸奶油
糖
小牛肉
醋

對味組合
葛縷子＋紅椒＋酸奶油
葛縷子＋德國酸菜
鮮奶油＋山葵＋魚或肉
鮮奶油＋紅椒＋罌粟籽
蒔蘿＋黃瓜
薑＋醋燜牛肉
刺柏漿果＋野味
豆蔻皮粉＋雞肉
肉豆蔻＋馬鈴薯糖＋醋

琴酒 Gin
分量感：輕盈－中等
風味強度：清淡－濃烈

蘋果白蘭地
杏桃白蘭地
羅勒
黑莓
芹菜
香檳
芫荽葉
君度橙酒
可樂

黃瓜與薄荷在雞尾酒中是種時髦的組合,特別是以帶有黃瓜風味的亨利爵士琴酒所調製的雞尾酒。黃瓜帶有一種獨特而細緻的風味,而且味道非常清新。它能完美搭配許多食材,從各種亞洲料理到煙燻鮭魚等。
——潔芮‧班克斯(Jerri Banks),雞尾酒顧問,紐約市

我喜歡以黑莓與鼠尾草來搭配琴酒,甚至是馬丁尼干苦艾酒(Martini & Rossi Bianco)。以此法調製的雞尾酒,入口時先感受到黑莓的美妙風味,而鼠尾草則帶來縈繞不去的香氣。
——潔芮‧班克斯(Jerri Banks),雞尾酒顧問,紐約市

蔓越莓汁
黃瓜
庫拉索酒(橙皮味烈酒)
伯爵茶
薑
香草
蜂蜜
檸檬汁
萊姆汁
薄荷
柳橙汁
牡蠣
石榴
石榴糖蜜
玫瑰天竺葵
迷迭香
鼠尾草
糖
奎寧氣泡水

琴酒的風味
英人牌琴酒:西洋梨
亨利爵士琴酒:黃瓜、玫瑰花瓣
老雷琴酒:番紅花
荷蘭組丹烈琴酒:橙皮

薑 Ginger
季節:全年
味道:酸、辣
分量感:輕盈－中等
風味強度:濃烈
料理方式:烘焙、快炒

多香果 杏仁
洋茴香
蘋果
杏桃
阿拉伯料理
亞洲料理
香蕉
羅勒
月桂葉

牛肉
紅燈籠椒
冷飲
奶油
焦糖
小豆蔻
胡蘿蔔
腰果
芹菜
瑞可達乳酪
雞肉
辣椒(尤以哈拉佩諾辣椒為佳)
中式料理
巧克力(尤以黑、白巧克力為佳)
芫荽葉
肉桂
柑橘類
丁香
椰子
芫荽
蟹
蔓越莓
鮮奶油與冰淇淋
孜然咖哩
卡士達
鴨
茄子
歐洲料理
小茴香
無花果
魚
魚露
五香粉(主要成分)
蒜頭
葡萄柚
番石榴
榛果
蜂蜜
印度料理(尤以咖哩為佳)
印尼料理

對味組合
琴酒＋蘋果白蘭地＋檸檬汁＋柳橙汁
琴酒＋羅勒＋檸檬
琴酒＋黑莓＋鼠尾草
琴酒＋芫荽葉＋萊姆
琴酒＋君度橙酒＋萊姆＋迷迭香
琴酒＋黃瓜＋薄荷
琴酒＋伯爵茶茶＋檸檬＋糖
琴酒＋萊姆＋薄荷
琴酒＋萊姆＋薄荷＋石榴
琴酒＋萊姆＋柳橙

主廚私房菜 | DISHES

薑汁蜜糖義式冰淇淋
——吉娜‧德帕爾馬(Gina DePalma),糕點主廚,BABBO,紐約市

薑汁檸檬凍飲:薑、檸檬、糖、鹽與胡椒
——維克拉姆‧維基與梅魯‧達瓦拉(Vikram Vij and Meeru Dhalwala),VIJ'S,溫哥華

日式料理
卡非萊姆葉
韓式料理
金桔
羊肉
薰衣草 韭蔥
檸檬
檸檬草
檸檬香草（如：西洋山薄荷、百里
　香、馬鞭草）
萊姆汁
龍蝦
荔枝
芒果
楓糖漿
滷汁醃醬
馬士卡彭乳酪
肉類
甜瓜
中東料理
薄荷
糖蜜
摩洛哥料理
菇蕈類
貽貝
麵條與麵食
北非料理
肉豆蔻
燕麥
油：菜籽油、葡萄籽油
橄欖油
洋蔥（尤以紅洋蔥為佳）
柳橙
木瓜
百香果
桃子
花生
西洋梨
白胡椒
柿子
鳳梨
洋李
豬肉
黑李乾
南瓜
榲桲
葡萄乾

覆盆子
大黃
米
蘭姆酒（尤以深色蘭姆酒為佳）
番紅花
沙拉醬汁
沙拉（尤以亞洲沙拉為佳）
猶太鹽
醬汁
青蔥
扇貝
芝麻油
紅蔥頭
貝蝦蟹類
蝦
湯
醬油
八角
牛排
燉煮料理
高湯：牛、雞高湯
草莓
糖：白糖、黑糖
壽司與生魚片
番薯
塔巴斯科辣椒醬
羅望子
龍蒿
茶
泰式料理
番茄
薑黃
香莢蘭
蔬菜
馬鞭草
越南料理
醋：香檳酒醋、蘋果酒醋、
　米酒醋

核桃
山葵（如：搭配海鮮）
甜酒
優格
柚子

對味組合
薑＋胡蘿蔔＋芹菜＋蒜頭
薑＋辣椒＋蒜頭
薑＋巧克力＋鮮奶油＋蘭姆酒
薑＋蘋果酒醋＋糖
薑＋芫荽葉＋蒜頭＋青蔥
薑＋鮮奶油＋蜂蜜
薑＋檸檬＋薄荷
薑＋檸檬＋胡椒＋鹽＋糖

薑粉 Ginger, Ground
味道：澀
質性：性熱
分量感：輕盈－中等
風味強度：溫和－濃烈

亞洲料理
烘焙食物（如：薑汁餅乾、薑汁蛋
　糕、薑餅）
香蕉
飲料
小豆蔻
胡蘿蔔
雞肉
巧克力
印度甜酸醬
肉桂
丁香
庫斯庫斯
鮮奶油與冰淇淋
甜點
水果

> **CHEF'S TALK**
>
> 薑與蜂蜜是我最喜歡的風味組合之一。
> ——吉娜・德帕爾馬（Gina DePalma），BABBO，紐約市
>
> 我會用薑，主要是看上它的熱辣而非甜味。例如，我會先榨出薑汁，並把薑汁加入胡蘿蔔泥或小南瓜泥中，為它們注入一股辣度並成為整道料理的骨幹。
> ——布萊德福特・湯普森（Bradford Thompson），MARY ELAINE'S AT THE PHOENICIAN，亞利桑那州斯科茨代爾市

主廚私房菜　DISHES

薑餅檸檬口味的三明治冰淇淋
——艾蜜莉・盧契提（Emily Luchetti），FARALLON 糕點主廚，舊金山

CHEF'S TALK

薑本身的味道就很棒，但是薑與其他風味也很合得來。它會隱藏在所有風味當中，讓你的味覺「甦醒」。我認為它與柑橘類食材特別對味，也能用來搭配柚子、百香果、椰子、香蕉以及其他熱帶風味的水果。
——麥克・萊斯寇尼思（Michael Laiskonis），LE BERNARDIN，紐約市

小時候，我母親總會在香料櫃中放一罐薑糖。現在在餐廳中，我們會用薑糖來搭配等各種當季水果，不論是油桃、櫻桃或是榅桲，然後再加入一些高甜度白酒（Vin Santo），做成醬汁搭配鵝肝。高甜度白酒帶來的醉人滋味加上薑糖的香料風味，能去除鵝肝的油膩感。我認為油桃與薑糖是完美的風味組合。
——荷莉・史密斯（Holly Smith），CAFÉ JUANITA，西雅圖

薑汁餅乾（主要成分）
火腿
蜂蜜
檸檬
肉類（尤以燜燒或燉煮的肉類為佳）
甜瓜
摩洛哥料理
肉豆蔻
堅果
洋蔥
柳橙
紅椒
桃子
西洋梨
胡椒
鳳梨
豬肉
南瓜
米
番紅花
冬南瓜
燉煮料理
番薯
茶
番茄

葡萄柚 Grapefruit
季節：全年
味道：酸
分量感：輕盈
風味強度：濃烈
料理方式：烘焙、炙烤、生食

芝麻菜
蘆筍
酪梨
香蕉
無鹽奶油
金巴利酒
焦糖
腰果
酸漬海鮮
香檳
雞肉
椰子
蟹
法式酸奶油
魚（尤以燒烤的魚為佳）
法式白乳酪
琴酒
生薑
金萬利香橙甜酒
石榴糖漿
榛果

蜂蜜
檸檬
萊姆
夏威夷豆
甜瓜
蛋白霜烤餅
新鮮薄荷
味噌
橄欖油
洋蔥（尤以青蔥為佳）
柳橙
木瓜
美洲山核桃
鳳梨
石榴
罌粟籽
波特酒
覆盆子
蘭姆酒
沙拉（尤以水果沙拉為佳）
鮭魚
海鮮
海帶
蝦
雪酪
八角
草莓
糖：黑糖、白糖
龍蒿
龍舌蘭酒
番茄
香莢蘭
油醋醬
香檳酒醋
伏特加
核桃
水田芥
氣泡酒、白酒
優格

對味組合
葡萄柚＋酪梨＋法式酸奶油
葡萄柚＋焦糖＋蛋白霜烤餅
葡萄柚＋蟹＋味噌＋海帶
葡萄柚＋法式白乳酪＋石榴
葡萄柚＋薄荷＋糖
葡萄柚＋八角＋優格

主廚私房菜 DISHES

柚子鮮奶油＋焦糖米飯＋葡萄柚＋綠茶冰淇淋＋酥脆蛋白霜烤餅＋麥芽藍姆牛奶巧克力冰淇淋
——麥克·萊斯寇尼思（Michael Laiskonis），糕點主廚，LE BERNARDIN，紐約市

CHEF'S TALK

我們有一道由**葡萄柚**、蟹肉沙拉與薄荷組成的菜餚。葡萄柚這種水果甜中帶點苦味，因此料理起來趣味十足。我喜歡在菜餚中加點薄荷，因為薄荷清新，能喚醒味蕾。一旦你嘗到菜餚中的薄荷味，其他風味也就隨之而出了。
——加柏利兒·克魯德（Gabriel Kreuther），THE MODERN，紐約市

我喜歡龍蒿搭配**葡萄柚**。這是經典啊。
——麥克·萊斯寇尼思（Michael Laiskonis），LE BERNARDIN，紐約市

我有一道**葡萄柚**海帶蟹肉沙拉，搭配的是味噌醬汁。我也喜歡用葡萄柚來搭配蘆筍。
——布萊德·法爾米利（Brad Farmerie），PUBLIC，紐約市

葡萄 Grapes
季節：夏－秋
味道：甜
分量感：輕盈－中等
風味強度：清淡－溫和

杏仁
蘋果
芝麻菜
白蘭地
卡宴辣椒
乳酪（尤以藍黴、牛、山羊乳酪為佳）
雞肉
白巧克力
干邑白蘭地
鮮奶油
孜然
咖哩
咖哩葉
鴨
茴菜
小茴香籽
魚
野味（尤以烘烤的野味為佳）
蒜頭
榛果

蜂蜜
檸檬
薄荷
芥末籽
橄欖油
紅椒
西洋梨
美洲山核桃
開心果
豬肉（尤以烘烤的豬肉為佳）
禽肉（尤以烘烤的禽肉為佳）
覆盆子
米
迷迭香
蘭姆酒
沙拉（尤以雞肉沙拉、水果沙拉、鮪魚沙拉、華爾道夫沙拉為佳）
鹽

酸奶油
草莓
糖
雪莉酒醋
核桃
酒：紅酒、白酒
優格

希臘料理 Greek Cuisine
（同時參見地中海料理）

多香果
洋茴香
羅勒
月桂葉
牛肉
燈籠椒
乳酪：費達、山羊、綿羊乳酪
雞肉
肉桂
丁香
卡士達
蒔蘿
茄子
蛋
小茴香
無花果
魚（尤以燒烤的魚為佳）
蒜頭
葡萄葉
蜂蜜
沙威瑪
羊肉
檸檬
肉類（尤以燒烤、烘烤的肉類為佳）
薄荷
肉豆蔻
堅果

CHEF'S TALK

我絕對不會去破壞**康科特葡萄**的風味，頂多是把它們做成雪酪。當首批當季康科特葡萄採收時，我正在遠離城市的度假小屋中。我實在太想吃雪酪了，所以就把T恤剪成兩半當過濾紗布，然後用掃把柄當做T恤的轉軸，榨出葡萄中的每一滴葡萄汁。那雪酪的滋味真是美妙無比啊！
——強尼·尤西尼（Johnny Iuzzini），JEAN GEORGES，紐約市

章魚
橄欖油
橄欖
洋蔥
奧勒岡
荷蘭芹
薄麵皮
松子
袋餅
豬肉
葡萄乾
米
沙拉（尤以薄荷調製的沙拉為佳）
貝蝦蟹類
菠菜
百里香
番茄
優格
節瓜

對味組合
黃瓜＋蒔蘿＋蒜頭＋優格
蒔蘿＋檸檬
蒔蘿＋檸檬＋橄欖油
蒔蘿＋優格
茄子＋卡士達＋蒜頭＋肉
茄子＋蒜頭＋橄欖油
蛋＋檸檬
羊肉＋蒜頭＋檸檬＋奧勒岡
檸檬＋橄欖油
檸檬＋橄欖油＋奧勒岡
檸檬＋奧勒岡
薄麵皮＋蜂蜜＋堅果
米＋葡萄葉
米＋堅果
菠菜＋費達乳酪
番茄＋肉桂
優格＋肉桂

綠葉生菜 Greens in General
（同時參見特定綠葉生菜）
季節：全年
味道：苦
分量感：中等－厚實
風味強度：溫和－濃烈
料理方式：汆燙、生食、煎炒、蒸煮

多香果
芝麻菜
培根
羅勒
奶油
葛縷子籽
芹菜或芹菜籽
乳酪（尤以刨成絲狀為佳如：愛亞格、傑克、帕瑪乳酪）
菊苣
辣椒醬
芫荽
玉米
咖哩
蒔蘿
蛋（尤以沸煮至全熟的蛋為佳）
小茴香
蒜頭
薑
火腿
山葵
韭蔥
豆類
檸檬汁
菇蕈類

第戎芥末
肉豆蔻
烤過的堅果
油：芥末油、堅果油、花生芝麻油
橄欖油
青蔥
奧勒岡
紅椒
荷蘭芹
義式麵食
桃子
西洋梨
石榴
馬鈴薯（尤以新鮮馬鈴薯與／或紅馬鈴薯為佳）
紅椒粉
米
鼠尾草沙拉
猶太鹽
香薄荷
芝麻籽
貝蝦蟹類：牡蠣（尤以炸牡蠣為佳）、蝦
番薯
塔巴斯科辣椒醬
龍蒿
百里香
番茄
醋：巴薩米克香醋、紅酒醋

羽衣甘藍 Greens, Collard
季節：冬－春
味道：苦
同屬性植物：青花菜、球芽甘藍、甘藍、白花椰菜、芥藍、大頭菜
分量感：中等－厚實
風味強度：溫和－濃烈
料理方式：沸煮、燜燒、蒸煮、快炒

培根

黑眼豆
褐化奶油
帕瑪乳酪
蒜頭
豬腿
芥末籽
油：花生油、蔬菜油
黃洋蔥
奧勒岡
黑胡椒
紅椒粉
鹽
鹹豬肉
美式非洲料理
美國南方料理
番茄
蘋果酒醋

蒲公英葉 Greens, Dandelion
季節：晚春－早秋
味道：苦
分量感：中等
風味強度：溫和
料理方式：生食、煎炒、蒸煮

鰻魚
培根
蒜頭
第戎芥末
花生油
洋蔥
胡椒粉
沙拉
鹽
醋

芥菜 Greens, Mustard
季節：冬－春
味道：苦
分量感：中等－厚實
風味強度：溫和－濃烈
料理方式：沸煮、燜燒、燒烤、燉
　　煮、出水

亞洲料理
培根
黑眼豆

中式料理
豬腿
芝麻油
橄欖油
洋蔥
義式乾醃火腿
沙拉
美國南方料理
醬油

對味組合
芥菜＋培根＋洋蔥
芥菜＋蒜頭＋橄欖油＋義式乾醃
　　火腿
芥菜＋芝麻油＋醬油

沙拉生菜 Greens, Salad（同時參見萵苣、酸模、水田芥等）
季節：晚春

培根
乳酪
酥脆麵包丁
水果：蘋果、西洋梨
蒜頭
橄欖油
黑胡椒
鹽
醋：紅酒醋、雪莉酒醋

> **CHEF'S TALK**
>
> 只要想到苦味綠葉生菜，就會想到烤堅果。堅果的風味可以來自堅果本身，或是烤堅果的油；堅果油能與蘋果酒醋鮮明的果香風味相互調和。
> ──麥克・安東尼（Michael Anthony），GRAMERCY TAVERN，紐約市

蕪菁 Greens, Turnip
季節：秋－冬
料理方式：沸煮、燜燒

培根
黑眼豆
蛋
豬腿
洋蔥

> **主廚私房菜** │ DISHES
>
> 蕪菁蔬菜洋蔥湯，搭配水煮蛋
> ──Judy Rodgers（茱迪・羅傑斯），ZUNI CAFÉ，舊金山

燒烤菜餚 Grilled Dishes
朝鮮薊
蘆筍
燈籠椒
雞肉
玉米（尤以整根完整玉米為佳）
茄子
茴菜
小茴香
全魚
蒜頭
漢堡

> **CHEF'S TALK**
>
> 對調味而言，沙拉是種高難度的菜餚。如果太早放入鹽巴，會讓綠葉生菜出水。必須小心別讓綠葉生菜的生命就此流失了！
> ──崔西・德・耶丁（Traci Des Jardins），JARDINIÈRE，舊金山

> **主廚私房菜** │ DISHES
>
> 野生蒲公英綠葉，搭配鰻魚油醋醬
> ──大衛・帕斯特納克（David Pasternak），ESCA，紐約市

熱狗
羊肉：羊腿、小羊排
龍蝦
菇蕈類
洋蔥
鳳梨
豬肉：豬排肉、里肌肉
鮭魚
香腸
蝦（尤以串烤調理的蝦為佳）
夏南瓜
牛排
旗魚
番茄
鮪魚
火雞胸肉
小牛肉：小牛肉塊、小牛肉排
節瓜

粗玉米粉 Grits
料理方式：熬煮

乳酪：巧達、帕瑪乳酪
玉米
鮮奶油
蒜頭
馬士卡彭乳酪
肉豆蔻
黑胡椒
鹽
安道爾煙燻香腸
蝦（佐餐配料）
美國南方料理

石斑魚 Grouper
季節：春
分量感：中等
風味強度：清淡
料理方式：烘焙、燜燒、炙烤、油
　　炸、燒烤、水煮、烘烤、煎炒、煮、
　　快炒

杏仁
鯷魚
朝鮮薊
培根
月桂葉
紅燈籠椒
青江白菜
奶油
續隨子
胡蘿蔔
卡宴辣椒
芹菜
愛亞格乳酪
細葉香芹
阿納海椒
辣椒醬
黃瓜
莒菜
蒜頭
薑
檸檬汁
萊姆汁
地中海料理
牛肝菌
油：玉米油、芝麻油、蔬菜油
橄欖油
皮丘林橄欖
白洋蔥
蠔油
扁葉荷蘭芹
胡椒：黑、白胡椒
波特酒
迷迭香
鼠尾草
海鹽
芝麻籽
紅蔥頭
醬油
高湯：雞、魚、豬高湯
龍蒿
百里香

番茄
干苦艾酒
醋：巴薩米克香醋、雪莉
酒醋
酒：紅酒、白酒
節瓜

番石榴 Guavas
季節：夏－秋
味道：甜
分量感：中等
風味強度：溫和
料理方式：烘焙、打成汁、水煮

香蕉
腰果
乳酪
白巧克力
椰子
鮮奶油
奶油乳酪
咖哩粉
薑
火腿
蜂蜜
檸檬
萊姆汁
夏威夷豆
馬士卡彭乳酪
蔬菜油
黃洋蔥
柳橙
百香果
鳳梨
豬肉
禽肉
葡萄乾
蘭姆酒
水果沙拉
醬汁
草莓
糖：黑糖、白糖
香莢蘭
白醋

黑線鱈 Haddock（參見鱈魚）

主廚私房菜	DISHES

燒烤美國紅斑魚，鋪在蟹肉泥上，搭配義大利培根紅洋蔥油醋醬
——桑福特・達瑪多（Sanford D'Amato），SANFORD，密爾瓦基市

大比目魚 Halibut

季節：春－夏

分量感：中等

風味強度：清淡

料理方式：烘焙、燜燒、炙烤、燒烤、烤煎、水煮、烘烤、煎炒、蒸煮

蒜味美乃滋（醬汁）

杏仁

鯷魚

蘋果：蘋果酒、蘋果果實、蘋果汁

朝鮮薊

芝麻菜

蘆筍

培根

羅勒

豆類：黑豆、蠶豆、四季豆

燈籠椒：紅、黃燈籠椒

青江白菜

無鹽奶油

續隨子

小豆蔻

胡蘿蔔與胡蘿蔔汁

卡宴辣椒

芹菜

芹菜根

洋甘菊

荅菜

細葉香芹

菊苣

辣椒：乾紅、新鮮青辣椒

細香蔥

芫荽葉

蛤蜊

芫荽

醃黃瓜

庫斯庫斯

鮮奶油

黃瓜

孜然

咖哩粉

蒔蘿

茴菜

小茴香

小茴香籽

葫蘆巴籽

綠捲鬚生菜

印度綜合香料

蒜頭

薑粉

葡萄柚

榛果

山葵

球莖甘藍

韭蔥

檸檬：檸檬汁、醃漬檸檬

檸檬香蜂草

萊姆汁

歐當歸

薄荷

菇蕈類（尤以蠔菇、牛肝菌、波特貝羅大香菇、香菇為佳）

貽貝

芥末：第戎、乾芥末、芥末籽醬

油：菜籽油、葡萄籽油

橄欖油

橄欖：黑橄欖、尼斯橄欖

洋蔥（尤以珍珠、紅、青蔥為佳）

紅椒

扁葉**荷蘭芹**

歐洲防風草塊根

胡椒：黑、白胡椒

馬鈴薯（尤以新鮮馬鈴薯為佳。如：炸馬鈴薯、薯泥）

南瓜籽

紅椒粉

大黃

迷迭香

番紅花

鹽：猶太鹽、海鹽

香薄荷

青蔥

芝麻籽：黑芝麻、白芝麻

紅蔥頭

酸模

綠薄荷

菠菜

高湯：雞、魚高湯

糖（一撮）

羅望子

普羅旺斯橄欖醬

龍蒿

百里香

番茄與番茄醬汁

薑黃

油醋醬

醋：巴薩米克香醋、雪莉酒醋

核桃

水田芥

酒：干紅酒、干白酒（如：夏多內、蘇維翁白酒）、苦艾酒

優格

節瓜

CHEF'S TALK

來自美國西岸的**大比目魚**是肉質最細緻滑嫩的魚種，其滋味與阿拉斯加大比目魚截然不同。阿拉斯加大比目魚水分較少、較多肉也較結實。西岸的大比目魚柔嫩得好像任何東西都會毀了牠一樣。因此我們通常以清蒸或水煮來料理這種魚，因為在平底鍋中大火油煎稍微過度，就會損及部分魚肉。

我們先水煮大比目魚，然後淋上以初榨橄欖油醋調製的血橙油醋醬，這種醬料能引出魚肉完整豐潤的風味。另外，我們將黃金甜菜切片用雪利酒醋烹煮後，再把魚肉擺上去。甜菜片為這道菜餚增加了酸甜風味。甜菜清脆的口感，適合搭配西岸大比目魚的濃厚質地。油醋醬則為菜餚帶來適度的酸味，讓人食指大動。

——艾略克・瑞普特（Eric Ripert），LE BERNARDIN，紐約市

大比目魚是一種口感溫潤的魚，適合搭配芫荽葉、細香蔥或細葉香芹這一類風味清淡的香草。

——傑瑞・特勞費德（Jerry Traunfeld），THE HERBFARM，華盛頓州伍德菲爾市

主廚私房菜	DISHES

麻州威爾弗立特港線釣大比目魚，搭配甜玉米、香菇、檸檬百里香醬汁
——大衛·柏利（David Bouley），UPSTAIRS，紐約市

杏仁脆皮大比目魚，搭配歐洲防風草塊根泥、蠶豆、四季豆與野生菇蕈
——大衛·柏利（David Bouley），DANUBE，紐約市

大比目魚，搭配燜燒番茄、橄欖、萵苣與春天沙拉
——丹尼爾·布呂德（Daniel Boulud）/柏特蘭·凱密爾（Bertrand Chemel），CAFÉ BOULUD，紐約市

橄欖油煮大比目魚，搭配星路農場蠶豆、小茴香沙拉與尼斯橄欖
——崔西·德·耶丁（Traci Des Jardins），JARDINIÈRE，舊金山

阿拉斯加大比目魚，搭配馬鈴薯與黑胡椒碎粒
——休伯特·凱勒（Hubert Keller），FLEUR DE LYS，舊金山

阿拉斯加大比目魚，搭配以蘆筍泥、細香草、春季野生韭蔥、蠶豆與豌豆調理而成的韭蔥濃醬
——鮑柏·金凱德（Bob Kinkead），KINHEAD'S，華盛頓特區

北非滷汁（Chermoula）大比目魚，搭配紅藜麥，莢豆沙拉與醃漬檸檬油醋醬
——莫妮卡·波普（Monica Pope），T'AFIA，休斯頓

大比目魚，搭配羊肚菌、豌豆與指狀馬鈴薯
——艾弗瑞·波特爾（Alfred Portale），GOTHAM BAR AND GRILL，紐約市

大比目魚，搭配大頭菜、芹菜與馬鞭草萊姆濃醬
——米契爾·理查（Michel Richard），CITRONELLE，華盛頓特區

水煮大比目魚，搭配酸甜黃金甜菜、紅甜菜、柑橘，以及初榨橄欖油醋醬
——艾略克·瑞普特（Eric Ripert），LE BERNARDIN，紐約市

磚灶燜燒阿拉斯加大比目魚，搭配大理石馬鈴薯（Marble Potato）、小胡蘿蔔、豌豆、奶油與芫荽葉
——茱迪·羅傑斯（Judy Rodgers），ZUNI CAFÉ，舊金山

線釣奧勒岡州錫爾羅克（Seal Rock）大比目魚，搭配韭蔥濃醬、濃縮夏多內白酒，以及培根油醋醬
——瑞克·特拉滿都（Rick Tramonto），TRU，芝加哥

對味組合

大比目魚＋鰻魚＋黑橄欖
大比目魚＋鰻魚＋蒜頭＋檸檬＋酸模
大比目魚＋蘋果＋芹菜根＋歐洲防風草塊根
大比目魚＋甜菜＋血橙＋橄欖油＋雪莉酒醋
大比目魚＋青江白菜＋芝麻籽
大比目魚＋菊苣＋葡萄柚
大比目魚＋芫荽＋小茴香＋檸檬
大比目魚＋蒜頭＋檸檬＋酸模
大比目魚＋青蔥＋白酒

火腿 Ham

味道：鹹
分量感：中等
風味強度：溫和－濃烈（取決於煙燻的程度）
料理方式：烘焙、煎炒

多香果
蘋果與蘋果醬汁
芝麻菜
培根
月桂葉
早餐／早午餐
無鹽奶油
白脫乳
卡宴辣椒
乳酪：巧達、愛蒙塔爾、芳汀那、葛黎耶和、傑克、蒙契格、莫札瑞拉、帕瑪、瑞士乳酪
栗子
細香蔥
肉桂
丁香
玉米
玉米粉
法式料理
蛋
蒜頭
綠葉蔬菜
蜂蜜
義大利料理（尤以搭配帕瑪義式乾醃火腿的為佳）
義大利通心粉
楓糖漿
菇蕈類
第戎芥末
肉豆蔻
橄欖油
紅洋蔥
柳橙汁
荷蘭芹
西洋梨
豌豆
黑胡椒
松子
馬鈴薯
鼠尾草

義式餛飩，以維吉尼亞鄉村火腿與芳汀那乳酪為餡料
——派翠克‧歐康乃爾（Patrick O'Connell），THE INN AT LITTLE WASHINGTON，維吉尼亞州華盛頓市

塞拉諾火腿，搭配烤洋蔥、蒙契格乳酪與水田芥
——查理‧波特（Charlie Trotter），TROTTER'S TO GO，芝加哥

火腿具有的天然鹹味，幾乎能和所有蔬菜搭配，不論是蘆筍或四季豆皆宜。
——荷西‧安德烈（José Andrés），CAFÉ ATLÁNTICO，華盛頓特區

伊比利火腿、蒙契格乳酪與曼薩尼亞雪莉酒，是風味世界快樂的三重奏。
——艾德里安‧穆爾西亞（Adrian Murcia），CHANTERELLE，紐約市

若是初次品嘗伊比利火腿，唯一要做的事就是把自己溫熱的舌頭貼上去。讓伊比利火腿緊貼著舌頭，剩下的都交給37℃的舌溫即可！你也可用平底鍋加熱將伊比利火腿逼出油來，然後用它來炒蛋或是做西班牙蛋餅，會帶來令人驚艷的風味與香氣。
——荷西‧安德烈（José Andrés），CAFÉ ATLÁNTICO，華盛頓特區

乳酪奶油白醬
青蔥
美國南方料理
醬油
菠菜
雞高湯
糖：黑糖、白糖
番薯
龍蒿
百里香
醋、巴薩米克香醋
酒：干雪莉酒、馬德拉紅酒、白酒

對味組合
火腿＋乳酪＋芥末
火腿＋蜂蜜＋醬油
火腿＋傑克乳酪＋綠葉生菜＋菇蕈類
火腿＋莫札瑞拉乳酪＋紅洋蔥

伊比利火腿 Ham, Iberico
綿羊奶加壓製成的乳酪（如：蒙契格乳酪）

塞拉諾火腿 Ham, Serrano
蘆筍
四季豆
蒙契格乳酪
橄欖油
佩姬羅紅椒
西班牙料理
番茄

榛果 Hazelnuts
味道：甜、鹹
分量感：中等
風味強度：溫和－濃烈

杏仁
蘋果
杏桃
蘆筍
香蕉
甜菜
漿果
無鹽奶油
白脫乳
焦糖
胡蘿蔔

乳酪：費達、山羊、葛黎耶和、瑞可達、泰勒吉奧羊奶乳酪
櫻桃
栗子
巧克力（尤以黑巧克力或白巧克力為佳）
肉桂
可可粉
咖啡／義式濃縮咖啡
干邑白蘭地
蔓越莓
鮮奶油與冰淇淋
奶油乳酪
卡士達
椰棗
無花果
蒜頭
薑
葡萄柚
葡萄
榛果油
蜂蜜
櫻桃白蘭地
奇異果
檸檬
香甜酒：杏仁香甜酒（如：杏仁香甜酒）、榛果香甜酒（如：義大利富蘭葛利榛果香甜酒）、柳橙香甜酒
芒果
楓糖漿
馬士卡彭乳酪
薄荷
油桃
肉豆蔻
燕麥
柳橙：橙汁、碎橙皮
酥皮
桃子
西洋梨
美洲山核桃
柿子
洋李
黑李乾
南瓜
鵪鶉
葡萄乾

覆盆子
蘭姆酒
醬汁
湯
草莓
糖：黑糖、糖粉、白砂糖
番薯
茶
香英蘭
蔬菜
核桃
酒：紅酒、甜酒、白酒

普羅旺斯綜合香草
Herbes de Provence
南法料理
肉類
燉煮料理（尤以燉蔬菜為佳）
蔬菜

對味組合
羅勒＋小茴香籽＋薰衣草＋墨角
　蘭＋迷迭香＋鼠尾草＋夏季香
　薄荷＋百里香

香草 Herbs（參見特定香草）

運用香草的101招
——華盛頓州 THE HERBFARM 的傑瑞·特勞費德（Jerry Traunfeld）

香草與香料的使用方式迥然不同。你一次只能加入幾種香草，卻可以丟入很多種香料。一道印度料理使用的香料可能就超過十幾種。以下是使用香草的一些原則：

· 了解所使用的香草。香草的風味強度各不相同，所以一開始就得對手上的香草有點概念。這要非常小心，例如若把迷迭香加入細葉香芹，那迷迭香就會蓋過細葉香芹的風味。

· 細緻的搭配細緻的，濃烈的搭配濃烈的。細葉香芹應該是味道最細緻的香草了，檸檬羅勒與檸檬百里香則介於中間。檸檬馬鞭草或是龍蒿則屬風味強烈的香草。此外，像月桂葉這種香草風味雖然清淡，但若一口氣加入20片，味道就會變得濃烈。

· 即使同一種草香，風味強度也未必維持不變，它會隨種類或季節而變化。奧勒岡的風味可以溫和，也可以辛辣。蘋果薄荷風味溫和，而胡椒薄荷則顯得強烈。迷迭香的風味也會受到季節的影響：冬季的迷迭香較溫和，而夏季則較強烈。

· 香草具有區域上的同質性。地中海一帶的香草能相互搭配，龍蒿配上墨角蘭或是百里香配上香薄荷都是天作之合。在亞洲香草中，檸檬草能搭配薄荷和芫荽，而薄荷也能搭配細香蔥。法國香草中，細葉香芹、龍蒿、細香蔥和荷蘭芹彼此都能排列組合，不過龍蒿算是其中的異類，比較適合單獨使用。

· 香草亦有季節上的同質性。夏季蔬菜適合以夏季香草來搭配，而冬季蔬菜則適合與冬季香草一起使用。夏季時，可用番茄來搭配羅勒或墨角蘭。節瓜加上羅勒則是我最愛的組合之一。到了冬季，可以用鼠尾草與迷迭香來搭配馬鈴薯與根菜類，其中月桂葉及肉豆蔻搭配調理白胡桃南瓜則是我最喜愛的其中一種組合。大南瓜加入月桂葉之後，嘗起來會更有南瓜味。

· 如何使用香草。羅勒、細葉香芹、細香蔥、芫荽、蒔蘿、歐當歸和酸模這類的軟葉香草不適合烹煮，因為風味會流失。至於像月桂葉、香薄荷與迷迭香這類硬葉香草，烹煮加熱不會影響其風味，所以可以直接加入菜餚中調理。

· 香草的風味強度要能與搭配的肉類相當。大比目魚的風味溫和，所以適合用芫荽、細香蔥或細葉香芹來搭配。胡瓜魚是一種富含油脂的地方特產，較適合以奧勒岡、香薄荷或迷迭香這類風味較強烈的香草來搭配。

· 香草適用的對象不只有鹹菜餚。茴藿香適合搭配桃子之類的硬核水果，肉桂羅勒則能與藍黑莓一同使用。肉桂的確能襯托出藍莓的風味，而薰衣草與黑李乾或桃子並用的效果頗佳。羅勒或茴藿香這類的檸檬香草適合用來搭配西瓜，至於迷迭香則適用於蘋果與西洋梨上。鼠尾草可以用來搭配酸櫻桃，龍蒿則能搭配甜瓜。

我們種植了40種番茄，以及8種羅勒。我們的農夫在番茄周遭種了羅勒，我認為他這麼做，是因為番茄搭配羅勒的風味絕佳。結果這樣的種植方式還各自為對方吸引來益蟲。我們的農夫認為，正因為番茄與羅勒在土地上是最佳拍檔，所以端上餐桌才會成為絕配。他還解釋，如果是在番茄旁邊種植某些羅勒，還可以在番茄中嘗到羅勒的風味呢。

我們的廚師在香草園中各有自己的專屬區域。負責前菜的冷盤廚師照顧細香蔥與細葉香芹，掌魚的廚師則負責檸檬百里香與檸檬草之類的檸檬香草，而處理肉類的廚師則種植迷迭香、鼠尾草與百里香。我們的糕點師傅則悉心照料那些可用糖醃漬的食用花類，以及可用在雪酪中的薄荷與檸檬馬鞭草。

——丹·巴勃（Dan Barber），BLUE HILL AT STONE BARNS，紐約州波坎提科丘

我非常喜歡把肉放在香草上烘烤。如果要烤份肋眼牛排、上等牛肋排或是腓力牛排，大多數人的作法就是把牛排擺放在有烤架的淺盤中。有一次，我手邊剛好沒有烤架，但有一大堆百里香、香薄荷與迷迭香，於是我就把肉丟在這些香草上直接烘烤。結果發現，這個方式不只保留肉汁，也讓肉塊的風味大增。從那時起，我們就不再以烤架來料理肉類，轉而使用香草了。在烘烤的過程中，我會將肉排翻面，好讓香草的風味更深入肉排。因為是在密閉的烤箱中烘烤，所以香草的氣味氣會在烤箱中循環。

處理羊肩肉時，若沒有乾草，我建議可改用香薄荷、百里香、鼠尾草與迷迭香。至於全雞，處理方法如下：松露切片後塞到雞皮與雞肉之間，然後把整隻雞刷上奶油，放在香薄荷與百里香上烘烤。這道料理會呈現不可思議的美味。

——維塔利·佩利（VITALY PALEY），PALEY'S PLACE，俄勒岡州波特蘭市

蜂蜜 Honey

味道：甜、澀
質性：性熱
分量感：中等－厚實
風味強度：溫和－濃烈

杏仁
蘋果
杏桃
烘焙食物（如：比斯吉、麵包）
香蕉
白蘭地
奶油
白脫乳
胡蘿蔔
乳酪：山羊、瑞可達、軟乳酪
栗子
雞肉
中式料理
巧克力：黑、白巧克力
肉桂
椰子
咖啡

干邑白蘭地
鮮奶油與冰淇淋
紅穗醋栗
椰棗
甜點
鴨肉
無花果（尤以無花果乾為佳）
水果
薑
葡萄柚
葡萄
希臘料理
番石榴
火腿
榛果
奇異果
金桔
羊肉
薰衣草
檸檬：檸檬汁、碎檸檬皮
萊姆汁
柳橙香甜酒（如：金萬利香橙甜酒）

荔枝
馬士卡彭乳酪
甜瓜
中東料理
薄荷
摩洛哥料理
芥末
肉豆蔻
堅果
燕麥
柳橙：橙汁、碎橙皮
木瓜
酥皮
桃子
花生
西洋梨
美洲山核桃
柿子
鳳梨
松子
開心果
洋李
石榴
豬肉
黑李乾
南瓜
榲桲
葡萄乾
覆盆子
紅椒粉
大黃
蘭姆酒
鼠尾草
醬汁
南方料理
醬油
糖：黑糖、白糖
番薯
茶
龍舌蘭酒
百里香
土耳其料理
香莢蘭
核桃
威士忌
酒：紅酒、白酒

CHEF'S TALK

當我手邊有堅果風味的食材，或是要醃漬水果時，可能就會選擇**蜂蜜**。你也可以把蜂蜜煎到焦以產生新風味；我最愛的點心之一，就是焦糖蜂蜜開心果冰淇淋。
——麥克·萊斯寇尼思（Michael Laiskonis），LE BERNARDIN，紐約市

我把**蜂蜜**視為一種風味來運用，而非糖之類的甜味劑。在為蜂蜜奶酪增加甜度時，我會加點糖。若把蜂蜜當成單純的甜味劑，那麼蜂蜜的滋味就會太強，反而使奶酪變得有點單調。
——艾蜜莉·盧契提（Emily Luchetti），FARALLON，舊金山

我喜歡把熱**蜂蜜**淋在新鮮鳳梨上。我會在覆盆子塔上淋上花蜜，在蘋果塔上加些栗花蜜。栗花蜜帶有樸實的風味，能與蘋果的味道搭配得很好。
——米契爾·理查（Michel Richard），CITRONELLE，華盛頓特區

主廚私房菜 | DISHES

薰衣草蜂蜜烤豬肉，搭配以香料調味的香蕉泥
——姍迪·達瑪多（Sandy D'Amato），SANFORD，密爾瓦基市

蜂蜜冰糕，搭配熱帶水果法式清湯、新鮮椰子與表面覆上白霜的羅勒籽
——塞萊納·蒂奧（Celina Tio），AMERICAN RESTAURANT，堪薩斯市

對味組合

蜂蜜＋杏仁＋雞肉＋石榴
蜂蜜＋香蕉＋薰衣草＋豬肉
蜂蜜＋鮮奶油＋開心果
蜂蜜＋水果＋優格

藍莓花蜜 Honey, Blueberry

乳酪（尤以巧達乳酪為佳）

栗子花蜜 Honey, Chestnut

味道：甜－苦

乳酪（尤以山羊、瑞可達、三倍乳
　脂乳酪為佳）

覆盆子花蜜 Honey, Raspberry

乳酪（尤以巧達乳酪為佳）

蜜露瓜 Honeydew

季節：盛夏
味道：甜
分量感：輕盈－中等
風味強度：溫和

羅勒
黑莓
小豆蔻
香檳酒
辣椒
椰奶
芫荽
鮮奶油
孜然
無花果
薑
葡萄柚
蜂蜜
檸檬汁
檸檬羅勒

萊姆
洋香瓜
牛奶
薄荷
油桃
桃子
紅椒粉
胡椒：黑、白胡椒
義式乾醃火腿
瑞可達乳酪
鹽（一撮）
青蔥
草莓
糖
龍蒿
甜酒
優格

對味組合

蜜露瓜＋無花果＋薄荷＋義式乾
　醃火腿

山葵 Horseradish

季節：春－秋
味道：嗆、辣
分量感：輕盈－中等
風味強度：極度濃烈
小祕訣：使用新鮮山葵，或在烹
　調最後階段才加入。熱度會減
　弱山葵的嗆鼻感。

蘋果（尤以金冠蘋果為佳）
杏桃
奧地利料理
酪梨
**牛肉（尤以鹽漬或烘烤的牛肉為
　佳）**
甜菜
芹菜

雞肉
細香蔥
肉桂
丁香
玉米
鮮奶油
奶油乳酪
法式酸奶油
蒔蘿
東歐料理
蛋
小茴香
魚（尤以油魚、煙燻魚為佳）
蒜頭
德國料理
火腿
番茄醬
檸檬汁
萊姆汁
龍蝦
馬士卡彭乳酪
美乃滋
肉類（尤以冷盤肉類為佳）
芥末
橄欖油
牛尾
牡蠣
荷蘭芹
西洋梨
黑胡椒
豬肉
馬鈴薯
俄羅斯料理
沙拉
鮭魚
煙燻鮭魚
鹽：猶太鹽、海鹽
醬汁
香腸
貝蝦蟹類
酸奶油
牛排
糖
塔巴斯科辣椒醬
番茄與番茄糊
鱒魚
醋

主廚私房菜　DISHES

薄荷蜜露雪酪，搭配新鮮黑莓
——吉娜・德帕爾馬（Gina DePalma），BABBO，紐約市

蜜露甜瓜沙拉，搭配烤番茄、山羊乳酪與開心果
——加柏利兒・克魯德（Gabriel Kreuther），THE MODERN，紐約市

CHEF'S TALK

山葵磨碎加熱後，風味會完全改變。熱度不但能讓山葵的風味更豐厚，在去除苦味的同時還能留下原有的美味。如此處理過的山葵，很適合用來搭配南塔克特灣扇貝；這些扇貝的天然鮮甜與山葵的甜味為絕佳組合。我們也會在檸檬油醋醬中加入山葵，作為燻鱒魚的佐料。

首先山葵用磨板磨成泥，然後在 10 英寸的長柄平底鍋倒入義大利利古里亞橄欖油，並用中火煎山葵。請留意，只要山葵變成金黃色，就表示該起鍋了。接著把山葵移至冷鍋中快速冷卻。山葵完全冷卻時會產生嘎吱作響的口感，此時加入一些碎檸檬皮與猶太鹽就完成了。

——荷莉・史密斯（Holly Smith），CAFÉ JUANITA，西雅圖

核桃
伍斯特辣醬油
優格

對味組合
山葵＋蘋果＋豬肉＋酸奶油
山葵＋牛肉＋甜菜
山葵＋甜菜＋奶油乳酪
山葵＋蒜頭＋橄欖油
山葵＋鹽＋醋
山葵＋海鮮＋番茄

熱天食物 Hotness
（室內或室外溫度；同時參見夏季食材）
冷盤與冷飲
魚
燒烤料理
香草（尤以性涼的香草為佳）
以橄欖油為底的料理
生食料理
沙拉（尤以水果沙拉、蔬菜沙拉為佳）
新鮮莎莎醬
海鮮
冷湯
蔬菜（尤以綠葉生菜為佳）

CHEF'S TALK

若是戶外天氣炎熱，我一定會在菜單中列入許多道沙拉。

——安德魯・卡梅利尼（Andrew Carmellini），A VOCE，紐約市

匈牙利料理 Hungarian Cuisine
培根
牛肉
綠燈籠椒
葛縷子籽
辣椒
蒜頭
火腿
豬油
菇蕈類
洋蔥
紅椒
豬肉
豬油
馬鈴薯
香腸
酸奶油
番茄
小麥
酒（尤以托卡伊奧蘇葡萄酒為佳）

對味組合
洋蔥＋紅椒
洋蔥＋紅椒＋豬油
洋蔥＋紅椒＋酸奶油

神香草 Hyssop
味道： 苦
分量感： 中等
風味強度： 強烈

四季豆
牛肉
甜菜
甘藍菜
胡蘿蔔
雞肉
蔓越莓
蛋
水果
羊肉
肉類
荷蘭芹
豬肉
米
迷迭香
沙拉：水果沙拉、綠葉蔬菜沙拉
湯（尤以雞湯為佳）
燉煮料理
百里香
番茄
火雞（尤以填餡烤火雞為佳）
蔬菜
鹿肉

CHEF'S TALK

東歐或**匈牙利料理**中，經常會以紅椒調味的燉煮或燜燒料理；紅椒切碎後混合酸奶油，有時是直接入菜調理，有時則直接淋在菜餚上，吃的時候才拌勻。我有一道燉肉料理，是燉煮一鍋含有辣椒與甜椒的鹿肉高湯，再放上三分熟的鹿肉（這本質上就是一道匈牙利燉肉）。燉肉旁邊則搭配以鮮奶油調理過的德國泡菜，其味道會滲入醬汁，其效果就像是匈牙利燉肉湯的酸奶油。德國泡菜的風味強烈，但經過鮮奶油烹煮後風味會變得溫和。雖然這不是道地的匈牙利料理，而是以匈牙利料理為基礎變化而出，但這是在我所喜愛的那種微妙風味進行變化。

——大衛・沃塔克（David Waltuck），CHANTERELLE，紐約市

印度料理 Indian Cuisine

多香果
杏仁（尤以用於甜點的為佳）
洋茴香
北印度麵包
小豆蔻
白花椰菜
雞肉
辣椒
芫荽葉（尤以南印料理的為佳）
肉桂
丁香
椰子（尤以南印料理或用於甜點的為佳）
芫荽
孜然（尤以北印料理的為佳）
咖哩
咖哩葉
茄子
葫蘆巴
蒜頭（尤以北印料理的為佳）
印度酥油（澄清奶油）
薑（尤以北印料理的為佳）
香草
羊肉
扁豆
薄荷
芥末籽（尤以南印料理的為佳）
肉豆蔻
油：菜籽油、葡萄籽油
紅椒
豌豆
胡椒：黑、白胡椒
開心果（尤以用於甜點的為佳）
罌粟籽
馬鈴薯
印度香米（尤以南印料理的為佳）
番紅花
鼠尾草
香料
菠菜
羅望子（尤以南印料理的為佳）
番茄
薑黃
蔬菜（尤以南印料理的為佳）
小麥（尤以北印料理的為佳）
優格

番茄在**印度料理**中的重要性，不亞於它在義大利菜餚中的地位。調理印度咖哩，其實就跟調製義大利番茄醬汁很像。
——梅魯・達瓦拉（Meeru Dhalwala），VIJ'S，溫哥華

如果我在料理食物時想著**印度**，菜餚中就會不知不覺加入羅望子。一想到印度，我的心靈就充滿丁香、小豆蔻與芫荽籽的風味。這些都是氣味濃厚的香料，可以除去菜餚中的油膩感，讓菜餚嘗起來不致過於厚重、油膩與平凡。
——布萊德・法爾米利（Brad Farmerie），PUBLIC，紐約市

我曾在**印度**餐廳做過四年的服務生。我喜歡用印度食材來料理。我學印度料理時，把在美國烹飪學院所學的一切都拋諸腦後。印度料理讓我習得許多烹調技術與料理哲學。現在我會自行烘烤香料，並創出各式的香料組合。我熱愛自己所創造的獨特風味組合，像是以小茴香、肉桂、孜然與芫荽所調配的印度綜合香料。這五種香料的風味各異，但混合在一起卻能產生令人讚歎的風味。我用自己調配的印度綜合香料來調理湯與醬汁。當人們提及這道料理，最常提出的問題就是：「這是什麼味道啊？」
——包柏・亞科沃內（Bob Iacovone），CUVÉE，紐奧良

避免
牛肉（如：基於宗教因素）
豬肉（如：基於宗教因素）

對味組合
肉桂＋丁香＋豆蔻皮粉＋肉豆蔻
芫荽＋孜然＋薑黃
芫荽＋孜然＋優格
孜然＋蒜頭＋薑
孜然＋蒜頭＋優格
蒜頭＋薑
蒜頭＋薑＋洋蔥
馬鈴薯＋辣椒粉＋薑黃
優格＋水果

印尼料理 Indonesian Cuisine
雞肉
辣椒
椰子
芫荽
魚
蒜頭
燒烤料理
檸檬草
糖蜜
麵條
花生

胡椒
米
貝蝦蟹類
蝦醬
醬油
香料（尤以丁香、肉豆蔻、胡椒為佳）
快炒料理
黑糖
蔬菜

對味組合
辣椒＋花生＋醬油
蒜頭＋醬油＋黑糖
蒜頭＋花生＋醬油

伊朗料理 Iranian Cuisine
（亦即波斯料理）
杏桃
羅勒
豆類
雞肉
肉桂
椰棗
蒔蘿
鴨肉
魚

蒜頭
香草
沙威瑪
羊肉
萊姆
肉類
薄荷
堅果
洋蔥
荷蘭芹
洋李
石榴
黑李乾
葡萄乾
米
番紅花
燉煮料理

對味組合

小豆蔻＋肉桂＋丁香＋孜然＋薑
　　＋玫瑰
鴨肉＋石榴＋核桃

義大利料理
Italian Cuisine in General

鰻魚
朝鮮薊
羅勒
牛肉
燈籠椒
續隨子
乳酪：莫札瑞拉、帕瑪、佩科利諾、
　　瑞可達乳酪
雞肉
茄子
小茴香
魚
蒜頭
義大利渣釀白蘭地
綠葉生菜
蜂蜜（尤其用於甜點中）
檸檬（尤其用於甜點中）
瑪莎拉酒
馬士卡彭乳酪（尤其用於甜點中）
菇蕈類
堅果
橄欖油

橄欖
柳橙與碎橙皮（尤其用於甜點中）
奧勒岡
義大利培根
荷蘭芹
義式麵食
豬肉
義式乾醃火腿
紅椒粉
迷迭香
蘭姆酒（尤其用於甜點中）
番紅花
鼠尾草
香腸
貝蝦蟹類
菠菜
百里香
番茄與番茄醬汁
小牛肉
醋：巴薩米克香醋、紅酒醋
酒
節瓜

對味組合

鰻魚＋續隨子＋檸檬汁
鰻魚＋蒜頭＋酒醋
羅勒＋蒜頭＋橄欖油
羅勒＋蒜頭＋番茄
燈籠椒＋橄欖油＋番茄
續隨子＋蒜頭＋酒醋
蒜頭＋橄欖油＋荷蘭芹
蒜頭＋奧勒岡＋番茄
蒜頭＋番紅花＋貝蝦蟹類 紅椒粉
　　＋小茴香＋香腸

北義料理
Italian Cuisine, Northern

蘆筍
羅勒
豆類
奶油
濃稠而豐潤的乳酪
鮮奶油與以鮮奶油為底的醬汁
乾醃肉品
魚
山羊乳酪
榛果

檸檬汁
瑪莎拉酒
堅果
義式麵食（尤以味道濃郁的含蛋
　　的麵食以及常與豆子等澱粉食
　　物混成的寬麵條為佳）
松子
義式玉米餅
馬鈴薯
米與義式燉飯
白松露
醋（尤以酒醋為佳）
酒

南義料理
Italian Cuisine, Southern

燈籠椒
辣椒
肉桂
茄子
小茴香
蒜頭
墨角蘭
肉豆蔻
重度橄欖油
奧勒岡
義式麵食（尤以番茄醬汁調理的
　　管狀義大利麵為佳）
披薩
豬肉
葡萄乾
紅椒粉
沙丁魚
香腸
番茄與番茄醬汁

BOX

帶你了解義大利北方的五種風味——西雅圖市CAFÉ JUANITA的荷莉·史密斯（Holly Smith）

白松露：義大利手工雞蛋麵條最能發揮白松露的風味。而帶有真正蛋味的雞蛋，才能做出上好的義大利麵。我們的義大利麵含蛋量高、每公斤麵粉中含35顆蛋黃。在我們這裡吃到這種麵條，你一定會為之瘋狂！麵條的色澤如夕陽般美麗。調理這種義大利麵時，我會先加入稍微帶有鼠尾草風味的奶油，最後再刨些松露薄片。

納比奧羅葡萄酒（Nebbiolo）：納比奧羅葡萄酒可用來燜燒牛頰肉。為了保持菜餚的簡單風味，上桌時只加上一些烤蕪菁以及濃縮石榴籽醬汁即可。我們燜燒牛頰肉的時間長達七個半小時。大部分燜燒料理的時間約為四個小時，不過對於牛頰肉來說，這還不夠。其他肉類燜燒四個小時或許已可食用，但牛頰肉還是很難咀嚼。

鰻魚：我喜歡用極酸的鰻魚油醋醬來調製夾在麵包中的沙拉。在我們餐廳中，你會見到烤蒜粒調製出的鰻魚，就像奶油般普遍出現在許多菜餚中。像是羊排或是焗烤雞汁馬鈴薯中，我們都會加一些烤蒜粒鰻魚。我們熱愛這種風味組合。我也喜歡以鼠尾草包覆著鰻魚下去油炸，以之為前菜。我們用橄欖油及一點奶油將鰻魚煎至酥脆後，再加入洋蔥炒至焦黃，並以此搭配魚類料理上桌。

榛果：巧克力與榛果真是絕配。我們把它們製成榛果巧克力後，包入可麗餅中加熱，然後再淋上栗花蜜。榛果大多用在沙拉中，或是磨成粉撒在義大利麵上。我們先將戈根索拉－皮卡特乳酪鋪在溫熱的盤中，再鋪上像糖果包裝紙一樣的甜菜義大利麵，上頭再撒些榛果粉就可上桌了。我個人則十分偏好藍黴乳酪搭配榛果。

山羊肉：我才剛在達塞薩爾餐廳（Da Cesare）享用串烤羊肉。如果我知道自己來日無多的話，一定會想辦法讓自己到義大利皮德蒙特區去大快朵頤一番。道地的烤羊肉就是要在羊肉上塗蒜頭、橄欖油、墨角蘭、薄荷或迷迭香。

CHEF'S TALK

我半玩笑半認真地認為，甜點中只要加入蘭姆酒或碎橙皮，就會成為一道義式甜點了。因為這兩種口味的確是義大利非常普遍的風味。
——吉娜·德帕爾馬（Gina DePalma），BABBO，紐約市

每位義大利廚師一定會使用的五種食材：一、真正的義大利麵；二、初榨橄欖油；三、真正的巴薩米克香醋；四、義大利義式乾醃火腿；五、帕瑪乳酪
——馬利歐·巴達利（Mario Batali），BABBO，紐約市

牙買加料理 Jamaican Cuisine
（同時參見加勒比海料理）
烤肉料理（如：雞肉）

日式料理 Japanese Cuisine
鰹魚：柴魚、柴魚片
炙烤料理
辣椒
白蘿蔔
柴魚昆布湯（以海帶為湯底的高湯）
魚：熟食與生食
薑
海帶
味醂（甜米酒）
麵條
醃漬食品
水煮料理
日式柚醋醬
米
清酒
青蔥
芝麻：芝麻油、芝麻籽

貝蝦蟹類
醬油 *
蒸煮料理
茶
米酒醋
日式芥末
米酒
柚子

對味組合
柴魚片＋海帶
蒜頭＋薑＋醬油
薑＋青蔥＋醬油
清酒＋醬油＋糖
醬油＋日式芥末

豆薯 Jicama
季節：冬－春
味道：甜
分量感：輕盈－中等
風味強度：清淡
料理方式：熟食（如：快炒）、生食

酪梨
綠葉甘藍菜
胡蘿蔔
雞肉
辣椒 *
辣椒粉
芫荽葉

日式料理是種極精簡的料理，我們不會混用太多食材。日式料理中最主要的食材之一，就是帶有鹹度與甘味的醬油。醬油的製程相當複雜，需耗費數個月才能完成。以柴魚調理出的柴魚昆布湯（也就是日式高湯），製程也一樣複雜。所以對日本廚師來說，最麻煩的工作已經由他人完成了。

——大河內和（Kaz Okochi），KAZ SUSHI BISTRO，華盛頓特區

主廚私房菜 | DISHES

什錦豆薯（Jicama Callejera）：香脆豆薯，搭配柳橙、葡萄柚以及鳳梨，並淋上柳橙萊姆油醋醬與新鮮萊姆汁
——瑞克・貝雷斯（Rick Bayless），FRONTERA GRILL，芝加哥

豆薯酪梨沙拉（Ensalada de Jicama y Aguacate）：加入南瓜籽的葡萄柚豆薯酪梨沙拉
——崔西・德・耶丁（Traci Des Jardins），MIJITA，舊金山

豆薯海菜沙拉，淋上薑汁醬
——大河內和（Kaz Okochi），KAZ SUSHI BISTRO，華盛頓特區

丁香
黃瓜
孜然
魚
薑
葡萄柚
番茄醬
檸檬
萊姆汁*
馬來西亞料理
芒果
甜瓜
墨西哥料理
黃芥末
油：菜籽油、芝麻油
紅洋蔥
柳橙
木瓜
碎花生
黑胡椒
鳳梨
南瓜籽
櫻桃蘿蔔
沙拉（如：水果沙拉）
莎莎醬
猶太鹽
芝麻油
蝦
醬油
菠菜
糖
白醋

對味組合
豆薯＋酪梨＋葡萄柚＋南瓜籽

豆薯＋辣椒粉＋萊姆汁

刺柏漿果 Juniper Berries
季節：夏－秋
特性：口感清新
味道：苦
分量感：中等
風味強度：溫和－濃烈

多香果
亞爾薩斯料理
蘋果
月桂葉
牛肉
甘藍菜
葛縷子
芹菜
雞肉
酸白菜
鴨肉
小茴香
魚
野味
野禽
蒜頭
德國料理
琴酒
鵝肉
火腿
腎
羊肉

肝
滷汁醃醬
墨角蘭
地中海料理
洋蔥
奧勒岡
荷蘭芹
法式肉派
胡椒
豬肉
迷迭香
鼠尾草
鮭魚
醬汁
德國酸菜
香薄荷
斯堪地納維亞料理
餡料（尤以麵包餡料為佳）
百里香
小牛肉
鹿肉
紅酒

對味組合
刺柏漿果＋野味＋蒜頭＋迷迭香

卡非萊姆與卡非萊姆葉
Kaffir Limes and Kaffir Lime Leaf
（同時參見檸檬、萊姆等）

季節：全年
味道：酸
分量感：輕盈
風味強度：溫和－濃烈
料理方式：快炒

泰式羅勒
牛肉
小豆蔻
雞肉
辣椒
芫荽葉
椰子與椰奶
芫荽葉

CHEF'S TALK
我喜歡把芬芳的**卡非萊姆葉**加入咖哩中。
——梅魯・達瓦拉（Meeru Dhalwala），VIJ'S，溫哥華

椰子與椰奶
芫荽
孜然
咖哩醬與咖哩
魚
薑
印度料理
印尼料理
檸檬草
萊姆汁
滷汁醃醬
菇蕈類
麵條
豬肉
禽肉
米
沙拉
芝麻
貝蝦蟹類
湯（尤以泰式海鮮湯為佳）
八角
糖
羅望子
泰式料理
薑黃
蔬菜（尤以綠葉生菜為佳）

對味組合
卡非萊姆＋番紅花＋海鮮
卡非萊姆葉＋鴨肉＋薑
卡非萊姆葉＋米＋薑黃

芥藍 Kale
季節：秋－春
味道：苦、甜
同屬性植物：青花菜、球芽甘藍、
　甘藍菜、白花椰菜、羽衣甘藍
　葉、球莖甘藍
分量感：厚實
風味強度：溫和
料理方式：汆燙、水煮、燜燒、煎
　炒、蒸煮、快炒

月桂葉
紅燈籠椒
奶油
乳酪：巧達、帕瑪乳酪

> **CHEF'S TALK**
>
> 我喜歡先把芥藍汆燙一下，然後加一小撮鹽、一些洋蔥以及煙燻香腸
> 一起煎炒。
> ——加柏利兒‧克魯德（Gabriel Kreuther），THE MODERN，紐約市

烤雞
鮮奶油
蒜頭
薑
檸檬
烘烤肉
肉豆蔻
油：葡萄籽油、蔬菜油
橄欖油
洋蔥（尤以黃洋蔥為佳）
奧勒岡
義大利培根
義式麵食
胡椒：黑、白胡椒
豬肉
馬鈴薯
紅辣椒碎片
猶太鹽
西班牙辣香腸
紅蔥頭
酸奶油
醬油
雞高湯
糖
番薯
百里香
番茄
紅酒醋

對味組合
芥藍＋蒜頭＋橄欖油＋紅酒醋
芥藍＋洋蔥＋鹽＋煙燻香腸

奇異果 Kiwi Fruit
季節：晚秋－春
味道：酸
分量感：中等
風味強度：清淡－溫和
料理方式：生食

香蕉

漿果
櫻桃
巧克力：黑、白巧克力
椰子
鮮奶油與冰淇淋
脆皮點心：酥皮或派
卡士達
葡萄柚
榛果
蜂蜜
櫻桃白蘭地
檸檬：檸檬汁、碎檸檬皮
萊姆
荔枝
夏威夷豆
芒果
柳橙
木瓜
百香果
鳳梨
蘭姆酒
沙拉（尤以雞肉沙拉或水果沙拉
　為佳）
草莓
糖
酒：香檳酒、冰酒

球莖甘藍 Kohlrabi
（同時參見蕪青甘藍、蕪菁）
季節：夏－秋
同屬性植物：青花菜、球芽甘藍、
　甘藍菜、白花椰菜、羽衣甘藍、
　芥藍
分量感：中等（尤其是鮮嫩時）－
　厚實（尤其是成熟時）
風味強度：溫和（尤其是鮮嫩
　時）－濃烈（尤其是成熟時）
料理方式：沸煮、蒸煮、快炒

多香果
羅勒

大頭菜是種常受到忽略的蔬菜。我承認自己過去並不是那麼喜愛它，不過隨著時間過去，我對它的接受度與日益增，現在可說是愛不釋手。大頭菜的風味很難精確描述，大概是介於蕪菁、櫻桃蘿蔔與花椰菜之間的一種風味吧。不過它的滋味極好，而且口味多變，可以採用燒烤、烘烤的方式料理，也可像胡蘿蔔那樣做成蜜漬大頭菜，或與馬鈴薯一起焗烤。甚至還能把大頭菜擦絲，像芹菜根那樣弄成雷莫拉醬（rémoulade）。不過享用大頭菜的最佳方式，還是燒烤或烘烤後撒上一些海鹽與橄欖油來調味就可以了。這可是我的最愛啊！

——維塔利·佩利（VitalyY Paley），PALEY'S PLACE，俄勒岡州波特蘭市

無鹽奶油
甘藍菜
胡蘿蔔
芹菜
芹菜葉或芹菜籽
芹菜根
乳酪（尤以帕瑪、瑞士乳酪為佳）
細葉香芹
芫荽葉
芫荽
鮮奶油
蒔蘿
小茴香葉或小茴香籽
蒜頭
山葵
韭蔥
檸檬汁
歐當歸
豆蔻皮粉
芥末（如：第戎芥末）
芥末籽
洋蔥
扁葉荷蘭芹
黑胡椒
馬鈴薯
迷迭香
鹽（尤以海鹽為佳）
芝麻油、芝麻籽
湯
酸奶油
醬油
燉煮料理
玉溜
薑黃
紅酒醋

韓式料理 Korean Cuisine
辣椒
魚
蒜頭
麵條（尤以蕎麥麵為佳）
米
芝麻籽
貝蝦蟹類
醬油
糖
醃漬蔬菜（如：韓式泡菜）

對味組合
辣椒＋蒜頭＋醬油
辣椒＋芝麻籽＋醬油
辣椒＋醬油
蒜頭＋芝麻籽＋醬油
蒜頭＋醬油

金桔 Kumquats
季節：秋－冬
味道：酸、苦
分量感：輕盈－中等
風味強度：溫和－濃烈
料理方式：生食、燉煮

亞洲料理
牛肉
漿果：蔓越莓、草莓
白蘭地
焦糖
卡宴辣椒
雞肉
巧克力：黑、白巧克力
印度甜酸醬

肉桂
柑橘類
椰子
蔓越莓
鮮奶油
卡士達
椰棗
鴨肉
東亞料理
比利時苦苣
魚（尤以鱈魚、大比目魚、笛鯛、鮭魚、鮪魚為佳；尤以燒烤為佳）
薑
榛果
蜂蜜
檸檬汁
萊姆
豆蔻皮粉
芒果
滷汁醃醬
肉類
薄荷
肉豆蔻
橄欖油
青蔥
柳橙
木瓜
美洲山核桃
柿子
鳳梨
開心果
石榴
罌粟籽
豬肉
南瓜
榲桲
蘭姆酒
沙拉：水果沙拉、綠葉蔬菜沙拉
鹽
草莓
糖
香莢蘭
核桃
白酒

羊肉 Lamb in General

季節：春
味道：甜、澀
質性：性熱
分量感：厚實
風味強度：溫和－濃烈
料理方式：燜燒（尤以腱肉為佳）、
　　燒烤（尤以腿為佳）、烘烤（尤
　　以腿為佳）、燉煮（尤以肩胛肉
　　為佳）
小祕訣：丁香能為羊肉增添豐潤
　　的味道

CHEF'S TALK

以菠菜馬鈴薯鋪底，再澆上葫蘆巴奶油咖哩，最後放上紅酒羊肉棒，就成了我們的招牌菜。做法非常簡單，羊頸脊肉（rack）只要烤個幾分鐘，醬汁則是以奶油與蒜頭為主的簡單醬汁，組合起來就是一道結合三種風味的料理了。不過我們還會加上綠葫蘆巴以添加一點大地的氣息，使風味提升到全新層次。這道菜真的非常簡單，但是需要技巧，例如蒜頭若是炒過頭就會變苦，或者葫蘆巴加太多也會讓菜餚過苦而掩蓋了奶油的味道。只要比例拿捏恰當，就是一道完美的菜餚了。

——梅魯·達瓦拉（Meeru Dhalwala），VIJ'S，溫哥華

蒜味美乃滋
杏仁
鯷魚
蘋果
杏桃乾
朝鮮薊
蘆筍
培根
羅勒
月桂葉
豆類：花豆、**蠶豆**、**法國菜豆**、四
　　季豆、**白豆**
啤酒
燈籠椒
白蘭地
麵包粉
布格小麥
奶油：澄清、無鹽奶油
續隨子
小豆蔻
胡蘿蔔
卡宴辣椒
芹菜
芹菜根
恭菜
乳酪：藍黴、費達、帕瑪、瑞可達
鷹嘴豆
辣椒：哈拉佩諾、紅辣椒
辣椒粉
細香蔥
黑巧克力
芫荽葉
肉桂
丁香
椰子
干邑白蘭地
芫荽
庫斯庫斯
鮮奶油
孜然
咖哩粉
椰棗
蒔蘿
東地中海料理（如：希臘料理、土
　　耳其料理）
茄子
茴菜

主廚私房菜 | DISHES

羊排套餐，搭配無花果、保樂酒，並加上一個黃樟味的枕頭[3]
——格蘭特・阿卡茲（Grant Achatz），ALINEA，芝加哥

羊排，搭配燉煮鷹嘴豆與根菜，以及燜燒萵苣
——丹・巴勃（Dan Barber），BLUE HILL AT STONE BARNS，紐約州波坎提科丘

搭配香辣羊肉香腸肉醬的薄荷情書（薄荷餡大片方麵餃）
——馬利歐・巴達利（Mario Batali），BABBO，紐約市

蒜頭醬烤羊里肌，搭配焗烤馬鈴薯芹菜根與炒闊葉莙薘菜
——安・卡遜（Ann Cashion），CASHION'S EAT PLACE，華盛頓特區

科羅拉多烤羊肉，搭配烤小茴香、蜜漬櫻桃蘿蔔、新鮮鷹嘴豆，以及南歐刺菜薊泥和尼斯金桔橄欖醬
——崔西・德・耶丁（Traci Des Jardins），JARDINIÈRE，舊金山

科羅拉多羊里肌排，搭配義式玉米粥、羊肚菌、星路蠶豆以及佩里戈爾松露汁
——崔西・德・耶丁（Traci Des Jardins），JARDINIÈRE，舊金山

烤羊里肌排，搭配山羊乳酪玉米脆餅、番紅花燜菜苗以及薄荷優格
——布萊德・法爾米利（Brad Farmerie），PUBLIC，紐約市

「亞美尼亞式」羊肉串，搭配以地中海鷹嘴豆沙拉、鷹嘴豆粥，以及綿羊奶薄荷優格
——凱莉・納哈貝迪恩（Carrie Nahabedian），NAHA，芝加哥

春日水煮羊排，搭配朝鮮薊塔以及松子羊肚菌葛瑞莫拉塔調味料（gremolata）
——布拉德利・奧格登（Bradley Ogden），2003年詹姆士比爾獎慶功宴

摩洛哥風味羊頸脊肉，搭配庫斯庫斯沙拉、烤茄子與黑胡椒檸檬汁
——弗瑞・波特爾（Alfred Portale），GOTHAM BAR AND GRILL，紐約市

煎烤羊頸脊肉以及燜燒18小時的羊腿＋山羊乳酪馬鈴薯泥＋野生蘑菇紅酒醬
——艾略克・瑞普特（Eric Ripert），LE BERNARDIN，紐約市

黑松露羊肉義式寬扁麵，搭配醃漬檸檬與熟成帕瑪乳酪
——艾略克・瑞普特（Eric Ripert），LE BERNARDIN，紐約市

撒上松露與杏仁碎粒的羊頸脊肉
——布萊德福特・湯普森（Bradford Thompson），MARY ELAINE'S AT THE PHOENICIAN，亞利桑那州斯科茨代爾市

紅酒羊肉棒，搭配葫蘆巴奶油咖哩醬，鋪在菠菜馬鈴薯上方
——維克拉姆・維基與梅魯・達瓦拉（Vikram Vij and Meeru Dhalwala），VIJ'S，溫哥華

---

3 譯注：黃樟（sassafras）為沙士的原料之一，黃樟味就是沙士的氣味。此套餐附上一個冰枕，在上菜時會將枕頭刺破，黃樟味自洞中飄出。隨著一道道的菜餚上桌，用餐者四周會彌漫著越來越濃厚的黃樟味。

CHEF'S TALK

我與威拉梅特村當地的養羊戶合作，他在春天可供應真正的春季羔羊肉。我們有支烤肉叉，每個週五晚上就會做一道烤全羊。我極愛羊肩肉，剛入口時並不覺得好吃，但最後卻會散發出十足的美味啊！法式料理中有項古老的技術，就是以乾草來料理火腿。他們把乾草浸在水中，然後火腿置於其上烹煮。真是令人讚歎的手藝呀。所以我們就把這項調理技術轉移到羊肉上。我們的養羊戶會從放牧羊群的牧場中採集乾草及牧草，所以這些草確實是羊吃下肚的東西。之後我們把乾草鋪在淺盤上晾置一晚，如此一來乾草就會有穀倉般的奶糖風味。其實任何一種乾草都可用來料理，不過我個人比較講究就是了。

我們無骨羊肩肉在鹽水中浸泡24小時。鹽水是以一杯鹽、1/4杯糖及一加崙的水，並加入一些胡椒粒、月桂葉、小豆蔻、肉桂棒以及孜然調製而成。鹽水先煮沸再冷卻後才把羊肉浸入，浸製完成後再抹上蒜頭及夏季香薄荷，然後綁成圓柱狀置於乾草上，接著灑些白酒，最後再用乾草蓋上送入烤箱。如此處理出來的羊肉能保留住天然的風味。因為羊吃乾草，所以乾草可讓羊肉變得更美味。在烘烤的過程中，羊肉散發出強烈但令人愉悅的氣味，最後轉變成另一種全然不同的風味。若此時正值薰衣草盛產，我還會把一些薰衣草丟進乾草，更增添美味。至於佐菜，我則喜歡以普羅旺斯鑲番茄（傳統上餡料是以羅勒、麵包粉、蒜頭和橄欖油調製而成）來搭配這道羊肉。最好是搭配簡單一點的東西。也可以僅以香薄荷橄欖油脆皮馬鈴薯或是綜合蔬菜來搭配。

——維塔利‧佩利（Vitaly Paley），PALEY'S PLACE，俄勒岡州波特蘭市

闊葉莒菜
小茴香
小茴香籽
葫蘆巴（尤以綠葫蘆巴為佳）
黑無花果乾
五香粉
法國菜豆
印度綜合香料
蒜頭*與蒜泥
薑
希臘料理
香草
蜂蜜
印度料理
愛爾蘭料理（如：燉煮料理）
義大利料理（尤以南義料理為佳）
薰衣草
韭蔥
檸檬：檸檬汁、碎檸檬皮
醃漬檸檬
扁豆
萊姆汁

豆蔻皮粉
墨角蘭
中東料理
薄荷*（尤以綠薄荷或薄荷果凍為佳）
綜合蔬菜高湯
摩洛哥料理
菇蕈類
第戎芥末
肉豆蔻
油：菜籽油、花生油、蔬菜油
橄欖油
橄欖（尤以黑橄欖、卡拉瑪塔橄欖、尼斯橄欖為佳）
洋蔥：珍珠、紅、白、黃洋蔥
柳橙：橙汁、碎橙皮
奧勒岡
紅椒
扁葉荷蘭芹
義式麵食（尤以義大利手工寬麵為佳）
豌豆（尤以甜豌豆為佳）

胡椒：黑、白胡椒
義式青醬
松子
開心果
義式玉米餅
石榴與石榴糖蜜
牛肝菌
菇蕈類
馬鈴薯（尤以新鮮馬鈴薯或紅薯為佳）
黑李乾
葡萄乾
紅椒粉
米：印度香米、白米、野生米
義式燉飯
迷迭香*
蕪青甘藍
番紅花
新鮮鼠尾草
鹽：鹽之花、猶太鹽、海鹽
香薄荷
青蔥
紅蔥頭
芳香雪莉酒
菠菜
高湯：牛、雞、羊、小牛高湯
糖：黑糖、白糖
塔博勒沙拉
羅望子
龍蒿
新鮮百里香
番茄與番茄醬汁
黑松露與松露油
薑黃
蕪菁
香莢蘭
根莖類蔬菜
苦艾酒
油醋醬
醋：巴薩米克香醋、紅酒醋、米酒醋、雪莉酒醋、白酒醋
水田芥
酒：干白酒、紅酒（如：小希哈酒）
伍斯特辣醬油
優格
節瓜

對味組合

羊肉＋球花甘藍＋帕瑪乳酪
羊肉＋小豆蔻＋優格
羊肉＋胡蘿蔔＋薑＋開心果
羊肉＋胡蘿蔔＋扁豆＋荷蘭芹
羊肉＋鷹嘴豆＋蒜頭
羊肉＋巧克力＋肉桂＋丁香
羊肉＋芫荽葉＋蒔蘿＋蒜頭＋薄荷
羊肉＋肉桂＋杏桃乾＋醃漬檸檬＋核桃
羊肉＋肉桂＋蒜頭＋檸檬＋薄荷＋洋蔥＋奧勒岡
羊肉＋肉桂＋黑李乾
羊肉＋丁香＋紅酒
羊肉＋鮮奶油＋葫蘆巴＋蒜頭
羊肉＋黃瓜＋薄荷＋番茄
羊肉＋闊葉萵苣＋檸檬
羊肉＋蠶豆＋百里香
羊肉＋小茴香＋洋蔥＋蕪菁
羊肉＋法國菜豆＋百里香
羊肉＋蒜頭＋法國菜豆
羊肉＋蒜頭＋橄欖
羊肉＋蒜頭＋迷迭香羊肉＋薄荷＋芥末
羊肉＋薄荷＋橄欖
羊肉＋薄荷＋荷蘭芹
羊肉＋薄荷＋豌豆＋義式燉飯
羊肉＋薄荷＋瑞可達乳酪羊肉＋薄荷＋番茄

羊肉排 Lamb, Chops
料理方式：炙烤、燒烤、煎炒

鯷魚
豆類（如：蠶豆）
紅燈籠椒
球花甘藍
無鹽奶油
續隨子
胡蘿蔔
卡宴辣椒
蒸菜
費達乳酪
芫荽葉
孜然
咖哩
小茴香
印度綜合香料
蒜頭
薑
蜂蜜
韭蔥
檸檬
萊姆
豆蔻皮粉
薄荷
味噌
菇蕈類
第戎芥末
肉豆蔻
油：菜籽油、花生油
橄欖油
黑橄欖
洋蔥（尤以珍珠洋蔥為佳）

奧勒岡
紅椒
扁葉荷蘭芹
胡椒：黑、白胡椒
石榴
馬鈴薯
迷迭香
沙拉
鹽：猶太鹽、海鹽
香薄荷
紅蔥頭
雞高湯
糖
龍蒿
百里香
番茄
松露
醋：巴薩米克香醋、麥芽醋
干紅酒
優格

對味組合
羊肉排＋檸檬＋薄荷

拉丁美洲料理
Latin American Cuisine

黑豆
牛肉
咖啡牛奶
辣椒
芫荽葉
肉桂
丁香
玉米
孜然
水果
蒜頭
綠葉蔬菜
萊姆汁

> CHEF'S TALK
>
> 拉丁美州料理的地中海風味十足。這是以當初傳入的西班牙及義大利料理為基礎，你會看到蒜頭、洋蔥、胡椒這種西班牙及義大利的常見組合，遑論芫荽葉、肉桂、丁香、孜然、奧勒岡、迷迭香與百里香等這些完全相同的香草及香料了。
> ——馬里雪兒・普西拉（Maricel Presilla），ZAFRA，紐澤西州霍博肯市

肉類
綜合烤肉
洋蔥
柳橙
奧勒岡
胡椒
豬肉
馬鈴薯
米
迷迭香
香腸
海鮮
龍蒿
百里香
蔬菜

對味組合
牛肉＋玉米＋番薯
蒜頭＋洋蔥＋胡椒
肉類＋黑豆＋綠葉生菜＋柳橙＋米
海鮮＋辣椒＋芫荽葉＋蒜頭＋萊姆

薰衣草 Lavender
味道：甜、酸
分量感：輕盈
風味強度：濃烈
小祕訣：可以用葛縷子籽來替代薰衣草

杏仁
蘋果
烘焙食物：蛋糕、餅乾、司康餅、奶酥餅乾
漿果
黑莓

藍莓
瑞可達乳酪
櫻桃
雞肉
鮮奶油與冰淇淋
法式酸奶油
黑穗醋栗
卡士達
甜點
鴨肉
無花果
法式料理
水果與醃漬水果
野禽
薑
普羅旺斯綜合香草（偶爾會出現的成分）
蜂蜜
羊肉
檸檬
檸檬水
墨角蘭
馬士卡彭乳酪
肉類（如：牛肉、羊肉、牛排）
牛奶
薄荷
洋蔥
柳橙
奧勒岡
荷蘭芹
桃子
開心果
洋李
豬肉
馬鈴薯
普羅旺斯料理
鵪鶉

兔肉
摩洛哥綜合香料（主要成分）
覆盆子
大黃
米
迷迭香
香薄荷
綠薄荷
燉煮料理
草莓
糖
茶（尤以紅茶為佳）
百里香
香莢蘭
巴薩米克香醋
核桃

對味組合
薰衣草＋鮮奶油＋糖
薰衣草＋肉類＋鹽

韭蔥 Leeks
季節：秋－春
味道：甜
同屬性植物：細香蔥、蒜頭、洋蔥、紅蔥頭
分量感：輕盈－中等
風味強度：清淡
料理方式：水煮、燜燒、煎炸、燒烤、烘烤、蒸煮
小祕訣：烹調初期即須加入

鯷魚
培根
大麥
月桂葉
牛肉
馬賽魚湯
無鹽奶油
續隨子
葛縷子
胡蘿蔔
白花椰菜
芹菜
乳酪：巧達、山羊、葛黎耶和、帕瑪乳酪

CHEF'S TALK

薰衣草適合搭配黑李乾或桃子。
——傑瑞・特勞費德（Jerry Traunfeld），THE HERBFARM，華盛頓州伍德菲爾

薰衣草與迷迭香適合用於奶油蛋糕、餅乾與其他烘焙點心之中。
——傑瑞・特勞費德（Jerry Traunfeld），THE HERBFARM，華盛頓州伍德菲爾

我喜歡在鵪鶉肉中加入一點**薰衣草**，因為薰衣草有種讓人開胃的香氣，不過「一點點」可是重要關鍵，若是加太多，就會像在吃肥皂！
——雪倫・哈格（Sharon Hage），YORK STREET，達拉斯

新鮮韭蔥沙拉：韭蔥冷盤，搭配手指狀馬鈴薯以及佩姬羅紅椒
——湯馬士‧凱勒（Thomas Keller），BOUCHON，加州揚特維爾市

韭蔥蘆筍義大利麵，搭配檸檬、帕瑪乳酪以及水煮蛋
——彼得‧諾瓦科斯基（Peter Nowakoski），RAT'S，紐澤西州漢密爾頓市

細葉香芹
雞肉
辣椒
細香蔥
芫荽
鮮奶油
法式酸奶油
蒔蘿
蛋（包括全熟沸煮蛋）與蛋料理
小茴香
魚
法式料理
蒜頭
希臘料理
檸檬汁
歐當歸
白肉
菇蕈類（尤以蠔菇為佳）
貽貝
芥末
肉豆蔻
油：玉米油、葡萄籽油、榛果油、
　　花生油、蔬菜油
橄欖油
洋蔥
奧勒岡
紅椒
荷蘭芹
義式麵食
胡椒：黑、白胡椒
馬鈴薯
米
鼠尾草
沙拉
猶太鹽
羅曼斯科醬
青蔥
海鱸魚湯
醬油

燉煮料理
高湯：雞、蔬菜高湯
玉溜
龍蒿
百里香
番茄與番茄醬汁
黑松露
油醋醬
巴薩米克香醋
酒：干白酒、紅酒

對味組合
韭蔥＋鯷魚＋蒜頭＋橄欖油
韭蔥＋培根＋鮮奶油
韭蔥＋鮮奶油＋百里香
韭蔥＋芥末＋油醋醬

莢豆 Legumes
（參見扁豆、豌豆等）

檸檬 Lemons
季節：全年
味道：酸
分量感：輕盈
風味強度：濃烈

杏仁
洋茴香
蘋果
杏桃
朝鮮薊
香蕉
羅勒
月桂葉
牛肉
漿果
飲料
黑莓
藍莓
無鹽奶油

CHEF'S TALK

我們在料理食物時，加了鹽之後，下一步就是**檸檬汁**了。酸味是左右整道菜餚味道的關鍵，它可以是個細緻的小標點，也可以是個具震撼力的驚歎號！
——雪倫‧哈格（Sharon Hage），YORK STREET，達拉斯

碎檸檬皮與檸檬汁的作用完全不同。若在法式蘋果薄餅中加入一茶匙的碎檸檬皮，味道會與加入檸檬汁截然不同。檸檬汁只會讓薄餅嘗起來很酸，而碎檸檬皮則會把檸檬的風味確實帶入薄餅。若要製做冰淇淋、卡士達以及塔之類的甜點，就要使用檸檬汁。不過若只是想結合檸檬與其他風味，就得使用碎檸檬皮了。
——艾蜜莉‧盧契提（Emily Luchetti），FARALLON，舊金山

當你想要有檸檬酸與檸檬味，就要使用**檸檬汁**。若你想要的是檸檬的香氣，那就使用碎檸檬皮，因為這才是提煉檸檬精油的來源。我在料理中較常使用的是檸檬及柳橙，而非香菜蘭，因為檸檬及柳橙在義大利及義式料理中較為普遍，人們也視之為義大利料理的一種風味。
——吉娜‧德帕爾馬（Gina DePalma），BABBO，紐約市

檸檬可以單獨使用，也可以與其他食材搭配使用，因為它可以增強多種風味。柳橙有時過於芬芳，而檸檬則能讓風味更明顯。檸檬的隱約風味跟主菜風味一樣重要。若是你手邊必須以一種水果做為基本食材，檸檬就是不二選擇。
——艾蜜莉‧盧契提（Emily Luchetti），FARALLON，舊金山

白脫乳
續隨子
焦糖
小豆蔻
卡宴辣椒
乳酪：山羊、瑞可達乳酪
櫻桃
細葉香芹
栗子

雞肉
細香蔥
巧克力：黑、白巧克力
肉桂
椰子
咖啡
蟹
蔓越莓
鮮奶油／牛奶

奶油乳酪
法式酸奶油
卡士達
椰棗
甜點
鴨肉
無花果：新鮮無花果、無花果乾
魚
蒜頭
琴酒
薑
鵝肉
漿果
葡萄柚
葡萄
希臘料理
番石榴
榛果
蜂蜜
奇異果
羊肉
檸檬草
檸檬馬鞭草
萊姆
香甜酒：堅果香甜酒、柳橙香甜
　　酒（如：君度橙酒、庫拉索酒、
　　金萬利香橙甜酒）
芒果
楓糖漿
馬士卡彭乳酪
地中海料理
中東料理
薄荷（裝飾用）
摩洛哥料理
第戎芥末
油桃
堅果（尤以榛果為佳）
燕麥
橄欖油
柳橙：橙汁、碎橙皮
奧勒岡
牡蠣
木瓜
扁葉荷蘭芹
百香果
義式麵食與義大利麵醬料
桃子

主廚私房菜 DISHES

檸檬瑞可達乳酪鬆餅，搭配黑莓與蜂巢奶油（honeycomb butter）
——安德魯·卡梅利尼（Andrew Carmellini），A VOCE，紐約市

西洋梨
美洲山核桃
黑胡椒
柿子
松子
開心果
洋李
罌粟籽
豬肉與豬排
禽肉
黑李乾
榲桲
葡萄乾
覆盆子
大黃
米
迷迭香
蘭姆酒
鼠尾草
沙拉與沙拉醬汁
猶太鹽
醬汁：褐化奶油醬、荷蘭芹醬
芝麻油
紅蔥頭
貝蝦蟹類
酸奶油
雞高湯
糖：黑糖、白糖
柑橘
百里香
香莢蘭
小牛肉
紫羅蘭
伏特加
核桃
酒：紅酒、甜酒（如：慕斯卡葡萄酒）、白酒
優格

對味組合

檸檬＋漿果＋法式酸奶油
檸檬＋黑莓＋蜂蜜＋瑞可達乳酪

梅爾檸檬 Lemons, Meyer
季節：秋－春
味道：酸－甜
分量感：輕盈
風味強度：溫和－濃烈

鮮奶油
葡萄柚
蜂蜜
檸檬
萊姆
柳橙
糖
香莢蘭

醃漬檸檬 Lemons, Preserved
味道：酸
分量感：輕盈－中等
風味強度：溫和－濃烈

肉桂
丁香
羊肉
摩洛哥料理

CHEF'S TALK

我們可是一次就製作大量的**醃漬檸檬**哦！我們會在仲夏時節購買好幾箱檸檬，如此一來，醃漬期就能長達八個月。醃漬六個月時，檸檬的味道已經很不錯了，若是醃漬到八個月甚至一年，其滋味更是絕妙得令人如置天堂。也不過再多等幾個月，它們的風味就變得如此不可思議。我調理醃漬檸檬全憑感覺。醃料的配方主要是鹽，再加點肉桂、丁香、黑種草、點番紅花，然後塞進檸檬，置入冰箱冷藏。要不是我這麼貪心，可能就會把它們分送出去了。畢竟這花了我一年的時間啊！
——布萊德·法爾米利（Brad Farmerie），PUBLIC，紐約市

黑種草籽
番紅花

檸檬香蜂草 Lemon Balm
季節：春－秋
味道：酸
分量感：輕盈－中等
風味強度：清淡－溫和

CHEF'S TALK

不同種類的檸檬，就得當做不一樣的東西來處理。**梅爾檸檬**就與一般檸檬不同，會使用這種檸檬多半是因為它特殊的香氣以及微妙的滋味。不過當你嘗了梅爾檸檬的味道後，可能就會想加點一般檸檬來增強酸度及一點刺激感。
——艾蜜莉·盧契提（Emily Luchetti），FARALLON，舊金山

在**梅爾檸檬**盛產期，我們會拿到大量的梅爾檸檬，它們帶有一股討喜的甜橘檸檬風味。不過有時它們就是太甜，所以得加入一般檸檬或是萊姆來調和風味。
——莫妮卡·波普（Monica Pope），T'AFIA，休斯頓

主廚私房菜 DISHES

梅爾檸檬奶油派，搭配烤草莓、椰子糖以及香莢蘭鮮奶油
——艾蜜莉·盧契提（Emily Luchetti），糕點主廚，FARALLON，舊金山

杏桃
蘆筍
漿果
胡蘿蔔
雞肉
細香蔥
蒔蘿
球莖茴香
魚
水果
薑
甜瓜
薄荷
油桃
扁葉荷蘭芹
桃子
豌豆
沙拉（尤以水果沙拉與綠茶沙拉
　為佳）

檸檬羅勒 Lemon Basil
味道：酸
分量感：輕盈
風味強度：溫和

杏桃
漿果
肉桂
甜點
魚
桃子
海鮮
貝蝦蟹類
湯
蔬菜

檸檬草 Lemongrass
味道：酸
分量感：輕盈
風味強度：溫和－濃烈
小祕訣：菜餚調理快完成時再加
　入，用於快炒菜餚。

羅勒牛肉
雞肉
辣椒：紅、青辣椒
細香蔥

芫荽葉
肉桂
丁香
椰子與椰奶
芫荽
蟹
鮮奶油
咖哩
魚
水果
高良薑
蒜頭
薑
蜂蜜
印尼料理
萊姆汁
龍蝦
馬來西亞料理
肉類 薄荷
米粉
動物內臟
洋蔥
荷蘭芹
花生
豬肉
禽肉
鼠尾草
沙拉與沙拉醬汁
青蔥
紅蔥頭
貝蝦蟹類
蝦
湯（尤以雞肉湯或火雞湯為佳）
東南亞料理
春捲
燉煮料理
茶
泰式料理
薑黃
香莢蘭
蔬菜
越南料理
油醋醬

對味組合
檸檬草＋細香蔥＋薄荷
檸檬草＋芫荽葉＋薄荷

檸檬草＋鮮奶油＋香莢蘭

檸檬百里香 Lemon Thyme
味道：酸
分量感：輕盈
風味強度：溫和－濃烈

蘆筍
羅勒
月桂葉
甜菜
飲料（如：花草茶）
馬賽魚湯
胡蘿蔔
雞肉（尤以烘烤的雞肉為佳）
細香蔥
蛋
小茴香
無花果
魚
水果
薑
大比目魚
羊肉
墨角蘭
肉類
薄荷
柳橙
荷蘭芹
馬鈴薯
禽肉
兔肉
迷迭香
鼠尾草
沙拉：水果沙拉、綠葉沙拉
海鮮
貝蝦蟹類
真鰈
菠菜
燉煮料理
高湯與清湯：魚湯、海鮮湯
餡料
小牛肉
蔬菜（尤以春季蔬菜為佳）

質性：性涼
分量感：中等
風味強度：溫和
料理方式：熬煮
小祕訣：綠扁豆比棕扁豆或紅豆
　　　　更具風味

檸檬馬鞭草 Lemon Verbena

味道：酸
分量感：輕盈
風味強度：濃烈

茴藿香
杏桃
烘焙食物（如：蛋糕、奶酥餅乾）
羅勒
甜菜
漿果
飲料
藍莓
無鹽奶油
胡蘿蔔
櫻桃
雞肉
辣椒
細香蔥
芫荽葉
肉桂
鮮奶油與冰淇淋
法式酸奶油
紅穗醋栗
卡士達
甜點
魚
水果
蒜頭
薑
葡萄
蜂蜜
羊肉
薰衣草
檸檬汁
檸檬水
檸檬草
檸檬百里香
萊姆汁
甜瓜

牛奶
薄荷
菇蕈類
油桃
桃子
豌豆
洋李
覆盆子
米
水果沙拉與綠葉沙拉
鹽
酸奶油
草莓
糖
羅望子
綠茶
節瓜

對味組合

檸檬馬鞭草＋杏桃＋糖

扁豆 Lentils

季節：冬
味道：甜－澀

蘋果：蘋果酒、蘋果汁
培根
月桂葉
燈籠椒（尤以紅燈籠椒為佳）
香料包
麵包與酥脆麵包丁
無鹽奶油
小豆蔻
胡蘿蔔
卡宴辣椒
芹菜
芹菜根
山羊乳酪
細葉香芹
辣椒：乾紅椒、新鮮青辣椒
細香蔥（裝飾用）芫荽葉
肉桂
丁香
椰子
醃黃瓜
鮮奶油
孜然（尤以孜然籽為佳）
咖哩：咖哩葉、咖哩粉、咖哩醬
蒔蘿

茄子
法式料理
烘烤的野禽（如：鵪鶉）
蒜頭
薑
火腿與豬腳
蜂蜜
印度料理
羊肉
韭蔥
檸檬汁
萊姆汁
肉類
地中海料理
薄荷（尤以綠薄荷為佳）
綜合蔬菜高湯（尤以用來做湯底
　的綜合蔬菜高湯為佳）
第戎芥末
黑芥末籽
油：榛果油、花生油、蔬菜油、核
　桃油
橄欖油
洋蔥（尤以紅、白、黃洋蔥為佳）
奧勒岡
扁葉荷蘭芹
胡椒：黑、白胡椒
鳳梨
豬肉
烘烤的禽肉（如：雞肉）
義式乾醃火腿
鮭魚
猶太鹽
香腸（尤以煙燻香腸為佳）
青蔥
紅蔥頭
酸模（尤以搭配綠扁豆為佳）
湯
醬油
菠菜
冬南瓜（如：白胡桃瓜）
高湯：雞、蔬菜高湯
百里香
番茄
薑黃
蕪菁
醋：巴薩米克香醋、紅酒醋、雪莉
　酒醋

核桃
紅酒
節瓜

對味組合

扁豆＋培根＋燈籠椒＋孜然＋蒜
　頭
扁豆＋培根＋蒜頭＋雪莉酒醋
扁豆＋月桂葉＋洋蔥＋百里香
扁豆＋孜然＋薑黃
扁豆＋橄欖油＋荷蘭芹＋酸模

萵苣 Lettuces
季節：春－秋
質性：性涼
分量感：輕盈－中等
風味強度：清淡－濃烈

蘋果
培根
羅勒
義式麵包棒、油煎方形小麵包片
　等等
續隨子
乳酪（如：費達乳酪）
菊苣（亦即苦味綠葉蔬菜）
蒔蘿
蛋（尤以沸煮至全熟的蛋為佳）
小茴香葉
蒜頭
檸檬汁
薄荷
菇蕈類
第戎芥末
堅果
油：榛果油、花生油、核桃油
橄欖油
橄欖
柳橙

荷蘭芹
桃子
西洋梨
黑胡椒
葡萄乾
鹽
紅蔥頭
芽菜
龍蒿
蔬菜（尤以生菜為佳）
油醋醬
醋：巴薩米克香醋、蘋果酒醋、紅
　酒醋
水田芥

畢布萵苣 Lettuce, Bibb
（亦即波士頓萵苣或奶油萵苣）
季節：春
味道：甜
分量感：輕盈－中等
風味強度：清淡

芝麻菜
酪梨
羅勒
細葉香芹
細香蔥
黃瓜
細香草
檸檬
柳橙
荷蘭芹
黑胡椒
櫻桃蘿蔔
鹽
芝麻籽
紅蔥頭
龍蒿
油醋醬

> CHEF'S TALK
>
> 畢布萵苣是種清爽細緻且滑潤如脂的萵苣，所以我用奶油般濃稠的醬
> 汁來增強畢布萵苣的滑順口感。這種萵苣是如此脆弱，所以我以80%
> 的菜籽油與20%的橄欖油混合出的中性油來調製美乃滋。畢布萵苣能
> 與檸檬及細香草合諧搭配，並從櫻桃蘿蔔獲得清新、爽口與香辣的口感。
> ——湯尼‧劉（Tony Liu），AUGUST，紐約市

水田芥
優格

萵苣：苦味生菜與菊苣
Lettuces — Bittter Greens and
Chicories（同時參見芝麻菜、闊
葉萵菜、綠捲鬚生菜、紫葉菊苣）
季節：春
味道：苦
分量感：輕盈－中等
風味強度：適度－濃烈

培根
羅勒
豆類（尤以新鮮豆莢為佳）
奶油
**乳酪：愛亞格、葛黎耶和、帕瑪乳
　酪**
芫荽葉
鮮奶油
全熟沸煮蛋
蒜頭
檸檬汁
檸檬香蜂草

堅果
橄欖
橄欖油
黃洋蔥
義大利培根
荷蘭芹
義式麵食
紅椒粉
米
猶太鹽
青蔥
紅蔥頭
糖

百里香
醋：巴薩米克香醋、紅酒醋、白醋
核桃

萵苣：綜合生菜沙拉
Lettuces — Mesclun Greens
（亦即綜合嫩萵苣，同時參見
苦味生菜與菊苣）
季節：春
味道：苦
分量感：輕盈
風味強度：溫和

主廚私房菜	DISHES

蘿蔓萵苣心與特雷維索球芽甘藍沙拉，搭配西班牙塞拉諾火腿、蒙契
格乳酪、白鯷魚、火烤甜椒以及酥脆續隨子
——凱莉・納哈貝迪恩（Carrie Nahabedian），NAHA，芝加哥

凱薩沙拉湯
——杉江禮行（Noriyuki Sugie），ASIATE，紐約市

蘿蔓萵苣葉，搭配奶油蒜蓉醬、紅洋蔥、續隨子及帕瑪乳酪
——科瑞・史萊柏（Cory Schreiber），WILDWOOD，奧勒岡州波特蘭市

羅勒
山羊乳酪
細葉香芹
細香蔥
油封（如：油封鴨）
法式料理
榛果
檸檬汁
野生菇蕈類（如：羊肚菌）
橄欖油
扁葉荷蘭芹
美洲山核桃
黑胡椒
鹽
紅蔥頭
龍蒿
油醋醬

對味組合
綜合生菜沙拉＋山羊乳酪＋榛果

蘿蔓萵苣 Lettuce, Romaine
季節：春－秋
味道：甜、苦
分量感：輕盈
風味強度：清淡

鯷魚
酪梨
燈籠椒：綠、紅燈籠椒
奶油
凱薩沙拉
續隨子
卡宴辣椒
乳酪：費達、傑克、蒙特利傑克、
　帕瑪、斯提爾頓乳酪
細葉香芹
辣椒：哈拉佩諾、塞拉諾辣椒
細香蔥
芫荽葉
鮮奶油
法式酸奶油
酥脆麵包丁
黃瓜
蛋黃
蒜頭
葡萄柚

火腿
韭蔥
檸檬汁
萊姆：萊姆汁、碎萊姆皮
歐當歸
美乃滋
第戎芥末
油：菜籽油、蔬菜油
橄欖油
卡拉瑪塔橄欖
洋蔥（尤以紅洋蔥為佳）
扁葉荷蘭芹
胡椒：黑、白胡椒
鹽：猶太鹽、海鹽
紅蔥頭
酸奶油
高湯：雞、蔬菜高湯
龍蒿
番茄
油醋醬
醋：巴薩米克香醋、蘋果酒醋、覆
　盆子醋、紅酒醋、雪莉酒醋、白
　酒醋
核桃
伍斯特辣醬油

對味組合
蘿蔓萵苣＋鯷魚＋帕瑪乳酪
蘿蔓萵苣＋續隨子＋蒜頭＋帕瑪
　乳酪＋紅洋蔥

萊姆 Limes
季節：全年
味道：酸
分量感：輕盈
風味強度：溫和

杏桃
酪梨
漿果：藍莓、鵝莓醋栗、覆盆子、
　草莓
奶油
白脫乳
續隨子
焦糖
酸漬海鮮
雞肉
辣椒（尤以哈拉佩諾或塞拉諾辣
　椒為佳）
白巧克力
芫荽葉
椰子與椰奶
鮮奶油
奶油乳酪
法式酸奶油
椰棗
鴨肉
無花果乾
魚（尤以燒烤的魚為佳）
水果（尤以熱帶水果為佳）
琴酒
薑
鵝莓醋栗

主廚私房菜 DISHES

佛羅里達萊姆乳酪蛋糕，搭配香脆的夏威夷豆、萊姆焦糖以及萊姆
凝乳
——艾蜜莉·盧契提（Emily Luchetti），糕點主廚，FARALLON，舊金山

烤萊姆磅蛋糕，搭配法式樹薯酸奶油布丁、藍莓果凍以及焦糖蜂蜜冰
淇淋
——塞萊納·蒂奧（Celina Tio），AMERICAN RESTAURANT，堪薩斯市

葡萄柚
綠茶
酪梨沙拉醬汁
番石榴
榛果
蜂蜜：生蜂蜜、焦糖化蜂蜜
豆薯
奇異果
拉丁美洲料理
檸檬
檸檬草
萊姆：萊姆汁、碎萊姆皮
龍蝦
夏威夷豆
芒果
楓糖漿
瑪格麗特雞尾酒
馬士卡彭乳酪
肉類（尤以燒烤的肉類為佳）
甜瓜（尤以蜜露瓜為佳）
墨西哥料理
薄荷
柳橙汁
木瓜
百香果
花生
美洲山核桃
派（尤以佛羅里達萊姆調製為佳）
覆盆子
蘭姆酒
鹽
扇貝
海鱸魚
貝蝦蟹類
蝦
西南部料理
草莓
糖：黑糖、白糖
番薯
龍舌蘭酒
泰式料理
番茄
鮪魚
香莢蘭
越南料理
伏特加
優格

對味組合
萊姆＋藍莓＋焦化蜂蜜＋法式酸
　奶油
萊姆＋焦糖＋奶油乳酪＋夏威夷
　豆
萊姆＋草莓＋龍舌蘭酒

小牛肝 Liver, Calf's
味道：苦
分量感：中等－厚實
風味強度：溫和－濃烈
料理方式：燜燒、炙烤、燒烤、煎
　炒
小祕訣：大略煎一下，每面只要
　一分鐘。

蘋果
芝麻菜
酪梨
培根
月桂葉
香料包
無鹽奶油
胡蘿蔔
芹菜
帕瑪乳酪
細葉香芹
細香蔥
鮮奶油
無花果
法式料理
蒜頭
茉莉
檸檬汁
牛奶
菇蕈類
第戎芥末
菜籽油
橄欖油
綠橄欖
洋蔥：炸、紅、維塔莉亞、白洋蔥
碎橙皮
義大利培根
扁葉荷蘭芹
西洋梨
胡椒：黑、白胡椒
義式玉米餅

馬鈴薯泥
黑李乾
大黃
鼠尾草
猶太鹽
褐化奶油醬
香腸
紅蔥頭
菠菜
雞高湯
黑糖
百里香
番茄
蕪菁
醋：巴薩米克香醋、蘋果酒醋、紅
　酒醋、雪莉酒醋
酒：干紅酒或干白酒

對味組合
小牛肝＋芝麻菜＋洋蔥＋義大利
　培根
小牛肝＋無花果＋洋蔥＋紅酒醋

雞肝 Liver, Chicken
分量感：中等
風味強度：溫和－濃烈
料理方式：燒烤、煎炒

鯷魚
蘋果
培根
月桂葉
無鹽奶油
續隨子
雞油
細香蔥
芫荽葉
全熟沸煮蛋
蒜頭
芥藍
檸檬汁
萊姆汁
花生油
橄欖油
洋蔥：炸、紅、甜洋蔥（如：維塔
　莉亞洋蔥）
扁葉荷蘭芹

花生
胡椒：黑、白胡椒
櫻桃蘿蔔
紅椒粉
迷迭香
鼠尾草
猶太鹽
紅蔥頭
干雪莉酒（如：極品雪莉酒）
醬油
糖
百里香
醋：巴薩米克香醋、雪莉酒醋
干紅酒

對味組合
雞肝＋蘋果＋鼠尾草
雞肝＋培根＋巴薩米克香醋＋洋蔥＋迷迭香
雞肝＋芥藍＋檸檬

龍蝦 Lobster
季節：夏－秋
味道：甜
分量感：輕盈－中等
風味強度：清淡－適度
料理方式：烘焙、沸煮、炙烤、燒烤、烤煎、水煮、烘烤、煎炒、蒸煮

鰻魚
蘋果
朝鮮薊
蘆筍
酪梨
培根
羅勒
月桂葉
豆類：四季豆、法國菜豆、白豆
甜菜
燈籠椒（尤以紅、黃燈籠椒與/或烘烤過的燈籠椒為佳）
白蘭地
無鹽奶油
甘藍（尤以皺葉甘藍為佳）
續隨子
胡蘿蔔

魚子醬
卡宴辣椒
芹菜
芹菜根
香檳酒
乳酪：葛黎耶和、帕瑪乳酪
細葉香芹
哈拉佩諾辣椒
辣椒醬
中式料理
細香蔥
芫荽葉
肉桂
蛤蜊
丁香
椰子與椰奶
干邑白蘭地
芫荽
玉米
蟹
鮮奶油
法式酸奶油
黃瓜
孜然
咖哩：咖哩醬（紅）、咖哩粉

咖哩葉
白蘿蔔
蒔蘿
蛋與蛋黃
茴菜
小茴香
小茴香籽
葫蘆巴籽
無花果
泰國魚露
鵝肝
綠捲鬚生菜
蒜頭
生薑
葡萄柚
葡萄
酪梨沙拉醬汁
四季豆
蜂蜜
山葵
奇異果
金桔
韭蔥
檸檬：檸檬汁、碎檸檬皮
梅爾檸檬

CHEF'S TALK

我愛龍蝦，無論是水煮、烘烤或燒烤的，我都喜歡。我喜歡用美乃滋或油醋醬來搭配龍蝦，這味道比起奶油與龍蝦的組合好多了。夏天時，我喜歡用小馬鈴薯與玉米來搭配，我也非常喜歡在龍蝦上加點芫荽。我的菜單上有道烤龍蝦，我想要嘗試以龍蝦醬之外的東西來搭配龍蝦，因此將烤好的緬因州龍蝦置於「香草大會串」（Folly of Herbs）的醬汁中，並搭配嫩小茴香與蒜葉婆羅門參上桌。香草大會串是以百里香、迷迭香、茴香籽、奧勒岡、鼠尾草、薄荷與龍蒿等乾燥香草煮成「茶」，過濾後加入少量的力加茴香開胃酒（Ricard，又名保樂酒，一種帶有洋茴香味的酒）所調製而成的醬汁。之後加上新鮮荷蘭芹、薄荷以及新鮮奧勒岡，整道菜便完成了。會選用小茴香及蒜葉婆羅門參這兩種蔬菜來搭配龍蝦，是因為蒜葉婆羅門參未受到充分的利用和應有的賞識。我並非用水來汆燙蒜葉婆羅門參，因為風味會全到水裡去，我把它烤到微焦，然後再加入一根百里香枝、一片月桂葉與一點水來溶解鍋底的焦香物質。嫩小茴香味道不錯，能與力加酒及小茴香相得益彰。小茴香快速汆燙後入鍋煎至褐化即可。
——加柏利兒‧克魯德（Gabriel Kreuther），THE MODERN，紐約市

美乃滋與煮熟的龍蝦肉能十分相配，但搭配生龍蝦肉不適合了，我會改用醬油。
——大河內和（Kaz Okochi），KAZ SUSHI BISTRO，華盛頓特區

主廚私房菜 ｜ DISHES

義大利麵，搭配香料調味的細香蔥芽、甜蒜頭以及一磅重的龍蝦
——馬利歐‧巴達利（Mario Batali），BABBO，紐約市

查塔姆灣日船龍蝦，搭配紅酒醬汁以及防風草根迷迭香蘋果泥
——大衛‧柏利（David Bouley），UPSTAIRS，紐約市

緬因州龍蝦冷盤，搭配芒果、新鮮朝鮮薊、塞拉諾火腿，淋上百香果鮮椰羅望子醬
——大衛‧柏利（David Bouley），DANUBE，紐約市

義式馬鈴薯麵疙瘩，搭配緬因州龍蝦、野生蘆筍、梅爾檸檬與龍蒿
——崔西‧德‧耶丁（Traci Des Jardins），JARDINIÈRE，舊金山

羅勒高湯熬煮的義式龍蝦羊肚菌方麵餃，撒上榛果和龍蝦油
——山迪‧達瑪多（Sandy D'Amato），SANFORD，密爾瓦基市

新斯科細亞省水煮龍蝦，搭配佛羅倫斯茴香與洋甘菊
——丹尼爾‧赫姆（Daniel Humm），ELEVEN MADISON PARK，紐約市

熱龍蝦沙拉，搭配花椰菜與水田芥濃漿
——金‧約賀（Jean Joho），EVEREST，芝加哥

奶油水煮龍蝦，搭配甜胡蘿蔔濃醬
——湯馬士‧凱勒（Thomas Keller），THE FRENCH LAUNDRY，加州揚特維爾市

鹹水龍蝦，搭配山葵美乃滋
——大河內和（Kaz Okochi），KAZ SUSHI BISTRO，華盛頓特區

烤緬因州龍蝦尾，搭配手指馬鈴薯、豌豆苗、整顆蒜頭以及蠶豆
——艾弗瑞‧波特爾（Alfred Portale），GOTHAM BAR AND GRILL，紐約市

雞尾酒套餐：馬丁尼緬因州龍蝦＋黃瓜沙拉＋雪樹伏特加酒＋白鱘魚子醬
——希蕊‧拉圖拉（Thierry Rautureau），ROVER'S，西雅圖

檸檬味噌龍蝦湯，加入紫蘇及鴻喜菇
——艾瑞克‧瑞普特（Eric Ripert），LE BERNARDIN，紐約市

烤龍蝦；燜茴菜，搭配以波本酒黑胡椒醬調理的金針菇與黑色喇叭菌
——艾略克‧瑞普特（Eric Ripert），LE BERNARDIN，紐約市

檸檬草
扁豆
萊姆：（卡非）萊姆葉、萊姆汁
龍蝦卵
義大利通心粉與乳酪
豆蔻皮粉
萵苣纈草
芒果
馬士卡彭乳酪
美乃滋
地中海料理
薄荷
綜合蔬菜高湯

白味噌
菇蕈類：鈕扣菇、牛肚菇、酒杯蘑菇、義大利棕蘑菇、牛肝菌、香菇、白菇蕈類、野生菇蕈類
貽貝
芥末：乾芥末籽
新英格蘭料理
肉豆蔻
油：菜籽油、玉米油、葡萄籽油、榛果油、花生油、芝麻油、蔬菜油、核桃油
橄欖油
洋蔥（尤以珍珠洋蔥、紅洋蔥、西班牙洋蔥為佳）

柳橙（橙汁、碎橙皮）與地中海寬皮柑
蠔油
木瓜
甜紅椒
扁葉荷蘭芹
歐洲防風草塊根
義式麵食（如：義大利通心粉）
百香果
花生
豌豆
雪豆
胡椒：黑、白胡椒
保樂酒
鳳梨
波特酒
馬鈴薯（尤以指狀馬鈴薯或新鮮馬鈴薯為佳）
南瓜
紫葉菊苣
紅椒粉
大黃
米（尤以糯米、義式燉飯為佳）
迷迭香
番紅花
鹽：猶太鹽、海鹽、灰鹽
法式奶油白醬
青蔥
扇貝
海膽
紅蔥頭
蝦
雪豆
南方料理
醬油
菠菜

墨魚
八角
高湯：雞、魚、龍蝦、貝蝦蟹類、
　　小牛、蔬菜高湯
塔巴斯科辣椒醬
羅望子泥
龍蒿
百里香
番茄：番茄汁、番茄糊、番茄漿
松露：黑松露、松露汁
香莢蘭
干苦艾酒
油醋醬（尤以柑橘油醋醬為佳）
醋：紅酒醋、米酒醋、雪莉酒醋、
　　白酒醋
伏特加
日式芥末
菱角
西瓜
威士忌
酒：不甜到微甜的白酒（如：格烏
　　茲塔明那白酒或麗絲玲白酒）、
　　干紅酒（如：希哈酒）、波特酒
伍斯特辣醬油
柚子汁

對味組合

龍蝦＋朝鮮薊＋蒜頭
龍蝦＋酪梨＋美乃滋＋龍蒿＋白酒醋
龍蝦＋培根＋牛肝菌
龍蝦＋羅勒＋榛果＋羊肚菌
龍蝦＋羅勒＋番茄
龍蝦＋白蘭地＋鮮奶油＋迷迭香
龍蝦＋褐化奶油＋柳橙＋香莢蘭
龍蝦＋奶油＋蒜頭＋龍蒿
龍蝦＋芹菜＋美乃滋＋黑松露
龍蝦＋酒杯蘑菇＋荷蘭芹＋保樂酒
龍蝦＋酒杯蘑菇＋龍蒿
龍蝦＋細香蔥＋檸檬
龍蝦＋芫荽葉＋孜然
龍蝦＋玉米＋蒜頭＋檸檬＋馬鈴薯＋龍蒿
龍蝦＋小茴香＋檸檬
龍蝦＋芒果＋菠菜
龍蝦＋美乃滋＋日式芥末
龍蝦＋柳橙＋醬油
龍蝦＋義式麵食＋豌豆
龍蝦＋番紅花＋香莢蘭

蕁麻與歐當歸是個美妙的組合，蕁麻帶股辛辣的清新風味，而歐當歸
則有芹菜的味道。有趣的是，若不搭配歐當歸，蕁麻的味道就平淡無
奇了。這種風味組合我會用在唐金斯螃蟹方麵餃中，或是用來調理搭
配舒芙蕾的醬汁。
——傑瑞・特勞費德（Jerry Traunfeld），THE HERBFARM，華盛頓州伍德菲爾市

蓮藕 Lotus Root

季節：夏－冬
味道：甜
分量感：輕盈－中等
風味強度：清淡
料理方式：煎炸、生食、熬煮、快
　　炒

薑
檸檬
萊姆
蔬菜油
沙拉
湯
醬油
快炒料理
天婦羅
米醋
米酒

歐當歸 Lovage

季節：春、秋
味道：酸
分量感：輕盈－中等、軟葉
風味強度：清淡－濃烈
小祕訣：新鮮入菜，無需烹調。

蘋果
月桂葉
四季豆
燈籠椒
葛縷子
胡蘿蔔
芹菜
乳酪
細葉香芹
雞肉
辣椒
細香蔥
蛤蜊
玉米
唐金斯螃蟹
奶油乳酪
蒔蘿
蛋與蛋類料理
小茴香
魚（如：大比目魚、鯷魚、煙燻魚、
　　鮪魚）
蒜頭
綠葉生菜
火腿
刺柏漿果
羊肉
墨角蘭
薄荷
菇蕈類
貽貝
芥末
刺蕁麻

洋蔥
奧勒岡
荷蘭芹
豬肉
馬鈴薯
兔肉
米
綠葉蔬菜沙拉
醬汁
貝蝦蟹類
酸模
湯（尤以魚湯為佳）
菠菜
燉煮料理
龍蒿
百里香
番茄與番茄汁
小牛肉
蔬菜（尤以根莖類蔬菜為佳）
節瓜

對味組合
歐當歸＋唐金斯螃蟹＋刺蕁麻
歐當歸＋鮭魚＋番茄

頂級食材 Luxurious
魚子醬（尤以貝魯嘉魚子醬為佳）
香檳酒
鵝肝
伊比利火腿
神戶牛肉
番紅花
煙燻魚
香莢蘭
松露：黑松露、白松露
酒

荔枝 Lychees
季節：夏
味道：甜
分量感：輕盈－中等
風味強度：清淡－溫和
料理方式：生食

茴藿香
漿果
黑莓

雞肉
辣椒
芫荽葉
椰子與椰奶
鮮奶油
奶油乳酪
咖哩
鴨肉
鵝肝
薑
蜂蜜
奇異果
水果
檸檬汁
檸檬草
萊姆汁
芒果
甜瓜（尤以蜜露瓜為佳）
堅果
柑橘
百香果
西洋梨
鳳梨
洋李
豬肉
覆盆子
米

玫瑰（法式料理）
蘭姆酒
清酒
水果沙拉
貝蝦蟹類：扇貝、蝦
草莓
糖（尤以棕櫚糖為佳）
伏特加
酒：洋李酒、氣泡酒
優格

對味組合
荔枝＋薑＋萊姆
荔枝＋覆盆子＋玫瑰

夏威夷豆
Macadamia Nuts
分量感：輕盈－中等
風味強度：溫和

杏桃
香蕉
甜菜
波本酒
白蘭地
焦糖
腰果
雞肉
巧克力（尤以黑巧克力或白巧克力為佳）
椰子
咖啡
蟹

主廚私房菜 DISHES

夏季荔枝覆盆子馬卡龍，搭配檸檬雪酪
——艾略克·貝爾托亞（Eric Bertoia），CAFÉ BOULUD，紐約市

CHEF'S TALK

我們用來搭配香蕉蘭姆冰淇淋的**夏威夷豆**塔，其實就是美洲山核桃派。
——麗莎·杜瑪尼（Lissa Doumani），TERRA，加州聖海琳娜市

夏威夷豆是味道濃郁且富含油脂的堅果，我甚至會用它來搭配口感濃郁的扇貝。夏威夷豆的風味並不會蓋過扇貝，而且我會稍微剁碎再加進菜餚，否則豆子的質地會讓人難以咀嚼。我們餐廳菜單中有一道最簡單卻最受歡迎的料理，就用到夏威夷豆：搭配烤蘆筍與烤夏威夷豆的巨無霸蟹餅。這道蟹餅的製法是我們唯一不外傳的食譜。蟹餅成分完全不帶任何香草與香料，裡面就只有蟹肉、鹽、胡椒、日式麵包粉，還有黏合這些食材的一點點美乃滋。你們可是首批知道這個食譜的人呢！
——馬賽爾·德索尼珥（Marcel Desaulniers），THE TRELLIS，維吉尼亞州威廉斯堡

鮮奶油
椰棗
甜點
無花果乾
魚（如：鱈魚、大比目魚、鯕鰍魚）
薑
山羊乳酪
葡萄柚
番石榴
夏威夷料理
蜂蜜
金桔
羊肉
檸檬
萊姆
芒果
楓糖漿
薄荷
柳橙
木瓜
百香果
桃子
鳳梨
黑李乾
覆盆子
蘭姆酒
扇貝
黑糖
香莢蘭

對味組合
夏威夷豆＋香蕉＋焦糖＋鮮奶油
夏威夷豆＋甜菜＋山羊乳酪
夏威夷豆＋椰子＋萊姆

豆蔻皮粉 Mace
季節：夏－秋
味道：嗆、甜
同屬性植物：肉豆蔻
分量感：輕盈－中等
風味強度：濃烈

多香果
亞洲料理
烘焙食物（如：甜甜圈）
豆類
青花菜

奶油
甘藍
小豆蔻
胡蘿蔔
乳酪與乳酪料理（尤以乳脂狀為佳）
櫻桃派
雞肉
巧克力
海鮮總匯濃湯（如：魚）
肉桂
丁香
芫荽
鮮奶油／牛奶
孜然
咖哩（成分）
蛋
英式料理
魚
法式料理
印度綜合香料（成分）
薑
榛果
印度料理
番茄醬（成分）
羊肉
肉類
新英格蘭料理
肉豆蔻
洋蔥
紅椒
糕點
胡椒
馬鈴薯
磅蛋糕
布丁
南瓜
水果沙拉
醬汁：法式奶油白醬、奶油醬、洋蔥醬
香腸
蝦
湯與法式清湯
菠菜
餡料
番薯
百里香

小牛肉
蔬菜
西印度料理

萵苣纈草 Mâche
季節：秋－春
分量感：極輕盈
風味強度：極清淡
料理方式：生食、蒸煮

蘋果
培根
甜菜
奶油
山羊乳酪
鮮奶油
鵪鶉蛋
芹菜
檸檬汁
第戎芥末
堅果：開心果、**核桃**
油：葡萄籽油、堅果油
橄欖油
柳橙
石榴
馬鈴薯
扇貝
紅蔥頭
醋：香檳酒醋、雪莉酒醋

對味組合
萵苣纈草＋蘋果＋培根
萵苣纈草＋蘋果＋培根＋醋
萵苣纈草＋蘋果＋甜菜＋芹菜＋
　　雪莉酒油醋醬＋核桃
萵苣纈草＋柳橙＋開心果＋石榴

鯖魚 Mackerel
季節：夏－秋
分量感：輕盈
風味強度：濃烈
料理方式：燜燒、炙烤、燒烤、醃漬、
　　水煮、煎炒、大火油煎

蘋果
朝鮮薊
月桂葉

甜菜
燈籠椒：紅、黃燈籠椒
奶油
續隨子
葛縷子籽
魚子醬
酸漬海鮮
辣椒
細香蔥
芫荽葉
肉桂
丁香
芫荽
醃黃瓜
鮮奶油
法式酸奶油
黃瓜
孜然
蒔蘿
小茴香
法式料理
蒜頭
薑
鵝莓醋栗
山葵
檸檬汁
檸檬百里香
扁豆
萊姆汁
薄荷（裝飾用）
味噌
菇蕈類
第戎芥末
芥末籽
油：菜籽油、玉米油、花生油、芝
　麻油、蔬菜油
橄欖油
洋蔥
柳橙汁
義大利培根
扁葉荷蘭芹

胡椒：黑、綠、白胡椒
紅椒粉
迷迭香
番紅花
清酒
鮭魚魚子醬
海鹽
青蔥
芝麻籽
紅蔥頭
酸模
醬油
高湯：雞、魚高湯
糖
百里香
醋：香檳酒醋、紅酒醋、雪莉酒醋、
　白酒醋
干白酒

對味組合
鯖魚＋芝麻菜＋鷹嘴豆＋檸檬＋
　迷迭香
鯖魚＋細香蔥＋第戎芥末＋檸檬
　汁＋紅蔥頭＋醋
鯖魚＋薑＋青蔥
鯖魚＋洋蔥＋百里香

鱰鰍魚 Mahi Mahi
味道：甜
分量感：中等－厚實
風味強度：清淡
料理方式：烘焙、炙烤、油炸、燒
　烤、水煮、煎炒、蒸煮、快炒

酪梨
甘藍
芫荽葉
芫荽
蒔蘿
水果（尤以熱帶水果為佳）
琴酒

刺柏漿果
檸檬：檸檬汁、碎檸檬皮
柳橙：橙汁、碎橙皮
白胡椒
海鹽
糖

對味組合
鱰鰍魚＋酪梨＋甘藍＋芫荽葉

麥芽 Malt
味道：甜
分量感：輕盈
風味強度：溫和

香蕉
焦糖
巧克力

肉桂
咖啡
鮮奶油與冰淇淋
堅果
糖
香莢蘭

芒果 Mangoes
季節：晚春－夏末
味道：甜
分量感：中等
風味強度：溫和
料理方式：生食

杏仁
杏仁香甜酒
洋茴香
酪梨
香蕉（相容的水果）
羅勒
燈籠椒（尤以紅與綠燈籠椒為佳）
冷飲（如：雞尾酒、蔬果昔）
黑莓
藍莓
白脫乳
奶油糖果
綠葉甘藍
焦糖
腰果
卡宴辣椒
酸漬海鮮
香檳酒
乳酪（尤以綜合牛奶乳酪為佳，
　　如：羅比歐拉洛克達乳酪與阿
　　瑪瑞拉乳酪）
辣椒（尤以哈拉佩諾、塞拉諾、紅、
　　青辣椒為佳）
白巧克力
印度甜酸醬
芫荽葉
肉桂
丁香
椰子與椰奶
咖啡
鮮奶油（如：高脂鮮、鮮奶油霜）
法式酸奶油
咖哩粉

卡士達
魚
野味
蒜頭
生薑
葡萄柚
蜂蜜
印度料理
櫻桃白蘭地
奇異果
金桔
檸檬汁
萊姆汁
夏威夷豆
馬士卡彭乳酪
墨西哥料理
牛奶（如：甜煉乳）
薄荷
肉豆蔻
蔬菜油
橄欖油
洋蔥：紅、甜洋蔥
柳橙：橙汁、碎橙皮
柳橙香甜酒
木瓜
百香果
白胡椒
鳳梨
豬肉（尤以烘烤的豬肉為佳）

禽肉：雞肉、鴨肉
義式乾醃火腿
覆盆子
米
蘭姆酒
清酒
水果沙拉
鮭魚
鹽
索甸甜白酒
青蔥
芝麻籽
蝦
雪酪
乳鴿
八角
草莓
糖：黑糖、白糖
塔巴斯科辣椒醬
泰式料理
鮪魚（尤以燒烤的鮪魚為佳）
香莢蘭
醋：巴薩米克香醋、紅酒醋
紫羅蘭
伏特加
酒：夏多內白酒、甜酒（如：冰酒）
優格

主廚私房菜 DISHES

芒果慕斯＋鳳梨舒芙蕾＋烤鳳梨＋瑞士蛋白霜烤餅
——法蘭西斯科・帕亞德（François Payard），PAYARD PATISSERIE AND BISTRO，紐約市

有機草莓與葡萄柚冰沙＋芒果「沙拉」＋馬士卡彭乳酪
——莫妮卡・波普（Monica Pope），T'AFIA，休斯頓

淋上椰香咖哩醬的芒果、開心果與香蕉奧式餡餅卷
——艾倫・蘇瑟（Allen Susser），2003年詹姆士比爾德獎慶祝酒會

覆盆子芒果舒芙蕾，搭配新鮮水果與和苦甜巧克力冰淇淋
——塞萊納・蒂奧（Celina Tio），AMERICAN RESTAURANT，堪薩斯市

CHEF'S TALK
芒果跟那些混合牛奶調製的乳酪很搭，例如義大利羅比歐拉瑞可達乳酪與葡萄牙阿瑪瑞拉乳酪。
——麥克斯・麥卡門（Max McCalman），ARTISANAL CHEESE CENTER，紐約市

避免
醬油
日式芥末

對味組合
芒果＋杏仁＋萊姆

芒果＋羅勒＋香檳酒
芒果＋黑胡椒＋檸檬＋薄荷＋百
　香果
芒果＋椰子＋米
芒果＋薑＋薄荷＋木瓜
芒果＋鮭魚＋壽司米

楓糖漿 Maple Syrup
味道：甜、苦
質性：性涼
分量感：中等－厚實
風味強度：溫和－濃烈

杏仁
洋茴香
蘋果
杏桃
培根
烘焙食物（如：薑汁餅乾）
香蕉
藍莓
早餐／早午餐
奶油
白脫乳
加拿大料理
焦糖
胡蘿蔔
栗子
巧克力（尤以黑、白巧克力為佳）
肉桂
咖啡
玉米糖漿
鮮奶油
奶油乳酪
卡士達
椰棗
甜點
鴨肉
無花果（尤以無花果乾為佳）
鵝肝
法國土司
水果
薑
火腿
榛果
冰淇淋：咖啡冰淇淋、草莓蘭冰
　淇淋
檸檬汁
萊姆汁
夏威夷豆
馬士卡彭乳酪
油桃
新英格蘭料理
肉豆蔻

CHEF'S TALK

我常將**楓糖漿**與核果搭配使用，例如在製做美洲山核桃派時。我會用楓糖漿取代食譜中的深色玉米糖漿。使用品質良好的楓糖漿（如：佛蒙特州或加拿大的楓糖漿）是非常重要的，如果你要同時運用糖漿與糖，要很小心，因為黑糖與楓糖漿混合後會變得極甜。
　　——艾蜜莉・盧契提（Emily Luchetti），FARALLON，舊金山

碧利斯楓糖漿是在波本酒桶中熟成的楓糖漿，單獨飲用風味絕佳！從鴨胸肉到鵝肝，每種食材都用得上這種糖漿。
　　——布萊德福特・湯普森（Bradford Thompson），MARY ELAINE'S AT THE PHOENICIAN，亞利桑那州斯科茨代爾市

主廚私房菜 | DISHES

楓糖洋茴香法國土司，搭配薰衣草卡士達
　　——多明尼克和欣迪杜比（Dominique and Cindy Duby），WILD SWEETS，溫哥華

牛奶巧克力＋楓糖焦糖蛋糕
　　——多明尼克和欣迪杜比（Dominique and Cindy Duby），WILD SWEETS，溫哥華

牛奶巧克力＋楓糖焦糖冰淇淋＋焦糖香蕉＋薑汁瓦片餅
　　——多明尼克和欣迪杜比，WILD SWEETS，溫哥華

堅果
燕麥
洋蔥
柳橙
鬆餅
桃子
西洋梨
美洲山核桃
柿子
鳳梨
洋李
豬肋排
黑李乾
南瓜
榲桲
葡萄乾
覆盆子
大黃
蘭姆酒：深色、透明蘭姆酒
八角
草莓
番薯
糖：黑糖、粗糖、白糖
茶
火雞
香莢蘭

比利時
鬆糕
核桃
威士忌
優格

避免
黑糖，因為以黑糖搭配楓糖漿會
　　過甜

對味組合
楓糖漿＋藍莓＋檸檬
楓糖漿＋奶油＋巧克力＋鮮奶油
楓糖漿＋焦糖＋美洲山核桃
楓糖漿＋馬士卡彭乳酪＋開心果

墨角蘭 Marjoram
季節：夏－冬
味道：甜、辣
同屬性植物：奧勒岡
　　（奧勒岡的味道比墨角蘭強烈）
分量感：輕盈
風味強度：清淡－溫和
小祕訣：烹調完成前才加入

朝鮮薊

蘆筍
羅勒
月桂葉
四季豆
牛肉
甜菜
香料包（成分）
麵包
奶油
胡蘿蔔
蒔菜
乳酪：新鮮山羊、莫札瑞拉乳酪
雞肉
細香蔥
海鮮總匯濃湯
蛤蜊
玉米
黃瓜
味道細緻的食物（如：風味強度
　　「清淡」的食物）
鴨肉
蛋與蛋類料理（如：煎蛋捲）
魚
法式料理
細香草（成分）
蒜頭
大比目魚
義大利料理
羊肉
檸檬汁
皇帝豆
肉類（尤以燒烤的肉類為佳）
地中海料理
中東料理
薄荷
菇蕈類（尤以野生菇蕈類為佳）
北非料理
北美料理
花生油
橄欖油
橄欖
洋蔥
奧勒岡
荷蘭芹
義式麵食（尤以義大利通心粉或
　　義式方麵餃為佳）
豌豆

地中海香草適合互相搭配使用。
迷迭香和墨角蘭，百里香和香
薄荷，都是渾然天成的搭配。
——傑瑞‧特勞費德（Jerry Traunfeld），
THE HERBFARM，華盛頓州伍德菲爾市

披薩
豬肉
馬鈴薯
禽肉
兔肉
義式燉飯
迷迭香
鼠尾草
沙拉（尤以綠葉沙拉與沙拉醬汁
　為佳）
醬汁
香腸
香薄荷
貝蝦蟹類
湯（尤以豆湯、洋蔥湯為佳）
菠菜
夏南瓜
燉煮料理
餡料
百里香
番茄與番茄醬汁
鮪魚
小牛肉
蔬菜（尤以夏季蔬菜為佳）
油醋醬
紅酒
節瓜

對味組合

墨角蘭＋雞肉＋檸檬
墨角蘭＋新鮮山羊乳酪＋義式乾
　醃火腿
墨角蘭＋番茄醬汁＋節瓜

馬士卡彭乳酪 Mascarpone

味道：甜
分量感：中等－厚實
風味強度：清淡

杏仁
鰻魚
杏桃
芝麻菜
漿果
義大利脆餅
黑莓
藍莓
白蘭地
奶油
焦糖
瑞可達乳酪
櫻桃
細香蔥
巧克力（尤以黑巧克力為佳）
肉桂
丁香
咖啡／義式濃縮咖啡
鮮奶油
奶油乳酪
法式酸奶油
紅穗醋栗
椰棗
無花果
熱帶水果
薑
番石榴
榛果

對味組合

馬士卡彭乳酪＋芝麻菜＋松露油
馬士卡彭乳酪＋漿果＋無花果
馬士卡彭乳酪＋巧克力＋草莓
馬士卡彭乳酪＋肉桂＋南瓜
馬士卡彭乳酪＋義式濃縮咖啡＋手指餅乾＋糖
馬士卡彭乳酪＋無花果＋義式乾醃火腿
馬士卡彭乳酪＋楓糖漿＋開心果

蜂蜜
義大利料理
櫻桃白蘭地
手指餅乾
檸檬：檸檬汁、碎檸檬皮
萊姆
楓糖漿
菇蕈類
芥末
油桃
肉豆蔻
燕麥
柳橙
義式麵食
桃子
西洋梨
黑胡椒
義式青醬
松子
開心果
義式乾醃火腿
南瓜
榲桲
葡萄乾
覆盆子
大黃
蘭姆酒
草莓
糖：粗糖、白糖
松露油
香莢蘭
巴薩米克香醋
核桃
酒：紅酒、甜酒

主廚私房菜 DISHES

黑色教士無花果，搭配馬士卡彭乳酪泡沫與帕瑪義式乾醃火腿
——瑞克‧特拉滿都（Rick Tramonto），TRU，芝加哥

肉類 Meats

小祕訣：若想增添肉類的風味，可以在烹調前用鹽和醃料先將肉醃過；或在烹調過程中選擇特定料理方式增進肉的味道；或烹調完成後運用香料與醬汁來增進風味。

地中海料理

Mediterranean Cusines（同時參見南法料理、義大利料理、中東料理、摩洛哥料理與西班牙料理）

羅勒
柑橘類
蒜頭
香草
檸檬汁
墨角蘭
橄欖油
奧勒岡
荷蘭芹
迷迭香
鼠尾草
香薄荷
百里香
番茄
醋：巴薩米克香醋、紅酒醋

對味組合

墨角蘭＋迷迭香
香薄荷＋百里香

甜瓜／洋香瓜 Melon / Muskmelons（同時參見洋香瓜、蜜露瓜、等等）

季節：夏
味道：甜
質性：性涼
分量感：輕盈－中等
風味強度：溫和
料理方式：生食

杏仁
洋茴香籽與茴藿香
杏桃
羅勒
冷飲（尤以蔬果昔為佳）

黑莓
藍莓
香檳酒
櫻桃
辣椒（尤以塞拉諾辣椒為佳）
辣椒粉
辣椒醬
芫荽葉
干邑白蘭地（尤以用於雞尾酒者為佳）
君度橙酒
鮮奶油／牛奶
法式酸奶油
黃瓜
庫拉索酒（尤以用於雞尾酒者為佳）
乾醃肉品（如：義式乾醃火腿、義大利蘇瑞莎塔香腸）
咖哩
小茴香
薑
金萬利香橙甜酒（尤以用於雞尾酒者為佳）
葡萄柚
葡萄

榛果
蜂蜜
冰與冰淇淋
義大利料理
櫻桃
櫻桃白蘭地
奇異果
檸檬汁
檸檬香蜂草
萊姆汁
荔枝
夏威夷豆
馬德拉酒
芒果
蜜多麗蜜瓜香甜酒
薄荷（尤以綠薄荷為佳）
橄欖油
柳橙
橙花水
西洋梨
美洲山核桃
胡椒：黑、白胡椒
波特酒
義式乾醃火腿
覆盆子

> **CHEF'S TALK**
>
> 龍蒿適合與**甜瓜**搭配食用。
> ——傑瑞‧特勞費德（Jerry Traunfeld），THE HERBFARM，華盛頓州伍德菲爾市

蘭姆酒
清酒
沙拉（尤以水果沙拉為佳）
水果莎莎醬
猶太鹽
義大利小茴香酒
湯（尤以冷湯為佳）
草莓：草莓果實、草莓果泥
龍蒿
龍舌蘭酒（尤以用於雞尾酒者為佳）
香莢蘭
米醋

甜酒（尤以格烏茲塔明那白酒、晚收酒、威尼斯－波姆－慕斯卡麗絲玲白酒、索甸甜白酒為佳）
優格
柚子汁

菜單 Menu

小祕訣： 在菜單的安排上，亦即前菜、主菜與甜點，均需力求風味調和。將整份料理想像成一篇旋律、節奏和速度諧和無比的樂章。

三道菜套餐

前菜　　　　主菜　　　　甜點

嘗鮮套餐

開胃小點　前菜　魚　肉　甜點

梅洛紅酒 Merlot

分量感： 中等
風味強度： 溫和

牛肉
乳酪（尤以藍黴乳酪與其他味道豐富的乳酪為佳）
雞肉
鴨肉
羊肉
肉類
菇蕈類
豬肉
牛排
火雞
小牛肉

墨西哥料理 Mexican Cuisine

酪梨
豆類
牛肉
雞肉
辣椒*
辣椒粉
巧克力
芫荽葉
肉桂
玉米
孜然
土荊芥
煎炸料理
蒜頭
檸檬
萊姆汁
堅果
洋蔥
柳橙
奧勒岡
豬肉
米
番紅花
莎莎醬
青蔥
種籽
小南瓜
番茄
墨西哥薄餅

CHEF'S TALK

在計畫一份**套餐**時，先決定甜點或主菜的內容，然後根據選定的風格與準備方式進行搭配。如果你的主菜需在上桌前才完成，那麼千萬別搭配那種也得奮鬥到最後一刻的甜點，而該改用前一天就能準備好的。若你選用的甜點是上桌前一刻才能完成，那主菜就搭配燉物或是義大利千層麵。在決定菜單時，請記住：主菜的口味越重，甜點的風味就要越輕淡，反之亦然。我近來閱讀了自己早期的著作，看到書中食譜時真是極為震驚。我們曾在STARS餐廳中供應一道大分量的巧克力蛋糕作為甜點。我們竟會端出如此龐大的一份甜點，真是太令我吃驚了！現在的顧客是吃不下這麼一大份甜點了。不過，這個蛋糕是如此美味，我還是希望把它保留在菜單中，所以就回頭修改主菜內容。我不打算使用上等牛肋排或牛肉，而會選用雞肉或其他較清淡的菜餚。

——艾蜜莉‧盧契提（Emily Luchetti），FARALLON，舊金山

CHEF'S TALK

要創造出新菜餚,可不只是簡單凸顯菜餚的風味就可以了。我們從視覺呈現的角度出發,重新思考食物的調理方向,讓食物看起來跟實際上吃到的完全不同。這為我們帶來額外的挑戰。以我們剛創造出的新式墨西哥玉米片 nacho 為例。這道料理看起來是由玉米片、酸奶油、莎莎青醬以及乳酪絲組合而成。但乳酪絲其實是番紅花冰淇淋絲:我們把冰淇淋丟到液態氮中冷凍硬化,然後用食物調理機磨成絲。莎莎青醬則是以奇異果、薄荷泥與土荊芥為原料做出一些變化。酸奶油是以柚子法式酸奶油調配出的。至於玉米片,則是把墨西哥玉米薄餅脆片打成泥之後,加入糖粉捏製成三角形下鍋油炸而成。所以外觀很像墨西哥玉米片,吃起來卻截然不同。我們就在20道菜的套餐最後,端上這個視覺上極為賞心悅目的點心。

——荷馬洛‧卡圖(Homaro Cantu),MOTO,芝加哥

火雞
香莢蘭
小麥

對味組合
豆類+米
辣椒+萊姆
辣椒+番茄
芫荽葉+萊姆

中東料理 Middle East Cuisine
杏仁
蠶豆
費達乳酪
雞肉
鷹嘴豆
肉桂
丁香

芫荽
孜然
蒔蘿
茄子
魚
水果乾
蒜頭
薑
山羊乳酪
蜂蜜
羊肉
檸檬
醃漬檸檬
扁豆
肉類(尤以烘烤的肉類為佳)
薄荷
肉豆蔻
堅果
橄欖油
橄欖
洋蔥
奧勒岡
荷蘭芹
黑胡椒

松子
開心果
石榴
罌粟籽
葡萄乾
摩洛哥綜合香料（混合香料）
米
烘烤料理
芝麻：芝麻油、芝麻籽
鹽膚木
芝麻醬
番茄
核桃
優格

對味組合

芫荽葉＋孜然＋薑＋紅椒
肉桂＋丁香＋薑＋肉豆蔻
肉桂＋檸檬＋番茄
肉桂＋番茄
芫荽＋孜然＋蒜頭
芫荽＋孜然＋蒜頭＋洋蔥＋荷蘭
　芹
芫荽＋孜然＋蒜頭＋胡椒
茄子＋洋蔥＋番茄
蒜頭＋芫荽
蒜頭＋檸檬＋薄荷
蒜頭＋檸檬＋奧勒岡
蒜頭＋檸檬＋荷蘭芹
檸檬＋荷蘭芹
肉類＋肉桂
沙拉＋山羊乳酪＋石榴籽
優格＋蒜頭＋薄荷
優格＋薄荷
優格＋荷蘭芹

薄荷 Mint

季節：春－秋
味道：甜
質性：性涼
分量感：輕盈
風味強度：清淡－溫和
小祕訣：薄荷通常指的是綠薄荷。
　薄荷會讓人產生「清涼」的錯
　覺，因而為菜餚帶來清新風味。

阿富汗料理

蘋果
亞洲料理
蘆筍
羅勒
豆類：黑豆、新鮮豆子、白豆
牛肉
甜菜
燈籠椒
漿果
冷飲
黑莓
波本酒
白脫乳
小豆蔻
胡蘿蔔（尤以小紅蘿蔔為佳）

腰果
香檳酒
乳酪：費達、瑞可達乳酪
雞肉
辣椒（如：哈拉佩諾辣椒）
細香蔥
巧克力（尤以黑、白巧克力為佳）
印度甜酸醬
芫荽葉
肉桂
柑橘類
丁香
椰子
雞尾酒：薄荷冰酒（成分）、夏日
　英式雞尾酒（成分）

CHEF'S TALK

說到**薄荷**，蘋果薄荷風味溫和，而胡椒薄荷則味道濃烈。
——傑瑞・特勞費德（Jerry Traunfeld），THE HERBFARM，華盛頓州伍德菲爾市

我在學校時，就想過可以在每道甜點擺上一束薄荷。不過我已不是當年那個毛頭小子了，現在我常說的是「NFG」，意思是「沒有功用的裝飾品」（nonfunctional garnishes）以及「一點也不好」（no fucking good）。對菜餚毫無意義的食材，就不該出現在盤中。我討厭點了羊肉之後，看到旁放一大束裝飾用的迷迭香。何不讓迷迭香入菜，讓我嘗嘗它的味道呢？
——強尼・尤西尼（Johnny Iuzzini），JEAN GEORGES，紐約市

我喜歡**薄荷**的風味，不過有些廚師是因為薄荷的顏色而把它加入甜點。如果你在色澤鮮豔的草莓奶油酥餅上加些薄荷，可能會發生兩種情況：一、選擇不吃薄荷（那幹麼把它放在甜點的最上頭？）二、選擇吃下薄荷（那麼一片薄荷葉就可以完全破壞整道甜點的平衡）。如果你有一道以檸檬凝乳一些發泡鮮奶油完美調出的完美檸檬塔，此時若再加上一片薄荷，就會破壞這道甜點的平衡了。所以薄荷不要隨便加入甜點，否則你很可能會破壞整道甜點的平衡風味。
——艾蜜莉・盧契提（Emily Luchetti），FARALLON，舊金山

提到**薄荷**，我就會想到摩洛哥，然後再聯想到中東。薄荷與羊肉是天生絕配，就跟薄荷與優格一樣。
——布萊德・法爾默利（Brad Farmerie），PUBLIC，紐約市

我不常使用**薄荷**，不過對於黑胡椒薄荷倒是有點兒死心塌地！在我的菜單中，你可以看到這個食材以不同面貌呈現。我每週都會到農民市場兩趟採買黑胡椒薄荷，而且一用就是整個夏天。它能完美搭配漿果，而搭配香草汁與冰沙這類口味輕淡的飲品更是風味絕佳。去年夏天，我們做了一道風味濃烈的荔枝果凍，果凍上擺了烤三星草莓，上面再輕輕灑了一點巴薩米克香醋。最後在草莓上方，再放一球黑胡椒薄荷雪酪。
——強尼・尤西尼（Johnny Iuzzini），JEAN GEORGES糕點主廚，紐約市

鮮奶油與冰淇淋
法式酸奶油
黃瓜
孜然
咖哩
甜點
蒔蘿
鴨肉
茄子
埃及料理
苣菜
葫蘆巴
魚
水果
熱帶水果
蒜頭
薑
葡萄柚
葡萄
希臘料理
大比目魚
蜂蜜
印度料理
果凍
金桔
*羊肉
薰衣草
檸檬
檸檬草
檸檬馬鞭草
扁豆
萵苣
萊姆
芒果
滷汁醃醬
墨角蘭
肉類
地中海料理
甜瓜
墨西哥料理
中東料理
牛奶
摩洛哥料理
菇蕈類
貽貝
油桃
黑橄欖

洋蔥（尤以紅洋蔥為佳）
柳橙
奧勒岡（有些菜餚）
木瓜
紅椒
荷蘭芹
義式麵食
桃子（尤以烹調過的桃子為佳）
西洋梨
豌豆（尤以嫩豌豆為佳）
胡椒
鳳梨
洋李（尤以烹調過的洋李為佳）
豬肉
馬鈴薯（尤以新鮮馬鈴薯為佳）
禽肉
南瓜
水果雞尾酒
櫻桃蘿蔔
印度優格醬
覆盆子
米與米飯料理
迷迭香
鼠尾草
沙拉：豆類沙拉、水果沙拉、綠葉
　　蔬菜沙拉、蔬菜沙拉
莎莎醬
海鱸魚
貝蝦蟹類
蝦
鯔魚
湯（尤以豆湯、冷湯、與／或魚湯
　　為佳）
醬油
菠菜
春捲（尤以越南春捲為佳）
夏南瓜
燉煮料理（尤以燉海鮮為佳）
草莓
糖
鹽膚木
塔博勒沙拉（主要成分）
茶（尤以伯爵茶、綠茶為佳）
泰式料理（如：綠咖哩）
百里香
番茄
鱒魚

鮪魚
土耳其料理
香莢蘭
小牛肉
蔬菜
越南料理
醋：蘋果酒醋、米酒醋
酒
西瓜
優格
節瓜

避免
奧勒岡（有些菜餚）

對味組合
薄荷＋巧克力＋鮮奶油
薄荷＋芫荽葉＋蒔蘿
薄荷＋黃瓜＋萊姆
薄荷＋黃瓜＋醋
薄荷＋黃瓜＋優格
薄荷＋羊肉＋優格

乾薄荷 Mint, Dried
味道：甜
分量感：中等
風味強度：溫和－濃烈

牛肉
燈籠椒
風味突出的食物
費達乳酪
雞肉
黃瓜
鴨肉
東地中海料理
蒜頭
希臘料理
鷹嘴豆泥醬
沙威瑪
羊肉
韭蔥
檸檬
扁豆
肉類（尤以燒烤的肉類為佳）
橄欖油
橄欖

紅洋蔥
奧勒岡
義式麵食
豬肉
米
湯：雞湯、蔬菜湯
番茄
土耳其料理
優格
節瓜

胡椒薄荷 Mint, Peppermint
味道：甜
分量感：輕盈－中等
風味強度：極濃烈
小祕訣：薄荷會讓人產生「清涼」
　　的錯覺

蘋果
漿果
冷飲
糖果
胡蘿蔔
巧克力
柑橘類
鮮奶油與冰淇淋
甜點
冰甜點（如：冰沙、雪酪）
芒果
地中海料理
牛奶
草莓
茶

避免
鹹味食材

綜合蔬菜高湯 Mirepoix
小祕訣：作為高湯或湯品的湯底

法式料理

對味組合
胡蘿蔔＋芹菜＋洋蔥

味噌與味噌湯
Miso and Miso Soup
分量感：中等－厚實
風味強度：清淡－溫和
（依據所用的味噌而定，淡或深色
　　味噌）
料理方式：滷汁醃醬、醬汁、湯

牛肉

雞肉
鴨肉
魚：鱈魚、鮭魚
蒜頭
薑
蜂蜜
日式料理
豆類
檸檬草

> **CHEF'S TALK**
>
> 我喜歡在濃湯中加入**味噌**，如此湯品的風味會更濃郁、口感更滑順。我會將炙烤牡蠣放在由味噌、鳳梨與塞拉諾辣椒所調製的濃湯上。我也正在研發酪梨味噌濃湯，這道湯品味道不錯，不過尚未找到搭配的菜色。此外，我也正在研發以豆腐、蘑菇或玉米來調製成墨西哥松露味噌湯。
> ——福島克也（Katsuya Fukushima），MINIBAR，華盛頓特區
>
> 我喜歡**味噌**，我喜歡日式料理店中的味噌湯。我發現，比起雞湯，味噌能帶給洋蔥湯更多風味。所以我會在前一晚先做好味噌湯，靜置沉澱後，隔天再用味噌清湯來調製洋蔥湯。
> ——米契爾·理查（Michel Richard），CITRONELLE，華盛頓特區
>
> 我會根據不同需求來使用不同**味噌**。在滷汁醃料或像甜蝦與扇貝這類口味清淡的海鮮中，我會使用白味噌（saikyo，口味清淡的黃白色甜味噌），因為褐味噌會蓋過上述菜餚的味道。糙味噌是種風味特別強烈的甜味噌，就用來搭配小墨魚紫蘇握壽司。至於麥味噌就用來與鵝肝搭配。有時候我甚至會把味噌混合使用。
> ——大河內和（Kaz Okochi），KAZ SUSHI BISTRO，華盛頓特區

烤鴨胸肉，搭配味噌紅酒醬汁
——加柏利兒‧克魯德（Gabriel Kreuther），THE MODERN，紐約市

阿拉斯加黑鱈魚，搭配芥蘭、自製豆腐、海帶、亞洲梨與味噌湯
——克里斯托福‧李（Christopher Lee），GILT，紐約市

滷汁醃醬
味醂
菇蕈類
芥末
牡蠣
鳳梨
胚芽米
清酒
沙拉醬汁
醬汁
芝麻油
湯
醬油
牛排
燉煮料理
雞高湯
糖
豆腐
米醋
核桃

柳橙
鬆餅
洋李
爆玉米花
覆盆子
黑糖
香莢蘭
核桃

糖蜜 Molasses

味道：甜、苦
分量感：厚實
風味強度：濃烈

蘋果
烘焙食物（如：餅乾、派）
烤肉醬
烘焙過的豆類
麵包（尤以黑麵包為佳）
無鹽奶油
肉桂
鮮奶油
薑
薑汁餅乾
金萬利香橙甜酒
檸檬汁
滷汁醃醬
新英格蘭料理（如：印度布丁）

鮟鱇魚 Monkfish

（同時參見魚）

季節：秋－冬
分量感：中等
風味強度：清淡－溫和
料理方式：燜燒、炙烤、燒烤、水
煮、烘烤、煎炒、燉煮

蒜味美乃滋
蘋果
杏桃乾
耶路薩冷朝鮮薊
芝麻菜
蘆筍
培根

CHEF'S TALK

鮟鱇魚跟蒜頭真是絕配！
——艾略克‧瑞普特（Eric Ripert），LE
BERNARDIN，紐約市

羅勒
月桂葉
白豆
小麥啤酒
白蘭地
麵包粉
奶油：澄清、無鹽奶油
甘藍：綠葉甘藍、紅葉甘藍、皺葉
甘藍
續隨子莓
續隨子
小豆蔻
胡蘿蔔
卡宴辣椒
芹菜
蒜菜
細葉香芹
辣椒
辣椒粉
細香蔥
蘋果酒
芫荽葉
肉桂
蛤蜊
芫荽
庫斯庫斯
鮮奶油
孜然
咖哩粉
小茴香
小茴香籽
蒜頭
生薑
韭蔥
檸檬：檸檬汁、碎檸檬皮
醃漬檸檬

線釣鮟鱇魚排與美國極黑豬的五花肉「鮮培根」，搭配黃金酒杯蘑菇、
柴烤韭蔥、香草裹蒜葉婆羅門參，並佐以龍蝦紅酒醬汁
——凱莉‧納哈貝迪恩（Carrie Nahabedian），NAHA，芝加哥

乾煎鮟鱇魚，搭配油菜花、松子與葡萄乾
——大衛‧帕斯特納克（David Pasternak），ESCA，紐約市

烘烤鮟鱇魚，搭配菠菜、牡蠣義式方麵餃與水田芥醬
——米契爾‧理查（Michel Richard），CITRONELLE，華盛頓特區

檸檬草
檸檬百里香
龍蝦
地中海料理
菇蕈類（尤以酒杯蘑菇、波特貝
　　羅大香菇為佳）
貽貝
油：菜籽油、玉米油、花生油、蔬
　　菜油
橄欖油
橄欖（尤以綠橄欖為佳）
洋蔥（尤以黃洋蔥為佳）
碎橙皮
奧勒岡
義大利培根
甜紅椒
帕瑪乳酪
扁葉荷蘭芹
義式青醬
胡椒：黑、綠、白胡椒
保樂酒
松子
豬肉：培根、五花肉
馬鈴薯（尤以新鮮馬鈴薯為佳）
紅椒粉
羅曼斯科醬
迷迭香
番紅花
鼠尾草
鮭魚
煙燻鮭魚
鹽：猶太鹽、海鹽
香腸
紅蔥頭
干雪莉酒（如：極品雪莉酒）
醬油
菠菜
墨魚
八角
高湯與清湯：雞、蛤蜊、魚、貝蝦
　　蟹類、小牛肉高湯
條紋鱸魚
瑞士茶菜
龍蒿
百里香
番茄
薑黃

油醋醬
白醋
酒
核桃
水田芥
酒：干白酒（如：格烏茲塔明那白
　　酒），或稠度高的紅酒、干雪莉酒

對味組合

鮟鱇魚＋蒜味美乃滋＋新薯
鮟鱇魚＋蘋果＋香腸
鮟鱇魚＋培根＋甘藍＋馬鈴薯
鮟鱇魚＋羅勒＋瑞士茶菜＋百里香
鮟鱇魚＋咖哩＋貽貝＋番紅花
鮟鱇魚＋韭蔥＋貽貝
鮟鱇魚＋紅葉甘藍＋義大利培根
鮟鱇魚＋白豆＋小茴香＋蒜頭＋番紅花＋番茄

摩洛哥料理 Moroccan Cuisine

杏仁
杏桃
綠燈籠椒
辣椒
芫荽葉
肉桂
庫斯庫斯
芫荽
黃瓜
孜然
椰棗
無花果
水果
薑
羊肉
檸檬汁

醃漬檸檬
堅果
橄欖油
橄欖
洋蔥
紅椒
胡椒
松子
開心果
葡萄乾
摩洛哥綜合香料
番紅花
沙拉
燉煮料理（亦即摩洛哥塔吉鍋）
鹽膚木
番茄
薑黃

> **CHEF'S TALK**
>
> 我對**摩洛哥料理**的最初認知，就是吃了這種料理，並擁有一本寶拉‧沃夫特（Paula Wolfert）的著作《庫斯庫斯》（Couscous）。不過我也有一道以摩洛哥香料調理的羊肉。我用孜然、番紅花及醃漬檸檬來燜燒羊腿肉，再把剩下的燉汁製作成醬汁。接著將羊腿去骨，與茄子一同放入模子中做成羊肉茄餅，再倒扣至盤中。這道菜本質上並非摩洛哥料理，不過卻帶有摩洛哥風味。
> ——大衛‧沃塔克（David Waltuck），CHANTERELLE，紐約市

對味組合

辣椒＋蒜頭＋橄欖油＋鹽（亦即
　　北非辣椒橄欖油醬）
肉桂＋芫荽＋孜然
茄子＋肉桂＋薄荷
綠茶＋乾綠薄荷＋糖
羊肉＋肉桂＋蜂蜜＋黑李乾
柳橙＋肉桂＋蜂蜜
荷蘭芹＋檸檬汁＋橄欖油
薄酥皮＋杏仁＋肉桂＋蜂蜜
薄酥皮＋蜂蜜＋芝麻籽

菇蕈類 Mushrooms
（同時參見特定菇蕈類）

季節：晚春－秋
分量感：輕盈－中等
風味強度：清淡－溫和
料理方式：烘焙、炙烤、油炸、燒
　　烤、烤煎、生食（如：用於沙拉
　　中）、烘烤、煎炒、做成湯、蒸煮、
　　燉煮

杏仁
蘆筍
培根
大麥
羅勒
月桂葉
豆類：四季豆、皇帝豆
牛肉
燈籠椒（尤以紅燈籠椒為佳）
麵包粉
無鹽奶油
續隨子
胡蘿蔔

卡宴辣椒
芹菜
乳酪：翠德、愛蒙塔爾、葛黎耶和、
　　帕瑪、瑞士乳酪
細葉香芹
栗子
雞肉
辣椒：乾紅椒、新鮮青辣椒
細香蔥
芫荽葉
丁香
干邑白蘭地
芫荽
蟹
鮮奶油
法式酸奶油
孜然
蒔蘿
蛋
小茴香
魚
法式料理
綠捲鬚生菜

主廚私房菜　DISHES

德州辣椒素食鍋：以烤林地蘑菇、白花豆、四季豆、節瓜、孜然以及啤酒調製而成的安可辣椒燉鍋，表層再鋪上墨西哥阿尼歐乳酪與紅洋蔥
——瑞克‧貝雷斯（Rick Bayless），FRONTERA GRILL，芝加哥

野生蘑菇湯，撒上野生韭蔥與酥脆麵包丁
——丹尼爾‧布呂德（Daniel Boulud）/ 柏特蘭‧凱密爾（Bertrand Chemel），CAFÉ BOULUD，紐約市

烤蒜頭義式麵疙瘩，搭配野生蘑菇、鼠尾草與香脆牛雜
——加柏利兒‧克魯德（Gabriel Kreuther），THE MODERN，紐約市

熱蘑菇沙拉：綠捲鬚生菜＋培根＋羊乳酪＋雪莉酒油醋醬
——艾弗瑞‧波特爾（Alfred Portale）（Alfred Portale），GOTHAM BAR AND GRILL，紐約市

蘑菇塔：香脆薄皮塔，餡料為煎炒野生蘑菇、芹菜泥及陳年波特濃縮酒
——艾略克‧瑞普特（Eric Ripert），LE BERNARDIN，紐約市

以野生米、小南瓜與野生蘑菇製成的義大利燉飯
——茱迪‧羅傑斯（Judy Rodgers），ZUNI CAFE，舊金山

熱野生蘑菇菠菜沙拉，搭配鷹嘴豆、橄欖與醃漬檸檬
——艾倫‧蘇瑟（Allen Susser），CHEF ALLEN'S，邁阿密

蘑菇蘆筍燉飯，搭配檸檬百里香
——傑瑞‧特勞費德（Jerry Traunfeld），THE HERBFARM，華盛頓州伍德菲爾市

野味
印度綜合香料
蒜頭*
韭菜
薑
義大利渣釀白蘭地
火腿
香草
刺柏漿果
韭蔥
檸檬：檸檬汁、碎檸檬皮
馬德拉酒
墨角蘭
肉類
牛奶
綜合蔬菜高湯
第戎芥末
肉豆蔻
油：菜籽油、葡萄籽油、花生油、蔬菜油
橄欖油
洋蔥：珍珠、紅、黃洋蔥、青蔥
奧勒岡

紅椒（尤以甜紅椒為佳）
帕瑪乳酪
扁葉荷蘭芹
義式麵食
豌豆
胡椒：黑、白胡椒
松子
豬肉
馬鈴薯
禽肉
義式乾醃火腿
紫葉菊苣
米
義式燉飯
迷迭香
鼠尾草
清酒
鹽：鹽之花、猶太鹽、海鹽

青蔥
海鮮
芝麻油
紅蔥頭
干雪莉酒（如：曼薩尼亞雪莉酒）
酸奶油
醬油
菠菜
高湯：雞湯、柴魚昆布湯、蘑菇湯、小牛高湯
糖
龍蒿
新鮮百里香
番茄
松露油
小牛肉
醋（尤以巴薩米克香醋、紅酒醋、雪莉酒醋為佳）
核桃
酒：干紅酒、白酒、苦艾酒
優格

對味組合
菇蕈類＋蒜頭＋檸檬＋橄欖油
菇蕈類＋蒜頭＋荷蘭芹
菇蕈類＋蒜頭＋紅蔥頭

菇蕈類：酒杯蘑菇
Mushrooms － Chanterelles
季節：春－秋
分量感：輕盈－中等
風味強度：清淡－溫和
料理方式：烘焙、煎炒

月桂葉
無鹽奶油
蒸菜
帕瑪乳酪
細香蔥（裝飾用）
鮮奶油
蛋與蛋類料理（如：煎蛋捲）
野味

> **CHEF'S TALK**
>
> 墨角蘭可以帶出**菇蕈類**的風味。
> ——傑瑞‧特勞費德（Jerry Traunfeld），THE HERBFARM，華盛頓州伍德菲爾市

主廚私房菜	DISHES

義大利手工寬麵，搭配百里香與酒杯蘑菇
——馬利歐·巴達利（Mario Batali），BABBO，紐約市

蒜頭
扁豆
貽貝
花生油
橄欖油
洋蔥（尤以青蔥為佳）
荷蘭芹
義式麵食
胡椒：黑、白胡椒
禽肉
紫葉菊苣
猶太鹽
醬汁
紅蔥頭
湯
高湯：牛、雞高湯
番薯
新鮮百里香
雪莉酒醋
干白酒

對味組合

酒杯蘑菇＋奶油＋鮮奶油＋蒜頭
　＋荷蘭芹
酒杯蘑菇＋鮮奶油＋蒜頭＋百里
　香

菇蕈類：棕蘑菇
Mushrooms – Cremini
季節：全年
分量感：輕盈－中等
風味強度：清淡－溫和

芝麻菜
奶油
乳酪：山羊、帕瑪乳酪
細香蔥
蒜頭
馬士卡彭乳酪
橄欖油
扁葉荷蘭芹
白胡椒

鹽
紅蔥頭
雞高湯
百里香
松露油

菇蕈類：松茸
Mushrooms – Matsutake
季節：秋
分量感：中等
風味強度：濃烈
料理方式：燜燒、煎炸、燒烤、煎
　炒、熬煮、蒸煮、快炒

奶油
皺葉甘藍
雞肉
黑鱈魚
鮮奶油
卡士達
柴魚昆布湯
魚
香草：細葉香芹、細香蔥、扁葉荷
　蘭芹、龍蒿
日式料理
檸檬汁
味醂
野生菇蕈類
橄欖油
黑胡椒
米
清酒
鹽
紅蔥頭
蝦

湯
醬油
雞高湯
天婦羅
豆腐
米酒醋

菇蕈類：羊肚菌
Mushrooms – Morels
季節：春（5月～6月）
分量感：輕盈－中等
風味強度：清淡－溫和
料理方式 / 小祕訣：一定要烹調
　過才能上桌：沸煮、燉煮。

蘆筍：綠蘆筍、白蘆筍
培根
羅勒
月桂葉
無鹽奶油
葛縷子籽
乳酪：芳汀那、山羊、帕瑪乳酪
細葉香芹
雞肉慕斯
細香蔥
高脂鮮奶油
法式酸奶油
蛋黃
西班牙法羅米
蠶豆
豆類
蕨菜
蒜頭：普通蒜頭、蒜苗
火腿：維吉尼亞燻火腿、塞拉諾
　火腿
香草
羊肉
韭蔥
檸檬
馬德拉酒

CHEF'S TALK

松茸具有肉桂與松木的風味分量感。它是秋天出產的菇類，適合搭配
皺葉甘藍。我喜歡以甘藍來搭配高級食材。我們會以甘藍、鮮奶油及
松茸來搭配烤黑鱈魚。
——傑瑞·特勞費德（Jerry Traunfeld），THE HERBFARM，華盛頓州伍德菲爾市

主廚私房菜 DISHES

卡納羅利有機米燉飯，搭配野生春季羊肚菌、柴烤野生韭蔥、油漬綠蒜頭與菠菜、帕瑪乳酪，以及翁布里亞橄欖油
——凱莉・納哈貝迪恩（Carrie Nahabedian），NAHA，芝加哥

當地羊肚菌披薩，搭配芳汀那乳酪、維吉尼亞鄉村火腿以及香煎野生韭蔥。另有烤蘆筍與淡水藍蝦熱沙拉，搭配雪莉油醋醬
——派翠克・歐乃爾（Patrick O'Connell），THE INN AT LITTLE WASHINGTON，維吉尼亞州華盛頓市

CHEF'S TALK

葛縷子的種籽能夠帶出羊肚菌的風味。
——傑瑞・特勞費德（Jerry Traunfeld），THE HERBFARM，華盛頓州伍德菲爾市

墨角蘭
綜合蔬菜高湯
花生油
橄欖油
洋蔥（尤以青蔥為佳）
義大利培根
甜紅椒
扁葉荷蘭芹
義式麵食
豌豆
胡椒：黑、白胡椒
豬肉
波特酒
馬鈴薯（尤以新鮮馬鈴薯為佳）
野生韭蔥
迷迭香
猶太鹽
醬汁
香薄荷
紅蔥頭
舒芙蕾（如：山羊乳酪）
醬油
高湯：雞、菇蕈類、蔬菜高湯
牛雜碎
龍蒿
百里香
黑松露
油醋醬
雪莉酒醋
香檳酒

對味組合

羊肚菌＋蘆筍＋野生韭蔥
羊肚菌＋蒜頭＋檸檬＋橄欖油＋
　荷蘭芹

菇蕈類：牛肝菌 / 牛肚菇 / 頂級牛蕈菇

Mushrooms – Pocini / Cepes / King Bolete

季節：晚春－早秋
分量感：輕盈－中等
風味強度：清淡－溫和
料理方式：燒烤、煮半熟、烘烤、
　煎炒、燉煮

杏仁
芝麻菜

培根
白蘭地
麵包粉
無鹽奶油
胡蘿蔔
乳酪：芳汀那、西班牙加洛特薩
**　羊、帕瑪乳酪**
細葉香芹
雞肉（尤以烘烤的雞肉為佳）
細香蔥
咖啡
鮮奶油 / 牛奶
法式酸奶油
蛋
小茴香
魚：燒烤魚、白肉魚
法式料理
蒜頭
榛果
義大利料理
檸檬汁
馬德拉酒
墨角蘭
馬士卡彭乳酪
薄荷
鈕扣菇或義大利棕蘑菇
牛肝菌油
橄欖油
洋蔥
扁葉荷蘭芹
義式麵食
黑胡椒

主廚私房菜 DISHES

生鮮牛肝菌，搭配芝麻菜、帕瑪乳酪及瑪納朵利香醋
——馬利歐・巴達利（Mario Batali），BABBO，紐約市

以牛肝菌、青蘋果與西班牙加洛特薩羊乳酪製成的沙拉，淋上榛果油醋醬
——崔西・德・耶丁（Traci Des Jardins），JARDINIÈRE，舊金山

CHEF'S TALK

牛肝菌滿甘甜的。我喜歡把它與胡蘿蔔搗成泥，做成義式方麵餃的餡料。這道菜餚的醬汁則用燉煮方麵餃的湯汁再加上胡蘿蔔汁製成。最後將炸鼠尾草與黑穗醋栗放在麵餃上就完成了。
——傑瑞・特勞費德（Jerry Traunfeld），THE HERBFARM，華盛頓州伍德菲爾市

義式玉米餅
馬鈴薯
義式乾醃火腿
紫葉菊苣
義大利阿勃瑞歐米
鼠尾草
清酒
鹽：猶太鹽、海鹽
紅蔥頭
菠菜
牛排
高湯：雞、菇蕈類、蔬菜高湯
玉溜
龍蒿
百里香
番茄
松露（尤以白松露為佳）
小牛肉
醋（尤以巴薩米克香醋為佳）
核桃
干白酒

對味組合

牛肝菌＋杏仁＋巴薩米克香醋
牛肝菌＋芝麻菜＋檸檬＋帕瑪乳
　酪
牛肝菌＋巴薩米克香醋＋紫葉菊
　苣
牛肝菌＋胡蘿蔔＋鼠尾草
牛肝菌＋咖啡＋小牛肉
牛肝菌＋檸檬汁＋橄欖油
牛肝菌＋荷蘭芹＋番茄
牛肝菌＋義式乾醃火腿＋菠菜

菇蕈類：波特貝羅大香菇
Mushrooms – Portobello
季節：全年
分量感：中等－厚實
風味強度：溫和
料理方式：炙烤、燒烤、烘烤、煎
　炒、填餡
小祕訣：煮越久口感越強韌

乳酪：蒙契格、帕瑪、瑞可達乳酪
法式酸奶油
蒜頭
檸檬

烤波特貝羅大香菇，搭配蒙契格乳酪、蒜頭與百里香油
——安·卡遜（Ann Cashion），CASHION'S EAT PLACE，華盛頓特區

素壽司：日曬番茄乾與波特貝羅大香菇手捲
——大河內和（Kaz Okochi），KAZ SUSHI BISTRO，華盛頓特區

岡薩雷斯波特貝羅大香菇「排」＋德州糙米果仁餅＋椰香辣椒醬
——莫妮卡·波普（Monica Pope），T'AFIA，休斯頓

義大利麵沙拉，搭配日曬番茄乾青醬、波特貝羅大香菇與烤小南瓜
——查理·波特（Charlie Trotter），TROTTER'S TO GO，芝加哥

以牛肝菌奶油咖哩調理的波特貝羅大香菇
——維克拉姆·維基與梅魯·達瓦拉（Vikram Vij and Meeru Dhalwala），VIJ'S，溫哥華

以印度乳酪鋪底，上方擺置波特貝羅大香菇與紅燈籠椒咖哩，搭配甜
菜白蘿蔔沙拉
——維克拉姆·維基與梅魯·達瓦拉（Vikram Vij and Meeru Dhalwala），VIJ'S，溫哥華

薄荷
橄欖油
義式麵食
義式玉米餅
菠菜
百里香
曬乾的番茄

對味組合

波特貝羅大香菇＋檸檬＋薄荷＋
　橄欖油
波特貝羅大香菇＋義式玉米餅＋
　菠菜

菇蕈類：香菇
Mushrooms – Shiitake
分量感：中等
風味強度：溫和
料理方式：燒烤、煎炒、熬煮、快
　炒

鰻魚
蘆筍
培根
羅勒
烘烤的燈籠椒
白蘭地
奶油：澄清、無鹽奶油
皺葉甘藍

芹菜根
雞肉
辣椒
細香蔥
鱈魚
芫荽
鮮奶油
奶油乳酪
茄子
蛋（尤以沸煮至全熟的蛋為佳）
魚醬汁
蒜頭
日式料理
韭蔥
檸檬汁
檸檬草
萊姆
蠔菇
油：菜籽油、榛果油、蔬菜油
橄欖油
洋蔥（尤以紅、白洋蔥為佳）
扁葉荷蘭芹
黑胡椒
披薩
義式玉米餅
豬肉
馬鈴薯
印度香米
迷迭香

菇蕈類料理祕訣
——奧勒岡州波特蘭市 PALEY'PLACE 餐廳的
維塔莉‧佩利（Vitaly Paley）

不同季節的菇蕈類

春季：這是羊肚菌出產的季節。當年我在法國某廳餐廚房工作時，有一天收到一箱羊肚菌，上面標籤寫著「奧勒岡」。這就是我來到奧勒岡州工作的其中一個原因。

夏季：羊肚菌的產量減少，牛肝菌／牛肚菇也會短暫減產。而夏末則是金色與白色酒杯蘑菇盛產的季節。

秋季：牛肝菌再度現身，還有松茸也在這個季節出現。在北美太平洋西北部一帶，黑色與白色松露從11月開始盛產。這些松露風味絕佳，重要的是得了解它們與歐洲松露不同，價格更是便宜許多。

我對於人工培育菇蕈類並不特別愛好，不過有些的確還不錯。杏鮑菇就是其中之一。波特貝羅大香菇也不錯，雖然它們有點像1970年代流行的口味。

我對超市中經常可以看到的一些乾菇蕈抱持懷疑態度，因為你不知道它出產的時間，也不了解它們風味的強弱。

購買與清洗菇蕈類

說到菇蕈類的料理，無論是哪一種都要仔細洗乾淨，因為吃到滿口沙感覺會很差。我的清洗的方式是將它們浸在水中再拿出來。切記，要在開始料理之前才清洗，千萬不要在前一天就洗好。

至於羊肚菌，你得知道正確的料理方式；如果你把新鮮羊肚菌切片後直接丟入平底鍋，那就錯了。最重要的是要清理乾淨，我的建議方式是汆燙。先在鍋中放入冷水及一撮鹽，再放入羊肚菌一起煮沸。接著撈起羊肚菌、攤放、輕輕擠乾水分。在擠乾時要注意看是否摻有雜質，因為要確保完全洗淨。

菇蕈類的調味

說到菇蕈類的調味，所有菇蕈類都可以用香薄荷來調味。我第一天下廚就使用的調味組合是：生荷蘭芹加上蒜頭，也就是所謂的法式香草調味醬（persillade）。先用奶油或橄欖油煎炒菇蕈類，起鍋前再加入生荷蘭芹、蒜頭以及稍許鹽一起翻炒。多數菇蕈類只需如此調理即可！

若你想烘烤牛肝菌或杏鮑菇，烘烤時把它們放在香薄荷或百里香上，可以增添風味。

鼠尾草
猶太鹽
紅蔥頭
湯
酸模
醬油
菠菜
燉煮料理
雞高湯

龍蒿
百里香
巴薩米克香醋
核桃
干白酒

對味組合
香菇＋羅勒＋洋蔥

貽貝 Mussels
季節：秋－冬
分量感：輕盈
風味強度：清淡－溫和
料理方式：烘焙、水煮、燒烤、蒸

培根
羅勒
鱸魚
月桂葉
豆類：四季豆、海軍豆
燈籠椒（尤以紅燈籠椒與／或烤
　燈籠椒為佳）
麵包粉
無鹽奶油
續隨子
胡蘿蔔
卡宴辣椒
芹菜
芹菜籽
酒杯蘑菇
細葉香芹
辣椒（尤以哈拉佩諾辣椒為佳）
中式料理
細香蔥
芫荽葉
蛤蜊與蛤蜊汁
鱈魚
干邑白蘭地
鮮奶油
咖哩粉
蛋黃
小茴香
小茴香籽
法式料理
蒜頭
薑
火腿
義大利料理
韭蔥
檸檬汁
檸檬百里香
歐當歸
墨角蘭
香蒜美乃滋
地中海料理
薄荷

主廚私房菜	DISHES

貽貝湯，搭配芫荽葉與塞拉諾辣椒鮮奶油
——羅伯特・戴葛蘭德（Robert Del Grande），CAFÉ ANNIE，休斯頓

香辣醬汁貽貝，醬汁以潘卡辣椒（Panca Peppers）、蒜頭、塞拉諾辣椒與秘魯黑啤酒調製而成
——馬里雪兒・普西拉（Maricel Presilla），ZAFRA，紐澤西州霍博肯市

本店特製傳統葡萄牙海陸燉鍋：以潘卡辣椒黑啤酒醬汁燉煮豬五花肉、貽貝、馬鈴薯以及黑橄欖
——馬里雪兒・普西拉（Maricel Presilla），ZAFRA，紐澤西州霍博肯市

義大利麵，搭配貽貝、松子、肉豆蔻與荷蘭芹
——巴頓・西弗爾（Barton Seaver），HOOK，華盛頓特區

蒸黑貽貝＋椰湯＋紅咖哩油
——瑞克・特拉滿都（Rick Tramonto），TRU，芝加哥

鮟鱇魚
菇蕈類
第戎芥末
肉豆蔻
橄欖油
黑橄欖
洋蔥（尤以紅、白洋蔥、青蔥為佳）
柳橙：橙汁、碎橙皮
奧勒岡
牡蠣
西班牙海鮮飯（主要成分）
紅椒：煙燻紅椒、甜紅椒
帕瑪乳酪
荷蘭芹：扁葉荷蘭芹、捲葉荷蘭芹
義式麵食
胡椒：黑、白胡椒
保樂酒
義式青醬

對味組合
貽貝＋蛤蜊＋蒜頭＋洋蔥＋百里香＋白酒
貽貝＋鮮奶油＋咖哩＋番紅花
貽貝＋小茴香＋番紅花＋白酒
貽貝＋蒜頭＋番紅花＋番茄
貽貝＋第戎芥末＋番紅花
貽貝＋芥末＋龍蒿
貽貝＋橄欖＋柳橙
貽貝＋番紅花＋龍蒿＋番茄

松子
馬鈴薯
紫葉菊苣
紅椒粉
米與義式燉飯
迷迭香
番紅花
鹽：猶太鹽、海鹽
青蔥
紅蔥頭
蝦
笛鯛
真鰈
墨魚
燉煮料理
高湯：雞、蛤蜊、魚高湯
龍蒿
百里香
番茄
苦艾酒
油醋醬
醋：紅酒醋、雪莉酒醋
水田芥
野生米
酒：干白酒（如：夏多內白酒、白皮諾酒、麗絲玲白酒、蘇維翁白酒）
節瓜

芥末 Mustard
味道：苦
質性：性熱
分量感：中等－厚實
風味強度：溫和－極濃烈
小祕訣：烹調到最後再加入。
可以用黃瓜來平衡芥末的嗆味。

蘋果：蘋果果實、蘋果汁
酪梨
月桂葉
牛肉（尤以鹽漬、燒烤、或烘烤的牛肉為佳）
甜菜
甘藍
續隨子
乳酪（如：藍黴、巧達、葛黎耶和乳酪與其他硬乳酪）
與乳酪料理（如：義大利通心粉與乳酪舒芙蕾）
雞肉
辣椒
冷盤肉片
芫荽
蟹
鮮奶油與酸奶油
黃瓜
孜然
乾醃肉品
咖哩
咖哩葉
蒔蘿
蛋類料理
小茴香
葫蘆巴
魚
法式料理（尤以南法料理為佳）
水果
蒜頭
德國料理
薑汁餅乾
四季豆
火腿
香草
蜂蜜
印度料理（如：芥末籽）

愛爾蘭料理
義大利料理（尤以南義料理為佳）
羊肉
韭蔥
檸檬汁
美乃滋
肉類（冷盤或熱食）
地中海料理
薄荷（尤以胡椒薄荷為佳）
芥末蜜漬水果（芥末水果）
貽貝
菜籽油
橄欖油
洋蔥
奧勒岡
紅椒
荷蘭芹
五香燻牛肉
胡椒：黑、綠、白胡椒
豬肉
馬鈴薯
禽肉
兔肉
沙拉與沙拉醬汁
鮭魚
猶太鹽
醬汁
德國酸菜
香腸
斯堪地納維亞料理
海鮮
煙燻魚
醬油
牛排
鹽膚木
龍蒿
番茄
薑黃
以蔬菜為底的料理
油醋醬
醋：巴薩米克香醋、紅酒醋、白酒醋
核桃：核桃果
核桃油

CHEF'S TALK

精湛廚藝能超越所有文化。你可以接受世界各地的文化薰陶，並在不「混淆」的情況下應用到自己的料理中，有時做出的經典菜餚甚至還能超越原有風味。我曾經與佛洛伊德·卡多茲（Floyd Cardoz）共事，從他那裡學到了許多印度的調味方式與料理技巧。其中一種技巧是「爆香」，就是將香料放入油或是印度澄清奶油中，加熱至香料爆開。這技巧的確能打開香料的風味。

於是我運用這種跨文化的技巧來料理一道法式統傳菜餚：芥末醬小牛肉，結果並沒有料理出一道「面目模糊」的菜餚。首先以奶油或橄欖油爆香黑、黃、紅三種芥末籽，再加入一些紅蔥頭和苦艾酒熬至濃稠，然後再加入一些含有鮮奶油與第戎芥末醬的小牛高湯。比起僅僅在鍋中結合鮮奶油與芥末調製出來的醬汁，這道醬汁的風味層次豐富多了。

——安德魯·卡梅利尼（Andrew Carmellini），A VOCE，紐約市

對味組合
芥末＋咖哩葉＋孜然
芥末＋蒜頭＋油＋紅蔥頭＋醋
芥末＋蒜頭＋油＋醋
芥末＋油＋紅蔥頭＋醋

油桃 Nectarines
（同時參見桃子）
季節：晚春－早秋
味道：甜
分量感：輕盈－中等
風味強度：溫和
料理方式：烘焙、炙烤、燒烤、水煮、生食、煎炒

CHEF'S TALK

龍蒿帶我發現了**芥末**，芥末又引領我接觸到貝蝦蟹類，然後我認識了貽貝。龍蒿、芥末與貽貝這三種食材的組合真是美味無比呀。

——麥克·安東尼（Michael Anthony），GRAMERCY TAVERN，紐約市

多香果
杏仁（尤以烘烤過的杏仁為佳）
杏桃
冷飲（尤以雞尾酒為佳）
黑莓
藍莓
白蘭地
無鹽奶油
白脫乳
焦糖
香檳酒
櫻桃
雞肉
巧克力
肉桂
蔓越莓
鮮奶油與冰淇淋
卡士達
甜點與甜點醬汁
無花果
薑（尤以生薑為佳）
榛果
蜂蜜
櫻桃白蘭地
檸檬：檸檬汁、碎檸檬皮
楓糖漿
馬士卡彭乳酪
甜煉乳
薄荷（裝飾用）
肉豆蔻
燕麥粉
洋蔥
柳橙汁
柳橙香甜酒
桃子
桃子香甜酒（如：水蜜桃香甜酒）
美洲山核桃
黑胡椒

開心果
洋李（相容的水果）
豬肉
覆盆子
水果沙拉
墨西哥水果莎莎醬
湯（尤以冷湯為佳）
酸奶油
草莓
糖：黑糖、白糖
香莢蘭
蘋果酒醋
酒：紅酒、水果酒、甜酒或白酒：
梅洛紅酒、莫斯卡托甜白酒、
慕斯卡葡萄酒、玫瑰紅酒、索
甸甜白酒、高甜度葡萄酒、金
粉黛紅酒
優格

北非料理 North African Cuisine
（同時參見摩洛哥料理）

多香果
肉桂
芫荽
庫斯庫斯
孜然
蒜頭（尤以埃及料理為佳）
薑
醃漬檸檬
肉類（尤以燒烤的肉類為佳）
洋蔥
紅椒
黑胡椒
番紅花
沙拉
香料（尤以摩洛哥料理為佳）
薑黃
蔬菜

肉豆蔻 Nutmeg
季節：秋－冬
味道：甜
同屬性植物：豆蔻皮粉
分量感：輕盈－中等
風味強度：濃烈
小祕訣：用於調和味道

多香果
蘋果
烘焙食物（如：比斯吉、蛋糕、派）
牛肉：燜燒牛肉、生牛肉
漿果
冷飲（如：巧克力、蛋酒）
青花菜
奶油
甘藍
蛋糕
小豆蔻
加勒比海料理
胡蘿蔔
白花椰菜
**乳酪（尤以瑞可達乳酪為佳）與
乳酪料理**
雞肉
鷹嘴豆
中式料理
巧克力
海鮮總匯濃湯（如：魚）
肉桂
丁香
餅乾
芫荽
鮮奶油／牛奶
孜然
卡士達
甜點
蛋酒
蛋
魚
法式料理
水果：水果乾、新鮮水果
德國料理
薑
山羊乳酪
希臘料理
四季豆

主廚私房菜 | DISHES

烤油桃卡士達蛋糕，搭配冰酒雪酪與溫熱的糖煮漿果
——多明尼克和欣迪杜比（Dominique and Cindy Duby），WILD SWEETS，溫哥華

紐奧良甘露蘇打「雪筒冰沙」，搭配燉油桃與新鮮覆盆子，再撒上甜煉乳
——包柏‧亞科沃內（Bob Iacovone），CUVÉE，紐奧良

榛果
蜂蜜
印度料理
義大利料理（尤以醬汁為佳）
烤肉醬（如：加勒比海烤肉醬）
羊肉（尤以燜燒的羊肉為佳）
拉丁美洲料理
檸檬汁
豆蔻皮粉
肉類（如：肉丸）
中東料理
以牛奶為底的料理
菇蕈類
堅果
洋蔥
柳橙
歐洲防風草塊根
義式麵食與義大利麵醬料
糕點
法式肉派
西洋梨
胡椒
豬肉
馬鈴薯
布丁
南瓜
法式綜合香料（與丁香、薑、白胡
　椒同為主要成分）
葡萄乾
米
醬汁：法式奶油白醬、白醬
香腸
斯堪地納維亞料理
蝦
舒芙蕾
湯
酸奶油
東南亞料理
菠菜
冬南瓜
餡料
豆煮玉米
糖（尤以黑糖為佳）
番薯
百里香
番茄與番茄醬汁
香莢蘭

小牛肉
酒（如：加糖、香料的熱飲酒）
優格

對味組合
肉豆蔻＋多香果＋肉桂
肉豆蔻＋丁香＋鮮奶油
肉豆蔻＋丁香＋薑＋白胡椒（法
　國綜合香料）
肉豆蔻＋鮮奶油＋菠菜

堅果 Nuts（同時參見
美洲山核桃、核桃等）
分量感：厚實
風味強度：溫和（依堅果種類不
　同各異）
小祕訣：必須先烘烤過才能提升
　堅果的風味與質地

CHEF'S TALK

我愛堅果，每一種甜點及菜餚都會用上它。我發現堅果可以搭配的食材很多，每次我想創作一道甜點時，就會依地域性來選用堅果。舉例來說，若要製作一道西西里甜點，我會使用開心果，因為那是西西里人常用的堅果。
　　——吉娜・德帕爾馬（Gina DePalma），BABBO，紐約市

CHEF'S TALK

雖然碎堅果的價錢確實便宜許多，然而26年來，我們卻從未買過碎的美洲山核桃，因為品質實在相差太遠了。
我建議可以自己剁碎，如果是像美洲山核桃這一類的堅果，則可用手指剁碎。美洲山核桃富含水分，要是用刀剁碎，就會失去它的特殊質地。有些人會把堅果放進食物調理機打碎，不過這樣得到的會是粉末而非碎粒了。
我們一向以烘烤的方式料理堅果，每次都是如此。堅果富含水分，因此烤過之後堅果會變乾，風味會增強。不過烘烤時必須非常小心，最好用小火烘烤，因為它們很容易烤焦。至於腰果，可以用325℃的高溫烘烤至呈現漂亮的棕金色。
　　——馬賽爾・德索尼耶（Marcel Desaulniers），THE TRELLIS，維吉尼亞州威廉斯堡

堅果一定要先烘烤過以提升風味。如果堅果在入菜前不先烘烤的話，菜餚完成時，堅果會變得又溼又軟。不過如果是要放在準備進爐烘烤的塔上，堅果就不能事先烘烤了，否則會烤過頭。堅果可以有效增加口感，特別是對於鮮奶油及慕斯類的甜點。另一種平衡濃郁口感的方式，就是搭配一些薄酥皮。
　　——艾蜜莉・盧契提（Emily Luchetti），FARALLON，舊金山

從堅果中榨汁，是我們的最新嘗試。我們將杏仁、榛果、松子都拿來榨汁，其中松子汁液風味最佳，嘗起來就像松子奶油。以松子來說，榨汁的方式勝過研磨，因為研磨會徹底摧毀松子的油脂。我們將松子汁淋在一些當地土產的四季豆上，並加上醃漬碎檸檬皮，就可以與青蔥一起搭配羊肉上桌了。
　　——安德魯・卡梅利尼（Andrew Carmellini），A VOCE，紐約市

薰衣草與杏仁、榛果、開心果與核桃等各式堅果都很對味。唯一不對味的堅果只有栗子。
　　——傑瑞・特勞費德（Jerry Traunfeld），THE HERBFARM，華盛頓州伍德菲爾市

堅果使用心得
——維吉尼亞州威廉斯堡
THE TRELLIS 餐廳的
馬賽爾·德索尼珥
（Marcel Desaulniers）

我們餐廳使用的堅果很多。在秋季菜單上，十道主菜裡就有六道含有堅果。使用堅果是我的特色之一，無論是沙拉、湯、主菜或甜點，它都可以為之增加口感。打從我1987年經營餐廳開始，這項原則就沒改變過。我認為每一種堅果在本質上都能同時運用在甜的與鹹的菜餚中。

THE TRELLIS 的
威廉斯堡特產堅果料理

· 巨無霸蟹餅，搭配特大烤蘆筍與烘烤夏威夷豆
· 燒烤雞胸肉，搭配粗粒喬麥粉餅、烘烤花生與香料花生醬
· 雞肉沙拉：新鮮雞胸肉塊、澳洲青蘋果、美洲山核桃、芹菜、葡萄乾，以及塗上美乃滋的烤白脫乳麵包，搭配什錦蔬菜
· 大火油煎海扇貝與輕炒小蝦，搭配鄉村火腿、香菇、烤紅蔥頭以及山核桃印度香米
· 菠菜義大利寬麵，搭配煙燻番茄、朝鮮薊、炒軟的甜洋蔥、新鮮香草、烤松子以及黑胡椒奶油
· 罐頭淡色鮪魚碎塊，搭配無子葡萄、碎核桃仁，以及塗上美乃滋的烤全麥麵包，再撒上水田芥、葡萄與核桃

燕麥粉 / 燕麥 Oatmeal / Oats

味道：甜
質性：性熱
分量感：中等－厚實
風味強度：清淡
料理方式：熬煮

杏仁
蘋果
杏桃
香蕉
藍莓
白蘭地
早餐
無鹽奶油
白脫乳
焦糖
櫻桃
巧克力（尤以黑、白巧克力為佳）
蘋果酒
肉桂
椰子
咖啡
蔓越莓
鮮奶油
穗醋栗
椰棗
無花果乾
薑
榛果
蜂蜜
檸檬
楓糖漿
馬士卡彭乳酪
牛奶
油桃

柳橙
桃子
花生
西洋梨
美洲山核桃
柿子
松子
洋李
黑李乾
南瓜
葡萄乾
覆盆子
大黃
深色蘭姆酒
鹽（一撮）
草莓
糖：黑糖、白糖
番薯
香莢蘭
核桃
優格

對味組合

燕麥粉＋穗醋栗＋楓糖漿
燕麥粉＋西洋梨＋香莢蘭＋優格

章魚 Octopus

分量感：中等
風味強度：清淡－溫和
料理方式：燒烤、熬煮、燉煮

哈拉佩諾辣椒
細香蔥
西班牙辣香腸
柴魚昆布湯
蒜頭
薑
檸檬汁
薄荷
橄欖油
紅洋蔥
柳橙汁
黑胡椒
馬鈴薯
紅椒粉
清酒
海鹽

主廚私房菜 DISHES

雪莉杏仁格蘭諾拉麥片，搭配希臘優格與香莢蘭蜂蜜
——丹尼爾·赫姆（Daniel Humm），ELEVEN MADISON PARK，紐約市

燕麥碎粒＋英國得文郡鮮奶油＋肉桂吐司＋蘋果酒烤蘋果
——丹尼爾·赫姆（Daniel Humm），ELEVEN MADISON PARK，紐約市

成人口味燕麥片舒芙蕾，搭配楓糖漿與蘭姆酒漬穗醋栗
——派翠克·歐康乃爾（Patrick O'Connell），THE INN AT LITTLE WASHINGTON，維吉尼亞州華盛頓市

醬油
羅望子
柑橘
番茄與番茄醬汁
醋：香檳酒醋、紅酒醋
紅酒

對味組合
章魚＋西班牙辣香腸＋檸檬
章魚＋哈拉佩諾辣椒＋薄荷
章魚＋柳橙＋馬鈴薯
章魚＋清酒＋海鹽

杏仁油 Oil, Almond
分量感：輕盈
風味強度：清淡
料理方式：烘焙、生食

杏仁
蘆筍
烘焙食物
雞肉
中式料理
鴨肉
魚
印度料理
芥末
義式麵食
蘿蔓萵苣
沙拉
醬汁
煙燻鮭魚
蔬菜
油醋醬

香檳酒醋

酪梨油 Oil, Avocado
分量感：輕盈
風味強度：清淡
料理方式：濃醬、煎炸、燒烤、生食、烘烤、調理沙拉、煎炒、快炒

芝麻菜
蘆筍
酪梨
羅勒
辣椒
玉米
黃瓜
濃醬
魚
蒜頭
葡萄柚
珠雞
檸檬汁
萊姆汁
甜瓜
柳橙汁
義式麵食
兔肉
沙拉與沙拉醬汁
鮭魚
扇貝
海鮮
蝦
墨魚
百里香
番茄與生番茄汁

鮪魚
蔬菜
素食料理
醋：巴薩米克香醋、夏多內白酒醋、白酒醋
節瓜

對味組合
酪梨油＋夏多內白酒醋＋生番茄汁

菜籽油 Oil, Canola
味道：平淡
分量感：輕盈
風味強度：清淡
料理方式：烘焙、煎炒

沙拉與沙拉醬汁

避免
油炸

葡萄籽油 Oil, Grapeseed
味道：平淡
分量感：輕盈
風味強度：清淡
料理方式：炸、生食、煎炒

椰子
滷汁醃醬
沙拉與沙拉醬汁
煎炒料理
醋

CHEF'S TALK

我喜歡在蘆筍沙拉中淋上**杏仁油**。
——丹尼爾‧赫姆（Daniel Humm），ELEVEN MADISON PARK，紐約市

我會用**酪梨油**來烹調各類食材，從兔脊肉、珠雞到魚肉，從耐煮的鱘魚到紐西蘭笛鯛以及海魴，都很適合。它能提升食材的口感與風味深度。我也喜歡在素食料理中加入酪梨油。它可做為淋醬，也很適合用來調製乳化的濃醬。此外，它還相當適合與番茄搭配使用。我會用番茄水、夏多內白酒醋與酪梨油，調配出美味清淡的醬汁。酪梨油也適合與檸檬、萊姆與柳橙等柑橘類一起使用。就像你會在酪梨上擠些柑橘汁，酪梨油也可以反用在這些水果上。
——布萊德‧法爾米利（Brad Farmerie），PUBLIC，紐約市

CHEF'S TALK

榛果油與蘋果酒醋是絕佳的組合，可以用來搭配含有冬季嫩菠菜、各式香草與綠捲鬚生菜的綜合沙拉。堅果烘烤過後，搭配苦味綠葉生菜的效果奇佳。
——麥克・安東尼（Michael Anthony），GRAMERCY TAVERN，紐約市

榛果油是種極佳的秋季油。我們在深色巴薩米克油醋醬中加入一些榛果油，用來搭配乳鴿料理。榛果與青花菜也是極佳組合。若要做青花菜湯，可以加入榛果油以及烘烤過的榛果。這是非常美味的組合。
——丹尼爾・赫姆（Daniel Humm），ELEVEN MADISON PARK，紐約市

榛果油 Oil, Hazelnut
分量感：中等－厚實
風味強度：溫和－濃烈
料理方式：生食
小祕訣：避免烹調，因為榛果油很容易燒焦。

蘋果
朝鮮薊
青花菜
新鮮乳酪
甜點（如：糖果、餅乾）
無花果
魚
苦味綠葉生菜
榛果
檸檬汁
糕點
西洋梨
柿子
沙拉與沙拉醬汁
醬汁
菠菜
乳鴿
油醋醬
醋（尤以巴薩米克香醋、蘋果酒醋、水果醋為佳）
野生米

夏威夷豆油
Oil, Macadamia Nut
分量感：輕盈－中等
風味強度：溫和－濃烈
料理方式：烘焙、烘烤

水果沙拉（以熱帶水果沙拉為佳）
水果
夏威夷料理
夏威夷豆
米
沙拉
醬汁

花生油 Oil, Peanut
分量感：輕盈
風味強度：清淡－溫和
料理方式：煎炸、生食、沙拉、快炒

亞洲料理
中式料理
烹調
水果與水果沙拉
蒜頭
薑
扁豆
肉類
花生
沙拉醬汁（尤以亞洲風味沙拉醬汁、水果風味沙拉醬汁為佳）
醬油
醋（尤以巴薩米克香醋、麥芽醋為佳）

美洲山核桃油 Oil, Pecan
分量感：中等－厚實
風味強度：溫和－濃烈
料理方式：烘焙、醃浸

麵包

魚
肉類
義式麵食
米
沙拉與沙拉醬汁
蔬菜

開心果油 Oil, Pistachio
分量感：中等
風味強度：溫和
料理方式：烘焙

蘆筍
酪梨
甜菜
麵包
魚
美乃滋
肉類
義式麵食
沙拉與沙拉醬汁
鮪魚

CHEF'S TALK

我們餐廳有道「大眼鮪魚薄片佐普羅旺斯白蘆筍與蒙泰格羅托泰爾開心果油」。這道料理中的開心果油，能將鮪魚及蘆筍美妙地結合在一起。
——丹尼爾・赫姆（Daniel Humm），ELEVEN MADISON PARK，紐約市

牛肝菌油 Oil, Porcini
分量感：中等
風味強度：溫和
料理方式：生食

麵包
乳酪
菇蕈類（尤以牛肝菌為佳）
義式麵食
義式燉飯
沙拉與沙拉醬汁
醬汁
燉煮料理

南瓜籽油 Oil, Pumpkin Seed

分量感：輕盈
風味強度：清淡
小祕訣：烹調最後完成時使用，無需烹調。

生牛肉
柑橘類
玉米
甜點
冰淇淋
楓糖漿
第戎芥末
糕點
南瓜籽
米
湯
冬南瓜
醋：巴薩米克香醋、蘋果酒醋、米酒醋

芝麻油 Oil, Seasame

質性：性熱
分量感：輕盈－中等
風味強度：溫和－濃烈（依顏色濃淡而定）
料理方式：生食
小祕訣：用來增添菜餚的風味

亞洲料理
牛肉
中國大白菜
雞肉
辣椒粉
中式料理
魚
水果沙拉

蒜頭
薑
綠葉生菜（尤以亞洲蔬菜為佳）
蜂蜜
日式料理
韓式料理
檸檬汁
檸檬草
萊姆汁
滷汁醃醬
肉類
味噌湯
芥末
麵條
蔬菜油（相容的油）
柳橙
黑胡椒
沙拉與沙拉醬汁（尤以亞洲風味為佳）
鹽
醬汁
青蔥
芝麻籽
紅蔥頭
紫蘇
醬油
快炒料理
芝麻醬
鮪魚
蔬菜
醋：蘋果酒醋、米酒醋

對味組合
芝麻油＋薑＋芥末＋米酒醋

松露油 Oil, Truffle

分量感：輕盈
風味強度：溫和－濃烈
料理方式：生食

乳酪
蛋
魚
菇蕈類
義式麵食
義式燉飯
沙拉與沙拉醬汁

核桃油 Oil, Walnut

分量感：中等
風味強度：溫和
料理方式：生食
小祕訣：避免烹調，因為核桃油很容易燒焦。

蘋果
烘焙食物
甜菜
麵包
新鮮乳酪
菊苣
無花果
魚（尤以燒烤的魚為佳）
綠捲鬚生菜
苦味綠葉生菜
肉類（尤以燒烤的肉類為佳）
義式麵食
西洋梨
柿子
馬鈴薯
沙拉與沙拉醬汁

醬汁
牛排
油醋醬
醋：巴薩米克香醋、水果醋、紅酒
　　醋、雪莉酒醋、龍蒿醋
核桃

秋葵 Okra

季節：夏－秋
質性：性涼
分量感：中等－厚實
風味強度：溫和
料理方式：水煮、燜燒、油炸、煎
　　炸、燒烤、煎炒、蒸煮、燉煮

燈籠椒（尤以紅燈籠椒為佳）
奶油
卡宴辣椒
雞肉
新鮮青辣椒
芫荽葉
芫荽
玉米與玉米粉
克利歐料理
孜然
咖哩粉
小茴香籽
蒜頭
生薑
秋葵海鮮湯
火腿
印度料理
檸檬汁
萊姆汁
地中海料理
摩洛哥料理
芥末籽
油：花生油、蔬菜油
洋蔥（尤以紅洋蔥為佳）
扁葉荷蘭芹
黑眼豆
米
猶太鹽
海鮮
蝦
湯
美國南方料理

番茄
薑黃
醋
優格

橄欖油 Olive Oil

分量感：中等
風味強度：清淡－濃烈
料理方式：烹調、煎炸、生食、沙
　　拉、醬汁

杏仁
鯷魚
白豆類

鷹嘴豆
魚
南法料理
蒜頭
香草
鷹嘴豆泥醬
義大利料理
肉類
地中海料理
中東料理
摩洛哥料理
橄欖
帕瑪乳酪
義式麵食

BOX

如何選對油

選擇橄欖油的時候，必須考慮用途。一般來說，你不會選用味道過強、過於青澀或是過於辛辣的油，而會選擇風味上等的橄欖油。我使用百分之百義大利調合的橄欖油。如果只是要煎炒，使用百分之百的初榨橄欖油實在有點可笑。但若是要讓油留駐在所調製出的成品中（如：醬汁），那就從初榨橄欖油下手吧。初榨橄欖油就是我動手調製番茄醬汁時的第一項食材。

如果菜餚即將大功告成，這時就需使用味道強烈、滋味豐富的油來收尾。我也喜歡使用堅果油，特別是勒布朗（Jean Leblanc）出品的油。這個品牌的油讓人為之瘋狂，其風味之絕，一旦品嘗過後，就再也看不上其他的油了！我特別喜歡在秋天使用堅果油。我還會在沙拉中使用核桃油醬汁，特別是加有肉類的沙拉。如果以蘋果及芹菜來搭配鵝肝，淋上一點核桃油會讓風味更佳。
——安德魯・卡梅利尼（Andrew Carmellini），A VOCE，紐約市

橄欖油就像葡萄酒，有多種風味與強度，甚至同一產區的橄欖油也會有所差異：
・對於口味較重的菜餚，我會使用風味較強的橄欖油，例如義大利普雅、翁布里亞與西西里出產的橄欖油。風味強烈的橄欖油適合搭配豆泥或蒲公英嫩葉這種味道強烈的蔬菜。在美國，烤肉時塗的是烤肉醬，但在義大利，使用的則是味道強烈的橄欖油。
・對於小牛肉、魚這類口味清淡的肉類及義大利麵，我會使用風味較淡的橄欖油，例如利古里亞或塔斯卡尼出產的橄欖油。利古里亞橄欖油滋味飽滿鮮明，最適合用來搭配清淡的菜餚。
——奧德特・菲達（Odette Fada），SAN DOMENICO，紐約市

我喜歡使用從澳洲或紐西蘭進口的單一品種**橄欖油**。澳洲的橄欖油就跟當地出產的葡萄酒一樣，味道辛辣濃烈。紐西蘭橄欖油的風味較有深度，並帶著青草般的青綠色澤。
——布萊德・法爾米利（Brad Farmerie），PUBLIC，紐約市

黑胡椒
沙拉與沙拉醬汁
鹽
湯
西班牙料理
百里香
蔬菜
醋

橄欖 Olives
味道：鹹
分量感：輕盈－中等
風味強度：清淡－濃烈（取決於
　橄欖品種）

杏仁
鯷魚
羅勒
鱸魚
月桂葉
燈籠椒（尤以紅燈籠椒為佳）
白蘭地
麵包
奶油
續隨子
卡宴辣椒
乳酪：費達、山羊乳酪
雞肉
干邑白蘭地
奶油乳酪
孜然
魚
法式料理（尤以普羅旺斯料理為
　佳）
蒜頭
義大利料理
羊肉
檸檬：檸檬汁、碎檸檬皮

肉類
地中海料理
摩洛哥料理
橄欖油
洋蔥（尤以紅洋蔥為佳）
柳橙：橙汁、碎橙皮
奧勒岡
扁葉荷蘭芹
義式麵食
胡椒：黑、白胡椒
佩姬羅紅椒
保樂酒
松子
紅椒粉
迷迭香
鼠尾草
沙拉與沙拉醬汁
鮭魚
鹽：猶太鹽、海鹽
義大利小茴香酒
青蔥
扇貝
紅蔥頭
西班牙料理
百里香
番茄：一般番茄、曬乾番茄
鮪魚
小牛肉
醋：紅酒醋、雪莉酒醋
干白酒

煎蛋捲 Omelets
（參見蛋以及蛋料理）

洋蔥 Onions in General
季節：全年
味道：嗆（＋甜，透過高熱的焦糖
　化作用而產生甜味）
同屬性植物：細香蔥、蒜頭、韭蔥、
　紅蔥頭
質性：性熱
分量感：輕盈－中等
風味強度：溫和－濃烈
料理方式：烘焙、沸煮、燜燒、油炸、
　煎炸、燒烤、烘烤、煎炒、快炒
小祕訣：洋蔥能增進食欲，並且
　幾乎能搭配所有的鹹味食材

鯷魚
蘋果
培根
羅勒
月桂葉
豆類
牛絞肉（如：漢堡、牛排）
啤酒
甜菜
燈籠椒
白蘭地
麵包：酥脆麵包丁、麵包粉
無鹽奶油
葛縷子籽
小豆蔻
胡蘿蔔
卡宴辣椒
**乳酪：巧達、聶德、愛蒙塔爾、法
　式白乳酪、山羊、葛黎耶和、帕
　瑪、瑞士乳酪**
辣椒（尤以哈拉佩諾辣椒為佳）
辣椒粉
芫荽葉
肉桂
丁香
芫荽
鮮奶油／牛奶
法式酸奶油
黃瓜
孜然籽

CHEF'S TALK

所有想得到的料理，都可以用**洋蔥**家族作為基底。法國料理中較常用的是紅蔥頭與蒜頭，至於亞洲料理則多用青蔥與蒜頭，而這些做為基底的食材都是洋蔥類。
——湯尼・劉（Tony Liu），AUGUST，紐約市

沒有**洋蔥**就無法做菜。你想不出任何一道料理可以不用上洋蔥的。加入洋蔥調理而成的菜餚實在太多了，所以只要有顧客表示自己對洋蔥過敏，我就說：「不，你沒對洋蔥過敏，而且也不可能。你只是不喜歡洋蔥罷了。」人們隨時都會吃到洋蔥，只是不知道它的存在。我記得曾與藝術家賈斯培・瓊斯（Jasper Johns）有過一段對話，他說：「如果洋蔥與松露一樣貴，那顯然還是該選擇洋蔥。松露你不一定用得上，卻一定要用洋蔥。」
——大衛・沃塔克（David Waltuck），CHANTERELLE，紐約市

我會把**洋蔥**烤很久很久，然後加入湯中，以增加像肉那般的鮮味
——米契爾・理查（Michel Richard），CITRONELLE，華盛頓特區

烹調方式對菜餚的風味影響很大。若在咖哩中加入大量未完全煎透的**洋蔥**，會得到一種甜味。如果先將洋蔥煎至微焦，那麼咖哩就會多出一股烘烤般的香味。
——維克拉姆・維基（Vikram Vij），VIJ'S（溫哥華）

咖哩
蒔蘿
蘸醬
蛋（如：煎蛋捲）
蒜頭
苦味綠葉生菜
漢堡
蜂蜜
檸檬汁
萊姆汁
肝
豆蔻皮粉
芒果（尤以搭配紅洋蔥為佳）
墨角蘭
肉類
牛奶
薄荷（如：印度薄荷）
綜合蔬菜高湯（主要成分）
菇蕈類
第戎芥末

肉豆蔻
油：菜籽油、花生油、芝麻油、蔬菜油
橄欖油
黑橄欖
柳橙汁
奧勒岡
紅椒
帕瑪乳酪
扁葉荷蘭芹
豌豆
胡椒：黑、白胡椒
日式柚醋醬
豬肉
馬鈴薯
禽肉
葡萄乾（尤以黃金葡萄乾為佳）
米
迷迭香
番紅花

鼠尾草
沙拉
鹽：鹽之花、猶太鹽、海鹽
三明治
醬汁與肉汁
香薄荷
湯
酸奶油
燉煮料理
高湯：牛、雞、小牛高湯
糖（一撮）
塔巴斯科辣椒醬
檸檬百里香
番茄
蔬菜
醋：巴薩米克香醋、香檳酒醋、紅酒醋、雪莉酒醋、白酒醋
酒：干紅酒、白酒、波特酒

對味組合

洋蔥＋巴薩米克香醋＋黑糖
洋蔥＋啤酒＋乳酪＋肉豆蔻
洋蔥＋蒜頭＋百里香

甜洋蔥 Sweet Onions
（如：維塔莉亞洋蔥）
季節：晚春－初夏
味道：甜
分量感：輕盈－中等
風味強度：清淡－溫和

羅勒
卡宴辣椒
荼菜
乳酪：藍黴乳酪（如：卡伯瑞勒斯藍黴、美泰克藍黴乳酪）、山羊、帕瑪乳酪
細香蔥
芫荽葉
生薑
香草
萵苣
薄荷
肉豆蔻
橄欖油
松子
沙拉

主廚私房菜 DISHES

烤維塔莉亞洋蔥（Vidalia Onion），鑲入核桃、野生米及侯克霍乳酪，並搭配芝麻菜、蠶豆以及蔬菜半釉汁。
——彼得・諾瓦科斯基（Peter Nowakoski），RAT'S（漢密爾頓，紐澤西州）

鹽
三明治
塔巴斯科辣椒醬
番茄
醋：米醋、雪莉酒醋
優格

對味組合
維塔莉亞洋蔥＋山羊乳酪＋番茄
　＋雪莉酒醋

柳橙 Oranges in General
季節：全年
味道：酸、甜
質性：性熱
分量感：中等
風味強度：溫和－濃烈
料理方式：水煮、生食
小祕訣：檸檬能提升柳橙的風味

杏仁
洋茴香籽
蘋果
杏桃
阿瑪涅克白蘭地
芝麻菜
酪梨
香蕉
羅勒
甜菜
黑莓
藍莓
白蘭地
白脫乳
焦糖
小豆蔻
胡蘿蔔
酸漬海鮮
乳酪：山羊、瑞可達乳酪
櫻桃
栗子
雞肉
辣椒（尤以塞拉諾辣椒為佳）
細香蔥
巧克力：黑、白巧克力
芫荽葉
肉桂

| 主廚私房菜 | DISHES |

烘焙巧克力慕斯，搭配甌柑與洋茴香籽酥片
——多明尼克和欣迪杜比（Dominique and Cindy Duby），WILD SWEETS（溫哥華）

柳橙羅勒湯＋糖煮高山草莓＋馬士卡彭乳酪慕斯
——多明尼克和欣迪杜比（Dominique and Cindy Duby），WILD SWEETS（溫哥華）

糖漬柳橙海綿蛋糕，搭配水煮大黃與奶油乳酪慕斯
——法蘭西斯科・帕亞德（François Payard），PAYARD PATISSERIE AND BISTRO，紐約市

甌柑塔，搭配胡蘿蔔蛋糕及甌柑
——法蘭西斯科・帕亞德（François Payard），PAYARD PATISSERIE AND BISTRO，紐約市

CHEF'S TALK

我喜歡以**碎橙皮**來搭配螃蟹與蝦子，因為橙皮帶給海鮮一股陽光風味。檸檬與萊姆的味道就過於強烈。若柳橙是柑橘類中的溫柔淑女，那麼檸檬與萊姆就是陽剛味十足的男士了！
——米契爾‧理查（Michel Richard），CITRONELLE，華盛頓特區

我會以香甜酒（像是帶有**柳橙**風味的金萬利香橙甜酒）來帶出菜餚中其他食材的味道。若是用法正確，你甚至不會發現它的存在。
——艾蜜莉‧盧契提（Emily Luchetti），FARALLON，舊金山

柳橙與石榴的產季會在秋天交疊，這兩種水果也就成為天然的最佳拍檔。
——荷西‧安德烈（José Andrés），CAFÉ ATLÁNTICO，華盛頓特區

丁香
椰子
咖啡
干邑白蘭地
蟹
蔓越莓
鮮奶油與冰淇淋
脆皮點心：糕點、派
孜然
卡士達
椰棗
甜點
小茴香
無花果：無花果乾、新鮮無花果
魚
野味
蒜頭
薑
葡萄柚
綠葉生菜
石榴糖漿
番石榴
榛果
蜂蜜
冰品
刺柏漿果
義大利料理
櫻桃白蘭地
金桔
檸檬：檸檬汁、碎檸檬皮
檸檬草
蘿蔓萵苣
萊姆
卡非萊姆葉

杏仁香甜酒
夏威夷豆
芒果
楓糖漿
馬士卡彭乳酪
肉類
甜瓜
蛋白霜烤餅
薄荷
油桃
燕麥
橄欖油
黑橄欖
洋蔥（尤以青蔥、紅洋蔥為佳）
碎橙皮
柳橙香甜酒：君度橙酒、金萬利香橙甜酒
木瓜
紅椒
扁葉荷蘭芹
百香果
桃子
西洋梨
美洲山核桃
黑胡椒
柿子
鳳梨
松子
開心果
洋李
石榴
罌粟籽
烘烤豬肉
波特酒

黑李乾
南瓜
榲桲
葡萄乾
覆盆子
大黃
米
迷迭香
蘭姆酒
番紅花
水果沙拉與綠葉蔬菜沙拉
鹽
醬汁
扇貝
蝦
冬南瓜（如：白胡桃瓜）
八角
草莓
糖：黑糖、白糖
番薯
茶
百里香
番茄
香莢蘭
小牛肉
醋（尤以米酒醋、雪莉酒醋為佳）
核桃
水田芥
酒：紅酒、甜酒、白酒
優格

對味組合
柳橙＋洋茴香＋巧克力
柳橙＋洋茴香＋無花果乾＋核桃
柳橙＋羅勒＋糖
柳橙＋巧克力＋開心果
柳橙＋肉桂＋蜂蜜＋番紅花
柳橙＋海鮮＋龍蒿

血橙 Oranges, Blood
季節：冬－晚春
味道：酸－甜
分量感：中等
風味強度：溫和

焦糖
香檳酒
白巧克力
肉桂
丁香
鮮奶油
葡萄柚
蜂蜜
金桔
檸檬
薄荷
石榴
沙拉
黑糖
餡餅
香莢蘭

主廚私房菜 DISHES

血橙香莢蘭雙色冰棒
——艾蜜莉・盧契提（Emily Luchetti），
FARALLON，舊金山

地中海寬皮柑
Oranges, Clementine
（參見甌柑）

甌柑 Oranges, Mandarin
（包括地中海寬皮柑與柑橘）
季節：秋－春
味道：甜、酸
分量感：輕盈－中等
風味強度：溫和

杏仁
杏桃
香蕉
金巴利酒
焦糖
雞肉
中式料理（如：甜點般的）

主廚私房菜 DISHES

義式巧克力甌柑冰糕，綴以碎開心果
——吉娜・德帕爾馬（Gina DePalma），BABBO，紐約市

細香蔥
巧克力（尤以黑巧克力為佳）
鮮奶油與冰淇淋
英式香草奶油醬
孜然
卡士達
椰棗
甜點
鴨肉
魚
蒜頭
薑
葡萄柚
榛果與榛果油
蜂蜜
金桔
薰衣草
檸檬汁
檸檬草
檸檬馬鞭草
萵苣
萊姆
卡非萊姆葉
柳橙香甜酒
馬士卡彭乳酪
甜瓜
薄荷
橄欖油
青蔥
柳橙與血橙
百香果
開心果
石榴
覆盆子
迷迭香
蘭姆酒（尤以深色蘭姆酒為佳）

沙拉
鹽
扇貝
海鮮
芝麻油
貝蝦蟹類（如：蟹）
蝦
糖
醋：香檳酒醋、米醋、白酒醋
優格

奧勒岡 Oregano
季節：晚秋－晚春
同屬性植物：墨角蘭（風味比奧
　勒岡弱一些）
分量感：中等－厚實
風味強度：溫和－濃烈
小祕訣：不同奧勒岡風味差異很
　大，從溫和到辛辣都有，例如
　義大利奧勒岡的風味就比希臘
　奧勒岡的風味清淡。

鰻魚
朝鮮薊
芝麻菜
羅勒
豆類（尤以乾豆與／或白豆為佳）
牛肉
燈籠椒
青花菜
清湯
續隨子
乳酪與乳酪料理：費達、莫札瑞
　拉、帕瑪乳酪
雞肉
辣椒（尤以佩姬羅紅椒為佳）

CHEF'S TALK

別用**奧勒岡**來搭配甜點。奧勒岡有一種味道，只適合用於做菜，那種
味道則會讓我聯想到披薩醬！
——吉娜・德帕爾馬（Gina DePalma），BABBO，紐約市

辣味肉豆（尤以墨西哥辣味肉豆
　為佳）
奧勒岡
辣椒粉
細香蔥
黃瓜
孜然
鴨肉
蛋與蛋類料理
茄子
魚（尤以油脂豐厚及適合烘焙或
　燒烤的魚類為佳）
蒜頭
希臘料理
苦味綠葉蔬菜
燒烤料理
漢堡
義大利料理
羊肉
檸檬*
墨角蘭
肉類（尤以紅肉、烤肉及以肉類
　為主的菜餚為佳）
地中海料理
墨西哥料理
薄荷（某些料理）
摩爾醬（尤以墨西哥奧勒岡調理
　的摩爾醬為佳）
菇蕈類
橄欖油
橄欖
洋蔥
紅椒
荷蘭芹
義式麵食與義大利麵醬料
黑胡椒
披薩
豬肉
馬鈴薯
禽肉
鵪鶉
兔肉
烘烤
迷迭香
鼠尾草
沙拉與沙拉醬汁料（尤以希臘沙

拉為佳）
醬汁
香腸
海鮮
貝蝦蟹類
蝦
湯（尤以雞湯、魚湯、蔬菜湯為佳）
西班牙料理
夏南瓜
墨魚
燉煮料理
餡料
旗魚
美式墨西哥料理
百里香
番茄與番茄醬汁*
小牛肉
蔬菜（尤以夏季蔬菜為佳）
油醋醬
醋
節瓜

避免
芫荽葉
甜點
蒔蘿
薄荷（某些料理）
龍蒿

對味組合
奧勒岡＋羅勒＋番茄
奧勒岡＋檸檬汁＋墨角蘭

牛尾 Oxtails（參見牛肉）

牡蠣（生蠔）Oysters
季節：秋－春（亦即英文名稱字
　尾有「r」字母的月份）
味道：鹹
分量感：輕盈－厚實（如：輕盈的
　熊本牡蠣到厚實的灣岸牡蠣）
風味強度：清淡－溫和
料理方式：烘焙、炙烤、油炸、燒
　烤、水煮、生食、烘烤、煎炒、
　蒸煮

蒜味美乃滋
蘋果
蘆筍
培根
羅勒
月桂葉
啤酒／麥酒
甜菜
麵包（尤以黑麵包為佳）
日式麵包粉
無鹽奶油
肯瓊料理
續隨子
魚子醬
卡宴辣椒
芹菜
香檳酒
細葉香芹
辣椒醬
細香蔥

> **CHEF'S TALK**
>
> 倘若你在 11 與 12 月光臨 CHANTERELLE，你會看到**牡蠣**與松露的組合，因為此時正是它們的產季，而這道菜餚可是本餐廳的經典料理。
> ——大衛・沃塔克（David Waltuck），CHANTERELLE，紐約市

> **主廚私房菜** ┃ DISHES
>
> 生蠔搭配綠番茄哈巴內羅辣椒調製的「紅酒香蔥醋汁」（Miñoneta）、煙燻奇波特洋蔥蒜頭莎莎醬，以及新鮮萊姆片
> ——瑞克・貝雷斯（Rick Bayless），FRONTERA GRILL，芝加哥
>
> 剖開的帶殼生蠔，佐以香檳酒香蔥醋汁以及新鮮山葵
> ——崔西・德・耶丁（Traci Des Jardins），JARDINIÈRE，舊金山

芫荽葉
蛤蜊
雞尾酒醬
玉米粉（用於脆皮）
鮮奶油
法式酸奶油
克利歐料理
黃瓜
白蘿蔔
小茴香
麵粉（用於沾裹）
法式料理
蒜頭
西班牙冷湯
薑
荷蘭醬
山葵
薰衣草
韭蔥
檸檬：檸檬汁、碎檸檬皮
檸檬馬鞭草
萊姆汁
薄荷
野生菇蕈類
油：菜籽油、花生油、蔬菜油
橄欖油
橄欖
西班牙洋蔥
柳橙
牡蠣汁
紅椒
扁葉荷蘭芹
百香果
胡椒：黑、白胡椒
日式柚醋醬
馬鈴薯
義式燉飯
番紅花
清酒
煙燻鮭魚
鹽：猶太鹽、海鹽
醬汁：雞尾酒醬、紅酒香蔥醋汁
青蔥
海膽
海帶
紅蔥頭
紫蘇葉

蝦
酸模
酸奶油
南方料理
醬油
菠菜
高湯：雞、蛤蜊、魚、蔬菜高湯
糖（一撮）
塔巴斯科辣椒醬
樹薯粉
百里香
番茄：番茄果肉、番茄汁
松露：黑松露、白松露
苦艾酒
醋：巴薩米克香醋、香檳酒醋、
　　紅酒醋、米醋、雪莉酒醋
干白酒
柚子汁

避免
龍蒿

對味組合
牡蠣＋魚子醬＋韭蔥
牡蠣＋魚子醬＋樹薯粉
牡蠣＋蛤蜊＋馬鈴薯＋百里香
牡蠣＋鮮奶油＋山葵＋洋蔥
牡蠣＋薑＋山葵＋雪莉酒醋
牡蠣＋山葵＋香檳酒醋
牡蠣＋法國慕斯卡黛白葡萄酒＋
　　紅蔥頭＋醋
牡蠣＋紅蔥頭＋醋

義大利培根 Pancetta
味道：鹹
分量感：中等
風味強度：溫和
料理方式：煎炸

芝麻菜
豆類
奶油
乳酪：芳汀那、帕瑪乳酪
蒜頭
義大利料理
扁豆
肉類

橄欖油
洋蔥
荷蘭芹
歐洲防風草塊根
義式麵食
豌豆
黑胡椒
開心果
禽肉
醬汁
番茄
蔬菜

木瓜 Papayas
季節：夏－秋
味道：甜
分量感：中等
風味強度：溫和
料理方式：烘焙、燒烤、生食、煎
　　炒

香蕉
冷飲（如：蔬果昔）
焦糖
腰果
胡蘿蔔（尤以搭配青木瓜為佳）
辣椒：哈拉佩諾、塞拉諾辣椒
白巧克力
芫荽葉
肉桂
柑橘類水果
椰子：椰肉、椰奶
鮮奶油與冰淇淋
咖哩
魚露
蒜頭（尤以搭配青木瓜為佳）
薑
葡萄柚
蜂蜜
奇異果
金桔
檸檬汁
萊姆汁
夏威夷豆
芒果
滷汁醃醬
甜瓜

薄荷
油桃
柳橙
百香果
桃子
花生
黑胡椒
鳳梨
波特酒
義式乾醃火腿
覆盆子
水果沙拉
莎莎醬
鹽（尤以搭配青木瓜為佳）
蝦（尤以蝦乾搭配青木瓜為佳）
雪酪
湯
酸奶油
草莓
糖
香莢蘭
醋：米、白酒
優格

紅椒 Paprika in General
味道：甜－辣，取決於品種（如：辣、甜、煙燻等等）
分量感：輕盈
風味強度：清淡－濃烈
小祕訣：烹調初期即加入

多香果
炭烤肉類
牛肉
燈籠椒
無鹽奶油
肯瓊料理
葛縷子籽
小豆蔻
白花椰菜
乳酪
雞肉（尤以烤雞或紅椒燴雞為佳）
辣椒
蟹
鮮奶油
法式酸奶油
咖哩

鴨肉
蛋（尤以沸煮至全熟的蛋與蛋類料理為佳，如：煎蛋捲）
歐洲料理
魚（尤以烘焙的魚為佳）
蒜頭
薑
匈牙利紅椒牛肉（主要成分）
鷹嘴豆泥醬
匈牙利料理
印度料理
羊肉
豆類
檸檬汁
墨角蘭
肉類
中東料理
摩洛哥料理
菇蕈類
章魚
橄欖油
洋蔥
奧勒岡
紅椒燉菜
荷蘭芹
白胡椒
豬肉
馬鈴薯
米
迷迭香
番紅花
沙拉：義式麵食沙拉、馬鈴薯沙拉
海鹽
醬汁（尤以鮮奶油醬為佳）

香腸（尤以西班牙辣香腸為佳）
海鮮
貝蝦蟹類
湯
酸奶油
西班牙料理
燉煮料理（尤以燉魚為佳）
雞高湯
摩洛哥燉肉
百里香
土耳其料理
薑黃
小牛肉
蔬菜
優格

對味組合
紅椒＋牛肉＋酸奶油

煙燻紅椒 Paprika, Smoked
分量感：中等
風味強度：溫和－濃烈

培根
豆類（尤以白豆為佳）
乳酪
雞肉
鷹嘴豆
西班牙辣香腸
蛤蜊
全熟沸煮蛋
魚（如：鯷魚）
蒜頭
羊肉
墨角蘭

> **CHEF'S TALK**
>
> 我們在許多料理中都會用到煙燻紅椒，不過使用時必須小心，因為它的味道很強。我喜歡在炒鷹嘴豆時加入煙燻紅椒來收尾，因為紅椒讓鷹嘴豆嘗起來就像剛從火裡蹦出來一樣香辣！我們也喜歡混合各種紅椒，最典型的比例，是將等份的甜椒、辣椒與煙燻紅椒混合在一起。煙燻紅椒的主要味道就是煙燻味，並沒有太多其他風味，所以用它搭配風味鮮明的甜椒，將得到一股更圓滿的辣椒風味。紅椒也十分具有地域性格。在陽光充足且高溫的西班牙南部，會看到更多煙燻紅椒，不過在陰冷多雨的北部，就不以煙燻方式料理紅椒了。
>
> ——亞歷山大·拉許（Alexandra Raij），TÍA POL，紐約市

美乃滋
肉類（尤以燒烤或烘烤的肉類為佳）
肉類
地中海料理
章魚
橄欖油
洋蔥
西班牙海鮮飯
黑胡椒
佩姬羅紅椒
豬肉（尤以豬肋排為佳）
馬鈴薯
鼠尾草
青蔥
海鮮
湯
牛排
燉煮料理
番茄
火雞（尤以烘烤的火雞為佳）
蔬菜
素食料理

對味組合
煙燻紅椒＋美乃滋＋海鮮

荷蘭芹 Parsley
季節：全年
分量感：輕盈
風味強度：清淡
小祕訣：新鮮入菜。荷蘭芹通常就是指扁葉荷蘭芹。荷蘭芹很適合磨碎後使用，因為它幾乎能與所有香草並用。

酪梨
羅勒
月桂葉
豆類（尤以乾豆為佳）
牛肉
香料包（成分，與月桂葉、墨角蘭、百里香並用）
燜燒料理
布格小麥
奶油
續隨子

胡蘿蔔
白花椰菜
乳酪（尤以帕瑪、瑞可達乳酪為佳）
細葉香芹
雞肉
辣椒
細香蔥
肉桂
蛤蜊
鮮奶油
奶油乳酪
法式酸奶油
蒔蘿
蛋與蛋類料理
茄子
小茴香
細香草（成分）
魚
法式料理（尤以南法料理為佳）
野味
蒜頭
大比目魚
火腿
香草（作為風味增強劑）
義大利料理（尤以南義料理為佳）
檸檬：檸檬汁、碎檸檬皮
檸檬香蜂草
扁豆
歐當歸
墨角蘭
肉類
地中海料理
中東料理
薄荷
摩洛哥料理
菇蕈類
貽貝
油：榛果油、核桃油
橄欖油
洋蔥
奧勒岡
牡蠣
歐洲防風草塊根
義式麵食與義大利麵醬料
豌豆
胡椒：黑、白胡椒

義式青醬（成分）
披薩
豬肉
馬鈴薯
禽肉
米
迷迭香
鼠尾草
沙拉（尤以蛋沙拉、綠葉蔬菜沙拉、義式麵食沙拉、馬鈴薯沙拉或米飯沙拉為佳）
莎莎青醬（成分）
醬汁
香腸
香薄荷
青蔥
海鮮
紅蔥頭
蝦
鯷魚
蝸牛
酸模
湯
西班牙料理（尤以西班牙南部料理為佳）
菠菜
燉煮料理
高湯
餡料
鹽膚木
塔博勒沙拉（主要成分）
龍蒿
百里香
番茄與番茄醬汁
小牛肉
蔬菜
油醋醬
巴薩米克香醋
節瓜

避免
甜點

歐洲防風草塊根 Parsnips

季節：秋－冬
味道：甜
分量感：中等－厚實
風味強度：溫和
料理方式 / 小祕訣：需經烹調才
　　能食用（不可生食）：烘焙、沸
　　煮、燜燒、油炸、燒烤、搗成泥、
　　做成濃湯、烘烤、蒸煮。

多香果
洋茴香
蘋果
培根
羅勒
月桂葉
黑豆、四季豆
奶油：褐化、無鹽奶油
胡蘿蔔
乳酪（尤以奶油狀乳酪為佳）
細葉香芹
雞肉
辣椒
細香蔥
肉桂
芫荽
鮮奶油
孜然
咖哩
蒔蘿
鴨肉
小茴香：小茴香葉、小茴香籽
魚
野味
野禽
蒜頭
薑（尤以薑粉為佳）
苦味綠葉蔬菜 / 冬季綠葉生菜
蜂蜜
韭蔥
檸檬汁
扁豆
歐當歸
豆蔻皮粉
楓糖漿
肉類
薄荷

CHEF'S TALK

西班牙人會拿荷蘭芹莖來入菜，至於新鮮荷蘭芹則是上桌前撒上的裝飾。煮飯或烹調豆子時，可以加些荷蘭芹莖。對我來說，在海鮮料理中加入荷蘭芹，能去除土味讓海鮮更有「海味」。我熱愛莎莎青醬，基本上這是一種用大量荷蘭芹、蒜頭以及蛤蜊汁調製而成的醬汁。這種醬汁非常適合搭配魚類。
——亞歷山大・拉許（Alexandra Raij），TÍA POL，紐約市

一般人並不了解荷蘭芹的功用，認為它只是綠色的碎末。不過荷蘭芹卻能完美搭配魚類料理。如果你用蛤蜊醬搭配義大利細扁麵，就會希望裡面放入一大把碎荷蘭芹，這不是為了外觀，而是增進麵條的味道。它是許多菜餚中的重要成分，也可以單獨調製成醬汁。荷蘭芹醬淋在牛排上，效果不如搭配魚類料理那麼好。但另一方面，若你調製的是領班奶油醬（Maître d'hôtel butter，以檸檬汁與荷蘭芹調味的奶油），並用它來搭配牛排，那麼荷蘭芹就很重要了。至於蔬菜料理，調製蜜汁胡蘿蔔、蜜汁珍珠洋蔥或蔬菜燉鍋時，只要在起鍋前加入荷蘭芹翻炒一下，就成了一道美味佳餚了。至於荷蘭芹的種類，我總是選用義大利扁葉荷蘭芹。
——大衛・沃塔克（David Waltuck），CHANTERELLE，紐約市

莎莎青醬是我最愛的家常萬用醬。我喜歡用它來搭配魚肉、羊肉以及牛排。這是種由鯷魚、蒜頭、紅蔥頭、橄欖油以及香草調製而成的醬料；香草主要用的是荷蘭芹，不過還有細葉香芹、細香蔥、龍蒿和一點墨角蘭，心情好的話還會再加一點薄荷。我會在醬料大功告成之前才加入酸，這樣才不會改變香草的顏色，至於酸的選項則有法國班努斯（Banyuls）醋、紅酒醋或檸檬汁。如果我供應的是肉料理，用的就是醋；若上桌的是魚料理，就會用檸檬。儘管如此，醬汁還是會在加入酸的那一刻轉變顏色，而且效果會持續好幾天。用它來塗麵包或搭配新鮮農場乳酪做成點心，味道真是美極了。
——崔西・德・耶丁（Traci Des Jardins），JARDINIÈRE，舊金山

對味組合

荷蘭芹＋布格小麥＋蒜頭＋檸檬＋薄荷＋橄欖油＋青蔥
荷蘭芹＋奶油＋蒜頭
荷蘭芹＋續隨子＋蒜頭＋碎檸檬皮＋橄欖油
荷蘭芹＋蒜頭
荷蘭芹＋蒜頭＋碎檸檬皮
荷蘭芹＋蒜頭＋橄欖油＋帕瑪乳酪＋醋
荷蘭芹＋檸檬汁＋橄欖油＋帕瑪乳酪

| 主廚私房菜 | DISHES |

百香果與鰹魚焦糖醬
——多明尼克和欣迪杜比（Dominique and Cindy Duby），WILD SWEETS（溫哥華）

百香果凍飲：百香果＋蜂蜜＋萊姆＋覆盆子＋優格
——蓋爾・甘德（Gale Gand），TRU 糕點主廚，芝加哥

內含百香果奶油醬的白巧克力、薑汁焦糖以及甌柑雪酪
——麥克・萊斯寇尼思（Michael Laiskonis），LE BERNARDIN，紐約市

綜合蔬菜高湯
味醂
牛肝菌
芥末
肉豆蔻
油：花生油、芝麻油
橄欖油
洋蔥
柳橙
義大利培根
荷蘭芹
帕瑪乳酪
西洋梨
胡椒：黑、白胡椒
馬鈴薯
迷迭香
鼠尾草
鹽
紅蔥頭
湯
醬油
燉煮料理
高湯：雞、蔬菜高湯
黑糖
龍蒿
百里香
根莖類蔬菜
巴薩米克香醋
干白酒
優格

對味組合

歐洲防風草塊根＋奶油＋鮮奶油＋馬鈴薯
歐洲防風草塊根＋胡蘿蔔＋肉豆蔻＋馬鈴薯
歐洲防風草塊根＋鮮奶油＋肉豆蔻
歐洲防風草塊根＋蜂蜜＋芥末
歐洲防風草塊根＋義大利培根＋帕瑪乳酪＋義式麵食

百香果 Passion Fruit

季節：全年
味道：甜
分量感：中等
風味強度：溫和
料理方式：搗成泥、生食

杏仁
香蕉
冷飲
焦糖
腰果
香檳酒
雞肉
細香蔥
巧克力（尤以黑、白巧克力為佳）
芫荽葉
柑橘類水果
椰子與椰奶
君度橙酒
鮮奶油與冰淇淋
奶油乳酪
卡士達
蛋白
魚
熱帶水果
薑
奇異果
檸檬汁
萊姆汁

夏威夷豆
芒果
柳橙汁
木瓜
桃子
西洋梨
鳳梨
蘭姆酒（尤以深色蘭姆酒為佳）
水果沙拉
沙拉醬汁
水果湯
草莓
糖
樹薯粉
龍舌蘭酒
香莢蘭
冰酒
優格

對味組合

百香果＋香蕉＋柳橙
百香果＋焦糖＋椰子
百香果＋焦糖＋薑＋白巧克力
百香果＋鮮奶油＋冰酒
百香果＋黑巧克力＋薑＋覆盆子

義式麵食 Pasta

分量感：中等－厚實（取決於麵
　食種類）
風味強度：清淡

鯷魚
朝鮮薊
蘆筍
培根
羅勒
豆類（如：蠶豆、白豆）
牛肉
烏魚子（鮪魚卵）
麵包粉
青花菜
清湯（尤以雞肉清湯為佳）、特別
　適合調理小型義大利麵
奶油
續隨子
白花椰菜
乳酪：巧達、鞏德、愛蒙塔爾、芳

主廚私房菜 | DISHES

義大利山羊乳酪餃，搭配柳橙乾與小茴香花粉
——馬利歐・巴達利（Mario Batali），BABBO，紐約市

義大利寬扁麵，搭配羊肉與橄欖
——馬利歐・巴達利（Mario Batali），BABBO，紐約市

義大利麵，搭配辣味朝鮮薊、甜蒜頭以及龍蝦
——馬利歐・巴達利（Mario Batali），BABBO，紐約市

蔬菜義大利麵，搭配義式乾醃火腿、春季蒜頭、甜
豌豆以及帕瑪乳酪
——安德魯・卡梅利尼（Andrew Carmellini），AVOCE，紐約市

義大利手工寬麵，搭配波隆納羊肉醬與瑞可達綿
羊乳酪 ——安德魯・卡梅利尼（Andrew Carmellini），AVOCE，紐約市

義大利手工蛋黃方麵餃，搭配松露奶油
——奧德特・法達（Odette Fada），SAN DOMENICO，紐約市

義式手工刀削麵，搭配義大利青醬與蛤蜊調理
——奧德特・法達（Odette Fada），SAN DOMENICO，紐約市

義大利細扁麵，搭配蛤蜊、義大利培根以及弗勒斯
諾辣椒青醬
——麥特・莫里納（Matt Molina），OSTERIA MOZZA，洛杉磯

義大利蝴蝶麵，搭配蠅子草（Stridoli）、核桃以及酒
杯蘑菇
——麥特・莫里納（Matt Molina），OSTERIA MOZZA，洛杉磯

義大利寬扁麵，搭配酒杯蘑菇以及帕瑪乳酪
——荷莉・史密斯（Holly Smith），CAFÉ JUANITA，西雅圖

白胡桃瓜義大利方麵餃，搭配法式燉牛尾以及鼠
尾草奶油醬
——大衛・沃塔克（David Waltuck），CHANTERELLE，紐約市

汀那、山羊、戈根索拉、豪達、葛黎耶和、**莫札瑞拉、帕瑪、佩科利諾、瑞可達、含鹽瑞可達乳酪**

雞肉

鷹嘴豆

辣椒

細香蔥

蛤蜊

鮮奶油（尤以搭配義大利寬麵、千層麵、義大利麵疙瘩、或義大利手工寬麵為佳）

乾醃肉品：培根、火腿、義大利培根、義式乾醃火腿

油封鴨

茄子

蛋

小茴香

無花果

魚（如：鱈魚、鮭魚、旗魚、鮪魚）

野味（尤以搭配義大利麵或義大利手工寬麵為佳）

蒜頭

綠葉生菜（如：芝麻菜、紫葉菊苣、白玉草）

義大利料理

羊肉

韭蔥

檸檬汁

龍蝦

馬士卡彭乳酪

肉類（尤以牛肉、羊肉、牛尾、豬肉、鹿肉為佳）

絞肉（尤以搭配尖管麵與管狀麵為佳）

薄荷

菇蕈類（尤以野生菇蕈類為佳）

貽貝

第戎芥末

肉豆蔻

章魚

橄欖油（尤以搭配義大利細扁麵與義大利麵為佳）

橄欖

洋蔥

BOX

義大利麵食與醬汁的搭配

　　我們向紐約市 SAN DOMENICO 的主廚奧德特‧法達（Odette Fada）討教，什麼樣的義大利麵與醬汁，才是最佳組合呢？

- ‧天使細麵（angel hair）：在義大利，天使細麵的主要供應對象是那些無法咀嚼的老人，是給祖父母或病人吃的食物。天使細麵最大的問題就是它太細，煮過之後很難保有彈性，我比較喜歡帶有嚼勁的義大利麵。
- ‧蝴蝶麵（bow tie）：手工製作的新鮮蝴蝶麵很棒，因為麵能維持很漂亮的褶痕而不會展開成方形。我喜歡用以蔬菜與番茄為基底的醬汁來搭配。
- ‧寬麵（fettuccine）：這是一種味道豐富的義大利麵，很適合用波隆納肉醬來搭配。
- ‧螺旋麵（fusilli）：我喜歡這種麵的螺旋狀造型，但這種麵很容易破碎，所以不太適用於餐廳的廚房設備。在家中我就很愛料理螺旋麵，拌在沙拉中食用，或者搭配義式青醬也很棒，因為青醬能沾附在其上。
- ‧通心麵（hollow pasta），例如通心粉（macaroni）、尖管麵（penne）和水管麵（rigatoni）：通心麵很適合以含有大肉塊或蔬菜的醬汁調理，這樣醬料會填滿中空的麵管。我喜歡用新鮮的豌豆來搭配尖管麵，因為豌豆會滑進麵體，所以當你咀嚼時，會出現一些驚喜。
- ‧手工寬麵（pappardelle）：這是種強韌質樸的麵食。我最愛以燉兔肉的醬汁或帶有特別風味的魚肉醬料來料理手工寬麵。
- ‧小型麵食（small pasta），例如米粒狀、貝殼狀或星狀義大利麵：這種麵食很適合用來做成湯品或是湯湯水水的菜餚，像是魚湯類的麵食。
- ‧義大利麵（spaghetti）：義大利麵搭配什麼食材都行！這種麵條很容易就能吸收所有醬汁，從番茄醬汁到義式青醬，再到含有黑胡椒的佩科利諾乳酪，這些東西都能用來調理麵條。

或者，你也能以醬汁來分類：

- ‧卡波納拉奶油培根醬（carbonara）：適合用來調拌容易吸收醬汁的麵條或圓管麵（bucatini）。
- ‧奶油濃醬：適用於寬麵、手工寬麵或麵疙瘩；由於奶油醬的味道濃郁豐潤，所以要搭配風味強烈的義大利麵或是加有雞蛋的麵疙瘩。
- ‧野味醬汁：適用於富含雞蛋風味的寬麵及手工寬麵。
- ‧橄欖油與蒜頭：適用於麵條。
- ‧青醬：適用於螺旋麵。
- ‧番茄醬汁：番茄醬汁幾乎能搭配所有型態的義式麵食。

　　我已經實驗過各式風味的麵團了，其中我最喜歡的就是橄欖口味的麵團，因為它的風味最持久。其他能妥善保留麵團風味的食材是墨魚汁與番紅花。我還以可可粉來製作手工寬麵，再用野味醬汁來搭配，真是美味極了。如果你想做出特定顏色的麵條，就發揮點創造力吧。

葡萄乾
紅椒粉
迷迭香
番紅花
鼠尾草
鹽（尤以猶太鹽為佳）
沙丁魚

義大利培根	松子
扁葉荷蘭芹	豬肉
歐洲防風草塊根	馬鈴薯
豌豆（尤以搭配尖管麵與管狀麵為佳）	義式乾醃火腿
	南瓜
美洲山核桃	燜燒兔肉（尤以搭配義大利手工寬麵為佳）
胡椒：黑、白胡椒	

醬汁：波隆那肉醬（尤以搭配義大利寬麵為佳）、卡波納拉奶油培根醬（尤以搭配義大利圓管麵或義大利麵為佳）、乳酪奶油

白醬（尤以搭配義大利通心粉為佳）、義式青醬（尤以搭配義大利螺旋麵為佳）、兔肉醬（尤以搭配義大利手工寬麵為佳）、沙丁魚醬（尤以搭配義大利圓管麵為佳）、番茄醬汁

香腸

扇貝

海鮮：蛤蜊、蟹、龍蝦、貽貝、章魚、扇貝、蝦、墨魚

紅蔥頭

蝦

菠菜

小南瓜：夏南瓜、冬南瓜

墨魚

番薯

百里香

番茄
曬乾的番茄

松露：黑松露、白松露
小牛肉

蔬菜

鹿肉

醋（尤以巴薩米克香醋為佳）

核桃

節瓜

對味組合

義式麵食＋鰻魚＋麵包粉＋續隨子＋紅椒粉＋蒜頭＋橄欖
義式麵食＋鰻魚＋莫札瑞拉乳酪
義式麵食＋朝鮮薊＋蒜頭＋龍蝦
義式麵食＋培根＋黑胡椒＋蛋＋橄欖油＋佩科利諾乳酪
義式麵食＋羅勒＋蒜頭＋番茄
義式麵食＋羅勒＋豌豆＋蝦
義式麵食＋羅勒＋扇貝＋番茄
義式麵食＋麵包粉＋綠葉生菜＋蝦＋白豆
義式麵食＋麵包粉＋葡萄乾＋沙丁魚
義式麵食＋鷹嘴豆＋蒜頭＋鼠尾草
義式麵食＋辣椒＋龍蝦＋薄荷
義式麵食＋蛤蜊＋義大利培根
義式麵食＋鮮奶油＋豌豆＋義式乾醃火腿
義式麵食＋油封鴨＋野生菇蕈類
義式麵食＋小茴香＋香腸＋番茄＋白豆
義式麵食＋無花果＋義大利培根
義式麵食＋戈根索拉乳酪＋菠菜＋核桃
義式麵食＋葛黎耶和乳酪＋肉豆蔻＋瑞可達乳酪
義式麵食＋羊肉＋檸檬＋迷迭香
義式麵食＋羊肉＋薄荷＋橄欖
義式麵食＋龍蝦＋豌豆
義式麵食＋菇蕈類＋南瓜＋鼠尾草
義式麵食＋義大利培根＋白玉草
義式麵食＋帕瑪乳酪＋鼠尾草＋番茄
義式麵食＋義式青醬＋白豆
義式麵食＋南瓜＋美洲山核桃＋瑞可達乳酪＋鼠尾草
義式麵食＋紅椒粉＋小茴香＋沙丁魚＋番茄
義式麵食＋紅椒粉＋蒜頭＋橄欖油
義式麵食＋瑞可達乳酪＋小牛肉腱肉
義式麵食＋迷迭香＋鹿肉
義式麵食＋菠菜＋瑞可達乳酪
義式麵食＋番茄＋瑞可達乳酪

BOX

製作義大利方麵餃
——紐約 SAN DOMENICO 的奧德特・法達（Odette Fada）

我熱愛義大利方麵餃！任何食材都能拿來作為方麵餃的餡料：栗子、各式乳酪、魚類、肉類到各種菜蔬，這些我都試過了。製作方麵餃的麵團也像餡料一樣五花八門。例如我有一道海膽方麵餃，麵團只用麵粉與水和成，十分清淡。若是製作羊肉餡這一類風味較強的餃子，我會在麵團中加入一些雞蛋來增強麵本身的味道。我最愛的餡料之一，是由松露與義大利培根調理而成，當你一口咬下，松露會提供一種酥脆的口感。

我們最棒的一道方麵餃，製作方式可以回溯到20世紀初，這是當時一個廚師獻給義大利最後一位國王的方麵餃。餡料用菠菜、松露、帕瑪乳酪以及蛋黃調製而成，調味的食材則有奶油、松露以及帕瑪乳酪。餃子煮熟後，在盤中打入一個未熟的溫蛋黃上桌，真是一道不可思議的美味料理。

在義大利的冬天，最常吃到一種上面鋪著香腸片的扁豆料理。我決定用這兩種食材組合出一道麵餃。現在我們餐廳的香腸扁豆方麵餃已經成為我最愛的其中一項料理了。首先，扁豆先與迷迭香、蒜頭、初榨橄欖油以及煙燻香料火腿皮一起煮熟，然後再與香腸、荷蘭芹以及帕瑪乳酪一起調製成餡料，製作出方麵餃。麵餃煮熟後，搭配一些味道強勁的初榨橄欖油、荷蘭芹以及碎胡椒，整道料理就大功告成了。

桃子 Peaches

季節：晚春－早秋
味道：甜
質性：性熱
分量感：中等
風味強度：溫和
料理方式：烘焙、炙烤、燒烤、水
　　煮、生食、烘烤、煎炒

多香果
杏仁（尤以烘烤過的杏仁為佳）
茴藿香
蘋果
杏桃泥
芝麻菜
羅勒
月桂葉
冷飲（尤以雞尾酒為佳）
黑莓
藍莓
波本酒
白蘭地
無鹽奶油

白脫乳
卡巴杜斯蘋果酒
焦糖
香檳酒
櫻桃
青辣椒（如：哈拉佩諾辣椒）
巧克力：黑、白巧克力
肉桂
丁香
椰子
干邑白蘭地
君度橙酒
鮮奶油與冰淇淋＊
法式酸奶油
紅穗醋栗：醋栗果實、醋栗果凍
卡士達
甜點與甜點醬汁
無花果
水果脆派
薑
金萬利香橙甜酒
石榴汁飲料
榛果

蜂蜜
冰品（尤以開心果冰為佳）
冰淇淋（尤以香莢蘭冰淇淋為佳）
櫻桃白蘭地
薰衣草
檸檬：檸檬汁、碎檸檬皮
檸檬百里香
檸檬馬鞭草
萊姆汁
香甜酒：堅果香甜酒、柳橙香甜
　　酒、桃子香甜酒（如：荷蘭琴酒）
豆蔻皮粉
馬德拉酒
楓糖漿
瑪莎拉酒
馬士卡彭乳酪
薄荷
糖蜜
油桃
肉豆蔻
燕麥粉
蔬菜油
橄欖油

吉米柯爾（Jim Core）桃子水果蛋糕搭配藍莓雪酪
——約翰·貝許（John Besh），AUGUST，紐奧良

番紅花義式奶酪（panna cotta），搭配桃子、桃子雪酪以及檸檬香蜂草
——吉娜·德帕爾馬（Gina DePalma），BABBO，紐約市

香莢蘭冰淇淋，搭配桃子和覆盆子冰沙
——艾蜜莉·盧契提（Emily Luchetti），FARALLON，舊金山

剛出爐的薑汁蛋糕，搭配香濃的沙巴雍醬以及香料調味過的桃子
——查克·蘇布拉（Chuck Subra），LA CÔTE BRASSERIE，紐奧良

CHEF'S TALK

當我想到桃子的精髓，最先想到的是桃子的氣味，繼而就會聯想到莫斯卡托甜白酒的花香味。我會加入一點酸、一點甜，以及一點法式酸奶油之類的油脂來搭配桃子。
——湯尼·劉（Tony Liu），AUGUST，紐約市

我盡量不去烹煮桃子，如果真有需要，烹調的時間也很短。對我來說，桃子派嘗起來永遠比不上藍莓派，因為等到桃子派上的桃子烤到我們想要的黏稠度時，味道就已經過熟了。所以我拿到桃子後，會將桃子切碎，然後放在已經烤好的塔皮上。
——艾蜜莉·盧契提（Emily Luchetti），FARALLON，舊金山

我喜歡用香莢蘭、蜂蜜這一類味道濃郁豐潤的食材來搭配桃子。
——吉娜·德帕爾馬（Gina DePalma），BABBO，紐約市

日本小嫩桃只有橄欖般大小。我們想要推出這種桃子，所以思索著要用什麼來搭配？就用鮮奶油吧。後來我們更進一步用優格取代了鮮奶油。我們以希臘優格來搭配日本小嫩桃，再以夏威夷粉紅色海鹽、希臘橄欖油、濃縮巴薩米克香醋以及一些薄荷末來裝飾。我們再以優格濾出的水分打成泡沫來裝飾。這是甜點前的點心，由於甜鹹兼具，所以效果很好。
——福島克也（Katsuya Fukushima），MINIBAR，華盛頓特區

黃洋蔥
柳橙：橙汁、碎橙皮
木瓜
百香果
美洲山核桃
胡椒：黑、白胡椒
鳳梨
開心果
洋李
波特酒
葡萄乾
覆盆子：覆盆子果實、果泥
蘭姆酒
番紅花

水果沙拉
水果莎莎醬
鹽
湯（尤以冷湯為佳）
酸奶油
八角
草莓（如：草莓果實、果泥）
糖：黑糖、糖粉、白糖
龍蒿
茶
百里香
香莢蘭
醋：巴薩米克香醋、香檳酒醋、蘋果醋、紅酒醋、米酒醋、白酒醋

高甜度葡萄酒
紫羅蘭（尤以糖漬紫羅蘭為佳）
核桃
水田芥
威士忌
酒：干烈酒或水果紅酒或白酒或甜酒（如：莫斯卡托甜白酒、**勃根地酒**、梅洛紅酒、甜慕斯卡葡酒、麗絲玲白酒、玫瑰紅酒、金粉黛紅酒）
優格
沙巴雍醬（以蛋白、砂糖、葡萄酒做成的義大利甜點）

對味組合

桃子＋蘋果＋香莢蘭
桃子＋藍莓＋馬士卡彭乳酪
桃子＋鮮奶油＋蜂蜜＋香莢蘭
桃子＋無花果＋楓糖漿
桃子＋薑＋糖
桃子＋柳橙香甜酒＋香莢蘭
桃子＋糖＋優格

花生與花生醬
Peanuts and Peanut Butter
（同時參見堅果）

味道：甜、澀
質性：性熱
分量感：中等－厚實
風味強度：溫和－濃烈

非洲料理
蘋果
香蕉
羅勒
牛肉
燈籠椒
緬甸料理
奶油
焦糖
卡宴辣椒
雞肉
辣椒（如：哈拉佩諾辣椒）
中式料理
巧克力（尤以黑、牛奶巧克力為佳）
芫荽葉

椰子與椰奶
咖啡
咖哩
泰國紅咖哩醬
咖哩粉
甜點
泰國魚露
蒜頭
葡萄果凍
蜂蜜
印尼料理
檸檬汁
萊姆汁
摩爾醬
麵條
燕麥粉
油：花生油、蔬菜油
橄欖油
洋蔥
荷蘭芹
西洋梨
豬肉
葡萄乾
覆盆子
西式米香
沙拉
鹽
醬汁
蝦
美國南方料理
醬油
快炒料理
草莓
糖：黑糖、白糖
龍蒿
泰式料理
番茄
薑黃
香莢蘭
越南料理
紅酒醋

西洋梨 Pears

季節：秋－冬
味道：甜
分量感：中等
風味強度：清淡－溫和
料理方式：烘焙、油炸（如：就像
　　炸薯片）、燒烤、水煮、生食、
　　烘烤、煎炒、燉煮

多香果
杏仁與杏仁糊
洋茴香
蘋果：蘋果果實、果汁
杏桃（尤以杏桃乾或杏桃泥為佳）
芝麻菜
培根
羅勒
甜菜
黑莓
藍莓
琉璃苣
波本酒
白蘭地（尤以西洋梨白蘭地為佳）
褐化奶油
無鹽奶油
奶油糖果
卡巴杜斯蘋果酒
焦糖
小豆蔻
法國醋栗甜露酒
芹菜
香檳酒
乳酪：藍黴、布利、卡伯瑞勒斯藍
　　黴、康寶諾拉、康門貝爾、康塔

爾、巧達、費達、山羊、戈根索
拉、蒙特利傑克、帕瑪、佩科利
諾、瑞可達、羅馬諾、**侯克霍、
斯提爾頓乳酪**
櫻桃：櫻桃乾、新鮮櫻桃
栗子
中式料理（尤以亞洲梨為特色者
　　為佳）
巧克力（尤以黑、白巧克力為佳）
蘋果酒
肉桂
丁香
蔓越莓
鮮奶油與冰淇淋
奶油乳酪
英式香草奶油醬
法式酸奶油
卡士達
椰棗
蒔蘿
鴨肉與油封鴨
茴菜
小茴香
無花果
法式料理
野味
薑
金萬利香橙甜酒
榛果
蜂蜜
香莢蘭冰淇淋
義大利料理
櫻桃白蘭地
檸檬：檸檬汁、碎檸檬皮
香甜酒：杏仁香甜酒、榛果香甜

酒、柳橙香甜酒
夏威夷豆
豆蔻皮粉
楓糖漿
瑪莎拉酒
馬士卡彭乳酪
肉類（尤以油脂豐厚的肉品、燒
　　烤或烘烤的肉類為佳）
地中海料理
薄荷（裝飾用）
芥末
肉豆蔻
堅果
燕麥
菜籽油
橄欖油
青蔥
柳橙：柳橙果實、橙汁、碎橙皮
扁葉荷蘭芹
百香果
花生
西洋梨白蘭地
西洋梨氣泡酒
美洲山核桃
胡椒：黑、白胡椒
松子
開心果
法國西洋梨香甜酒
豬肉
波特酒：紅、白波特酒
禽肉
胡桃糖
義式乾醃火腿
黑李乾
榲桲
紫葉菊苣
葡萄乾
覆盆子：覆盆子果實、果泥
大黃
米（如：米布丁）
迷迭香
蘭姆酒
沙巴雍醬（蛋黃、砂糖和馬沙拉
　　酒製成的甜醬）
沙拉：水果沙拉、綠葉蔬菜沙拉
鹽（一撮）
酸奶油

這道沙拉中有烤西洋梨、侯克霍乳酪、檸檬以及橄欖油，並以琉璃苣花做最後裝飾。醬汁是把糖煮到微焦之後加入胡椒，再以萊陽丘甜白酒溶解調製而成。這種酒是甜的，但酸度比索甸甜白酒來得高。這道焦糖醬汁會喚醒你所有味覺！

乳酪與水果：侯克霍藍黴乳酪味道強烈，舌頭上的味蕾受到乳酪的刺激之後，再由西洋梨來安撫。

綠葉生菜：我們會在沙拉中加入各類香草，內有小茴香、百里香、龍蒿、荷蘭芹和茴藿香。

琉璃苣花：琉璃苣花吃起來就像在品嘗生蠔！它具有海洋的氣息。在夏季盛產期品嘗琉璃苣花，會讓你聯想到風味清淡的生蠔。
——加柏利兒．克魯德（Gabriel Kreuther），THE MODERN，紐約市

CHEF'S TALK

蘋果通常比**西洋梨**受歡迎，因為你在店裡選購時，梨子都還很硬。若買了梨子帶回家，不知還得等上多久才會成熟。所以必須先想好怎麼運用。
——艾蜜莉．盧契提（Emily Luchetti），FARALLON，舊金山

我實在不太喜歡**西洋梨**的質地，所以會先煮熟。烹煮時，我會在水中加入碎檸檬皮與香莢蘭，煮好後與卡士達、蜂蜜、檸檬與香莢蘭組合在一起做成梨子塔。最後搭配蜂蜜渣釀白蘭地沙巴雍醬，並像義大利麵食那樣，在上面撒些磨碎的托斯卡尼佩科利諾乳酪。這道料理聽起來有點瘋狂，但這些風味組合可是義大利常有的經典組合。在義大利北部，常用渣釀白蘭地浸泡西洋梨。西洋梨、蜂蜜以及佩科利諾乳酪，更是托斯卡尼的經典組合。佩科利諾乳酪跟所有風味都很搭，而蜂蜜則可提升所有風味。
——吉娜．德帕爾馬（Gina DePalma），BABBO，紐約市

乳鴿
小南瓜：白胡桃瓜、冬南瓜
八角
草莓（尤以草莓醬為佳）
糖：黑糖、白糖
番薯
太妃糖
香莢蘭
醋：巴薩米克香醋、香檳酒醋、雪
　莉酒醋、白醋、白酒醋
核桃
水田芥
威士忌
酒：紅酒（如：**勃根地酒**）、干紅
　酒（如：卡本內蘇維翁紅酒、金
　粉黛紅酒）、干白酒（如：麗絲
　玲白酒）、氣泡酒（如：香檳酒）、
　甜酒（如：冰酒）

對味組合

西洋梨＋杏仁香甜酒＋榛果
西洋梨＋芝麻菜＋帕瑪乳酪＋油醋醬＋核桃
西洋梨＋培根＋苦味生菜＋山羊乳酪
西洋梨＋藍黴乳酪＋橄欖油＋紅酒醋＋水田芥
西洋梨＋焦糖＋巴薩米克香醋
西洋梨＋焦糖＋栗子＋法式酸奶油
西洋梨＋焦糖＋巧克力
西洋梨＋肉桂＋薑＋蜂蜜
西洋梨＋小茴香＋帕瑪乳酪＋巴薩米克香醋＋核桃
西洋梨＋薑＋蜂蜜＋香莢蘭
西洋梨＋戈根索拉乳酪＋油醋醬＋核桃
西洋梨＋蜂蜜＋萊姆＋香莢蘭
西洋梨＋蜂蜜＋迷迭香
西洋梨＋楓糖漿＋核桃
西洋梨＋馬士卡彭乳酪＋開心果＋紅酒
西洋梨＋佩科利諾乳酪＋巴薩米克香醋
西洋梨＋侯克霍乳酪＋糖＋香莢蘭＋紅酒
西洋梨＋侯克霍乳酪＋核桃
西洋梨＋斯提爾頓乳酪＋榛果＋巴薩米克香醋

主廚私房菜	DISHES

西洋梨與新鮮佩科利諾乳酪餡料方麵餃，再撒上熟成的佩科利諾乳酪
與黑胡椒碎粒
　——莉迪亞・巴斯提安尼齊（Lidia Bastianich），FELIDIA，紐約市

烤西洋梨與侯克霍乳酪塔，搭配焦糖洋蔥以及核桃
　——山迪・達瑪多（Sandy D'Amato），SANFORD，密爾瓦基

烤西洋梨，搭配炸玉米餅以及柳橙龍蒿醬汁
　——多明尼克和欣迪杜比（Dominique and Cindy Duby），WILD SWEETS（溫哥華）

由辣味水煮西洋梨、新鮮瑞可達乳酪、煙燻杏仁以及毛豆調製成沙拉，
搭配酸葡萄醬汁
　——布萊德・法爾米利（Brad Farmerie），MONDAY ROOM，紐約市

太妃糖布丁，搭配香煎肉桂西洋梨
　——蓋爾・甘德（Gale Gand），於2005年詹姆士比爾德獎慶祝酒會

熱的粗麥鬆餅，搭配水煮西洋梨和孜然
　——強尼・尤西尼（Johnny Iuzzini），糕點主廚，JEAN GEORGES，紐約市

拿破崙派，夾心為蜂蜜烤西洋梨
　——凱特・祖克曼（Kate Zuckerman），糕點主廚，CHANTERELLE，紐約市

豌豆 Peas in General
（同時參見甜豌豆）

季節：晚春－夏
味道：甜
分量感：輕盈－中等
風味強度：清淡－溫和
料理方式：水煮、燜燒、煎炒、蒸
　煮

芝麻菜
蘆筍
培根
羅勒
月桂葉
香料包
無鹽**奶油**
小豆蔻
胡蘿蔔與胡蘿蔔汁
卡宴辣椒
芹菜
乳酪（尤以帕瑪、瑞可達乳酪為
　佳）

細葉香芹
雞肉
辣椒：紅色乾辣椒、新鮮青辣椒
細香蔥
芫荽葉（如：印度料理）
肉桂
丁香
芫荽
蟹
高脂鮮奶油
法式酸奶油
孜然
咖哩粉
蒔蘿
蠶豆
豆類
魚
法式料理
印度綜合香料
蒜頭
薑
火腿與豬腳腿
蜂蜜
義大利料理
韭蔥
檸檬汁
波士頓萵苣
萊姆汁
龍蝦
墨角蘭
馬士卡彭乳酪
薄荷
菇蕈類（尤以羊肚菌為佳）
花生油
橄欖油
洋蔥：珍珠、紅、白洋蔥、青蔥
義大利培根
扁葉荷蘭芹
義式麵食
胡椒：黑、白胡椒
豬肉
馬鈴薯
禽肉
義式乾醃火腿
義式燉飯
迷迭香
鼠尾草

鹽：猶太鹽、海鹽
冬季香薄荷
青蔥
扇貝
紅蔥頭
蝦
甜豌豆
酸模
西班牙料理（尤以西班牙南部料
　理為佳）
菠菜
高湯：雞、蔬菜高湯

糖
龍蒿
百里香
番茄
薑黃
油醋醬
香檳酒醋
水田芥
干白酒
優格

對味組合

豌豆＋培根＋鮮奶油＋紅蔥頭
豌豆＋羅勒＋馬鈴薯
豌豆＋芹菜＋橄欖油＋洋蔥＋雞肉高湯＋糖
豌豆＋卡士達＋帕瑪乳酪
豌豆＋龍蝦＋義式麵食
豌豆＋墨角蘭＋馬士卡彭乳酪＋帕瑪乳酪
豌豆＋薄荷＋羊肚菌
豌豆＋菇蕈類＋瑞可達乳酪
豌豆＋洋蔥＋義大利培根＋鼠尾草

CHEF'S TALK

西雅圖到處都看得到紫茴香（bronze fennel）。有一天我吃著**豌豆**走到戶外，想採些薄荷來搭配我的豌豆沙拉。我咬了一口小茴香後，心想：「哎呀，就是這道菜了！」紫茴香沒有球莖，卻帶了令人驚奇的小茴香和大地氣息。
——荷莉・史密斯（Holly Smith），CAFÉ JUANITA，西雅圖

主廚私房菜　DISHES

羊肚菌奶油萵苣燴青豆
——丹尼爾・布呂德（Daniel Boulud），於2003年詹姆士比爾德獎慶祝酒會

法式甜豌豆冷湯，搭配芫荽葉、龍蝦與拇指姑娘櫻桃蘿蔔製成的沙拉
——丹尼爾・布呂德（Daniel Boulud），DANIEL，紐約市

青豆奶油濃湯，搭配蘋果枝煙燻培根、路易斯安那螯蝦以及鹹味鮮奶油
——丹尼爾・布呂德（Daniel Boulud），DANIEL，紐約市

農場豌豆湯，搭配羊肚菌鮮奶油
——丹尼爾・赫姆（Daniel Humm），ELEVEN MADISON PARK，紐約市

甜豆湯，搭配炒到微焦的維塔莉亞洋蔥（Vidalia Onion）、蘋果枝煙燻培根以及薄荷
——艾弗瑞・波特爾（Alfred Portale），GOTHAM BAR AND GRILL，紐約市

甜豌豆雪酪，搭配醃漬青杏仁、摩洛哥杏仁奶、淋上奶油糖果的富士蘋果、黑麥以及百里香
——查理・托特（Charlie Trotter），TROTTER'S TO GO，芝加哥

新鮮豌豆方麵餃，搭配甜洋蔥醬與濃縮煙燻豬肉汁
——大衛・沃塔克（David Waltuck），CHANTERELLE，紐約市

美洲山核桃 Pecans
（同時參見堅果）

季節：秋
味道：苦－甜
分量感：中等－厚實
風味強度：清淡－溫和

杏仁
蘋果
杏桃
烘焙食物（如：麵包、餅乾、派）
香蕉
黑莓
藍莓
波本酒
白蘭地
早餐（如：鬆餅、鬆糕）
無鹽**奶油**
奶油糖果
焦糖
山羊乳酪
櫻桃
雞肉
巧克力：黑、白巧克力
肉桂
咖啡
干邑白蘭地
玉米糖漿：透明、深色玉米糖漿
蔓越莓
鮮奶油
椰棗
薑
葡萄柚
葡萄
榛果
蜂蜜
冰淇淋
金桔
檸檬汁
柳橙香甜酒
楓糖漿
馬士卡彭乳酪
墨西哥醬
油桃
肉豆蔻
燕麥與燕麥粉
柳橙
桃子
西洋梨
柿子
洋李
豬肉
黑李乾
南瓜
楄梓
葡萄乾
覆盆子
野生米
蘭姆酒
沙拉
鹽
酸奶油
美國南方料理

主廚私房菜	DISHES

美洲山核桃糖乳酪蛋糕
——泰倫斯・布雷南（Terrance Brennan），ARTISANAL，紐約市

美洲山核桃糖鬆餅，搭配褐化奶油香蕉以及蘭姆葡萄乾
——丹尼爾・赫姆（Daniel Humm），ELEVEN MADISON PARK，紐約市

美洲山核桃南方奶油冰淇淋，搭配熱焦糖醬
——派翠克・歐康乃爾（Patrick O'Connell），THE INN AT LITTLE WASHINGTON，維吉尼亞州華盛頓市

薄酥皮捲，搭配花園香草、格蘭德河有機山核桃，以及鴻運農場費達乳酪
——莫妮卡・波普（Monica Pope），T'AFIA，休斯頓

CHEF'S TALK

我們在印度香米飯中，用了扇貝、蝦子、火腿、香菇、青蔥以及美洲山核桃。
——馬賽爾・德索尼珥（Marcel Desaulniers），THE TRELLIS，維吉尼亞州威廉斯堡

白胡桃瓜
快炒料理
草莓
餡料
糖：黑糖、白糖
番薯
茶
香莢蘭
核桃
威士忌
酒：紅酒、甜酒

黑胡椒 Pepper, Black
味道：嗆、辣
質性：性暖
分量感：輕盈－中等
風味強度：溫和－濃烈
小祕訣：胡椒會產生熾熱感，並能促進胃口。烹調結束時才加入。

杏桃
羅勒
牛肉（尤以烘烤的牛肉為佳）
漿果
小豆蔻
乳酪
櫻桃
肉桂

丁香
椰奶
芫荽
孜然
蛋
新鮮水果
野味
蒜頭
薑
印度料理
羊肉
檸檬汁
扁豆
萊姆汁
紅肉
肉豆蔻
堅果
橄欖油
橄欖
荷蘭芹
鳳梨
豬肉
禽肉
南瓜（如：南瓜派）
迷迭香
沙拉
鹽
醬汁

香腸
豐盛海鮮
湯
香料蛋糕
牛排（尤以燒烤的牛排為佳）
草莓
百里香
番茄
薑黃
小牛肉

綠胡椒 Pepper, Green
（像綠胡椒粒）
味道：辣
分量感：輕盈－中等
風味強度：溫和
小祕訣：烹調結束時才加入，綠胡椒的味道比黑胡椒淡些。

酪梨
月桂葉
牛肉
白蘭地
奶油
雞肉
鮮奶油
咖哩
鴨肉
野味
蒜頭
火腿
肉類（尤以燒烤的肉類或紅肉為佳）
芥末
荷蘭芹
法式肉派
豬肉
鼠尾草
沙拉與沙拉醬汁
鮭魚
醬汁：奶油醬汁、白醬
海鮮
蝦
小牛高湯
火雞
小牛肉
蔬菜

鹿肉
白酒

粉紅胡椒 Pepper, Pink
味道：辣
分量感：輕盈－中等
風味強度：溫和－濃烈
小祕訣：烹調結束時才加入

奶油
細葉香芹
雞肉
巧克力
甜點
鴨肉
蛋
小茴香
水果
野味
檸檬草
卡非萊姆葉
龍蝦
肉類（尤以味道濃郁與／或強韌
　的肉類為佳）
薄荷
橄欖油
荷蘭芹
法式肉派
西洋梨
胡椒：黑、綠胡椒
鳳梨
豬肉
禽肉
沙拉醬汁
醬汁：水果醬、白醬
扇貝
海鮮
蝦
牛排
小牛肉
醋（尤以巴薩米克香醋為佳）
伍斯特辣醬油

紅胡椒 Pepper, Red
（同時參見卡宴辣椒粉）
味道：辣
分量感：輕盈

CHEF'S TALK

我喜歡把**白胡椒**用在大部分的白肉魚料理，而**黑胡椒**就用在鮪魚以及紅肉料理。白胡椒與大比目魚很對味，因為風味溫和的白胡椒不會蓋過魚的味道。黑胡椒的風味複雜且辛辣，也許會分散主食的味道。像卡宴辣椒與齊波特辣椒的問題在於，它們的辣味強烈，就像火焰灼燒你的嘴巴。這對我來說不成問題，但對顧客來說問題就大了。所以我們選用辣味與甜味兼具的埃斯珀萊特辣椒。
——艾略克·瑞普特（Eric Ripert），LE BERNARDIN，紐約市

黑胡椒得小心使用，因為它可以增添菜餚風味，但如果使用錯誤，也會蓋掉所有風味。我也許會在甜點上桌前撒上一點黑胡椒以提升風味。我用黑胡椒來搭配新鮮水果，特別是新鮮櫻桃。
——麥克·萊斯寇尼思（Michael Laiskonis），LE BERNARDIN，紐約市

對我來說，鮪魚吃起來要像鮪魚，就得用我特製的綜合**胡椒**粉（黑胡椒與粉紅胡椒粒烘烤後磨碎，再與芫荽、八角混合而成）來大火油煎。牛肉、野牛肉以及鹿肉，也很適合用這種胡椒粉來調理。
——雪倫·哈格（Sharon Hage），YORK STREET，達拉斯

我們餐廳可沒有16種**胡椒**；我們只會用到最基本的泰利櫻桃（Tellicherry）黑胡椒粒以及一點紅辣椒小薄片。我偶爾會到亞洲市場去買一種含有甜味的胡椒，因為這種胡椒帶有果香，非常適合用於燜燒。
——雪倫·哈格（Sharon Hage），YORK STREET，達拉斯

風味強度：濃烈
小祕訣：烹調結束時再加入

加勒比海料理
辣椒粉（成分）
印度料理
義大利料理
烤肉調味料（成分）
肉類
墨西哥料理
黑摩爾醬（成分）
海鮮

白胡椒 Pepper, White
味道：辣
分量感：輕盈－中等
風味強度：溫和（注意：白胡椒辣
　度較黑胡椒「清淡」，亦即風味
　較溫和）
小祕訣：烹調結束時才加入

亞洲料理
熟肉店販賣的各式熟肉
丁香
歐洲料理

魚（尤以白肉魚為佳）
薑
大比目魚
日式料理
檸檬草
肉豆蔻
馬鈴薯
法式綜合香料（主要成分）
醬汁（尤以顏色輕淡的醬汁或白
　醬汁為佳）
湯（尤以顏色輕淡的湯或白湯為
　佳）
泰式料理
白色與其他顏色輕淡的食物

南非番茄小甜椒
Pepper, Peppadew

美國在幾年前開始引進南非番茄小甜椒。我會先以山羊乳酪為餡填滿這種小甜椒，外面再包一層塞拉諾火腿，然後下鍋油煎。這道料理擁有小甜椒的甜味與辣味、火腿的鹹味、乳酪釋放出來的濃郁口感，以及煎至金黃的酥脆口感。如此一來就能獲得豐富的風味，無需再添加

其他東西了。
——包柏·亞科沃內（Bob Iacovone），CUVÉE，紐奧良

佩姬羅紅椒 Pepper, Piouillo
（西班牙胡椒）
味道：辣
分量感：中等
風味強度：溫和－濃烈
料理方式：烘烤

蒜味美乃滋
杏仁
鰻魚
朝鮮薊
蘆筍
牛肉
麵包
槍烏賊
乳酪：山羊、蒙契格乳酪
雞肉
鷹嘴豆
苦味巧克力
西班牙辣香腸
蛤蜊
蟹
蛋
魚（尤以鱈魚、紅肉魚、白肉魚為佳）
蒜頭
羊肉
檸檬
肉類
菇蕈類
橄欖油
橄欖
洋蔥
柳橙

煙燻紅椒
豬肉
馬鈴薯
沙拉
鮭魚
鹽
海鮮
蝦
湯
西班牙料理
燉煮料理
糖
番茄
鮪魚

西班牙辣椒 Peppers, Spanish

西班牙小紅椒（Guindilla peppers）在西班牙料理中是用來增添辣度的。倘若要料理豆類，你會加入荷蘭芹莖、半顆洋蔥、蒜頭、胡蘿蔔以及一顆西班牙小紅椒。諾拉辣椒（nora peppers）是加泰隆尼亞區一種帶有煙燻風味、燈籠狀的辣椒，常用來調製羅曼斯科醬。這種辣椒非常類似墨西哥的瓜吉羅辣椒（guajillo peppers）。秋里傑羅辣椒（Chorizero pepper）甜中帶苦，打成泥後常被用來調製維茲凱那莎莎醬（salsa vizcaina）。這種紅色濃醬是由煮熟並釋出甜味的大量洋蔥、秋里傑羅辣椒泥以及魚湯或豆湯調製而成，非常適合用來搭配魚類或牛豬肚。
——亞歷山大·拉許（Alexandra Raij），TÍA POL，紐約市

柿子 Persimmons
季節：秋－冬
味道：甜－酸
分量感：中等－厚實
風味強度：溫和－濃烈
料理方式：烘焙、炙烤、生食

杏仁
蘋果
酪梨
波本酒
白蘭地
焦糖
腰果
乳酪（尤以奶油狀、山羊乳酪為佳）
塞拉諾辣椒
白巧克力
肉桂
丁香
咖啡
干邑白蘭地
鮮奶油與冰淇淋
卡士達
莒菜
綠捲鬚生菜
薑
葡萄（尤以紅葡萄為佳）
榛果
蜂蜜
櫻桃白蘭地
奇異果
金桔
檸檬：檸檬汁、碎檸檬皮
香甜酒（尤以柳橙香甜酒為佳）
豆蔻皮粉
楓糖漿
肉豆蔻
燕麥粉
榛果油
橄欖油
柳橙
西洋梨
美洲山核桃
黑胡椒
石榴
豬肉

CHEF'S TALK

由於柿子具有獨特的風味與質地，因此無論怎麼加工，嘗起來都像柿子布丁。兩年前我決定不再嘗試為柿子加工了。何必畫足添蛇呢？柿子調理前，需先放入冰箱一個晚上熟成，然後去皮搗成泥。柿子澀味很重，所以必須加入很多糖與香料。多香果、肉桂以及薑這類傳統常見的組合就很適合用來調理柿子，並能為整道料理增添很有意思的複雜風味。

——艾蜜莉·盧契提（Emily Luchetti），FARALLON，舊金山

禽肉
義式乾醃火腿
布丁
紫葉菊苣
葡萄乾
蘭姆酒（尤以深色蘭姆酒為佳）
沙拉：水果沙拉、綠葉蔬菜沙拉
鹽
海鮮
雪酪
糖：黑糖、白糖
番薯
香莢蘭
醋：香檳醋、紅酒醋、雪莉酒醋、
　　白酒醋
核桃
水田芥
甜酒（如：索甸甜白酒）
優格

對味組合

柿子＋多香果＋肉桂＋薑

雉雞 Pheasant

季節：秋
分量感：中等
風味強度：溫和
料理方式：燒烤、烘烤
小祕訣：用培根包覆，以避免烘
　　烤時變乾。

蘋果
培根
羅勒
月桂葉
奶油
白脫乳
甘藍（尤以皺葉甘藍為佳）
卡巴杜斯蘋果酒
栗子
蘋果酒
肉桂
鮮奶油：高脂鮮、酸奶油
鵝肝
法式料理（尤以南法料理為佳）
蒜頭
義大利料理（尤以南義料理為佳）
檸檬汁
菇蕈類（尤以野生菇蕈類為佳）
肉豆蔻
橄欖油
洋蔥
柳橙
扁葉荷蘭芹
波特酒
馬鈴薯
葡萄乾
鼠尾草
德國酸菜
紅蔥頭
西班牙料理（尤以西班牙南部料

理為佳）
冬南瓜
龍蒿
百里香
松露
野生米
酒

對味組合

雉雞＋蘋果＋馬鈴薯

漬物 Pickles

我在日本住了兩年，不但愛上了**漬物**，也熱中於製作漬物。儘管我認為也許有些壽司師傅會不認同我的作法，但我還是以一般壽司飯的調味料比例來調製漬物：醋、糖、鹽與水的比例分別為9:5:1:1。漬物是我最愛囤積在食物櫃的食品之一，因為運用起來有趣無比，而且也讓許多料理更加美味。這可是我的壓箱寶之一。我喜歡用生甜菜與八角來醃漬瑞士茶菜。它們不但極對味，還可用來裝飾南塔克特灣的扇貝料理。

——麥克·安東尼（Michael Anthony），
GRAMERCY TAVERN，紐約市

甜椒 Pimenton（同時參見紅椒）

我並不喜歡以「紅椒」來指稱**甜椒**（人們常以西班牙紅椒〔Spanish paprika〕來指稱甜椒）。甜椒與匈牙利紅椒完全不同，後者是一種風味獨特的乾辣椒。西班牙人可是最先種植辣椒的人啊。我們的甜椒有種甜、苦以及煙燻的融合風味。甜椒能讓整道料理呈現全新風貌。在章魚上撒點甜椒，真是人間美味呀。

——荷西·安德烈（José Andrés），CAFÉ
ATLÁNTICO，華盛頓特區

主廚私房菜 DISHES

雉雞：蘋果酒、紅蔥頭以及燃燒的樹葉
——格蘭特·阿卡茲（Grant Achatz），ALINEA，芝加哥

肉桂烤雉雞，搭配蘋果木煙燻培根以及美洲山核桃紅辣醬
——羅伯特·戴爾葛蘭德（Robert Del Grande），CAFÉ ANNIE，休斯頓

主廚私房菜	DISHES

鳳梨－香萊蘭法式蛋白霜塔（vacherin），搭配椰子果凍
——丹尼爾・布呂德（Daniel Boulud），DANIEL，紐約市

剛出爐的鳳梨蛋糕，搭配蘭姆沙巴雍醬
——吉娜・德帕爾馬（Gina DePalma），BABBO，紐約市

熱帶水果薄荷沙拉，搭配八角瓦片餅
——多明尼克和欣迪杜比（Dominique and Cindy Duby），WILD SWEETS，溫哥華

鳳梨蘭姆汁，搭配百香果、芒果果凍、椰子粉圓，以及粉紅胡椒粒鳳梨雪酪
——蓋爾・甘德（Gale Gand），TRU 糕點主廚，芝加哥

鳳梨雪酪＋糖漬松子塔＋脫水鳳梨脆片
——湯馬士・凱勒（Thomas Keller），THE FRENCH LAUNDRY，加州揚特維爾市

發酵鳳梨皮凍飲
——馬里雪兒・普西拉（Maricel Presilla），ZAFRA，紐澤西州霍博肯市

烤鳳梨＋酪梨＋水田芥
——馬里雪兒・普西拉（Maricel Presilla），ZAFRA，紐澤西州霍博肯市

烤鳳梨，搭配開心果冰淇淋
——艾略克・瑞普特（Eric Ripert），LE BERNARDIN，紐約市

鳳梨 Pineapples
季節：冬－夏
味道：甜
分量感：中等
風味強度：溫和
料理方式：烘焙、炙烤、燒烤、水煮、生食、烘烤、煎炒

多香果
杏桃
酪梨
烘焙食物
香蕉
羅勒
白蘭地
無鹽奶油
焦糖
小豆蔻
腰果
卡宴辣椒
乳酪：藍黴乳酪（某些）

雞肉
辣椒：新鮮、乾、紅、青辣椒（如：
　哈拉佩諾辣椒）
巧克力
芫荽葉
肉桂
丁香
椰子：椰肉、椰奶
干邑白蘭地
君度橙酒
鮮奶油與冰淇淋
巴伐利亞風味鮮奶油
咖哩
小茴香籽
熱帶水果
薑
金萬利香橙甜酒
葡萄柚
火腿
蜂蜜
櫻桃白蘭地
奇異果
金桔
檸檬：檸檬汁、碎檸檬皮
檸檬草
萊姆：萊姆汁、碎萊姆皮
夏威夷豆
芒果
楓糖漿
滷汁醃醬
肉類
薄荷
橄欖油
紅洋蔥
柳橙：柳橙果實、柳橙果醬
木瓜
百香果
黑胡椒
開心果
石榴
禽肉
覆盆子
米／米布丁
迷迭香
蘭姆酒
番紅花
水果沙拉

鹽（尤以鹽之花、猶太鹽為佳）
海鮮（如：蝦）
紅蔥頭
菠菜
八角
草莓
糖：黑糖、白糖
番薯

四川花椒
羅望子
樹薯粉
香莢蘭
米醋
核桃
水田芥
甜酒（如：高甜度葡萄酒）
優格

對味組合

鳳梨＋酪梨＋水田芥
鳳梨＋香蕉＋薑＋蘭姆酒＋糖＋香莢蘭
鳳梨＋漿果＋柑橘類＋芒果＋八角
鳳梨＋椰子＋蜂蜜＋柳橙
鳳梨＋冰淇淋＋黑糖＋香莢蘭
鳳梨＋萊姆＋糖
鳳梨＋馬德拉酒＋黑糖＋香莢蘭
鳳梨＋蘭姆酒＋糖
鳳梨＋蘭姆酒＋香莢蘭＋核桃

松子 Pine Nuts

分量感：輕盈
風味強度：溫和
料理方式：烤

蘋果
杏桃
羅勒
燈籠椒
中美洲料理
乳酪：費達、山羊、帕瑪、瑞可達
　乳酪
餅乾
東地中海料理

法式料理（尤以南法料理為佳）
蒜頭
蜂蜜
義大利料理（尤以南義料理為佳）
檸檬
柳橙香甜酒
馬士卡彭乳酪
墨西哥醬
中東料理
摩洛哥料理
橄欖油
洋蔥
柳橙
西洋梨

松子使用時必須小心，因為松子的風味強烈，很容易就會掩蓋甜點的風味。在蘋果甜點中，就算我只用了一點點松子，還是會把整道變成松子甜點。
——艾蜜莉・盧契提（Emily Luchetti），FARALLON，舊金山

松子是種富含油脂的頂級食物，所以我喜歡用點鹽來調和。即便是在義大利青醬中，有松子的青醬就是會與用核桃或不含堅果的青醬不同。
——吉娜・德帕爾馬（Gina DePalma），BABBO，紐約市

義式青醬（主要成分）
黑李乾
葡萄乾
覆盆子
米
蘭姆酒
醬汁
西班牙料理（尤以西班牙南部料理為佳）
糖
香莢蘭
蔬菜（尤以烘烤調理的蔬菜為佳）
核桃
酒：紅酒、甜酒

對味組合
松子＋蘋果＋杏桃＋迷迭香
松子＋羅勒＋蒜頭＋橄欖油＋帕瑪乳酪（義式青醬）

黑皮諾紅酒 Pinot Noir
分量感：輕盈－中等
風味強度：清淡－溫和

牛肉
雞肉
鴨肉
羊肉
菇蕈類
豬肉

料理食物時加入一點黑胡椒粉，或是沙拉上桌前撒些胡椒粉，都能產生一股**熱辣感**。鳥蛤搭配薑與檸檬草清蒸時，也可以加入一點哈拉佩諾辣椒增添熱辣感。熱辣感能讓整道料理變得鮮明。
——雪倫・哈格（Sharon Hage），YORK STREET，達拉斯

鮭魚
鮪魚
小牛肉

辣味食材 Piquancy
味道：辣
風味強度：濃烈
質性：性暖
小祕訣：可促進食欲；增進食物中其他味道（如：鹹、酸）。

卡宴辣椒
辣椒
蒜頭
薑
山葵
辣芥末
洋蔥（尤以生食為佳）
黑胡椒
紅椒粉
多種香料
日式芥末

開心果 Pistachios
（同時參見堅果）
季節：全年
分量感：中等
風味強度：溫和
料理方式：生食、烘烤、鹽

鰻魚
蘋果
杏桃
朝鮮薊
芝麻菜
蘆筍
香蕉
羅勒
甜菜
小豆蔻
白花椰菜
乳酪：山羊、帕瑪、瑞可達、泰勒吉奧羊奶乳酪
櫻桃
雞肉
巧克力：黑、白巧克力
椰子
蔓越莓
鮮奶油與冰淇淋
椰棗
鴨肉
東地中海料理
茴菜
無花果：無花果乾、新鮮無花果
鵝肝
薑
鵝莓醋栗
蜂蜜
義大利料理
金桔
薰衣草
韭蔥
檸檬
芒果
馬士卡彭乳酪
摩洛哥料理
油桃
柳橙
荷蘭芹
義式麵食與義大利麵醬料
酥皮
法式肉派
桃子
禽肉
黑李乾
榲桲
葡萄乾（尤以黃金葡萄乾為佳）

主廚私房菜	DISHES

搭配開心果的巧克力冰糕
——吉娜・德帕爾馬（Gina DePalma），BABBO，紐約市

開心果棋盤式肉凍，搭配白巧克力冰淇淋與黑莓醬汁
——派翠克・歐康乃爾（Patrick O'Connell），THE INN AT LITTLE WASHINGTON，維吉尼亞州華盛頓市

CHEF'S TALK

開心果是種風味獨特的堅果，你必須確定搭配的食材能與開心果抗衡。例如開心果與覆盆子搭配的效果極佳，但就不能拿來搭配草莓了，因為草莓的風味太過溫和。
——艾蜜莉・盧契提（Emily Luchetti），FARALLON，舊金山

開心果與其他堅果放在一起很漂亮，因為綠色和棕色是協調色。綜合堅果的風味溫和，質地與顏色卻更豐富。由於開心果的風味是如此溫和，我喜歡單獨使用開心果，要不然就要以量取勝，以免淹沒在整道料理中。我做了一道義大利巧克力冰糕，加入開心果，並抹上開心果糊。冰糕置於盤中，盤中則有開心果醬汁。開心果既是前鋒也是主力。
——吉娜・德帕爾馬（Gina DePalma），BABBO，紐約市

覆盆子
米
迷迭香
玫瑰水
香腸
糖
香莢蘭
西瓜
優格

避免
草莓，因為開心果的味道很容易被草莓蓋過

綠大蕉 Plantains, Green
同屬性植物：香蕉
分量感：中等
風味強度：清淡－溫和
料理方式：烘焙、沸煮、油炸、搗成泥、煎炒
小祕訣：選用毫無變黃跡象的青綠大蕉

非洲料理
培根
奶油
小豆蔻
中美洲料理
雞肉
辣椒
芫荽葉
肉桂
丁香
芫荽
孜然
咖哩
熱帶水果
印度綜合香料
蒜頭
薑
萊姆汁
墨西哥料理
糖蜜
油：菜籽油、蔬菜油
洋蔥（尤以紅洋蔥為佳）
胡椒（尤以黑胡椒為佳）
豬肉
米
莎莎醬
鹽（尤以猶太鹽為佳）
湯
燉煮料理

優格

甜大蕉 Plantains, Sweet
味道：甜
同屬性植物：香蕉
分量感：中等
風味強度：溫和
料理方式：烘焙、沸煮、油炸、煎炒
小祕訣：選用皮黃到皮黑的成熟大蕉

非洲料理
多香果
奶油
中美洲料理
雞肉
巧克力
肉桂
丁香
椰子
蔓越莓
鮮奶油與冰淇淋
熱帶水果
薑
蜂蜜
檸檬汁
萊姆汁
墨西哥料理
糖蜜
油：菜籽油、蔬菜油
柳橙：柳橙果實、橙汁、碎橙皮
黑胡椒
米
蘭姆酒（尤以深色蘭姆酒為佳）
鹽
八角
糖（尤以黑糖為佳）
太妃糖

洋李 Plums
季節：晚春－早秋
味道：甜、澀
分量感：輕盈
風味強度：溫和
料理方式：烘焙、水煮、生食、燉煮

多香果
杏仁
洋茴香
茴藿香
杏桃泥
芝麻菜
月桂葉
白蘭地（尤以洋李白蘭地為佳）
無鹽奶油
白脫乳
焦糖
小豆蔻
櫻桃
蘋果酒
肉桂
丁香
芫荽
玉米粉
鮮奶油與冰淇淋
法式酸奶油
卡士達
法式料理
琴酒
薑
榛果
蜂蜜
刺柏漿果
櫻桃白蘭地
薰衣草
檸檬：檸檬汁、碎檸檬皮
香甜酒：杏仁香甜酒、柳橙香甜
　酒、洋李香甜酒
豆蔻皮粉
楓糖漿
薄荷
油桃
肉豆蔻
燕麥粉
橄欖油
紅洋蔥
柳橙：橙汁、碎橙皮
桃子
美洲山核桃
黑胡椒
派
義式乾醃火腿
葡萄乾

覆盆子
深色蘭姆酒
鼠尾草
沙拉
酸奶油
草莓
糖：黑糖、糖粉、白糖
百里香
香莢蘭
醋：巴薩米克香醋、蘋果酒醋
核桃
威士忌
干紅酒或白酒或餐後甜酒
酒：波特酒或甜酒（如：洋李酒）
優格

對味組合

洋李＋芝麻菜＋義式乾醃火腿
洋李＋月桂葉＋香莢蘭
洋李＋肉桂＋丁香＋紅酒＋糖
洋李＋肉桂＋柳橙
洋李＋鮮奶油＋糖＋香莢蘭
洋李＋薑＋覆盆子
洋李＋薑＋優格

洋李乾 Plums, Dried
（亦即黑李乾）
季節：全年
味道：甜
分量感：中等－厚實
風味強度：溫和
料理方式：生食、燉煮

洋李月桂葉湯，搭配香莢蘭優格雪酪
——吉娜・德帕爾馬（Gina DePalma），BABBO，紐約市

洋李玉米鬆糕，搭配洋李雪酪
——艾蜜莉・盧契提（Emily Luchetti），FARALLON，舊金山

多香果
杏仁
洋茴香
蘋果
杏桃乾
阿瑪涅克白蘭地＊
培根
烘焙食物
月桂葉
白蘭地（尤以蘋果白蘭地、西洋
　梨白蘭地為佳）
焦糖
乳酪（尤以藍黴、山羊、瑞可
　達乳酪為佳）
栗子
巧克力：黑、白巧克力
肉桂
丁香
咖啡
干邑白蘭地
鮮奶油與冰淇淋
法式酸奶油
孜然
穗醋栗
卡士達
椰棗
無花果（尤以無花果乾為佳）
法式料理
野味
野禽
薑
榛果
野花蜂蜜

CHEF'S TALK

我喜歡以茴藿香搭配**洋李**。這是種經典的風味組合，我每年都會供應
這道料理。洋李與鼠尾草也很對味，我已經做了鼠尾草冰淇淋來搭配
洋李了。
——吉娜・德帕爾馬（Gina DePalma），BABBO，紐約市

碎檸檬皮
香甜酒：杏仁香甜酒、其他堅果
　　類香甜酒
夏威夷豆
楓糖漿
摩洛哥料理
燕麥粉
碎橙皮
法式肉派
西洋梨
美洲山核桃

對味組合
黑李乾＋多香果＋月桂葉＋肉桂＋黑胡椒
黑李乾＋蘋果＋白蘭地＋香莢蘭＋優格
黑李乾＋阿瑪涅克白蘭地＋巧克力
黑李乾＋阿瑪涅克白蘭地＋法式酸奶油黑李乾＋白蘭地＋鮮奶油＋香莢蘭
黑李乾＋乳酪＋孜然＋核桃
黑李乾＋干邑白蘭地＋蜂蜜＋索甸甜白酒

黑胡椒
松子
開心果
豬肉
波特酒（尤以托尼陳年波特為佳）
椴梓
兔肉
葡萄乾
米布丁
蘭姆酒
美國南方安逸香甜酒

八角
燉煮料理
糖：黑糖、白糖
茶（尤以紅茶或伯爵茶為佳）
百里香
火雞
香莢蘭
醋：香檳酒醋、白酒醋
核桃
威士忌
酒：干紅酒（如：波爾多紅酒、卡
　　本內蘇維翁紅酒）、索甸甜白
　　酒、甜白酒（如：慕斯卡葡萄酒）

義式玉米餅 Polenta
分量感：中等
風味強度：清淡
料理方式：熬煮
小祕訣：將調理過的玉米粥以燒
　　烤或油煎的方式調製成玉米餅

月桂葉
牛肉
燈籠椒（尤以紅燈籠椒為佳）
無鹽奶油
乳酪：芳汀那、戈根索拉、葛黎耶
　　和、莫札瑞拉、帕瑪、泰勒吉奧
　　羊奶乳酪
細葉香芹
雞肉
細香蔥
鮮奶油／牛奶
蛋黃
野禽
蒜頭
香草
蜂蜜
義大利料理（尤以北義料理為佳）
墨角蘭
馬士卡彭乳酪

菇蕈類（尤以酒杯蘑菇、牛肝菌、
　　香菇為佳）
油：松露油、核桃油
橄欖油
扁葉荷蘭芹
胡椒：黑、白胡椒
豬肉
紅椒粉
迷迭香
鹽：猶太鹽、海鹽
香腸
青蔥
高湯：雞、蔬菜高湯
百里香
番茄與番茄醬汁
白松露
核桃

對味組合
義式玉米餅＋酒杯蘑菇＋白松露
　　油
義式玉米餅＋戈根索拉乳酪＋馬
　　士卡彭乳酪＋核桃
義式玉米餅＋帕瑪乳酪＋迷迭香

石榴 Pomegranates
季節：秋
味道：酸、甜
質性：性涼
分量感：輕盈－中等
風味強度：溫和
料理方式：生食、冰品／雪酪

多香果
杏仁
芝麻菜
酪梨
香蕉
甜菜
小豆蔻
雞肉
辣椒
白巧克力
肉桂
丁香
椰子
芫荽
庫斯庫斯
鮮奶油
黃瓜
孜然

主廚私房菜 | DISHES

春雞搭配石榴醬汁與烤杏仁
——駱菲‧班傑倫（Rafih Benjelloun），IMPERIAL FEZ，亞特蘭大

石榴醬汁雞胸肉，搭配椰子洋蔥咖哩
——維克拉姆‧維基與梅魯‧達瓦拉（Vikram Vij and Meeru Dhalwala），VIJ'S，溫哥華

CHEF'S TALK
石榴最棒的地方在於味道豐富，糖分卻不高。它還具有其他食材缺乏的獨特風味。這是最近少數幾種大受歡迎的風味之一，因為運用起來越來越簡單（像是使用石榴汁或石榴糖漿）。只有清理石榴籽的時候比較麻煩。無論如何，我還是會使用石榴汁，因為石榴汁可以調理出風味絕佳的雪酪。
——艾蜜莉‧盧契提（Emily Luchetti），FARALLON，舊金山

咖哩
甜點
魚
蒜頭
薑（尤以生薑為佳）
葡萄柚
榛果
蜂蜜
鷹嘴豆泥醬
金桔
羊肉
豆類
檸檬汁
萊姆汁
烘烤肉
中東料理
肉豆蔻
橄欖油
洋蔥
柳橙汁
荷蘭芹
松子
石榴糖蜜（主要成分）
豬肉
禽肉（如：火雞）
沙拉（尤以黃瓜沙拉、水果沙拉、綠葉蔬菜沙拉為佳）
芝麻籽
雪酪
燉煮料理
糖

龍舌蘭酒
薑黃
醋：巴薩米克香醋、紅酒醋
核桃
酒：波特酒、紅酒、白酒

對味組合
石榴＋杏仁＋肉桂＋丁香＋蒜頭＋薑＋蜂蜜
石榴＋雞肉＋椰子＋咖哩＋洋蔥
石榴＋檸檬＋糖

石榴糖蜜 Pomegranate Molasses
味道：甜、酸
分量感：中等－厚實
風味強度：溫和－濃烈

多香果
牛肉
雞肉
辣椒
肉桂
丁香
鴨肉
野味
野禽
薑
羊肉
滷汁醃醬
肉類
中東料理

芥末
芥末籽
橄欖油
胡椒
豬肉
禽肉
沙拉醬汁
巴薩米克香醋
核桃

文旦 Pomelos
（同時參見葡萄柚）
味道：酸、甜
分量感：輕盈
風味強度：濃烈
料理方式：炙烤、生食

酪梨
雞肉
辣椒粉
椰子
蟹
魚
魚露
醃漬薑
檸檬草
楓
洋蔥
花生
石榴
沙拉
鹽
扇貝
蝦
菠菜

對味組合
文旦＋醃漬薑＋魚
文旦＋鹽＋辣椒粉

CHEF'S TALK
文旦很適合用來調理成沙拉。炎炎夏日，我們會把柚子與醃漬生薑以及其他食材混合後，用來搭配雞肉或魚類料理。
——布萊德‧法爾米利（Brad Farmerie），PUBLIC，紐約市

日式柚醋醬 Ponzu Sauce
味道：酸
分量感：輕盈－中等
風味強度：溫和－濃烈

牛肉
柴魚昆布湯
魚（尤以燒烤或生食的魚為佳）
日式料理
肉類（尤以燒烤的肉品為佳）
生魚片
貝蝦蟹類
醬油
梅（日本洋李）

罌粟籽 Poppy Seeds
味道：甜
分量感：輕盈
風味強度：清淡

亞洲料理
烘焙食物（如：麵包、蛋糕、餅乾、
　　糕點）
四季豆
無鹽奶油
白脫乳
甘藍
胡蘿蔔
白花椰菜
瑞可達乳酪
肉桂
丁香
鮮奶油
咖哩粉
甜點
茄子
蛋與蛋類料理
魚
水果
薑
蜂蜜
印度料理
檸檬
地中海料理
麵條
肉豆蔻
洋蔥（尤以甜洋蔥為佳）

義式麵食
酥皮
馬鈴薯
米
沙拉與沙拉醬汁（尤以乳狀醬汁
　　為佳）
醬汁（尤以乳狀醬汁為佳）
芝麻籽
酸奶油
菠菜
草莓
糖
土耳其料理
香莢蘭
蔬菜
核桃
節瓜

豬肉 Pork in General
季節：秋
味道：甜－澀
質性：性熱
料理方式：嫩豬肉能以乾熱料理
　　（如：炙烤、燒烤、烘烤），而
　　較強韌的肉塊則可用水煮加熱
　　（如：燜燒、燉煮）。

蒜味美乃滋
杏仁
鰻魚
洋茴香
蘋果：蘋果酒、蘋果果實、蘋果汁
杏桃
蘆筍
培根
烤肉料理
羅勒
月桂葉
豆類：四季豆、海軍豆、白豆
啤酒
燈籠椒：綠、紅燈籠椒
波本酒
白蘭地
麵包粉
無鹽奶油
甘藍：綠葉甘藍、紅葉甘藍
卡巴杜斯蘋果酒

續隨子
葛縷子籽
小豆蔻
胡蘿蔔
卡宴辣椒
芹菜
乳酪：葛黎耶和、傑克乳酪
辣椒（尤以安佳、乾紅、哈拉佩諾
　　辣椒為佳）
辣椒粉
中式料理
細香蔥
蘋果酒
芫荽葉
肉桂
丁香
椰奶
芫荽
醃黃瓜
玉米
蔓越莓
鮮奶油
孜然
咖哩粉
小茴香
小茴香籽
無花果
泰國魚露
法式料理（尤以南法料理為佳）
水果：水果乾、新鮮水果
蒜頭
薑：生薑、薑粉
塞拉諾火腿
蜂蜜
山葵
義大利料理（尤以南義料理為佳）
番茄醬
韓式料理（尤以北韓料理為佳）
檸檬：檸檬汁、碎檸檬皮
檸檬草
檸檬馬鞭草
扁豆
萊姆汁
豆蔻皮粉
芒果：青芒果、熟芒果
墨角蘭
墨西哥料理

主廚私房菜　DISHES

豬肋排（以柳橙百里香蒜頭醃過），搭配小茴香、黑橄欖烏佐酒以及柳橙醬汁
——安·卡遜（Ann Cashion），CASHION'S EAT PLACE，華盛頓特區

烤乳豬，搭配榅桲泥與羅曼斯科醬
——蘇珊娜·高茵（Suzanne Goin），2003年詹姆士比爾德獎慶祝酒會

烤豬肋排，搭配蘋果醬、鄉村培根布丁麵包、烤蘋果、芥菜，最後淋上波本酒醬汁
——鮑柏·金凱德（Bob Kinkead），COLVIN RUN，維吉尼亞州維耶納市

啤酒燜燒五花肉，搭配德國酸菜與薑汁
——加布利兒·克魯德（Gabriel Kreuther），THE MODERN，紐約市

有機柏克夏爾豬里肌肉（以小麥啤酒醃過），搭配大麥燉飯、蕪菁以及菊苣濃醬
——加布利兒·克魯德（Gabriel Kreuther），THE MODERN，紐約市

豬肉搭配無花果楓糖醬汁與荷蘭甘藍
——莫妮卡·波普（Monica Pope），T'AFIA，休斯頓

古巴烤豬肉（以多香果–孜然阿波多燉汁醃過），搭配成熟芭蕉、李奇歐桑坎（Rich Oaxacan）六辣椒摩爾醬以及白米黑豆飯
——馬里雪兒·普西拉，ZAFRA，紐澤西州霍博肯市

香煎豬小里肌肉，搭配自製香腸與馬鈴薯斯拉夫餃
——塞萊納·蒂奧（Celina Tio），AMERICAN RESTAURANT，堪薩斯

調味過的豬小里肌，搭配蒜頭優格咖哩與印度烤餅
——維克拉姆·維基與梅魯·達瓦拉（Vikram Vij and Meeru Dhalwala），VIJ'S，溫哥華

CHEF'S TALK

常見用來當做醬汁的（無蛤蜊）蛤蜊海鮮濃湯，其調製精髓就是：必須加入**豬肉**（培根、西班牙辣香腸等皆可）以及百里香，然後搭配馬鈴薯與鮮奶油上桌。這道醬汁可用來搭配水煮或油煎類菜餚。讓經典的東西重生實在很有趣。
——大衛·沃塔克（David Waltuck），CHANTERELLE，紐約市

我喜歡把**豬肉**與水果組合在一起。不論是新鮮或乾燥的無花果，或是草莓，都很適合用來搭配豬排。
——馬賽爾·德索尼珥（Marcel Desaulniers），THE TRELLIS，維吉尼亞州威廉斯堡

搭配肉品的醬汁，往往不夠稱職。基於這樣的原因，我們不會用小牛肉高湯底的醬汁來搭配**豬肉**，因為那會掩蓋豬肉的風味，因此我們反而嘗試以其他方法來凸顯豬肉本身的風味。我們會先將碎豬肉塊與豬骨烘烤過，然後再熬成豬肉高湯來調製醬汁。在夏季，為了維持醬汁的清爽口感，我甚至不會加入酒。
——丹·巴柏（Dan Barber），BLUE HILL AT STONE BARNS，紐約州波坎提科丘

薄荷（尤以綠薄荷為佳）
綜合蔬菜高湯
糖蜜
菇蕈類（尤以香菇為佳）
第戎芥末
芥末籽
麵條／義式麵食
肉豆蔻
油：菜籽油、葡萄籽油、芝麻油、蔬菜油
橄欖油
橄欖
洋蔥（尤以、珍珠、紅、甜、白、黃洋蔥為佳）
柳橙：橙汁、碎橙皮
奧勒岡
紅椒：煙燻、甜紅椒
扁葉荷蘭芹
花生與花生醬汁
西洋梨
黑眼豆
美洲山核桃
胡椒＊：黑、白胡椒
鳳梨
松子
佩姬羅紅椒
洋李
波特酒
薯泥或烤馬鈴薯
義式乾醃火腿
黑李乾
榅桲
紫葉菊苣
紅椒粉
米或義式燉飯
迷迭香
番紅花
鼠尾草
鹽：猶太鹽、海鹽
德國酸菜
紅蔥頭
鮮奶油雪莉酒
酸奶油
醬油
德國刀削麵
西班牙料理（尤以西班牙南部料理為佳）

CHEF'S TALK

我的靈感有時是來自兒時記憶加上我自己喜愛的風味。在成長過程中，我是個很挑食的孩子，但卻熱愛乳酪通心粉，還有培根與雞蛋。所以我創造出一道以**五花肉**取代培根的「培根蛋」。五花肉是我的最愛，特別是它在口中融化的口感，這可是窮人的鵝肝啊。我用雙層鍋來料理雞蛋，讓雞蛋乳化呈現奶油狀的分量感，最後再加入一些新鮮香莢蘭。至於五花肉，則要先燒烤過，然後加入柑橘類的水果、香檳酒醋和小牛肉高湯燜燒六個小時。上桌前，再將豬肉燒烤一下，並淋上一種「甜辣」醬就可以了；甜辣醬就像是具多重風味的烤肉醬。

——包柏・亞科沃內（Bob Iacovone），CUVÉE，紐奧良

小南瓜：橡果形南瓜、白胡桃瓜
八角
雞高湯
糖（一撮）
番薯
塔巴斯科辣椒醬
柑橘汁
紅茶（如：正山小種紅茶）
百里香
番茄與番茄糊
薑黃
蕪菁
香莢蘭
酸葡萄汁
干苦艾酒
越南料理
醋：巴薩米克香醋、紅酒醋、米酒
　　醋、雪莉酒醋、白酒醋
核桃
水田芥
酒：干紅酒、白酒
伍斯特辣醬油
優格

對味組合

豬肉＋多香果＋豆蔻皮粉
豬肉＋蘋果＋芥末
豬肉＋培根＋芥末＋德國酸菜
豬肉＋辣椒＋芫荽葉＋蒜頭＋萊姆＋花生
豬肉＋肉桂＋八角
豬肉＋芫荽＋蜂蜜＋醬油
豬肉＋丁香＋蒜頭＋柳橙
豬肉＋鮮奶油＋馬鈴薯＋百里香
豬肉＋咖哩＋蒜頭＋優格
豬肉＋小茴香＋蒜頭
豬肉＋蒜頭＋薑＋糖蜜
豬肉＋薑＋蜂蜜＋醬油
豬肉＋芥末＋德國酸菜
豬肉＋波特酒＋迷迭香

CHEF'S TALK

豬肉與多香果、肉桂與丁香等所有的甜味香料都很對味。

——布萊德福特・湯普森（Bradford Thompson），MARY ELAINE'S AT THE PHOENICIAN，亞利桑那州斯科代爾市

豬肉：五花肉 Pork — Belly
料理方式：燜燒、回鍋、鍋煎

蘋果
培根
月桂葉
甜菜
葛縷子
胡蘿蔔
芹菜
芫荽葉
肉桂
柑橘類
孜然

蛋
小茴香
蒜頭
韭蔥
菇蕈類
花生油
橄欖油
洋蔥
紅椒
扁葉荷蘭芹
歐洲防風草塊根
黑胡椒
馬鈴薯
迷迭香
清酒
鹽：猶太鹽、海鹽
紅蔥頭
醬油
八角
高湯：雞、小牛高湯
百里香
根莖類蔬菜
香檳酒醋
節瓜

豬肉：肉排 Pork — Chops
料理方式：乾熱調理（如：炙烤、
　　　燒烤、烘烤、煎炒）

蘋果：蘋果酒、蘋果果實、蘋果醬
　　汁
芝麻菜
豆類
麵包粉
球花甘藍

奶油
紅葉甘藍
芫荽
玉米
小茴香
小茴香花粉
蒜頭
薑
綠葉蔬菜
蜂蜜
檸檬汁
扁豆
糖蜜
芥末（尤以第戎芥末為佳）與芥末
　籽
橄欖油
洋蔥
桃子
黑胡椒
義式玉米餅
馬鈴薯：薯泥、蒸馬鈴薯
義式乾醃火腿
迷迭香
鼠尾草
德國酸菜
菠菜
雞高湯
糖：黑糖、白糖
番茄
香莢蘭
醋：巴薩米克香醋、蘋果酒醋

對味組合

豬肉排＋蘋果＋薑＋鼠尾草
豬肉排＋芝麻菜＋番茄
豬肉排＋綠葉生菜＋番薯
豬肉排＋桃子＋巴薩米克香醋

豬肉：里肌肉 Pork — Loin
料理方式：乾燒調理（如：烘焙、
　燜燒、燒烤、烘烤、煎炒）

月桂葉
白蘭地
紅葉甘藍
安佳辣椒
芫荽葉
肉桂
無花果
蒜頭
薑
檸檬草
萊姆汁
楓糖漿
芥末
芥末籽
洋蔥
奧勒岡
波特酒
馬鈴薯
迷迭香
鼠尾草
清酒
醬油
雞高湯
百里香
白醋
白酒

對味組合
豬腰肉＋無花果＋洋蔥
豬腰肉＋紅葉甘藍＋波特酒

豬肉：肋排 Pork — Ribs
料理方式：烘焙、炭烤、燜燒、炙
　烤、燒烤、烘烤、煎炒

多香果
月桂葉
啤酒
波本酒
奶油
甘藍
瓜吉羅辣椒
辣椒粉
蘋果酒
咖啡
芫荽
孜然
蒜頭
薑
海鮮醬
蜂蜜
辣醬
番茄醬
檸檬草
煙燻油
綜合蔬菜高湯
糖蜜
第戎芥末
橄欖油
洋蔥（尤以白洋蔥為佳）
奧勒岡
紅椒：辣、煙燻紅椒
扁葉荷蘭芹
黑胡椒
馬鈴薯
鹽：猶太鹽、海鹽
芝麻油
醬油
黑糖
塔巴斯科辣椒醬
百里香
番茄與番茄糊
醋：蘋果酒醋、巴薩米克香醋、紅
　酒醋、雪莉酒醋、白酒醋
伍斯特辣醬油

豬肉：肩胛肉
Pork — Shoulder
料理方式：溼熱調理（如：炭烤、
　燜燒、燉煮）

紅木籽

多香果
安道爾煙燻香腸（主要成分）
蘋果
烤肉醬
月桂葉
卡宴辣椒
辣椒
肉桂
芫荽
玉米粉（如：粗玉米粉、義式玉米餅）
庫斯庫斯
孜然
五香粉
蒜頭
薑
蜂蜜
檸檬
萊姆
楓糖漿
牛奶
菇蕈類
柳橙
奧勒岡
紅椒
波特酒
楊桲
米
蘭姆酒
鼠尾草
醬油
黑糖
百里香
番茄
醋
紅酒

對味組合
豬肩胛肉＋月桂葉＋野生菇蕈類
豬肩胛肉＋齊波特辣椒＋孜然＋番茄
豬肉肩胛肉＋大蕉＋米＋蘭姆酒

豬肉：小里肌
Pork — Tenderloin
料理方式： 乾熱調理（如：炙烤、燒烤、烘烤、煎炒）

耶路撒冷朝鮮薊
培根
四季豆
小豆蔻
芫荽葉
肉桂
玉米
小茴香
薑
萊姆
楓糖漿
墨角蘭
乾牛肝菌
芥末
橄欖油
洋蔥：奇波利尼、黃洋蔥
柳橙
奧勒岡
義大利培根
荷蘭芹
黑胡椒
義式玉米餅
馬鈴薯
紅椒粉
迷迭香
蘭姆酒（尤以深色蘭姆酒為佳）
鼠尾草
香薄荷
雪莉酒
酸奶油
黑糖
龍蒿
薑黃
巴薩米克香醋
優格

葡萄牙料理 Portuguese Cuisine
洋茴香
麵包
葡萄牙霹靂辣椒
芫荽葉
肉桂
蛤蜊
鱈魚
卡士達
蛋
魚

蒜頭
芥藍
橄欖油
洋蔥
紅椒
荷蘭芹
豬肉（尤以煙燻豬肉為佳）
波特酒
馬鈴薯
米
番紅花
貝蝦蟹類
番茄
火雞
香莢蘭

對味組合
蛤蜊＋蒜頭＋紅椒＋豬肉
鱈魚＋蛋＋洋蔥＋馬鈴薯
蒜頭＋芥藍＋洋蔥＋馬鈴薯
霹靂辣椒＋蒜頭＋檸檬汁＋橄欖油＋鹽

馬鈴薯 Potatoes
季節： 全年
質性： 性涼
分量感： 中等－厚實
風味強度： 清淡
料理方式： 烘焙、沸煮、油炸、焗烤、燒烤、薯泥（使用成熟澱粉量高的馬鈴薯）、熬成濃湯、烘烤、煎炒、蒸煮

芝麻菜
培根
羅勒
月桂葉
牛肉
綠燈籠椒（尤以烘烤的為佳）
無鹽奶油
白脫乳
葛縷子籽
小豆蔻
胡蘿蔔
白花椰菜（如：印度料理）
魚子醬
卡宴辣椒

芹菜
芹菜根
乳酪：布萊德阿莫爾、康塔爾、巧
　達、翼德、乾傑克、愛蒙塔爾、
　芳汀那、山羊、豪達、葛黎耶和、
　蒙契格、帕瑪、佩科利諾、瑞克
　雷、侯克霍、西班牙托塔德卡薩
　爾乳酪
細葉香芹
雞肉
鷹嘴豆（如：印度料理）
菊苣
辣椒（如：印度料理、泰式料理）
辣椒油
細香蔥
芫荽葉
肉桂
丁香
芫荽
鮮奶油／牛奶
法式酸奶油
孜然
咖哩
蒔蘿
蛋
法式料理
印度綜合香料
蒜頭
薑
冬季綠葉生菜
香草

CHEF'S TALK

我們用培根、橄欖、菇蕈類與洋蔥來燜燉**馬鈴薯**，這是極適合冬季週
日晚餐的完美菜餚。我們用培根與橄欖這兩種風味強烈的食材來搭配
馬鈴薯，而洋蔥與牛肝菌則為整道料理增添另一層風味。
——米契爾・理查（Michel Richard），CITRONELLE，華盛頓特區

芥藍
羊肉
薰衣草
韭蔥
檸檬汁
歐當歸
墨角蘭
美乃滋
羊肚菌
菇蕈類（尤以野生菇蕈類為佳）
貽貝
芥末：第戎芥末、乾芥末
肉豆蔻
油：菜籽油、花生油、蔬菜油
橄欖油
橄欖（如：黑橄欖）
洋蔥：綠、紅、西班牙、維塔莉亞
　洋蔥
牡蠣
紅椒
扁葉荷蘭芹
歐洲防風草塊根
豌豆
胡椒：黑、白胡椒

豬肉與五花肉
野生韭蔥
迷迭香
蕪青甘藍
番紅花
鼠尾草
沙拉
鹽：猶太鹽、海鹽
鹽水鱈魚
香腸：西班牙辣香腸、義大利香
　腸
香薄荷
青蔥
紅蔥頭
酸模
酸奶油
菠菜（如：印度料理）
冬南瓜（如：白胡桃瓜）
牛排
高湯：雞、蔬菜高湯
番薯
百里香
番茄
黑松露

薑黃
蕪菁
根莖類蔬菜
油醋醬
醋：香檳酒醋、雪莉酒醋、白酒醋
干白酒
優格

對味組合
馬鈴薯＋培根＋乳酪＋洋蔥
馬鈴薯＋細香蔥＋酸奶油
馬鈴薯＋鮮奶油＋蒜頭＋帕瑪乳
　　酪＋迷迭香
馬鈴薯＋鮮奶油＋韭蔥＋牡蠣
馬鈴薯＋葛黎耶和乳酪＋冬南瓜
馬鈴薯＋韭蔥＋肉豆蔻

新薯 Potatoes, New [4]
季節：春－夏
分量感：中等
風味強度：清淡
料理方式：沸煮、烘烤、蒸煮
小祕訣：最好不要烘焙或油炸

細香蔥
鮮奶油
蒜頭
薄荷
橄欖油
紅椒
荷蘭芹
黑胡椒
迷迭香
鹽
香薄荷
紅蔥頭
龍蒿
百里香
醋

對味組合
新薯＋蒜頭＋紅蔥頭＋龍蒿＋醋

----

[4] 新薯指尚未發育成熟、體積較小、皮較薄
　 的馬鈴薯

禽肉 Poultry
（參見雞肉、火雞等等）

義式乾醃火腿 Prosciutto
味道：鹹
分量感：輕盈－中等（依據肉片
　　厚薄而定）
風味強度：溫和

杏仁
蘋果
芝麻菜
蘆筍
羅勒
乳酪：芳汀那、葛黎耶和、帕瑪、
　　波伏洛乳酪
栗子
雞肉
菊苣
芫荽葉
小茴香
無花果
葡萄
榛果
蜂蜜
義大利料理
檸檬汁
萊姆汁
甜瓜*（尤以洋香瓜、蜜露瓜為佳）
菇蕈類
芥末（尤以第戎芥末籽為佳）
油桃
橄欖油
義式麵食
西洋梨
胡椒：黑、白胡椒
松子
石榴糖蜜
鼠尾草
菠菜

番茄
核桃

黑李乾 Prunes（參見洋李乾）

南瓜 Pumpkin
（同時參見冬南瓜）
季節：秋
味道：甜
分量感：中等－厚實
風味強度：溫和
料理方式：烘焙、燜燒、燒烤、調
　　理成濃湯、烘烤

多香果
義大利阿瑪瑞提餅乾屑
蘋果
月桂葉
白蘭地（尤以蘋果白蘭地為佳）
無鹽奶油
焦糖
胡蘿蔔
卡宴辣椒
乳酪：費達、葛黎耶和、帕瑪乳酪
辣椒
白巧克力
芫荽葉
肉桂
丁香
椰子
干邑白蘭地
蔓越莓
鮮奶油
奶油乳酪
英式香草奶油醬
法式酸奶油
孜然
咖哩
卡士達
鴨肉

主廚私房菜 DISHES

聖丹尼爾義式乾醃火腿，搭配黑胡椒厚片香蒜麵包與無花果
——馬利歐·巴達利（Mario Batali），BABBO，紐約市

無花果與義式乾醃火腿披薩
——陶德·英格里遜（Todd English），FIGS，麻州查理鎮

主廚私房菜　DISHES

大南瓜＋黑糖＋肉桂風味天婦羅
——格蘭特・阿卡茲（Grant Achatz），ALINEA，芝加哥

大南瓜月亮餅，搭配奶油、鼠尾草以及杏仁小甜餅（amaretti）
——馬利歐・巴達利（Mario Batali），BABBO，紐約市

南瓜泥與奶油乳酪卡士達，搭配柳橙蘭姆葡萄乾
——吉娜・德帕爾馬（Gina DePalma），BABBO，紐約市

烤鳳梨與加勒比海南瓜沙拉，搭配南瓜籽與可可豆油醋醬
——馬里雪兒・普西拉（Maricel Presilla），ZAFRA，紐澤西州霍博肯市

蒜頭
薑：生薑、薑粉
榛果
蜂蜜
義大利料理
金桔
檸檬汁
萊姆汁
龍蝦
豆蔻皮粉
楓糖漿
墨角蘭
糖蜜
菇蕈類

肉豆蔻
堅果
燕麥粉
油：芝麻油、蔬菜油
橄欖油
洋蔥：紅、白洋蔥
柳橙：橙汁、碎橙皮
柳橙香甜酒（如：金萬利香橙甜
　　酒）
牡蠣
義式麵食（如：義式方麵餃、義式
　　圓肉餃）
美洲山核桃
胡椒：黑、白胡椒

松子
豬肉
馬鈴薯
南瓜：南瓜油、南瓜籽油
紫葉菊苣
葡萄乾
義式燉飯
迷迭香
蘭姆酒（尤以深色蘭姆酒為佳）
鼠尾草
猶太鹽
扇貝
蝦
湯
酸奶油

CHEF'S TALK

用**南瓜**甚至番薯來搭配多香果、肉桂、薑以及丁香，這樣的組合風味絕佳。如果你用的是已添加香料的罐裝南瓜，那麼南瓜會有點走味且不自然。香料的用量則取決於你的喜好，典型的作法是薑與肉桂等量，而多香果與丁香的分量則少一點，因為後者的風味極強。
——艾蜜莉・盧契提（Emily Luchetti），FARALLON，舊金山

菜餚中若加入南瓜汁或白胡桃瓜汁，會讓這道菜變得非常有特色。它們能強化菜餚風味，讓整道料理嘗起來更具天然風味。
——安德魯・卡梅利尼（Andrew Carmellini），A VOCE，紐約市

我必須為一本素食食譜創造出一道素食料理，於是我用洋菜調理出一道**南瓜椰奶卡士達**，這道點心實在太美味了，所以我也把它放進餐廳的菜單中。
——布萊德福特・湯普森（Bradford Thompson），MARY ELAINE'S AT THE PHOENICIAN，亞利桑那州斯科茨代爾市

以月桂葉來搭配**南瓜**，會讓南瓜嘗起來更有南瓜味。
——傑瑞・特勞費德（Jerry Traunfeld），THE HERBFARM，華盛頓州伍德菲爾市

我是在超市邊逛邊找**南瓜**時，得到南瓜派湯的靈感。當時我在心裡琢磨自己究竟喜歡什麼方式調理出來的南瓜？我喜歡南瓜派，而且認為它真的可以調理成一道吸引人的湯品。於是就做出這道南瓜湯，同時還發現南瓜湯加入香料極為美味，湯中還加了些煙燻鴨肉。我希望有些對比的風味，於是湯中再加些甜蛋白霜做為裝飾。然後還需要一些東西平衡濃稠口感，所以上桌前再放上一塊派皮以及爽脆可口的烤美洲山核桃。
——包柏・亞科沃內（Bob Iacovone），CUVÉE，紐奧良市

燉煮料理
雞高湯
糖：黑糖、白糖
番薯
感恩節餐點
百里香
蕪菁
香莢蘭
巴薩米克香醋
核桃
干白酒
甜酒
優格

南瓜籽 Pumpkin Seeds

季節：秋
分量感：輕盈
風味強度：清淡
料理方式：烘焙、烘烤

焦糖
哈拉佩諾辣椒
芫荽葉
芫荽
孜然
墨西哥料理
鹽

馬齒莧 Purslane

季節：夏
味道：酸
分量感：輕盈
風味強度：溫和
料理方式：生食、煎炒

四季豆
黃瓜
蒜頭
香草：細葉香芹、芫荽葉、薄荷
橄欖油
煙燻鱒魚

對味組合

南瓜＋多香果＋月桂葉＋肉桂＋鹽
南瓜＋多香果＋肉桂＋薑
南瓜＋義大利阿瑪瑞提餅乾屑＋奶油＋義式麵食＋鼠尾草
南瓜＋蘋果＋咖哩
南瓜＋黑糖＋松子
南瓜＋奶油＋蒜頭＋雞肉高湯＋百里香
南瓜＋辣椒＋蒜頭
南瓜＋奶油乳酪＋柳橙＋蘭姆酒
南瓜＋奶油乳酪＋南瓜籽＋糖
南瓜＋卡士達＋蒜頭
南瓜＋蜂蜜＋巴薩米克香醋
南瓜＋橄欖油＋迷迭香

主廚私房菜 | DISHES

南瓜籽：以孜然、芫荽、以及哈拉佩諾辣椒調味的烤南瓜籽
——崔西・德・耶丁（Traci Des Jardins），MIJITA，舊金山

芫荽葉與南瓜籽青醬
——傑瑞・特勞費德（Jerry Traunfeld），THE HERBFARM，華盛頓州伍德菲爾市

番茄
白酒醋
優格

鵪鶉 Quail

季節：晚春－秋
分量感：輕盈－中等
風味強度：清淡－溫和
料理方式：燜燒、炙烤、燒烤、烤
　　煎、烘烤、煎炒

杏仁
鰻魚
小茴香酒
蘋果
芝麻菜
培根
月桂葉
燈籠椒（尤以紅燈籠椒為佳）
波本酒

CHEF'S TALK

野生馬齒莧具有檸檬香味及蠟質葉面。它讓我想到一道沙拉：長度僅約七公分的嫩四季豆，搭配馬齒莧、白酒醋與利古里亞橄欖油。
——麥克・安東尼（Michael Anthony），GRAMERCY TAVERN，紐約市

白蘭地
無鹽奶油
續隨子
小豆蔻
胡蘿蔔
蒸菜
栗子
雞肝
辣椒（尤以青辣椒為佳）
辣椒粉
肉桂
丁香
椰子
干邑白蘭地
芫荽
鮮奶油
孜然
穗醋栗
咖哩
蒲公英軟葉
小茴香
無花果
鵝肝
綠捲鬚生菜
蒜頭
生薑或薑粉

葡萄（尤以無籽葡萄為佳）
火腿
蜂蜜
義大利料理
韭蔥
檸檬汁
扁豆
楓糖漿
墨角蘭
薄荷
糖蜜
野生菇蕈類
第戎芥末
油：菜籽油、花生油、芝麻油、蔬菜油
橄欖油
青蔥
柳橙：橙汁、碎橙皮
牡蠣
義大利培根

扁葉荷蘭芹
西洋梨
豌豆
胡椒：黑、粉紅胡椒
松子
開心果
義式玉米餅
石榴與石榴糖蜜
馬鈴薯（尤以質地濃稠的馬鈴薯為佳）
義式乾醃火腿
迷迭香
番紅花
鼠尾草
蒜葉婆羅門參
鹽
香腸
青蔥
紅蔥頭
雪莉酒

醬油
高湯：雞、蔬菜高湯
餡料
黑糖
鹽膚木
塔巴斯科辣椒醬
羅望子
龍蒿
百里香
番茄糊
白松露
油醋醬
醋：巴薩米克香醋、紅酒醋、雪莉酒醋
核桃
酒：紅酒、白酒

對味組合
鵪鶉＋芝麻菜＋石榴
鵪鶉＋培根＋芽菜
鵪鶉＋培根＋蒜頭＋檸檬
鵪鶉＋波本酒＋糖蜜＋西洋梨
鵪鶉＋酒杯蘑菇＋龍蒿＋番茄
鵪鶉＋肉桂＋鹽膚木
鵪鶉＋無花果＋油醋醬
鵪鶉＋墨角蘭＋橄欖油＋迷迭香＋鼠尾草＋百里香

> **CHEF'S TALK**
>
> **鵪鶉**的肉質過於細嫩，不適合以迷迭香來調味，所以我喜歡用一點薰衣草、粉紅胡椒粒以及些許鹽之花。
> ——雪倫・哈格（Sharon Hage），YORK STREET，達拉斯市

主廚私房菜 DISHES

鵪鶉玉米麵包＋鵪鶉胸肉鑲入美洲山核桃＋油封鵪鶉腿＋甜玉米布丁＋酒杯蘑菇
——傑弗瑞・布本（Jeffrey Buben），VIDALIA，華盛頓特區

蜜汁鵪鶉，搭配焦糖球莖茴香與甌柑果醬
——湯馬士・凱勒（Thomas Keller），THE FRENCH LAUNDRY，加州揚特維爾市

蜜汁核桃鵪鶉，搭配有機莢豆、香菇、蘋果枝煙燻培根的燉肉鍋
——加柏利兒・克魯德（Gabriel Kreuther），THE MODERN，紐約市

串烤鵪鶉與 La Quercia 美式乾醃火腿，搭配奧地利手指馬鈴薯泥、烤橡果形南瓜、紅珍珠洋蔥、瑞士茶菜與龍蒿
——凱莉・納哈貝迪恩（Carrie Nahabedian），NAHA，芝加哥

雙叉德州鵪鶉，搭配以蘋果、榛果燜燒的甘藍菜
——莫妮卡・波普（Monica Pope），T'AFIA，休斯頓

烤鵪鶉，搭配煙燻培根、球芽甘藍以及鵪鶉醬汁
——希蕊・拉圖拉（Thierry Rautureau），ROVER'S，西雅圖

芫荽鵪鶉鬆餅，搭配椰子咖哩蔬菜
——維克拉姆・維基與梅魯・達瓦拉（Vikram Vij and Meeru Dhalwala），VIJ'S，溫哥華

法式綜合香料 Quatre Épices
牛肉（尤以燜燒的牛肉為佳）
熟肉店販賣的各式熟肉
鴨肉
鵝肝
法式料理
野味
法式肉派
香腸
湯
燉煮料理
蔬菜
鹿肉（尤以燜燒為佳）

對味組合
丁香（多香果或肉桂）＋薑＋肉豆蔻＋黑胡椒與／或白胡椒

榲桲 Quince

季節：秋
味道：酸
分量感：中等
風味強度：溫和
料理方式：烘焙、水煮、燉煮

杏仁
蘋果 *：蘋果果實、蘋果汁
阿瑪涅克白蘭地
月桂葉
牛肉
白蘭地
無鹽奶油
卡巴杜斯蘋果酒
焦糖
小豆蔻
**乳酪（尤以山羊、蒙契格、瑞可達
　　乳酪為佳**，以及搭配榲桲糊的
　　乳酪為佳）
櫻桃
雞肉
肉桂
丁香
蔓越莓
鮮奶油與冰淇淋
卡士達
椰棗
無花果（尤以無花果乾為佳）
水果乾（尤以杏桃乾、櫻桃乾、洋
　　李乾為佳）
薑
榛果
蜂蜜
果醬與果凍
金桔
羊肉
檸檬汁
堅果香甜酒
楓糖漿
馬士卡彭乳酪
肉類
肉豆蔻
柳橙
西洋梨 *
美洲山核桃
黑胡椒

派（如：蘋果派）
開心果
禽肉
葡萄乾
覆盆子
西班牙料理（榲桲糊）
八角
糖：黑糖、白糖
香莢蘭
核桃
威士忌
酒：紅酒、甜酒
白酒（如：麗絲玲白酒）
優格

兔肉 Rabbit in General
（同時參見野味）

季節：秋－冬
味道：甜－澀
質性：性熱
分量感：中等
風味強度：清淡－溫和
料理方式：炭烤、燜燒（尤以腳與
　　腿部為佳）、炙烤、燒烤、烘烤、
　　煎炒、燉煮

杏仁
蘋果

主廚私房菜 | DISHES

烘烤榲桲＋鵝肝＋糖漬茴香搭配甜味香料
——格蘭特・阿卡茲（Grant Achatz），ALINEA，芝加哥

榲桲與馬科納杏仁酥＋馬士卡彭乳酪雪酪＋佩德羅－希梅內斯雪莉酒
焦糖醬
——伊莉莎白・達爾（Elizabeth Dahl），NAHA糕點主廚，芝加哥

榲桲餡料的楓糖威士忌蛋糕，搭配山羊乳酪冰淇淋
——多明尼克和欣迪杜比（Dominique and Cindy Duby），WILD SWEETS，溫哥華

青蘋果雪酪＋榲桲＋藜麥＋美洲山核桃
——強尼・尤西尼（Johnny Iuzzini），JEAN GEORGES糕點主廚，紐約市

CHEF'S TALK

榲桲有一種特別的味道，而且無法剝皮後食用，因此永遠不會成為主
流食物。不過倘若花些心思把榲桲去皮久煮，它的風味會比蘋果或西
洋梨更好。
——艾蜜莉・盧契提（Emily Luchetti），FARALLON，舊金山

朝鮮薊
芝麻菜
白蘆筍
培根（尤以煙燻炭烤培根為佳）
炭烤醬汁
羅勒
月桂葉
豆類：蠶豆、四季豆、白豆
啤酒
燈籠椒
白蘭地
麵包粉
無鹽奶油
甘藍（尤以紅葉甘藍為佳）
胡蘿蔔
卡宴辣椒
芹菜根
櫻桃
細葉香芹
辣椒（尤以泰國辣椒為佳）
細香蔥
巧克力（尤以黑巧克力為佳）
蘋果酒
芫荽葉
肉桂
丁香
椰奶
芫荽

主廚私房菜 DISHES

兔肉墨西哥玉米捲（enchiladas），搭配紅辣椒摩爾醬與南瓜籽
——羅伯特戴爾，葛蘭德（Robert Del Grande），於 2003 年詹姆士比爾德獎慶祝酒會

燜燒兔肉，搭配冬季蔬菜、Abita 啤酒麵包以及松露調味的防風草根
——包柏·亞科沃內（Bob Iacovone），CUVÉE，紐奧良

烤兔腰肉，搭配以油漬蒜味馬鈴薯泥、蘋果枝煙燻培根肉、舞菇、蜜汁
嫩胡蘿蔔與蕪菁調理的兔肉燉鍋
——凱莉·納哈貝迪恩（Carrie Nahabedian），NAHA，芝加哥

烤兔腰脊肉，搭配根莖類蔬菜、綠扁豆以及野味肉汁
——希區·拉圖拉（Thierry Rautureau），ROVER'S，西雅圖

Arneis 白酒燜兔肉，搭配鷹嘴豆可麗餅與義大利培根
——荷莉·史密斯（Holly Smith），CAFÉ JUANITA，西雅圖

法式兔肉清湯＋羊肚菌＋豌豆＋薰衣草濃醬
——瑞克·特拉滿都（Rick Tramonto），TRU，芝加哥

玉米
鮮奶油
孜然
穗醋栗（如：穗醋栗果凍）
泰式黃咖哩醬
小茴香葉
小茴香籽
泰國魚露
法式料理
蒜頭
薑
榛果
義大利料理
韭蔥
檸檬：檸檬汁、碎檸檬皮
檸檬草
萊姆：萊姆汁、萊姆葉
瑪莎拉酒
地中海料理
薄荷
綜合蔬菜高湯
菇蕈類
芥末：第戎芥末、乾芥末
油：菜籽油、葡萄籽油、榛果油、
　　花生油、蔬菜油、核桃油
橄欖油
橄欖（尤以綠橄欖、黑橄欖、卡拉
　　瑪塔橄欖為佳）
洋蔥（尤以珍珠、西班牙、黃洋蔥
　　為佳）

碎橙皮
奧勒岡
義大利培根
紅椒：煙燻、甜紅椒
扁葉荷蘭芹
義式麵食/麵條、蛋麵
胡椒：黑、粉紅、白胡椒
松子
洋李
波特酒
馬鈴薯
黑李乾
米與義式燉飯
迷迭香
番紅花

鼠尾草
鹽：猶太鹽、海鹽
芝麻籽
紅蔥頭
醬油
菠菜
八角
高湯：雞、兔肉、小牛高湯
糖（一撮）
塔巴斯科辣椒醬
龍蒿
百里香
番茄與番茄糊
蔬菜
濃湯
醋：巴薩米克香醋、蘋果紅酒酒、
　　雪莉酒、白酒
酒：干紅酒、干白酒（如：麗絲玲
　　白酒）、香檳酒

對味組合

兔肉＋培根＋迷迭香
兔肉＋蒜頭＋馬鈴薯＋迷迭香＋
　　紅蔥頭
兔肉＋菇蕈類＋麵條
兔肉＋菇蕈類＋龍蒿
兔肉＋芥末＋紅酒
兔肉＋醋＋紅酒
兔肉＋迷迭香＋番茄
兔肉＋紅蔥頭＋白豆

CHEF'S TALK

我自己非常自豪的一道料理，就是以綠橄欖、紅蔥頭、墨角蘭以及小
茴香醬搭配的的兔腰脊肉。這道料理清淡爽口且風味調和，讓我想起
了義大利利古里亞區域的風味。菜餚中的橄欖帶有鹹味，墨角蘭味道
強烈，而小茴香則鮮甜無比。我們推出這道菜已經超過一年了，這可
是我試了好幾次才成功的。我試使用黑橄欖，但黑橄欖的味道過於
強烈。我也試過迷迭香，但它的土味太重了。我還試過球芽甘藍，不
過它有點苦，無法像鮮甜的小茴香那樣融合整道料理。雖然這樣的風
味組合並不適合兔腰脊肉，不過黑橄欖與迷迭香的風味卻讓我想到可
以加入一些兔肝，甚至放入整隻帶骨兔肉。這樣搭配的確可行。兩道
料理各有所長，以綠橄欖搭配兔腰脊肉風味較精緻，而黑橄欖搭配帶
骨兔肉則風味樸實。兩道料理都很受顧客喜愛。
——奧德特·法達（Odette Fada），SAN DOMENICO，紐約市

紫葉菊苣 Radicchio

季節：全年

味道：苦

分量感：中等－厚實

風味強度：溫和－濃烈

料理方式：燜燒、燒烤、烘烤、大
火油煎

鰻魚
蘋果
芝麻菜
培根
豆類（尤以豆莢、白豆為佳）
牛肉
奶油
續隨子
乳酪（尤以味道嗆濃的乳酪與／
或愛亞格、藍黴、乾傑克、費達、
**戈根索拉、葛黎耶和、帕瑪乳
酪**為佳）
雞肉（尤以烘烤的雞肉為佳）
細香蔥
鴨肉
蛋（尤以沸煮至全熟的蛋為佳）
茴菜
小茴香
無花果
魚
蒜頭
山葵
義大利料理
羊肉
檸檬：檸檬汁、碎檸檬皮
萊姆汁
龍蝦
野生菇蕈類
第戎芥末
玉米油
橄欖油
紅洋蔥
柳橙：橙汁、碎橙皮
義大利培根
扁葉荷蘭芹
義式麵食
西洋梨
美洲山核桃
胡椒：黑、白胡椒

松子
披薩
豬肉
禽肉
義式乾醃火腿
南瓜與南瓜油
紅椒粉
義式燉飯
迷迭香
沙拉與沙拉醬汁
義式煙燻肉品
鹽
海鮮（尤以燒烤或烘烤的海鮮為
佳）
紅蔥頭
蝦
乳鴿
醋：**巴薩米克香醋**、紅酒醋、雪莉
酒醋
核桃
干白酒

對味組合

紫葉菊苣＋芝麻菜＋茴菜
紫葉菊苣＋愛亞格乳酪＋橄欖油＋巴薩米克香醋
紫葉菊苣＋鴨肉＋義式燉飯＋濃縮巴薩米克香醋
紫葉菊苣＋小茴香＋義式乾醃火腿
紫葉菊苣＋戈根索拉乳酪＋西洋梨
紫葉菊苣＋全熟沸煮蛋＋橄欖油＋義式乾醃火腿＋雪莉酒醋＋核桃
紫葉菊苣＋菇蕈類＋義式燉飯＋巴薩米克香醋

櫻桃蘿蔔 Radishes

季節：春－秋

味道：嗆

質性：性熱

分量感：輕盈

風味強度：溫和－濃烈

料理方式：燜燒、生食

鰻魚
酪梨
羅勒
麵包：法國麵包、黑麥麵包
奶油（尤以甜奶油為佳）
芹菜
乳酪（尤以藍黴、費達乳酪為佳）
細葉香芹
細香蔥
芫荽葉
蟹
鮮奶油
奶油乳酪
黃瓜

CHEF'S TALK

要決定食材的最佳呈現方式，最重要的就是品嘗它。剛收成的紫葉菊
苣，味道很苦，所以不適合用來調製成沙拉。於是我們用它來調製義
大利青醬或當做裝飾。
——莫妮卡・波普（Monica Pope），T'AFIA，休斯頓

主廚私房菜 DISHES

燒烤特雷索維紫葉菊苣，搭配愛亞格乳酪與山葵
——馬利歐・巴達利（Mario Batali），BABBO，紐約市

紫葉菊苣沙拉，搭配帕瑪乳酪、巴薩米克油醋醬
——曾根廣（Hiro Sone）與麗莎・杜瑪尼（Lissa Doumani），TERRA，加州聖海琳娜市

每年總會有段時間，市場中隨處可見**櫻桃蘿蔔**的蹤跡。這段時間長達數個月，看到你厭煩了為止。我只能用這種櫻桃蘿蔔創造出一些新花樣，於是便創造出一道搭配龍蝦的櫻桃蘿蔔沙拉。我們先氽燙櫻桃蘿蔔，再拌入一點嫩薑，就完成這道帶著辣勁又美味的沙拉。至於龍蝦醬料則以洋蔥泥與開心果油醋醬混合後，加入一些生薑醃汁來提味，最後撒上一些烤開心果與開心果油就大功告成了。開心果與開心果油增進了整道料理風味的深度，增添一股大地風味。

——麥克・安東尼（Michael Anthony），GRAMERCY TAVERN，紐約市

咖哩粉
蒔蘿
小茴香
魚（尤以白肉魚為佳）
檸檬汁
萵苣
龍蝦
歐當歸
墨角蘭
薄荷
橄欖油
洋蔥
柳橙：柳橙果實、果汁
奧勒岡
扁葉荷蘭芹
西洋梨
美洲山核桃
胡椒
迷迭香
沙拉
鹽（尤以海鹽為佳）
青蔥
芝麻油
紅蔥頭
蝦
醬油
玉溜
百里香
油醋醬
醋：蘋果酒醋、白酒醋

對味組合
櫻桃蘿蔔＋麵包＋奶油＋鹽

葡萄乾 Raisins
味道：甜
分量感：中等
風味強度：溫和
料理方式：烘焙、生食、燉煮

多香果
杏仁
洋茴香
蘋果
杏桃乾
烘焙食物（如：餅乾）
香蕉
白蘭地
早餐（如：麥片、燕麥粉）
無鹽奶油
白脫乳
焦糖
胡蘿蔔
乳酪：山羊、瑞可達乳酪
栗子

巧克力：黑、白巧克力
肉桂
丁香
干邑白蘭地
法式酸奶油
穗醋栗
卡士達
椰棗
甜點
無花果乾
薑
榛果
蜂蜜
冰淇淋
印度料理
義大利料理（尤以威尼斯料理為佳）
檸檬：檸檬汁、碎檸檬皮
堅果香甜酒
楓糖漿
馬士卡彭乳酪
摩爾醬
摩洛哥料理
肉豆蔻
堅果
燕麥粉
柳橙：橙汁、碎橙皮
花生
西洋梨
美洲山核桃
松子
開心果
黑李乾

南瓜
楊梓
葡萄乾
米（如：米布丁）
蘭姆酒
沙拉
酸奶油
美國南方安逸香甜酒
餡料
糖：黑糖、白糖
番薯
香莢蘭
核桃
威士忌
酒：紅酒、甜酒、白酒
優格

對味組合
葡萄乾＋柳橙＋蘭姆酒

野生韭蔥 Ramps
（亦即野生韭蔥；同時參見韭蔥、
洋蔥與青蔥）
季節：春－夏
分量感：輕盈
風味強度：清淡－溫和
料理方式：熟食、生食

蘆筍
培根
奶油
胡蘿蔔
帕瑪乳酪
雞肉
細香蔥
鮮奶油
乾醃肉品（如：煙燻培根）
魚（如：大比目魚、鮭魚、鱒魚）
火腿
綠扁豆

野生菇蕈類（如：羊肚菌）
橄欖油
洋蔥
義式麵食
黑胡椒
豬肉
馬鈴薯（尤以新鮮馬鈴薯為佳）
義式乾醃火腿
義式燉飯
紅蔥頭
雞高湯
白酒

對味組合
野生韭蔥＋蘆筍＋羊肚菌
野生韭蔥＋扁豆＋豬肉
野生韭蔥＋帕瑪乳酪＋義式燉飯
野生韭蔥＋義式麵食＋煙燻培根

覆盆子 Raspberries
季節：夏
味道：甜
分量感：輕盈
風味強度：清淡－溫和

杏仁
杏桃
冷飲
黑莓
藍莓
白蘭地（尤以漿果風味的白蘭地
　　為佳）
白脫乳
焦糖
香檳酒
乳酪：山羊、瑞可達乳酪
巧克力（尤以某些黑巧克力為佳）
白巧克力*
肉桂
丁香

干邑白蘭地
君度橙酒
透明玉米糖漿
鮮奶油
英式香草奶油醬
法式酸奶油
穗醋栗（尤以紅穗醋栗為佳）
卡士達
甜點
無花果（尤以新鮮無花果為佳）
覆盆子啤酒
薑
全麥餅乾
金萬利香橙甜酒
葡萄柚
葡萄
榛果
蜂蜜
香莢蘭**冰淇淋**
果醬
櫻桃白蘭地
檸檬：檸檬汁、碎檸檬皮
檸檬馬鞭草
萊姆：萊姆汁、碎萊姆皮
香甜酒（尤以漿果香甜酒、堅果
　　香甜酒為佳）
夏威夷豆
芒果
楓糖漿
馬士卡彭乳酪
甜瓜
蛋白霜烤餅
甜煉乳
薄荷（裝飾用）
油桃
燕麥粉
柳橙：橙汁、碎橙皮
桃子
花生
西洋梨
美洲山核桃
鳳梨
松子
開心果
洋李
楊梓
醃漬覆盆子

火燒桃子（Flambéed Peaches），搭配可麗餅與覆盆子檸檬冰淇淋
——蓋瑞・丹可（Gary Danko），GARY DANKO，舊金山

覆盆子慕斯與八角瓦片餅
——多明尼克和欣迪杜比（Dominique and Cindy Duby），WILD SWEETS，溫哥華

杏仁塔，內餡為玫瑰鮮奶油、覆盆子荔枝冰沙，以及開心果英式鮮奶油
——麥克・萊斯寇尼思（Michael Laiskonis），LE BERNARDIN，紐約市

CHEF'S TALK

料理**覆盆子**時，我盡量不過度烹煮，問題是新鮮覆盆子的味道往往不佳。假如我要以覆盆子調製醬汁，即使是盛夏覆盆子的產季，我還是會使用冷凍覆盆子。只要沒有添加糖分或其他添加物，冷凍水果都還是可以使用。這些水果都是在果園中成熟後，直接採收並馬上冷凍起來。所以比起那些尚未成熟便採收、再放進小紙箱運送到各地的新鮮覆盆子，冷凍覆盆子的風味更佳。當然，當地農民市集的覆盆子，又是另一回事了。所以如果我想在夏季調製覆盆子醬汁，冷凍覆盆子的風味絕佳。不過話說回來，我們就不會用冷凍覆盆子來點綴水果塔。
——艾蜜莉・盧契提（Emily Luchetti），FARALLON，舊金山

大黃
深色蘭姆酒
沙拉：水果沙拉、綠葉沙拉
海鹽
醬汁
酸奶油
八角
草莓
糖：黑糖、白糖
龍舌蘭酒
酒：紅酒、甜酒（如：麗絲玲白酒）
香莢蘭
優格

避免
黑巧克力（某些料理）

對味組合
覆盆子＋杏仁＋檸檬
覆盆子＋杏仁＋香莢蘭
覆盆子＋鮮奶油＋八角
覆盆子＋法式酸奶油＋檸檬
覆盆子＋卡士達＋薄荷
覆盆子＋檸檬＋桃子
覆盆子＋糖＋香莢蘭＋白巧克力

大黃 Rhubarb
季節：晚春－夏
味道：酸
分量感：中等
風味強度：濃烈
料理方式：烘焙、製成泥、煎炒、燉煮

杏仁
歐白芷
蘋果
月桂葉
漿果
血橙
白蘭地
無鹽奶油
白脫乳
焦糖
小豆蔻
乳酪：藍黴、斯提爾頓乳酪
細香蔥
白巧克力
肉桂
柑橘類
水果

丁香
鮮奶油與冰淇淋
奶油乳酪
法式酸奶油
脆皮點心：糕餅、派
卡士達
鴨肉
蛋
小茴香
味道清淡的魚
鵝肝
水果
野禽
蒜頭
薑：生薑、薑糖、薑粉
金萬利香橙甜酒
葡萄柚
石榴汁飲料
榛果
蜂蜜
櫻桃白蘭地
檸檬：檸檬汁、碎檸檬皮
萊姆：萊姆汁、碎萊姆皮
肝
楓糖漿
馬士卡彭乳酪
薄荷（尤以綠薄荷為佳）
肉豆蔻
燕麥粉
花生油
洋蔥
柳橙汁
美洲山核桃
黑胡椒
派
洋李
豬肉
波特酒
覆盆子
鹽：猶太鹽、海鹽
酸奶油
草莓*
糖：黑糖、糖粉、白糖
鱒魚
香莢蘭
馬鞭草

油醋醬
醋：蘋果酒醋、覆盆子醋
野生米
甜白酒（如：麗絲玲白酒）
優格

對味組合

大黃＋血橙＋焦糖
大黃＋焦糖＋柳橙
大黃＋小豆蔻＋柳橙

大黃＋小豆蔻＋糖＋香莢蘭
大黃＋肉桂＋鮮奶油＋核桃
大黃＋奶油乳酪＋萊姆＋香莢蘭
大黃＋小茴香＋馬士卡彭乳酪
大黃＋蜂蜜＋檸檬＋香莢蘭
大黃＋檸檬＋優格
大黃＋薄荷＋柳橙
大黃＋薄荷＋糖＋香莢蘭
大黃＋斯提爾頓乳酪＋波特酒
大黃＋草莓＋香莢蘭

白米 White Rice in General
質性：性涼
分量感：輕盈－中等
風味強度：清淡
料理方式：水煮、蒸煮

洋茴香
培根
豆類
無鹽奶油
雞肉
肉桂
椰子與椰奶
鮮奶油／牛奶
咖哩粉
魚
泰國魚露
蒜頭
生薑
碎檸檬皮
肉類
堅果：杏仁、美洲山核桃、開心果、核桃
洋蔥
豌豆
葡萄乾
大黃
番紅花
鹽
貝蝦蟹類
蝦
高湯：雞、蔬菜高湯
糖
番茄
蔬菜

主廚私房菜 | DISHES

大黃冷湯，搭配柳橙薄荷莫札瑞拉乳牛乳酪
——吉娜·德帕爾馬（Gina DePalma），BABBO，紐約市

瑞可達乳酪蛋糕，搭配大黃與香莢蘭甜味鮮奶油
——吉娜·德帕爾馬（Gina DePalma），BABBO，紐約市

大黃斯提爾頓乳酪＋濃縮波特酒巧克力
——多明尼克和欣迪杜比（Dominique and Cindy Duby），WILD SWEETS，溫哥華

法式大黃清湯＋香莢蘭水煮大黃＋草莓脆片
——蓋爾·甘德（Gale Gand），TRU糕點主廚，芝加哥

香莢蘭優格慕斯＋糖煮大黃柑橘＋血橙雪酪＋濃果漿
——麥克·萊斯寇尼思（Michael Laiskonis），LE BERNARDIN，紐約市

剛出爐蘋果大黃倒塔，搭配大黃－格烏查曼尼葡萄果醬以及糖漬薑片法式酸奶油冰淇淋
——艾蜜莉·盧契提（Emily Luchetti），FARALLON糕點主廚，舊金山

大黃拿破崙派，搭配馬士卡彭乳酪鮮奶油以及糖煮小茴香
——艾利·尼爾森（Ellie Nelson），JARDINIÈRE糕點主廚，舊金山

傳統大黃脆片，搭配肉桂核桃冰淇淋
——麥克·羅曼諾（Michael Romano），UNION SQUARE CAFÉ，紐約市

大黃歐白芷派
——傑瑞·特勞費德（Jerry Traunfeld），THE HERBFARM，華盛頓州伍德菲爾市

大黃薄荷酥皮水果塔
——傑瑞·特勞費德（Jerry Traunfeld），THE HERBFARM，華盛頓州伍德菲爾市

CHEF'S TALK

我喜歡用焦糖和血橙汁來搭配大黃。血橙汁的風味比柳橙汁更有特色，而且血橙的產季和大黃勉強有交疊。我不是大黃甜點的愛好者，因為大黃點心的味道都很單調，不是非常酸，就是為了掩蓋酸味而調理得過甜。焦糖就很適合用來搭配大黃，因為它不會讓大黃過於甜膩。
——麥克·萊斯寇尼思（Michael Laiskonis），LE BERNARDIN，紐約市

春季能選擇的水果不多，所以幾乎只能選用大黃了。令人欣慰的是，大黃與卡士達以及冰淇淋均能完美搭配。
——傑瑞·特勞費德（Jerry Traunfeld），THE HERBFARM，華盛頓州伍德菲爾市

阿勃瑞歐米或卡納羅利米
Rice, Arborio or Carnaroli（亦即義式燉飯）

分量感：中等－厚實
風味強度：清淡
料理方式：煎炒、然後熬煮

芝麻菜
蘆筍
培根
羅勒
無鹽奶油
芹菜
帕瑪乳酪
雞肉
紅辣椒
細香蔥
蟹
小茴香
蒜頭
義大利料理

檸檬
檸檬百里香
碎萊姆皮
菇蕈類（如：酒杯蘑菇、羊肚菌、香菇）
貽貝
芥末籽
洋蔥
扁葉荷蘭芹
豌豆
黑胡椒
義式乾醃火腿
番紅花
青蔥

紅蔥頭
貝蝦蟹類
蝦
酸模
墨魚
高湯：雞、魚、蔬菜高湯
龍蒿
百里香
番茄
松露
小牛肉
苦艾酒
酒：干紅酒或白酒
節瓜花

對味組合
義式燉飯＋朝鮮薊＋檸檬＋義式乾醃火腿
義式燉飯＋蘆筍＋細葉香芹＋羊肚菌
義式燉飯＋蘆筍＋番紅花＋扇貝
義式燉飯＋培根＋白胡桃瓜＋楓糖漿＋鼠尾草
義式燉飯＋酒杯蘑菇＋節瓜花

義式燉飯＋西班牙辣香腸＋蛤蜊＋番紅花
義式燉飯＋玉米＋帕瑪乳酪＋青蔥
義式燉飯＋玉米＋帕瑪乳酪＋蝦
義式燉飯＋貽貝＋荷蘭芹＋豌豆
義式燉飯＋義大利培根＋帕瑪乳酪＋南瓜
義式燉飯＋豌豆＋義式乾醃火腿
義式燉飯＋甜洋蔥＋帕瑪乳酪
義式燉飯＋小牛肉＋黑松露

印度香米 Rice, Basmati
質性：性涼
分量感：輕盈
風味強度：清淡－溫和
料理方式：水煮、熬煮

杏仁
羅勒
月桂葉
燈籠椒
奶油
白脫乳
小豆蔻
雞肉
辣椒（尤以乾紅椒為佳）
肉桂
椰子
芫荽
鮮奶油／牛奶
孜然
穗醋栗
咖哩葉
小茴香籽
印度綜合香料
蒜頭
薑
印度料理
羊肉
檸檬
萊姆汁
牛奶
薄荷
堅果
油：菜籽油、夏威夷豆油
洋蔥（尤以、紅洋蔥為佳）
柳橙
豌豆

胡椒：黑、白胡椒
開心果
馬鈴薯
黃葡萄乾
番紅花
猶太鹽
菠菜
糖
百里香
番茄與番茄糊

茉莉香米 Rice, Jasmine
（參見泰式料理）

野生米 Rice, Wild
分量感：中等
風味強度：溫和
料理方式：熬煮

無鹽**奶油**
芹菜
野味
野禽
碎檸檬皮
美國中西部料理
油：榛果油、蔬菜油、核桃油
橄欖油
洋蔥
胡椒粉
松子
鹽
煙燻香腸
青蔥
雞高湯
龍蒿
核桃
干白酒

BOX

義式燉飯的作法
——紐約SAN DOMENICO的奧德特‧法達（Odette Fada）

我來自義大利北部，從小吃燉飯長大的。當時我們吃的主要是米蘭式燉飯（也就是番紅花燉飯，傳統上會搭配義式番茄燉小牛腿，或是搭配味道清淡的豬肉香腸並撒上一點碎迷迭香），但有時會把飯泡到湯裡，有時甚至簡單撒上乳酪絲就開動了。

我愛燉飯，因為料理時只需用上一隻鍋子，而且20分鐘就可以完成了！一般人認為製作燉飯要花很長的時間，但如果你準備的是一道魚料理，那麼清洗蔬菜、調製沙拉醬汁等步驟其實一樣耗時。

幾乎所有食材都能用來製作燉飯，我喜歡的食材則是水果、蔬菜或魚。我很愛的一種水果燉飯，就是以當季西洋梨與戈根索拉乳酪調製而成。梨子為燉飯添加一股鮮甜爽脆的口感。我也喜歡用義大利氣泡酒、草莓以及蕁麻來製作燉飯。

以野味來搭配藍莓果醬與菇蕈類，則是義大利秋季料理的經典組合。我們餐廳有一道燉飯，就是在上菜前才撒上一些藍莓和牛肝菌，這可是用了二十年多年的經典食譜。

我也喜歡以迷迭香、百里香或奧勒岡這類新鮮香草來搭配燉飯，最後再覆上薄薄一層味道溫和的豬頰肉油。豬油與燉飯融合得恰到好處，那滋味真是無與倫比。

搭配燉飯的食材，必須按照其特性來決定加入的順序。若是像漿果這類質地脆弱的食材，必須最後才加入以免碎爛。如果製作的是海鮮燉飯（如：章魚海鮮燉飯），那麼章魚就必須早點下鍋，這樣才有足夠時間煮熟。

麗絲玲白酒 Riesling

分量感：輕盈
風味強度：清淡－溫和

蘋果
乳酪（尤以藍黴、軟、三倍乳脂乳
　酪為佳）
雞肉
咖哩（尤以味道較溫和的咖哩為
　佳）
鴨肉
魚
水果（尤以夏季水果為佳）
火腿（尤以烘焙火腿為佳）
豬肉
沙拉
鮭魚
煙燻鮭魚
扇貝
海鮮
貝蝦蟹類
鱒魚（尤以煎炒的鱒魚為佳）

烘烤料理 Roasted Dishes

耶路薩冷朝鮮薊
牛肉
甜菜
胡蘿蔔
芹菜根
雞肉
小茴香
火腿
羊肉
洋蔥
歐洲防風草塊根
豬肉
馬鈴薯
蕪青甘藍
紅蔥頭
冬南瓜（如：白胡桃瓜）
火雞
蕪菁
小牛肉：小牛腰肉、小牛肋排
根莖類蔬菜
鹿肉
山芋

玫瑰 Rose
（玫瑰果、玫瑰花瓣、玫瑰水）

味道：甜
分量感：輕盈
風味強度：溫和－濃烈

杏仁
烘焙食物（如：蛋糕）
鮮奶油／牛奶
甜點
水果
蜂蜜
冰淇淋
印度甜點
檸檬
荔枝
開心果
覆盆子
米與米布丁
香莢蘭
優格

主廚私房菜 | DISHES

義式玫瑰杏仁奶酪
——吉娜・德帕爾馬（Gina DePalma），BABBO，紐約市

熱帶水果沙拉，搭配玫瑰水和甜芝麻糊優格
——布萊德・法爾米利（Brad Farmerie），PUBLIC，紐約市

CHEF'S TALK

花香若處理得當，效果會十分驚人。對我來說，花香是種特別的風味，因為這不是我過去習慣的味道。不過來自印度的人也許就認為這沒什麼大不了。

我喜歡三件式的組合。先運用兩種傳統食材，最後再加入第三種，以提升整個組合的層次。我自己有一道玫瑰風味甜點，靈感來自於法國糕點主廚皮耶・赫梅（Pierre Hermé）的覆盆子荔枝玫瑰馬卡龍，那是我這輩子嘗過最美妙的食物之一。我先在塔皮上塗上一層覆盆子汁，然後再放上一塊玫瑰凍糕（parfait），並搭配檸檬與開心果。我以三種不同形式來運用玫瑰，以免玫瑰的風味過於強勢。把用來製作玫瑰水的玫瑰花瓣浸在牛奶中，製作成玫瑰凍糕；接著加入玫瑰糖漿，以增添顏色與甜味；最後再運用玫瑰水。調理玫瑰時必須非常小心，因為一不小心就會像在喝香水。這就是我為什麼要大費周章，以三個層次來呈現一種風味了。
——麥克・萊斯寇尼思（Michael Laiskonis），LE BERNARDIN，紐約市

對味組合
玫瑰＋杏仁＋鮮奶油／牛奶
玫瑰＋蜂蜜＋優格
玫瑰＋檸檬＋開心果
玫瑰＋荔枝＋覆盆子

迷迭香 Rosemary
季節：全年
味道：嗆
分量感：厚實、硬葉
風味強度：濃烈
小祕訣：烹調初期即加入。冬季
　　迷迭香的味道較溫和，而夏季
　　時風味會較濃烈。

鯤魚
蘋果
杏桃
蘆筍
培根
烘焙食物（如：麵包、蛋糕、餅乾）
月桂葉
豆類（尤以乾豆、蠶豆、白豆、
　四季豆為佳）
沙拉
牛肉
燈籠椒
香料包（主要成分）
燜燒菜餚
麵包
球芽甘藍
奶油
甘藍
胡蘿蔔
白花椰菜
芹菜
雞肉（尤以燒烤的雞肉為佳）
細香蔥
鮮奶油
奶油乳酪
鴨肉
蛋與蛋類料理
茄子
小茴香
無花果
魚（尤以燒烤的魚為佳）
義大利扁麵包

法式料理（尤以普羅旺斯料理為
　佳）
水果
野味：兔肉、鹿肉
蒜頭*
琴酒
穀物
葡萄柚：葡萄柚汁、柚皮碎片
葡萄
燒烤料理（尤以燒烤的肉類與蔬
　菜為佳）
普羅旺斯綜合香草（主要成分）
蜂蜜
義大利料理
羊肉*
薰衣草
檸檬：檸檬汁、碎檸檬皮
檸檬馬鞭草
扁豆
萊姆：萊姆汁、碎萊姆皮
肝
歐當歸
鯖魚
滷汁醃醬
墨角蘭
肉類（尤以燒烤、烘烤的肉類為
　佳）
地中海料理
牛奶

薄荷
菇蕈類
貽貝
章魚
橄欖油
洋蔥
柳橙汁
奧勒岡
荷蘭芹
歐洲防風草塊根
義式麵食
西洋梨
豌豆
黑胡椒
披薩
義式玉米餅
豬肉
馬鈴薯
禽肉
紫葉菊苣
米
義式燉飯
烘烤肉
鼠尾草
鮭魚
沙丁魚
醬汁
香薄荷
扇貝（尤以燒烤的扇貝為佳）

CHEF'S TALK

迷迭香風味強烈，所以總是擔任料理的主角。迷迭香能與旗魚或鮪魚
這類味強質堅的魚類完美搭配，當然用它來搭配羊肉更是經典組合。
——大衛‧沃塔克（David Waltuck），CHANTERELLE，紐約市

迷迭香與蘋果及西洋梨也很對味。
——傑瑞‧特勞費德（Jerry Traunfeld），THE HERBFARM，華盛頓州伍德菲爾市

當我想到**迷迭香**，我就想到章魚。在酸漬海鮮中，迷迭香能與章魚、
黑橄欖以及馬鈴薯完美融合在一起。
——福島克也（Katsuya Fukushima），MINIBAR，華盛頓特區

迷迭香的風味對一般海鮮料理有可能過於強烈，除非這道海鮮料理本
身風味也夠強。我們會將貽貝串在迷迭香枝上，再用平底鍋油煎，如
此能為貽貝增添一股松香。
——傑瑞‧特勞費德（Jerry Traunfeld），THE HERBFARM，華盛頓州伍德菲爾市

迷迭香與柑橘類及蜂蜜搭配的效果頗佳。
——吉娜‧德帕爾馬（Gina DePalma），BABBO，紐約市

貝蝦蟹類
雪莉酒
蝦
湯
菠菜
小南瓜：夏南瓜、冬南瓜
牛排
燉煮料理
草莓
風味濃烈的食物
番薯
旗魚
百里香
番茄、番茄汁、番茄醬汁
鮪魚
小牛肉
蔬菜（尤以燒烤、烘烤的蔬菜為佳）
巴薩米克香醋
酒
節瓜（某些料理）

避免
玉米
中東料理
沙拉
節瓜（某些料理）

對味組合
迷迭香＋鰻魚＋蒜頭
迷迭香＋奶油＋檸檬
迷迭香＋蒜頭＋羊肉
迷迭香＋蒜頭＋檸檬
迷迭香＋蒜頭＋酒
迷迭香＋洋蔥＋馬鈴薯
迷迭香＋帕瑪乳酪＋義式玉米餅
迷迭香＋豬肉＋雪莉酒

蘭姆酒 Rum
分量感：輕盈－厚實（淡色至深色蘭姆酒）
風味強度：溫和－濃烈

蘋果：蘋果果實、蘋果汁
香蕉：香蕉果實、香蕉香甜酒
奶油
奶油糖果

加勒比海料理
胡蘿蔔汁
栗子
巧克力
肉桂
可口可樂
椰子：椰肉、椰奶、椰子水
鮮奶油與冰淇淋
水果汁
薑
葡萄柚
石榴汁飲料
檸檬汁
萊姆汁
楓糖漿
黑櫻桃香甜酒
薄荷
肉豆蔻
堅果
柳橙汁
百香果
鳳梨
南瓜
水果調酒（主要成分）
葡萄乾
香料：多香果、肉桂、肉豆蔻、八角
糖（尤以黑糖為佳）
熱帶水果
香莢蘭
苦艾酒：干苦艾酒、甜苦艾酒

對味組合
蘭姆酒＋蘋果＋奶油＋堅果＋香莢蘭
蘭姆酒＋蘋果＋胡蘿蔔汁＋香料
蘭姆酒＋蘋果＋肉桂＋南瓜
蘭姆酒＋椰子水＋熱帶水果
蘭姆酒＋萊姆＋香蕉＋糖
蘭姆酒＋萊姆＋薄荷＋糖
蘭姆酒＋萊姆＋鳳梨＋糖

俄羅斯料理 Russian Cuisine
甜菜
甘藍
葛縷子籽
魚子醬
芫荽葉
肉桂
丁香
孜然
蒔蘿
魚：醃漬魚、煙燻魚
水果與水果醬汁
蒜頭
薑
鯡魚
燒烤羊肉
沙威瑪與燒烤肉類
薄荷
菇蕈類
肉豆蔻
洋蔥
紅椒
荷蘭芹

黑胡椒
罌粟籽
馬鈴薯
番紅花
香腸
酸奶油
龍蒿
醋
伏特加
優格

對味組合
菇蕈類＋丁香＋胡椒＋醋

蕪青甘藍 Rutabagas
季節：秋－春
味道：甜
分量感：中等－厚實
風味強度：溫和－濃烈
料理方式：沸煮、燜燒、油炸、熬成濃湯、烘烤、蒸煮

多香果
蘋果
羅勒
月桂葉
甜菜
青花菜
澄清奶油
葛縷子籽
小豆蔻
胡蘿蔔
卡宴辣椒
芹菜
芹菜根
乳酪：藍黴、**葛黎耶和**、帕瑪乳酪
細香蔥
肉桂
鮮奶油
奶油乳酪
孜然

蒔蘿
鴨肉
蒜頭（尤以烘烤過的蒜頭為佳）
薑
苦味綠葉蔬菜
蜂蜜
羊肉
韭蔥
檸檬汁
豆蔻皮粉
楓糖漿
墨角蘭
芥末
肉豆蔻
橄欖油
洋蔥
碎橙皮
奧勒岡
荷蘭芹
歐洲防風草塊根
西洋梨
胡椒：黑、白胡椒
豬肉
馬鈴薯
兔肉
葡萄乾
迷迭香
番紅花
鼠尾草
鹽
香薄荷
青蔥
湯
白胡桃瓜
八角
雞高湯
番薯
龍蒿
百里香
番茄
鮪魚

蕪菁
香莢蘭
油醋醬／醋
水田芥

對味組合
蕪青甘藍＋蘋果＋楓糖漿
蕪青甘藍＋乳酪＋馬鈴薯
蕪青甘藍＋馬鈴薯＋迷迭香

番紅花 Saffron
味道：酸－甜－苦
質性：性涼
分量感：非常輕盈
風味強度：非常濃烈
小祕訣：於烹調後期才加入；烹調的熱度會引出番紅花的風味。這種橙色香料除了顏色漂亮，風味也迷人。只要一點點番紅花就足以完成一道菜餚，千萬別加過多。

洋茴香
朝鮮薊
蘆筍
羅勒
牛肉
馬賽魚湯
麵包
小豆蔻
胡蘿蔔
乳酪
雞肉
肉桂
柑橘類
丁香
芫荽
玉米
庫斯庫斯
鮮奶油與冰淇淋
孜然
咖哩
卡士達
茄子
蛋
小茴香
魚

主廚私房菜	DISHES

蘋果蕪青甘藍湯
——派翠克・歐康乃爾（Patrick O'Connell），THE INN AT LITTLE WASHINGTON，維吉尼亞州華盛頓市

| 主廚私房菜 | DISHES |

義式番紅花奶酪，搭配柑橘血橙綜合雪酪
——吉娜‧德帕爾馬（Gina DePalma），BABBO，紐約市

CHEF'S TALK

烹調西班牙料理時，手邊一定要有**番紅花**。番紅花與米飯、海鮮、肉類都很對味。你也可以把番紅花與鹽混合後調製成氣味迷人的番紅花鹽。番紅花也很適合用來調理沙拉。人們常忘記番紅花是一種花。把它撒在沙拉上，能為綠色生菜增添花香氣息。
——荷西‧安德烈（José Andrés），CAFÉ ATLÁNTICO，華盛頓特區

番紅花具有香甜的力量。它是搭配貝蝦蟹類的經典風味，不過若是在菜餚中嘗出番紅花的風味，那就表示加太多番紅花了。
——米契爾‧理查（Michel Richard），CITRONELLE，華盛頓特區

我想要做一道與眾不同的義式奶酪。有次我走在街上邊想著義大利料理，當時腦中突然浮現米蘭風味燉飯（通常會加入**番紅花**）。於是我從燉飯聯想到番紅花，並浮現在義式奶酪中添加番紅花的念頭。後來知名美食作家露絲‧雷克爾（Ruth Reichl）在《紐約時報》評論BABBO餐廳時提到這道點心，於是馬利歐（BABBO餐廳老闆）就告訴我，菜單上絕對不能拿掉這道點心！
番紅花有種鮮明的礦物質風味，用來搭配肉質細緻、帶有撲鼻花香的檸檬，真是風味絕佳。這麼多年來，我發現番紅花的風味會隨著搭配的水果而出現意料不到的變化。每種用來搭配番紅花的水果，最後呈現的不是花香，就是礦物質的味道。像蘋果、桃子、西洋梨、洋李以及無花果這類帶核的水果，都很適合以番紅花來調理。它同時也與血橙、金桔以及葡萄柚等柑橘類水果非常對味。不過，番紅花與漿果就不太搭調了。它會讓草莓風味變得平淡，讓蔓越莓成為災難一場。
——吉娜‧德帕爾馬（Gina DePalma），BABBO，紐約市

水果
野禽
蒜頭
薑
大比目魚
冰淇淋
印度料理
義大利料理
羊肉
韭蔥
美乃滋
肉類
地中海料理
中東料理
摩洛哥料理
菇蕈類
貽貝

北非料理
肉豆蔻
洋蔥（尤以西班牙、維塔莉亞洋蔥為佳）
柳橙
西班牙海鮮飯
紅椒
胡椒
馬鈴薯
兔肉
摩洛哥綜合香料（成分）
米*
義式燉飯*
醬汁
扇貝
貝蝦蟹類
蝦

湯（尤以雞湯、魚湯為佳）
西班牙料理
菠菜
冬南瓜
燉煮料理（尤以燉魚為佳）
番茄
大菱鮃
香莢蘭
小牛肉
蔬菜
優格

對味組合
番紅花＋魚＋米
番紅花＋薑＋香莢蘭
番紅花＋鮟鱇魚＋米

鼠尾草 Sage
季節：晚春－初夏
味道：甜、苦、酸
分量感：中等－厚實
風味強度：濃烈
小祕訣：需烹煮，不可生食。在烹調快完成前加入即可。

蘋果
蘆筍
月桂葉
豆類（尤以乾豆、四季豆為佳）
牛肉
藍莓
麵包
奶油
甘藍
葛縷子
胡蘿蔔
乳酪（尤以布利、費達、芳汀那、葛黎耶和、帕瑪、瑞可達乳酪為佳）
櫻桃（尤以櫻桃塔為佳）
雞肉（尤以烘烤的雞肉為佳）
鷹嘴豆
柑橘類
玉米
鮮奶油
奶油乳酪
鴨肉

茄子
蛋
歐洲料理
油脂類食物（尤以肉類為佳）
小茴香
魚（尤以富含油脂的魚為佳）
法式料理
野味
野禽
蒜頭
老薑
鵝肉
希臘料理
蜂蜜
義大利料理
羊肉
檸檬
檸檬香茉蘭（檸檬香蜂草、檸檬
　　百里香、檸檬馬鞭草）
肝
歐當歸
墨角蘭
肉類（尤以油脂豐潤或烘烤的肉
　　類為佳）
地中海料理
薄荷
菇蕈類
動物內臟
橄欖油
洋蔥
柳橙
奧勒岡
牡蠣（如：餡料）
義大利培根
紅椒
扁葉荷蘭芹
義式麵食（尤以義大利麵疙瘩、
　　義式方麵餃為佳）
西洋梨
豌豆
黑胡椒
豬肉*

馬鈴薯
禽肉
義式乾醃火腿
南瓜
米
豐潤濃郁的料理
迷迭香
沙拉：義大利麵沙拉、馬鈴薯沙拉
香腸
香薄荷
貝蝦蟹類
蝦
鰩魚
小火慢煮的菜餚
湯（尤以豆湯為佳）
西班牙料理
冬南瓜
牛排
燉煮料理
高湯
餡料
旗魚
百里香
番茄
鮪魚
火雞肉
小牛肉
蔬菜（尤以根莖類蔬菜為佳）
核桃

酒（尤以白酒為佳）

對味組合
鼠尾草＋墨角蘭＋百里香
鼠尾草＋荷蘭芹＋迷迭香＋百里
　　香
鼠尾草＋義式麵食＋核桃
鼠尾草＋餡料＋火雞＋核桃

清酒 Sake
分量感：輕盈
風味強度：清淡

黃瓜
魚
琴酒
日式料理
檸檬汁
萊姆汁
沙拉
生魚片與壽司
貝蝦蟹類
糖（純糖漿）
伏特加

對味組合
清酒＋黃瓜＋萊姆

沙拉 Salads
（同時參見萵苣等蔬菜）

在我們所食用的**沙拉**中，綠葉生菜是最主要的食材，所以無論你加入什麼，都必須能提升綠葉生菜的風味。萵苣本身的味道平淡無奇，所以要用油醋醬來提升風味。我們也會在沙拉中加入香草，但風味不能強過綠葉生菜，其風味必須非常細微且用量極少。通常我們用的是細香蔥或是新鮮荷蘭芹，或是兩者混合使用。我們也許還會加入一點薄荷，因為薄荷能凸顯綠葉生菜的風味。

——艾略克·瑞普特（Eric Ripert），LE BERNARDIN，紐約市

鮭魚 Salmon
（同時參見魚）

季節：春－早秋

分量感：中等

風味強度：溫和

料理方式：烘焙、燜燒、炙烤、燒烤、醃漬、平鍋煎、水煮、生食（如：生魚片、韃靼生鮭魚）、烘烤、煎炒、大火油煎、蒸煮

鰻魚

蘋果（尤以金冠蘋果或澳洲青蘋果與蘋果酒為佳）

朝鮮薊心

芝麻菜

蘆筍（佐餐蔬菜）

培根

烤肉醬

羅勒：羅勒葉、羅勒油

鱸魚

月桂葉

豆類：蠶豆、法國菜豆、白豆

甜菜

奶油檸檬白醬

麵包粉：普通麵包粉、日式麵包粉

球芽甘藍

無鹽**奶油**

甘藍（尤以綠葉甘藍、皺葉甘藍為佳）

續隨子

小豆蔻

胡蘿蔔

魚子醬

卡宴辣椒

芹菜

料理白帝王鮭
——紐約市 THE MODERN 的加柏利兒·克魯德（Gabriel Kreuther）

烘烤鮭魚，並搭配剛烤好、微焦的黃瓜。我很喜歡這樣的黃瓜，因為不常吃到。我還會使用市場上買到的當季青菜，現在這個季節就是青江菜與豌豆。由於鮭魚本身帶有甜味，所以我會加入一點鱒魚魚子醬來增添一些海洋鹹味。最後再加入一些山核桃木清湯就大功告成了。山核桃木清湯的製作方式：先煙燻一些山核桃木片，然後與刺柏漿果和胡椒粒用布包好，浸置於水中來熬煮湯底。此湯底能調製出帶有煙燻風味的清爽美味醬汁。由於鮭魚經常以煙燻調理，所以現在搭配鮭魚的「木頭高湯」完全符合邏輯。撈出木片後，需嘗一下味道以調整湯底的滋味。或許要加點水來沖淡木頭與煙燻味，也可能是得再濃縮來強化風味。之後加入以手持電動攪拌器打發的半乳鮮奶油，整道醬汁就完成了。

香檳酒
細葉香芹
辣椒：乾、新鮮、青、哈拉佩諾、紅、
　　泰國辣椒
細香蔥（裝飾用）
芫荽葉
肉桂
柑橘類
丁香
椰子：椰絲、椰奶
干邑白蘭地
芫荽
玉米
醃黃瓜
蟹
高脂鮮奶油
奶油乳酪
法式酸奶油
黃瓜
孜然
咖哩：咖哩葉、咖哩粉、咖哩醬（尤
　　以紅咖哩醬為佳）
白蘿蔔
蒔蘿
蛋：全熟沸煮蛋、芙蓉蛋
小茴香
小茴香籽
葫蘆巴籽
蒜頭
生薑
葡萄柚：葡萄柚汁、碎葡萄柚皮
苦味綠葉蔬菜
山葵
刺柏漿果
海帶
韭蔥
檸檬：檸檬汁、碎檸檬皮
醃漬檸檬
檸檬草
扁豆
萵苣（如：綠捲鬚生菜）
甘草
萊姆：萊姆汁、萊姆葉、碎萊姆皮
歐當歸
馬德拉酒
芒果
墨角蘭

BOX

料理杉板鮭魚
——波特蘭 PALEY'S PLACE 的維塔莉·佩利（Vitaly Paley）

　　鮭魚是美國西北料理中的重要食材。我們的鮭魚來自四面八方，從奧勒岡到阿拉斯加都有。

　　談到美國西北料理，第一個浮現的料理方法就是「杉板料理」（cedar planking），這是美國原住民使用的一種料理方式。在所有高級料理的食譜中，都會看到杉板料理的蹤跡，但問題是魚煮好之後，必須留下杉板，因為杉板比魚昂貴許多！所以這裡提供一個祕訣，可取代原有作法：到木柴廠找一些未處理過的杉木板，一大捆只要16美金。

　　要把杉板料理的特色發揮到極致，鮭魚須先用滷水或醃料醃過。我喜歡的醃料有兩種：一種是溼的、一種是乾的。溼式醃醬是將醬油與奶油雪莉酒以3:2的比例混合後，加入大量薑片、對半的蒜頭以及碎青蔥。雪莉酒能為鮭魚增添一股我喜愛的甜味。鮭魚浸泡於此醃料中數小時，就隨時可以燻烤了。

　　至於乾式塗料就傳統得多。以細孔刨刀刨下一些碎橙皮，再以3:2的比例混合黑糖與鹽，加入碎橙皮。糖、鹽與碎橙皮充分拌勻後，盡情搓揉於帶皮的鮭魚上，魚皮能避免魚肉過鹹或過甜。醃料中的糖能調和鹽的鹹味，並在焦糖化的過程中，很快地將魚的風味提升至另一個層次。食用的時候，甜味並不明顯，你只會覺得「這是什麼味道啊？」這樣靜置數小時後，輕輕將魚身上的醬料清除，就可以隨時上烤架了。3:2的糖鹽比例是很好的比例，因為在這樣的比例下，即使你讓魚多醃了半小時也沒有關係。

　　我建議先在杉板上輕輕塗一層橄欖油，然後把杉板置於烤爐上，再擺魚片。讓杉板燃燒，因為杉板燃燒會產生你夢寐以求的風味。當火苗接近魚肉時，蓋上蓋子將火悶熄，剩下的就交給煙來燻了。

CHEF'S TALK

自從我學會正確料理鮭魚之後，鮭魚就是我最愛的一種魚了。它適合各式各樣的料理方式：煙燻、醃製甚至生食。由於鮭魚的味道豐潤且富含油脂，所以不管是紅酒醬或簡單的油醋醬，幾乎都能完美搭配。
——米契爾·理查（Michel Richard），CITRONELLE，華盛頓特區

用番茄與鳳梨來搭配鮭魚：這要從1975年說起。當時有人給我一份番茄鳳梨沙拉的食譜，我不知道該用什麼來搭配，所以就只是把它記在心裡。今天，我會將番茄、鳳梨、少量增添酸味的白酒、味噌以及鮭魚頭一起烹煮，這種作法能融合並引出所有食材的風味。番茄與鳳梨一起烹煮會更有水果風味。而最後的成品嘗起來既不像番茄也不像鳳梨，而是一種全新風味。這道醬汁就是鮭魚的最佳佐醬。
——米契爾·理查（Michel Richard），CITRONELLE，華盛頓特區

主廚私房菜 | **DISHES**

醃漬鮭魚，搭配鷹嘴豆鬆餅、魚子醬和芥末
——湯姆·瓦倫提（Tom Valenti），QUEST，紐約市

主廚私房菜 ｜ DISHES

香煎鮭魚，搭配馬鈴薯、韭蔥以及芥末細香蔥醬汁
——莉迪亞・巴斯提安尼齊（Lidia Bastianich），FELIDIA，紐約市

開心果脆皮鮭魚排，搭配蒜味薯泥、香酥小茴香、芝麻菜、橄欖、烤燈籠椒以及鹹味奶油番茄醬
——鮑柏・金凱德（Bob Kinkead），KINHEAD'S，華盛頓特區

山葵脆皮野生鮭魚，搭配甘藍菜和麗絲玲白酒
——加柏利兒・克魯德（Gabriel Kreuther），THE MODERN，紐約市

自製醃漬鮭魚，搭配炒蛋、全黑麥麵包、法式香草酸奶油以及紅洋蔥
——湯尼・劉（Tony Liu），AUGUST，紐約市

香煎紅辣椒粉萊姆醃鮭魚，搭配味道強烈辛辣的綠番茄、哈拉佩諾辣椒和萊姆醬汁
——札瑞拉・馬特內茲（Zarela Martinez），ZARELA，紐約市

阿拉斯加野生紅帝王鮭＋育空馬鈴薯義式麵疙瘩＋燜燒朝鮮薊與韭蔥＋細香蔥細葉香芹雞汁
——凱莉・納哈貝迪恩（Carrie Nahabedian），NAHA，芝加哥

招牌壽司：鮭魚搭配芒果泥；香煎鮭魚肚搭配檸檬醬油
——大河內和（Kaz Okochi），KAZ SUSHI BISTRO，華盛頓特區

開心果脆皮鮭魚，搭配咖哩菠菜沙拉和甌柑油醋醬
——莫妮卡・波普（Monica Pope），T'AFIA，休斯頓

鮭魚搭配烤蔬菜、嫩朝鮮薊、大庫斯庫斯和溫熱的蔬菜油醋醬
——艾弗瑞・波特爾（Alfred Portale），GOTHAM BAR AND GRILL，紐約市

野生鮭魚：野生阿拉斯加半生熟鮭魚；羊肚菌春季蔬菜野生菇蕈火鍋
——艾略克・瑞普特（Eric Ripert），LE BERNARDIN，紐約市

慢烤蘇格蘭鮭魚＋焦糖小茴香＋紅酒小茴香濃醬
——瑞克・特拉滿都（Rick Tramonto），TRU，芝加哥

大吉嶺紅茶燻鮭魚，搭配英國黃瓜與法式酸奶油
——查理・托特（Charlie Trotter），TROTTER'S TO GO，芝加哥

烤鮭魚，搭配甜玉米布丁、酒杯蘑菇、義式乾醃火腿、節瓜、玉米細香蔥奶油以及蝦油
——湯姆・瓦倫提（Tom Valenti），QUEST，紐約市

美乃滋
薄荷（尤以綠薄荷為佳）
綜合蔬菜高湯
味醂
白味噌
菇蕈類（尤以黑色杏鮑菇、鈕扣菇、酒杯蘑菇、義大利棕蘑菇、羊肚菌、蠔菇為佳）
貽貝
芥末：第戎芥末、完整芥末粒
芥末籽

肉豆蔻
油：菜籽油、玉米油、葡萄籽花生油（烹煮用）、芝麻油、蔬菜油（烹煮用）
橄欖油
橄欖（尤以黑橄欖、尼斯橄欖、皮丘林橄欖、普羅旺斯橄欖為佳）
洋蔥（尤以珍珠、紅、維塔莉亞、白洋蔥為佳）
柳橙：橙汁、碎橙皮
牡蠣

義大利培根
紅椒
扁葉荷蘭芹
豌豆
胡椒：黑、綠、粉紅、紅、白胡椒
保樂酒
梭子魚
鳳梨與鳳梨汁
開心果
義式玉米餅
日式柚醋醬
波特酒
馬鈴薯
櫻桃蘿蔔
野生韭蔥
米（如：印度香米、壽司米）
魚卵：飛魚卵、**鮭魚卵**
迷迭香
番紅花
清酒
鹽：猶太鹽、海鹽
醬汁：貝納斯醬汁、奶油檸檬白醬、褐化奶油荷蘭醬
青蔥
扇貝
芝麻籽
紅蔥頭
紫蘇葉
煙燻鮭魚
真鰈
酸模
酸奶油
醬油
菠菜
高湯：雞、魚、貽貝、小牛、蔬菜高湯
糖：黑糖、白糖
塔巴斯科辣椒醬
羅望子
龍蒿
百里香
方頭魚
番茄
曬乾的番茄
松露：松露油、松露絲、白松露
薑黃
香莢蘭

苦艾酒
油醋醬
醋（如：巴薩米克香醋、香檳酒醋、
　蘋果酒醋、紅酒醋、米醋、雪莉
　酒醋、白酒醋）
水田芥

酒：干白酒或紅酒（卡本內蘇維
　翁紅酒、黑皮諾紅酒）
節瓜

對味組合
鮭魚＋蘋果＋山葵＋迷迭香
鮭魚＋酪梨＋辣椒＋葡萄柚
鮭魚＋培根＋甘藍＋栗子
鮭魚＋培根＋扁豆＋雪莉酒醋
鮭魚＋羅勒＋白豆
鮭魚＋甜菜＋法式酸奶油＋黃瓜＋山葵
鮭魚＋魚子醬＋苦艾酒
鮭魚＋細葉香芹＋細香蔥＋韭蔥＋檸檬＋羊肚菌＋豌豆＋馬鈴薯
鮭魚＋黃瓜＋巴薩米克香醋
鮭魚＋黃瓜＋蒔蘿
鮭魚＋黃瓜＋蒔蘿＋山葵
鮭魚＋黃瓜＋番茄
鮭魚＋檸檬汁＋第戎芥末
鮭魚＋墨角蘭＋豌豆
鮭魚＋味噌＋鳳梨＋番茄＋白酒
鮭魚＋芥末＋青蔥
鮭魚＋柳橙＋番茄
鮭魚＋豌豆＋馬鈴薯
鮭魚＋鳳梨＋番茄
鮭魚＋馬鈴薯＋水田芥

醃漬加工鮭魚 Salmon, Cured
味道：鹹
分量感：中等
風味強度：溫和－濃烈

阿瓜維特酒
酪梨
羅勒
白豆
紅燈籠椒
麵包：全麥黑麵包、黑麥麵包
魚子醬
卡宴辣椒
香檳酒
細香蔥
鮮奶油
奶油乳酪
法式酸奶油
蒔蘿
蜂蜜
山葵
檸檬：檸檬汁、碎檸檬皮
綠扁豆
萊姆：萊姆汁、碎萊姆皮
芥末：第戎芥末、乾芥末
橄欖油
碎橙皮
胡椒：黑、白胡椒
馬鈴薯
鹽：猶太鹽、海鹽
紅蔥頭
酸奶油
糖
龍蒿
番茄

煙燻鮭魚 Salmon, Smoked
味道：鹹
分量感：中等
風味強度：溫和－濃烈

朝鮮薊
酪梨
烘烤燈籠椒
俄式薄餅
麵包：貝果、全麥黑麵包、黑麥麵
　包、白麵包

CHEF'S TALK

我的招牌壽司捲，是以**鮭魚**搭配芒果泥與壽司飯。不過，我並不會用芒果泥來搭配鮭魚生魚片，因為那會使風味失衡。此外，芒果也不適合與醬油或日式芥末並用。
——大河內和（Kaz Okochi），KAZ SUSHI BISTRO，華盛頓特區

我們把**鮭魚**包裹在小南瓜花裡面然後進爐烘烤，這樣鮭魚會稍微帶有節瓜風味。小南瓜花風味溫和，是蒸煮鮭魚的最佳容器。我們用節瓜義大利麵來搭配鮭魚，並以檸檬百里香與羅勒調味。這兩種香草與節瓜及鮭魚都很對味。
——傑瑞·特勞費德（Jerry Traunfeld），THE HERBFARM，華盛頓州伍德菲爾

我熱愛水果與蛋白質的組合。我是半個夏威夷人，夏威夷料理中有一道經典菜餚就是以罐頭火腿肉（Spam）與新鮮鳳梨烹調而成。從小我父親就經常為我們烹煮這道菜餚，真的很可口。很多壽司師傅會以奇異果搭配扇貝，因為水果能為蛋白質增添些許清新風味。我們採用的組合則是鳳梨鮭魚搭配酪梨和藜麥。我們將鳳梨切成薄片，包裹油脂豐厚的鮭魚肚。烹調時，鳳梨的焦糖化反應有助於去除鮭魚的油膩感。搭配鮭魚的甜辣醬，則是由酪梨、蜂蜜、青蔥以及塞拉諾辣椒調製而成。最後放入藜麥，不但具有裝飾作用也能增加酥脆口感。藜麥必須先煮熟並靜置三天讓水分風乾，再以橄欖油油煎，這會讓藜麥像米香般蓬鬆酥脆。
——福島克也（Katsuya Fukushima），MINIBAR，華盛頓特區

早餐／早午餐
奶油：澄清、無鹽奶油
續隨子
魚子醬
芹菜
芹菜根
香檳酒
細葉香芹
菊苣
細香蔥
芫荽葉
鮮奶油
奶油乳酪
法式酸奶油

黃瓜
孜然
白蘿蔔
蒔蘿
蛋（尤以沸煮至全熟的蛋與蛋沙拉為佳）
綠捲鬚生菜
蒜頭
生薑
山葵
刺柏
韭蔥
檸檬：檸檬汁、碎檸檬皮
萊姆：萊姆汁、碎萊姆皮

馬士卡彭乳酪
鮟鱇魚
煙燻貽貝
第戎芥末
菜籽油
橄欖油
洋蔥（尤以紅、甜洋蔥為佳）
柳橙
牡蠣
荷蘭芹
義式麵食
胡椒：黑、白胡椒
保樂酒
馬鈴薯與馬鈴薯沙拉
櫻桃蘿蔔
鮭魚
鮭魚卵
鹽：猶太鹽、海鹽
青蔥
扇貝
紅蔥頭
紫蘇葉
酸模
酸奶油
醬油
菠菜
高湯：蛤蜊、魚高湯
塔巴斯科辣椒醬
龍蒿
茶點三明治
番茄
油醋醬
醋：紅酒醋、米酒醋、雪莉酒醋、白酒醋
伍斯特辣醬油
優格（某些料理）

避免
美乃滋
優格（某些料理）

主廚私房菜 | DISHES

煙燻鮭魚，搭配香煎馬鈴薯並搭配山葵鮮奶油
——金·約賀（Jean Joho），BRASSERIE JO，芝加哥

馬鈴薯餅，搭配香草馬士卡彭乳酪與新鮮煙燻鮭魚
——莫妮卡·波普（Monica Pope），TAFIA，休斯頓

韭蔥塔，搭配煙燻鮭魚與法式酸奶油
——米契爾·理查（Michel Richard），CITRONELLE，華盛頓特區

對味組合
煙燻鮭魚＋細香蔥＋法式酸奶油＋蒔蘿＋俄式黑麥薄鬆餅
煙燻鮭魚＋細香蔥＋蒔蘿＋芙蓉蛋＋馬鈴薯
煙燻鮭魚＋奶油乳酪＋檸檬汁＋紅蔥頭＋酸奶油
煙燻鮭魚＋黃瓜＋山葵＋薄荷
煙燻鮭魚＋蒔蘿＋山葵＋檸檬汁＋酸奶油

蒜葉婆羅門參 Salsify
季節：秋－冬
味道：甜
分量感：中等
風味強度：溫和
料理方式：烘焙、燜燒、烤煎、燉煮

鰻魚
奶油
帕瑪乳酪
細香蔥
鮮奶油
五香煙燻鴨肉
魚（如：大比目魚）
荷蘭醬
檸檬汁
楓糖漿
馬士卡彭乳酪
美乃滋
菇蕈類
肉豆蔻
花生油
洋蔥
柳橙
荷蘭芹
黑胡椒
義式玉米餅
義式乾醃火腿
米
鼠尾草
煙燻鮭魚
猶太鹽
青蔥

紅蔥頭
酸模
湯
雞高湯
新鮮百里香
黑松露
油醋醬

對味組合
蒜葉婆羅門參＋帕瑪乳酪＋義式乾醃火腿

鹽 Salt in General
味道：鹹
質性：性暖

鹽之花 Salt, Fleur de Sel
雞肉
冷盤
肉類
櫻桃蘿蔔
沙拉
牛排

夏威夷鹽 Salt, Hawaiin
酸漬海鮮
雞肉
羊肉
肉類（尤以炭烤的肉類為佳）
豬肉
海鮮
牛排
蔬菜（尤以番茄為佳）

> **CHEF'S TALK**
> 我們將**鹽之花**用在冷盤上，例如沙拉。還會用在牛肉、美國野牛肋眼牛排或烤雞肉等肉類料理上；將肉切成薄片，上桌前一刻才撒上一點鹽之花。
> ——雪倫·哈格（Sharon Hage），YORK STREET，達拉斯

若是想讓菜餚帶點酥脆口感，我會用點夏威夷鹽。這種海鹽的融化速度不像其他鹽類那麼快，可以更為持久。在帶點湯汁的酸漬海鮮上，我就會撒點夏威夷海鹽。
——丹尼爾·赫姆（Daniel Humm），ELEVEN MADISON PARK，紐約市

日本鹽 Salt, Japanese
魚
鵝肝
鮭魚
生魚片
墨魚

含有海藻粉的**日本鹽**與生魚片非常相配，我都用它來製作日本料理。
——丹尼爾·赫姆（Daniel Humm），ELEVEN MADISON PARK，紐約市

猶太鹽 Salt, Kosher
麵包
鹽水
熟肉店販賣的各式熟肉
雞尾酒（尤以加鹽雞尾酒為佳）
用於烹調
用於醃漬
肉類
馬鈴薯
德國椒鹽脆餅
吐司
用來汆燙或煮義大利麵的水

我們調理肉類主要用的是**猶太鹽**。
——雪倫·哈格（Sharon Hage），YORK STREET，達拉斯

馬爾頓鹽 Salt, Maldon
魚（尤以生食的魚為佳）
用來完成菜餚
龍蝦

無論風味或質地，**馬爾頓鹽**都是鹽中極品。我很欣賞它在魚肉上的細緻表現，特別是用在龍蝦上。
——丹尼爾·赫姆（Daniel Humm），ELEVEN MADISON PARK，紐約市

粗海鹽 Salt, Sea — Coarse
肉類
海鮮
調味
味道強烈的蔬菜

細海鹽 Salt, Sea — Fine
烘焙
魚
調味
味道細緻的蔬菜

像蔬菜與魚肉這種脆弱細緻的食材，要在起鍋前才撒上一些磨碎的**海鹽**。
——雪倫・哈格（Sharon Hage），YORK STREET，達拉斯

煙燻鹽 Salt, Smoked
鹽水（尤以用來醃豬肉為佳）
雞肉
魚（尤以生食的魚為佳）
肉類：炭烤肉類、紅肉
豬肉
烤馬鈴薯
海鮮
鮭魚
沙丁魚
牛排
鮪魚
素食料理

我們所使用的**丹麥煙燻海鹽**，是以夏多內葡萄枝煙燻而成。對我們來說，這種海鹽提供一種西班牙式葡萄枝料理的風味。如果你沒有炭烤爐，煙燻鹽也很好用，因為瓦斯烤爐無法提供煙燻的風味。我喜歡沙丁魚撒上煙燻鹽，在西班牙，沙丁魚都直接在海灘上火烤，所以煙燻風味更是強烈。運用煙燻海鹽可以讓我的沙丁魚也呈現那樣的海灘風情。
——亞歷山大・拉許（Alexandra Raij），TÍA POL，紐約市

松露鹽 Salt, Truffle
蛋類料理
義式麵食
爆玉米花
馬鈴薯
義式燉飯
沙拉與沙拉醬汁

香莢蘭鹽 Salt, Vanilla
雞肉
巧克力（尤以黑巧克力為佳）
羊肉
肉類
貽貝
堅果
豬肉
南瓜

貝蝦蟹類（尤以龍蝦或扇貝為佳）
冬南瓜
番薯

鹹味食材 Saltiness
味道：鹹
質性：性熱；能刺激唾液分泌；增進食材的風味。
小祕訣：在菜餚中加鹽來降低苦、酸與甜等味道的作用。

鯷魚
培根
續隨子
續隨子莓
魚子醬與其他魚卵
鹹乳酪（如：費達、蒙契格、帕瑪、佩科利諾乳酪）
蛤蜊與蛤蜊汁
乾醃肉品
柴魚昆布湯（如：日式高湯）
燻鱈魚
亞洲魚露
鹽漬鮭魚
火腿
添加鹽分的食材（如：洋芋片、堅果）
海帶
醃漬檸檬
燻大麻哈魚
加鹽堅果
橄欖
牡蠣
蠔油
義大利培根
醃漬食品（鹹－酸）
義式乾醃火腿
煙燻鮭魚
鹽
鹹鱈魚
鹹豬肉
沙丁魚
鹹香腸（如：西班牙辣香腸）
海膽
海菜
海帶
各種以鹽調理過的種籽

蝦醬

煙燻食物（尤以煙燻魚、煙燻肉
　為佳）

煙燻鮭魚與鱒魚

醬油

玉溜

伍斯特辣醬油

如果你的冰箱中有塊伊比利或塞拉
諾火腿，最後剩下的部分總會變成
一塊又乾又硬的鹹肉。有些人就
把它給扔了，但其實這塊肉裡還有
豐富的風味。所以我就用咖啡磨
豆機把這小塊肉磨碎，作為一種肉
味鹽。我們稱這種鹽為「火腿鹽」，
並用於沙拉中以彰顯豬肉的香氣
和風味……在西班牙，我們有鮪魚
排煙燻而成的鹹魚乾（mojama），
我一樣會用咖啡磨豆機把鹹魚乾
磨碎，製成鮪魚鹽。鮪魚以大火油
煎時，撒些鮪魚鹽能讓鮪魚本身的
風味發揮得淋漓盡致。這種作法
不但簡單，效果也很顯著。西班牙
巴貝特（Barbate）的艾爾坎普羅（El
Campero）是世界上最棒的鮪魚餐
廳，裡面提供上百種鮪魚料理；我
甚至還在餐廳老闆面前展示這項技
巧，他愛死了！
——荷西・安德烈（José Andrés），CAFÉ
ATLÁNTICO，華盛頓特區

我們以三種鹽來料理食物，不過我
們也會使用**續隨子、鯷魚、橄欖、醃
漬檸檬**甚至**義式乾醃火腿**為菜餚增
添另一種層次的鹹味。即使我們在
料理時添加這些鹹味食材，但大部
分時候（99％）都還是與鹽並用，而
非直接提取代替。
——雪倫・哈格（Sharon Hage），YORK
STREET，達拉斯

BOX

主廚說明鹽的選擇與用法

猶太鹽的晶粒粗且硬，不會太快溶於食物，我就用這種鹽來調理煮麵
水、滷汁、醃漬的肉類以及熟肉。至於一般菜餚的調味就選用**法國海
鹽**（尤其是Baleine牌）。我也很喜歡馬爾頓天然海鹽，在料理完成前
撒上。它的結晶細緻且風味絕佳，甚至還能帶給菜餚爽脆的口感，而
且會像雪花般溶於菜餚，撒在生魚肉上效果佳奇無比。
——安德魯・卡梅利尼（Andrew Carmellini），A VOCE，紐約市

現在甜點中用到**鹽**是常有的事；不幸的是，這種作法並不總是對的。
我吃過一道加了鹽的青蘋果雪酪，但滋味不佳。不過鹽與甜橙確實相
當對味：把卡拉卡拉臍橙切成楔形，上面撒些海鹽，滋味真是美妙無
比。鹽還適合與焦糖與奶油糖果搭配使用。鹽能與超級甜味形成對
比，這也是佩戴糖果棒（PayDay candy bars）大受歡迎的原因。
——吉娜・德帕爾馬（Gina DePalma），BABBO，紐約市

我會在料理完成前撒上**馬爾頓鹽**，而汆燙用水或烘烤鋪底則使用猶太
鹽。有時候我會在生魚或醃製豬肉的滷水中加入**煙燻鹽**，不過它的風
味真的很強，所以使用時要多留意。
——布萊德福特・湯普森（Bradford Thompson），MARY ELAINE'S AT THE PHOENICIAN，亞
利桑那州斯科茨代爾市

我的甜點中幾乎都有加鹽。然而，除非我把鹽分拿掉，否則你不會感
覺到鹽的存在——這才是鹽應該呈現的方式。你無需嘗出鹽的味道，
但它卻能刺激味蕾，讓人胃口大開。至於巧克力這一類富含油脂的食
材，則需要一些鹽來提升清爽感。我用各式各樣的鹽來製做甜點，目
前正在調製的花生醬和果凍棒棒糖，就是以**不列塔尼煙燻海鹽**來搭
配。**片狀馬爾頓鹽**的特色在於它的質地，因為它的風味並不強；我會
將它用在鬆餅或乳脂狀的料理。鹽之花則是鹹味和口感兼具，並帶有
海洋氣息，非常適合用來搭配含有乳酪、芝麻菜以及油醋醬的義式火
烤三明治panini。
——強尼・尤西尼（Johnny Iuzzini），JEAN GEORGES，紐約市

我們製作的麵團中都有鹽分，因為鹽可以提升風味。不過有些廚師會
用鹽過頭，別忘記甜點的味道應該還是要甜的。鹽顯然與焦糖及巧克
力極對味。我還有一道經典的番薯塔，搭配的是**香莢蘭鹽**；番薯切成
四片，每片撒一些鹽粒。鹽分能強化番薯的美味，並發揮盤中醃漬檸
檬的清新滋味。
——麥克・萊斯寇尼思（Michael Laiskonis），LE BERNARDIN，紐約市

無論你做的是什麼料理，若要中和**過鹹**的菜餚，都必須增加食物的分
量。這需要一點技巧，因為你不希望最後的成品變得水水的。在處理
薯泥或白胡桃瓜濃湯等泥狀食材時，我都會鼓勵廚師調得越稠越好，
這樣就可以隨時加水調整稠度，而不需要想盡辦法除去水分。
——安德魯・卡梅利尼（Andrew Carmellini），A VOCE，紐約市

沙丁魚 Sardines
季節：春－夏
味道：鹹
分量感：輕盈
風味強度：濃烈
料理方式：燜燒、炙烤、煎炸、燒
　　烤、醃漬、水煮、煎炒

鯷魚
羅勒
月桂葉
紅燈籠椒
麵包粉
續隨子
胡蘿蔔
卡宴辣椒
細香蔥
芫荽籽
穗醋栗
茄子
小茴香
小茴香花粉
小茴香籽
法式料理
蒜頭
火腿
義大利料理（尤以南義料理為佳）
檸檬：檸檬汁、碎檸檬皮
味醂
花生油
橄欖油
洋蔥：紅、白洋蔥
柳橙：橙汁、碎橙皮
扁葉荷蘭芹
義式麵食
胡椒：黑、白胡椒
佩姬羅紅椒
松子
葡萄乾（尤以黃葡萄乾為佳）

紅椒粉
迷迭香
番紅花
鼠尾草
清酒
海鹽
酸奶油
醬油
百里香
番茄與番茄醬汁
酸葡萄汁
油醋醬
醋（如：巴薩米克香醋、紅酒醋、
　　雪莉酒醋、白酒醋）
核桃
干白酒（如：白梢楠葡萄酒、格那
　　希白酒、維歐尼耶白酒）
節瓜

德國酸菜 Sauerkraut
味道：酸
分量感：中等
風味強度：濃烈
小祕訣：德國酸菜是用鹽與香料
　　發酵的甘藍絲

蘋果
培根
月桂葉
豆類（尤以腰豆與／或紅豆為佳）
葛縷子籽
胡蘿蔔
蘋果酒
丁香
鴨肉
東歐料理
油脂：鴨油、鵝油
法式料理（尤以亞爾薩斯料理為
　　佳）

蒜頭
德國料理
琴酒
火腿：豬腿、肉類
刺柏漿果
櫻桃白蘭地
橄欖油
洋蔥
黑胡椒
豬肉（尤以腰肉為佳）
馬鈴薯
大黃
猶太鹽
香腸（尤以血腸、德國醃肉香腸、
　　法蘭克福燻腸、波蘭蒜味燻腸
　　為佳）
雞高湯
醋：香檳酒醋、白酒醋
酒：不甜至微甜的白酒（如：亞爾
　　薩斯白酒、麗絲玲白酒）

香腸 Sausages
（同時參見西班牙辣香腸）
分量感：輕盈－厚實
風味強度：清淡－濃烈
料理方式：烘焙、燒烤、水煮、煎
　　炒、燉煮

蘋果
羅勒
月桂葉
白豆類
啤酒
燈籠椒：綠、紅燈籠椒
早餐
球花甘藍
無鹽奶油
胡蘿蔔
芹菜根
芹菜籽
小茴香
蒜頭
韭蔥
檸檬汁
扁豆
地中海料理
第戎芥末

主廚私房菜	DISHES

醃新鮮沙丁魚，搭配焦糖化小茴香以及龍蝦油
　　——馬利歐·巴達利（Mario Batali），BABBO，紐約市

全麥義大利麵，搭配新鮮沙丁魚與核桃
　　——大衛·帕斯特納克（David Pasternak），ESCA，紐約市

| 主廚私房菜 | DISHES |

自製手工亞爾薩斯鄉村香腸，搭配酸漬蕪菁絲與芥末籽醬
——加柏利兒‧克魯德（Gabriel Kreuther），THE MODERN，紐約市

菜籽油
橄欖油
洋蔥：白、黃洋蔥
奧勒岡
扁葉荷蘭芹
義式麵食
黑胡椒
馬鈴薯（尤以沸煮、搗成泥以及
　做成濃湯的馬鈴薯為佳）
紫葉菊苣
迷迭香
猶太鹽
德國酸菜
扇貝
紅蔥頭
百里香
番茄
巴薩米克香醋
干白酒

對味組合

香腸＋芥末＋德國酸菜
香腸＋洋蔥＋馬鈴薯＋番茄
香腸＋紫葉菊苣＋白豆

蘇維翁白酒 Sauvignon Blanc

分量感：中等
風味強度：溫和

蘆筍
雞肉
芫荽葉
魚
蒜頭
香草
牡蠣（尤以生食為佳）
胡椒
豬肉
沙拉
貝蝦蟹類
番茄
火雞

蔬菜

香薄荷 Savory

分量感：中等、硬葉
風味強度：溫和－濃烈
　（夏季香薄荷的味道較清淡，冬
　季香薄荷則味道濃烈。）
小祕訣：耐久煮。夏季香薄荷搭
　配夏季蔬菜，冬季香薄荷則搭
　配冬季蔬菜。

羅勒
月桂葉
豆類*（尤以乾豆和蠶豆、四季豆、
　皇帝豆等夏季豆類為佳）
牛肉
甜菜
燈籠椒
香料包
燜燒菜餚
球芽甘藍
甘藍
乳酪（如：山羊乳酪）**與乳酪料理**
雞肉
雞肝
細香蔥
孜然
蛋與蛋類料理

小茴香
細香草（成分）
魚（尤以烘焙或燒烤的魚為佳）
蒜頭
普羅旺斯綜合香草（成分）
其他香草（混入綜合香草）
芥藍
羊肉
薰衣草
豆類
扁豆
鯖魚
墨角蘭
肉類（尤以燒烤、烘烤、燉煮的肉
　類為佳）
地中海料理
薄荷
菇蕈類
肉豆蔻
橄欖
洋蔥
奧勒岡
紅椒
荷蘭芹
豌豆
義式玉米餅
豬肉
馬鈴薯
禽肉（尤以燒烤的禽肉為佳）
兔肉
米
迷迭香
鼠尾草

CHEF'S TALK

香薄荷是我最愛的香草，不論是夏季或冬季的香薄荷都很愛。它沒有
百里香的木頭味，也沒有迷迭香的松木味，更沒有鼠尾草的辛辣味，
而且風味持久耐煮。我喜歡用它來搭配馬鈴薯、玉米餅以及菇蕈類。
香薄荷用來搭配菇蕈類的風味絕佳。我特別喜歡用香薄荷來燒烤牛肝
菌。我會先將菇蕈類燒烤一下，然後再放到鋪滿香薄荷的烤盤上繼續
烘烤至完成。香薄荷也很適合與紅蔥頭並用於雪莉酒或紅酒油醋醬
中，用於生菜沙拉的滋味也很棒。
——維塔莉‧佩利（Vitaly Paley），PALEY'S PLACE，奧勒岡州波特蘭市

香薄荷的用法幾乎跟新鮮百里香一樣。只要用得上百里香的菜餚，就
可以使用香薄荷。
——馬賽爾‧德索尼爾（Marcel Desaulniers），THE TRELLIS，維吉尼亞州威廉斯堡

沙拉與沙拉醬汁
醬汁與肉汁
湯（尤以番茄為底的湯為佳）
夏南瓜
燉煮料理（尤以燉肉為佳）
餡料（如：禽肉）
龍蒿
百里香
番茄與番茄醬汁
小牛肉
蔬菜（尤以根莖類蔬菜為佳）
醋
紅酒
節瓜

對味組合
香薄荷＋蒜頭＋番茄

青蔥 Scallions
季節：夏
分量感：輕盈
風味強度：溫和
料理方式：燜燒、燒烤、生食、煎
　炒、快炒

洋茴香
羅勒
月桂葉
燈籠椒
無鹽奶油
胡蘿蔔
乳酪：山羊、帕瑪乳酪
辣椒
芫荽葉
肉桂
丁香
鮮奶油
奶油乳酪
咖哩
蒔蘿
蛋類料理
蒜頭
苦味綠葉蔬菜
蜂蜜
日式料理
韓式料理
檸檬汁

菇蕈類
第戎芥末
肉豆蔻
橄欖油
奧勒岡
紅椒
荷蘭芹
白胡椒
馬鈴薯
米
迷迭香
鼠尾草
猶太鹽
芝麻油
糖
泰式料理

百里香
番茄
醋

扇貝 Scallops
季節：夏－秋
味道：甜（尤其是嫩扇貝）
分量感：輕盈－中等
風味強度：清淡
料理方式：炙烤、油炸、焗烤、燒
　烤、醃漬、平鍋大火油煎、水煮、
　生食、烘烤、煎炒、大火油煎、
　蒸煮、快炒、韃靼扇貝

杏仁
蘋果（尤以澳洲青蘋果為佳）

主廚私房菜 | DISHES

阿波多醬扇貝：蜜汁齊波特辣椒，以及用典型阿波多醬汁（含安佳辣椒、蒜頭和柳橙）燒烤新英格蘭海扇貝，搭配以車前草裝飾的黑豆飯、柴烤四季豆以及香脆洋蔥
——瑞克・貝雷斯（Rick Bayless），FRONTERA GRILL，芝加哥

迷迭香鹽鮮烤海扇貝，搭配奶油玉米糊以及番茄柑橘油醋醬
——丹尼爾・布呂德（Daniel Boulud），DANIEL，紐約市

手採海扇貝，搭配小茴香餡義大利方麵餃、燉酒杯蘑菇、朝鮮薊與芝麻菜
——丹尼爾・布呂德（Daniel Boulud）／奧利佛・穆勒（Olivier Muller），DB BISTRO，紐約市

緬因州手採扇貝，搭配英式豌豆、煙燻培根、醃漬野生韭蔥，以及佩里戈爾黑松露汁
——崔西・德・耶丁（Traci Des Jardins），JARDINIÈRE，舊金山

烤緬因州手採扇貝，搭配紅寶石葡萄柚、春季馬鈴薯以及羅勒
——丹尼爾・赫姆（Daniel Humm），ELEVEN MADISON PARK，紐約市

科特斯「獅爪」（Mano de Leon）海扇貝，以柑橘、香料和香莢蘭豆調味，搭配焦糖化比利時苦苣、紅寶石葡萄柚、野莒和薄荷
——凱莉・納哈貝迪恩（Carrie Nahabedian），NAHA，芝加哥

海灣扇貝，搭配蘑菇、胡椒、義大利烤香腸
——派翠克・歐康乃爾（Patrick O'Connell），THE INN AT LITTLE WASHINGTON，維吉尼亞州華盛頓市

日本清酒煮海扇貝，搭配檸檬和芫荽葉
——大河內和（Kaz Okochi），KAZ SUSHI BISTRO，華盛頓特區

義大利細扁麵，搭配泰勒海灣扇貝、緬因貽貝、辣紅椒以及義大利培根
——大衛・帕斯特納克（David Pasternak），ESCA，紐約市

扇貝搭配烤球芽甘藍與義大利培根
——大衛・帕斯特納克（David Pasternak），ESCA，紐約市

朝鮮薊
芝麻菜
蘆筍
酪梨
培根與其他乾醃肉品（如：塞拉
　　諾火腿）
羅勒
月桂葉
豆類：白腰豆、蠶豆、四季豆、皇
　　帝豆
燈籠椒：紅、綠、黃燈籠椒
麵包粉
球芽甘藍
奶油：褐化、澄清、無鹽奶油
續隨子
胡蘿蔔與胡蘿蔔汁
白花椰菜（尤以濃湯的白花椰菜
　　為佳）
魚子醬
卡宴辣椒
芹菜
香檳酒
乳酪：愛亞格、帕瑪乳酪
細葉香芹
辣椒：哈拉佩諾辣椒、波布蘭諾
　　辣椒
中式料理
細香蔥（裝飾用）
芫荽葉
香櫞
柑橘類
蛤蜊
丁香
椰子與椰奶
玉米
芫荽
蟹
鮮奶油
奶油乳酪
法式酸奶油
黃瓜
咖哩粉
柴魚昆布湯
蒔蘿
鴨油
毛豆
全熟沸煮蛋

CHEF'S TALK

我們有一道肉桂粉海**扇貝**，真的很美味。
——馬賽爾・德索尼爾（Marcel Desaulniers），THE TRELLIS，維吉尼亞州威廉斯堡

壽司師傅常會以奇異果來搭配**扇貝**。
——福島克也（Katsuya Fukushima），MINIBAR，華盛頓特區

我們所供應的緬因灣海**扇貝**，先以柑橘、香料、香莢蘭豆調味，再搭配焦糖化的比利時苦苣、紅寶石葡萄柚、野莒和薄荷。這道料理的靈感源自我對香莢蘭與葡萄柚的喜愛。當時我忽然有個點子，想要為扇貝撲上柑橘粉，後來發現這樣味道很單薄，所以就開始加一些香料：八角、小茴香以及洋茴香籽。醬汁則是以奶油白醬、新鮮葡萄柚製成的糖漿、果皮蜜餞以及新鮮香莢蘭豆。由於這道醬汁包含了奶油與鮮奶油，所以得小心處理，以免成了香莢蘭鮮奶油布丁！我熱愛經過焦糖化的比利時苦苣，因為這道菜苦中帶甜。我們先用全脂奶油來煎，待苦苣煎到微焦再撒點糖就成了。這道料理同時具有葡萄柚的酸甜與扇貝的鮮美。
——凱莉・納哈貝迪恩（Carrie Nahabedian），NAHA，芝加哥

扇貝只需以大火油煎單面即可，否則會過熟。以椰奶、蒜頭、薑或檸檬草來調味，能凸顯扇貝的風味。或者在雙層鍋中以鮮奶油慢慢熬煮成扇貝濃湯也很棒，扇貝濃湯會呈現出芙蓉炒蛋的分量感。用魚子醬、生洋蔥丁或松露來搭配這道濃湯，完美至極。
——米契爾・理查（Michel Richard），CITRONELLE，華盛頓特區

佐以酒杯蘑菇與荷蘭芹青醬的**扇貝**，在味蕾上漫開的滋味，就如同在盤中綻放的美麗外觀
——曾根廣（Hiro Sone），TERRA，加州聖海琳娜市

南塔克特灣**扇貝**具有無敵神奇的美味，與鴨油的不尋常組合竟也效果絕佳。扇貝基本上是普羅旺斯地區的美食，但以鴨油取代橄欖油，會讓扇貝產生絲綢般的滑潤口感。這是一道樂趣無窮的料理，調理時得眼睛鼻子並用。先將鴨油燒至極熱，然後快速煎一下扇貝。取出扇貝後，倒入蒜末與去皮去籽的番茄泥，然後快速加入雞高湯，以些許檸檬汁調味，收一下湯汁然後加以乳化。最後再把扇貝與碎羅勒倒入醬汁中翻炒一下，就大功告成了。

在料理的過程中，蒜頭、**扇貝**以及鴨油混合而出的氣味實在太迷人了。整道料理一氣呵成，沒有停頓，不必切片，也不用費功夫擺盤。真是樂趣無窮又美味無比呀。
——大衛・沃塔克（David Waltuck），CHANTERELLE，紐約市

小茴香
小茴香籽
泰國魚露
法式料理
蒜頭
薑
葡萄柚：葡萄柚汁、碎葡萄柚皮
義式葛瑞莫拉塔調味料

火腿
四季豆
蜂蜜
山葵
卡非萊姆
奇異果
韭蔥
檸檬：檸檬汁、碎檸檬皮

檸檬草
檸檬百里香
扁豆
萊姆：萊姆汁、碎萊姆皮
龍蝦
芒果
墨角蘭
馬士卡彭乳酪
薄荷
羊肚菌
菇蕈類：鈕扣菇、酒杯蘑菇、義大
　　利棕蘑菇、日本香菇、牛肝菌、
　　波特貝羅大香菇、香菇
貽貝
第戎芥末
油：菜籽油、玉米油、葡萄籽油、
　　花生油、蔬菜油
油：杏仁油、榛果油
橄欖油
洋蔥（尤以紅、白、黃洋蔥為佳）
柳橙：橙汁、碎橙皮
義大利培根
扁葉荷蘭芹
百香果
義式麵食
豌豆
胡椒：黑、白胡椒
保樂酒
鳳梨
石榴與石榴汁
馬鈴薯（尤以薯泥為佳）
紅椒粉
米
迷迭香
番紅花
清酒
鮭魚卵
蒜葉婆羅門參
鹽：猶太鹽、海鹽
法式奶油白醬
西班牙辣香腸
青蔥
海膽
芝麻：芝麻籽、芝麻油
紅蔥頭
蝦

真鰈
醬油
菠菜
白胡桃瓜
墨魚
高湯：雞、蛤蜊、魚、蝦、小牛、蔬
　　菜高湯
糖
塔巴斯科辣椒醬
新鮮龍蒿
新鮮百里香
番茄：糖漬番茄、新鮮番茄、番茄
　　糊
松露（尤以黑松露、白松露為佳）

鮪魚
蕪菁
香莢蘭
苦艾酒
油醋醬
醋：巴薩米克香醋、香檳酒醋、蘋
　　果酒醋、紅酒醋、米酒醋、雪莉
　　酒醋、龍蒿醋、白酒醋
水田芥
干白酒（如：夏布利、夏多內、梅
　　索、麗絲玲、蘇維翁白酒）
苦艾酒
柚子汁
節瓜

對味組合

扇貝＋杏仁＋白花椰菜
扇貝＋蘋果＋培根＋水田芥
扇貝＋蘋果＋龍蒿
扇貝＋蘆筍＋奶油＋檸檬草
扇貝＋酪梨＋檸檬＋龍蝦
扇貝＋培根＋細香蔥
扇貝＋培根＋蒜頭＋酒杯蘑菇
扇貝＋培根＋韭蔥
扇貝＋羅勒＋魚子醬＋細香蔥＋番茄
扇貝＋羅勒＋雞高湯＋鴨油＋蒜頭＋檸檬汁＋番茄
扇貝＋羅勒＋葡萄柚
扇貝＋月桂葉＋香莢蘭
扇貝＋球芽甘藍＋義大利培根
扇貝＋胡蘿蔔汁＋石榴汁
扇貝＋白花椰菜＋鮮奶油
扇貝＋芫荽葉＋檸檬＋清酒
扇貝＋芫荽＋蟹＋檸檬＋百里香
扇貝＋柴魚昆布湯＋日本香菇
扇貝＋毛豆＋薄荷
扇貝＋小茴香＋檸檬＋荷蘭芹
扇貝＋小茴香＋柳橙＋迷迭香
扇貝＋蒜頭＋菇蕈類
扇貝＋薑＋薄荷
扇貝＋薑＋青蔥
扇貝＋火腿＋鳳梨
扇貝＋卡非萊姆＋檸檬草＋花生
扇貝＋荷蘭芹＋鮭魚卵

斯堪地納維亞料理
Scandinavian Cuisine
阿瓜維特酒
小豆蔻（尤以用於烘焙食物者為
　　佳）
肉桂
黃瓜
蒔蘿
水果（尤以燉煮調理的水果為佳）
薑
醃漬鯡魚
刺柏漿果
肉豆蔻
洋蔥
鹽漬鮭魚
水果湯
酸奶油

對味組合
蘋果＋肉桂＋糖
小豆蔻＋薑＋肉桂＋肉豆蔻＋丁
　　香
黃瓜＋蒔蘿＋洋蔥＋糖＋醋

在冬季，我會以波本酒與深色烈酒來調製雞尾酒。不過，如果有人不喝**蘇格蘭威士忌**，看到以威士忌命名的雞尾酒，可能就一點都不想嘗試了。因此我調製了「史考特與泰咪雞尾酒」（Scotty and Tammy），這是以伯爵茶為底並加入羅望子糖漿的威忌士飲品，非常適合搭配印度料理。
——傑瑞・班克斯（Jerri Banks），COCKTAIL CONSULTANT，紐約市

以薑搭配**蘇格蘭威士忌**可真是爆發力十足的組合！我認為薑加上檸檬會帶來令人喜愛的風味，搭配任何烈酒都很合適。薑本身帶有無與比倫的醉人香氣與風味，為它物所不能比擬。
——傑瑞・班克斯（Jerri Banks），COCKTAIL CONSULTANT，紐約市

蘇格蘭威士忌 Scotch
分量感：中等－厚實
風味強度：溫和－濃烈

苦精
伯爵茶
茶
琴酒
薑
檸檬汁
萊姆汁
柳橙汁
蘇打水

我喜歡在菜餚中使用柑橘及水果，因為它們可增加菜餚的酸味。水果非常適合搭配**海鮮**，因為海鮮也帶有甜味。在冬季，我們會供應帶有青蘋果與薑味的法式海鮮清湯。上菜前還會加點帶有酸味的青蘋果汁來平衡風味。
——丹尼爾・赫姆（Daniel Humm），ELEVEN MADISON PARK，紐約市

我們以蒙特利灣水族館**海鮮**監測指南，來選取供應給顧客的海鮮。
——莫妮卡・波普（Monica Pope），TAFIA，休斯頓

我們的區域性海鮮監測指南涵蓋了美國各區域可永續選用之**海鮮**的最新消息。指南中的首要之選，是那些數量充足、管理良好，並以對環境友善的方式撈取或養殖的海鮮。避免選用的，則是那些過度撈捕，或是捕撈或養殖過程中會破壞海洋生態的**海鮮**。你可以線上查詢這份指南，或是下載隨身版使用。
——蒙特利灣水族館海鮮監測指南

我們藉由科學、藝術與文學（包括其著作《海鮮永續食用指南》），與海洋建立起更緊密的關係。
——美國藍海研究所

羅望子糖漿
苦艾酒

對味組合
蘇格蘭威士忌＋伯爵茶＋羅望子
　　糖漿
蘇格蘭威士忌＋薑＋檸檬汁

海鮮 Seafood in General
（同時參見特定 魚與貝蝦蟹類）
小祕訣：調理綜合海鮮時，請將
　　這些概念謹記於心。

蘋果（尤以青蘋果為佳）
酪梨
干白蘭地
續隨子
柑橘類
小茴香
水果
蒜頭
薑
檸檬汁
薄荷
舊灣調味料
橄欖油
橄欖
洋蔥
扁葉荷蘭芹
胡椒：白、黑胡椒
紅椒粉
迷迭香
番紅花

鹽
紅蔥頭
雪莉酒
油醋醬
醋
干白酒（如：桑塞爾白酒、索亞
衛白酒）

對味組合

海鮮＋白蘭地＋雪莉酒
海鮮＋小茴香＋檸檬＋薄荷
海鮮＋青蘋果＋薑

主廚私房菜 | DISHES

西班牙香料冷湯，搭配海鮮沙拉冷盤與甜味香草
——維塔莉・佩利（Vitaly Paley），PALEY'S PLACE，奧勒岡州波特蘭市

海鮮沙拉：扇貝、墨魚、日本章魚、龍蝦、酪梨，並佐以檸檬油醋醬
——艾弗瑞・波特爾（Alfred Portale），GOTHAM BAR AND GRILL，紐約市

義式醃生魚盤：鹽漬鮪魚（tuna bresaola）、酸漬沙丁魚，以及煙燻扇貝
搭配血橙
——巴頓・弗爾（Barton Seaver），HOOK，華盛頓特區

海鮮沙拉，搭配鷹嘴豆、芹菜以及黑橄欖
——曾根廣（Hiro Sone），TERRA，加州聖海琳娜市

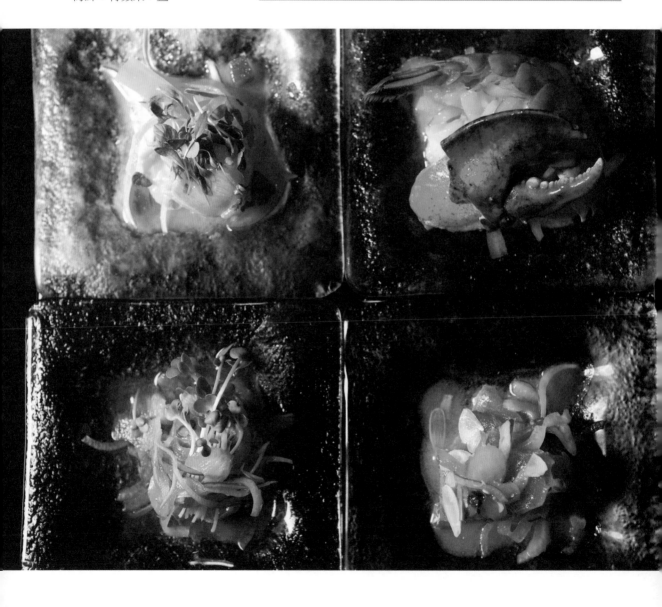

黑芝麻籽 Sesame Seeds, Black
味道：苦
分量感：輕盈
風味強度：清淡
小祕訣：運用顆粒完整的黑芝麻

蘋果
亞洲料理
香蕉
中式料理
魚
日式料理
檸檬汁
肉類
味醂
米
鹽
海鮮
白芝麻籽
醬油
蔬菜
米酒醋

白芝麻籽 Sesame Seeds, White
味道：甜
質性：性熱
分量感：輕盈
風味強度：清淡
小祕訣：使用前須先烤過，可以磨成芝麻粉，或使用顆粒完整的白芝麻。

多香果
蘋果
亞洲料理
烘焙食物（如：貝果、麵包、蛋糕、餅乾）
香蕉
牛肉
甜菜
麵包與義式麵包棒
小豆蔻
雞肉
鷹嘴豆
辣椒
中式料理（如：廣式點心）
芫荽葉

肉桂
丁香
芫荽
鴨肉
茄子
魚
蒜頭
薑
蜂蜜
鷹嘴豆泥醬
冰淇淋
印度料理
日式料理
羊肉
黎巴嫩料理
豆類
檸檬
肉類
摩爾醬
中東料理
麵條
肉豆蔻
柳橙
奧勒岡
紅椒
胡椒
米
沙拉（綠葉蔬菜沙拉、義大利麵沙拉）與沙拉醬汁
青蔥
扇貝
芝麻油
貝蝦蟹類
蝦
醬油
菠菜
快炒料理
糖
鹽膚木
芝麻醬（主要成分）
百里香
土耳其料理
香莢蘭
蔬菜（尤以冷天蔬菜、綠葉生菜為佳）
節瓜

對味組合
芝麻籽＋蜂蜜＋芝麻醬＋香莢蘭
芝麻籽＋蒜頭＋醬油＋菠菜

紅蔥頭 Shallots
季節：夏
味道：甜
同屬性植物：細香蔥、蒜頭、韭蔥、洋蔥
分量感：輕盈－中等
風味強度：溫和
料理方式：汆燙、燜燒、油炸、煎炸、烘烤、煎炒、快炒
小祕訣：紅蔥頭的風味比蒜頭或洋蔥溫和

牛肉
奶油
續隨子
雞肉
細香蔥
鱈魚
干邑白蘭地
鮮奶油
魚（尤以烘焙、燒烤的魚為佳）
法式料理（尤以醬汁為佳）
蒜頭
大比目魚
檸檬汁
肉類（尤以燒烤、烘烤的肉類為佳）
第戎芥末
肉豆蔻
橄欖油
牡蠣
扁葉荷蘭芹
義式麵食
白胡椒
波特酒
沙拉與沙拉醬汁
鹽
醬汁（如：貝納斯醬汁、波爾多紅酒醬、紅酒醬）
雪莉酒
白胡桃瓜
牛排
雞高湯

糖（一撮）
龍蒿
百里香
番茄
小牛肉
油醋醬
醋：巴薩米克香醋、香檳酒醋、蘋
　　果酒醋、紅酒醋、雪莉酒醋、白
　　酒醋
葡萄酒

貝蝦蟹類 Shellfish（同時參見
蟹、龍蝦、扇貝、蝦等等）
季節：夏

杏仁
培根
羅勒
芹菜
細香蔥
芫荽葉
椰子
鮮奶油
咖哩
小茴香
細香草（亦即細葉香芹、細香蔥、
　　荷蘭芹、龍蒿）
水果
蒜頭
薑
葡萄柚
海鮮醬
檸檬
檸檬草
舊灣調味料
柳橙
番紅花
龍蒿
番茄
香莢蘭
醋
西瓜
干白酒（如：蘇維翁白酒）

對味組合
貝蝦蟹類＋杏仁＋香莢蘭
貝蝦蟹類＋咖哩＋檸檬草

水果與**貝蝦蟹類**很好搭配。不過還是得留意，要用醋或檸檬汁之類的
食材來平衡水果的一些甜味。西瓜搭配貝蝦蟹類的效果不錯，尤其是
搭配龍蝦、蝦與螃蟹。
——加柏利兒・克魯德（Gabriel Kreuther），THE MODERN，紐約市

我熱愛以番紅花和鮮奶油烹調出的普羅旺斯風味**貝蝦蟹類**料理。
——曾根廣（Hiro Sone），TERRA，加州聖海琳娜市

我喜歡以香莢蘭搭配貝蝦蟹類，因為可以帶出**貝蝦蟹類**的甜味。香莢
蘭很適合與扇貝、龍蝦或蝦搭配。我最愛的湯品之一就是香莢蘭龍蝦
濃湯，我們也供應搭配香莢蘭、杏仁與柳橙的扇貝料理。香莢蘭帶出
菜餚的甜味，杏仁為柔滑濃郁的扇貝增加酥脆口感，而柳橙則增添些
許酸味。也可用葡萄柚替代柳橙，為菜餚增添酸味。
——包柏・亞科沃內（Bob Iacovone），CUVÉE，紐奧良

貝蝦蟹類＋番紅花＋鮮奶油

紫蘇葉 Shiso Leaf
分量感：輕盈
風味強度：溫和－濃烈
料理方式：生食

蘋果
酪梨
羅勒
牛肉
甘藍
雞肉
細香蔥
蛤蜊
蟹
黃瓜
魚（尤以煎炸或油漬的魚為佳）
油炸食物
薑
日式料理
韓式料理

檸檬
檸檬草
萊姆
肉類
甜瓜
薄荷
味噌
麵條
洋蔥
柳橙
荷蘭芹
西洋梨
醃漬食品
明蝦
櫻桃蘿蔔
米
沙拉：綠葉蔬菜沙拉、水果沙拉
海膽
海鮮
蝦
湯
醬油

紫蘇是亮麗的大型葉，有著無可挑剔的外表。它與油炸食物、油魚以
及海膽非常對味，也非常適合搭配濃烈的風味。以紫蘇取代菜餚中的
檸檬汁與醬油，同樣具有畫龍點睛之效。
——布萊德・法爾米利（Brad Farmerie），PUBLIC，紐約市

紫蘇是用途廣泛的香草，能與許多食材搭配。它與西洋梨、蘋果都十
分對味，更不用說像唐金斯螃蟹及斑蝦這類的貝蝦蟹類了。
——傑瑞・特勞費德（Jerry Traunfeld），THE HERBFARM，華盛頓州伍德菲爾

壽司與生魚片
天婦羅
蕪菁
醋
日式芥末
黃尾鮪魚

對味組合
紫蘇葉＋酪梨＋蟹
紫蘇葉＋蛤蜊＋洋蔥

蝦 Shrimp（同時參見貝蝦蟹類）
季節：全年
分量感：輕盈－中等（依體型大小而定）
風味強度：清淡
料理方式：烘焙、炭烤、沸煮、炙烤、油炸、燒烤、水煮、烘烤、煎炒、蒸煮、快炒

多香果
杏仁
蘋果與蘋果酒
朝鮮薊
芝麻菜
蘆筍
酪梨
培根
羅勒
月桂葉
豆類：黑豆、花豆、蠶豆、四季豆、白豆
啤酒
紅燈籠椒
柴魚片（如：日本柴魚）
白蘭地
日式麵包粉
褐化奶油醬
無鹽**奶油**
甘藍：綠葉甘藍、紅葉甘藍
肯瓊料理
續隨子
胡蘿蔔與胡蘿蔔汁
魚子醬
卡宴辣椒
芹菜
芹菜根

細葉香芹
菊苣
辣椒（如：安佳辣椒、齊波特辣椒、紅色乾辣椒、哈拉佩諾辣椒、塞拉諾辣椒）
辣椒油
辣椒膏
辣椒粉
辣椒醬
中式料理
細香蔥
芫荽葉（裝飾用）
肉桂
蛤蜊
丁香
椰子：椰奶、椰絲
干邑白蘭地
芫荽
玉米
蟹
鮮奶油
克利歐料理
黃瓜
孜然
咖哩葉
咖哩粉或醬汁
蒔蘿
蛋
茴菜
小茴香
小茴香籽
白肉魚
泰國魚露
蒜頭*
薑
綠葉生菜（尤以甜菜、蒲公英、羽衣甘藍、芥藍、蕪菁為佳）
粗玉米粉
榛果油
蜂蜜
山葵
日式料理
卡非萊姆葉
番茄醬
韓式料理
韭蔥
檸檬：檸檬汁、碎檸檬皮

檸檬草
萵苣
萊姆：萊姆葉、萊姆汁、整顆萊姆、碎萊姆皮
龍蝦
芒果
墨角蘭
美乃滋
地中海料理
洋香瓜
墨西哥料理
薄荷
味醂
鮟鱇魚
菇蕈類（如：酒杯蘑菇、香菇）
貽貝
芥末：鄉村芥末、第戎芥末、乾芥末（醬汁）
芥末籽
肉豆蔻
油：菜籽油、玉米油、葡萄籽油、花生油、蔬菜油
油：花生油、芝麻油（菜餚上桌前淋一些）
舊灣調味料
橄欖油
黑橄欖
洋蔥（尤以紅、白、西班牙洋蔥為佳）
柳橙：橙汁、碎橙皮
奧勒岡
牡蠣
紅椒
扁葉荷蘭芹
義式麵食
花生
胡椒：黑、白胡椒
義式青醬
梭子魚
鳳梨與鳳梨汁
松子
開心果
南瓜
櫻桃蘿蔔
紅椒粉
米（如：義大利阿勃瑞歐米、西班牙圓米）

義式燉飯
迷迭香
深色蘭姆酒
番紅花
鼠尾草
清酒
莎莎醬
鹽：猶太鹽、海鹽
羅梅斯科蘸醬
香腸（如：安道爾煙燻香腸）
青蔥

扇貝
芝麻：芝麻油、芝麻籽
紅蔥頭
紫蘇葉
雪豆
酸奶油
南方料理
醬油
菠菜
墨魚
墨魚墨汁

八角
高湯：雞、蛤蜊、魚、蝦高湯
糖：黑糖、白糖
番薯
塔巴斯科辣椒醬
龍蒿
茶點三明治
天婦羅
泰式料理
檸檬百里香
曬乾**番茄**與番茄糊
薑黃
香莢蘭
苦艾酒
越南料理
油醋醬
醋：巴薩米克香醋、米酒醋、雪莉酒醋、龍蒿醋、酒醋
日式芥末
水田芥
酒：干白酒、米酒、索甸甜白酒
伍斯特辣醬油
優格
柚子汁
節瓜

主廚私房菜 DISHES

黑色義大利麵，搭配岩蝦、卡拉布里亞香料薩拉米香腸以及青辣椒
——馬利歐‧巴達利（Mario Batali），BABBO，紐約市

墨西哥猶加敦酸漬海鮮：蒸有機蝦與墨魚，撒上萊姆、柳橙、哈巴內羅辣椒、酪梨與芫荽葉
——瑞克‧貝雷斯（Rick Bayless），FRONTERA GRILL，芝加哥

薄酥皮裹蝦，搭配海洋香草蟹肉湯
——大衛‧柏利（David Bouley），DANUBE，紐約市

辣醬煎蝦，以哈拉佩諾辣椒、薄荷和蒜頭烹調，撒上新鮮椰蓉
——札瑞拉‧馬特內茲（Zarela Martinez），ZARELA，紐約市

齊波特辣椒蝦玉米餅
——馬克‧米勒（Mark Miller），COYOTE CAFÉ，聖塔菲

蝦料理，搭配白豆沙拉與義大利香腸
——派翠克‧歐康乃爾（Patrick O'Connell），THE INN AT LITTLE WASHINGTON，維吉尼亞州華盛頓市

義大利甜蝦燉飯：羅馬番茄、熟芝麻菜與酥脆培根
——艾弗瑞‧波特爾（Alfred Portale），GOTHAM BAR AND GRILL，紐約市

三椒紅摩爾醬（Coloradito）蝦，淋在古巴風味新鮮玉米餅與炒甘藍上頭
——馬里雪兒‧普西拉（Maricel Presilla），ZAFRA，紐澤西州霍博肯市

燉岩蝦，內有芒果、韭蔥和椰子蘭姆酒
——艾倫‧蘇瑟（Allen Susser），CHEF ALLEN'S，佛羅里達州艾文圖拉市

酪梨酸漬蝦，撒上卡非萊姆、椰奶、青蔥，並搭配印度扁豆脆餅（pappadam）
——艾倫‧蘇瑟（Allen Susser），CHEF ALLEN'S，佛羅里達州艾文圖拉市

CHIEF'S TALK

蝦殼可用來調製美味醬汁。蝦殼甜味十足，表面煎至完全焦黃可以釋出最大甜味。我是在烹調蝦殼聞到它的香味後，想到可以用它來調製醬汁，並浮現了各式能與其搭配的風味。於是我加入了香莢蘭與威士忌，結果產生了神奇的效果。
——凱莉‧納哈貝迪恩（Carrie Nahabedian），NAHA，芝加哥

對味組合

蝦＋培根＋細香蔥
蝦＋羅勒＋蒜頭＋哈拉佩諾辣椒
蝦＋黑豆＋芫荽
蝦＋卡宴辣椒＋肉桂＋柳橙
蝦＋牛肚菇＋咖哩粉＋第戎芥末
蝦＋辣椒＋萊姆汁＋黑糖
蝦＋芫荽＋龍蒿
蝦＋蟹＋舊灣調味料
蝦＋蟹＋開心果＋水田芥
蝦＋蒜頭＋粗玉米粉＋馬士卡彭乳酪＋番茄
蝦＋蒜頭＋萊姆
蝦＋蒜頭＋芥末＋龍蒿
蝦＋薑＋青蘋果＋番紅花
蝦＋山葵＋番茄醬＋檸檬
蝦＋白豆＋燈籠椒＋柳橙＋香腸

鰩魚 Skate
季節：夏
分量感：中等－厚實
風味強度：清淡－溫和
料理方式：炙烤、燒烤、水煮、烘
　　烤、煎炒、蒸煮

杏仁
鯷魚
芝麻菜
月桂葉
奶油與奶油醬汁（如：褐化奶油）
續隨子
胡蘿蔔
卡宴辣椒
芹菜與芹菜葉
細香蔥
芫荽葉
蛤蜊
丁香
蒔蘿
茄子
小茴香
蒜頭
韭蔥
檸檬汁
檸檬香蜂草
歐當歸
第戎芥末
油：菜籽油、花生油、芝麻油、蔬
　　菜油
橄欖油
洋蔥
柳橙汁
扁葉荷蘭芹
歐洲防風草塊根
義式麵食
胡椒：黑、綠、白胡椒
開心果
義式玉米餅
日式醋汁
醬油
馬鈴薯
南瓜籽
迷迭香
番紅花
鼠尾草

CHEF'S TALK

鼠尾草與**鰩魚**非常搭，鰩魚因此會增添些許陽剛氣息。
——艾略克・瑞普特（Eric Ripert），LE BERNARDIN，紐約市

我參考蛤蜊白醬義大利細扁麵，調理出一道煎炒**鰩魚**的料理。再以蛤蜊汁、蒜頭、鯷魚與橄欖油，最後加入荷蘭芹泥，調製出搭配鰩魚的醬汁。搭配這道料理的還有義大利天使細麵。這道菜的風味跟蛤蜊白醬一樣，只是以不同的形式呈現罷了。
——大衛・沃塔克（David Waltuck），CHANTERELLE，紐約市

開幕迄今，我們秉持著一貫的料理哲學：魚始終是菜餚中的主角。這是我們不變的立場，不過每道料理都會用不同醬汁來融合所有食材，以創造出合諧風味。我們帶著敬意全心專注於海鮮食材，但是用來搭配海鮮的醬料則相當廣泛，從濃郁的醬汁到清湯都有，還會用到各色各樣的香料與濃醬。

醬汁的調理手法關係到一道菜餚是否能完美呈現。我們不會一大早就準備好所有醬汁，然後用上一整天。若是早上泡好的咖啡放到中午才喝，你可以想像那是什麼滋味嗎？味道一定很噁心。茶也一樣，如果把茶包泡了一整天，到了晚上，茶的味道必定糟透了。

我們調製過一道蒜頭鼠尾草高湯，然後發現這高湯很容易變味。我發現湯汁的美味時限只有三分鐘，之後不是鼠尾草摧毀蒜頭的風味，就是蒜頭完全蓋過鼠尾草的風味，整道湯汁完全失衡。因此我們最後採取的做法是，先把雞高湯底做好備用，上桌前才置入食材包，待風味滲入湯汁後就立即上桌。我們把這道醬汁用在青胡椒粒鵝油烤鰩魚，再搭配撒上開心果與帕瑪乳酪的朝鮮薊。
——艾略克・瑞普特（Eric Ripert），LE BERNARDIN，紐約市

清酒
鹽：**猶太鹽、海鹽**
紅蔥頭
蝦
菠菜
墨魚
八角
普羅旺斯橄欖醬
龍蒿
百里香
番茄與番茄糊
油醋醬
醋：巴薩米克香醋、紅酒醋、米酒醋、雪莉酒醋
核桃
酒：干白酒、紅酒

對味組合

鰩魚＋奶油＋開心果
鰩魚＋續隨子＋蒜頭＋檸檬汁
鰩魚＋續隨子＋雪莉酒醋
鰩魚＋小茴香＋洋蔥
鰩魚＋蒜頭＋鼠尾草

慢燒菜餚 Slow-Cooked

季節：秋－冬
小祕訣：烹調時間越久，這些香草的風味與味道越佳。相對於慢燒菜餚的料理，請參見**清新食材**。

孜然
蒜頭
薑
山葵
洋蔥
奧勒岡
迷迭香
紅蔥頭
百里香

煙燻食材 Smokiness

小祕訣：在菜餚中加入煙燻食材能為整道料理增添肉的鮮甜滋味，或消減某些肉類與海鮮的油膩口感。

培根
炭烤肉類食物
煙燻啤酒
煙燻乳酪
齊波特辣椒
煙燻鴨肉
煙燻魚（如：鮭魚、鱒魚）
燒烤食物
煙燻火腿
煙燻油
煙燻紅椒
煙燻鮭魚
煙燻鹽
煙燻香腸
正山小種紅茶
蘇格蘭威士忌

甜豌豆 Snap Peas

季節：春
味道：甜
分量感：輕盈
風味強度：清淡
料理方式：汆燙、生食、蒸煮、快炒

杏仁
羅勒
褐化奶油醬
奶油
胡蘿蔔
芹菜
細葉香芹
細香蔥
芫荽葉
鮮奶油
咖哩
蒔蘿
蒜頭
薑
大比目魚
韭蔥
檸檬汁
墨角蘭
薄荷
菇蕈類
肉豆蔻
橄欖油

> **主廚私房菜 DISHES**
> 阿拉斯加帝王鮭，搭配甜豌豆
> ——大衛．帕斯特納克（David Pasternak），ESCA，紐約市

洋蔥
奧勒岡
荷蘭芹
白胡椒
馬鈴薯
米
迷迭香
番紅花
鼠尾草
鮭魚
青蔥
芝麻油
芝麻籽
蝦
蔬菜高湯
龍蒿
百里香
優格

對味組合

甜豌豆＋褐化奶油＋鼠尾草

笛鯛 Snappers

季節：晚春－早秋
分量感：中等
風味強度：溫和
料理方式：烘焙、燜燒、炙烤、油炸、燒烤、水煮、烘烤、煎炒、蒸煮、快炒

杏仁
杏桃（尤以杏桃乾為佳）
朝鮮薊
羅勒（裝飾用）
月桂葉
燈籠椒：綠、紅、黃燈籠椒
無鹽奶油
甘藍
續隨子
胡蘿蔔
卡宴辣椒

芹菜與芹菜葉
辣椒：齊波特、哈拉佩諾辣椒
細香蔥
芫荽葉
蛤蜊
椰子
芫荽
庫斯庫斯
蟹
鮮奶油
孜然
蒔蘿
小茴香
小茴香籽
五香粉
蒜頭
薑
葡萄柚
榛果
韭蔥
檸檬：檸檬果實、檸檬汁、碎檸檬
　　皮
檸檬百里香
萊姆汁

薄荷
味噌：乾味噌、白味噌
菇蕈類：牛肚菇、酒杯蘑菇
第戎芥末
油：菜籽油、玉米油、葡萄籽油、
　　蔬菜油
橄欖油
橄欖：黑橄欖、卡拉瑪塔橄欖
洋蔥：紅、白洋蔥
柳橙：橙汁、碎橙皮
木瓜
紅椒
扁葉荷蘭芹
甜豌豆
胡椒：黑、白胡椒
義式青醬
開心果（尤其用來裹覆食材為佳）
波特酒
馬鈴薯
紅椒粉
米
迷迭香
番紅花
鹽：猶太鹽、海鹽

┃主廚私房菜┃ DISHES

泰式醃漬笛鯛，搭配日式芥末
鮮奶油；櫻桃蘿蔔片與罌粟籽
瓦片餅
　　──丹尼爾・布呂德（Daniel Boulud），
DANIEL，紐約市

醬汁：褐化奶油、荷蘭醬、羅梅斯
　　科蘸醬
香腸（尤以辣香腸為佳）
青蔥
海帶（擺盤時用）
芝麻
紅蔥頭
蝦
菠菜
八角
高湯：雞、魚高湯
糖
番薯
龍蒿
百里香
番茄：罐裝、新鮮番茄、番茄糊

蕪菁
醋：紅酒醋、雪莉酒醋、白醋
干白酒

對味組合
笛鯛＋蛤蜊＋羅梅斯科蘸醬＋香腸
笛鯛＋小茴香＋橄欖＋柳橙＋番紅花
笛鯛＋椰子＋蟹＋木瓜
笛鯛＋蒜頭＋馬鈴薯＋迷迭香
笛鯛＋檸檬＋百里香＋番茄

真鰈 Sole
分量感：輕盈
風味強度：清淡
料理方式：平鍋大火油煎、水煮、
　　煎炒、蒸煮

朝鮮薊
蘆筍
羅勒：甜羅勒、檸檬羅勒
鱸魚
月桂葉
蠶豆
麵包粉
無鹽奶油
白脫乳
續隨子
胡蘿蔔
卡宴辣椒
芹菜與芹菜葉
細葉香芹
細香蔥
芫荽
玉米粉
庫斯庫斯
鮮奶油
蒔蘿
茴菜
法式料理
蒜頭
薑
羽衣甘藍
檸檬：檸檬汁、檸檬片
龍蝦
美乃滋
地中海料理
牛奶

薄荷（尤以綠薄荷為佳）
菇蕈類：鈕扣菇、羊肚菌
貽貝
麵條
油：菜籽油、玉米油、葡萄籽油、
　　橄欖油、花生油、蔬菜油
橄欖油
洋蔥（尤以白洋蔥為佳）
牡蠣
紅椒
扁葉荷蘭芹
豌豆
胡椒：黑、粉紅、白胡椒
馬鈴薯
榅桲
野生韭蔥
鮭魚
鹽：猶太鹽、海鹽
醬汁：褐化奶油、荷蘭醬
紅蔥頭
蝦
菠菜
八角
魚高湯
龍蒿
百里香
番茄
松露
巴薩米克香醋
水田芥
干白酒（如：夏布利白酒）

對味組合
真鰈＋奶油＋檸檬＋荷蘭芹
真鰈＋紅椒＋馬鈴薯

酸模 Sorrel
季節：春－秋
味道：酸
分量感：中等、軟葉
風味強度：溫和－濃烈
小祕訣：必須新鮮入菜，因為此
　　種軟葉香草會在在醬汁或湯的
　　烹調過程中失去風味。

杏仁
蘋果
酪梨
培根
羅勒
無鹽奶油
胡蘿蔔
魚子醬
蕎菜
乳酪：愛蒙塔爾、山羊、葛黎耶和、
　　帕瑪、佩科利諾、瑞可達、瑞士
　　乳酪
細葉香芹
雞肉
細香蔥
芫荽葉
羽衣甘藍葉
鮮奶油
法式酸奶油
黃瓜
蒲公英軟葉
蒔蘿
蛋：蛋料理、煎蛋捲
闊葉苣菜
魚
法式料理
蒜頭
葡萄
綠葉蔬菜
韭蔥
檸檬汁
檸檬馬鞭草
扁豆（尤以綠扁豆為佳）
萵苣
歐當歸
滷汁醃醬
肉類
薄荷

主廚私房菜 | DISHES

酸模濃湯，搭配烤馬科納杏仁與水煮無籽白葡萄
——湯馬士·凱勒（Thomas Keller），THE FRENCH LAUNDRY，加州揚特維爾市

CHEF'S TALK

酸模具有綠色蔬菜的質地但味道很嗆。嘗起來有點像是魚露：單獨品味很噁心，但搭配食物風味絕佳！酸模很適合搭配雞蛋及海鮮。我們餐廳就有一道海鮮料理，是以培根和酸模醬搭配烤牡蠣。
——傑瑞·特勞費德（Jerry Traunfeld），THE HERBFARM，華盛頓州伍德菲爾

菇蕈類
貽貝
芥末
肉豆蔻
橄欖油
洋蔥
紅椒
扁葉荷蘭芹
歐洲防風草塊根
胡椒：黑、白胡椒
豬肉
馬鈴薯（尤以新鮮馬鈴薯、美國特級馬鈴薯為佳）
禽肉
米
沙拉（某些沙拉）
鮭魚
煙燻鮭魚
鹽
奶油醬汁
海鮮
美洲西鯡
紅蔥頭
貝蝦蟹類
湯（尤以奶油濃湯為佳）
蔬菜
酸奶油
菠菜
高湯：雞、小牛、蔬菜高湯
餡料
龍蒿
茶
三明治
檸檬百里香
番茄
鱒魚

小牛肉
素食料理
紅酒醋
水田芥
干白酒

避免
沙拉（某些沙拉）

對味組合
酸模＋奶油＋雞肉高湯
酸模＋蒜頭＋菠菜
酸模＋韭蔥＋馬鈴薯
酸模＋肉豆蔻＋瑞可達乳酪

酸奶油 Sour Cream
味道：酸
分量感：中等－厚實
風味強度：溫和－濃烈
小祕訣：以新鮮酸奶油直接入菜，或只能以低溫調理。

烘焙食物（如：蛋糕、餅乾）
羅宋湯
魚子醬
甜點
蒔蘿
蘸醬
歐洲料理（尤以東歐與北歐料理

為佳）
水果
山葵
匈牙利料理
檸檬汁
芥末
紅椒
胡椒
馬鈴薯（尤以烘焙馬鈴薯為佳）
俄羅斯料理
沙拉與沙拉醬汁
醬汁
斯堪地納維亞料理
湯

酸味食材 Sourness
味道：酸
質性：性熱；刺激食欲；提高口渴的感覺
小祕訣：酸味能凸顯其他風味。少量的酸會強化苦味，但大量的酸則能壓制苦味。

蘋果塔（如：澳洲青蘋果、醇露蘋果）
黑莓
白脫乳
葛縷子籽
酸乳酪（如：榭弗爾等山羊乳酪）
酸櫻桃
柑橘類
丁香
芫荽
醃黃瓜
蔓越莓
奶油乳酪
塔塔粉
法式酸奶油
穗醋栗
發酵食品

CHEF'S TALK
我喜歡高良薑、檸檬草與薑，這些都帶有天然酸味及活潑的辛味，對於任何食材皆有提振效果。椰奶中如果以這類芳香植物來取代酸性汁液，可讓菜餚不會太濃膩。
——布萊德·法爾米利（Brad Farmerie），PUBLIC，紐約市

CHEF'S TALK

美國大廚的特色就是愛用**酸**來凸顯食材特色。以酸味為菜餚創造出的鮮明風味，讓我在法國做出的菜餚大受矚目。法式料理注重混合諧，而美式菜餚則強調特色。然而在美式的高級料理上，酸的使用還是得有所節制，因為要考慮到佐餐酒。凸顯菜餚特色十分重要，但得注意別壞了佐餐酒的風味。
——麥克・安東尼（Michael Anthony），GRAMERCY TAVERN，紐約市

幾乎每道菜餚都得帶點**酸味**，否則風味就平淡無奇了。這是喜好的問題，有些大廚喜歡酸味，有些喜歡甜味，這沒有什麼對和錯。檸檬汁只需要一點點，就能激發出其他食材的風味了。我也使用各種不同的醋，像是班努斯酒醋、紅酒醋、米酒醋與雪莉酒醋等，族繁不及備載。
——大衛・沃塔克（David Waltuck），CHANTERELLE，紐約市

我的廚櫃中滿滿都是酸性調味料！不論哪個飲食文化，使用**酸味**的理由都一樣：希望在不加鹽的情況下增強食物風味。我們使用大量的柑橘類水果，例如檸檬、萊姆等等。我住在英格蘭時，朋友常揶揄我的料理方式，因為我幾乎每樣東西都加入柳橙汁，特別是油醋醬。我非常喜愛它的酸味以及它為菜餚增添的輕淡果香。這類酸性食材的另一個極端是羅望子。我們在冰箱常備有羅望子水，並以它來為醬汁收尾。我會根據不同國家的料理精神使用不同的酸性調味料：印度料理用羅望子，日本料理用日式醋汁與柚子，中東料理則用鹽膚木、醃漬檸檬與優格，而東南亞料理使用檸檬、萊姆與羅望子。
——布萊德・法爾米利（Brad Farmerie），PUBLIC，紐約市

我選用**酸性**調味品的態度跟運用甜味劑一樣謹慎。我可以在每樣食材中加入檸檬汁，不過在某些情況下，酸葡萄汁能增添巴薩米克香醋或雪莉酒醋無法帶出的鮮明風味。我喜歡酸葡萄汁，我們餐廳也供應純粹以酸葡萄汁做成的雪酪。我還用它來搭配蘋果及西洋梨。此外，我也喜歡以冰酒醋搭配烤水果。陳年的巴薩米克香醋也不再令人傷腦筋，直接淋在水果上或加在冰淇淋裡，都能帶出好味道。
——麥克・萊斯寇尼思（Michael Laiskonis），LE BERNARDIN，紐約市

把**酸味**加入醬汁，可提升食材的滋味。檸檬是我的最愛，我使用檸檬與柳橙的方式，就像大廚使用鹽與胡椒那般平常。我會根據料理所需，來決定加入的是檸檬與柳橙的汁液、碎皮還是醃漬片。

· **檸檬汁或柳橙汁**：倘若這道菜餚得加水，為不直接添加柳橙汁來增添風味？

· **碎檸檬皮或碎橙皮**：調製奶酪時，我會加入碎橙皮，但並不會讓奶酪帶有柳橙味。若是製做蛋糕，我也會使用碎皮。

· **醃漬檸檬片或醃漬橙片**：我常以醃漬片來裝飾菜餚。
——麥克・萊斯寇尼思（Michael Laiskonis），LE BERNARDIN，紐約市

水果：酸水果、未成熟的水果
高良薑
薑
葡萄柚
綠葡萄
卡非萊姆
奇異果
金桔
檸檬：檸檬汁、碎檸檬皮
醃漬檸檬
檸檬草
萊姆：萊姆汁、碎萊姆皮
山羊奶
味噌
金針菇
柳橙：橙汁、碎橙皮
醃漬食物
洋李（尤以未熟洋李為佳）
日式柚醋醬
榅桲
大黃
玫瑰果
酒醬汁
德國酸菜
酸模
酸奶油
醬油
鹽膚木
羅望子
番茄（尤以綠番茄為佳）
酸葡萄汁
醋
乳清
干烈酒
優格
柚子

真空烹調法
Sous-Vide Cooking

所謂的**真空烹調法**，就是烹調環境受到嚴格控管的長時間料理方法。我喜歡用這種方式料理蔬菜，因為蔬菜接觸不到空氣。原本白色的蔬菜在料理過後依舊很白，至於蘋果與西洋梨這類水果，料理後也能保持原色。

——丹尼爾・赫姆（Daniel Humm），ELEVEN MADISON PARK，紐約市

CHEF'S TALK

我以祖母那兒學到的水煮技巧來調理禽肉，而不用一般的**真空烹調法**。將全雞、火雞或雉雞泡入冷水，綜合蔬菜高湯、蒜頭以及香草混合的湯汁中，緊蓋上鍋蓋並以大火煮至沸騰後，轉小火熬煮一段時間，然後熄火。這種料理手法能在鍋中創造出真空密閉狀態，讓所有的風味都能夠滲入雞肉。這樣的效果比直接水煮好上十倍，因為雞肉的原汁不會流失。雞肉會以冷盤上桌，所搭配的熱薑醬汁則是以兩等份的新鮮薑和各一等份的蒜頭、青蔥與芫荽葉來調製。油先加熱到冒煙，然後倒入準備好的香草食材中，就完成了這道醬汁。最後把醬汁倒在煮好且放涼的雞肉上，就可上桌。這是一道十分美味的菜餚。

——湯尼・劉（Tony Liu），AUGUST，紐約市

東南亞料理
Southeast Asian Cuisines
小祕訣：就是調和辣＋酸＋鹹＋甜等味道

辣椒
椰奶
咖哩
魚露
高良薑
薑
檸檬草
萊姆
薄荷
醬油
糖
羅望子
蔬菜：新鮮蔬菜、泡菜

對味組合
辣椒＋魚露＋萊姆＋糖
魚露＋萊姆＋羅望子

美國南方料理
Southern Cuisine（American）
烘焙食物（如：比斯吉）
炭烤肉類
黑眼豌豆
雞肉（尤以炸雞為佳）
肉汁
綠葉生菜（尤以羽衣甘藍為佳）
粗玉米粉
火腿
派
豬肉
馬鈴薯
米
番薯
茶：冰茶、甜茶

美國西南部料理
Southwestern Cuisine（American）
酪梨
豆類
牛肉
乳酪
雞肉
辣椒
巧克力
芫荽葉
肉桂
玉米
萊姆
堅果
洋蔥
豬肉
米
小南瓜
番茄
墨西哥薄餅

醬油 Soy Sauce
味道：鹹
分量感：輕盈
風味強度：溫和－濃烈
小祕訣：在烹調最後才加入，或用來完成料理。適用於各式快炒料理。

羅勒
牛肉
青花菜
雞肉
中式料理
芫荽
魚：熟食、生食的魚
蒜頭
薑
蜂蜜
日式料理
韓式料理
萊姆汁
生龍蝦
滷汁醃醬
肉類
味醂
糖蜜

CHEF'S TALK

我會在洋蔥湯中加入醬油來增加濃郁的口感。我在家裡經常使用**醬油**，連我小孩都開始看起來像亞洲人啦！
——米契爾・理查（Michel Richard），CITRONELLE，華盛頓特區

我在日本為期兩年的料理生涯中，愛上了**淡味醬油**。它是帶有煙燻效果的液體。淡味醬油並非真正的醬油，比較是小麥釀出的產物，帶有煙燻風味，不過風味依然十分清淡，所以能與芝麻及橄欖油搭配，做為油甘魚的佐醬。
——麥克・安東尼（Michael Anthony），GRAMERCY TAVERN，紐約市

淡味醬油口味清淡，比起一般醬油更具有一種純淨的風味。一般醬油帶有焦糖般的色澤、風味與質地，因此功用不僅在於增強菜餚風味，它還能成為菜餚中的一部分。淡味醬油會讓食材產生美妙變化。在色澤極淡的淡味油醬中加入味醂與米酒醋調製成日式柚醋醬，顏色會更為清徹。
——布萊德・法爾米利（Brad Farmerie），PUBLIC，紐約市

碎橙皮
花生
紅椒粉
鹽
青蔥
海鮮
芝麻油
糖
日式芥末

對味組合
醬油＋芫荽＋蜂蜜
醬油＋蒜頭＋薑
醬油＋糖蜜＋糖

西班牙料理 Spanish Cuisine
杏仁
鰻魚
月桂葉
麵包
西班牙辣香腸
卡士達
蛋
魚
水果
蒜頭
塞拉諾火腿
榛果
檸檬

肉類（尤以烘烤的肉類為佳）
橄欖油
橄欖
洋蔥
柳橙
甜紅椒
荷蘭芹
胡椒（尤以西班牙小紅椒或烘烤過的佩姬羅紅椒為佳）
松子
石榴
豬肉
米
烘烤食物
番紅花
貝蝦蟹類
雪莉酒
湯
燉煮料理
百里香

番茄
香莢蘭
蔬菜
雪莉酒醋
核桃

對味組合
杏仁＋蒜頭＋橄欖油
杏仁＋橄欖油
蒜頭＋橄欖油
蒜頭＋洋蔥＋紅椒＋米＋番紅花
蒜頭＋洋蔥＋荷蘭芹
紅胡椒＋洋蔥＋番茄
番茄＋杏仁＋橄欖油＋烘烤過的紅胡椒

主廚私房菜 DISHES

蘿蔓萵苣心與特雷維索紫葉菊苣沙拉，搭配西班牙塞拉諾火腿、蒙契格乳酪、白鰻魚、火烤胡椒粒與香脆續隨子
——凱莉・納哈貝迪恩（Carrie Nahabedian），NAHA，芝加哥

小紅橡葉萵苣沙拉，搭配蒙契格乳酪、肉桂杏仁與陳年雪莉油醋醬
——塞萊納・蒂奧（Celina Tio），AMERICAN RESTAURANT，堪薩斯

BOX

新世界中的西班牙風潮：美國廚師如何受到西班牙文化影響

番薯、費達乳酪以及紅椒西班牙蛋餅，搭配薄荷檸檬印度優格醬：這道料理要從西班牙風以及蛋餅談起。傳統的西班牙蛋餅是同時將所有材料放入平底鍋中製成，但我們的做法稍有變化。先把番薯和香辣煙燻紅椒一起烘烤，藉由熱氣及煙燻的香氣來調和甜味。再加入費達乳酪及褐化洋蔥來增添鹹味以及另一層風味。接著打入數顆蛋，用蛋液黏合所有食材，再依照一般蛋餅的作法以大量的橄欖油熱鍋油煎，然後放入烤箱烘烤至完成。最後等蛋餅放涼，切成一塊塊就可以上桌了。蛋與馬鈴薯（或番薯）的組合一向給人厚重之感，因此我們會搭配爽脆的水田芥沙拉以及碎檸檬皮（或碎橙皮）優格。

——布萊德・法爾米利（Brad Farmerie），PUBLIC，紐約市

蘿蔓萵苣心與特雷維索紫葉菊苣沙拉，搭配西班牙塞拉諾火腿、蒙契格乳酪、白鰻魚、火烤胡椒粒與香脆續隨子：這道菜是為了向吉列爾莫（Guillermo）致意，他供應我們西班牙食材。他的鰻魚是如此美味，因此若有人要點鰻魚做為附菜，服務生就會回應：「相信我……」至於這道沙拉中為什麼要放入紫葉菊苣，是因為我想改變人們對於搭配食材的錯誤想法。把紫葉菊苣加入沙拉中，會有你想像不到的好滋味。它增添了美妙的香脆口感，也調和了蘿蔓萵苣與其他風味。至於炸續隨子則為菜餚帶來些許酸味及酥脆感。

——凱莉・納哈貝迪恩（Carrie Nahabedian），NAHA，芝加哥

在西班牙，雞蛋不常用在早餐，而是做為晚餐。西班牙人也不吃早午餐。不過在我們餐廳，卻是以早午餐來歌頌西班牙蛋料理，因為蛋料理在西班牙人的飲食中占了極大部分。西班牙人可以料理出漂亮的蛋料理，而且方式變化多端。西班牙北部巴斯克地區的人就酷愛加料豐富的芙蓉蛋，加的料可以有小型菇蕈類、蘆筍或粉紅蝦。西班牙人也會用橄欖油來料理雞蛋。我們餐廳就使用了大量的油，以近乎油炸的方式來製做煎蛋。我們也不使用鍋鏟，而改用網杓從平底鍋中取出煎蛋。

——亞歷山大・拉許（Alexandra Raij），TÍA POL，紐約市

我們把橄欖油當做佐料。用橄欖油浸泡各類食材在西班牙相當普遍，像是以油來醃漬鰻魚，而鰻魚吃掉後，還可以用麵包蘸食剩下的油。即便是以橄欖油烹煮的菜餚，上菜前還是要淋上幾滴新鮮橄欖油。我很難找出一道不含橄欖油的西班牙料理。我們用橄欖油烹煮菇蕈類，並淋上橄欖油後上桌。

在西班牙會用一點豬油來炒蔬菜，並撒上火腿丁再上桌。西班牙人也愛燜燒蔬菜，並在烹煮時加入一些火腿邊。無論是燉肉鍋或燉豆子（如：鷹嘴豆），料理時都會加入火腿。火腿邊的作用就是為菜餚增添一點別緻的風味，就像黴菌為乳酪所增添的風味。

——亞歷山大・拉許（Alexandra Raij），TÍA POL，紐約市

香料 Spices（同時參見各類香料）

只要一小撮小茴香、芫荽、孜然或卡宴辣椒等**香料**，都很適合用來為醬汁收尾。若是想要提升醬汁的辣度，卡宴辣椒是絕佳選擇，但只需要一小撮，這樣才不會感覺到它的存在。若在奶油白醬、檸檬泥與碎檸檬皮調製出的法式檸檬醬中加入一小撮卡宴辣椒，不但可以提升整道醬汁的風味，而且也嘗不出辣味。
——安德魯‧卡梅利尼（Andrew Carmellini），A VOCE，紐約市

我確信每個廚房都有自己獨門的**綜合胡椒**，而且裡面不光是胡椒而已。我們有肉類專用的綜合胡椒，偶爾也會用在豬肉或鮪魚上。這是由黑胡椒粒、粉紅胡椒粒、芫荽籽與烤八角粉調配而成。我手邊還會備有一個「四季調味盒」，裡面藏有四種調味聖品：鹽之花、紅辣椒碎片、芥末粉與鹽膚木。鹽之花是頂極海鹽；紅辣椒碎片則結合了辣味與果香；芥末粉是我常用的調味品，至於鹽膚木則是種酸性調味品。
——雪倫‧哈格（Sharon Hage），YORK STREET，達拉斯

處理**過辣**的情況時，必須增加食材分量以調和辣度。這時候，就得加入某些泥狀或是甜味食材（甜味可以中和辣味）。例如風味太強烈的印度咖哩，就可以加入一些乾杏桃泥。杏桃泥不但可以增加甜味，還能增加咖哩的整體稠度。
——安德魯‧卡梅利尼（Andrew Carmellini），A VOCE，紐約市

菠菜 Spinach
（同時參見綠葉生菜）

季節：全年
味道：苦
質性：性涼
分量感：中等
風味強度：溫和
料理方式：水煮、生食、煎炒、蒸煮、快炒、出水

杏仁
鯷魚
蘋果
培根
羅勒
無鹽奶油*
卡宴辣椒
蒸菜
乳酪：熟成、蓽德、愛蒙塔爾、費達、山羊、帕瑪、瑞可達乳酪
雞肉（尤以燒烤的雞肉為佳）
鷹嘴豆
細香蔥

蟹
鮮奶油／牛奶
奶油乳酪
法式酸奶油
孜然
咖哩
蒔蘿
蛋（尤以沸煮至全熟的蛋為佳）
小茴香
魚（如：條紋鱸魚）
法式料理
蒜頭
薑
羽衣甘藍
印度料理
義大利料理
日式料理
羊肉（尤以燒烤的羊肉為佳）
檸檬汁
扁豆
歐當歸
墨角蘭
馬士卡彭乳酪

薄荷（尤以綠薄荷為佳）
菇蕈類（尤以香菇為佳）
第戎芥末
芥末籽
肉豆蔻
油：菜籽油、花生油、芝麻油、蔬菜油、核桃油
橄欖油
洋蔥（尤以甜洋蔥為佳）
義大利培根
甜紅椒
荷蘭芹
義式麵食
美洲山核桃
胡椒：黑、白胡椒
義式青醬
松子
馬鈴薯
義式乾醃火腿
榲桲
葡萄乾
紅椒粉
番紅花
鹽：猶太鹽、海鹽
鹹鱈魚
醬汁：法式奶油白醬、乳酪奶油白醬
青蔥
芝麻籽
紅蔥頭
蝦
煙燻鮭魚
酸模
酸奶油
醬油
高湯：雞、蔬菜高湯
糖（一撮）
塔巴斯科辣椒醬
新鮮百里香
番茄
鮪魚
油醋醬（尤以雪莉酒油醋醬為佳）
醋：巴薩米克香醋、蘋果酒醋、紅酒醋、米酒醋、雪莉酒醋
核桃
優格

| 主廚私房菜 | DISHES |

熟蘑菇嫩菠菜沙拉，搭配黑豆醬汁
——大河內和（Kaz Okochi），KAZ SUSHI BISTRO，華盛頓特區

南美拉普拉塔河流域風味的菠菜核桃捲，搭配蒙契格乳酪、帕瑪奶油白醬以及番茄醬汁
——馬里雪兒‧普西拉（Maricel Presilla），CUCHARAMAMA，紐澤西州霍博肯市

| | CHEF'S TALK |

我喜歡菠菜。最佳料理方式就是以油來炒，如果用汆燙的，風味就全跑進水裡了。我喜歡在菠菜中加點蒜頭之後，再來進行想要的變化。像是炒菠菜配上水煮蛋就很美味。
——加柏利兒‧克魯德（Gabriel Kreuther），THE MODERN，紐約市

菠菜與培根是絕佳組合。料理奶油菠菜濃湯的關鍵，就是先將新鮮菠菜蒸軟，然後擠出水分輕剁成泥。接著鍋中放入奶油與麵粉一起炒至濃稠，然後加入鮮奶油、肉豆蔻及插著丁香的洋蔥（onion piqué），繼續烹煮讓鮮奶油濃縮至原來分量的一半。最後加入之前僅稍微煮過的菠菜泥，再稍微加熱讓菠菜與奶油融合，讓菠菜滲一點菜汁到鮮奶油裡，這道滑順的菠菜料理就完成了。我們還會在上面撒上中東風味的蘋果木煙燻尼斯克培根（Nueske's bacon）丁。
——麥克‧羅莫納可（Michael Lomonaco），PORTER HOUSE NEW YORK，紐約市

我們這道搭配著黑豆醬汁的熟蘑菇嫩菠菜沙拉，風味會如此完美，蒜頭功不可沒。使用蒜頭很容易讓菜餚的蒜味過強，所以注意要恰到好處。
——大河內和（Kaz Okochi），KAZ SUSHI BISTRO，華盛頓特區

對味組合

菠菜＋培根＋蒜頭＋洋蔥＋蘋果酒醋
菠菜＋培根＋核桃
菠菜＋細香蔥＋山羊乳酪＋馬士卡彭乳酪
菠菜＋孜然＋蒜頭＋檸檬＋優格
菠菜＋小茴香＋帕瑪乳酪＋波特貝羅大香菇＋巴薩米克香醋
菠菜＋費達乳酪乳酪＋檸檬汁＋奧勒岡
菠菜＋蒜頭＋菇蕈類
菠菜＋蒜頭＋酸模

春季食材 Spring

氣候：典型溫暖的季節
料理方式：烤煎以及其他以爐子烹煮的料理方式

朝鮮薊（盛產季節：3月～4月）
蘆筍：綠蘆筍、紫蘆筍、白蘆筍（盛產季節：4月）
蠶豆（盛產季節：4月～6月）
白花椰菜（盛產季節：3月）
淡水螯蝦
蒲公英軟葉（盛產季節：5月～6月）
蕨菜
蒜苗（盛產季節：3月）
綠葉蔬菜：沙拉生菜、春季蔬菜
春季羊肉
韭蔥
梅爾檸檬
萵苣
清爽菜餚
佛羅里達萊姆
枇杷
羊肚菌（盛產季節：4月）
洋蔥：、維塔莉亞洋蔥（盛產季節：5月）
臍橙（盛產季節：3月）
豌豆（盛產季節：5月）
野生韭蔥（盛產季節：5月）
大黃（盛產季節：4月）
軟殼蟹
酸模（盛產季節：5月）
舒芙蕾
涼性香料（如：白胡椒粒）
草莓
家傳番茄
水田芥
節瓜花

一到春天，人們就開始找尋整個冬季魂牽夢縈的鮮嫩沙拉。我特別期待蘆筍沙拉，只要以美乃滋或法式魚泥（mousseline）來搭配蘆筍就可以上桌了。
——加柏利兒‧克魯德（Gabriel Kreuther），THE MODERN，紐約市

春天是令人神采飛揚的季節。雖然仍帶有些微寒意，但人們已經開始找尋清爽的食物。這是大黃與草莓盛產的季節。柑橘也占有一席之地；在冬季，它只是巧克力的替代品，但在春天，柑橘就是較清爽、較芳香的選擇了。

——艾蜜莉·盧契提（Emily Luchetti），FARALLON，舊金山

春季羔羊是春天料理的精髓。

——米契爾·理查（Michel Richard），CITRONELLE，華盛頓特區

主廚私房菜 | DISHES

乳鴿料理，搭配西瓜、鵝肝與黑甘草
——格蘭特·阿卡茲（Grant Achatz），ALINEA，芝加哥

燻烤乳鴿，搭配烤甜菜五穀飯與牛肝菌芥末醬
——馬利歐·巴達利（Mario Batali），BABBO，紐約市

CHEF'S TALK

也許你只想要一點甘草味，而不是一份甘草醬汁。只要在乳鴿上撒些磨碎的小茴香，就會產生甘草的香氣，當你咬下一口鴿肉，還會嘗到保樂酒的那股沙士味；這股風味不會過強，與乳鴿、鵝肝、蜜棗以及綠胡椒粒搭配得恰到好處。有些風味就只需在菜餚中溫和凸顯。我喜歡把這些風味比擬為化妝時「眼影」所呈現出的效果！
——凱莉·納哈貝迪恩（Carrie Nahabedian），NAHA，芝加哥

芽菜 Sprouts

季節：全年
質性：性涼
分量感：輕盈
風味強度：清淡
料理方式：煎炒、蒸煮、快炒
小祕訣：烹煮時間不能超過30秒，否則芽菜會出水萎縮。

黃瓜
蛋沙拉
沙拉（尤以較細嫩的芽菜為佳）
三明治
快炒（尤以較粗壯的芽菜為佳）

乳鴿 Squab

分量感：中等
風味強度：溫和
料理方式：燜燒、炙烤、燒烤、烘烤、煎炒

培根
蠶豆
甜菜
甘藍
櫻桃
小茴香
無花果
鵝肝
蒜頭
刺柏漿果
扁豆
野生菇蕈類（尤以牛肝菌為佳）
芥末

橄欖油
橄欖
洋蔥
義大利培根
西洋梨
豌豆
黑胡椒
黑李乾
米與義式燉飯
迷迭香
鼠尾草
鹽
巴薩米克香醋酒
酒（尤以紅酒為佳）

橡果形南瓜 Squash, Acorn
（同時參見南瓜、白胡桃瓜、冬南瓜）

季節：秋－冬
味道：甜
分量感：中等－厚實
風味強度：溫和
料理方式：烘焙、南瓜泥

多香果
月桂葉
奶油（尤以褐化奶油為佳）
帕瑪**乳酪**
肉桂
鮮奶油
卡士達
蒜頭

生薑
楓糖漿
馬士卡彭乳酪
菇蕈類（尤以香菇為佳）
肉豆蔻
堅果
橄欖油
洋蔥（尤以奇波利尼洋蔥為佳）
荷蘭芹
豬肉
鼠尾草
猶太鹽
黑糖
百里香
香莢蘭
雪莉酒醋

對味組合
橡果形南瓜＋卡士達＋鼠尾草
橡果形南瓜＋薑＋楓糖漿

白胡桃瓜 Squash, Butternut
（同時參見南瓜；橡果形南瓜；冬南瓜）

季節：早秋
味道：甜
分量感：中等－厚實
風味強度：溫和
料理方式：烘焙、燜燒、搗成泥、烘烤、蒸煮、炸天婦羅

多香果

鰻魚
蘋果（尤以青蘋果為佳）
耶路薩冷朝鮮薊
培根
羅勒
月桂葉
波本酒
麵包粉
褐化奶油
無鹽奶油
胡蘿蔔
卡宴辣椒
芹菜
芹菜根
乳酪：芳汀那、山羊、葛黎耶和、
　　帕瑪、佩科利諾、瑞可達、含鹽
　　瑞可達乳酪
細葉香芹
栗子
鷹嘴豆
辣椒（尤以新鮮青、哈拉佩諾辣
　　椒為佳）
辣椒醬
細香蔥
芫荽葉
肉桂
丁香
椰奶
芫荽
庫斯庫斯
鮮奶油
法式酸奶油
孜然
咖哩：咖哩醬（黃）、咖哩粉
鴨肉
葫蘆巴
泰國魚露
蒜頭
薑：生薑、薑粉
蜂蜜
日式料理（如：天婦羅）
韭蔥
檸檬汁
檸檬草
萊姆汁
楓糖漿
墨角蘭

馬士卡彭乳酪
薄荷
摩洛哥料理
菇蕈類（尤以牛肝菌為佳）
肉豆蔻
堅果
油：菜籽油、葡萄籽油、花生油
南瓜籽油、蔬菜油
橄欖油
洋蔥（尤以紅洋蔥為佳）
柳橙汁
義大利培根
扁葉荷蘭芹
歐洲防風草塊根
西洋梨
胡椒：黑、白胡椒
豬肉
馬鈴薯
南瓜籽
紅椒粉
義式燉飯

迷迭香
鼠尾草
蒜葉婆羅門參
鹽：猶太鹽、海鹽
紅蔥頭
蝦
湯
酸奶油
菠菜
高湯：雞、蔬菜高湯
糖：黑糖、白糖
龍蒿
百里香
松露油
香莢蘭
醋：巴薩米克香醋、香檳酒醋、雪
　　莉酒醋
核桃
水田芥
酒：干白酒、高甜度葡萄酒
山芋
優格

對味組合

白胡桃瓜＋鰻魚＋麵包粉＋洋蔥＋義式麵食
白胡桃瓜＋培根＋楓糖漿＋鼠尾草
白胡桃瓜＋月桂葉＋肉豆蔻
白胡桃瓜＋芫荽葉＋椰子＋薑
白胡桃瓜＋法式酸奶油＋肉豆蔻＋鼠尾草
白胡桃瓜＋瑞可達乳酪＋迷迭香
白胡桃瓜＋義式燉飯＋鼠尾草

| **主廚私房菜** | DISHES |

家傳秋季小南瓜沙拉，搭配當地洋梨、穗醋栗、烤栗子、桑科農場費達
乳酪，以及褐化奶油醬汁
——麥克・尼翰（Michael Nischan），DRESSING ROOM，康乃迪克州韋斯特波特市

白胡桃瓜湯，搭配蜜汁歐洲防風草塊根、魚翅瓜、燻鴨、楓糖漿、斯蒂
萊恩南瓜籽油以及脆皮薯蕷
——凱莉・納哈貝迪恩（Carrie Nahabedian），NAHA，芝加哥

CHEF'S TALK

我認為白胡桃瓜是最棒的小南瓜，它香甜、帶堅果味，而且這兩個風
味十分調和。
——丹尼爾・赫姆（Daniel Humm），ELEVEN MADISON PARK，紐約市

我在冬季最喜歡的一道菜餚，就是白胡桃瓜配上月桂葉及肉豆蔻。
——傑瑞・特勞費德（Jerry Traunfeld），THE HERBFARM，華盛頓州伍德菲爾

日本南瓜 Squash, Kabocha
（同時參見冬南瓜）

對味組合
日本南瓜＋椰子＋甜咖哩
——多明尼克和欣迪杜比（Dominique and Cindy Duby），WILD SWEETS（溫哥華）

魚翅瓜 Squash, Spaghetti
（同時參見冬南瓜）
季節：早秋－冬
分量感：中等
風味強度：溫和
料理方式：烘焙、水煮或蒸熟後再煎炒

培根
羅勒
燈籠椒
乳酪：費達、戈根索拉、帕瑪乳酪
雞肉
細香蔥
鴨肉
蒜頭
薑
栗花蜂蜜
橄欖油
黑橄欖
奧勒岡
扁葉荷蘭芹
義式麵食
胡椒粉
鹽
海鮮：魚、扇貝
番茄
油醋醬

夏南瓜 Squash, Summer
（同時參見節瓜）
季節：夏
分量感：輕盈－中等
風味強度：清淡－溫和
料理方式：烘焙、汆燙、沸煮、燜燒、油炸、燒烤、煎炒、蒸煮、快炒

羅勒
燈籠椒
奶油
乳酪：山羊、葛黎耶和、莫札瑞拉、帕瑪乳酪
辣椒：乾紅椒、新鮮青辣椒
細香蔥
肉桂
椰子
芫荽
玉米
鮮奶油
孜然
咖哩葉
蒔蘿
茄子
蒜頭
檸檬汁
墨角蘭
薄荷
黑芥末籽
橄欖油
洋蔥
奧勒岡
扁葉荷蘭芹
美洲山核桃
黑胡椒
迷迭香
鼠尾草
鹽

義大利香腸
百里香
番茄
薑黃
核桃
優格

冬南瓜 Squash, Winter
（同時參見南瓜、橡果形南瓜、白胡桃瓜）
季節：秋－冬
分量感：中等－厚實
風味強度：溫和
料理方式：烘焙、燜燒、燒烤、搗成泥、濃湯、烘烤、煎炒、蒸煮

多香果
蘋果：蘋果酒、蘋果果實、蘋果汁
培根
奶油
葛縷子籽
卡宴辣椒
芹菜葉
乳酪：芳汀那、葛黎耶和、帕瑪、佩科利諾、羅馬諾乳酪
辣椒粉
肉桂
丁香
椰奶
芫荽
鮮奶油
孜然
咖哩
蒜頭
薑
蜂蜜
羊肉
韭蔥
檸檬草
萊姆汁
楓糖漿
墨角蘭
菇蕈類
芥末
肉豆蔻
堅果
橄欖油

主廚私房菜　DISHES

紅咖哩小南瓜布丁，搭配柳橙果凍、椰子濃醬、甜味義式麵疙瘩，以及咖哩凍膠
——多明尼克和欣迪杜比（Dominique and Cindy Duby），WILD SWEETS，溫哥華

烤小南瓜冰淇淋，搭配香脆南瓜籽與鼠尾草
——強尼·尤西尼（Johnny Iuzzini），糕點主廚，JEAN GEORGES，紐約市

冬南瓜在產季時已有甜味，然而習慣上仍會以肉桂或楓糖漿來調味。
為了保留冬南瓜的鮮甜滋味，我改用帶有甜熱感的生薑來調味。
——萊德福特‧湯普森（Bradford Thompson），MARY ELAINE'S AT THE PHOENICIAN，亞利桑那州斯科茨代爾市

洋蔥
柳橙：橙汁、碎橙皮
奧勒岡
甜紅椒
扁葉荷蘭芹
義式麵食（尤以義式方麵餃為佳）
西洋梨
美洲山核桃
豬肉
南瓜
南瓜籽
榲桲
紫葉菊苣
紅椒粉
義式燉飯
迷迭香
鼠尾草
香薄荷
湯
高湯：雞、蔬菜高湯
黑糖
百里香
白松露
雪莉酒醋
核桃
野生米

對味組合
冬南瓜＋奶油＋蒜頭＋鼠尾草
冬南瓜＋蒜頭＋橄欖油＋荷蘭芹
冬南瓜＋洋蔥＋帕瑪乳酪＋雞高湯

小南瓜花 Squash Blossoms
（參見節瓜花）

墨魚（亦即槍烏賊）Squid
分量感：輕盈－中等
風味強度：清淡
料理方式：油炸、燒烤、醃漬、烘烤、沙拉、煎炒、燉煮

蒜味美乃滋
杏仁
鯷魚
芝麻菜
羅勒
月桂葉
白豆
燈籠椒：綠、紅、黃燈籠椒
無鹽奶油
甘藍：綠葉甘藍、紅葉甘藍
續隨子莓
續隨子
胡蘿蔔
卡宴辣椒
芹菜
茶菜
辣椒（尤以佩姬羅紅椒為佳）
細香蔥
西班牙辣香腸
芫荽葉
丁香
醃黃瓜
玉米粉（製成玉米麵包）
庫斯庫斯（尤以色列庫斯庫斯為佳）
穗醋栗
蒜頭
薑

海鮮醬
蜂蜜
番茄醬
義大利料理
韭蔥
檸檬汁
萊姆汁
龍蝦
墨角蘭
美乃滋
地中海料理
甜瓜（尤以洋香瓜、西瓜為佳）
油：葡萄籽油、花生油（用於油炸）、核桃油
橄欖油
橄欖（尤以黑橄欖、卡拉瑪塔橄欖為佳）
洋蔥（尤以甜、白洋蔥為佳）
碎橙皮
奧勒岡
扁葉荷蘭芹
義式麵食
胡椒：黑、白胡椒
松子
義式玉米餅
新鮮馬鈴薯
紅椒粉
米：義大利阿勃瑞歐米、西班牙圓米
義式燉飯
番紅花
沙拉
鹽：猶太鹽、海鹽
青蔥
扇貝
芝麻籽
紅蔥頭
紫蘇
蝦
醬油
墨魚墨汁

燒烤墨魚，搭配梅爾檸檬粉圓
——查理‧波特（Charlie Trotter），Charlie Trotter's，芝加哥

魚高湯
糖
塔巴斯科辣椒醬
龍蒿
百里香
番茄
醋：巴薩米克香醋、紅酒醋、米酒
　　醋、雪莉酒醋、白酒醋
核桃
干白酒
柚子汁
節瓜

對味組合
墨魚＋蒜味美乃滋＋鯷魚
墨魚＋羅勒＋燈籠椒＋辣椒＋蒜
　　頭＋柳橙＋番茄＋紅酒
墨魚＋蒜頭＋檸檬＋荷蘭芹

草莓 Strawberries
季節：晚春－夏
味道：甜－酸
分量感：輕盈
風味強度：溫和
料理方式：生食、煎炒
小祕訣：就像橙汁或醋這一類的
　　酸性食材一樣，添加糖分也能
　　增進草莓的風味。

杏仁
杏仁香甜酒
杏桃泥
香蕉
漿果
比斯吉
黑莓
藍莓
波伊森莓
白蘭地
白脫乳
焦糖
小豆蔻
香檳酒
蕁麻酒
乳酪：碧優斯、瑞可達乳酪
巧克力：黑、白巧克力

奇揚第葡萄酒漬草莓，搭配黑胡椒瑞可達乳酪鮮奶油
——吉娜‧德帕爾馬（Gina DePalma），BABBO，紐約市

新鮮草莓塔，搭配柳橙凝乳與莫斯卡托甜白酒凍
——麗莎‧杜瑪尼（Lissa Doumani），TERRA，加州聖海琳娜市

柑橘草莓沙拉，搭配蜂蜜凍糕與夏朗特甜瓜泥
——麥克‧萊斯寇尼思（Michael Laiskonis），LE BERNARDIN，紐約市

草莓、芒果與羅勒「冰淇淋三明治」，搭配有機草莓汁
——麥克‧萊斯寇尼思（Michael Laiskonis），LE BERNARDIN，紐約市

草莓大黃酥餅，搭配法式酸奶油冰淇淋
——派翠克‧歐康乃爾（Patrick O'Connell），THE INN AT LITTLE WASHINGTON，維吉尼亞
州華盛頓市

肉桂
丁香
干邑白蘭地
芫荽
鮮奶油與冰淇淋＊
奶油乳酪
黑穗醋栗乳酒
法式酸奶油
脆皮點心：酥皮、派

卡士達
接骨木花糖漿
吉利丁（增進質地）
薑
鵝莓醋栗
葡萄柚
葡萄
義大利渣釀白蘭地
番石榴

我曾問過自己，如何才能讓沙拉成為一道甜點？我的實驗成果看起來
一點也不像沙拉：我用橄欖油來製做杏仁金磚蛋糕，但是金磚蛋糕一
定要有褐化奶油，所以橄欖油只取代一半的褐化奶油。搭配上桌的是
巴薩米克香醋冰淇淋以及羅勒**草莓**清湯。
烹調草莓的重點在於慢火熬煮。會以這種方式調理，是因為珍視、呵
護與尊重這份食材，最後的成品會具有新鮮草莓般的絕佳風味。我也
可以在草莓中加入一堆糖大火煮開，讓它滲出更多的汁液，不過如此
一來，草莓就煮熟了，不會有你想要的新鮮草莓風味。
——麥克‧萊斯寇尼思（Michael Laiskonis），LE BERNARDIN，紐約市

一丁點兒香莢蘭就可以讓**草莓**更美味！不過就只要一點點，因為你想要
的不是香莢蘭草莓甜點，而是帶點香莢蘭味的草莓甜點。人們嘗到這
股香莢蘭味時，還要細想才知道這是什麼。
——吉娜‧德帕爾馬（Gina DePalma），BABBO，紐約市

運用經典組合方式絕對不會錯。我曾花了好幾年嘗試要做出獨一無二
的**草莓**甜點。不過四年前，我告訴自己算了吧，我從農民市集買到的
草莓已經非常完美了。我現在用大量的草莓來搭配義式草莓冰淇淋，
並淋上25年的陳年巴薩米克香醋。對於我手上這些完美的草莓來說，
任何料理方式都顯得多餘。
——吉娜‧德帕爾馬（Gina DePalma），BABBO，紐約市

草莓非常適合搭配卡本內蘇維翁紅酒,若再佐上黑胡椒,整體風味更上一層樓。
——麗莎‧杜瑪尼(Lissa Doumani),TERRA,加州聖海琳娜市

每當我在店裡品嘗草莓時,我會閉上眼睛問自己,這是個完美的草莓嗎?還是需要一點加工?如果草莓略乾,可以在爐子上稍煮一下,就能釋出草莓的芳香與汁液。還可加入金萬利香橙甜酒或櫻桃白蘭地,一樣有助於帶出草莓的風味。不過,若是照上述步驟調理草莓,就得趁熱上桌,如果草莓涼掉,賣相便不佳。所以我就在香莢蘭冰淇淋上直接加上這種糖煮草莓,然後趁熱上桌。若手上的草莓沒那麼完美,花點心思就可以改變狀況。草莓在春天時還未成熟,滋味不是那麼好,我就會在草莓中加入紅酒、巴薩米克香醋、糖、玉米糖漿及水,一起放入烤箱烘烤,這樣就可以變出美味的草莓醬了。
——艾蜜莉‧盧契提(Emily Luchetti),FARALLON,舊金山

我喜愛以西班牙碧優斯乳酪這類香濃的乾乳諾來搭配新鮮草莓。這種乳酪剛入口時口感乾硬,接著會在口中化開,釋放出帶點酸味的新鮮牛奶風味。草莓與碧優斯乳酪都與粉紅香檳非常對味。
——艾德里安‧穆爾西亞(Adrian Murcia),CHANTERELLE,紐約市

草莓具有一種玫瑰氣息,可以用玫瑰天竺葵引出。這兩者的風味相近。
——傑瑞‧特勞費德(Jerry Traunfeld),THE HERBFARM,華盛頓州伍德菲爾

榛果
蜂蜜
櫻桃白蘭地
金桔
檸檬:檸檬汁、碎檸檬皮
檸檬馬鞭草
萊姆:萊姆汁、碎萊姆皮
漿果香甜酒或柳橙香甜酒(如:
　君度橙酒、庫拉索酒、覆盆子
　啤酒、**金萬利香橙甜酒**)
枇杷
芒果
楓糖漿
馬士卡彭乳酪
甜瓜
薄荷(裝飾用)
肉豆蔻
麥粉
柳橙:橙汁、碎橙皮
木瓜
百香果
桃子
花生
美洲山核桃

黑胡椒
派
鳳梨
松子
開心果
洋李
石榴
波特酒
覆盆子
大黃*
蘭姆酒
清酒
雪莉酒
水果奶油酥餅
酸奶油
糖*：黑糖、白糖
餡餅
香莢蘭
巴薩米克香醋*（尤以陳年為佳）
核桃
酒：紅酒或玫瑰紅酒（如：薄酒萊、
　卡本內蘇維翁）、**甜白酒**（如：
　莫斯卡托、慕斯卡、麗絲玲、索
　甸甜白酒、高甜度白酒）
優格
沙巴雍醬

避免
鹽

對味組合
草莓＋杏仁＋鮮奶油
草莓＋杏仁＋橄欖油＋巴薩米克香醋
草莓＋杏仁＋大黃
草莓＋巴薩米克香醋＋黑胡椒
草莓＋黑胡椒＋瑞可達乳酪＋紅酒
草莓＋香檳酒＋金萬利香橙甜酒
草莓＋大黃＋糖

餡料 Stuffing
季節：秋－冬
分量感：中等－厚實
風味強度：清淡－溫和

蘋果
麵包粉
無鹽奶油

芹菜
栗子
雞油
雞肝
玉米
麵包
蒜頭
菇蕈類（如：香菇）
橄欖油
洋蔥
扁葉荷蘭芹
美洲山核桃
胡椒：黑、白胡椒
義式乾醃火腿
迷迭香
鼠尾草
猶太鹽
香腸（尤以雞肉、豬肉調製的香
　腸為佳）
高湯：雞、火雞高湯
百里香
核桃

糖 Sugar
味道：甜
質性：性涼
小祕訣：用酸（如：醋）與鹽調和
　甜味。避免以楓糖漿搭配黑糖，
　因為這種組合會過於甜膩。

棕櫚糖 Sugar, Palm
味道：甜
小祕訣：避免搭配風味清淡的菜
　餚，因為棕櫚糖的味道會壓過
　菜餚的味道。

椰子
咖哩
卡士達
甜點
印度料理
羅望子
泰式料理

鹽膚木 Sumac
味道：酸
分量感：輕盈－中等
風味強度：溫和

多香果
酪梨
甜菜
費達乳酪
雞肉（尤以烘烤的雞肉為佳）
鷹嘴豆
辣椒
辣椒粉
芫荽
黃瓜
孜然
茄子

我們在料理時經常使用**鹽膚木**，這是在不使用調味汁的情況下
為菜餚增添酸味的好方法，也是我喜歡它的原因。我無法想像
我們的甜菜沙拉少了鹽膚木會是什麼情況。鹽膚木適合搭配
雞肉、蔬菜以及沙拉，也可以用在油醋醬中，或是醃製費達乳
酪這類的乳酪。不過我會避開紅肉或牛排；我認為這種酸味並
不適合紅肉。
——雪倫・哈格（Sharon Hage），YORK STREET，達拉斯

鹽膚木的特殊酸味與紫紅色澤，皆可提升整道菜餚的層次。
——麗莎・杜瑪尼（Lissa Doumani），TERRA，加州聖海琳娜市

當我沉浸在中東世界的時候，就會使用**鹽膚木**、醃漬檸檬或優
格來料理食物。不過鹽膚木要在最後一個步驟才加入，用它來
釋放菜餚中原有的酸味。
——布萊德・法爾米利（Brad Farmerie），PUBLIC，紐約市

小茴香
魚（尤以燒烤的魚為佳）
蒜頭
薑
沙威瑪
羊肉
黎巴嫩料理
檸檬汁
扁豆
萊姆
肉類（尤以燒烤的肉類為佳）
中東料理
薄荷
摩洛哥料理
洋蔥
柳橙
奧勒岡
紅椒
荷蘭芹
黑胡椒
松子
石榴
迷迭香
沙拉與沙拉醬汁
鹽
海鮮
芝麻籽
貝蝦蟹類
燉煮料理
百里香
番茄
土耳其料理
蔬菜
核桃
優格

對味組合

鹽膚木＋羊肉＋黑胡椒
鹽膚木＋鹽＋芝麻籽＋百里香
（亦即中東綜合香料）

CHEF'S TALK

所有硬核水果我都愛用，例如：櫻桃、洋李、杏桃、油桃與桃子。一年之中我最喜歡的時節就是7月底到9月了。
——吉娜·德帕爾馬（Gina DePalma），BABBO，紐約市

我會根據季節來搭配菜色，不過也喜歡做點變化。有人會問，為什麼燜燒牛小排會出現在我們的夏季菜單上？因為我加了其他食材來調和，所以就能列入夏季菜單。舉例來說，我會以炙燒西瓜搭配牛小排，帶出清新風味。再以此為基底，加入其他食材，讓菜餚更清爽。我還會在這道菜餚中加入西瓜蘿蔔（watermelon radishes），這種蘿蔔具有西瓜般的亮綠色外皮與紅色內部，所以看起來就像是「西瓜配西瓜」，而它的清新風味與些許辣味，可以去除牛小排的油膩感。菜餚中的最後一項特點是費達乳酪，它可以增添整體濃郁度，並讓人聯想到希臘餐廳中西瓜與費達乳酪的組合。
——福島克也（Katsuya Fukushima），MINIBAR，華盛頓特區

我喜歡依據季節來搭配食物，因為同季節生產的食材很適合相互搭配。夏季盛產番茄、甜瓜與羅勒，可以用這些食材做出一道美味的菜餚。（我的菜單中有一道以番茄、羅勒與陳年巴薩米克香醋調製出的烤西瓜沙拉。）我並不會嘗試去創造與眾不同的新式食材組合。只要我工作過的地方，都可以看見番茄與羅勒的組合。我還需要用別的食材來搭配番茄嗎？當然不。為什麼？因為這就是最佳組合，所以大家都這麼搭配。我想做的是維持番茄與羅勒的既定組合，另找出形式上的變化。像是以羅勒雪酪搭配西班牙番茄冷湯，或是以不同的方式來料理番茄，例如新鮮番茄、油漬番茄或是番茄汁；當然羅勒也一樣，可以用羅勒油或羅勒泥等不同形式來呈現。
——丹尼爾·赫姆（Daniel Humm），ELEVEN MADISON PARK，紐約市

供應甜點時要留意季節與場合，必須能與餐點的形式適當搭配。若在**夏季**的戶外烤肉中，我會供應水果派或水果脆片、夏日布丁，或是冰淇淋，這樣就差不多了。使用新鮮在地食材非常重要，也是現在人們最普遍的話題。不過若你想以巧克力來調製甜點，雖然巧克力整年都有，但在溫度30℃、溼度85%的環境中，你應該不會想要熱巧克力舒芙蕾，而是巧克力冰淇淋吧。
——艾蜜莉·盧契提（Emily Luchetti），FARALLON，舊金山

夏季蔬菜可以與夏季香草搭配使用。在美國西北部，你會在每年某一季節的同一星期看到同樣的食材，所以要做的就是把它們組合在一起。舉例來說，撒克愛紅鮭就出現在小南瓜盛產的夏季，還有那些用來調製成香草細粉的香草也一樣。這些就是你的菜餚啦！
——傑瑞·特勞費德（Jerry Traunfeld），THE HERBFARM，華盛頓州伍德菲爾

夏季食材 Summer

氣候：典型天氣炎熱

料理方式：炭烤、燒烤、醃浸、平
　　鍋煎、烤煎、生食

杏桃（盛產季節：6月）

羅勒

蠶豆

四季豆（盛產季節：8月）

黑莓（盛產季節：6月）

藍莓（盛產季節：7月）

波伊森莓（盛產季節：6月）

櫻桃

冷盤與冷飲

玉米（盛產季節：7月、8月）

黃瓜（盛產季節：8月）

茄子

無花果（盛產季節：8月）

魚

可食用的花卉

蒜頭（盛產季節：8月）

葡萄

燒烤料理

涼性香莢蘭（如：羅勒、芫荽葉、
　　蒔蘿、小茴香、甘草、墨角蘭、
　　薄荷）

冰淇淋

冰品

萊姆（盛產季節：6月）

芒果

甜瓜（盛產季節：8月）

油桃（盛產季節：7月）

秋葵（盛產季節：8月）

洋蔥（盛產季節：8月）

紅洋蔥（盛產季節：7月）

桃子（盛產季節：7月、8月）

巴列特西洋梨（盛產季節：8月）

胡椒

野餐

洋李（盛產季節：8月）

夏季布丁

覆盆子（盛產季節：6月、8月）

可生食的食物（如：沙拉）

沙拉：水果、綠葉沙拉、義大利麵
　　沙拉

新鮮莎莎醬

貝蝦蟹類

雪酪

冷湯

涼性香料（如：白胡椒粒、薑黃等）

夏南瓜

蒸煮菜餚

草莓

綠番茄（盛產季節：8月）

番茄
綠葉生菜
維塔莉亞洋蔥（盛產季節：6月）
西瓜
節瓜（盛產季節：7月）

菊芋 Sunchokes
（參見耶路薩冷朝鮮薊）

瑞典料理 Swidish Cuisine
多香果
月桂葉
小豆蔻
肉桂
丁香
蒔蘿
魚
薑
醃漬鯡魚
肉丸
菇蕈類
芥末
肉豆蔻
洋蔥
豌豆
胡椒
醃漬菜餚（如：醃魚、醃肉、泡菜）
馬鈴薯
貝蝦蟹類
湯（尤以水果湯為佳）
糖

避免
蒜頭
辣味食材

對味組合
牛肉＋月桂葉＋蒔蘿＋肉豆蔻＋
　　洋蔥
鯡魚＋酸奶油＋醋
紅酒＋多香果＋肉桂＋丁香＋葡
　　萄乾＋糖
小牛肉＋多香果＋洋蔥

牛雜碎 Sweetbreads
分量感：中等

CHEF'S TALK

秋天時，我會使用核桃醋。這是一種以紅酒醋醃漬核桃調製出的醋，
非常合適用來搭配**牛雜料理**和榛果料理。
——安德魯・卡梅利尼（Andrew Carmellini），A VOCE，紐約市

風味強度：溫和
料理方式：燜燒、油炸、燒烤、烤
　　煎、煎炒

耶路薩冷朝鮮薊
蘆筍
培根
無鹽奶油
甘藍
續隨子
芹菜
芹菜根
鮮奶油
小茴香
小茴香籽
麵粉（用來包覆食材）
法式料理
蒜頭
綠葉蔬菜
火腿
榛果
蜂蜜
義大利料理
檸檬汁
肝（尤以鴨肝為佳）
馬德拉酒
菇蕈類（尤以酒杯蘑菇、羊肚菌
　　等野生菇蕈類為佳）
芥末
花生油
橄欖油
洋蔥：紅、白洋蔥

主廚私房菜 DISHES

烤乾草風味料理：牛雜碎、花
椰菜與微焦的麵包
——格蘭特・阿卡茲（Grant Achatz），
ALINEA，芝加哥

扁葉荷蘭芹
豌豆
美洲山核桃
胡椒：黑、白胡椒
波特酒
葡萄乾
鹽：猶太鹽、海鹽
青蔥
紅蔥頭
醬油
菠菜
雞高湯
糖
新鮮百里香
黑松露
苦艾酒
醋：巴薩米克香醋、紅酒醋、米酒
　　醋、雪莉酒醋、白酒醋
白酒

對味組合
牛雜碎＋蘆筍＋羊肚菌
牛雜碎＋培根＋續隨子
牛雜碎＋培根＋蒜頭
牛雜碎＋培根＋洋蔥＋雪莉酒醋
牛雜碎＋續隨子＋檸檬
牛雜碎＋芹菜＋黑松露
牛雜碎＋榛果＋紅酒醋＋核桃
牛雜碎＋馬德拉酒
牛雜碎＋芥末＋葡萄乾

甜味食材 Sweetness
味道：甜
質性：性涼；甜味能滿足食欲。
小祕訣：食物或飲料越冰冷，所
　　需的甜度越少。甜味能和緩菜
　　餚的風味，而酸味則能凸顯菜
　　餚的味道。

CHEF'S TALK

料理甜點的哲學與前菜不同。你不希望人們吃過之後胃口大開，而是想讓他們心滿意足地結束用餐！甜點是道簡單的餐點，因為**甜味**容易獲得且十分明顯。不用太繁複的架構，簡簡單單就可以完成。蘋果只要嘗起來像蘋果就夠了！調製甜點的訣竅就在於善用糖來帶出蘋果、巧克力、檸檬、美洲山核桃與其他甜點食材的最佳風味。只要能讓糖與油脂達到平衡，就能帶出重點食材的最佳風味。我本身不是糕點師傅，所以盡量製做簡單的甜點，像是法式巧克力布丁盅與檸檬布丁。其中關鍵就在於，我的甜點雖然簡單，但所用的都是上好食材。
——雪倫‧哈格（Sharon Hage），YORK STREET，達拉斯

我不喜歡白糖，因為它只有**甜味**，沒有深度。而楓糖、蜂蜜或黑糖就能增添更豐富的風味。在法國，只要糖與水就能製作巴巴蛋糕（baba），但我會使用糖蜜，因為它同時可以帶來甜味與口感。在法國還會使用大量的純糖漿。而我喜歡用柳橙汁來取代水，用黑糖來替代白糖。
——米契爾‧理查（Michel Richard），CITRONELLE，華盛頓特區

我喜歡棕櫚糖（jaggery；一種印度粗糖），因為它帶有發酵的風味，並能帶出更多樣的風味。就像甜菜、胡蘿蔔、歐洲防風草塊根與玉米這類帶有天然**甜味**的蔬菜一樣，椰棗也能取代糖成為甜點中的甜味來源。不過，我不會硬要別人接受甜菜雪酪的味道。
——麥克‧萊斯寇尼思（Michael Laiskonis），LE BERNARDIN，紐約市

蘋果：蘋果酒、蘋果果實、蘋果汁
杏桃
香蕉
大麥
甜羅勒
豆類
甜菜
燈籠椒：紅、黃燈籠椒
水果白蘭地（如：卡巴杜斯蘋果酒）
奶油
焦糖
胡蘿蔔
甜櫻桃
栗子
巧克力：黑、白、牛奶巧克力
地中海寬皮柑
丁香
甜可可
椰子與椰奶
玉米
玉米糖漿
蟹

鮮奶油
穗醋栗
白蘿蔔
椰棗
無花果
水果：水果乾、成熟的水果
水果汁
烤蒜頭
糖漬薑
葡萄
番石榴
海鮮醬
蜂蜜
豆薯
番茄醬
扁豆
甘草
甜味香甜酒
龍蝦
蓮藕
荔枝果仁
馬德拉酒
芒果

楓糖漿
甜瓜（如：洋香瓜、蜜露瓜）
牛奶
味醂
糖蜜
油桃
洋蔥：烹調過的洋蔥、甜洋蔥（如：維塔莉亞洋蔥）
甜柳橙（如：臍橙）
木瓜
歐洲防風草塊根
百香果
桃子
西洋梨
豌豆與蜜豆
柿子
橢圓小青椒
鳳梨
大蕉（尤以成熟的大蕉為佳）
甜洋李
洋李醬
石榴
馬鈴薯
黑李乾
南瓜
葡萄乾
覆盆子
米
烘烤食物
清酒
扇貝（尤以海灣扇貝為佳）
甜雪莉酒（如：奶油雪莉酒、歐勒蘿索雪莉酒）
蝦
冬南瓜（如：橡果形南瓜、白胡桃瓜）
草莓
糖：紅、白、棕櫚糖
番薯
柑橘
番茄
甜苦艾酒
巴薩米克香醋
西瓜
小麥
甜酒

| 主廚私房菜 | DISHES |

番薯、費達乳酪、煙燻紅椒西班牙蛋餅，搭配薄荷檸檬印度優格
——布萊德・法爾米利（Brad Farmerie），PUBLIC，紐約市

熱番薯蛋糕，搭配蔓越莓和椰棗
——強尼・尤西尼（Johnny Iuzzini），糕點主廚，JEAN GEORGES，紐約市

花椒粒鹽烤番薯串，搭配芥末甜辣醬
——莫妮卡・波普（Monica Pope），T'AFIA，休斯頓

番薯 Sweet Potatoes

季節：秋－冬
味道：甜
分量感：中等－厚實
風味強度：溫和－濃烈
料理方式：烘焙、沸煮、油炸、煎炸、燒烤、搗成泥、烘烤、煎炒、蒸煮

多香果
洋茴香
蘋果與蘋果汁
培根
香蕉
羅勒
月桂葉
豆類
燈籠椒：綠、紅燈籠椒
波本酒
白蘭地
無鹽奶油
焦糖
乳酪
栗子
辣椒
細香蔥
白巧克力
芫荽葉
肉桂
丁香
椰子
芫荽
蔓越莓
鮮奶油
法式酸奶油

孜然
咖哩粉
卡士達
椰棗
蒔蘿
鴨肉
無花果乾
水果與水果汁
蒜頭
薑
苦味綠葉蔬菜
火腿
榛果
蜂蜜
芥藍
番茄醬
韭蔥
檸檬：檸檬汁、碎檸檬皮
萊姆汁
香甜酒：堅果香甜酒、柳橙香甜酒
楓糖漿
肉類（尤以烘烤的肉類為佳）
糖蜜
酒杯蘑菇
芥末（尤以第戎芥末為佳）
肉豆蔻
燕麥粉
油：堅果油、花生油、芝麻油
橄欖油
洋蔥（尤以紅洋蔥為佳）
柳橙：橙汁、碎橙皮
煙燻紅椒
扁葉荷蘭芹
花生

西洋梨
美洲山核桃
胡椒：黑、白胡椒
柿子
鳳梨
豬肉
馬鈴薯：新鮮、紅馬鈴薯
禽肉（尤以烘烤的禽肉為佳）
義式乾醃火腿
南瓜
南瓜籽
葡萄乾
紅椒粉
迷迭香
蘭姆酒
鼠尾草
猶太鹽
香腸：安道爾煙燻香腸、西班牙辣香腸
芝麻籽
酸奶油
雞高湯
黑糖
龍蒿
百里香
番茄
香莢蘭
醋：巴薩米克香醋、蘋果酒醋
核桃
威士忌
甜酒
伍斯特辣醬油
優格

對味組合

番薯＋多香果＋肉桂＋薑
番薯＋蘋果＋鼠尾草
番薯＋培根＋洋蔥＋迷迭香
番薯＋辣椒＋碎檸檬皮
番薯＋西班牙辣香腸香腸＋柳橙
番薯＋芫荽葉＋萊姆汁
番薯＋芥藍＋義式乾醃火腿
番薯＋楓糖漿＋美洲山核桃

旗魚 Swordfish
季節：初夏－早秋
分量感：厚實
風味強度：清淡－溫和
料理方式：燜燒、炙烤、燒烤、水煮、
　　煎炒、大火油煎、蒸煮、快炒

蘋果（尤以澳洲青蘋果為佳）
培根
羅勒
月桂葉
白豆
麵包粉
奶油
續隨子
西西里燉茄子
胡蘿蔔
卡宴辣椒
芹菜
辣椒粉
芫荽葉
椰奶
芫荽
鮮奶油
孜然
穗醋栗
咖哩
小茴香
蒜頭
檸檬：檸檬汁、碎檸檬皮
醃漬檸檬
檸檬草
萊姆：萊姆汁、卡非萊姆葉、碎萊
　　姆皮
薄荷
玉米**油**
橄欖油
橄欖（尤以黑橄欖為佳）
洋蔥（尤以珍珠洋蔥為佳）

柳橙汁
奧勒岡
扁葉荷蘭芹
胡椒：黑、紅胡椒
鳳梨
松子
義式青醬
馬鈴薯
紅椒粉
迷迭香
番紅花
鹽：猶太鹽、海鹽
青蔥
紅蔥頭
八角
高湯：雞、魚、蝦高湯
塔巴斯科辣椒醬
番茄與番茄醬汁
巴薩米克香醋
干白酒

四川料理 Szechuan Cuisine
（同時參見中式料理）
風味強度：濃烈
料理方式：燜燒、醃漬、烘烤、熬
　　煮、蒸煮、快炒

竹筍
牛肉
山東白菜
雞肉
辣椒
辣椒醬
鴨肉
蒜頭
薑
煙燻肉品
花生
豬肉

醬油
四川花椒*
風乾橘皮
米酒

四川花椒 Szechuan Pepper
味道：酸、辣、嗆
分量感：輕盈－中等
風味強度：濃烈
小祕訣：烹調完成前再加入

亞洲料理
黑豆
雞肉
辣椒
中式料理
咖哩粉
鴨肉
五香粉（主要成分）
煎炸料理
柑橘類
野味
野禽
蒜頭
薑
燒烤料理
蜂蜜
檸檬
萊姆
肉類（尤以油脂豐厚的肉品為佳）
菇蕈類
洋蔥
柳橙
胡椒粒：黑、綠、白胡椒粒
豬肉
鵪鶉
鹽
青蔥
芝麻：芝麻油、芝麻籽
醬油
墨魚
八角
快炒料理
圖博料理

對味組合
四川花椒＋薑＋八角

主廚私房菜 DISHES

香煎旗魚，搭配檸檬與續隨子紅蔥頭醬汁
——大衛‧柏利（David Bouley），BOULEY，紐約市

旗魚料理，搭配茄子魚子醬與淚滴番茄沙拉
——加柏利兒‧克魯德（Gabriel Kreuther），THE MODERN，紐約市

羅望子 Tamarind

季節：春－初夏
味道：酸
分量感：中等
風味強度：溫和－濃烈
小祕訣：在烹調一開始時即加入

非洲料理
多香果
杏仁
亞洲料理
香蕉
豆類
冷飲（尤以水果飲料為佳）
甘藍
小豆蔻
中美洲料理
雞肉
鷹嘴豆
辣椒（尤以泰國辣椒為佳）
辣椒粉
中式料理
印度甜酸醬
芫荽葉
肉桂
丁香
椰子與椰奶
芫荽
孜然
咖哩、咖哩醬、咖哩粉
椰棗
鴨肉
小茴香籽
葫蘆巴
魚
魚露
水果
野味
蒜頭
薑
綠葉蔬菜
蜂蜜
印度料理
印尼料理
牙買加料理
羊肉

拉丁美洲料理
扁豆
萊姆汁
芒果
滷汁醃醬
肉類
中東料理
薄荷
菇蕈類
芥末
葡萄籽油
紅洋蔥
柳橙
紅椒
桃子
花生
西洋梨
黑胡椒
鳳梨
豬肉
馬鈴薯
禽肉
米
醬汁
扇貝
海鱸魚
貝蝦蟹類
蝦
湯
東南亞料理
醬油
八角
燉煮料理
糖：黑糖、棕櫚糖、白糖
泰式羅勒
泰式料理
薑黃
蔬菜
油醋醬
伍斯特辣醬油（主要成分）
優格

對味組合
羅望子＋雞肉＋優格

柑橘 Tangerines
（參見甌柑）

龍蒿 Tarragon

季節：晚春－夏
味道：甜
分量感：輕盈
風味強度：濃烈

酸性食物與風味（如：柑橘類）
洋茴香
蘋果
杏桃
朝鮮薊
蘆筍
羅勒（某些料理）
鱸魚
月桂葉
四季豆
牛肉
甜菜
青花菜
續隨子
胡蘿蔔
白花椰菜
芹菜籽
乳酪（尤以山羊、瑞可達乳酪為佳）
細葉香芹
雞肉*
細香蔥
巧克力
玉米
蟹與蟹餅
鮮奶油
法式酸奶油
蒔蘿
蛋與蛋類料理（如：煎蛋捲）、蛋沙拉
球莖小茴香
小茴香籽
細香草（主要成分）
魚
法式料理
野味
野禽

龍蒿的風味無與倫比,它帶有普羅旺斯與小茴香的風味……那味道真棒。我常用龍蒿,不過使用時要留意。很多人會把龍蒿剁得太碎,以致於入菜前就氧化了。其實只要大致切幾下就可以了,否則龍蒿切口處會產生氧化的情況,讓味道變質。
——米契爾·理查(Michel Richard),CITRONELLE,華盛頓特區

我喜歡用龍蒿來中和味道。這種香草的風味相當特別而且強烈,所以與其他香草的使用方式略有不同。龍蒿可以搭配的食材很多,像是魚和雞。調製伯那西醬汁時,更少不了這一味。
——大衛·沃塔克(David Waltuck),CHANTERELLE,紐約市

龍蒿是我一直很喜歡的香草。我喜愛它的甘草味與清香。龍蒿非常適合與其他風味一起搭配。我們餐廳現在有道美味的菜餚,就是以龍蒿奶油來搭配比目魚、白玉米及甜豌豆。
——馬賽爾·德索尼爾(Marcel Desaulniers),THE TRELLIS,維吉尼亞州威廉斯堡

龍蒿不適合與其他香草並用,最好是單獨使用。它跟甜瓜很對味。
——傑瑞·特勞費德(Jerry Traunfeld),THE HERBFARM,華盛頓州伍德菲爾

蒜頭
葡萄柚
苦味綠葉生菜
大比目魚
韭蔥
檸檬汁
檸檬香茭蘭(檸檬香蜂草、檸檬百里香、檸檬馬鞭草)
扁豆
萵苣(如:綠捲鬚生菜)
萊姆
龍蝦
歐當歸
墨角蘭
美乃滋
白肉
甜瓜
薄荷
菇蕈類
貽貝
芥末:第戎芥末、中國芥末(成分與額外添加)
橄欖油
洋蔥
柳橙汁
牡蠣
紅椒

荷蘭芹
義式麵食
桃子
豌豆
黑胡椒
保樂酒
豬肉
馬鈴薯
禽肉
兔肉
櫻桃蘿蔔
米
沙拉(如:水果沙拉、綠葉生菜沙拉)與沙拉醬汁
鮭魚
蒜葉婆羅門參
醬汁(如:**貝納斯醬汁**、奶油醬汁、荷蘭醬、塔塔醬)
香薄荷
扇貝
紅蔥頭

貝蝦蟹類
蝦
真鰈
湯
酸模
醬油
菠菜
夏南瓜
牛排
蔬菜高湯
餡料
番茄
小牛肉
蔬菜
油醋醬
醋(尤以香檳酒醋、雪莉酒醋、白酒醋為佳)
紅酒
節瓜

避免
羅勒(某些料理)
甜點
奧勒岡
迷迭香
鼠尾草
香薄荷
甜味料理

對味組合

龍蒿+洋茴香+芹菜籽
龍蒿+雞肉+檸檬
龍蒿+柳橙+海鮮

料理方式 Techniques

我們認為食物滋味的好壞,60%取決於食材,而40%則來自料理方式。
——多明尼克和欣迪杜比(Dominique and Cindy Duby),WILD SWEETS,溫哥華

在英國,要找到高品質的蔬果簡直是一場噩夢,我想料理方式就是因此成為創造新菜色的主要動力。
——赫斯頓·布魯門瑟(Heston Blumenthal),THE FAT DUCK,英格蘭

龍舌蘭酒 Tequila
分量感：中等
風味強度：溫和

辣椒
芫荽葉
君度橙酒
水果汁
薑
石榴汁飲料
檸檬汁
萊姆汁
墨西哥料理
柳橙汁
石榴汁
鼠尾草
鹽
糖
苦艾酒：干苦艾酒、甜苦艾酒

對味組合
龍舌蘭酒＋芫荽葉＋萊姆
龍舌蘭酒＋君度橙酒＋萊姆汁＋
　石榴汁
龍舌蘭酒＋君度橙酒＋萊姆汁＋
　鼠尾草
龍舌蘭酒＋萊姆汁＋鹽

泰式料理 Thai Cuisine
小祕訣：正宗泰式料理尋求的是
　辣＋酸＋鹹＋甜等味道的調和

泰式羅勒
燈籠椒
辣椒
芫荽葉
椰子
芫荽
孜然
咖哩
魚
魚露
蒜頭
薑
新鮮香草
檸檬草
萊姆

薄荷
麵條（如：泰式炒河粉）
花生
米
蝦醬
糖
薑黃
蔬菜

對味組合
辣椒＋芫荽葉＋椰奶
辣椒＋咖哩
辣椒＋咖哩＋魚露
辣椒＋咖哩＋花生
辣椒＋魚露
辣椒＋蒜頭
辣椒＋花生

百里香 Thyme
季節：初夏
分量感：中等
風味強度：溫和－濃烈
小祕訣：烹調一開始時即加入；
　新鮮百里香或乾百里香都可以
　入菜。

多香果
蘋果

培根
羅勒
月桂葉
豆類（尤以乾豆、四季豆為佳）
牛肉
啤酒
燈籠椒
香料包（與月桂葉、墨角蘭、荷蘭
　芹同為主要成分）
燜燒菜餚
麵包與其他烘焙食物
青花菜
球芽甘藍
甘藍
焦糖
胡蘿蔔
砂鍋菜
芹菜
乳酪：新鮮、山羊乳酪
雞肉（尤以烘烤的雞肉為佳）
辣椒
細香蔥
蛤蜊海鮮總匯濃湯
丁香
鱈魚
芫荽
玉米
蔓越莓

百里香可以搭配的菜餚有很多，特別是湯類與燉鍋。只要適當使用，我想不出有什麼是百里香不能搭配的。它並不是調味香草中的明星，大都只是輔助的角色。也不是那種會讓人印象深刻的香草。
——大衛·沃塔克（David Waltuck），CHANTERELLE，紐約市

我還記得第一次嘗到百里香的情景。我在羅德島新港點了一碗真正的蛤蜊海鮮濃湯，那是我嘗過最美味的海鮮總匯濃湯，我發現其中的祕訣就在於新鮮百里香。至今我仍會在海鮮總匯濃湯中加入百里香，不過使用的是乾燥的百里香。因為一點點乾燥的百里香，就可以抵過大量新鮮百里香。
——馬賽爾·德索尼爾（Marcel Desaulniers），THE TRELLIS，維吉尼亞州威廉斯堡

百里香很適合搭配柑橘以及蜂蜜。
——吉娜·德帕爾馬（Gina DePalma），BABBO，紐約市

西班牙料理中，百里香的用量很少，丟入一小枝即可。它只是提供一種香調，無需太過濃烈。我在料理油炸醋魚（escabeche）或豆子時，都會使用百里香。
——亞歷山大·拉許（Alexandra Raij），TÍA POL，紐約市

咖哩
椰棗
蒔蘿
茄子
蛋與蛋類料理
小茴香
無花果
魚
法式料理
水果乾
野味
蒜頭
希臘料理
秋葵海鮮湯
普羅旺斯綜合香草（成分）
蜂蜜
義大利料理
牙買加料理
烤肉調味料
羊肉（尤以燒烤、烘烤的羊肉為佳）
薰衣草
韭蔥
豆類
檸檬
檸檬馬鞭草
扁豆
歐當歸

滷汁醃醬
墨角蘭
肉類與肉塊
地中海料理
中東料理
薄荷
摩爾醬
菇蕈類
芥末
肉豆蔻
橄欖油
洋蔥
柳橙
奧勒岡
牡蠣（尤以燉煮的牡蠣為佳）
紅椒
荷蘭芹
歐洲防風草塊根
義式麵食與義大利麵醬料
法式肉派
西洋梨
豌豆
胡椒
豬肉（尤以烘烤的豬肉為佳）
馬鈴薯
禽肉
兔肉
米

烘烤
迷迭香
鼠尾草
沙拉與沙拉醬汁
醬汁（尤以口感豐潤的醬汁與／或番茄醬汁、紅酒醬汁為佳）
香腸
香薄荷
海鮮
湯（尤以蔬菜湯為佳）
西班牙料理
菠菜
燉煮料理
高湯
餡料
龍蒿
番茄
蔬菜（尤以冬季蔬菜為佳）
鹿肉
油醋醬
紅酒與紅酒醬汁
節瓜

對味組合
百里香＋山羊乳酪＋橄欖油
百里香＋香薄荷

豆腐 Tofu
分量感：輕盈
風味強度：清淡
料理方式：燒烤、煎炒、快炒、作成炸天婦羅

蘆筍
甘藍（尤以大白菜為佳）
蒜頭
薑
日式料理
味噌
菇蕈類
麵條（尤以蕎麥麵、烏龍麵為佳）
米（尤以炒飯為佳）
沙拉與沙拉醬汁
青蔥
芝麻：芝麻油、芝麻籽油
湯
醬油

玉溜
串烤魚貝

綠番茄 Tomatillos
季節：全年
味道：酸
分量感：輕盈－中等
風味強度：溫和

酪梨
雞肉
新鮮辣椒（如：哈拉佩諾、塞拉諾
　　辣椒）
芫荽葉
黃瓜
魚
蒜頭
燒烤料理
酪梨沙拉醬汁
萊姆
墨西哥料理
洋蔥
豬肉
莎莎醬（尤以莎莎青醬為佳）
鹽：猶太鹽、海鹽 青蔥
貝蝦蟹類
蝦
酸奶油
燉煮料理
龍舌蘭酒
番茄

番茄 Tomatoes
季節：夏－早秋
味道：酸、甜
質性：性熱
分量感：中等
風味強度：溫和
料理方式：烘焙、炙烤、油封、煎
　　炸、燒烤、生食、烘烤、煎炒、
　　燉煮

蒜味美乃滋
多香果
杏仁
鯷魚
芝麻菜

主廚私房菜 | DISHES

熱山羊乳酪沙拉：藤熟番茄、綠捲鬚生菜、水田芥與杏仁醬汁
——大衛・柏利（David Bouley），UPSTAIRS，紐約市

家傳番茄沙拉，搭配熱布林達莫爾綿羊乳酪（Brin d'Amore）、濃果漿、
覆盆子醋與香球羅勒
——大衛・柏利（David Bouley），UPSTAIRS，紐約市

櫻桃番茄，搭配奶煮莫札瑞拉水牛乳酪、鄉村火腿、哈拉佩諾辣椒、紫
葉羅勒與番茄水
——傑弗瑞・布本（Jeffrey Buben），VIDALIA，華盛頓特區

西班牙冷湯，內有黃瓜醬及荷蘭芹鮮奶油
——桑福特・達瑪多（Sanford D'Amato），SANFORD，密爾瓦基

番茄冷湯，內有西瓜、薑油、椰奶與羅勒
——福島克也（Katsuya Fukushima），MINIBAR，華盛頓特區

夏季蔬菜麵包布丁，搭配熱番茄油醋醬與番茄羅勒沙拉
——維塔莉・佩利（Vitaly Paley），PALEY'S PLACE，奧勒岡州波特蘭市

家傳番茄沙拉，搭配法式酸奶油與香草
——艾莉絲・華特斯（Alice Waters），CHEZ PANISSE，柏克萊

CHEF'S TALK

番茄與西瓜，簡單清新又對味。番茄的酸與西瓜的甜作用得恰到好處。
——荷西·安德烈（José Andrés），CAFÉ ATLÁNTICO，華盛頓特區

羅曼斯科醬結合了西班牙最受歡迎的一些食材：番茄、胡椒、洋蔥、麵包與杏仁。
——荷西·安德烈（José Andrés），CAFÉ ATLÁNTICO，華盛頓特區

史塔圖（Strattu）是一種西西里風味的番茄糊，我現在有許多道料理都用它來收尾。它的滋味美妙且香甜無比，看起來雖像是玻璃罐裝的紅色橡皮泥，嘗起來的滋味卻跟罐頭番茄糊迥然不同。我最近將它加入蒜泥美乃滋中做為炸花枝圈的佐料。史塔圖番茄糊不但讓美乃滋呈現漂亮色澤，更帶來香甜與具深度的滋味。
——安德魯·卡梅利尼（Andrew Carmellini），A VOCE，紐約市

西班牙冷湯是了不起的料理。身為餐廳主廚，我可不能只做出普通的西班牙冷湯。我得做出一般人在家中無法做出的特色，而且是有趣的而非古怪的特色。我們的西班牙冷湯有一般冷湯常見的食材，不過運用的不只有番茄，而是以80%的草莓配上20%的番茄來製作。其他食材還包括：烤鄉村麵包、黃瓜、燈籠椒、一點蒜頭、草莓、番茄、橄欖油與巴薩米克香醋。然後再撒上夏威夷藍對蝦、草莓丁、醃豬頰肉片、橄欖油、羅勒與黑胡椒。
——丹尼爾·赫姆（Daniel Humm），ELEVEN MADISON PARK，紐約市

過去我父母有個巨大農園，裡面種了120株番茄。我總愛到農園中摘個番茄，然後像吃蘋果那樣直接吃下去。我喜歡家傳番茄盛產的季節。我會用一點鹽及胡椒、幾滴檸檬汁或蘋果酒醋，再加上一片莫札瑞拉乳酪來搭配番茄上菜。在幫番茄調味之前，要先嘗嘗它的味道。黃色的番茄甜味十足，所以我會加點醋。
——加柏利兒·克魯德（Gabriel Kreuther），THE MODERN，紐約市

酪梨
羅勒*：檸檬羅勒、紫葉羅勒
月桂葉
豆類：蠶豆、四季豆
甜菜
燈籠椒：紅、綠、黃燈籠椒
麵包粉
青花菜
無鹽奶油
續隨子
胡蘿蔔
白花椰菜
卡宴辣椒
芹菜與香芹調味鹽
乳酪：藍黴、卡伯瑞勒斯藍黴、巧達、費達、山羊、戈根索拉、莫札瑞拉、帕瑪、佩科利諾、瑞可達、含鹽瑞可達、綿羊乳酪

細葉香芹
雞肉
鷹嘴豆
辣椒：齊波特、哈巴內羅、哈拉佩諾、塞拉諾、乾甜辣椒
辣椒
辣椒醬
細香蔥
芫荽葉
肉桂
椰奶
芫荽
玉米
蟹
鮮奶油
奶油乳酪
黃瓜
孜然

咖哩
蒔蘿
茄子
蛋
小茴香
小茴香籽
魚（尤以水煮、燒烤的魚為佳）
法式料理
蒜頭
韭菜
薑
火腿
榛果
蜂蜜
山葵
義大利料理
羊肉
薰衣草
韭蔥
豆類
檸檬：檸檬汁、碎檸檬皮
檸檬香蜂草
萊姆汁
歐當歸
馬德拉酒
芒果
墨角蘭
美乃滋
肉類
地中海料理
甜瓜（尤以洋香瓜、蜜露瓜為佳）
墨西哥料理
薄荷（尤以綠薄荷為佳）
菇蕈類
芥末（尤以完整芥末顆粒為佳）
油：葡萄籽油、蔬菜油
秋葵
橄欖油
橄欖：黑橄欖、尼斯橄欖
洋蔥（尤以珍珠、紅、西班牙、甜、維塔莉亞、白、黃洋蔥為佳）
柳橙汁
奧勒岡
紅椒（尤以甜紅椒為佳）
扁葉荷蘭芹
義式麵食與義大利麵醬料
豌豆

胡椒：黑、白胡椒
鳳梨
披薩
波特酒
覆盆子
紅椒粉
米
迷迭香
番紅花
鼠尾草
綠葉蔬菜沙拉
鹽：鹽之花、猶太鹽、海鹽
三明治
醬汁
紅蔥頭
貝蝦蟹類
湯
西班牙料理
小南瓜

燉煮料理
高湯／清湯：牛、雞、蔬菜湯
草莓
糖（一撮）
塔巴斯科辣椒醬
龍蒿
百里香
番茄糊
小牛肉
油醋醬
**醋：巴薩米克香醋、覆盆子醋、紅
酒醋、米醋、雪莉酒醋、龍蒿醋、
白醋、酒醋**
西瓜
酒：紅酒、玫瑰紅酒、苦艾酒、白
酒
優格
節瓜

<hr>

鱒魚 Trout
季節：盛夏
分量感：中等
風味強度：溫和－濃烈
**料理方式：烘焙、炙烤、燒烤、用
平鍋煎、烤煎、水煮、烘烤、煎
炒、蒸煮**

杏仁
鰻魚
蘋果：蘋果酒、蘋果果實
培根
月桂葉
四季豆
燈籠椒（尤以紅燈籠椒為佳）
麵包粉
褐化奶油醬汁
無鹽奶油
續隨子
胡蘿蔔

對味組合
番茄＋羅勒＋莫札瑞拉乳酪＋蒜頭＋橄欖油＋巴薩米克香醋
番茄＋羅勒＋橄欖油＋柳橙汁＋義式乾醃火腿＋西瓜
番茄＋羅勒＋細葉香芹＋蒜頭＋龍蒿
番茄＋酪梨＋羅勒＋蟹
番茄＋酪梨＋檸檬
番茄＋羅勒＋山羊乳酪
番茄＋羅勒＋奧勒岡＋百里香
番茄＋羅勒＋瑞可達乳酪
番茄＋辣椒＋蒜頭＋洋蔥
番茄＋小茴香＋戈根索拉乳酪
番茄＋蒜頭細香蔥＋檸檬羅勒
番茄＋山葵＋檸檬
番茄＋橄欖油＋巴薩米克香醋

卡宴辣椒
芹菜
乳酪：蒙契格、帕瑪乳酪
辣椒粉
玉米
淡水螯蝦
鮮奶油
闊葉萵菜
細香草
蒜頭
火腿（尤以塞拉諾火腿為佳）
辣椒
韭蔥
檸檬汁
扁豆
薄荷
菇蕈類
油：菜籽油、花生油
橄欖油
洋蔥
奧勒岡
荷蘭芹
松子
扁葉荷蘭芹
胡椒：黑、白胡椒
馬鈴薯
鼠尾草
猶太鹽
貝納斯醬汁
紅蔥頭
菇蕈類高湯
百里香
番茄
醋（尤以雪莉酒醋、酒醋為佳）
酒：干紅酒、白酒

對味組合
鱒魚＋培根＋扁豆＋雪莉酒醋
鱒魚＋續隨子＋檸檬

煙燻鱒魚 Trout, Smoked
味道：鹹
分量感：中等
風味強度：濃烈

蘋果
四季豆

烘烤的紅燈籠椒
卡宴辣椒
細香蔥
玉米
鮮奶油
法式酸奶油
蒔蘿
嫩綠葉生菜
山葵
檸檬汁
墨角蘭
肉豆蔻
橄欖油
胡椒：黑、白胡椒
馬齒莧
櫻桃蘿蔔
海鹽
酸奶油
核桃油
白酒（如：麗絲玲白酒）

對味組合
煙燻鱒魚＋蘋果＋山葵
煙燻鱒魚＋法式酸奶油＋蒔蘿
煙燻鱒魚＋山葵＋檸檬汁＋橄欖
　　油＋馬齒莧

黑松露 Truffles, Black
季節：冬
分量感：輕盈
**風味強度：濃烈（以一種微妙的
　　方式呈現！）**
料理方式：刨絲

培根
牛肉
白花椰菜
雞肉
鱈魚

蛋：雞蛋、鵪鶉蛋
鵝肝
法式料理
明蝦
檸檬汁
菇蕈類（如：牛肚菇、羊肚菌）
橄欖油
西洋梨
馬鈴薯
兔肉
扇貝
貝蝦蟹類
雞高湯
龍蒿
巴薩米克香醋

太平洋西北松露
Truffles, Pacific Northwest
季節：秋
分量感：輕盈
**風味強度：溫和－濃烈（以一種
　　微妙的方式呈現！）**

牛肉（尤以搭配黑松露為佳）
奶油
芹菜根
蟹（尤以搭配白松露為佳）
蛋
野禽（尤以搭配黑松露為佳）
調理至軟爛的韭蔥（尤以搭配黑
　　松露為佳）
紅肉（尤以搭配黑松露為佳）
義式麵食（尤以搭配白松露為佳）
馬鈴薯（尤以搭配白松露為佳）
沙拉（尤以搭配白松露為佳）
海鮮（尤以搭配白松露為佳）
貝蝦蟹類（尤以搭配白松露為佳）
根莖類蔬菜（尤以搭配白松露為
　　佳）

美國西北部太平洋沿岸的松露
——華盛頓州伍德菲爾
THE HERBFARM 的
傑瑞·特勞費德（Jerry Traunfeld）

美國西北部的松露狀態極佳。它們不像法國或義大利的松露風味那麼強。西北部松露與芹菜根泥非常對味。我們有道義大利方麵餃是以蛋黃芹菜根為餡料；方麵餃煮好時，蛋黃餡還是生的。我們會在這道菜上撒上奶油與刨絲的松露才上桌。

白松露的味道比黑松露溫和。我特別喜歡用白松露搭配貝蝦蟹這一類的海鮮，特別是螃蟹。白松露與根菜類及馬鈴薯也很對味。

黑松露的氣味則較嗆，適合搭配紅肉及野禽肉。

我們喜歡把韭蔥水煮至軟爛如泥，然後刨些黑松露絲，再搭配神戶牛肉上桌。

白松露（油）White Truffles
（同時參見松露油）

季節：秋
分量感：輕盈
風味強度：濃烈（以一種微妙方式呈現！）
料理方式：刨絲
小祕訣：上桌前才在菜餚上刨些松露

耶路薩冷朝鮮薊
奶油
帕瑪乳酪
鮮奶油／牛奶
蛋
義大利料理
洋蔥
義式麵食
西洋梨
胡椒
馬鈴薯
義式乾醃火腿

以奶油、帕瑪乳酪與白松露調理的義大利手工寬麵
——馬利歐·巴達利（Mario Batali），BABBO，紐約市

自製義大利蛋黃餡方麵餃，搭配松露奶油
——奧德特·菲達（Odette Fada），SAN DOMENICO，紐約市

義式燉飯
鹽
百里香

對味組合
松露＋蛋＋義式麵食

鮪魚 Tuna
季節：夏－秋
分量感：厚實
風味強度：溫和
料理方式：燜燒、炙烤、燒烤、水煮、生食（如：壽司、韃靼生鮭魚）、煎炒、大火油煎、蒸煮、快炒

蒜味美乃滋
鯷魚
芝麻菜
蘆筍
酪梨
培根
羅勒
黑鱸魚
月桂葉
豆類：黑豆、**蠶豆**、四季豆、白豆
甜菜

燈籠椒（尤以綠、紅、黃燈籠椒為佳）
無鹽奶油
綠葉甘藍
續隨子
西西里燉茄子
胡蘿蔔
魚子醬
卡宴辣椒
芹菜
細葉香芹
辣椒：乾或新鮮辣椒（尤以青辣椒為佳，如：哈拉佩諾、泰國辣椒）
辣椒油
辣椒醬
細香蔥
芫荽葉
椰奶
干邑白蘭地
芫荽
玉米
醃黃瓜
黃瓜
孜然
咖哩
白蘿蔔

我非常期待**松露**的產季。我喜歡用水煮蛋來搭配松露或松露沙拉。松露必須是要角，而且菜餚本身也得十分簡單。我喜歡的菜餚之一，就是耶路薩冷朝鮮薊搭配水煮蛋與白松露絲。我們把這道菜盛裝在罐子中，當你把罐子打開，就會聞到撲鼻的松露香。
——加柏利兒·克魯德（Gabriel Kreuther），THE MODERN，紐約市

一個極佳的成熟**松露**，會有香甜如梨子般的氣味。我會用西洋梨與松露做道小沙拉，並以雞湯、橄欖油來調製醬汁，然後再加些龍蒿，最後搭配甜味十足的螯蝦上桌。
——加柏利兒·克魯德（Gabriel Kreuther），THE MODERN，紐約市

昆布柴魚高湯
蒔蘿
蛋（如：全熟沸煮蛋）
小茴香
小茴香花粉
小茴香籽
泰國魚露
綠捲鬚生菜
蒜頭
薑：醃漬薑、生薑、薑汁
蜂蜜
豆薯
韭蔥
檸檬：檸檬汁、碎檸檬皮
紅橡葉萵苣
萊姆汁
美乃滋
薄荷（尤以綠薄荷為佳）
綜合蔬菜高湯
味醂
甜味噌
東京水菜
菇蕈類：養殖菇蕈類、香菇
芥末：第戎芥末、芥末籽、
　油桃
麵條：天使細麵、義大利細麵條、
　米粉
海苔
油：菜籽油、葡萄籽油、花生油、
　芝麻油、蔬菜油
橄欖油
橄欖（尤以黑橄欖、卡拉瑪塔橄
　欖、尼斯橄欖為佳）
洋蔥：珍珠、紅、西班牙、青蔥
血橙或一般柳橙、橙汁
義大利培根
紅椒
扁葉荷蘭芹
百香果
義式麵食
胡椒：黑、綠、白胡椒
松子
馬鈴薯
義式乾醃火腿
紫葉菊苣
櫻桃蘿蔔
米

主廚私房菜 | DISHES

醃漬黃鰭鮪魚，淋上鰻魚醬，搭配鵪鶉蛋、四季豆與炒潘特列續隨子
——丹尼爾・布呂德（Daniel Boulud），DANIEL，紐約市

香辣韃靼鮪魚，搭配醃漬檸檬、北非哈里薩辣醬以及黃瓜優格
——丹尼爾・布呂德（Daniel Boulud）/柏特蘭・凱密爾（Bertrand Chemel），CAFÉ BOULUD，紐約市

醃漬鮪魚，搭配節瓜、加埃塔橄欖與柳橙
——安德魯・卡梅利尼（Andrew Carmellini），A VOCE，紐約市

三分熟烤醃漬鮪魚，搭配孜然威化餅，並淋上芫荽葉醬汁
——桑福特・達瑪多，SANFORD，密爾瓦基

招牌壽司：鮪魚＋烤杏仁＋卡拉馬塔橄欖＋鵝肝或義大利黑松露
——大河內和（Kaz Okochi），KAZ SUSHI BISTRO，華盛頓特區

烤鮪魚，搭配日式芥末與醃薑片
——克里斯・施萊辛格（Chris Schlesinger），EAST COAST GRILL，麻州劍橋

三分熟煎鮪魚，撒上烤孜然和甌柑，搭配日式芥末馬鈴薯泥、青木瓜甘藍絲沙拉以及鳳梨薑清湯汁
——艾倫・蘇瑟（Allen Susser），CHEF ALLEN'S，佛羅里達州艾文圖拉市

日本油甘魚，搭配烤燈籠椒、卡拉馬塔橄欖雪酪、西班牙紅椒以及羅勒油
——查理・波特（Charlie Trotter），CHARLIE TROTTER'S，芝加哥

藍鰭鮪魚，搭配辣味噌
——查理・波特（Charlie Trotter），CHARLIE TROTTER'S，芝加哥

CHEF'S TALK

我們在燜燒小牛頰肉上搭配**藍鰭鮪魚**，這樣的組合一直沒變過，也就是我們餐廳特製的「鮪魚奶醬小牛肉冷盤」（vitello tonato）。這道菜的鮪魚必須用藍鰭鮪魚，因為它的口感馥郁，調味後更有紅肉般的分量感。鮪魚只需三分熟，再加一點鮪魚奶醬及芝麻菜就可以上桌。

——雪倫・哈格（Sharon Hage），YORK STREET，達拉斯

迷迭香
鼠尾草
清酒
鹽：猶太鹽、海鹽
青蔥
扇貝
芝麻：芝麻油、芝麻籽
紅蔥頭
紫蘇
醬油
菠菜
雞高湯
糖
番薯
塔巴斯科辣椒醬
芝麻醬
龍蒿
百里香
番茄、番茄汁、番茄糊
小牛肉與小牛面頰肉
油醋醬
醋：巴薩米克香醋、香檳酒醋、紅酒醋、米酒醋、雪莉酒醋、白酒醋
伏特加
日式芥末
水田芥
酒：干紅酒（格那希、黑皮諾、希哈）、玫瑰紅酒
柚子：柚子汁、柚子皮

對味組合

鮪魚＋蒜味美乃滋＋續隨子＋番茄
鮪魚＋鰻魚＋四季豆＋橄欖＋馬鈴薯
鮪魚＋芝麻菜＋培根
鮪魚＋酪梨＋薑＋櫻桃蘿蔔
鮪魚＋酪梨＋檸檬＋醬油
鮪魚＋甜菜＋檸檬
鮪魚＋黑胡椒＋芫荽葉＋黃瓜＋醬油
鮪魚＋芫荽葉＋孜然
鮪魚＋芫荽葉＋蒔蘿＋蒜頭＋薄荷
鮪魚＋芫荽葉＋蒔蘿＋薄荷
鮪魚＋黃瓜＋薑＋味噌＋紫蘇
鮪魚＋小茴香＋小茴香花粉
鮪魚＋薑＋芥末
鮪魚＋薑＋油醋醬
鮪魚＋哈拉佩諾辣椒＋芫荽葉＋薑＋芝麻油＋紅蔥頭＋醬油
鮪魚＋檸檬＋橄欖油＋番茄＋水田芥
鮪魚＋芝麻＋日式芥末

大菱鮃 Turbot

分量感：中等
風味強度：清淡－溫和
料理方式：烘焙、炙烤、燒烤、水煮、烘烤、煎炒、蒸煮

蘆筍
無鹽奶油
香檳酒
細葉香芹
細香蔥
法式酸奶油
小茴香
蒜頭
薑
荷蘭醬
韭蔥
檸檬：檸檬汁、碎檸檬皮
墨角蘭
味噌
菇蕈類
橄欖油
扁葉荷蘭芹
胡椒：黑、白胡椒
馬鈴薯（尤以紅馬鈴薯、白馬鈴薯為佳）
迷迭香
番紅花
鼠尾草
海鹽
紅蔥頭
菠菜
高湯：魚、貽貝高湯
龍蒿
番茄
香莢蘭
酒：香檳酒、白酒

對味組合

大菱鮃＋奶油＋檸檬＋墨角蘭
大菱鮃＋魚子醬＋香檳酒
大菱鮃＋檸檬＋味噌＋菇蕈類

CHEF'S TALK

當我想做一道創意料理，我會先從魚著手，然後自問：我這時有什麼靈感呢？我會先選擇要做哪一國料理，然後從這裡出發。以最近一道新料理為例，當時我一心想做日本料理，並且希望做出清爽細緻的菜餚，於是就以味噌及蘑菇高湯來搭配一塊大菱鮃。蘑菇跟日本料理沒有太大關係，不過味噌就關係密切了。先以白味噌與醃漬檸檬調製出檸檬味噌醬，再把魚擺上，並在上桌前才由服務生淋上蘑菇高湯。如果太早加入高湯，味噌會摧毀蘑菇的風味。
——艾略克·瑞普特（Eric Ripert），LE BERNARDIN，紐約市

大菱鮃是種漂亮而細緻的魚類，多用在特殊場合與慶典中，適合水煮，並能與魚子醬或松露這類味道濃郁的佐菜完美搭配。
——布萊德福特·湯普森（Bradford Thompson），MARY ELAINE'S AT THE PHOENICIAN，亞利桑那州斯科茨代爾市

當你手上有條新鮮的**大菱鮃**，不由自主會想以精緻的風味來搭配。就好像看到英國女王，心中會浮現敬意那樣，因此你絕對不會對這片精緻的魚肉下重手。我喜歡用蔓長春花、細葉香芹與荷蘭芹泥調製出的清湯來搭配大菱鮃。或是用珍珠小洋蔥加上一點由魚骨熬煮的紅酒濃醬來搭配大菱鮃。
——凱莉·納哈貝迪恩（Carrie Nahabedian），NAHA，芝加哥

主廚私房菜　DISHES

清蒸大菱鮃，搭配香檳醬汁的奧塞查魚子醬
——大衛·柏利（David Bouley），DANUBE，紐約市

火雞 Turkey

季節：夏－秋
分量感：中等
風味強度：清淡
料理方式：燜燒、燒烤、水煮、烘烤、煎炒、快炒

多香果
蘋果
培根
月桂葉
麵包粉
無鹽奶油
小豆蔻
胡蘿蔔
芹菜

乳酪：白綿羊乳酪或山羊奶乳酪（與費達乳酪類似）
栗子
辣椒：乾紅椒（尤以甜紅椒為佳）；新鮮青辣椒
肉桂
丁香
玉米
麵包
蔓越莓
孜然
葫蘆巴葉
無花果乾
印度綜合香料
蒜頭
薑

白葡萄
內臟：火雞心、火雞肝
刺柏漿果
韭蔥
檸檬汁
萊姆汁
菇蕈類（尤以酒杯蘑菇等野生菇蕈類為佳）
油：菜籽油、葡萄籽油、花生油、蔬菜油
橄欖油
洋蔥（尤以甜、白洋蔥為佳）
柳橙汁
紅椒
歐洲防風草塊根
扁葉荷蘭芹
胡椒：黑、白胡椒
薄酥皮
松子
馬鈴薯
葡萄乾（尤以黃葡萄乾為佳）
迷迭香
鼠尾草
猶太鹽
香腸（尤以義大利香腸為佳）
紅蔥頭
醬油
菠菜
高湯：雞、火雞高湯
餡料
糖
龍蒿
百里香
番茄
干苦艾酒
核桃
干白酒、玫瑰紅酒
優格

土耳其料理 Turkish Cuisine

牛肉
雞肉
肉桂（尤以用於甜點為佳）
丁香（尤以用於甜點為佳）
孜然
蒔蘿
茄子
魚
蒜頭
山羊／綿羊乳酪
蜂蜜（尤以用於甜點的為佳）
各種肉類的沙威瑪（尤以羊肉為佳）
羊肉（尤以燒烤的羊肉為佳）
檸檬
薄荷：乾薄荷、新鮮薄荷
肉豆蔻（尤以用於甜點者為佳）
橄欖油
洋蔥
紅椒
荷蘭芹
黑胡椒
薄酥皮
米
芝麻籽
菠菜
番茄
核桃
優格

對味組合
雞肉＋蒜頭＋紅椒＋荷蘭芹
孜然＋檸檬＋荷蘭芹
茄子＋蒜頭＋肉類＋洋蔥＋番茄
魚＋蒔蘿＋檸檬＋黑胡椒
羊肉＋孜然＋蒔蘿＋薄荷

薑黃 Turmeric
季節：全年
味道：苦甜、嗆
質性：性熱
分量感：輕盈－中等
風味強度：適度

亞洲料理
豆類

牛肉
奶油
加勒比海料理
乳酪
雞肉
辣椒
印度甜酸醬
芫荽葉
丁香
椰奶
芫荽
孜然
咖哩葉＊、咖哩粉＊
茄子
蛋
小茴香
魚
蒜頭
薑
印度料理
印尼料理
卡非萊姆葉
羊肉
檸檬草
扁豆
肉類（尤以白肉為佳）
中東料理
摩洛哥料理
芥末
芥末籽
北非料理
西班牙海鮮飯

紅椒
荷蘭芹
胡椒
醃漬食品
豬肉
馬鈴薯
禽肉
摩洛哥綜合香料（主要成分）
米
醬汁（尤以濃醬為佳）
香腸
海鮮
紅蔥頭
貝蝦蟹類
蝦
湯
東南亞料理
菠菜
燉煮料理
羅望子
泰式料理
蔬菜（尤以根莖類蔬菜為佳）
優格

對味組合
薑黃＋芫荽葉＋孜然＋蒜頭＋洋蔥＋紅椒＋荷蘭芹＋胡椒（摩洛哥醃料）
薑黃＋芫荽＋孜然（印度料理）

CHEF'S TALK

新鮮**薑黃**帶有撲鼻的果香，而且還有具化龍點睛之效的酸味。把新鮮薑黃加入咖哩，會帶來全新感受。薑黃一旦製成粉末，就失了味。乾燥的薑黃更讓我心痛，發自內心的痛；它完全不是薑黃該有的樣子。不幸的是，冷凍薑黃也不是好選擇。你只能用新鮮薑黃。
——布萊德・法爾米利（Brad Farmerie），PUBLIC，紐約市

薑黃永遠是我調製咖哩時最先放入的香料，就像塗上畫布的底漆。薑黃的用量會左右咖哩整體風味。我調製咖哩時很注重風味的層次；我要對某一層的風味感到滿意後，才會再加入食材創造另一層風味。我會用洋蔥、蒜頭與番茄來調製咖哩，然後最先加入的香料就是薑黃。如果薑黃加很多，這就會是一道風味濃烈的咖哩，那就得加入更多其他香料來調和了。
——梅魯・達瓦拉（Meeru Dhalwala），VIJ'S，溫哥華

蕪菁 Turnips

季節：全年
味道：甜
分量感：中等－厚實
風味強度：溫和－濃烈
料理方式：沸煮、燜燒、油炸、烘烤、熬煮、蒸煮

培根
月桂葉
無鹽奶油
胡蘿蔔
芹菜根
帕瑪乳酪
鮮奶油
咖哩
蒔蘿
鴨肉（尤以烘烤的鴨肉為佳）
蒜頭
蜂蜜
刺柏漿果
羊肉
韭蔥
檸檬汁
墨角蘭
肉豆蔻
洋蔥（尤以青蔥、黃洋蔥為佳）
荷蘭芹
胡椒：黑、白胡椒
罌粟籽
豬肉（尤以烘烤的豬肉為佳）
馬鈴薯
義式乾醃火腿
鹽：猶太鹽、岩鹽、海鹽
紫蘇
雞高湯
糖（一撮）
番薯
百里香
醋

鮮味食材 Umami

味道：鮮甜或鮮甜＋鹹

熟成的食物（如：乳酪）
鰻魚
牛肉（尤以熟成的牛肉為佳）

柴魚片
青花菜
胡蘿蔔
熟成的乳酪（如：藍黴、葛黎耶和、帕瑪、侯克霍乳酪）
雞肉
蛤蜊
乾醃肉品
發酵食物
亞洲魚露
葡萄柚
葡萄
番茄醬
龍蝦
鯖魚
肉類
味噌
菇蕈類（尤以香菇為佳）
牡蠣
豬肉
馬鈴薯
成熟的食材
沙丁魚
以肉湯為底調製的醬汁
扇貝
海鮮
乾海帶
黃豆
醬油
墨魚
牛排（尤以乾式熟成、燒烤的牛排為佳）
肉類高湯
番薯
綠茶
番茄與番茄醬汁
松露
鮪魚
巴薩米克香醋
核桃

香莢蘭 Vanilla

味道：甜
分量感：中等
風味強度：清淡

多香果

杏仁
蘋果
杏桃
烘焙食物（如：蛋糕、餅乾）
月桂葉
黑豆
牛肉
漿果
冷飲（如：蛋酒、碳酸飲料）
褐化奶油
奶油
奶油糖果
蛋糕
糖果
焦糖
小豆蔻
瑞可達乳酪
雞肉
辣椒
巧克力
芫荽葉
肉桂
丁香
椰子
咖啡
餅乾
鮮奶油與冰淇淋
奶油乳酪
卡士達
甜點
蛋
無花果
魚
水果（尤以水煮的水果為佳）
薑
蜂蜜
冰淇淋＊
羊肉
薰衣草
檸檬：檸檬汁、碎檸檬皮
檸檬草
龍蝦
馬士卡彭乳酪
肉類
甜瓜
墨西哥料理
牛奶

主廚私房菜 | DISHES

香莢蘭豆巴伐利亞發泡鮮奶油（Bavarese），搭配褐化奶油和月桂葉
——吉娜·德帕爾馬（Gina DePalma），BABBO，紐約市

香莢蘭豆法式吐司，搭配馬士卡彭乳酪卡士達、Tondo巴薩米克糖漿與草莓
——艾蜜莉·盧契提（Emily Luchetti），FARALLON，舊金山

CHEF'S TALK

小時候，我沒有特別注意過**香莢蘭**的存在。直到我做了第一份香莢蘭冰淇淋後，它就不再只是「白色的東西」了！我喜歡不同香莢蘭之間的細微差異。在我們餐廳，品質是最高準則，所以我們採用大溪地產的香莢蘭來製做冰淇淋。若要以香莢蘭為主角，大溪地香莢蘭豆是不二選擇，我就是愛它那種迷人的木質香與櫻桃味。若是調味用，則適合用波本的香莢蘭。
——麥克·萊斯寇尼思（Michael Laiskonis），LE BERNARDIN，紐約市

水煮西洋梨時，我一定會加點**香莢蘭**。香莢蘭也跟甜味香草十分對味，像是龍蒿與月桂葉。
——吉娜·德帕爾馬（Gina DePalma），BABBO，紐約市

許多甜點都用得到**香莢蘭**，它對甜點的重要性就像「鹽」對菜餚的重要性。不過有時加入香莢蘭反而會造成破壞。香莢蘭必須是甜點中的主角，我們餐廳就有一道以褐化奶油及月桂葉搭配的香莢蘭豆巴伐利亞發泡鮮奶油。香莢蘭與新鮮月桂葉會帶出彼此的活力，兩者真是絕配。月桂葉甜味十足，它在甜點中的作用就像菜餚裡的松露，主要增添的不是滋味而是香氣。
——吉娜·德帕爾馬（Gina DePalma），BABBO，紐約市

薄荷
貽貝
肉豆蔻
堅果
柳橙
桃子
西洋梨
洋李
豬肉
布丁
大黃
米
迷迭香
番紅花
水果沙拉
扇貝
海鮮
種籽：罌粟籽、芝麻籽

貝蝦蟹類
湯
高湯
草莓
糖
羅望子
茶
番茄
蔬菜（如：根莖類蔬菜）
巴薩米克香醋
威士忌
香檳酒
優格

對味組合

香莢蘭＋杏仁＋鮮奶油＋威士忌
香莢蘭＋月桂葉＋褐化奶油
香莢蘭＋雞肉＋鮮奶油

小牛肉 Veal in General

季節：春
分量感：輕盈－中等
風味強度：清淡
料理方式：燜燒（腱肉）、烤煎（牛排）、烘烤、燉煮（小牛胸肉、肩胛肉）

杏仁
鯷魚
蘋果
蘆筍
羅勒
月桂葉
豆類（尤以法國菜豆、四季豆為佳）
牛小排
甜菜
燈籠椒：綠、紅、黃燈籠椒
白蘭地
麵包與麵包粉
無鹽奶油
續隨子
葛縷子籽
胡蘿蔔
芹菜
芹菜根
乳酪：愛蒙塔爾、葛黎耶和、帕瑪、瑞士乳酪
細葉香芹
辣椒
細香蔥
蘋果酒
椰奶
鮮奶油
法式酸奶油
煎炒黃瓜
蒔蘿
蛋（尤以沸煮至全熟的蛋為佳）
法式料理
蒜頭
義式葛瑞莫拉塔調味料
火腿：煙燻火腿、豬腳
榛果
義大利料理
韭蔥

檸檬：檸檬汁、碎檸檬皮
檸檬馬鞭草
萊姆：萊姆汁、萊姆葉
馬德拉酒
墨角蘭
牛奶
菇蕈類：鈕扣菇、酒杯蘑菇、羊肚菌、牡蠣、牛肝菌、香菇、白菇蕈類、野生菇蕈類
第戎芥末
肉豆蔻
油：菜籽油、玉米油、花生油、蔬菜油
橄欖油
黑橄欖
洋蔥（尤以珍珠、甜、白洋蔥為佳）
柳橙：橙汁、碎橙皮
扁葉荷蘭芹
歐洲防風草塊根
義式麵食（尤以義大利寬麵為佳）
嫩豌豆
胡椒：黑、白胡椒
義式玉米餅
馬鈴薯
義式乾醃火腿
米
迷迭香
鼠尾草
鹽：猶太鹽、海鹽
紅蔥頭
德國刀削麵
菠菜
高湯：牛、雞、小牛、蔬菜高湯
龍蒿
百里香
番茄：罐裝番茄、番茄糊、牛番茄、番茄醬汁
松露
鮪魚
蕪菁
香莢蘭
醋：巴薩米克香醋、香檳酒醋
水田芥
干白酒
節瓜

對味組合

小牛肉＋蘆筍＋羊肚菌
小牛肉＋羅勒＋檸檬
小牛肉＋續隨子＋檸檬
小牛肉＋鮮奶油＋菇蕈類
小牛肉＋黃瓜＋芥末
小牛肉＋蒜頭＋帕瑪乳酪＋番茄
小牛肉＋義式葛瑞莫拉塔調味料＋柳橙
小牛肉＋瑪莎拉酒＋菇蕈類
小牛肉＋柳橙＋義式玉米餅
小牛肉＋義式乾醃火腿＋鼠尾草

小牛肉：小牛胸肉
Veal — Breat
料理方式：燜燒、燒烤、烘烤

白豆
芳汀那乳酪
蒜頭
橄欖油
洋蔥（尤以西班牙洋蔥為佳）
義大利培根
扁葉荷蘭芹
迷迭香
雞高湯
百里香
白酒

小牛肉：面頰肉
Veal — Cheeks

我們在義式玉米餅上淋上義式燉小牛面頰肉，再擠些柳橙汁和碎橙皮後上桌。
——安德魯・卡梅利尼（Andrew Carmellini），A VOCE，紐約市

小牛肉：肉排 Veal — Chop
料理方式：燜燒、燒烤、烤煎、煎炒、填餡

朝鮮薊
羅勒
豆類（尤以蠶豆為佳）
球花甘藍

奶油
金巴利酒
續隨子
細香蔥
芫荽葉
芫荽
蒜頭
薑
義大利麵疙瘩
韭蔥
檸檬汁
馬德拉酒
墨角蘭
薄荷
味醂
味噌
菇蕈類（如：黑色杏鮑菇）
野生菇蕈類（尤以酒杯蘑菇、牛肝菌為佳）
第戎芥末
橄欖油
橄欖：黑橄欖、卡拉瑪塔橄欖
洋蔥
扁葉荷蘭芹
豌豆
白胡椒
松子
義式玉米餅
馬鈴薯
義式乾醃火腿
櫻桃蘿蔔
紅椒粉
鹽
芝麻：芝麻油、芝麻籽
紅蔥頭
醬油
雞高湯
黑糖
百里香
曬乾番茄
水田芥
干白酒

主廚私房菜 | DISHES

「聖安格羅」小牛肋排，搭配「德州粗玉米粉泥」與番紅花蒜味美乃滋
——莫妮卡・波普（Monica Pope），T'AFIA，休斯頓

美味燉小牛肉塊，搭配豌豆、蘆筍、羊肚蕈與春季蔬菜
——麥克・羅曼諾（Michael Romano），2005年詹姆士比爾德獎慶祝酒會

香煎威斯康辛小牛排，搭配義式玉米餅與野生菇蕈
——金・約賀（Jean Joho），EVEREST，芝加哥

小牛排，搭配松露韭蔥斯拉夫餃（Pierogies）、烤青蔥、奶油菠菜，以及細香蔥法式酸奶油
——彼得・諾瓦科斯基（Peter Nowakoski），RAT'S，紐澤西州漢密爾頓市

有機小牛排，搭配馬德拉醬汁以及松露乳酪通心粉
——大衛・沃塔克（David Waltuck），CHANTERELLE，紐約市

對味組合

小牛肉排＋朝鮮薊＋羅勒
小牛肉排＋芹菜根＋鮮奶油＋第戎芥末
小牛肉排＋蒜頭＋酒杯蘑菇
小牛肉排＋韭蔥＋豌豆
小牛肉排＋韭蔥＋義式玉米餅
小牛肉排＋菇蕈類＋水田芥

小牛肉：牛腰肉 Veal — Loin

料理方式：燜燒、燒烤、烤煎、烘烤、煎炒

芝麻菜
羅勒
芳汀那乳酪
栗子
蘋果酒
柑橘類
蔓越莓
蒜頭
野生菇蕈類（如：酒杯蘑菇、羊肚菌）
堅果（如：杏仁、榛果、松子、開心果）
洋蔥
奧勒岡
義式麵食
南瓜
義式燉飯

迷迭香
鼠尾草
小牛高湯
龍蒿
百里香
番茄
紅酒

小牛肉：腱肉 Veal — Shanks

料理方式：燜燒

月桂葉
胡蘿蔔
芹菜
芫荽葉
肉桂
孜然
蒜頭
義式葛瑞莫拉塔調味料

山葵
檸檬：檸檬汁、碎檸檬皮
墨角蘭
牛肝菌
橄欖油
橄欖
洋蔥（尤以紅、白洋蔥為佳）
柳橙
義式番茄燉牛膝（成分）
荷蘭芹
胡椒
松子
黃葡萄乾
義式燉飯
迷迭香
鹽
高湯：雞、小牛高湯
百里香
番茄：番茄糊、番茄醬汁
白松露
白酒

對味組合

小牛腱肉＋續隨子＋義式葛瑞莫拉塔調味料＋橄欖
小牛腱肉＋檸檬＋橄欖
小牛腱肉＋洋蔥＋番茄
小牛腱肉＋番茄＋百里香

主廚私房菜 | DISHES

南瓜義大利寬麵，擺上燒烤小牛里肌
——馬賽爾・德索尼爾（Marcel Desaulniers），THE TRELLIS，維吉尼亞州威廉斯堡

煎烤小牛里肌，搭配野生羊肚蕈、當地蘆筍，以及維吉尼亞火腿芳汀那乳酪方麵餃
——派翠克・歐康乃爾（Patrick O'Connell），THE INN AT LITTLE WASHINGTON，維吉尼亞州華盛頓市

烤小牛里肌，搭配微焦洋蔥、杏仁、松子與開心果
——查理・波特（Charlie Trotter），CHARLIE TROTTER'S，芝加哥

小牛肉：小里肌
Veal — Tenderloin

料理方式：燜燒、燒烤、煎炒、大
　　火油煎

蘆筍
培根
羅勒
續隨子
芳汀那乳酪
鮮奶油
火腿
羊肚菌
第戎芥末
紅洋蔥
鼠尾草
龍蒿
百里香
松露油
白酒

對味組合
小牛小里肌＋蘆筍＋羊肚菌
小牛小里肌＋鮮奶油＋羊肚菌
小牛小里肌＋蒜頭＋義大利培根

蔬菜 Vegetables
（參見特定蔬菜）
小祕訣：洋蔥能增進蔬菜的風味，
　　還能帶出蔬菜的甜味。

根莖類蔬菜 Vegetables, Root
（參見特定根莖類蔬菜蔬菜，如：
　胡蘿蔔）
料理方式：烘烤

素食料理 Vegetarian Dishes
小祕訣：想讓素食料理擁有肉的
　　鮮味，可以嘗試：

齊波特辣椒（運用罐裝辣椒中的
　　阿多波燉汁）
煙燻油
味噌
菇蕈類
烘烤過的洋蔥
煙燻紅椒
烘烤過的紅蔥頭
醬油

> **CHEF'S TALK**
>
> 我有一道以羅勒、蒜頭與橄欖油調製而成的青醬**蔬菜**湯，全年供應。
> 不過這道湯的食材會隨季節改變，甚至每週都不同。我在春天會使用
> 豌豆，盛夏時改用節瓜與羅勒。秋天則以蒜葉婆羅門參、青蔥與韭蔥
> 來替代，冬天就改用青花菜，甚至以黃豆來搭配荷蘭芹。
> ——丹・巴柏（Dan Barber），BLUE HILL AT STONE BARNS，紐約州波坎提科丘
>
> 秋天的**根莖類蔬菜**富含糖分、甜味十足。秋季和冬季蔬菜能在冰天雪
> 地中繁殖，此時會將水分轉換成糖分，所以採收時甜味十足。胡蘿蔔
> 與歐洲防風草塊根這類的根莖類蔬菜，與水果的甜味十分相近，因此
> 可以同時置於沙拉中，它們搭配得很好。
> ——丹・巴柏（Dan Barber），BLUE HILL AT STONE BARNS，紐約州波坎提科丘

鹿肉 Venison
（同時參見野味）

季節：秋
分量感：厚實
風味強度：溫和－濃烈
料理方式：燜燒、炙烤、燒烤、烘烤、煎炒

美式料理
蘋果
耶路薩冷朝鮮薊
培根
月桂葉
甜菜
波本酒
白蘭地
球芽甘藍
無鹽奶油
紅葉甘藍
小豆蔻
胡蘿蔔
芹菜
愛亞格乳酪
櫻桃乾或新鮮櫻桃（尤以黑櫻桃為佳）
細葉香芹
栗子
辣椒

細香蔥
肉桂
丁香
干邑白蘭地
芫荽
玉米
蔓越莓
鮮奶油
穗醋栗乾或新鮮穗醋栗（尤以紅穗醋栗為佳）
咖哩與咖哩粉
小茴香
蒜頭

琴酒
薑：薑泥、薑粉、碎薑
綠葉生菜：芝麻菜、菊苣、蒲公英嫩葉、萵苣纈草、紫葉菊苣、菠菜
蜂蜜
山葵
黑果
刺柏漿果
檸檬汁
檸檬草
萊姆汁
瑪莎拉酒
綜合蔬菜高湯
菇蕈類：鈕扣菇、牛肝菌、香菇、**野生菇蕈類**
芥末
油桃
肉豆蔻
堅果：杏仁、腰果
油：菜籽油、葡萄籽油、花生油、核桃油
橄欖油
洋蔥
柳橙：橙汁、碎橙皮
義大利培根
扁葉荷蘭芹
歐洲防風草塊根
桃子
西洋梨
胡椒：黑、綠、粉紅、白胡椒、四川花椒

CHEF'S TALK

鹿肉油脂含量不高，所以處理時要注意油脂的分布情況。我會以帶有極佳果酸味的印度甜酸醬以及一點醋來搭配。
——布萊德・法爾米利（Brad Farmerie），PUBLIC，紐約市

我們以黑果醬汁與蜜汁西洋梨來搭配**鹿肉**。鹿肉是甜味十足的肉類，而黑果來自森林，西洋梨則產於秋季。梨子加入八角與肉桂水煮，再烘烤至微焦，讓西洋梨的風味更具深度，同時也豐富了這道菜餚的滋味。
——加柏利兒・克魯德（Gabriel Kreuther），THE MODERN，紐約市

鹿肉里肌搭配黑果、烤栗子、球芽甘藍、芹菜根和蜜脆蘋果醬汁，是我最愛的料理之一。我喜歡鹿肉的甜味，可用醋、紅酒、香草與刺柏漿果調製成傳統的醃醬來醃浸鹿肉。而烤西洋梨或烤蘋果則是搭配鹿肉不二之選。
——凱莉・納哈貝迪恩（Carrie Nahabedian），NAHA，芝加哥

主廚私房菜 DISHES

紐西蘭鹿肉，裹上粉紅胡椒粒，搭配耶路薩冷朝鮮薊與油漬嫩蒜頭、烤球芽甘藍葉
——大衛・柏利（David Bouley），BOULEY，紐約市

紐西蘭鹿肉里肌，裹上香菇，並搭配胡椒菠菜、多菲內焗烤番薯以及糖煮酸櫻桃
——布萊德・法爾米利（Brad Farmerie），PUBLIC，紐約市

煙燻紐西蘭鹿肉片，搭配甘草醃洋蔥
——布萊德・法爾米利（Brad Farmerie），MONDAY ROOM，紐約市

放養鹿肉里肌排，搭配黑果、烤栗子、球芽甘藍、芹菜根以及蜜脆蘋果醬汁
——凱莉・納哈貝迪恩（Carrie Nahabedian），NAHA，芝加哥

鹿肉排，搭配烤粗玉米粉泥，以及秋葵番茄青桃醬
——法蘭克・史迪特（Frank Stitt），HIGHLANDS BAR AND GRILL，阿拉巴馬州伯明罕市

米爾布魯克農場鹿肉里肌，搭配大頭菜、白花菜豆、醃蒜頭與香料椰棗
——查理・波特（Charlie Trotter），CHARLIE TROTTER'S，芝加哥

鳳梨
石榴
波特酒
馬鈴薯
南瓜
葡萄乾
迷迭香
鼠尾草
猶太鹽
香薄荷
紅蔥頭
醬油
菠菜
小南瓜：橡果形南瓜、白胡桃瓜
八角
高湯：牛、雞、鹿肉高湯
番薯
百里香
番茄與番茄糊
蕪菁（尤以黃蕪菁為佳）
醋：巴薩米克香醋、紅酒醋、米醋、
　雪莉酒醋
水田芥
酒：紅酒（如：卡本內蘇維翁紅
　酒）、干白酒

對味組合
鹿肉＋咖哩＋石榴籽
鹿肉＋蒜頭＋刺柏漿果＋迷迭香
鹿肉＋蒜頭＋胡椒玉米
鹿肉＋蒜頭＋迷迭香＋番茄＋紅
　酒
鹿肉＋歐洲防風草塊根＋胡椒
鹿肉＋西洋梨＋迷迭香

酸葡萄汁 Verjus
味道：酸－甜
小祕訣：用來代替醋或檸檬汁，
　或當作調味料。與醋比起來，
　酸葡萄汁與酒更好搭配。

蘋果
杏桃
蘆筍
漿果
山羊乳酪
雞肉

蔓越莓
黃瓜
小茴香
魚（如：大比目魚、鮭魚、鮪魚）
鵝肝
水果
蒜頭
薑
香莢蘭（如：蒔蘿、薄荷、百里香）
羊肉
萵苣
滷汁醃醬
肉類
甜瓜
第戎芥末
橄欖油
洋蔥
西洋梨
石榴
豬肉
禽肉
鵪鶉
榲桲
兔肉
沙拉：水果沙拉、綠葉蔬菜沙拉
醬汁
貝蝦蟹類（如：蟹、扇貝、蝦）
湯
醬油
菠菜
草莓
糖：黑糖、白糖
鮪魚
蔬菜
米酒醋

越南料理 Vietnamese Cuisine
泰式羅勒
豆芽
牛肉湯河粉

雞肉
辣椒
芫荽葉
黃瓜
魚
魚露
蒜頭
薑
檸檬
檸檬草
萵苣
萊姆
甜煉乳（如：用於咖啡中的煉乳）
薄荷
麵條
豬肉
生食食物
米
青蔥
紅蔥頭
貝蝦蟹類
蝦
八角
糖

對味組合
辣椒＋魚露＋檸檬
魚露＋香莢蘭
魚露＋檸檬

醋 Vinegar in General
我會使用各式各樣的**醋**，目前手邊
有的是蘋果酒醋、巴薩米克香醋與
巴薩米克白醋。要使用哪一種醋，
完全取決於你要菜餚的風味推升多
少。製做核桃醬汁時，可以使用大
量的蘋果酒醋，但在韃靼鰈形比目
魚中，我們只用一滴醋。
——麥克・安東尼（Michael Anthony），
GRAMERCY TAVERN，紐約市

CHEF'S TALK

像維也納蓋根堡醋（Gegenbauer vinegar）這一類的優質醋，就在我的廚
房中占了一席之地。我會在黃瓜中加點黃瓜醋，在覆盆子中加點覆盆
子醋，或在番茄中加點番茄醋，以此來增強風味。
——雪倫・哈格（Sharon Hage），YORK STREET，達拉斯

巴薩米克香醋
Vinegar, Balsamic

味道：酸、甜

分量感：中等－厚實（依據陳年程度而定）

風味強度：溫和－濃烈

小祕訣：當你需要帶甜味低酸度的醋時，可使用巴薩米克香醋。烹調當最後才加入（不可沸煮！）或用來收尾。

杏桃
芝麻菜
羅勒
四季豆
燈籠椒：綠、紅燈籠椒
漿果（尤以草莓為佳）
褐化奶油
甘藍
帕瑪乳酪
櫻桃
雞肉
菊苣

茄子
芹菜
魚（尤以白肉魚為佳）
水果
綠葉蔬菜沙拉
燒烤料理
榛果油
蜂蜜
義大利料理
滷汁醃醬
肉類
芥末（尤以第戎芥末為佳）
芥末：乾芥末、芥末籽
油
洋蔥

黑胡椒
紫葉菊苣
覆盆子
沙拉與沙拉醬汁
芝麻油
牛排
草莓*
番茄*
蔬菜
油醋醬
醋：紅酒醋、雪莉酒醋（混合醋）
核桃油
水田芥
白松露油

對味組合
巴薩米克香醋＋褐化奶油＋魚
巴薩米克香白醋＋白松露油＋完
　整芥末粒

班努斯醋 Vinegar, Banyuls
味道：酸－甜
分量感：輕盈
風味強度：清淡－溫和
小祕訣：可以替代紅酒。用來溶
　解鍋底焦渣。

甜菜
乳酪：藍黴、帕瑪乳酪
鮮奶油
鴨肉
魚
鵝肝
蜂蜜
萵苣
滷汁醃醬
肉類
菇蕈類
堅果
油：榛果油、核桃油
橄欖油
西洋梨
黑胡椒
鵪鶉
沙拉與沙拉醬汁
象牙鮭魚
鹽
醬汁
澳洲淡水岩鱸
貝蝦蟹類

番茄
蔬菜
核桃

對味組合
班努斯醋＋藍黴乳酪＋萵苣＋西
　洋梨＋核桃

卡本內蘇維翁紅酒醋
Vinegar, Cabernet Sauvignon

製作搭配肉類的醬汁時，我們通常
都會加入卡本內蘇維翁紅酒醋來收
尾。如果在一開始就加入，它的輕
淡風味在調理過程中就會流失殆盡。
——布萊德·法爾米利（Brad Farmerie），
PUBLIC，紐約市

香檳酒醋 Vinegar, Champagne
味道：酸
分量感：輕盈
風味強度：清淡－溫和
小祕訣：香檳酒醋是味道最精緻
　的醋

朝鮮薊
酪梨
精緻菜餚
小茴香
魚
精緻綠葉蔬菜沙拉（如：嫩綠葉
　蔬菜沙拉、奶油萵苣）
韭蔥

油：堅果油、松露油
橄欖油
馬鈴薯
覆盆子
沙拉
貝蝦蟹類
草莓
蔬菜

夏多內白酒醋
Vinegar, Chardonnay

夏多內白酒醋是帶有甜味的醋，所
以用它調製醃漬醬汁時，就不用再
加糖了。
——布萊德·法爾米利（Brad Farmerie），
PUBLIC，紐約市

蘋果酒醋 Vinegar, Cider
味道：酸
分量感：輕盈
風味強度：清淡－溫和

美式料理
蘋果
涼拌菜絲
水果（尤以用於沙拉者為佳）
薑
穀物
香草
油
西洋梨
豌豆

豬肉
沙拉與沙拉醬汁
醬汁
煙燻魚
煙燻肉
糖

對味組合
蘋果酒醋＋薑＋糖

水果醋 Vinegar, Fruit
味道：酸、甜
分量感：輕盈
風味強度：清淡－溫和

酪梨
雞肉
水果
沙拉
榛果油
白肉
油（尤以堅果油為佳）
花生油
西洋梨
沙拉與沙拉醬汁
火雞
核桃油

避免
乳酪
蛋

冰酒醋 Vinegar, Ice Wine
味道：酸、甜
分量感：輕盈
風味強度：清淡－溫和，只有5%
　的酸度。

漿果
鵝肝（尤以法式鵝肝凍為佳）
水果
龍蝦
葡萄籽油
洋蔥
牡蠣
桃子
沙拉

醬汁
澳洲淡水岩鱸海鮮
雪酪
草莓
蔬菜

麥芽醋 Vinegar, Malt
味道：酸
分量感：輕盈
風味強度：濃烈，但酸度溫和
小祕訣：精確地灑在食物上

醬汁
炸魚
油：榛果油、花生油
橄欖油
醃漬食品

避免
醬汁

紅酒醋 Vinegar, Red Wine
味道：酸
分量感：輕盈－中等
風味強度：濃烈、酸度很高
小祕訣：紅酒醋經得起與香料及
　風味強烈的香草一同使用。

四季豆
蒸菜
櫻桃

雲嶺（Inniskillin）冰酒醋風味絕佳，但價格昂貴。用來搭配鵝肝更是風味絕妙。雲嶺冰酒醋是種酸甜味強烈的濃縮醋，菜餚中只要加一點就夠了。它也很適合用在搭配法式鵝肝凍的沙拉。
——崔西·德·耶丁（Traci Des Jardins），JARDINIÈRE，舊金山

「零下八度」（Minus 8）是一種**冰酒醋**，它把葡萄冰凍至-8℃再榨汁製成醋。除了酸味，這種冰酒醋中還多了點稠度、甜味與酸味，極適合搭配鵝肝。
——雪倫·哈格（Sharon Hage），YORK STREET，達拉斯

雞肉
肉桂
冷盤
蒲公英嫩葉
**綠葉生菜：風味較強的綠葉蔬菜
　沙拉**
燒烤料理
絮實味豐的菜餚
芥藍
滷汁醃醬
紅肉
菇蕈類
芥末
堅果油
橄欖油
沙拉與沙拉醬汁
醬汁
菠菜
番茄
油醋醬

米酒醋 Vinegar, Rice Wine
味道：酸、甜
分量感：輕盈
風味強度：清淡、酸度低

亞洲料理
芫荽葉
芫荽
黃瓜
水果（尤以水果沙拉為佳）

紅酒醋是我冷盤專用的調味醋，我用它來作為佐醬及醃醬。
——雪倫·哈格（Sharon Hage），YORK STREET，達拉斯

雪莉酒醋加入菜餚中的那一刻，彷彿樂音響起。這不僅是因為它的風味，還有它的香氣，都讓食物活了起來。它能讓沙拉活力四射，並點燃西班牙冷湯獨特生命力的火花。它更能讓一鍋以紅蘿蔔、蒜頭、洋蔥與水等平凡食材製作出的燉扁豆，變得煥然一新。只要在菜餚完成時，加入一點雪莉酒醋，就會迸放充滿活力的美妙風味……我們還用雪莉酒醋來製做雪酪，這可是充滿清新風味的「清新之王」啊！這道雪酪搭配鹹的甜的，都很合適。你可以用柳橙瓣鋪底，放上一球雪莉酒醋雪酪，再加一點橄欖油、鯷魚、黑橄欖，就完成一道沙拉了。或是同樣以柳橙瓣為底，淋上蜂蜜、再配上蒙契格乳酪與雪莉酒醋雪酪，就成了一道美味無比的甜點了。
——荷西·安德烈（José Andrés），CAFÉ ATLÁNTICO，華盛頓特區

我們在料理肉類菜餚時，會用醋或酸葡萄汁溶解鍋底焦渣調製成醬汁，其中最常使用的就是雪莉酒醋。它是我用於熱菜餚的調味醋。
——雪倫·哈格（Sharon Hage），YORK STREET，達拉斯

我會使用濃淡不同的雪莉酒醋。各種蔬菜我都喜歡淋上雪莉酒醋，特別是蘆筍與黃瓜。
——福島克也（Katsuya Fukushima），MINIBAR，華盛頓特區

薑
蜂蜜
日式料理
檸檬
味醂
麵條
油：花生油、芝麻油
胡椒：黑、粉紅胡椒
米（如：用於壽司）
沙拉
鮭魚
青蔥
芝麻籽
湯（尤以奶油狀濃湯、馬鈴薯湯為佳）
醬油
八角
日式芥末

雪莉酒醋 Vinegar, Sherry
味道：酸、甜
分量感：輕盈
風味強度：溫和

蘋果
蘆筍
豆類

雞肉
黃瓜
鴨肉
無花果
魚
西班牙冷湯
綠葉生菜（尤以苦味蔬菜為佳）
肉類菜餚
芥末籽醬
堅果
油：堅果油、核桃油
洋蔥
柳橙
義大利培根
西洋梨
紫葉菊苣
口感豐潤的菜餚
沙拉醬汁
沙拉（尤以含有蘋果、堅果、西洋梨的沙拉為佳）

醬汁
西班牙料理
番茄
西班牙蛋餅
蔬菜

龍蒿醋 Vinegar, Tarragon
（香料醋）
味道：酸
分量感：輕盈
風味強度：溫和－濃烈

萵菜
萵苣（尤以畢布萵苣、捲心萵苣、蘿蔓萵苣為佳）
味道溫和的油（如：花生油）
橄欖油

文柯特醋 Vinegar, Vincotto
（烹調用酒）
味道：酸－甜
分量感：中等－厚實
風味強度：溫和－濃烈

杏仁
培根
布羅塔鮮乳酪
甜點
小茴香
無花果
水果
義大利料理
桃子
西洋梨
洋李
肉類（尤以燒烤、烘烤的肉類為佳）
沙拉與沙拉醬汁
優格

帶有酸甜滋味的**文柯特醋**，是巴薩米克香醋製程中的副產品。它很像糖漿，加幾滴在水果或乳酪上都很棒。
——雪倫·哈格（Sharon Hage），YORK STREET，達拉斯

白酒醋 White Wine Vinegar

味道：酸
分量感：輕盈
風味強度：清淡－溫和
小祕訣：若有需要的話，可以作
　　　為香檳酒醋的替代品。

朝鮮薊
酪梨
精緻菜餚
小茴香
魚
韭蔥
油：紅花油、葵花油
橄欖油（初榨橄欖油）
馬鈴薯
貝蝦蟹類

伏特加 Vodka

分量感：輕盈－中等
風味強度：清淡

杏仁香甜酒
蘋果與蘋果汁
法式牛肉清湯
甜菜汁
漿果
黑莓
葛縷子
胡蘿蔔汁
魚子醬
芹菜與芹菜葉
芹菜根
芫荽葉
肉桂
丁香
咖啡
椰子
蔓越莓汁
鮮奶油
黃瓜
黑穗醋栗
薑
葡萄柚汁
蜂蜜
山葵
卡非萊姆葉

卡路亞咖啡酒
檸檬汁
檸檬草
檸檬百里香
檸檬馬鞭草
甘草
萊姆汁
芒果
黑櫻桃香甜酒
甜瓜
燕麥
綠橄欖
柳橙汁
黑胡椒
鳳梨汁
波蘭料理
石榴汁
覆盆子
玫瑰
俄羅斯料理
煙燻魚
八角
糖（純糖漿）
番茄汁
橘皮糖漿
香莢蘭

對味組合

伏特加＋杏仁香甜酒＋鮮奶油＋
　　卡路亞咖啡酒
伏特加＋蘋果＋甜菜＋葛縷子＋
　　山葵
伏特加＋蘋果＋肉桂＋丁香＋蔓
　　越莓

以**伏特加**為底的雞尾酒通常較不甜，不過伏特加卻能融合各類成分並
增進風味……我喜歡蕭邦伏特加、紅蘿蔔汁以及檸檬百里香的組合。
若是手邊有這樣一杯雞尾酒，我還會再加入 Farigoule（以野生百里香調
製的普羅旺斯香甜酒）及萊姆。
——傑瑞‧班克斯（Jerri Banks），COCKTAIL CONSULTANT，紐約市

我喜歡根據雞尾酒中烈酒的來源，將雞尾酒與其原產地的料理結合。
例如源自東歐的**伏特加**，就用來搭配含有甜菜、葛縷子以及山葵的俄
羅斯拼盤（zakuski，其傳統特點即是由甜菜、甘藍菜、茄子與蘑菇等小
碟菜餚共同組成）。
——傑瑞‧班克斯（Jerri Banks），COCKTAIL CONSULTANT，紐約市

伏特加＋法式牛肉清湯＋芹菜葉
　　＋山葵
伏特加＋黑莓＋黑胡椒＋玫瑰
伏特加＋胡蘿蔔汁＋檸檬百里香
　　＋萊姆
伏特加＋芹菜＋萊姆汁
伏特加＋芫荽葉＋椰子＋萊姆＋
　　糖
伏特加＋芫荽葉＋萊姆
伏特加＋咖啡＋鮮奶油
伏特加＋蔓越莓＋柳橙
伏特加＋蔓越莓＋八角
伏特加＋葡萄柚＋黑櫻桃香甜酒
伏特加＋蜂蜜＋燕麥
伏特加＋檸檬＋檸檬馬鞭草
伏特加＋萊姆＋鳳梨

核桃 Walnuts

（同時參見堅果）
季節：秋
味道：苦、甜
質性：性熱
分量感：中等－厚實
風味強度：清淡－溫和

杏仁
洋茴香
蘋果
杏桃
阿瑪涅克白蘭地
香蕉
波本酒
白蘭地
早餐（如：鬆餅、鬆糕）

核桃是我最愛的堅果，我喜歡它的苦味。它能與蜂蜜、蘋果及西洋梨完美搭配。
——吉娜·德帕爾馬（Gina DePalma），BABBO，紐約市

核桃不像其他堅果那麼用途廣泛。在各種堅果中，它與夏威夷豆是光譜的兩端，因為它的風味較複雜。它不會讓你的味蕾全被奶油味所包覆，而是讓人品嘗到更多堅果味。我無法想像不用核桃會是什麼情況，不過少量核桃就很夠用了。
——馬賽爾·德索尼爾（Marcel Desaulniers），THE TRELLIS，維吉尼亞州威廉斯堡

核桃是富含油脂的堅果，不過風味不像美洲山核桃那麼強勢與濃烈。我喜歡在甜點中同時使用核桃與楓糖。它們與蘋果、梨子及楓梓都十分對味。
——艾蜜莉·盧契提（Emily Luchetti），ARALLON，舊金山

無鹽奶油
白脫乳
焦糖
胡蘿蔔
乳酪：藍黴、巧達、山羊、帕瑪、
　瑞可達、侯克霍、斯提爾頓乳
　酪
櫻桃
栗子
雞肉
巧克力：黑、牛奶、白巧克力
肉桂
咖啡
干邑白蘭地
餅乾
玉米糖漿：透明、深色玉米糖漿
蔓越莓
鮮奶油
奶油乳酪
法式酸奶油
孜然
椰棗
芹菜
無花果（尤以無花果乾為佳）

蒜頭
薑
葡萄柚
葡萄
榛果
蜂蜜
冰淇淋
義大利醬汁
金桔
檸檬：檸檬汁、碎檸檬皮
柳橙香甜酒
楓糖漿
馬士卡彭乳酪
地中海料理
墨西哥醬
糖蜜
油桃
燕麥粉
橄欖油
柳橙：橙汁、碎橙皮
桃子
西洋梨
美洲山核桃
胡椒（尤以白胡椒為佳）

柿子
松子
洋李
石榴
波特酒
胡桃糖
黑李乾
南瓜
楓梓
葡萄乾
覆盆子
蘭姆酒
沙拉
鹽
醬汁
餡料
糖：黑糖、糖粉、白糖
番薯
茶
香莢蘭
核桃油
威士忌
酒：干酒、甜酒
優格

對味組合
核桃＋洋茴香＋無花果乾＋柳橙
核桃＋蘋果＋蜂蜜核桃＋焦糖＋
　黑李乾
核桃＋咖啡＋鮮奶油
核桃＋孜然＋黑李乾

暖性食物 Warming
質性：被認為質性暖熱的食材，
　適用於寒冷的季節。

酒精
大麥
辣椒
咖啡
蔓越莓
水果乾（如：椰棗）
蒜頭
穀物（如：義式玉米餅、藜麥）
蜂蜜
熱飲
紅肉

義大利熱蘋果核桃布丁，搭配義式肉桂冰淇淋
——吉娜·德帕爾馬（Gina DePalma），糕點主廚，BABBO，紐約市

核桃黑李乾塔，搭配百里香奶雪酪與焦糖卡斯垂克醬汁（Gastrique），並搭配30年的Tawny陳年波特酒
——艾利·納爾遜（Ellie Nelson），糕點主廚，JARDINIÈRE，舊金山

芥末
堅果
油：杏仁油、芥末油
橄欖油
洋蔥
暖性香料（如：黑胡椒、卡宴、肉
　桂、丁香、薑、肉豆蔻、薑黃）
根莖類蔬菜（如：胡蘿蔔、馬鈴薯）
醋
核桃

日式芥末 Wasabi
味道：辣
分量感：中等
風味強度：極度濃烈

酪梨
牛肉
蟹
鮮奶油
魚
薑（如：搭配海鮮）
日式料理
味醂
味噌
橄欖油
青蔥
米
鮭魚
醬汁
海鮮
芝麻：芝麻油、芝麻籽
蝦
醬油
壽司與生魚片
豆腐
鮪魚
米酒醋

菱角 Water Chestnuts
季節：夏－秋
味道：甜
分量感：輕盈－中等
風味強度：清淡
料理方式：生食、快炒

培根

雞肉
中式料理
蒜頭
薑
青蔥
芝麻：芝麻油、芝麻籽
醬油
糖
米酒醋

水田芥 Watercress
季節：春、秋
味道：苦、甜
分量感：輕盈
風味強度：溫和
料理方式：生食

杏仁
蘋果
蘆筍（尤以白蘆筍為佳）
培根
豆芽
牛肉（尤以烘烤的牛肉為佳）
甜菜
燈籠椒（尤以紅燈籠椒為佳）
無鹽奶油
白脫乳
乳酪：藍黴、山羊、佩科利諾乳酪
細葉香芹
雞肉（尤以烘烤的雞肉為佳）
中式料理
細香蔥
芫荽葉
鮮奶油
法式酸奶油
黃瓜
鴨肉
蛋
苣菜
小茴香

魚
亞洲魚露
法式料理
蒜頭
薑
義大利料理
羊肉
韭蔥
檸檬汁
萊姆汁
馬士卡彭乳酪
烘烤的肉類
薄荷
菇蕈類
芥末
油：葡萄籽油、芝麻油、蔬菜油、
　核桃油
橄欖油
洋蔥：紅、白、黃洋蔥
柳橙
牡蠣
扁葉荷蘭芹
西洋梨
豌豆
胡椒：黑、白胡椒
馬鈴薯
紫葉菊苣
米
沙拉
鮭魚
鹽：猶太鹽、海鹽
青蔥
扇貝
海鮮
黑芝麻籽
芝麻油
紅蔥頭
蝦
煙燻鮭魚
酸模

主廚私房菜 | DISHES

招牌沙拉：青蘋果、馬科納杏仁、水田芥與佩科利諾乳酪調製而成
——安德魯・卡梅利尼（Andrew Carmellini），A VOCE，紐約市

水田芥苣菜沙拉，搭配地中海黃瓜、醃漬甜菜與馬士卡彭酥脆麵包丁
——茱迪・羅傑斯（Judy Rodgers），ZUNI CAFE，舊金山

湯（尤以亞洲風味湯、蔬菜湯為
　佳）
醬油
高湯：雞、魚、海鮮、蔬菜高湯
糖（一撮）
龍蒿
茶點三明治
番茄
小牛肉
油醋醬
醋：香檳酒醋、紅酒醋、米酒醋、
　雪莉酒醋
核桃
酒：米酒、白酒
優格

對味組合
水田芥＋杏仁＋青蘋果＋佩科利
　諾乳酪
水田芥＋培根＋鮮奶油
水田芥＋苣菜＋侯克霍乳酪＋核
　桃
水田芥＋薑＋檸檬＋蝦

西瓜 Watermelon
季節：夏
味道：甜
分量感：輕盈
風味強度：清淡－溫和
料理方式：生食

茴藿香
羅勒
冷飲
黑莓
藍莓
乳酪：**費達**、山羊乳酪
辣椒粉
芫荽葉
肉桂
鮮奶油
黃瓜
小茴香
蜂蜜
豆薯
卡非萊姆
檸檬：**檸檬汁、碎檸檬皮**

我第一次聽到用西瓜來搭配費達乳酪時，覺得一定很難吃。等我嘗過
後，卻發現十分對味。
——麥克・萊斯寇尼思（Michael Laiskonis），LE BERNARDIN，紐約市

羅勒或是茴藿香這類檸檬味香草，很適合搭配西瓜。
——傑瑞・特勞費德（Jerry Traunfeld），THE HERBFARM，華盛頓州伍德菲爾

萊姆汁
甜瓜（尤以洋香瓜為佳）
薄荷
橄欖油
柳橙
扁葉荷蘭芹
胡椒：**黑、白胡椒**
開心果
石榴
覆盆子

水果沙拉
鹽：**猶太鹽、海鹽**
雪酪
湯（尤以冷湯為佳）
糖：黑糖、白糖
龍舌蘭酒
番茄
香莢蘭
醋：巴薩米克香醋、米醋、雪莉酒
　醋

幾年前我還在 JEAN GEORGES 工作的時候，就開始調理獨門的西瓜沙
拉了。它原本是夏季限定的西瓜山羊乳酪沙拉，裡面有濃郁的山羊乳
酪以及新鮮甜美的西瓜，是一道清涼爽口的夏日菜餚。這道沙拉讓你如
同身置花園！後來又以新鮮番茄來搭配西瓜，不過我不滿意，因為番
茄的口感與西瓜的質地不搭。所以我改用油漬番茄，先以橄欖油烹煮
番茄兩個小時來強化風味。這道菜目前是用一層油漬番茄來搭配西
瓜，點綴著烤到恰到好處的金黃開心果，再加點橄欖油、鹽及胡椒，然
後放進烤箱熱個1~2分鐘就好了。上菜前再加點巴薩米克香醋。這道
沙拉不但風味絕佳，色澤也漂亮。
——加柏利兒・克魯德（Gabriel Kreuther），THE MODERN，紐約市

對味組合
西瓜＋芫荽葉＋鮮奶油＋龍舌蘭
　　酒
西瓜＋小茴香＋檸檬汁＋荷蘭芹
　　＋鹽
西瓜＋費達乳酪＋紅洋蔥
西瓜＋卡非萊姆＋香莢蘭

威士忌 Whisky
（同時參見波本酒）
分量感：厚實
風味強度：濃烈

多香果
巧克力
肉桂
鮮奶油與冰淇淋
水果乾
無花果
薑或薑汁汽水
蜂蜜
檸檬汁
柳橙
庫拉索酒
西洋梨
香料：肉桂、八角
糖：黑糖、白糖
番薯
香莢蘭

對味組合
威士忌＋肉桂＋水果乾＋薑＋檸
　　檬＋八角
威士忌＋檸檬＋柳橙庫拉索酒

酒 Wine（參見個別酒類）

冬季食材 Winter
氣候：典型寒冷的天氣
料理方式：烘焙、燜燒、蜜汁、烘烤、
　　熬煮、慢燒

香蕉
豆類
牛肉
燜燒菜餚
青花菜（盛產季節：2月）
球芽甘藍（盛產季節：12月）
甘藍
焦糖
巧克力
柑橘類水果
椰棗（盛產季節：12月）
野味
重穀物
葡萄柚（盛產季節：2月）
冬季綠葉生菜
檸檬（盛產季節：1月）
扁豆
萊姆
龍蝦
楓糖漿
野生菇蕈類（盛產季節：12月）
貽貝

甌柑（盛產季節：1月）
百香果
西洋梨（盛產季節：12月）
大蕉
豬肉
馬鈴薯
烘烤的菜餚
根莖類蔬菜
迷迭香
鼠尾草
湯
暖性香料
冬南瓜
墨魚
燉煮料理
菊芋
番薯（盛產季節：12月）
柑橘（盛產季節：1月）
蕪菁（盛產季節：12月）
鹿肉
菱角（盛產季節：2月）
山芋（盛產季節：12月）

山芋 Yams（參見番薯）

CHEF'S TALK

冬季蔬菜適合與冬季香草搭配使用。鼠尾草與迷迭香配上馬鈴薯及根
莖類蔬菜，十分對味。
——傑瑞·特勞費德（Jerry Traunfeld），THE HERBFARM，華盛頓州伍德菲爾

我認為牛肉與豬肉屬於冬季肉類。
——米契爾·理查（Michel Richard），CITRONELLE，華盛頓特區

我全年都以巧克力做為甜點的主要食材，不過冬季時使用更頻繁。在
加州，夏季盛產的水果是如此的美味，完全占據了我的目光。我的夏
季菜單中，可以完全不用巧克力，因為這時的水果品質實在太好了！
不過冬天就完全相反，能列出的食材不到八樣，這時巧克力就很重要，
它能帶給人們溫暖舒適的感受。寒冬的夜晚就是享用舒芙蕾的季節
了。冬天也是各種特殊柑橘類水果盛產的季節。感謝上帝還留了這類
水果給我們，讓我們可以使用卡拉卡拉臍橙、檸檬以及百香果這類熱
帶水果。芒果雖然一年四季都有，不過我在冬天才會使用它，因為此
時沒有漿果及其他夏季水果可用。冬天使用熱帶水果的好處是，它們
還可以為菜餚增添色澤。派與塔全年都可供應，因為可作為內餡的食
材很多，從巧克力到水果都可以。
——艾蜜莉·盧契提（Emily Luchetti），FARALLON，舊金山

主廚私房菜	DISHES

優格搭配焦糖、陳年巴薩米克香醋與松子脆餅
——吉娜・德帕爾馬（Gina DePalma），糕點主廚，BABBO，紐約市

我最愛的甜點之一，就是希臘**優格**淋上熱焦糖醬汁以及25年的陳年巴薩米克香醋。這種優格極為濃郁，也不會過酸。我在優格上放一片鹹松子脆餅，然後灑點巴薩米克香醋。因為鹹味、甜味與酸味的巧妙平衡，整道甜點風味十足。
——吉娜・德帕爾馬（Gina DePalma），BABBO，紐約市

優格 Yogurt
味道：酸
質性：性熱
分量感：中等－厚實
風味強度：溫和－濃烈

杏仁
杏桃
香蕉
牛肉
甜菜
黑莓
藍莓
早餐
小豆蔻
卡宴辣椒
雞肉
鷹嘴豆
芫荽葉
肉桂
椰子
芫荽
黃瓜
孜然
咖哩
甜點
蒔蘿
東地中海料理
茄子
水果
蒜頭
葡萄
希臘料理
蜂蜜

印度料理
羊肉
檸檬：檸檬汁、碎檸檬皮
醃漬檸檬
萊姆
芒果
楓糖漿
肉類
中東料理
薄荷
油桃
肉豆蔻
堅果
燕麥粉
秋葵（如：印度料理）
洋蔥
柳橙：橙汁、碎橙皮
荷蘭芹
義式麵食
桃子
美洲山核桃
白胡椒
鳳梨
開心果
馬鈴薯

櫻桃蘿蔔
葡萄乾
覆盆子
大黃
番紅花
猶太鹽
青蔥
小南瓜
草莓
糖：黑糖、白糖
羅望子
土耳其料理
香莢蘭
小牛肉
蔬菜
核桃
節瓜

對味組合
優格＋杏桃＋開心果
優格＋焦糖＋松子＋巴薩米克香醋
優格＋芫荽葉＋蒜頭
優格＋蒜頭＋檸檬＋鹽

柚子 Yuzu Fruit
季節：冬－春
味道：酸
分量感：輕盈－中等
風味強度：濃烈

杏桃
牛肉
冷飲
焦糖
胡蘿蔔
酸漬海鮮
雞肉

一點點**柚子**汁就能讓許多食物更美味，一如常用來搭配燒烤魚類的檸檬。我喜歡柚子搭配清淡海鮮時所帶出的風味及香氣，如比目魚、鰈形比目魚及扇貝。最近我到一家餐廳用餐，那裡的年輕主廚想要創新口味，所以就用青蔥油來搭配甜蝦，結果卻掩蓋了甜蝦的風味。我盡可能委婉地建議他改用柚子汁，因為柚子汁可以帶出甜蝦的甜味。
——大河內和（Kaz Okochi），KAZ SUSHI BISTRO，華盛頓特區

新鮮柚子相當昂貴，因此我使用柚子汁來增添菜餚的酸味。柚子汁非常適用於海鮮，它的味道不像萊姆那樣強烈，還帶點甜味。若加在熱菜餚（如：烹煮過的魚）中，還會帶出花香般的氣息。
——福島克也（Katsuya Fukushima），MINIBAR，華盛頓特區

我剛從日本回來，並在日式料理的啟發下，做出一道綠茶冰淇淋柚子凝乳。這道甜點有點小花樣，例如加入我向來喜歡用來搭配綠茶的葡萄柚片。一顆品質極佳的葡萄柚就帶有綠茶般的稍許苦味及甜味。葡萄柚可以增強柚子的風味，因為雖然它屬柑橘類，風味卻與眾不同。說實話，粉紅色的葡萄柚配上鮮綠的綠茶，色澤看起來還真是迷人。我還加了焦糖米香以增加口感。米、綠茶、柚子及一點薑汁焦糖，讓這道甜點日本風十足。
——麥克·萊斯寇尼思（Michael Laiskonis），LE BERNARDIN，紐約市

中式料理
魚（尤以帶有甜味的魚為佳），熟食或生食均可（如：酸漬海鮮、生魚片）
比目魚
鰈形比目
蒜頭
琴酒
薑
葡萄柚
綠葉生菜
油甘魚
海鮮醬
日式料理
檸檬
芒果
味醂
味噌與味噌湯
日本菇蕈類
油：菜籽油、**葡萄籽油**、蔬菜油
橄欖油
洋蔥（尤以青蔥為佳）
柳橙汁
黑胡椒
禽肉
米
鮭魚

扇貝
海鮮
芝麻籽
貝蝦蟹類
蝦
醬油：普通醬油、白醬油
糖
綠茶
串烤魚貝
泰式羅勒
豆腐
鮪魚
米酒醋
伏特加

對味組合
柚子＋焦糖＋葡萄柚＋綠茶

節瓜 Zucchini
（同時參見夏南瓜）
季節：春－夏
味道：甜、澀
質性：性涼
分量感：輕盈－中等
風味強度：清淡－溫和
料理方式：煎炸、燒烤、烤煎、烘烤、煎炒

柚子綠茶塔，搭配荔枝與綠茶棉花軟糖
——法蘭西斯科·帕亞德（François Payard），PAYARD PATISSERIE AND BISTRO，紐約市

羅勒
燈籠椒：綠、紅、黃燈籠椒
麵包粉
奶油
乳酪：巧達、費達、山羊、葛黎耶和、莫札瑞拉、**帕瑪、佩科利諾、**墨西哥式鮮、**瑞可達乳酪**
辣椒：乾紅椒（如：齊波特辣椒）、新鮮青辣椒（如：哈拉佩諾辣椒）
細香蔥
芫荽葉
肉桂
芫荽
玉米
鮮奶油
咖哩葉
蒔蘿
茄子
魚
法式料理（尤以普羅旺斯料理為佳）
蒜頭
義大利料理
檸檬：檸檬汁、碎檸檬皮
檸檬香蜂草
檸檬百里香
墨角蘭
肉類
薄荷
芥末籽（尤以黑芥末籽為佳）
油：美洲山核桃油、蔬菜油、核桃油
橄欖油
橄欖（尤以黑橄欖、尼斯橄欖為佳）
洋蔥（尤以西班牙、白洋蔥為佳）
奧勒岡
扁葉荷蘭芹
義式麵食
美洲山核桃
胡椒：黑、白胡椒
保樂酒
義式青醬
松子
紅椒粉
米或義式燉飯

我的獨家節瓜料理，靈感來源就是我太太。她烹煮的節瓜濃湯真是美味極了。她先把節瓜去皮並以大火煮開後撈起，加點水以及白乳酪（像是山羊乳酪或是費城奶油乳酪）一起搗成泥，最後再加點橄欖油及鹽就完成了。這味道真是棒透了！整道湯既濃郁又柔潤，還十分細緻。我們在餐廳則把煮過節瓜的水拿來做凍膠。然後把白色的節瓜肉取出，加入橄欖油做成慕斯。先在盤底鋪上一層節瓜慕斯，然後再鋪上一層節瓜子（需要一個個清洗，十分耗工），最後則鋪上一層凍膠，並在上面撒上西班牙魚子醬。這道菜餚香甜美味，它的風味單純讓我們頗為自豪。

——荷西·安德烈（José Andrés），CAFÉ ATLÁNTICO，華盛頓特區

主廚私房菜 | DISHES

節瓜橄欖油蛋糕，搭配蜜汁檸檬酥
——吉娜·德帕爾馬（Gina DePalma），糕點主廚，BABBO，紐約市

迷迭香
番紅花
鼠尾草
鮭魚
鹽：猶太鹽、海鹽
香腸（尤以西班牙辣香腸為佳）
青蔥
扇貝
芝麻籽
紅蔥頭
蝦
酸奶油

黃南瓜
高湯：雞、小牛、蔬菜高湯
龍蒿
百里香
番茄
醋：巴薩米克香醋、香檳酒醋、紅
　酒醋、雪莉酒醋、白醋
核桃
干白酒
優格
節瓜花

節瓜花 Zucchini Blossoms
（同時參見節瓜）

季節：初夏
分量感：輕盈
風味強度：清淡
料理方式：煎炸、蒸煮

羅勒
**乳酪：山羊、莫札瑞拉、帕瑪、瑞
　可達乳酪**
玉米
蛋
麵粉
義大利料理
龍蝦
墨角蘭
墨西哥料理
橄欖油
洋蔥
扁葉荷蘭芹
黑胡椒
義式青醬
義式燉飯
鼠尾草
沙拉
猶太鹽
香薄荷
蝦
湯
雞高湯
番茄與番茄醬汁

對味組合
節瓜＋羅勒＋蒜頭
節瓜＋鮮奶油＋帕瑪乳酪
節瓜＋茄子＋蒜頭＋洋蔥＋番茄
節瓜＋佩科利諾乳酪＋美洲山核
　桃油＋美洲山核桃
節瓜＋保樂酒＋核桃油

單靠一己之力無法成就世上任何事……所有事情都是人生經歷的累積，
以及與他人互動所編織創造出的產物。——珊卓拉‧歐康諾（Sandra Day O'Connor）

我們要感謝許多人，由於他們珍貴無價的知識，才會有這本《風味聖經》。

首先要感謝所有專家。他們花了許多時間為我們詳盡解說調味與創新風味的方法，而他們在本書中所展現的前瞻性觀點，必將激勵下一世代，為廚房創造力帶來全新的高峰。

再來要感謝小布朗出版社。我們衷心感謝編輯Michael L. Sand，他給予建議與忠告並領導整個團隊，我們感到既幸運又感激。他在編輯事務上是一位可靠堅定的舵手，而且品味超凡，不僅能以獨到的眼光監督本書的設計表現，也讓我們在「男高音」（Alto）與「公園大道冬季意象」（Park Avenue Winter）這兩家餐廳，一起度過美好又美味的午餐。

我們還要感謝出版社副總裁兼哈榭特（Hachette）公關主任的Sophie Cottrell，發行人Michael Pietsch，公關人員奧基夫Carolyn O'Keefe與Luisa Frontino，編輯校訂Peggy Freudenthal、Jayne Yaffe Kemp以及Julie Stillman，美術設計Jean Wilcox，還有編輯助理Zinzi Clemmons。也要感謝催生這本書的組稿編輯Karen Murgolo與發行人Jill Cohen。

我們也非常感謝那大方分享所有智慧與自身美食經驗的文學代理商Janis A. Donnaud和Associates，Janis Donnaud慷慨地與我們分享她的智慧和獨到的美味，不論是尋找合適的出版，或是在摩洛哥塔吉鍋、碳燒肋排一起享用美食。

攝影：衷心感謝我們的攝影師薩爾茲曼（Barry Salzman），他不但多才多藝，也是我們非常親密的朋友，為這本書拍出了很棒的作品。薩爾茲曼為了拍攝到適合的照片，四處旅行，甚至提供自己的房子作為工作室。我們與薩爾茲曼在此還要感謝所有對拍攝工作提供大力協助的餐館（以及專業廚師與餐館員工）：August（Tony Liu）、A Voce（Dante Camara）、Babbo（Gina DePalma）、Bette（Amy Sacco）、Casaville（Lahcen Ksiyer）、Chikalicious（Chika和Don Tillman）、Chinatown Brasserie、Darna（Mourad El-Hebil）、Despaña、DiPalo、Essex Street Market、Fairway Market、Formaggio Essex、Gilt（Tobie Cancino）、Inside（Charleen Badman和Anne Rosenzweig）、Kalustyan's（Aziz Osmani）、La Esquina, Maremma（Cesare Casella）、Saxelby Cheesemongers（Anne Saxelby）、Solera（Ron Miller），以及Modern（Gabriel Kreuther）。

朋友和家人：感謝所有的家人與朋友，沒有他們的愛與支持，我們生命不會如此美妙動人：Susan Bulkeley Butler；Rikki Klieman和Bill Bratton；Laura Day、Samson Day、和Adam Robinson、Cynthia Penney和Jeff Penney；Gael Greene和Steven Richter；Susan Davis和Walter Moora；Julia Davis、Blake Davis、Susan Dey和Bernard Sofronski；Valerie Vigoda和Brendan Milburn、Michael Gelb和Deborah Domanski；Ashley Garrett和Alan Jones；Jimmy Carbone和Pixie Yates；Heidi Olson；Deborah Pines和Tony Schwartz；Steve Beckta和Maureen Cunningham；Jody Oberfelder和Juergen Riehm；Julia D'Amico和Stuart Rockefeller；Rosanne Schaffer-Shaw；Katherine Sieh Takata；Steve Wilson；Trey Wilson；Stephanie Winston，還有其他我們不小心遺漏的人。

我們在華盛頓特區的前哨基地：感謝我們的編輯Joe Yonan，還有他那些負責華盛頓郵報美食部門才華洋溢的工作人員，2007年3月起我們身為其中一分子，並感到引以為榮。

狂謝：感謝網上第一批購買《飲‧食經典》的所有親朋好友：Craig Atlas、Gerry Beck、Ken Beck、Gregory Bess、Susan Bishop、Bill Bratton、Stacey Breivogel、Susan Bulkeley Butler、Jimmy Carbone、Chris Crosthwaite、Laura Day、Carla Dearing、Mark Dornenburg、Meredith Dornenburg）、Amy Drown、Robyn Foster、Ashley Garrett、Steven Greenberger、James Incognito、Alan K. Jones、Rikki Klieman、Laura Lau、Dave Mabe、Susan Mabe、Brendan Milburn、Elizabeth Morrill、Marilynn Scott Murphy、Jody Oberfelder、Kelley Olson、Scott Olson、Juergen Riehm、Ann Rogers、Josh Silverman、Gina Silvestri、Renie Steves、Sandra Suria、Valerie Urban、Valerie Vigoda、Janet McCabe White、Pixie Yates。

虛擬圖書巡迴展：在前一本書《飲‧食經典》的宣傳期，若不是得到許多網站與部落格的熱烈支持與迴響，並同意成為我們2006年10月虛擬圖書巡迴展的展出點，我們大概無法度過這麼愉快的時光。衷心感激這些網站與部落格的參與：

Sally Bernstein of Sallys-Place.com
Betsy Block of MamaCooks.com
Enoch Choi of EnochChoi.com
Paul Clarke of CocktailChronicles.com
Hillel 和 Debbie Cooperman of TastingMenu.com
Joe Dressner of JoeDressner.com
Chef James T. Ehler of FoodReference.com
Jeremy Emmerson of GlobalChefs.com
Jack Everitt & Joanne White of ForkandBottle.com
John Foley of AllBusiness.com
Ayun Halliday of DirtySugarCookies.blogspot.com
Robert Hess of DrinkBoy.com 和 TheSpirit-World.net
Ron Hogan of Beatrice.com
Meg Hourihan of MegNut.com
IACP Blog Team of international-iacp.blogspot.com（有 Ruth Alegria、Scott Givot、Elena Hernández、Kate McGhie 和 Yukari Pratt）
David Lebovitz of DavidLebovitz.com
David Leite of LeitesCulinaria.com
Chris McBride 和 Jennifer McBride of SavoryTidbits.com
Paul McCann of KIPlog.com
Amy McDaniel of MexicanFood.BellaOnline.com
Dave McIntyre of dmwineline.com
Brett Moore of GourmetFood.About.com
David Nelson of Chef2Chef.net
Adam Roberts of AmateurGourmet.com
Derrick Schneider of ObsessionWithFood.com
Amy Sherman of CookingWithAmy.blogspot.com
Cheri Sicard of FabulousFoods.com
Charlie Suisman of ManhattanUsersGuide.com
Lenn Thompson of LennThompson.typepad.com
Molly Wizenberg of Orangette.blogspot.com

其他大力推薦者：我們非常感謝曾榮獲獎項的WNYC電台節目主持人 Leonard Lopate，他是第一位大力推薦《飲‧食經典》的媒體人，本書也因此一夕成名；還要感謝ABC電視台的執行製作 Jessica Stedman Guff，讓本書變身為ABC晨間節目「早安美國」（Good Morning America Now）中的一系列單元。

銷售好書的地方：我們想特別感謝 Brad Parsons、Lee Stern 及 Ferguson，沒有他們的幫忙，是不可能在全美知名書店中找到我們的書。還要特別感謝溫哥華 Barbara-Jo's Books to Cooks 的 Barbara-jo McIntosh，洛杉磯 Cook's Library 的 Ellen Rose，以及紐約 Kitchen Arts & Letters 的 Nach Waxman，他們的書店真是稀世珍寶。

其他還有：若沒有這些經驗豐富的專業主廚來支持這些餐廳，很難想像我們的工作與生活會變成何種景況，他們提供我們無價的幫助，甚至成為我們靈感的泉源：Tobie Cancino；Christopher Day；Jason Ferris；Christopher Lee（Gilt）；Heather Freeman（Café Atlántico）；Heather Gurfein；Ryan Ibsen（August）；Ron Miller（Solera）；Rubén Sanz Ramiro（The Monday Room）；Rachel Hayden（The Inn at Little Washington）；Michael Poli（Wild Edibles）；Heather Ronan、ScotHeather Fratangelo（Spigolo）。

懷爾德（Thornton Wilder）說：「唯有真心了解我們所得的珍寶，才能說我們活在當下。」每當想起那些慷慨陪伴的人，我們活在當下的感受便鮮明浮現。

——安德魯‧唐納柏格&凱倫‧佩吉
2008年4月

唐納柏格附註：
我們所有書籍的主要構思與撰稿者一直都是佩吉，然而以她作為第一作者，《風味聖經》還是第一本。在1995年我們第一本書出版前，她大方地建議按字母順序來陳列作者的名字，我們也在後續出版品中如此沿用，這只為出版上的方便（例如，書店書架上才能因為字母順序而把我們所有的書都擺在一起）。然而，她身為主力作者，早該得到應有的榮耀。我非常高興這次能有此改變！

專家簡介

以下列出對本書貢獻良多的專家、簡介及網址。想對他們有更深入的了解，歡迎讀者前往瀏覽。

荷西・安德烈 José Andrés

華盛頓特區的大西洋咖啡（Café Atlántico）、吶喊（Jaleo）、小酒吧（minibar）及橄欖油（Zaytinya）等餐廳的老闆兼主廚，著有 Tapas: A Taste of Spain in America。他曾於 2003 年榮獲詹姆士比爾德獎的美國中大西洋區最佳主廚，並於 2008 年入圍傑出廚師獎（Outstanding Chef）。

www.joseandres.com

麥克・安東尼 Michael Anthony

葛瑞門斯酒館（Gramercy Tavern）大廚，2008 年提名為紐約市最佳主廚。他曾於紐約市曼哈頓區與紐約州波坎提科丘的藍山（Blue Hill）餐廳擔任主廚，於丹尼爾（Daniel）、三月（March）餐廳當過學徒。

www.gramercytavern.com

潔芮・班克斯 Jerri Banks

駐紐約市的飲品顧問。以運用熱帶風味、新鮮花草及茶類的創新手法而聞名。她擔任顧問的餐廳及公司有：高森燒烤酒吧（Gotham Bar and Grill）、空中酒窖（Cellar in the Sky）、美國酩悅軒尼詩（Moët Hennessy USA）、帝亞吉歐洋酒公司（Diageo）與百加得洋酒公司（Bacardi）。

丹・巴柏 Dan Barber

紐約州波坎提科丘石倉農場以及紐約市曼哈頓區藍山餐廳的老闆兼主廚，《紐約時報》美食專欄作家。他於 2006 年時榮獲詹姆士比爾德獎紐約市最佳主廚，2008 年提名為傑出廚師。

www.bluehillstonebarns.com

多明尼克・杜比 Dominique Duby & 欣迪・杜比 Cindy Duby

溫哥華近郊狂野甜心（Wild Sweets）的糕點主廚兼老闆，著有 Wild Sweets and Wild Sweets Chocolate。他們曾在巴黎勒諾特（Lenôtre）與布魯塞爾維塔默（Wittamer）的糕點店跟著糕點主廚學習。

www.dcduby.com

安德魯・卡梅利尼 Andrew Carmellini

阿沃切（A Voce）餐廳老闆兼主廚，曾於紐約市布呂咖啡（Café Boulud）擔任主廚。著有 Urban Italian，並於 2005 年榮獲詹姆士比爾德紐約市最佳主廚獎。

www.avocerestaurant.com

吉娜・德帕爾馬 Gina DePalma

紐約市巴布（Babbo）餐廳的糕點主廚，著有 Dolce Italiano，目前正在撰寫另一本書。吉娜・德帕爾馬在 2002~2006 以及 2008 年，均提名為詹姆士比爾德傑出糕點主廚。

www.babbonyc.com

馬賽爾・德索尼珥 Marcel Desaulniers

維吉尼亞州威廉斯堡葡萄棚（Trellis）餐廳老闆兼主廚，著有 I'm Dreaming of a Chocolate Christmas 等多本料理書籍。1999 年榮獲詹姆士比爾德傑出糕點主廚獎，1993 年時亦曾榮獲美國中大西洋區最佳主廚獎。

www.thetrellis.com

崔西・德・耶丁 Traci Des Jardins

舊金山花園（Jardinière）、阿克米牛排館（Acme Chophouse）與蜜吉塔（Mijita Cocina Mexicana）餐廳的老闆兼主廚。1995 年獲得詹姆士比爾德新人主廚獎，2007 年榮獲太平洋區最佳主廚獎。

www.tracidesjardins.com

梅魯・達瓦拉 Meeru Dhalwala

溫哥華凡艾（Vij's）餐廳的主廚兼老闆之一。道地的印度人。著有得獎料理書籍 Vij's: Elegant and Inspired Indian Cuisine（合著）。

www.vijs.ca

荷馬洛・卡圖 Homaro Cantu

芝加哥摩托（Moto）及歐唐（Otom）餐廳老闆兼主廚。曾為《美食雜誌》封面人物，其前衛料理受到媒體廣泛的關注，包括《快速公司》（Fast Company）到《紐約時報》「料理技巧」單元等等。

www.motorestaurant.com

奧德特・法達 Odette Fada

紐約市聖多明尼克（San Domenico）餐廳擔任主廚已逾十年。道地的義大利布雷西亞人，曾在洛杉磯雷克斯（Rex）咖啡館當學徒，並於 2003 年入圍詹姆士比爾德紐約市最佳主廚獎。

www.sandomeniconewyork.com

布萊德・法爾米利 Brad Farmerie

紐約市大眾（Public）餐廳與週一餐室（Monday Room）的主廚。取得法國藍帶廚藝學院的料理與糕點全能文憑，曾於尼科之家（Chez Nico）、四季莊園（Le Manoir aux Quat' Saisons）以及普羅維多與塔帕餐室（the Providores and Tapa Room）當學徒。

www.public-nyc.com

福島克也 Katsuya Fukushima

華盛頓特區小酒吧（minibar）與大西洋咖啡（Café Atlántico）餐廳主廚。曾於紐約市馬鞭草（Verbena）以及西班牙的鬥牛犬（El Bulli）餐廳中當學徒，並在庫珀休伊特（Cooper Hewitt）美國國家設計博物館中發表演說。

www.cafeatlantico.com

雪倫・哈格 Sharon Hage

達拉斯約克街（York Street）餐廳老闆兼主廚，曾於奈曼馬庫斯（Neiman Marcus）餐廳當學徒。2004~2008 年間，連續五年提名詹姆士比爾德美國西南部年度最佳主廚獎。

www.yorkstreetdallas.com

丹尼爾・赫姆 Daniel Humm

紐約市十一麥迪遜公園（Eleven Madison Park）餐廳主廚。從 2003 年迄今，曾三度提名詹姆士比爾德新人主廚獎。

www.elevenmadisonpark.com

鮑勃・亞科沃內 Bob Iacavone

紐奧良卡慕（Cuvée）餐廳大廚。曾於美國烹飪學院受訓，並領有侍酒師執照。因其獨特創新的料理而獲得高度評價。

www.restaurantcuvee.com

強尼・尤西尼 Johnny Iuzzini

紐約市珍喬治（Jean Georges）、牛軋糖（Nougatine）與派瑞街（Perry St.）餐廳的糕點行政主廚，著有 Dessert 4 Play。2006年榮獲詹姆士比爾德傑出糕點主廚獎。
www.johnnyiuzzini.com

加柏利兒・克魯德 Gabriel Kreuther

摩登（Modern）餐廳主廚，該餐廳曾於2006年榮獲詹姆士比爾德最佳餐廳獎，克魯德則於2008年提名為紐約市最佳主廚獎。曾於紐約市的畫室（Atelier）及珍喬治餐廳擔任主廚。
www.themodernnyc.com

麥克・萊斯寇尼思 Michael Laiskonis

紐約市拉貝爾納丁（Le Bernardin）餐廳糕點主廚，曾任底特律貢物（Tribute）餐廳糕點主廚。2007年榮獲詹姆士比爾德傑出糕點主廚獎。 www.le-bernardin.com

湯尼・劉 Tony Liu

紐約市奧古斯都（August）餐廳主廚。出身於夏威夷，曾在美國烹飪學院受訓，並在巴布（Babbo）、萊斯皮那斯（Lespinasse）以及丹尼爾餐廳當學徒。
www.augustny.com

麥克・羅莫納可 Michael Lomonaco

紐約市紐約搬運工之家（Porter House New York）餐廳老闆與主廚，著有 Nightly Specials、The "21" Cookbook。他曾經擔任世界之窗（Windowson the World）與二十一（21）餐廳的大廚。
www.porterhousenewyork.com

艾蜜莉・盧契提 Emily Luchetti

舊金山法樂龍（Farallon）餐廳糕點行政主廚，著有 Classic Stars Desserts 等多本烹飪書籍。2004年榮獲詹姆士比爾德傑出糕點主廚獎。
www.farallonrestaurant.com

米契爾・理查 Michel Richard

華盛頓特區香茅（Citronelle）餐廳、中央（Central）餐廳，以及卡梅爾山谷牧場度假村（Carmel Valley Ranch resort）香茅餐廳與洛杉磯聯歡會柑橘（Citrus）餐廳的老闆兼主廚。著有 Happy in the Kitchen 與 Michel Richard's Home Cooking with a French Accent。2007年榮獲詹姆士比爾德傑出廚師獎。
www.citronelledc.com

麥克斯・麥卡門 Max McCalman

在主廚泰倫斯・布雷南（Terrance Brennan）的紐約市手工乳酪中心（Artisanal Cheese Center）擔任總監，負責監督所有皮丘琳與手工（Picholine and Artisanal）餐廳的乳酪製作過程。著有 Cheese: A Connoisseur's Guide to the World's Best 和 The Cheese Plate。 www.artisanalcheese.com

凱莉・納哈貝迪恩 Carrie Nahabedian

芝加哥納哈（Naha）餐廳老闆兼主廚。2006~2008年間皆提名詹姆士比爾德美國大湖區最佳主廚獎。
www.naha-chicago.com

大河內和 Kaz Okochi

華盛頓特區和壽司吧（Kaz Sushi Bistro）老闆兼主廚。道地的日本人，曾於大阪的「辻」調理師專門學校（Tsuji Culinary Institute）當學徒。
www.kazsushibistro.com

維塔莉・佩利 Vitaly Paley

奧勒岡州波特蘭佩利園地（Palry's Place）餐廳老闆兼主廚。曾於紐約市酒杯蘑菇、雷米（Remi）以及聯合廣場咖啡（Union Square Café）等餐廳當學徒。2005年榮獲詹姆士比爾德美國西北區最佳主廚獎。
www.paleysplace.net

莫妮卡・波普 Monica Pope

塔菲亞（T'afia）餐廳老闆兼主廚，休斯頓市區農民市場創辦人。2007年提名詹姆士比爾德美國西南區最佳主廚獎。
www.tafia.com

馬里雪兒・普西拉 Maricel Presilla

紐澤西州霍博肯市庫恰拉瑪瑪（Cucharamama）以及拉芙拉（Zafra）餐廳老闆兼主廚，著有 The New Taste of Chocolate 等書。2007及2008年皆提名詹姆士比爾德美國中大西洋區最佳主廚獎。
www.maricelpresilla.com

亞歷珊卓・拉許 Alexandra Raij

紐約市太波（Tía Pol）與昆托皮諾（El Quinto Pino）餐廳主廚。曾在美國烹飪學院受訓，並紐約市美加斯（Meigas）、梅乾（Prune）與試吃房（Tasting Room）等餐廳當學徒。
www.tiapol.com

艾德里安・穆爾西亞 Adrian Murcia

紐約市酒杯蘑菇（Chanterelle）餐廳的乳酪專員及助理侍酒師。曾於皮丘琳餐廳麥卡門旗下工作三年。
www.chanterellenyc.com

艾略克・瑞普特 Eric Ripert

紐約市拉貝爾納丁餐廳及華盛頓特區韋斯騰德小酒館（Westend Bistro）主廚兼合夥人，著有 The Le Bernardin Cookbook 與 A Return to Cooking。2003年榮獲詹姆士比爾德傑出廚師獎。 www.le-bernardin.com

荷莉・史密斯 Holly Smith

西雅圖胡安妮塔咖啡館（Café Juanita）老闆兼主廚。曾於西雅圖的炭火（Brasa）及大理花休息室（Dahlia Lounge）餐廳當學徒。2006~2008年間，皆提名詹姆士比爾德美國西北區最佳廚師獎。
www.cafejuanita.com

布萊德福特・湯普森 Bradford Thompson

2003~2007年間，擔任亞利桑那州斯科茨代爾市菲尼克斯渡假村的瑪麗伊蓮娜（Mary Elaine's）餐廳主廚，曾在紐約市丹尼爾・布呂德的旗下工作。2006年榮獲詹姆士比爾德美國西南區最佳主廚獎。
www.paleysplace.net

傑瑞・特勞費德 Jerry Traunfeld

華盛頓州伍德菲爾市香料植物農場（Herbfarm）餐廳主廚，著有 The Herbal Kitchen 及 The Herbfarm。2000年榮獲詹姆士比爾德美國西北區最佳主廚獎。
www.theherbfarm.com

維克拉姆・凡艾 Vikram Vij

溫哥華凡艾餐廳主廚兼老闆之一。著有得獎料理作品 Vij's: Elegant and Inspired Indian Cuisine（合著），也是一名受過訓練的專業侍酒師。 www.vijs.ca

大衛・沃塔克 David Waltuck

紐約酒杯蘑菇餐廳老闆兼主廚，該餐廳2004年榮獲詹姆士比爾德獎傑出餐廳獎。沃塔克著有 Staff Meals from Chanterelle，2007年榮獲詹姆士比爾德紐約市最佳主廚獎。 www.chanterellenyc.com

中文索引